Dr. Frederic Mack, Thomas Brockfeld

Physiologie Band 5

MEDI-LEARN Skriptenreihe

7., komplett überarbeitete Auflage

MEDI-LEARN Verlag GbR

Autoren: Dr. Frederic Mack, Thomas Brockfeld

Teil 5 des Physiologiepaketes, nur im Paket erhältlich
ISBN-13: 978-3-95658-016-1

Herausgeber:
MEDI-LEARN Verlag GbR
Dorfstraße 57, 24107 Ottendorf
Tel. 0431 78025-0, Fax 0431 78025-262
E-Mail redaktion@medi-learn.de
www.medi-learn.de

Verlagsredaktion:
Dr. Marlies Weier, Dipl.-Oek./Medizin (FH) Désirée Weber, Denise Drdacky, Jens Plasger, Sabine Behnsch, Philipp Dahm, Christine Marx, Florian Pyschny, Christian Weier

Layout und Satz:
Fritz Ramcke, Kristina Junghans,
Christian Gottschalk

Grafiken:
Dr. Günter Körtner, Irina Kart, Alexander Dospil,
Christine Marx

Illustration:
Daniel Lüdeling

Druck:
Löhnert Druck

7. Auflage 2015

Inhalt

1 Vegetatives Nervensystem

Fragen in den letzten 10 Examen: 24

Das Thema „vegetatives Nervensystem" wird nicht nur im Physikum gefragt, es gehört auch zu den wichtigsten klinisch relevantenThemen der Physiologie. Zahlreiche Pharmaka, die in der Intensiv und Inneren Medizin gebräuchlich sind, entfalten ihreWirkung an den Rezeptoren des vegetativen Nervensystems. Ein bekanntes Beispiel ist das blutdrucksenkende Medikament Metoprolol (Beloc®). Wegen der hohen klinischen Relevanz zielen die meisten Fragen zum vegetativen Nervensystem auch auf die Wirkungen an den Rezeptoren ab.

Das periphere Nervensystem kann in das **vegetative und in das somatische Nervensystem** unterteilt werden.
Zum somatischen Nervensystem gehören die Neurone, welche die quergestreifte Skelettmuskulatur versorgen. Die quergestreiften Muskeln werden überwiegend willentlich beeinflusst. Deshalb bezeichnet man das somatische Nervensystem häufig als willkürliches Nervensystem.
Im Gegensatz zum somatischen Nervensystem steht das **vegetative Nervensystem**, das man auch autonomes Nervensystem nennt. Das vegetative Nervensystem unterliegt vor allem **unbewussten Einflüssen**. Es ist an der Steuerung der inneren Organe einschließlich der meisten Hormondrüsen sowie an der Einstellung der Gefäßdurchblutung beteiligt. Damit dient es der Regulierung unseres inneren Gleichgewichts. Um diese Aufgabe umfassend bewältigen zu können, arbeitet das vegetative Nervensystem eng mit dem **endokrinen System** zusammen. Es wird unter anderem vom Hypothalamus gesteuert, der über Releasing- und Inhibiting-Hormone auch das Hormonsystem beeinflusst.

1.1 Einteilung

Das vegetative Nervensystem wird in drei Abschnitte untergliedert:
1. Sympathikus
2. Parasympathikus
3. Darmnervensystem

Sympathikus und Parasympathikus sind entwicklungsgeschichtlich alt und auch bei Tieren zu finden. Diese beiden Äste des vegetativen Nervensystems funktionieren an vielen Organen als **Gegenspieler**.
Bei Anstrengungen, besonders bei Alarmreaktionen, aktiviert das ZNS sympathische Nervenfasern. Diese sorgen dann u. a. für eine Beschleunigung der Herzfrequenz sowie für eine Erweiterung der Atemwege. Der Körper wird auf Flucht- oder Kampfreaktionen eingestellt: „fight or flight".
In Ruhe hingegen steht der Organismus unter dem Einfluss des Parasympathikus: Dieser lässt die Atemwege verengen und den Puls verlangsamen. Dafür erhöht er aber z. B. die Aktivität des Verdauungstrakts: „rest or digest".
Das **Darmnervensystem** kann die Darmfunktionen theoretisch unabhängig von Sympathikus und Parasympathikus steuern, wird jedoch beim lebenden Menschen von Sympathikus und Parasympathikus moduliert.

1.2 Aufbau von Sympathikus und Parasympathikus

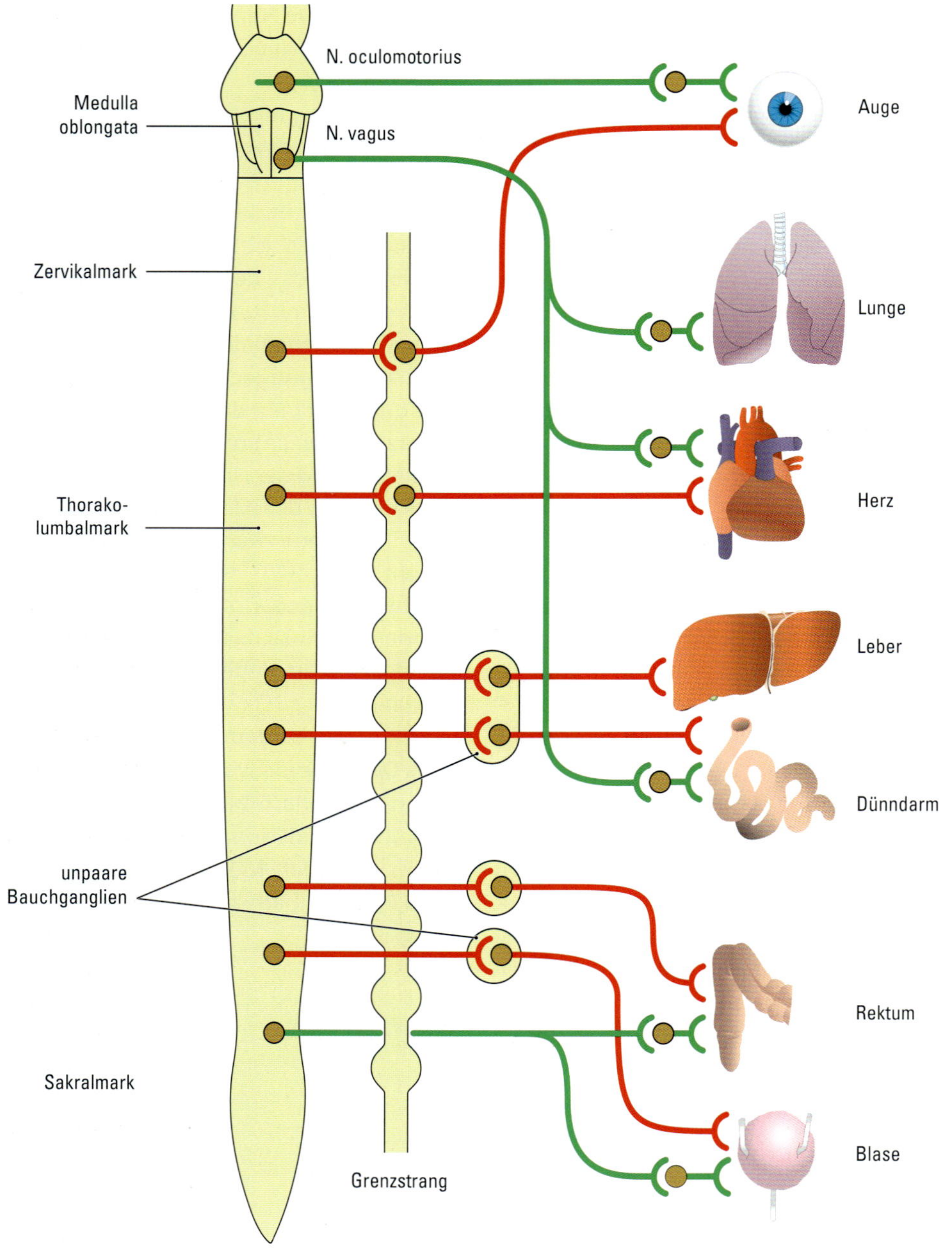

Abb. 1: Aufbau von Sympathikus und Parasympathikus *medi-learn.de/7-physio5-1*

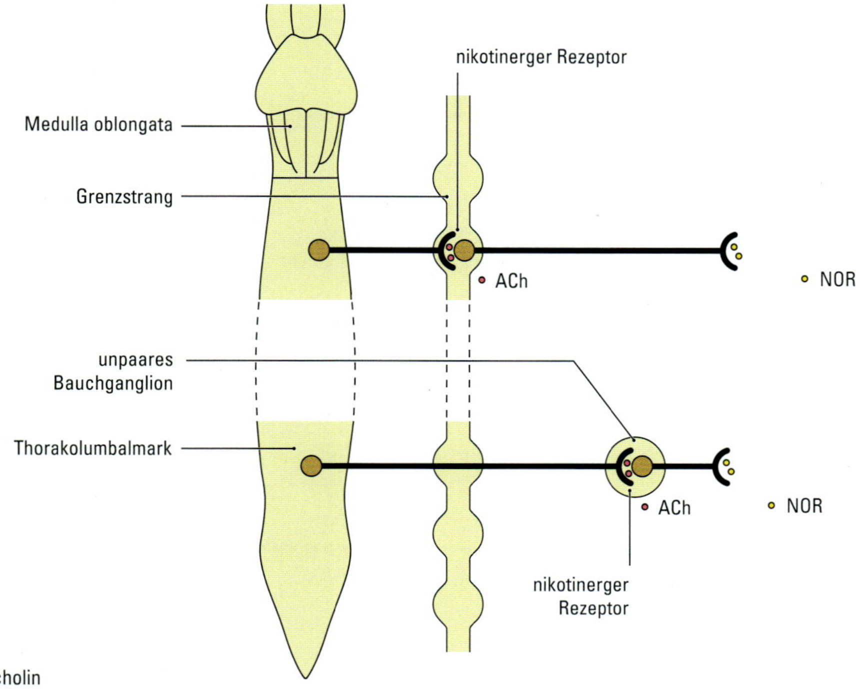

Abb. 2: Verschaltung des Sympathikus *medi-learn.de/7-physio5-2*

Sowohl sympathische als auch parasympathische Fasern werden auf ihrem Weg zum Erfolgsorgan jeweils einmal in einem Ganglion umgeschaltet. Das erste Neuron, also die Nervenfaser vor der Umschaltung, nennt man **präganglionäres Neuron**, das zweite Neuron wird entsprechend als **postganglionäres Neuron** bezeichnet. Bitte verwechsele die Begriffe prä- und postganglionär nicht mit prä- und postsynaptisch, hier werden in der schriftlichen Prüfung häufig Fallen gestellt!

1.2.1 Verschaltung des Sympathikus

Die Kerngebiete des ersten (präganglionären) Neurons des Sympathikus liegen in der grauen Substanz des Thorakal- und Lumbalmarks. Sie finden sich dort im Bereich der Seitenhörner (Ncl. intermediolateralis im Bereich der Cornua laterales).

Von dort zieht das Axon des ersten Neurons über die Vorderwurzel zum Grenzstrang. Hier befinden sich die Ganglien, an denen die sympathischen Fasern umgeschaltet werden. Einige sympathische Neurone ziehen auch durch den Grenzstrang hindurch und werden erst in den prävertebralen Bauchganglien (Ganglion coeliacum, Ganglion mesentericum inferius und superius) umgeschaltet.

Zur Umschaltung auf das zweite Neuron verwendet der Sympathikus den Transmitter **Acetylcholin (ACh) mit nikotinischen (nikotinergen) Rezeptoren**. Das zweite (postganglionäre) Neuron zieht dann von der ganglionären Umschaltstelle aus zum Erfolgsorgan. Vom zweiten Neuron auf das Erfolgsorgan überträgt der Transmitter **Noradrenalin** (NOR) die Erregung.

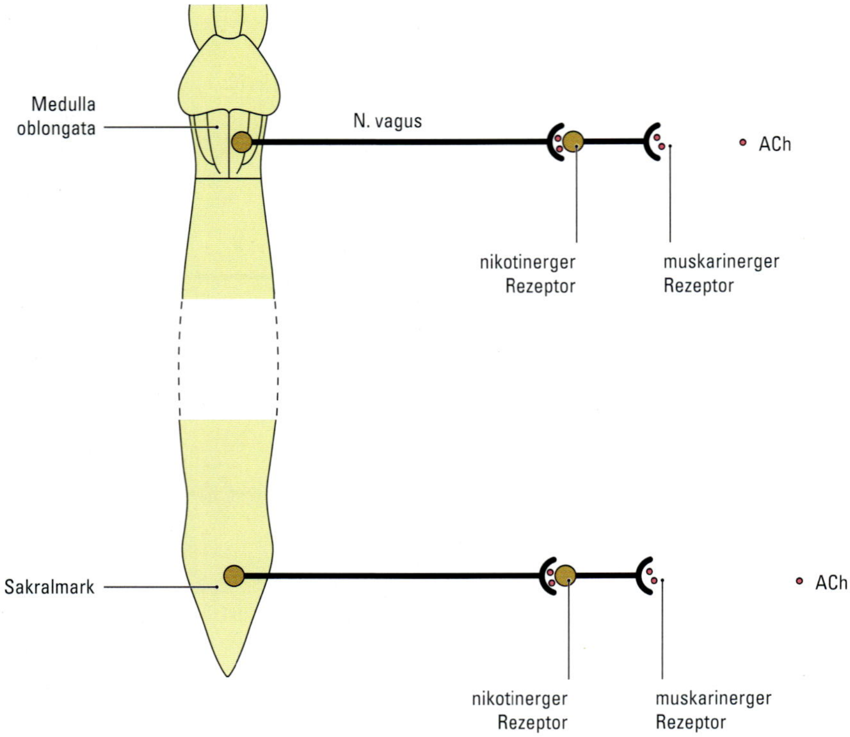

Abb. 3: Verschaltung des Parasympathikus *medi-learn.de/7-physio5-3*

1.2.2 Verschaltung des Parasympathikus

Die Kerngebiete des ersten (präganglionären) Neurons des Parasympathikus liegen im **Hirnstamm**. Die meisten parasympathischen Fasern ziehen dann im N. vagus zum Erfolgsorgan. Außerdem haben auch erste Neurone des Parasympathikus ihren Ursprung im **Sakralmark**: Der Parasympathikus ist also **kraniosakral** lokalisiert. Die parasympathischen Fasern werden nicht im Grenzstrang umgeschaltet, sondern ziehen bis nahe an das Erfolgsorgan heran und werden dann in **organnahen Ganglien** umgeschaltet. Diese Ganglien liegen zum Teil in der Wandung der Organe selbst. Trotzdem zieht auch hier noch ein zweites, wenn auch nur kurzes Neuron aus dem Ganglion heraus und läuft noch ein Stück im Erfolgsorgan. Bei der Umschaltung vom ersten auf das zweite Neuron verwendet auch der Parasympathi-

	präganglionäre Übertragung (Übertragung vom ersten aufs zweite Neuron)			postganglionäre Übertragung (Übertragung vom zweiten Neuron aufs Erfolgsorgan)		
	Transmitter	**Rezeptor**	**Ort**	**Transmitter**	**Rezeptor**	**Ort**
Sympathikus	Acetylcholin	nikotinisch (Ionenkanal)	Grenzstrang oder Bauchganglien	Noradrenalin	α oder β	Erfolgsorgan
Parasympathikus	Acetylcholin	nikotinisch (Ionenkanal)	organnahe Ganglien	Acetylcholin	muskarinisch	Erfolgsorgan

Tab. 1: Überblick über die Verschaltung von Sympathikus und Parasympathikus

kus Acetylcholin mit nikotinischen Rezeptoren. Für die postganglionäre Übertragung – also die Übertragung vom zweiten Neuron auf das Erfolgsorgan – dient ebenfalls Acetylcholin als Transmitter. Hier sind die Rezeptoren jedoch muskarinisch (muskarinerg) und keine Ionenkanäle wie der nikotinische Acetylcholin-Rezeptor, sondern Transmembran-Rezeptoren. Die Signalübertragung erfolgt daher über eine Kaskade von Second messengern.

Übrigens ...
In den Fragen des schriftlichen Examens stand schon, der Parasympathikus sei zervikosakral lokalisiert, was aber falsch ist. Sieh daher bitte immer genau hin.

1.3 Rezeptoren

Im schriftlichen Examen wird sowohl in der Biochemie als auch in der Physiologie sehr oft nach den Rezeptoren mit dem zugehörigen Second messenger-System gefragt. Deshalb lohnt es sich, sich mit diesem Thema zu beschäftigen, auch wenn es auf den ersten Blick etwas kompliziert erscheint.

1.3.1 Noradrenalinrezeptoren

Der Überträgerstoff Noradrenalin ist wasser-, aber kaum fettlöslich. Daher kann er die lipidhaltigen Zellmembranen nicht durchdringen und muss, um in der Zelle des Erfolgsorgans zu wirken, an einen membranständigen Rezeptor binden. Dadurch wird ein Second messenger-System in Gang gesetzt, das schließlich die zelluläre Reaktion auslöst.
Man untergliedert die Noradrenalinrezeptoren in α_1-, α_2-, β_1- und β_2-Rezeptoren. Diese Rezeptoren unterscheiden sich in ihrer Bindungsfähigkeit mit verschiedenen Pharmaka. Während α-Rezeptoren z. B. besonders gut Noradrenalin binden, weisen β-Rezeptoren eine hohe Affinität zum Adrenalin auf. Außerdem unterscheiden sich die Noradrenalin-Rezeptoren auch in ihren Second messenger-Systemen.
Während α_1-Rezeptoren ihr Signal über das IP_3- System übertragen, benutzen α_2-, β_1- und β_2-Rezeptoren das cAMP-System.

α_1-Rezeptoren: Das IP_3-System

Der α_1-Rezeptor liegt an der Außenseite der Zellmembran. Wenn nun Noradrenalin an den α_1-Rezeptor bindet, wird ein G-Protein stimuliert, das gegenüber auf der Zytoplasma-Seite der Membran liegt. Das G-Protein stimu-

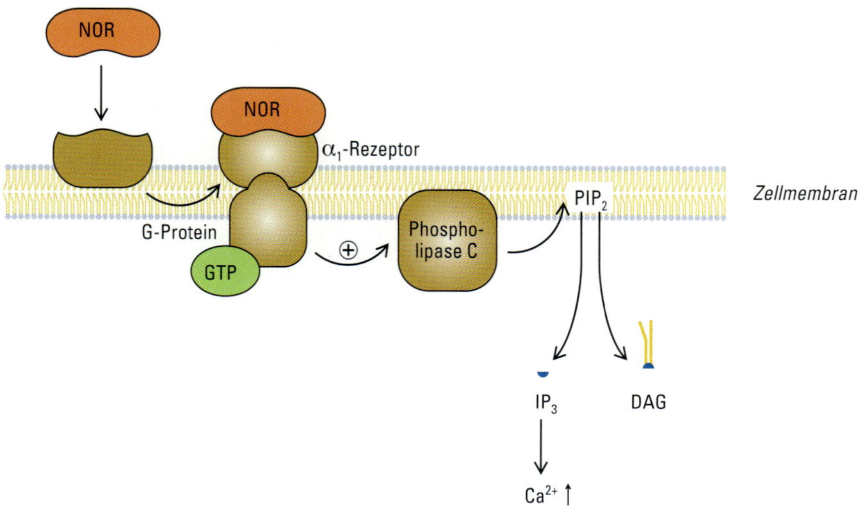

Abb. 4: IP_3-System

medi-learn.de/7-physio5-4

liert seinerseits eine Phospholipase C. Dieses Enzym spaltet aus PIP_2 (Phosphatidylinositolbisphosphat) die Second messenger IP_3 (Inositoltrisphosphat) und DAG (Diacylglycerin) ab. IP_3 bewirkt z. B. an glatten Muskelzellen eine Calciumfreisetzung aus den intrazellulären Calciumspeichern (über IP_3-Rezeptoren des sarkoplasmatischen Retikulums). Daraufhin kontrahieren sich diese Muskelzellen. Eine glatte Muskelzelle, die z. B. zur Muskelschicht eines arteriellen Gefäßes gehört, kann also durch Noradrenalin zur Kontraktion gebracht werden. Folge: Das Gefäß zieht sich zusammen.
Auch das DAG wirkt als Second messenger: Es aktiviert Proteinkinasen, die intrazellulär Proteine phosphorylieren und dadurch aktivieren können. α_1-Rezeptoren wirken somit oft **konstriktorisch**.

Die IP_3-Reaktionskaskade wird sehr häufig gefragt, deshalb hier nochmal ein Überblick:

1. Aktivierung α_1-Rezeptor
2. Aktivierung G-Protein durch Bindung von GTP
3. Aktivierung der Phospholipase C
4. Spaltung von Phosphatidylinositolbisphosphat (PIP_2)
5. Freisetzung von Diacylglycerin (DAG) Freisetzung von Inositoltrisphosphat (IP_3)
6. Erhöhung der zytosolischen Ca^{2+}-Konzentration

β- und α_2-Rezeptoren: Das cAMP-System

β- und α_2-Rezeptoren wirken beide über das cAMP-System, allerdings in entgegengesetzter Richtung.
Bindet Noradrenalin an einen β-Rezeptor, wird – ähnlich wie im IP_3-System – ein G-Protein stimuliert. Man nennt das G-Protein hier G_s-Protein (stimulierend). Dieses G_s-Protein aktiviert eine Adenylatcyclase, die aus ATP den Second messenger cAMP herstellt.
Das cAMP löst jetzt intrazellulär die gewünschte Funktion aus – es kann z. B. die Proteinkinase A aktivieren, die in glatten Muskelzellen die Myosinkinase phosphoryliert. Durch diese Phosphorylierung wird die Bindung der Myosinkinase an den Calcium-Calmodulin-Komplex erschwert, die für die Kontraktion einer glatten Muskelzelle erforderlich ist (s. 2.3.3, S. 36). Unter Einfluss von β-Rezeptoren relaxiert so die glatte Muskulatur, z. B. die eines arteriellen Widerstandsgefäßes. β-Rezeptoren wirken also oft **dilatatorisch**.
Da auch diese Reaktionskette oft gefragt wird, steht sie hier im Überblick:

1. Aktivierung β-Rezeptor
2. Aktivierung G_s-Protein durch Bindung von GTP
3. Aktivierung der Adenylatcyclase
4. Anstieg des cAMP
5. Aktivierung z. B. von Proteinkinasen

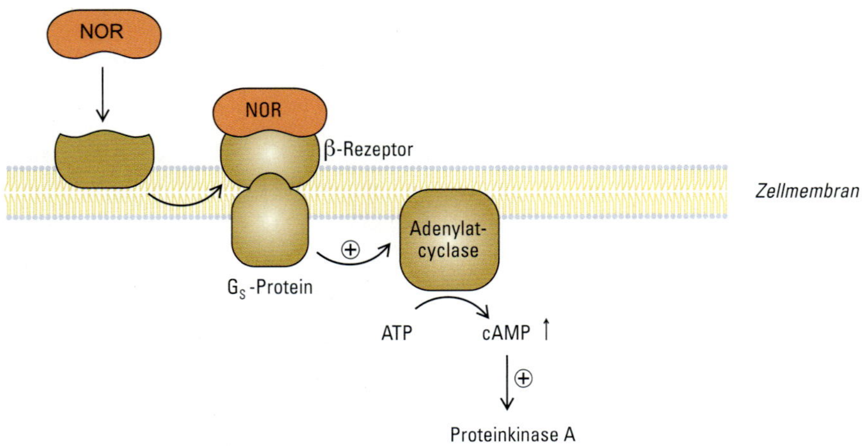

Abb. 5: β-Rezeptor und cAMP-System

medi-learn.de/7-physio5-5

α_2-Rezeptoren bewirken ein Absenken der cAMP-Konzentration. Bindet Noradrenalin an einen α_2-Rezeptor, wird ein G_i-Protein (inhibitorisch) stimuliert, das die Aktivität der Adenylatcyclase hemmt. Folge: Die cAMP-Konzentration nimmt ab (s. Abb. 6, S. 7).

1. Aktivierung α_2-Rezeptor
2. Aktivierung G_i-Protein durch Bindung von GTP
3. Hemmung der Adenylatcyclase
4. Abfall des cAMP
5. Hemmung z. B. von Proteinkinasen

Beeinflussung der Noradrenalinfreisetzung durch Rückkopplung

Viele Nervenzellen, z. B. die Motoneurone der Willkürmuskulatur, setzen ihren Transmitter erst am Ende des Axons in einem Endknöpfchen frei. Vegetative Neurone hingegen sind anders aufgebaut: In ihrem Verlauf innerhalb des Erfolgsorgans haben die Axone Verdickungen, deren Form an Krampfadern (Varizen) erinnert und die man deshalb Varikositäten nennt. Innerhalb der Varikositäten ist der Transmitter – bei sympathischen Fasern meist Noradrenalin – in Vesikeln gespeichert.
Läuft nun ein Aktionspotenzial über die Membran der Nervenfaser, wird der Transmitter aus

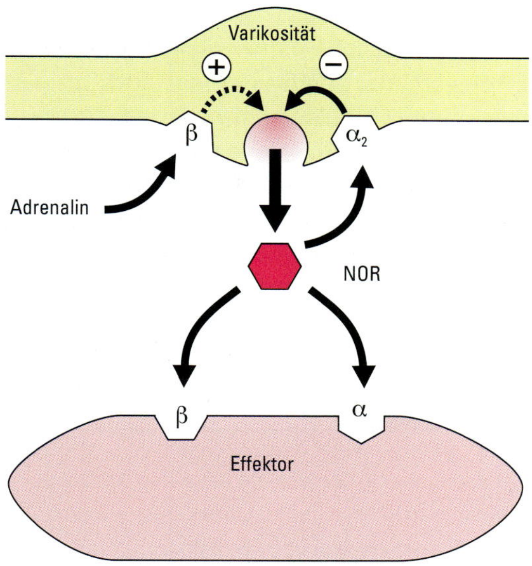

Abb. 7: Postganglionäre Übertragung

medi-learn.de/7-physio5-7

der Varikosität freigesetzt. Er kann jetzt an die Zelle des Erfolgsorgans diffundieren und dort an seinen Rezeptor binden. Die Noradrenalinfreisetzung kann auf raffinierte Art präsynaptisch modifiziert werden: In der Membran der sympathischen Nervenfaser liegen nämlich α_2-Rezeptoren. Nach einem Aktionspotenzial wird aus der Varikosität Noradrenalin freige-

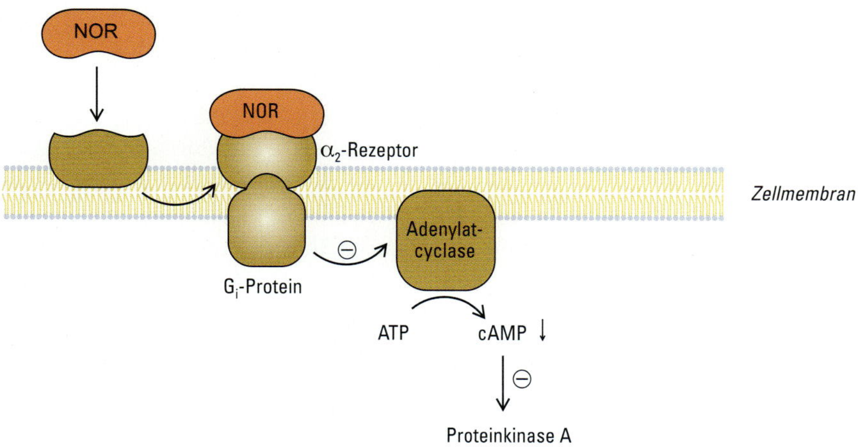

Abb. 6: α_2-Rezeptor und cAMP-System

medi-learn.de/7-physio5-6

setzt. Dieses diffundiert dann nicht nur durch den synaptischen Spalt an die Rezeptoren des Erfolgsorgans, sondern bindet auch an den **präsynaptisch gelegenen α_2-Rezeptor**. Diese Bindung sorgt nun für eine **Hemmung der weiteren Noradrenalinfreisetzung**. So wird verhindert, dass bei starker Sympathikusaktivität zu viel Noradrenalin freigesetzt wird. Man nennt einen solchen Vorgang, bei dem ein Mechanismus sich selbst begrenzt, **negative Rückkopplung.**

Merke!

Bei genauer Untersuchung der präsynaptischen Membran hat sich gezeigt, dass diese neben α_2-Rezeptoren auch über β-Rezeptoren verfügt. Die Erregung dieser β-Rezeptoren verstärkt die weitere Noradrenalinfreisetzung. Hierbei handelt es sich daher um eines der wenigen Beispiele für **positive Rückkopplung**.

Was überwiegt nun bei der Sympathikusaktivierung: die negative oder die positive Rückkopplung? Da das freigesetzte Noradrenalin eine wesentlich größere Affinität zu α- als zu β-Rezeptoren hat, überwiegt zunächst die negative Rückkopplung.
Wozu aber dann der komplizierte positive Rückkopplungsmechanismus über die β-Rezeptoren? Hier kommt das Nebennierenmark ins Spiel: Wird es stimuliert, setzt es nämlich überwiegend Adrenalin frei. Dieses Adrenalin gelangt über die Blutbahn an das Erfolgsorgan. Dort wirkt es zum einen direkt an den Membranrezeptoren, zum anderen aber auch indirekt: Es stimuliert die präsynaptischen β-Rezeptoren an der Varikosität und fördert so die Noradrenalinfreisetzung. Ein Teil des freigesetzten Noradrenalins wird wieder „recycled", indem es nach seiner Freisetzung durch das präsynaptische Neuron wieder aufgenommen wird.

1.3.2 Acetylcholin-Rezeptoren

Acetylcholin-Rezeptoren werden in muskarinische (muskarinerge) und nikotinische (nikotinerge) Rezeptoren unterteilt. Folgende Abbildung verdeutlicht den Unterschied:

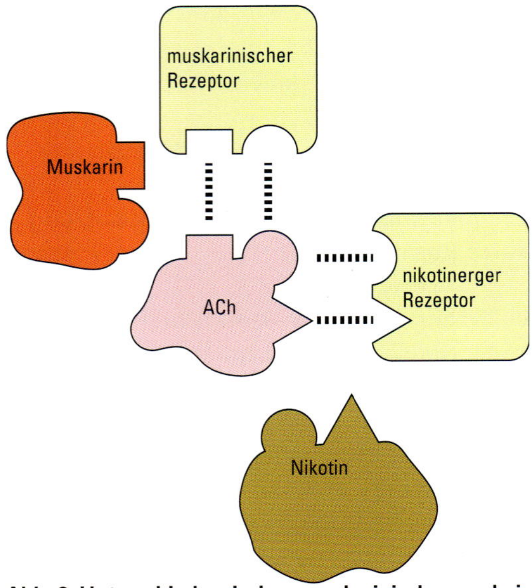

Abb. 8: Unterschied zwischen muskarinischen und nikotinischen ACh-Rezeptoren

medi-learn.de/7-physio5-8

Acetylcholin hat drei Bindungsstellen. Mit den ersten beiden passt es an muskarinische, mit den letzten beiden an nikotinische Rezeptoren.

Muskarinischer Rezeptor

Muskarin ist eines der im Fliegenpilz enthaltenen Gifte. Seine Moleküle haben an ihrer Oberfläche nur zwei Bindungsstellen, die den beiden ersten Bindungsstellen des Acetylcholinmoleküls sehr ähnlich sind. Sie passen ebenso wie Acetylcholin an den muskarinischen Rezeptor und aktivieren ihn. Ähnlich wie bei Noradrenalinrezeptoren wird dann ein über G-Proteine vermitteltes Second messenger-System in Gang gesetzt.
Nikotinische Rezeptoren hingegen werden durch Muskarin praktisch nicht aktiviert.

Nikotinischer Rezeptor

Nikotin, eines von vielen zentral wirksamen Giften in Zigaretten, besteht ebenfalls aus Molekülen mit zwei Bindungsstellen. Sie ähneln den letzen beiden Bindungsstellen des Acetylcholins, sodass Nikotin an nikotinische, nicht aber an muskarinische Rezeptoren passt.
Nikotinische Rezeptoren finden sich nicht nur in den vegetativen Ganglien, sondern auch als Rezeptoren im Bereich der motorischen Endplatte. Sie aktivieren im Gegensatz zu muskarinischen Acetylcholin-Rezeptoren keine G-Proteine: Nikotinische Rezeptoren sind ligandengesteuerte Ionenkanäle. Bei der Erregung nikotinischer Rezeptoren öffnen sich Kationen-Kanäle (Na^+-Kanäle): Na^+ strömt durch den Kanal in die Zelle, sodass sich die Membran in diesem Bereich depolarisiert.

Merke!

Nikotinische Rezeptoren sind ligandengesteuerte Ionenkanäle, permeabel für monovalente Kationen.

1.3.3 Kolokalisation

Acetylcholin und Noradrenalin sind die wichtigsten Transmitter des vegetativen Nervensystems. Neben diesen Substanzen kommen aber noch eine ganze Reihe weiterer Stoffe, wie z. B. NO, VIP (vasoaktives intestinales Peptid) oder Neuropeptid Y als Transmitter vor.
Man weiß seit langem, dass Acetylcholin als Überträgerstoff des Parasympathikus die Sekretion eines besonders wässrigen Speichels fördert. Inzwischen hat man festgestellt, dass die Acetylcholinwirkung an den Speicheldrüsen durch Anwesenheit des Transmitters **VIP** verstärkt wird. Man nennt ein derartiges gemeinsames Vorkommen mehrerer Transmitter **Kolokalisation**.

Wenn man die Chorda tympani, die ja die Speicheldrüsen versorgt, elektrisch reizt, wird die Durchblutung in diesem Bereich gesteigert. Hebt man nun mit Hilfe von Atropin die Acetylcholinwirkung auf, lässt sich die Durchblutung aber immer noch stimulieren. Der Grund dafür ist, dass die Reizung der Nerven zur Freisetzung von VIP führt, das auch ohne Mitwirkung von Acetylcholin die Durchblutung zu steigern vermag.
Das Phänomen der Kolokalisation findet sich auch an bestimmten sympathischen Nervenfasern: An der glatten Muskulatur extragenitaler Arteriolen wird die Wirkung des **Noradrenalins** durch den (Co)-Transmitter **Neuropeptid Y** verstärkt.

Merke!

- Acetylcholin und VIP sind in den Speicheldrüsen kolokalisiert.
- Noradrenalin und Neuropeptid Y sind an der glatten Muskulatur von (extragenitalen) Arteriolen kolokalisiert.

1.4 Wirkungen von Sympathikus und Parasympathikus

Vereinfacht kann man sagen, dass der Sympathikus für Alarmreaktionen zuständig ist, der Parasympathikus hingegen für die Ruheeinstellung. Wenn du an diese Arbeitsteilung denkst, kannst du schon eine ganze Reihe von Fragen zum vegetativen Nervensystem beantworten.

Viele Organe werden sowohl von sympathischen als auch von parasympathischen Nervenfasern innerviert. Es gibt jedoch einige Ausnahmen, nach denen im Schriftlichen gerne gefragt wird:
- Die glatte Muskulatur der **Skelettmuskelarteriolen** wird **ausschließlich sympathisch innerviert**.
- Die Schweißdrüsen werden ebenfalls nur vom Sympathikus versorgt. Zudem haben

sie noch eine weitere Besonderheit: Während der Überträgerstoff des Sympathikus auf das Erfolgsorgan sonst Noradrenalin ist, verwenden die sympathischen Fasern zu den Schweißdrüsen **Acetylcholin**. In diesem Fall wird – wie sonst beim Parasympathikus – mittels muskarinischer Rezeptoren übertragen. Aus diesem Grund hemmt z. B. Atropin (ein Muskarin-Rezeptor-Antagonist) die Schweißsekretion.
- Die Tränendrüsen werden überwiegend **parasympathisch** innerviert.

Soviel zu den Ausnahmen. Kommen wir zur sowohl sympathisch als auch parasymphatisch versorgten Mehrheit der Organe ...

1.4.1 Vegetative Innervation des Herzens

Das Herz wird sympathisch und parasympathisch beeinflusst. Der Sympathikus versorgt das Herz vom Sinusknoten bis zum Arbeitsmyokard. Parasympathische Fasern steuern vor allem Sinus- und AV-Knoten, während ihr Einfluss auf das Arbeitsmyokard relativ gering ist.
Am Sinusknoten dominiert beim ruhenden Menschen also der Parasympathikus, der ja das Herz über die Fasern des **N. vagus** erreicht. Schaltet man die vegetativen Fasern durch Gabe von Ganglienblockern oder auch operativ aus, wird das Herz tachykard. Dies zeigt, dass der Parasympathikus, der ja eine verlangsamende Wirkung auf den Herzschlag hat, einen stärkeren Einfluss auf die Herzfrequenz ausübt als der Sympathikus. Die Herzfrequenz wird vom Vagus dominiert. Auch eine Hemmung der muscarinergen Rezeptoren durch Atropin ruft eine vegetative Antwort hervor: Es kommt durch „Blockade des Parasympathikus“ zu einer Tachykardie.

Übrigens ...
Bei Diabetespatienten findet sich nach längerem Verlauf der Erkrankung häufig eine autonome Polyneuropathie, bei der sowohl Fasern des sympathischen als auch des parasympathischen Nervensystems geschädigt sind. Die Folge ist häufig eine Tachykardie, da der in Ruhe überwiegende Einfluss des Parasympathikus ausgefallen ist.

Der **Sympathikus** hat am Herzen vier wichtige Effekte:
1. **positiv inotrope** Wirkung = Steigerung der Kontraktionskraft
2. **positiv chronotrope** Wirkung = Erhöhung der Herzfrequenz
3. **positiv dromotrope** Wirkung = Beschleunigung der Überleitung am Reizleitungssystem
4. **positiv lusitrope** Wirkung = Beschleunigung der Relaxation des Herzmuskels

Gelegentlich wird auch die **positiv bathmotrope** Wirkung beschrieben. Darunter versteht man eine gesteigerte Erregbarkeit des Herzens, durch die das Risiko von Herzrhythmusstörungen steigt.
Der **Parasympathikus** wirkt **negativ chrono- und dromotrop.** Die direkte negativ inotrope Wirkung auf das Arbeitsmyokard ist jedoch nur gering.

1.4.2 Vegetative Innervation der Gefäße

Mit Ausnahme der Gefäße des Genitaltrakts werden arterielle Blutgefäße ausschließlich sympathisch innerviert. β_2-Rezeptoren bewirken eine Relaxation der glatten Muskulatur von Blutgefäßen, sodass das Gefäß dilatiert. Dieser Rezeptortyp findet sich daher an Gefäßen, deren Durchblutung bei Alarmreaktionen gesteigert werden muss: in Skelettmuskel- und Koronargefäßen. β_2-Rezeptoren haben eine besonders hohe Affinität zu Adrenalin. Daher werden sie vornehmlich stimuliert, wenn das Nebennierenmark Adrenalin ausschüttet.
α_1-Rezeptoren vermitteln hingegen eine Vasokonstriktion und sind daher vor allem in Regionen zu finden, deren Durchblutung bei Alarmreaktionen gedrosselt werden kann: in der Haut und im Gastrointestinaltrakt. Die Gefäße der Skelettmuskulatur tragen außer den

β_2-Rezeptoren auch noch – wenn auch wenige – α_1-Rezeptoren. Eine geringe Menge Adrenalin bewirkt zunächst eine Stimulierung der β_2-Rezeptoren, da deren Affinität zum Adrenalin besonders hoch ist. Bei sehr großer Adrenalinmenge werden jedoch auch die α_1-Rezeptoren erregt. Dann kann es sogar zum Überwiegen der α_1-adrenergen Wirkung und damit zu einer Kontraktion in diesem Bereich kommen.

Merke!

An den Koronargefäßen finden sich nicht nur die adrenalinempfindlichen β_2-Rezeptoren, sondern auch α_1-Rezeptoren.

1.4.3 Vegetative Innervation der Bronchien

Das zum vegetativen Nervensystem im schriftlichen Examen am häufigsten gefragte Thema ist die vegetative Innervation der Bronchien. Dabei wird fast immer nur auf die bronchodilatatorische Wirkung des Sympathikus abgezielt, sodass sich hier leicht Punkte holen lassen.
Die glatten Muskelzellen der Bronchien werden sowohl sympathisch als auch parasympathisch innerviert. Der Sympathikus wirkt an den Bronchien über β_2-Rezeptoren durch Aktivierung der cAMP-abhängigen Proteinkinase A. Diese Rezeptoren lassen auch hier die glatte Muskulatur relaxieren. So kann der Sympathikus im Falle einer Alarmreaktion die Bronchien dilatieren und damit den Luftstrom durch die Atemwege erleichtern. Der Parasympathikus hingegen bewirkt eine Bronchokonstriktion.

Übrigens ...
β-Blocker wie z. B. Propanolol hemmen den Sympathikuseinfluss an den Bronchien. Unter ihrer Wirkung verengen sich die Atemwege, was bei Asthmapatienten akute Anfälle verursachen kann. Deshalb dürfen β-Blocker bei Asthmatikern in der Regel nicht verordnet werden. Phosphodiesterasehemmer wie z. B. Amrinon und Milrinon erhöhen den Spiegel an cAMP und wirken daher ähnlich wie der Sympathikus relaxierend bzw. bronchodilatierend.

1.4.4 Vegetative Innervation des Auges

Fast so oft wie nach der Versorgung der Bronchien wird nach der vegetativen Innervation des Auges gefragt. Auch am Auge wirken Sympathikus und Parasympathikus als Gegenspieler: Der Sympathikus innerviert den M. dilatator pupillae, wodurch sich die Pupille erweitert (große Augen bei Schreckreaktionen). Eine solche Pupillenerweiterung nennt man Mydriasis. Außerdem innerviert der Sympathikus den M. tarsalis, der zusammen mit dem M. levator palpebrae das Oberlid hebt.

Übrigens ...
Bei Lähmung des Sympathikus im Kopfbereich kommt es daher zu einem Absinken des Oberlids, der **Ptose**. Außerdem fällt dadurch der M. dilatator pupillae aus und die Pupille verengt sich, was man als **Miosis** bezeichnet. Die Ptose und die Miosis bei Sympahikuslähmung nennt man **Horner-Syndrom**. Zur Horner-Trias gehört außerdem noch das Zurücktreten des Augapfels in die Augenhöhle.

Der Parasympathikus innerviert die Tränendrüse, den M. sphincter pupillae und den M. ciliaris. An der Tränendrüse wird unter parasympathischem Einfluss eine vermehrte Tränensekretion ausgelöst. Die Kontraktion des M. sphincter pupillae bewirkt eine Miosis. Der M. ciliaris schließlich ist für die Nahakkomodation zuständig. Medikamente wie z. B. Atropin wirken als Parasympathikolytikum, blockieren Muskarinrezeptoren und können die genannten Muskeln relaxieren. Auf der anderen Seite führen Hemmstoffe der Acetylcholin-Esterase zu erhöhten Konzentrationen von Acetylcholin und damit zu einer gesteigerten Aktivität des Parasympathikus was beim Auge zu einer Miosis führt.

1.4.5 Vegetative Innervation des Verdauungstrakts

Verglichen mit der hohen klinischen Relevanz wird im schriftlichen Examen verhältnismäßig wenig nach der vegetativen Innervation des Verdauungstrakts gefragt. Vor allem kommen hier Fragen zu der Innervation der Sphinkteren und der Speicheldrüsen vor.

Magen-Darm

Der Magen-Darm-Trakt kann seine Arbeit am besten in Ruhephasen des Organismus verrichten. Seine Aktivität wird entsprechend durch den Parasympathikus gefördert.
Parasympathische Fasern stimulieren die Magen-Darm-Motilität. Außerdem senken sie den Tonus der glatten Muskulatur der Sphinkteren, sodass unter Parasympathikuseinfluss der Weitertransport der Nahrung und schließlich die Defäkation ermöglicht wird.

Merke!

- Während die meisten parasympathischen Fasern im N. vagus verlaufen, stammen die Fasern im Bereich des M. sphincter ani internus aus dem Sakralmark.
- Eine häufig gestellte Falle betrifft die Innervation des M. sphincter ani externus: Dieser wird nämlich NICHT vom vegetativen Nervensystem innerviert, da es sich um einen quergestreiften, willkürlich innervierten Muskel handelt. Die ihn versorgenden Motoneurone verlaufen im N. pudendus.

Der Sympathikus kann über α_2-Rezeptoren die Motilität des Magen-Darm-Trakts hemmen. Außerdem erhöht er über α_1-Rezeptoren den Sphinkterentonus.

Speicheldrüsen

An den Speicheldrüsen wirken Sympathikus und Parasympathikus synergistisch. Sympathische Fasern steigern vor allem an der Glandula submandibularis die Produktion eines mukösen, d. h. schleimhaltigen Speichels.
Der Parasympathikus fördert an allen Speicheldrüsen die Herstellung eines serösen, d. h. wässrigen Speichels. Die parasympathischen Fasern verwenden – wie in den meisten Fällen – als Transmitter Acetylcholin. VIP kann als Kotransmitter die Acetylcholinwirkung verstärken.

Übrigens ...
Viele Medikamente haben eine anticholinerge (die Wirkung des Acetylcholins abschwächende) Nebenwirkung. Zu diesen Medikamenten gehören z. B. die trizyklischen Antidepressiva, die den Parasympathikus an den Speicheldrüsen hemmen und damit eine unangenehme Mundtrockenheit auslösen.

Gallenblase

Die Gallenblase wird vor allem von parasympathischen Fasern versorgt, die eine Kontraktion des Organs auslösen.

Defäkation

An der Defäkation sind parasympathische und sympathische Fasern beteiligt, außerdem wird sie durch das Darmnervensystem und auch über das Willkürnervensystem reguliert.
Zur Einleitung der Defäkation sendet das Gehirn ein Signal an die parasympathischen Fasern der rektalen Darmabschnitte. Der Parasympathikus fördert dort die Darmmotilität und **senkt** den Tonus des M. sphincter ani internus. Durch willkürliche Innervation relaxiert

auch der M. sphincter ani externus, sodass der Kot aus dem Darm befördert werden kann.
Solange keine Defäkation stattfindet, werden die parasympathischen Fasern durch zentralnervöse Einflüsse gehemmt. Sympathische Fasern sorgen über α_1-Rezeptoren dafür, dass der M. sphincter ani internus geschlossen ist.

1.4.6 Vegetative Innervation der Harnblase

In der Wand der Harnblase sind die glatten Muskelfasern in **drei Schichten** angeordnet. Diese Muskeln fasst man unter dem Begriff M. detrusor vesicae zusammen. Sie werden von parasympathischen Fasern aus dem Sakralmark innerviert. Der M. sphincter vesicae internus im Trigonum vesicae wird von sympathischen Nervenfasern versorgt.
Bei der Miktion aktiviert das Gehirn über das Sakralmark die parasympathischen Fasern, sodass sich der Detrusor und damit die Harnblase kontrahiert. Gleichzeitig werden die sympathischen Nerven gehemmt, sodass der Weg zur Harnröhre frei wird.
Normalerweise wird die Miktion von der Hirnrinde aus eingeleitet. Bei einer Querschnittslähmung, bei der die Fasern vom Gehirn zum Rückenmark durchtrennt sind, kann die Miktion jedoch auch allein reflektorisch reguliert werden: Dehnungsrezeptoren in der Harnblase registrieren den Füllungszustand und leiten ein entsprechendes Signal an das Rückenmark weiter. Wenn nun ein bestimmter Füllungsgrad erreicht ist, wird unwillkürlich die Miktion mit Aktivierung des M. detrusor und Hemmung des Sphinkter internus eingeleitet. Man spricht dann von einer Reflexblase.

Die Fasern der Dehnungsrezeptoren sind im Rückenmark zum Teil mit Fasern der Hautsensibilität im Bereich der Bauchdecke zusammengeschaltet. Dadurch können Querschnittsgelähmte oft erlernen, den Miktionsreflex auch durch Bestreichen der Bauchdecke selbst auszulösen. So können die Patienten eine willkürliche Miktion auslösen, und die Kontinenz bleibt erhalten.

1.4.7 Vegetative Innervation der Genitalorgane

Klitoris und Penis werden sowohl sympathisch als auch parasympathisch innerviert.
Die Ejakulation wird über sympathische Fasern aus dem Lumbalmark ausgelöst, die Steuerung der Erektion erfolgt über parasympathische Fasern aus dem Sakralmark. Diese Nervenfasern benutzen als Transmitter neben Acetylcholin auch **Stickstoffmonoxid (NO)**, das in der Nervenzelle aus der Aminosäure **Arginin** gewonnen wird.
Der Parasympathikus vermittelt an den Schwellkörpern von Penis und Klitoris eine **Dilatation** der arteriellen Gefäße (Aa. helicinae), sodass vermehrt Blut einströmt. Durch diesen Bluteinstrom vergrößern sich bei sexueller Erregung die Schwellkörper, wodurch wiederum die venösen Gefäße komprimiert werden.
Die Erektion beruht somit nicht nur auf einem arteriellen Bluteinstrom, sondern auch auf einem verminderten venösen Blutausstrom.

Merke!

Ejakulation:
- Aktivierung sympathischer Neurone aus dem lumbalen Rückenmark

Erektion:
- parasympathische Steuerung = Dilatation von Arteriolen der Corpora cavernosa des Penis

1.4.8 Vegetative Innervation des Renin-Angiotensin-Aldosteron-Systems

Das Renin-Angiotensin-Aldosteronsystem wird aktiviert, wenn im juxtaglomerulären Apparat der Niere eine verminderte Nierendurchblutung gemessen wird.
Darüber hinaus erhöht der Sympathikus die Renin-Ausschüttung über β_1-Rezeptoren.

Organ	Sympathikus	Rezeptor	Parasympathikus	Rezeptor
Herz	– versorgt das ganze Herz – pos. inotrop – pos. dromotrop – pos. chronotrop – pos. lusitrop = beschleunigte Aufnahme von Ca^{2+} ins sarkoplasmatische Retikulum	β_1	– versorgt nicht das Arbeitsmyokard – neg. chronotrop – neg. dromotrop – Erhöhung der Membranpermeabilität für K^+ in den Zellen des Sinusknotens	m
Auge	– Mydriasis	α_1	– Miosis – Steigerung der Tränendrüsensekretion – Akkomodation	m
Magen-Darm	– Abnahme der Motilität – Zunahme des Sphinkterentonus	α_2 α_1	– Zunahme der Motilität – Abnahme des Sphinkterentonus (Versorgung des Sphincter ani internus nicht über N. Vagus, sondern über Sakralmark (!)) – Steigerung der Glykogenolyse in der Leber	m
Bronchien	– Erschlaffung der Muskulatur	β_2	– Kontraktion der Muskulatur	
Nieren	– Förderung der Reninfreisetzung	β_1		
Blase	– Zunahme des Sphinkterentonus	α_1	– Kontraktion des M. detrusor vesicae	m
Galle			– Kontraktion der Gallenblase	m
Speicheldrüse	– Zunahme der mukösen Sekretion	α_1	– Zunahme der serösen Sekretion	m
Pankreas	– Hemmung der Insulinsekretion	α_2		
Gefäße	– Erweiterung der Koronararteriolen – Verengung der Koronararteriolen	β_2 α_1	– Relaxation der Aa. helicinae der Corpora cavernosa penis	m
M. arrector pili	– Aufrichtung der Haare	α_1		
braunes Fettgewebe	– Lipolyse	β_3		

m = muskarinischer Acetylcholinrezeptor

Tab. 2: Wirkungen von Sympathikus und Parasympathikus

1.4.9 Vegetative Innervation der Schweißdrüsen

Schweißdrüsen werden ausschließlich über sympathische Fasern innerviert. Die Kerngebiete des ersten Neurons liegen also im Bereich des Thorakolumbalmarks, und die Neurone werden – wie andere sympathische Fasern auch – in den Grenzstrangganglien umgeschaltet. Eine Besonderheit wird sehr gern im Schriftlichen gefragt: Statt mit Noradrenalin wird das Signal mit **Acetylcholin** auf die

Schweißdrüse übertragen. Dazu werden **muskarinische Rezeptoren** verwendet. Somit ist auch leicht verständlich, warum Hemmstoffe muscarinerger Acetylcholin-Rezeptoren, wie z. B. Atropin, die Schweißproduktion hemmen.

1.5 Nebennierenmark

Das Nebennierenmark besteht vor allem aus Nervenzellen, die entwicklungsgeschichtlich Teil des Sympathikus sind. Es schüttet seine Produkte ins Blut aus und zählt deshalb zu den Hormondrüsen. Im Gegensatz zu den restlichen sympathischen Fasern, die überwiegend Noradrenalin produzieren, stellt das Nebennierenmark vor allem Adrenalin her – der Noradrenalinanteil liegt nur bei etwa 20 Prozent. Außerdem schüttet das Mark noch einen geringen Anteil an Dopamin aus. Wichtig ist außerdem zu wissen, dass der Transmitter von der sympathischen Nervenfaser zur Nebennierenmarkzelle Acetylcholin ist.

Merke!

Adrenalin wird in Vesikeln in den hormonproduzierenden Zellen gespeichert und kann auf ein entsprechendes Signal hin in großen Mengen freigesetzt werden.

Übrigens ...

Phäochromozytome sind Tumore des Nebennierenmarks, die unkontrolliert Adrenalin sezernieren. Dies führt bei den betroffenen Patienten zu Blutdruckkrisen. Therapeutisch bietet sich bei einem einseitigen Phäochromozytom die operative Entfernung der Nebenniere an. Falls medikamentös behandelt werden muss, empfiehlt sich eine Blockade der α_1-adrenergen Rezeptoren.

1.6 Darmnervensystem

Das Darmnervensystem (enterisches Nervensystem) besteht aus einem Nervengeflecht, das den Verdauungstrakt in zwei verschiedenen Wandschichten durchzieht:

1. Die Neurone des Plexus myentericus (Auerbach) finden sich in der Tela muscularis,
2. die Fasern des Plexus submucosus (Meissner) liegen in der Tela submucosa.

Das Darmnervensystem kann unabhängig vom übrigen Nervensystem die Tätigkeit der Darmmuskulatur beeinflussen und so die peristaltischen Kontraktionen steuern. Sympathikus und Parasympathikus beeinflussen jedoch das enterische Nervensystem modulierend.

Als Transmitter verwendet das Darmnervensystem überwiegend **Peptide**, u. a. Substanz P und VIP.

Merke!

Das Darmnervensystem enthält peptiderge Neurone.

DAS BRINGT PUNKTE

Viele Fragen wirst du leicht beantworten können, wenn du weißt, dass Alarmreaktionen vor allem unter Sympathikuseinfluss stehen und die Verdauung durch den Parasympathikus gefördert wird. Insgesamt können viele Fragen aus diesem Bereich mit erfreulich wenigen Informationen gelöst werden.
Besonders häufig wird die Wirkung des vegetativen Nervensystems an den Bronchien und an den Pupillen gefragt. Gut Punkte sammeln konnte man bisher, wenn man wusste, dass der **Sympathikus**

- auf Alarmreaktion umstellt (plötzlicher Blutdruckabfall erhöht den Sympathikotonus),
- Bronchien über β_2-Rezeptoren erweitert,
- die Pupillen über α_1-Rezeptoren erweitert,
- an Sinusknoten, Vorhof, AV-Knoten und Arbeitsmyokard wirkt,
- den Tonus des Sphincter vesicae internus über α_1-Rezeptoren erhöht,
- die Gefäße der Haut engstellt,
- die Insulinsekretion über α_2-Rezeptoren hemmt und
- die Reninkonzentration über β_1-Rezeptoren erhöht.

Wusste man zudem noch, dass

- die Perikaryen sympathischer postganglionärer Neurone im Grenzstrang und in den prävertebralen Ganglien liegen,
- bei der Umschaltung vom ersten auf das zweite Neuron nikotinische (nikotinergen) Rezeptoren verwendet werden und
- die nikotinischen (nikotinergen) Rezeptoren ligandengesteuerte Ionenkanäle sind, war man punktemäßig auch schon ganz vorne mit dabei.

Zu den **α_1-Rezeptoren** solltest du dir Folgendes merken:

- Die Aktivierung des α_1-Rezeptors führt zur Aktivierung eines G-Proteins durch Bindung von GTP. Es folgt die Aktivierung der Phospholipase C, die Spaltung von PIP_2 mit der Freisetzung von Diacylglycerin (DAG) und von Inositoltrisphosphat (IP_3) und schließlich die Erhöhung der zytosolischen Ca^{2+}-Konzentration.
- α_1-Rezeptoren bewirken meist eine Konstriktion.

Bei den **β-Rezeptoren** wurde Folgendes häufig gefragt:

- Die Aktivierung des β-Rezeptors führt zur Aktivierung eines Gs-Proteins durch Bindung von GTP. Es folgt die Aktivierung der Adenylatcyclase, was den Anstieg des cAMP und darüber die Aktivierung von z. B. Proteinkinasen bewirkt.
- Die Noradrenalinfreisetzung kann über präsynaptische α_2-Rezeptoren gehemmt und über präsynaptische β-Rezeptoren gefördert werden.

Auch der **Parasympathikus** ist im Schriftlichen nach wie vor beliebt. Zu diesem Thema solltest du wissen, dass er

- mit muskarinischen (muskarinergen) ACh-Rezeptoren aufs Erfolgsorgan überträgt,
- die Beckenorgane, z. B. das Rektum, vom Sakralmark aus versorgt,
- den dominierenden (negativ chronotropen) Einfluss auf die Herzfrequenz hat und
- eine Bronchokonstriktion bewirkt.

Besonderheiten und gern gefragte **Ausnahmen**:

- Skelettmuskelgefäße werden ausschließlich sympathisch versorgt.
- Schweißdrüsen werden ausschließlich sympathisch versorgt, und als Transmitter dient Acetylcholin. Daher lässt sich die Schweißsekretion durch

DAS BRINGT PUNKTE

Atropin hemmen, das ja muskarinische Rezeptoren blockiert.
- Tränendrüsen werden überwiegend parasympathisch innerviert.

Dauerbrenner beim Thema **Sexualfunktion** sind die
- Erektion: parasympathisch vermittelte Dilatation der Arteriolen des Penis und die
- Ejakulation: wird sympathisch vom Lumbalmark aus gesteuert.

Wenn du darüber hinaus auch noch weißt, dass das Darmnervensystem die Peristaltik mit dem Plexus myentericus und dem Plexus submucosus steuert, hast du die Punkte zum Thema vegetatives Nervensystem auch schon eingesackt.

FÜRS MÜNDLICHE

Das erste Kapitel ist geschafft! Nun überprüfe dein Wissen mit den passenden Fragen zum Thema „Vegetatives Nervensystem".

1. **Was sind die Aufgaben des vegetativen Nervensystems?**
2. **Wie wird das vegetative Nervensystem eingeteilt und welche Funktionen haben die verschiedenen Teile?**
3. **Welchen Einfluss haben Sympathikus und Parasympathikus auf die Bronchien?**
4. **Wie reguliert das vegetative Nervensystem die Pupillenweite?**
5. **Welche Noradrenalin- und Acetylcholinrezeptor-Typen kennen Sie?**
6. **Welche Second messenger werden durch α_1, welche durch β-Rezeptoren aktiviert?**
7. **Nenne Beispiele für jeweils eine positive und negative Rückkopplung im Bereich des vegetativen Nervensystems.**

---

1. Was sind die Aufgaben des vegetativen Nervensystems?
Das vegetative Nervensystem dient der Aufrechterhaltung der inneren Homöostase. Es reguliert die Funktion der inneren Organe und der Gefäße. Es arbeitet – ähnlich wie das Hormonsystem – meist ohne Beteiligung des Bewusstseins.

2. Wie wird das vegetative Nervensystem eingeteilt und welche Funktionen haben die verschiedenen Teile?
Es wird in Sympathikus, Parasympathikus und Darmnervensystem eingeteilt. Der Sympathikus-Anteil wird bei Alarmreaktionen („fight or flight") besonders stark aktiviert. Er sorgt unter anderem durch Erweiterung der Muskel- und Koronargefäße, positiv chrono-, dromo- und inotrope Wirkung am Herzen, Aktivierung der Schweißdrüsen und durch Erhöhung des Blutzuckerspiegels für eine Leistungssteigerung des Organismus. Der Parasympathikus fördert vorwiegend Körperfunktionen, die im Ruhezustand aktiv sind. Vor allem die Verdauungsfunktionen werden unter Parasympathikuseinfluss gesteigert. Er fördert z. B. die Bildung eines wässrigen, reichhaltigen Speichels sowie

die Peristaltik des Darmsystems und ermöglicht durch Erschlaffung der Sphinkteren den Weitertransport der Nahrung.

3. Welchen Einfluss haben Sympathikus und Parasympathikus auf die Bronchien?
Der Sympathikus sorgt über β_2-Rezeptoren für eine Bronchodilatation und ermöglicht so eine verbesserte Ventilation. Bei einer Bronchialverengung – z. B. bei Asthma bronchiale – werden deshalb auch häufig β_2-Mimetika verordnet. Der Parasympathikus hingegen fördert über seine muskarinischen (muskarinergen) ACh-Rezeptoren eine Bronchokonstriktion.

4. Wie reguliert das vegetative Nervensystem die Pupillenweite?
Der Sympathikus erweitert die Pupille über den M. dilatator pupillae (Mydriasis). Der Parasympathikus aktiviert den M. sphincter pupillae und erzeugt eine Miosis.

5. Welche Noradrenalin- und Acetylcholinrezeptor-Typen kennen Sie?
Noradrenalin-Rezeptoren verwendet der Sympathikus bei der Übertragung vom zweiten Neuron auf das Effektororgan. Man unterscheidet α_1-, α_2-, β_1- und β_2-Rezeptoren. α_1–Rezeptoren vermitteln häufig konstriktorische Wirkungen, während β_2-Rezeptoren sehr häufig eine Dilatation vermitteln. β_1-Rezeptoren finden sich vor allem am Herzen, während α_2-Rezeptoren außer im ZNS meist präsynaptisch zu finden sind.

6. Welche Second messenger werden durch α_1, welche durch β-Rezeptoren aktiviert?
Eine Aktivierung am α_1-Rezeptor führt – vermittelt durch ein G-Protein – zu einer Freisetzung von Diacylglycerin (DAG) und von Inositoltrisphosphat (IP_3).
Eine Erregung am β-Rezeptor aktiviert ein Gs-Protein, das einen Anstieg der Adenylatcyclase bewirkt. Dadurch steigt intrazellulär die Konzentration des Second messengers cAMP, welches seinerseits die Aktivität der Proteinkinase A steigert.

7. Nenne Beispiele für jeweils eine positive und negative Rückkopplung im Bereich des vegetativen Nervensystems.
Beeinflussung der Noradrenalin Freisetzung Varikositäten der sympathischen Nervenfasern. Noradrenalin wird aus den Nervenfasern freigesetzt und diffundiert sowohl an die postsynaptische als auch an die präsynaptische Membran. An der Präsynapse kann es durch Bindung an α_2-Rezeptoren die eigene Freisetzung hemmen. Adrenalin hingegen kann über β-Rezeptoren die Freisetzung von Noradrenalin steigern.

Mehr Cartoons unter www.medi-learn.de/cartoons

Pause

Päuschen gefällig?
Du hast es dir verdient!

2 Muskelphysiologie

Fragen in den letzten 10 Examen: 24

Insgesamt ist die Muskelphysiologie eines der dankbarsten Themen in der Physiologie: Es ist größtenteils recht anschaulich, und allein mit dem Gleitfilamentmechanismus kannst du bereits gut punkten. Dieses Thema zu lernen lohnt sich auch für die mündliche Prüfung, denn es gehört zu den am häufigsten in der Physiologie gefragten Themen.

2.1 Die Muskulatur

Man unterscheidet drei Arten von Muskulatur:
- Die quergestreifte Muskulatur,
- die glatte Muskulatur und
- die Herzmuskulatur.

Die **Skelettmuskeln** gehören zur quergestreiften Muskulatur. Sie werden vom Willkürnervensystem über Motoneurone vom **Aα-Typ** innerviert. Im Gegensatz zu glatten Muskeln und zu Herzmuskeln gibt es bei ihnen keine Übertragung des Aktionspotenzials von einer Muskelzelle auf die andere. Quergestreifte Muskelzellen können viele Zentimeter lang werden und enthalten mehrere, randständige Zellkerne (s. Skript Histologie 1).
Bereits lichtmikroskopisch kann man erkennen, dass die nebeneinanderliegenden Zellen ein quergestreiftes Muster zeigen. Wie es dazu kommt, erfährst du gleich ...

Merke!

- Quergestreifte Muskelfasern werden durch Aα-Motoneurone erregt,
- eine Übertragung zwischen den Muskelfasern findet nicht statt.
- Der physiologische Querschnitt eines Muskels ist direkt von der Dicke der Muskelfasern abhängig.

Herzmuskelzellen weisen ebenfalls eine Querstreifung auf, sie unterscheiden sich aber in einigen Eigenschaften von den Skelettmuskeln und werden deshalb als eigene Gruppe betrachtet.
Herzmuskelzellen haben in der Regel nur einen Zellkern, der nicht randständig, sondern in der Mitte liegt. Außerdem werden sie NICHT von Aα-Motoneuronen innerviert, sondern über das Erregungsleitungssystem des Herzens. **Gap junctions**, welche Herzmuskelzellen miteinander verbinden, ermöglichen die Übertragung einer Erregung von einer Zelle auf die nächste.

Die **glatte Muskulatur** heißt so, weil sie im Lichtmikroskop nicht quergestreift, sondern glatt erscheint. Die Zellen sind meist spindelförmig und haben jeweils einen Zellkern in der Mitte. Glatte Muskeln arbeiten ökonomischer als quergestreifte Muskeln: Um die gleiche Kraft pro Querschnitt zu erzeugen, brauchen sie weniger Energie.
Glatte Muskeln werden ebenfalls nicht von Aα-Motoneuronen innerviert, sondern durch verschiedene andere Mechanismen zur Kontraktion veranlasst:
- Einige glatte Muskelzellen, z. B. diejenigen, die eine Konstriktion an Blutgefäßen bewirken, werden durch Nervenfasern des vegetativen Nervensystems innerviert. Sie unterliegen also – im Gegensatz zur quergestreiften Muskulatur – nicht der Willkürmotorik, sondern werden unwillkürlich gesteuert.
- Die glatten Muskelzellen, die in der Wand der Verdauungsorgane für peristaltische Kontraktionen zuständig sind, sind spontan aktiv. Dabei arbeiten einige der glatten Muskeln als Schrittmacherzellen: Ihre Zellmembran neigt zu rhythmischen Spontandepolarisationen, wodurch Aktionspoten-

ziale an der Membran ausgelöst werden, die die Zelle zur Kontraktion bringen. Diese Erregung wird dann – ähnlich wie bei den Herzmuskelzellen – über Gap junctions von Zelle zu Zelle weitergeleitet. So kann sich eine peristaltische Welle von oben nach unten ausbreiten.

- Wieder andere glatte Muskelzellen können durch mechanische Einflüsse zur Kontraktion gebracht werden. So kontrahieren sich z. B. die glatten Muskeln der Nierenarteriolen, wenn sie durch einen zunehmenden Blutfluss gedehnt werden.

Merke!

Um die gleiche Kraft pro Querschnittsfläche zu erzeugen, verbrauchen glatte Muskeln weniger Energie als die Skelettmuskulatur.

2.2 Skelettmuskulatur

In der Prüfung wird häufiger nach der Skelett- als nach der glatten Muskulatur gefragt. Wahrscheinlich liegt das daran, dass die Einzelheiten des molekularen Mechanismus schon länger bekannt sind als bei den glatten Muskeln.

2.2.1 Aufbau einer Skelettmuskelfaser

Mit diesem Thema kannst du nicht nur in Physiologie, sondern auch in Histologie Punkte sammeln – es lohnt sich also, wenn du dich damit etwas ausführlicher beschäftigst.

Dicke und dünne Myofilamente

Innerhalb einer Skelettmuskelfaser befinden sich verschiedene Myofilamente, die sehr regelmäßig nebeneinander angeordnet sind. Dabei unterscheidet man zwischen dünnen und dicken Filamenten. Dicke Filamente bestehen aus bündelartig zusammenliegenden **Myosinmolekülen**. Diese Moleküle tragen an ihren Enden ein Myosinköpfchen, das eine entscheidende Rolle bei der Muskelkontraktion spielt. Auf Abb. 9, S. 21 kannst du sehen, dass die Köpfchen der Myosinmoleküle an den beiden Enden des Bündels liegen und jeweils in die entgegengesetzte Richtung zeigen. In der Mitte sind die entgegensetzt liegenden Myosinmoleküle im Bereich der M-Linie miteinander verbunden. Zu den dünnen Filamenten gehören **Aktin und Tropomyosin**. Aktinfilamente bestehen aus kugeligen G-Aktin-Molekülen, die wie eine Perlenkette aneinandergereiht sind. Zwei dieser Perlenketten liegen verdrillt nebeneinander und bilden das F-Aktin (kann u. a. gebundenes ATP zu ADP und Phosphat hydrolysieren). Zwischen diesen beiden Perlenketten liegt ein dünnes, fadenförmiges Molekül: das Tropomyosin. An diesem Tropomyosinfaden wiederum sind in regelmäßigen Abständen Troponinmoleküle befestigt. Troponinmoleküle bestehen aus drei Untereinheiten: Die Untereinheit Troponin-T dient der Befestigung an das fadenförmige Tropomyosin. Troponin-I inhibiert bei niedrigen intrazellulären Ca^{2+}-Konzentrationen den Querbrückenzyklus, und das Troponin-C kann Calciumionen binden.

Dünne und dicke Filamente sind in der Muskelzelle so nebeneinander angeordnet, dass sich die Enden der dünnen Filamente mit der Region der Myosinköpfchen der dicken Filamente überlappen. Dünne und dicke Filamente bilden zusammen eine funktionelle Einheit, die man als Sarkomer bezeichnet. Innerhalb einer Muskelfaser sind viele Sarkomere hintereinander angeordnet. Im Bereich der Z-Scheiben sind sie miteinander verbunden.

Die Anordnung der Moleküle ist aber nicht nur innerhalb eines einzelnen Sarkomers sehr regelmäßig, sondern auch die Sarkomere selbst sind innerhalb einer Muskelzelle gleichmäßig nebeneinander angeordnet. Diese Ordnung ist schon lichtmikroskopisch als Querstreifung sichtbar.

Bei einer Muskelkontraktion gleiten die Aktin- und Myosinfilamente aneinander vorbei. Sie werden innerhalb eines **Sarkomers** teleskopartig ineinander geschoben. Ein einzelnes Sarkomer kann sich dabei zwar nur um etwa ein tausendstel Millimeter verkürzen,

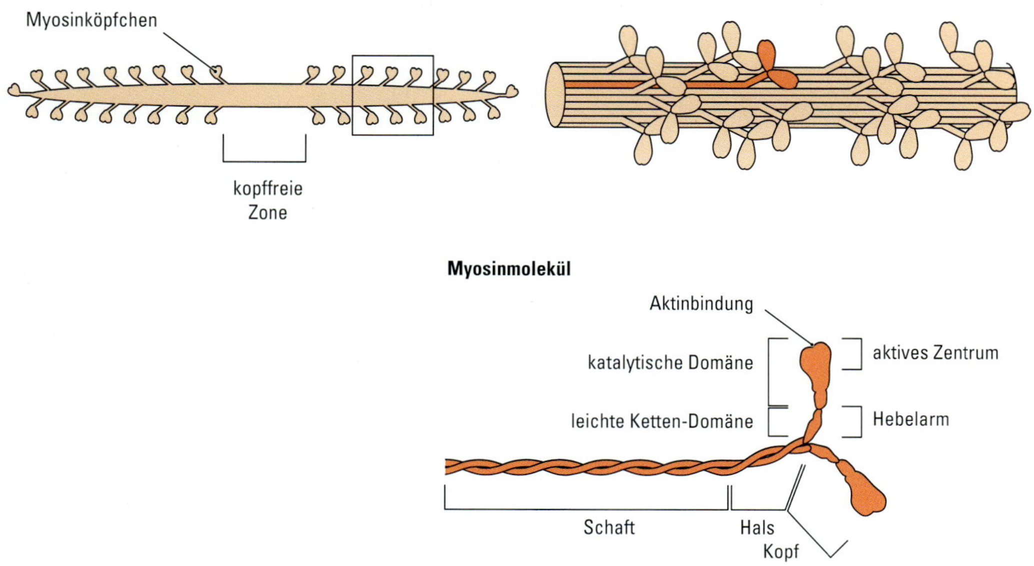

Abb. 9: Myosin

medi-learn.de/7-physio5-9

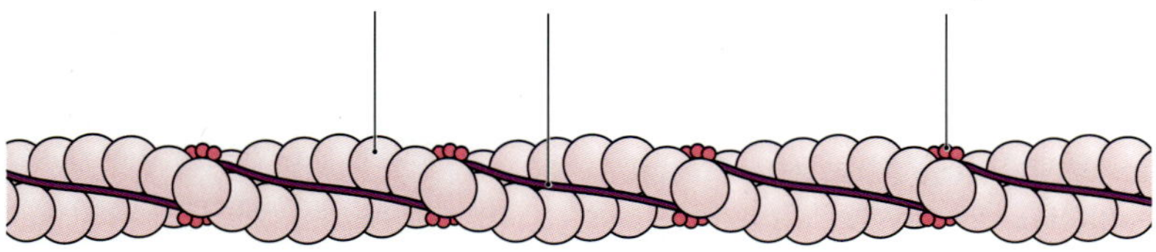

Abb. 10: Dünne Filamente

medi-learn.de/7-physio5-10

da aber in einer Muskelfaser viele tausend Sarkomere hintereinander liegen, ergibt sich insgesamt die an einem Skelettmuskel gut sichtbare Verkürzung von vielen Zentimetern. Die Streifen, die an einem Sarkomer zu erkennen sind, ergeben sich also durch die Anordnung der dicken und der dünnen Filamente. Der Bereich eines Sarkomers, in dem sich die Myosinfilamente befinden, wird als **A-Bande** bezeichnet. Da sich nun bei einer Kontraktion nicht die Myosinfilamente selbst verkürzen, sondern nur Aktin und Myosin ineinander geschoben werden, ändert sich die Länge der A-Bande bei einer Kontraktion NICHT.

Die **I-Bande** ist der Bereich an den Enden eines Sarkomers, in dem zwar noch Aktinfilamente, aber keine Myosinfilamente mehr liegen. Als **H-Zone** bezeichnet man den Bereich in der Mitte eines Sarkomers, in dem kein Aktin mehr zu finden ist. Da sich bei der Kontraktion Aktin und Myosin ineinander schieben und dadurch die Aktinfilamente zur Sarkomermitte gleiten, werden die I-Bande und die H-Zone bei einer Kontraktion kürzer.

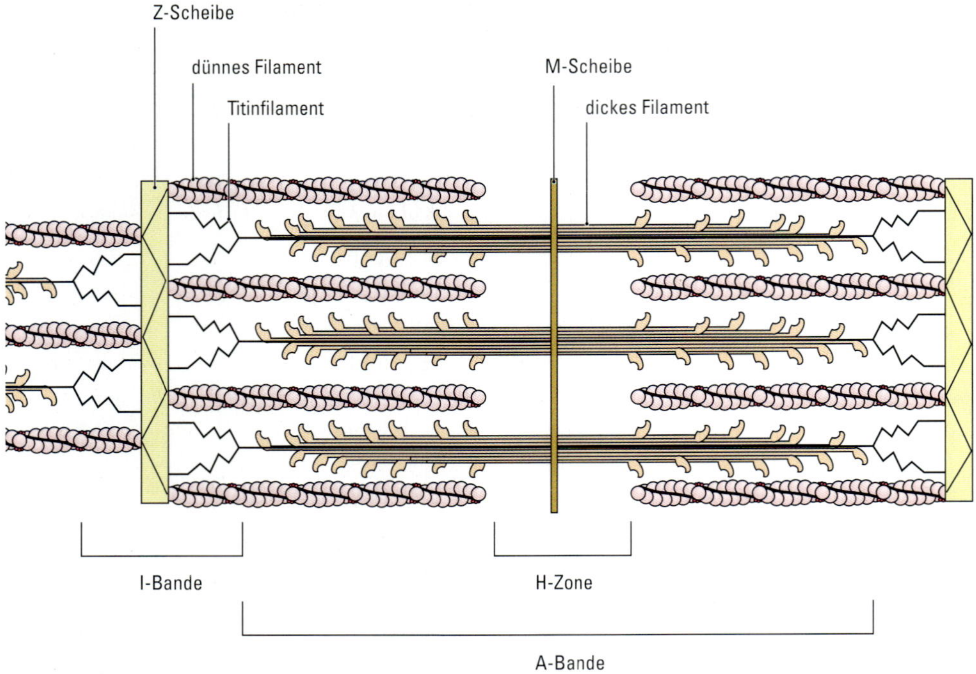

Abb. 11: Sarkomer

medi-learn.de/7-physio5-11

Über die beschriebenen dicken und dünnen Filamente hinaus findet sich als weiterer wichtiger Bestandteil das **Titin**. Es besteht aus sehr großen Molekülen und ist in der Mitte des Sarkomers an den M-Streifen, an den Enden jeweils an den Z-Scheiben befestigt. Es hat eine Art Federfunktion: Wird das Sarkomer auseinandergezogen, kann Titin das Sarkomer wie eine gespannte Feder in die Ausgangsposition zurückversetzen. Damit ist es aufgrund seiner elastischen Eigenschaften am meisten für die Längen-Spannungsbeziehung (Ruhedehnungskurve) eines Skelettmuskels verantwortlich. Es trägt damit zum Dehnungswiderstand inaktiver Skelettmuskelfasern bei.

Es sind immer sechs Aktinfilamente um ein Myosinfilament herum gruppiert. Bei genauer Betrachtung der Quartärstruktur des Myosins fällt auf, dass ein Myosinmolekül aus zwei schweren und vier leichten Ketten besteht.

Merke!

- Dicke Filamente bestehen aus Myosin.
- Dünne Myofilamente bestehen aus Troponin, Tropomyosin und Aktin.
- Ein Sarkomer ist der Abschnitt zwischen zwei Z-Scheiben.
- Titin ist aufgrund seiner elastischen Eigenschaften am meisten für die Längen-Spannungsbeziehung eines ruhenden Skelettmuskels verantwortlich.

2.2.2 Innervation der Muskelzelle

Zur Innervierung der Muskelzelle wird in der schriftlichen Prüfung vor allem nach dem nikotinischen (nikotinergen) Acetylcholin-Rezeptor gefragt. Das Thema wird dir übrigens in der Pharmakologie und in der Anästhesie wieder begegnen, denn bei einer Narkose lässt sich die Innervierung der Muskelzellen gezielt ausschalten.

Motorische Einheit

Quergestreifte Muskelfasern werden von Aα-Motoneuronen innerviert. Bei einer Schädigung der Aα-Motoneurone kommt es daher zu einer schlaffen Lähmung der betroffenen Muskelfasern. Die Perikaryen der Motoneurone liegen in den Vorderhörnern des Rückenmarks. Eine Ausnahme bilden die quergestreiften Muskeln, die von Hirnnerven versorgt werden. Ein Motoneuron bildet dabei mehrere Kollateralen, die dann jeweils eine Muskelzelle versorgen. Man bezeichnet ein Motoneuron zusammen mit seinen Kollateralen und den davon innervierten Muskelfasern als **motorische Einheit**. Wird das Motoneuron einer motorischen Einheit aktiviert, kontrahieren sich alle zugehörigen Muskelfasern gemeinsam. Dabei wird eine Muskelzelle immer nur von einer einzelnen Kollateralen erreicht.

Je nachdem, wie fein ein Muskel gesteuert werden muss, verzweigt sich das Motoneuron in mehr oder weniger Kollateralen. Die Motoneurone für die Augenmuskeln zum Beispiel, die sehr präzise gesteuert werden müssen, verzweigen sich nur auf bis zu zehn einzelne Muskelfasern. Motoneurone für Extremitäten hingegen teilen sich in mehrere hundert Verzweigungen, die dann entsprechend viele Muskelfasern ansteuern. Augenmuskeln haben also viel kleinere motorische Einheiten als z. B. der M. biceps brachii.

Merke!

- Die Skelettmuskelfasern, die zu einer motorischen Einheit gehören, werden von einem einzelnen Aα-Motoneuron innerviert.
- Muskelfasern einer einzelnen motorischen Einheit kontrahieren sich bei der Erregung des zugehörigen Motoneurons alle gemeinsam.

Motorische Endplatte

Eine Kollaterale eines Motoneurons versorgt also eine einzelne Muskelfaser. In dem der Muskelfaser anliegenden Bereich ist das Axon des Motoneurons ein wenig verdickt. Man bezeichnet diesen verdickten Bereich als **Endknopf**. Am Endknopf überträgt das Axon des Motoneurons das Signal auf die Membran der Muskelfaser. Zur Übertragung wird in den Spalt zwischen der Endplatte und der Muskelzellmembran der

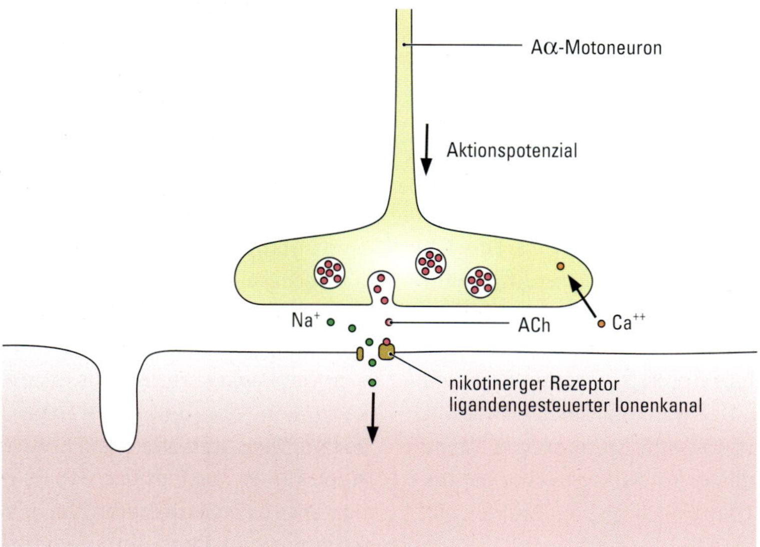

Abb. 12: Motorische Endplatte

medi-learn.de/7-physio5-12

Neurotransmitter **Acetylcholin** ausgeschüttet. Das Signal wird mittels einer chemischen Synapse auf die Muskelzellmembran übertragen. Diese chemische Synapse zusammen mit dem Endknopf und der darunterliegenden Muskelfasermembran bezeichnet man als motorische Endplatte. Die Membran an der Unterseite des Endknöpfchens ist – ebenso wie die darunterliegende Membran der Muskelfaser – aufgefältelt, um die Oberfläche für die Übertragung zu vergrößern.

Das Acetylcholin ist im Bereich der motorischen Endplatte in kleinen Vesikeln gespeichert. Es wird ausgeschüttet, wenn ein Aktionspotenzial über die Membran des Motoneurons läuft. Initial jedoch erfolgt eine rasche Depolarisation des Alpha-Motoneurons bis hin zum Axonhügel über eine positive rückkoppelnde Öffnung potenzialgesteuerter Natrium-Kanäle. Dazu öffnen sich an der präsynaptischen Membran des Motoneurons spannungsabhängige Calcium-Kanäle, sodass es zu einem Einstrom von Calcium-Ionen kommt. Dieser Calcium-Einstrom bewirkt die Exozytose der Vesikel und damit die Ausschüttung des Acetylcholins.

Botulismus ist eine Erkrankung, die durch das Gift des Bakteriums Clostridium botulinum ausgelöst wird. Diese Bakterien vermehren sich z. B. in unzureichend sterilisierten Dosenkonserven, was an der Dose wegen der Gasbildung dieser Bakterienart an einer Wölbung des Dosendeckels nach oben erkennbar ist. Das Gift Botulinustoxin blockiert die Ausschüttung der Acetylcholinvesikel und unterbricht damit die Übertragung vom Motoneuron zur Muskelfaser (dies geschieht durch Spaltung von Proteinen des SNARE-Komplexes): Der Muskel wird gelähmt. Bereits geringe Mengen des Toxins können eine tödliche Lähmung der Atemmuskulatur hervorrufen.

Übrigens ...
Botulinustoxin (kurz = Botox) wird gelegentlich in stark verdünnter Form in die Gesichtsmuskulatur injiziert, um die Muskeln dort zu lähmen und so z. B. einen unwillkürlichen Spasmus der Gesichtsmuskulatur zu lindern (z. B. Blepharospasmus). Daneben beeinflussen auch manche Ionen, wie z. B. Mg^{2+}, die Membraneigenschaften der Endplatte: Ein Magnesium-Mangel führt zu einer gesteigerten neuromuskulären Erregbarkeit, ein Magnesium-Überschuss senkt sie.

Acetylcholin diffundiert, nachdem es in den synaptischen Spalt ausgeschüttet wurde, zur Muskelzellmembran. Es bindet dort an spezifische Acetylcholin-Rezeptoren des nikotinischen Typs. Diese Rezeptoren sind **ligandengesteuerte (Kat-) Ionenkanäle**: Bindet ihr Ligand – in diesem Fall Acetylcholin – öffnet sich ein Kanal und Ionen können hindurchströmen. An der motorischen Endplatte strömen nach Bindung von Acetylcholin Na^+-Ionen vom Extrazellulärraum ins Innere der Muskelzelle. Durch den Natriumeinstrom depolarisiert die Muskelzellmembran im Bereich der Synapse und es entsteht ein **Endplattenpotenzial**. Die Acetylcholinmenge, die nach dem Aktionspotenzial am Motoneuron ausgeschüttet wurde, reicht für einen so großen Natriumeinstrom aus, dass die Membran der Muskelfasern bis zum Erreichen des Schwellenpotenzials depolarisiert wird. Das Endplattenpotenzial ist also unter physiologischen Bedingungen stets überschwellig. Ist das Schwellenpotenzial erreicht, öffnen sich an der Muskelzellmembran – ähnlich wie an der Membran von Nervenzellen – spannungsgesteuerte Natrium-Kanäle. So kann sich das Aktionspotenzial über die gesamte Membran der Muskelzelle ausbreiten. Nach kurzer Zeit löst sich das Acetylcholin wieder von seinem Rezeptor und wird noch im synaptischen Spalt vom Enzym **Acetylcholinesterase** in Acetat und Cholin zerlegt. Diese Stoffe können präsynaptisch vom Motoneuron wieder aufgenommen und zu Acetylcholin resynthetisiert werden.

Die (acetyl-) cholinerge Übertragung des Signals vom Motoneuron auf die Muskelfaser kann durch unterschiedliche Stoffe beeinflusst werden. Für die Physikumsprüfung ist davon besonders **Curare** relevant, das als Pfeilgift verwendet wurde und das Toxin d-Tubocurarin enthält. Dieser Stoff bindet – ähnlich wie Acetylcholin – an die Rezeptoren der Muskelzellmembran (subsynaptische Rezeptoren). Er

2

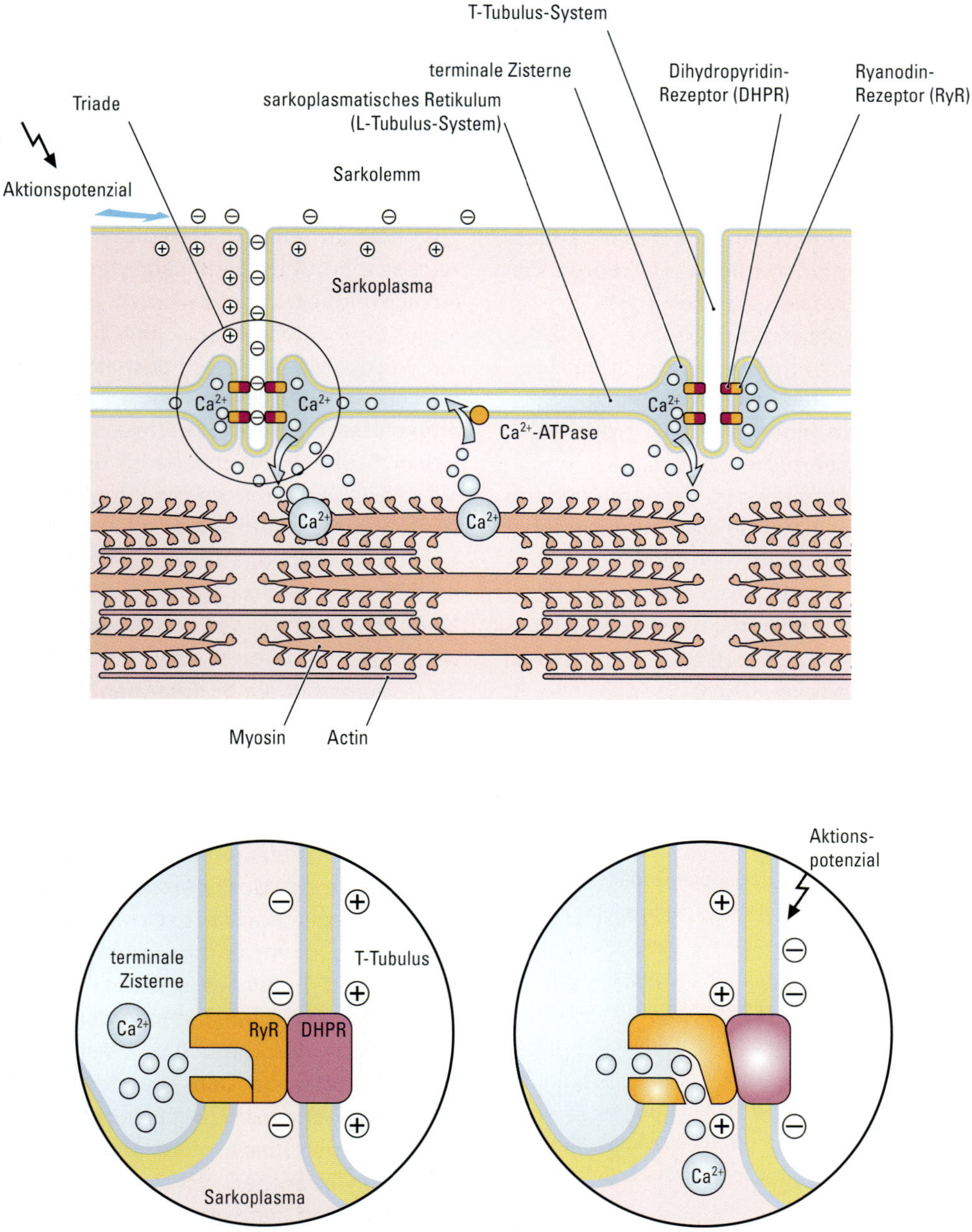

Abb. 13: Triade und Ca^{2+}-Freisetzung im Skelettmuskel

medi-learn.de/7-physio5-13

wirkt antagonistisch zum Acetylcholin, d. h. er bindet an den Rezeptor, löst aber keine Öffnung des Ionenkanals aus. Da die Acetylcholinrezeptoren durch Curare blockiert werden, kann das Signal vom Motoneuron nicht mehr übertragen werden und der Muskel wird gelähmt. Eine ähnliche Lähmung kann auch durch den Stoff Succinylcholin erfolgen, der Mechanismus ist jedoch ein anderer: Succinylcholin ist ein Agonist am Acetylcholin-Rezeptor, öffnet ihn dauerhaft und überführt ihn damit in einen inaktiven Zustand.

Curareähnliche Stoffe werden in der Anästhesie verwendet, um beim Patienten eine Muskelrelaxtion hervorzurufen. Sie führen bei ausreichender Dosierung zu einer völligen Lähmung der Skelettmuskulatur während der Operation. Natürlich darf ein Anästhesist nicht nur das Muskelrelaxans verabreichen, sondern muss gleichzeitig den Patienten narkotisieren: Der Patient würde die Operation sonst bei vollem Bewusstsein miterleben, ohne sich in irgendeiner Form bemerkbar machen zu können, da ja alle willkürlich gesteuerten Muskeln gelähmt sind.

Merke!

Acetylcholin-Rezeptoren an der neuromuskulären Endplatte
- sind nikotinisch (nikotinerg),
- sind ligandengesteuerte Ionenkanäle,
- erhöhen die Leitfähigkeit für monovalente Kationen (hier Na^+) – Folge: Na^+-Einstrom,
- lösen nach Erregung ein (normalerweise überschwelliges) Endplattenpotenzial aus und
- sind durch Curare bzw. d-Tubocurarin blockierbar.

  Acetylcholinesterase-Hemmer führen zu einer Zunahme der Acetylcholin-Konzentration und verlängern dadurch das Endplattenpotenzial.

Bei der neurologischen Erkrankung **Myasthenia gravis** bilden sich aus noch nicht genau bekannter Ursache Antikörper, die ähnlich wie Curare die Acetylcholinrezeptoren blockieren. Die Erkrankung beginnt meist mit einer zunehmenden muskulären Ermüdbarkeit, die sich zunächst in den Muskeln der Augenlider bemerkbar macht. Am Abend klagen diese Patienten darüber, dass sie ihre Augen buchstäblich nicht offen halten können. Ein solches ungewolltes Herabhängen eines Augenlids bezeichnet man als Ptose. Die Symptome nehmen ab, wenn man die Acetylcholinkonzentration im synaptischen Spalt erhöht: So können die noch verfügbaren Rezeptoren stärker erregt werden. Allerdings kann das Acetylcholin nicht einfach injiziert werden, da es bereits in der Blutbahn zu Acetat und Cholin gespalten würde. Man hilft sich deshalb mit einem Hemmstoff der Acetylcholinesterase: Ein derartiger Hemmstoff – z. B. Physostigmin oder das in der Klinik zur Diagnostik der Myasthenia gravis verwendete Tensilon – hemmt die Acetylcholin-Spaltung, sodass in der Synapse mehr Acetylcholin zur Verfügung steht. Damit führt eine Hemmung der Cholinesterase zu einer Verlängerung des Endplattenpotenzials.

2.2.3 Ausbreitung der Erregung in der Muskelzelle

Nachdem ein überschwelliges Potenzial an der Muskelzellmembran erzeugt wurde, breitet sich ein Aktionspotenzial über die gesamte Membran der Muskelfaser aus.
Die Muskelzellmembran hat an mehreren Stellen Einstülpungen, die man transversale Tubuli oder kurz **T-Tubuli** nennt. Diese T-Tubuli sind nach außen hin offen. Innen in der Zelle liegt den T-Tubuli das L-Tubulus-System (longitudinaler Tubulus) an. Dabei handelt es sich um das endoplasmatische Retikulum der Muskelzelle, das man hier auch sarkoplasmatisches Retikulum nennt. Als Triade bezeichnet man den Bereich, in dem sich rechts und links seitlich des T-Tubulus jeweils ein L-Tubulus anlagert. Das **L-Tubulus-System** ist der Calcium-Spei-

cher eines Skelettmuskels. Es trägt Ca^{2+}-ATPasen in seiner Membran, die Calcium-Ionen aus dem Zytoplasma der Muskelzelle ins Innere des L-Systems pumpen. Durch diesen Mechanismus wird das Zytoplasma der ruhenden Muskelzelle extrem calciumarm: Die Konzentration an freien Calcium-Ionen liegt hier bei nur 10^{-7} mol/l.

Merke!

- Die Membran einer Skelettmuskelzelle enthält Vertiefungen, die man als T-System oder auch als transversale Tubuli bezeichnet.
- Die transversalen Tubuli der Skelettmuskelzelle sind zum Extrazellulärraum hin offen.

2.2.4 Calciumfreisetzung in der Muskelzelle

Calcium-Ionen ermöglichen das Aneinandergleiten der Aktin- und Myosinfilamente und damit die Muskelkontraktion (s. 2.2.6, S. 28). Deshalb werden Calcium-Ionen bei einer Erregung der Muskelzelle aus dem L-System (sarkoplasmatisches Retikulum) freigesetzt. Doch wie kommt es überhaupt zur Freisetzung der Calcium-Ionen aus dem L-System? Nach der Signalübertragung breitet sich mit dem Acetylcholin ein Aktionspotenzial vom Aα-Motoneuron über die Membran der Muskelzelle aus (s. Abb. 12, S. 23). Dieses Aktionspotenzial wird auch in die Einstülpungen, also in das T-Tubulus-System, geleitet. In der Tiefe dieser Einstülpungen befindet sich an der Zellmembran ein Protein, das man als Dihydropyridin-Rezeptor bezeichnet. In direktem Kontakt mit dem **Dihydropyridin-Rezeptor** steht eine weiteres Protein: der **Ryanodin-Rezeptor**. Während der Dihydropyridin-Rezeptor an der Membran des T-Systems liegt, findet sich der Ryanodin-Rezeptor an der Membran des L-Systems. Ein Aktionspotenzial im T-System verändert jetzt die Form des Dihydropyridin-Rezeptors, der seinerseits wie eine Art Schalter die Form des Ryanodin-Rezeptors verändert. Der Ryanodin-Rezeptor wird durch seine Formveränderung durchlässig für Calcium-Ionen, die daraufhin aus dem sarkoplasmatischen Retikulum in das Zytoplasma der Skelettmuskelzelle strömen. Die Calcium-Ionenkonzentration steigt so von 10^{-7} mol/l um etwa das hundertfache auf ca. 10^{-5} mol/l. Nach kurzer Zeit schließt sich der Ryanodin-Rezeptor, und die Ca^{2+}-ATPasen pumpen die Calciumionen rasch in das sarkoplasmatische Retikulum zurück, sodass die Calcium-Ionenkonzentration schnell wieder sinkt (s. Abb. 13, S. 25).

Hier findest du das Wichtigste noch einmal kurz zusammengefasst:

- In der Membran der transversalen Tubuli liegen Dihydropyridin-empfindliche Rezeptoren,
- in der Membran der longitudinalen Tubuli sind es Ryanodin-Rezeptoren.
- Die Aktivierung der Skelettmuskelfaser führt zur Aktivierung der spannungssensitiven, Dihydropyridin-empfindlichen Rezeptoren im T-System. Diese wiederum vermittelt die Aktivierung der Ryanodin-Rezeptoren, wodurch es zur Calcium-Ionenfreisetzung aus dem sarkoplasmatischen Retikulum kommt.
- Der starke Anstieg der Calcium-Ionen im Sarkoplasma aktiviert die kontraktilen Elemente des Skelettmuskels durch Bindung an Troponin-C.
- Die Calcium-Ionen werden anschließend durch Ca^{2+}-ATPasen rasch wieder in das longitudinale tubuläre System zurückgepumpt.

2.2.5 Elektromechanische Kopplung

Nun zur Aufgabe der freigesetzten Calcium-Ionen: Neben dem Aktinfilament, das du dir wie zwei ineinander verdrillte Perlenketten vorstellen kannst, liegt das fadenförmige Tropomyosin, an dem in regelmäßigen Abständen Troponinmoleküle befestigt sind. Dabei liegt der Tropomyosinfaden so am Aktin, dass Bindungsstellen des Aktins für das Myosinköpfchen verdeckt werden. Auf Abb. 14, S. 29 ist zu sehen, wie beim ruhenden Muskel der „Faden" über den freien Bindungsstellen liegt.

Solange die Calcium-Ionenkonzentration bei ihrem Ruhewert von ca. 10^{-7} mol/l liegt, sind die Aktinbindungsstellen für das Myosin also durch das Tropomyosin blockiert.

Bei Erregung der Muskelfaser erhöht sich die Ca^{2+}-Konzentration im Zytoplasma der Muskelzelle. Die Calcium-Ionen binden an das Troponin C, wodurch sich dessen Form verändert. Da das Tropomyosin am Troponin befestigt ist, ändert das Tropomyosin ebenfalls seine Form. Dadurch wird es ein wenig weggeschoben und macht die Bindungsstellen des Aktins für das Myosinköpfchen frei. Calcium-Ionen ermöglichen also die Bindung zwischen Aktin und dem Myosinköpfchen. Sie vermitteln die elektromechanische Kopplung: Dem elektrischen Signal, das vom Motoneuron ausgeht und nach synaptischer Übertragung die Muskelzellmembran depolarisiert, folgt eine mechanische Kontraktion der Muskelzelle.

Merke!

- Der Troponin-Komplex stabilisiert im Ruhezustand die Lage des Tropomyosins auf dem F-Aktin.
- Die Aktinbindungsstellen für Myosin sind bei einer sarkoplasmatischen Calciumkonzentration von 10^{-7} mol/l durch Tropomyosin blockiert.
- Die Ca^{2+}-Bindung an Troponin C löst Konformationsänderungen aus, die zur Freilegung der Bindungsstelle eines Myosinkopfs auf dem F-Aktin führen.

2.2.6 Gleitfilamenttheorie

Die Aktin- und Myosinfilamente liegen in regelmäßiger Anordnung nebeneinander und schieben sich bei einer Muskelkontraktion teleskopartig ineinander (s. Abb. 11, S. 22). Dazu muss Energie aufgewendet werden, die in der Muskelzelle durch ATP-Spaltung gewonnen wird. Am Myosinköpfchen findet sich dazu eine Region mit **ATP-ase-Eigenschaft**. Zunächst muss also ATP an diesen Abschnitt des Myosinköpfchens gebunden sein. Wird dieses ATP gespalten, ändert sich die Form des Köpfchens: Es wird ein wenig abgekippt und dabei – ähnlich wie eine Feder – gespannt (s. Abb. 14 a, S. 29). Das durch die Spaltung entstandene ADP und das Phosphat verbleiben zunächst am Myosinköpfchen. Nachdem der Muskel neuronal aktiviert wurde, das Calcium freigesetzt ist und an das Troponin gebunden hat, kann der gespannte Myosinkopf an das Aktin binden (s. Abb. 14 b, S. 29).

Nun wird das Phosphat vom Myosinköpfchen abgespalten. Dadurch kippt der gespannte Myosinkopf wieder zurück und schiebt mit seiner Federkraft das gebundene Aktin ein Stückchen weiter (s. Abb. 14 c, S. 29).

Schließlich löst sich das ADP vom Myosinköpfchen (s. Abb. 14 d, S. 29).

Jetzt ist der Platz für ein neues ATP-Molekül frei. Erst nachdem sich erneut ATP an das Myosinköpfchen gebunden hat, kann sich das Myosinköpfchen vom Aktin lösen (s. Abb. 14 e, S. 29). Somit dient ATP neben der Energiebereitstellung für die Kontraktion auch als „Weichmacher" zwischen Aktin und Myosin.

Hat sich das Myosin abgelöst, kann der Zyklus von Neuem beginnen: ATP wird gespalten und der Myosinkopf wird wieder gespannt (s. s. Abb. 14 f, S. 29). ATP ist also für die Ablösung des Myosinköpfchens unbedingt erforderlich.

Übrigens ...

Wenn ein Mensch stirbt und der Stoffwechsel zum Erliegen kommt, kann kein ATP mehr nachgeliefert werden. Dann löst sich das Myosinköpfchen nicht mehr vom Aktin und der Muskel wird starr. Dies ist die Ursache für die Totenstarre, den Rigor mortis. Erst nach Tagen löst sich die Totenstarre an der Leiche wieder, allerdings nicht durch ATP-Nachschub, sondern durch enzymatische Selbstauflösung (Autolyse) und bakterielle Fäulnisvorgänge.

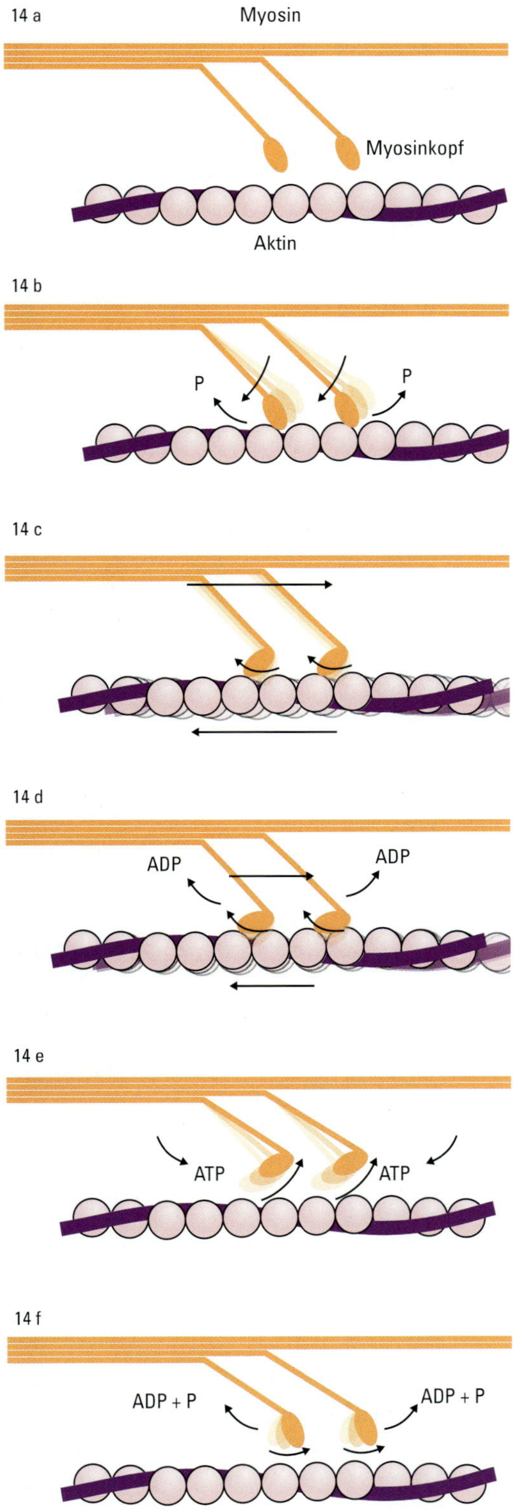

Abb. 14: Filamentgleiten *medi-learn.de/7-physio5-14*

Merke!

- Der Myosinkopf hat ATPase-Aktivität und spaltet folglich ATP.
- Das Myosinköpfchen wird durch ATP-Spaltung gespannt und ist bereit für den nächsten Kontraktionszyklus.
- Während der Kontraktion bilden sich Querbrücken zwischen Aktin und Myosin.
- Das Entfernen der ATP-Hydrolyseprodukte vom Myosinkopf ist ein Teilprozess im Kontraktionszyklus.
- Kommt kein neues ATP an das Myosin, unterbleibt das Lösen des Myosinkopfes vom Aktinfilament. Folge: Rigorkomplex.
- Beim lebenden Menschen löst sich die Querbrücke zwischen Aktin und Myosin durch die Bindung von ATP an den Myosinkopf.

2.2.7 Muskelmechanik

Die Kraftentwicklung einer Muskelfaser hängt davon ab, wie viele Querbrücken sich durch die Bindung zwischen den Myosinköpfchen und dem Aktin ergeben. Je mehr Querbrücken vorhanden sind, desto mehr Kraft kann die Faser entwickeln. Wird eine Muskelfaser zu sehr in die Länge gedehnt, sinkt die Kraftentwicklung, da einige der Myosinköpfchen keine Bindung mehr mit dem Aktin eingehen können und daher „ins Leere rudern". Ist die Faser hingegen zu gering gedehnt, überlappen sich Aktinfilamente und behindern sich gegenseitig in ihrer Interaktion mit dem Myosin. Optimal ist die Kraftentwicklung bei einer Sarkomerlänge von etwa 2,0–2,2 µm, da sich hier die meisten Querbrücken bilden können.

Außer von der Sarkomerlänge hängt die Kraftentwicklung auch von der Verkürzungsgeschwindigkeit ab. Je schneller sich ein Muskel verkürzen muss, desto weniger Kraft kann er entwickeln. Deshalb kann man einen leichten Gegenstand normalerweise rasch anheben, während ein schweres Gewicht nur relativ langsam gehoben werden kann.

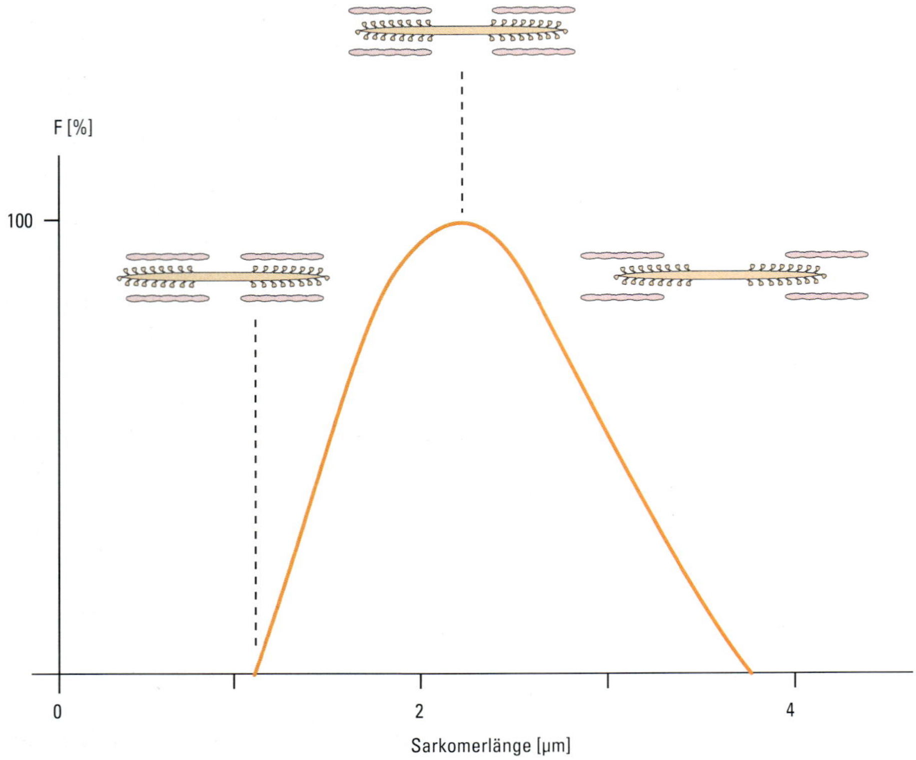

Abb. 15: Kraftentwicklung in Abhängigkeit von der Sarkomerlänge *medi-learn.de/7-physio5-15*

Die Kurve in Abb. 16, S. 30 stellt das Verhältnis von Kraftentwicklung und Verkürzungsgeschwindigkeit einer Muskelfaser dar – das Produkt beider Größen ergibt die mechanische Leistung.

Merke!

Die Abhängigkeit der maximalen Kraftentwicklung einer Skelettmuskelfaser von deren Vordehnung beruht auf – je nach Vordehnung – unterschiedlich starker Überlappung von Aktin- und Myosinfilamenten.

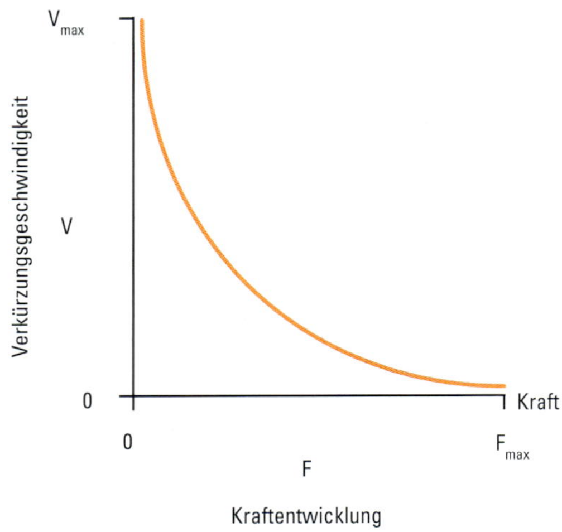

Abb. 16: Kraftentwicklung und Verkürzungsgeschwindigkeit (Hill-Kurve)
medi-learn.de/7-physio5-16

2.2.8 Steuerung der Kraftentwicklung

Das Gehirn hat mehrere Möglichkeiten, die Kraftentwicklung eines Skelettmuskels zu beeinflussen. Über die Pyramidenbahn steuert es die Aktivität der Aα-Motoneurone. Wird an solch einem Nerv ein einzelnes Aktionspotenzial erzeugt, schüttet er so viel Acetylcholin aus, dass die Muskelfaser einmal zuckt. Nach der Zuckung wird in der Muskelzelle mit Hilfe der Ca^{2+}-ATPase das Ca^{2+} in das sarkoplasmatische Retikulum zurückgepumpt und der Muskel entspannt sich wieder.

Wenn das ZNS mehrere Aktionspotenziale am Motoneuron hintereinander auslöst, können sich die einzelnen Zuckungen überlagern. Die Muskelanspannung nach einer Zuckung lässt dann bei ausreichend hoher Frequenz nicht mehr schnell genug nach und die Einzelzuckungen summieren sich auf. Dieser Vorgang wird als **Superposition** bezeichnet.

Werden Aktionspotenziale in noch höherer Frequenz übertragen, bleibt den Ca^{2+}-ATPasen zu wenig Zeit, die Calciumionen in das sarkoplasmatische Retikulum zurückzupumpen. Die Einzelzuckungen überlagern sich (Superposition) und verschmelzen zu einer einheitlichen, gleichmäßig anhaltenden Kontraktion des Muskels. Diese Art der Kontraktion bezeichnet man als **tetanische Kontraktion**.

Eine (sub-) tetanische Kontraktion ist keineswegs krankhaft. Es handelt sich hierbei vielmehr um die normale, aus dem Alltag bekannte Muskelkontraktion bei willkürlichen Bewegungen des Körpers.

Die Kraftentwicklung kann außer durch die Aktivität der Aα-Motoneurone auch dadurch gesteuert werden, dass innerhalb eines Muskels je nach Bedarf mehr oder weniger motorische Einheiten (s. 2.2.2, S. 22 f.) angesteuert werden. Ein Muskel wie z. B. der M. biceps brachii enthält viele motorische Einheiten, von denen jede einzelne mehrere hundert Muskelfasern hat. Wird nur wenig Kraft benötigt, werden im Muskel nur wenige motorische Einheiten aktiviert. Deshalb sind bei den meisten Willkürbewegungen die **motorischen Einheiten asynchron tätig**. Ist die Maximalkraft gewünscht, muss das ZNS dafür sorgen, dass alle motorischen Einheiten herangezogen – man sagt auch rekrutiert – werden.

Merke!

- Willkürliche Skelettmuskelkontraktionen sind in der Regel (unvollständig oder vollständig) tetanisch.
- Tetanische Kontraktionen entstehen durch Superposition (mechanische Summierung) von Einzelkontraktionen der Fasern.
- Motorische Einheiten sind bei willkürlichen Skelettmuskelkontraktionen meist asynchron tätig.

2.2.9 Kontraktionsformen

Unterschieden werden die isotonische und die isometrische Kontraktion, außerdem die Mischform auxotonische Kontraktion und schließlich die kombinierten Formen Anschlags- und Unterstützungszuckung. Keine Sorge – das sieht komplizierter aus als es ist.

Isotonische Kontraktion

Bei der isotonischen Kontraktion verkürzt sich ein Muskel, wobei die Kraftentwicklung während des Kontraktionsvorgangs konstant bleibt. Die Sarkomerlänge nimmt daher während der Kontraktion ab. Eine isotonische Kontraktion kommt im lebenden Organismus kaum vor, da die Kraftentwicklung während der Kontraktion nur selten tatsächlich unverändert bleibt. Auf Abb. 17, S. 33 siehst du, dass bei einer isotonischen Kontraktion die Messpunkte für Kraft und Länge auf einer waagrechten Linie liegen.

Isometrische Kontraktion

Bei der isometrischen Kontraktion übt ein Muskel zwar Kraft aus, kann sich aber nicht verkürzen. Eine solche Kontraktion führt man z. B. aus, wenn man mit dem Arm gegen eine feststehende Mauer drückt: Es wird zwar Kraft an der Mauer ausgeübt, aber die Länge des Muskels ändert sich nicht. Allerdings wird der Muskel angespannt. Dadurch wird Druck auf die Muskelgefäße ausgeübt, sodass die Muskeldurchblutung bei einer isometrischen Kontraktion relativ schlecht ist und es schneller zur Ermüdung kommt.

Auxotone Kontraktion

Eine auxotone Kontraktion ist eine Mischform, bei der sich sowohl die Länge eines Muskels als auch seine Kraftentwicklung gleichzeitig ändern. Die weitaus meisten Kontraktionen beim Menschen sind auxoton. Wenn man z. B. den gestreckten Arm mit dem M. deltoideus seitlich anhebt, verkürzt sich der Muskel, gleichzeitig muss auch die Kraft gesteigert werden, da der M. deltoideus bei dieser Bewegung mit einem immer schlechter werdenden Hebel ansetzt. Ein weiteres Beispiel einer auxotonen Kotraktionsform im menschlichen Organismus ist das Ventrikelmyokard (insbesondere während der ersten Hälfte der Austreibungsphase).

Anschlagszuckung

Die Anschlagszuckung ist das Gegenteil der Unterstützungszuckung. Hier ist der erste Teil der Kontraktion also isotonisch und der zweite Teil isometrisch. Ein Beispiel wäre ein Faustschlag auf den Tisch: Zunächst wird der Arm isotonisch bewegt, bis nach dem Aufschlag der Faust die Bewegung isometrisch wird.

Unterstützungszuckung

Dabei handelt es sich um eine Kontraktion, bei der zunächst eine isometrische Kontraktion ausgeführt wird, auf die eine isotonische Kontraktion folgt. Wenn man z. B. einen schweren Gegenstand hochhebt, kontrahiert sich der Muskel solange isometrisch, bis die träge Masse des Gegenstands überwunden ist und die Kontraktion (annähernd) isotonisch wird.

Merke!

- Bei der isotonischen Kontraktion wird die Sarkomerlänge geringer.
- Bei der isometrischen Kontraktion wird die Muskeldurchblutung rasch unzureichend für eine rein aerobe Energiegewinnung.
- Bei der Unterstützungszuckung erfolgt zunächst eine isometrische, dann eine isotonische Kontraktion.
- Bei der Anschlagszuckung erfolgt zunächst eine isotonische, dann eine isometrische Kontraktion.
- Bei der auxotonen Zuckung handelt es sich um die Art der Kontraktion, die beim Lebenden am meisten zu finden ist.

2.2.10 Rote und weiße Skelettmuskelfasern

Quergestreifte Muskeln können in rote und weiße Muskelfasern unterteilt werden. Beim Menschen enthält ein Skelettmuskel beide Fasertypen, von denen jedoch in der Regel einer dominiert. Im schriftlichen Examen wird häufig nach Unterschieden zwischen diesen Fasertypen gefragt, wobei du nicht alles auswendig lernen musst: Wenn du weißt, dass rote Muskeln überwiegend oxidativ und weiße vor allem nichtoxidativ arbeiten, kannst du die meisten Antworten daraus ableiten.

Rote Fasern

In Muskeln mit Haltefunktion, z. B. im M. soleus, der beim Stehen das Umfallen nach vorne verhindert, oder auch in der autochthonen Rückenmuskulatur überwiegen rote Fasern.
Rote Muskelfasern sind vor allem durch ihre **geringe Ermüdbarkeit** gekennzeichnet. Sie können also über einen langen Zeitraum arbeiten, kontrahieren dafür allerdings nur lang-

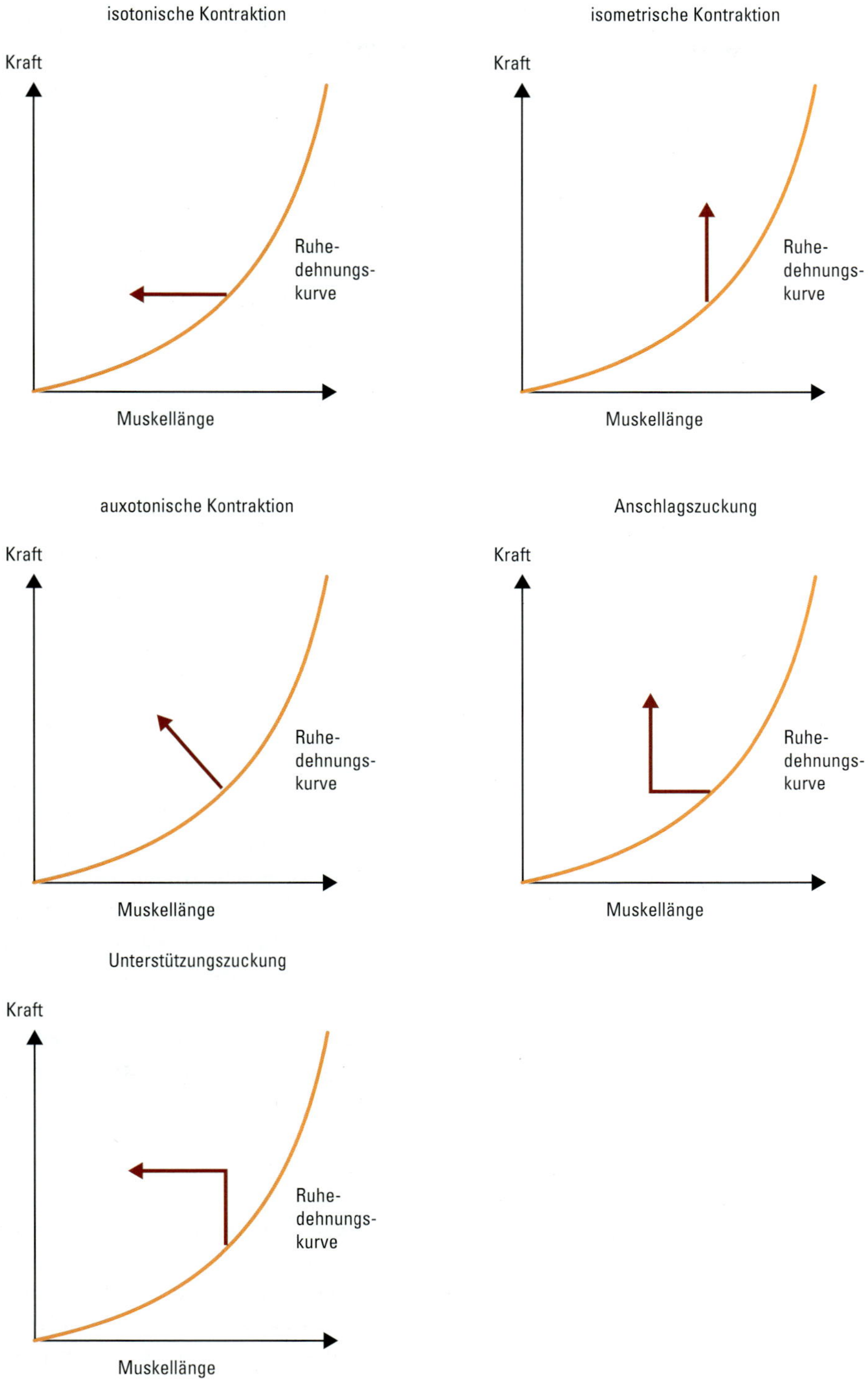

Abb. 17: Kontraktionsformen *medi-learn.de/7-physio5-17*

roter Muskel	weißer Muskel
geringe Kontraktions- und Erschlaffungsgeschwindigkeit	hohe Kontraktions- und Erschlaffungsgeschwindigkeit
niedrige tetanische Kraftentwicklung	hohe tetanische Kraftentwicklung
niedrige tetanische Fusionsfrequenz	hohe tetanische Fusionsfrequenz
geringe Ermüdbarkeit	hohe Ermüdbarkeit
hoher oxidativer Stoffwechsel	geringer oxidativer Stoffwechsel
hoher Myoglobingehalt	geringer Myoglobingehalt
hohe Zahl Kapillaren/Gramm Muskel	geringe Zahl Kapillaren/Gramm Muskel
mehr Mitochondrien	weniger Mitochondrien
hohe Aktivität der Cytochromoxidase	geringe Aktivität der Cytochromoxidase
hohe Succinatdehydrogenase-Aktivität	geringe Succinatdehydrogenase-Aktivität
hohe Citratsynthase-Aktivität	geringe Citratsynthase-Aktivität
geringe Glykogenphosphorylase-Aktivität	hohe Glykogenphosphorylase-Aktivität
	hohe ATPase-Aktivität
	hohe LDH-Aktivität
	hohe Hexokinase-Aktivität
	hohe Glykogenkonzentration
	hohe Lactatbildung
	hohe Kreatinphosphat-Konzentration

Tab. 3: Gegenüberstellung von roten und weißen Muskelfasern

sam. Außerdem entwickeln sie weniger Kraft als weiße Muskelfasern.
Die tetanische Fusionsfrequenz ist bei roten Muskeln niedriger als bei weißen Muskeln, d. h. ihre Motoneurone müssen den Muskel nur mit einer geringen Aktionspotenzialfrequenz stimulieren, damit sich Einzelzuckungen zu einer gleichmäßigen, tetanischen Kontraktion aufsummieren.
Da sie nur langsam arbeiten müssen, gewinnen rote Muskelfasern ihre Energie hauptsächlich aus dem oxidativen Stoffwechsel. Um die dafür notwendige Sauerstoffversorgung sicherzustellen, enthalten sie pro Gramm Muskel mehr Kapillaren als weiße Muskeln, außerdem ist ihr Myoglobingehalt höher. So erklärt sich auch die rote Farbe der Muskeln mit überwiegender Haltefunktion.
Wegen ihrer überwiegend oxidativen Energiegewinnung enthalten rote Muskelfasern auch mehr Mitochondrien als weiße Fasern, und weisen natürlich eine höhere Konzentration der Enzyme des oxidativen Stoffwechsels auf: Die Aktivität der Cytochromoxidase, der Succinatdehydrogenase und der Citratsynthase ist hier besonders hoch.

Weiße Fasern

In Muskeln, die sich rasch bewegen müssen, wie z. B. der M. biceps brachii, kommen hauptsächlich weiße Muskelfasern vor. Diese Fasern haben eine **höhere tetanische Fusionsfrequenz**: Ihre Kontraktions- und Erschlaffungsgeschwindigkeit ist höher als bei roten Fasern, dafür ermüden sie aber auch rascher. Weiße Fasern sind weniger gut durchblutet als rote und enthalten auch weniger Myoglobin: Sie müssen ihre Energie rasch bereitstellen und gewinnen sie daher vor allem nichtoxidativ. Zur schnellen Energiegewinnung enthalten weiße Fasern relativ viel **Kreatinphosphat**. Außerdem sind sie sehr glykogenreich und die Aktivitäten der Enzyme Glykogenphosphorylase und Hexokinase sind entsprechend hoch.

Übrigens ...
Im Rahmen der anaeroben Glykolyse bildet sich in weißen Fasern rasch viel Lactat.

2.3 Glatte Muskeln

Glatte Muskeln funktionieren ähnlich wie quergestreifte Muskeln. Abgesehen vom histologischen Bild liegen die Unterschiede vor allem im Mechanismus, der die Kontraktion auslöst – entsprechend wird im schriftlichen Examen genau danach auch oft gefragt.
Die Stärke der Kontraktion eines glatten Muskels, d. h. sein Tonus, kann je nach Untertyp durch unterschiedliche Faktoren beeinflusst werden. Viele glatte Muskeln können ähnlich wie ein Skelettmuskel durch einen Neurotransmitter zur Kontraktion gebracht werden. Während beim Skelettmuskel an motorischen Endplatten Acetylcholin als Transmitter funktioniert, können an den Rezeptoren glatter Muskeln die unterschiedlichen Transmitter des vegetativen Nervensystems sowie verschiedene Hormone den Tonus beeinflussen. Auch im Stoffwechsel lokal anfallende Metabolite können an der Regulation des Tonus glatter Muskeln beteiligt sein. An einigen glatten Muskeln kann auch eine rein mechanische Dehnung eine Depolarisation mit nachfolgender Kontraktion auslösen. Man unterscheidet übrigens glatte Muskeln vom single-unit und solche vom sogenannten multi-unit-Typ. Bei single-unit-Muskeln funktioniert der Muskel als eine Einheit: Das heißt, dass die Muskelzellen untereinander mit gap junctions verbunden sind. Auf diese Weise führt eine neuronale Erregung zu einer schnellen Ausbreitung über den ganzen Muskel und zu dessen Kontraktion. Eine Feinabstimmung einzelner Muskelfasern ist so jedoch nicht möglich. Ein Beispiel ist die sich rhythmisch kontrahierende Darmmuskulatur. Multi-unit-Muskeln sind nicht über gap junctions miteinander verbunden, sodass „jede" Muskelzelle von einem Nerven aktiviert werden muss, der Tonus ist also neurogen. Ein Beispiel für multi-unit-Muskeln ist der M. ciliaris des Auges.

2.3.1 Calmodulin statt Troponin

Auch in glatten Muskelzellen finden sich Aktin- und Myosinfilamente, die allerdings nicht so regelmäßig angeordnet sind wie in quergestreiften Muskeln. Im Gegensatz zum quergestreiften Muskel enthalten glatte Muskelfasern KEIN Troponin. Tropomyosin hingegen ist – wie im Skelettmuskel – vorhanden. Für die Ca^{2+}-Bindung, die ja den Kontraktionsmechanismus auslöst, ist in glatten Muskelzellen **Calmodulin** zuständig. Zusätzlich gibt es in glatten Muskelzellen **Caldesmon** und **Calponin**, von denen vermutet wird, dass sie regulierend in den Kontraktionsprozess eingreifen.

2.3.2 Ca^{2+}-Einstrom in den glatten Muskel

Auch im glatten Muskel wird die Kontraktion durch einen Anstieg der Ca^{2+}-Konzentration im Zytoplasma der Muskelzelle ausgelöst. Das Ca^{2+} kommt hier ebenfalls zum Teil aus dem sarkoplasmatischen Retikulum. Diese Calcium-Ionenfreisetzung aus dem sarkoplasmatischen Retikulum wird beim glatten Muskel unter anderem über den Second-messenger **IP_3** gesteuert. Darüber hinaus strömen beim glatten Muskel auch aus dem Extrazellulärraum Calcium-Ionen in nennenswerter Menge ein. Glatte Muskeln haben an ihrer Zellmembran nämlich spannungsgesteuerte Ca^{2+}-Kanäle, die sich nach einem Aktionspotenzial an der Membran öffnen und so das Ca^{2+} einströmen lassen. Und als ob das noch nicht genug wäre, gibt es auch noch glatte Muskeln, die an ihrer Membran rezeptorgesteuerte Ca^{2+}-Kanäle tragen.

2.3.3 Kontraktionsmechanismus

Auch glatte Muskeln verkürzen sich durch ein Ineinandergleiten von Aktin- und Myosinfilamenten, das allerdings wesentlich langsamer abläuft als an quergestreiften Muskeln. Um eine Kontraktion auszulösen, muss am glatten Muskel das Myosin phosphoryliert werden. Dazu enthält die glatte Muskelzelle das Enzym Myosin-Leichtkettenkinase. Dieses Enzym muss zunächst durch Calmodulin aktiviert werden, das seinerseits durch Ca^{2+}-Bindung aktiviert werden muss. Es sind vier Ca^{2+}-Ionen notwendig, um ein Molekül Calmodulin zu aktivieren. Calciumbindung aktiviert also Calmodulin, das wiederum aktiviert die Myosin-Leichtkettenkinase und diese phosphoryliert dann die regulatorischen leichten Ketten des Myosins, sodass der Kontraktionsprozess ausgelöst wird. Wenn am Ende eines Kontraktionszyklus die Calciumionenkonzentration sinkt, wird das Calmodulin und damit im zweiten Schritt auch die Myosin-Leichtkettenkinase wieder deaktiviert. Soll sich nun der Muskel nicht weiter zusammenziehen, muss jetzt noch das Myosin wieder dephosphoryliert werden. Dazu enthalten glatte Muskelzellen das Enzym Myosin-Leichtkettenphosphatase, welches durch Dephosphorylierung des Myosins die Kontraktion stoppt.

2.3.4 Relaxationsmechanismus

Calmodulin kann die Myosin-Leichtkettenkinase aktivieren und damit eine Kontraktion bewirken. Die Myosin-Leichtkettenkinase selbst kann aber auch deaktiviert werden: Der Second messenger cAMP, der nach Stimulierung von β_2-Rezeptoren entsteht, aktiviert eine Proteinkinase A, die die Myosin-Leichtkettenkinase durch Phosphorylierung hemmt. So kann ein glatter Muskel zur Relaxation gebracht werden. Ein weiterer Mechanismus ist Hyperpolarisation der Faser, ausgelöst z. B. durch die Öffnung von K^+-Kanälen oder eine Freisetzung von NO (Stickstoffmonoxid), welches wiederum die lösliche Guanylat-Cyclase aktiviert und dadurch die zytosolische Konzentration an cGMP erhöht. Ebenfalls zu einer Relexation führt die Aktivierung einer Proteinkinase G. Ebenfalls relaxierend wirkt Caldesmon: In Abwesenheit gebundener Calciumionen hemmt dieses Protein die Wechselwirkung zwischen Actin und Myosin. Tonussteigernd hingegen wirkt eine Depolarisation, eine Blockade von Kaliumkanälen oder eine Aktivierung des Rho-Kinase Signalweges (letzteres durch eine Hemmung der Myosin-Leichtkettenphosphatase).

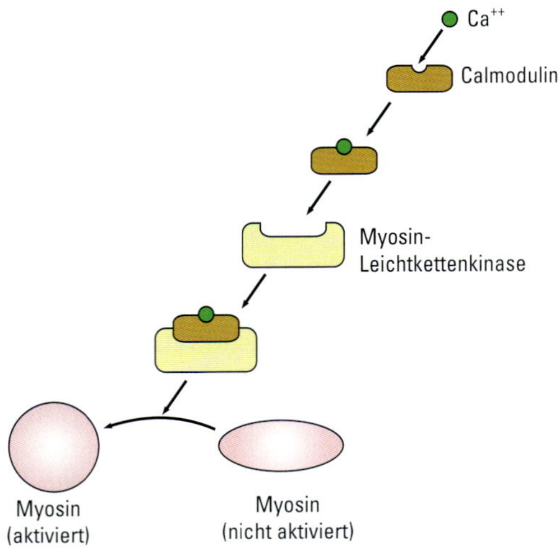

Abb. 18: Kinasen und Phosphatase im glatten Muskel

medi-learn.de/7-physio5-18

Merke!

- Bei Aktivierung eines glatten Muskels werden Ca^{2+}-Ionen im Zytosol an Calmodulin gebunden.
- Calmodulin aktiviert die Myosin-Leichtkettenkinase.
- Die Myosin-Leichtkettenkinase aktiviert den Muskel durch Phosphorylierung des Myosins.
- Die Myosin-Leichtkettenkinase kann ihrerseits durch eine Proteinkinase A phosphoryliert und dadurch gehemmt werden.
- Der Querbrückenzyklus eines glatten Muskels ist dem des quergestreiften Muskels sehr ähnlich, die Aktivierung unterscheidet sich jedoch grundlegend.

DAS BRINGT PUNKTE

In der Muskelphysiologie wird im Schriftlichen sehr oft nach den Rezeptoren an der motorischen Endplatte und nach dem Gleitfilamentmechanismus gefragt. Außerdem kommen immer wieder Fragen zu den Unterschieden zwischen roter und weißer Muskulatur sowie nach dem Calmodulin bei glatten Muskeln auf.
Ein echter Dauerbrenner ist die Frage nach der Definition einer **motorischen Einheit**. Dazu solltest du wissen, dass

- Skelettmuskelfasern, die zu einer motorischen Einheit gehören, von einem einzelnen Aα-Motoneuron innerviert werden und
- sich diese Fasern bei Erregung des Motoneurons gemeinsam kontrahieren.

Zur **Endplatte** solltest du wissen, dass

- Acetylcholinrezeptoren nikotinisch (nikotinerg) sind,
- es sich um ligandengesteuerte Ionenkanäle handelt, die Na^+-Ionen in die Muskelzellen einlassen und
- Acetylcholinrezeptoren durch Curare bzw. d-Tubocurarin blockierbar sind.

Punkte bringt es dir, wenn du weißt, dass

- T-Tubuli Vertiefungen in der Muskelzellmembran sind, die Dihydropyridin-empfindliche Rezeptoren enthalten,
- die Aktivierung der Dihydropyridin-empfindlichen Rezeptoren eine Aktivierung der Ryanodinrezeptoren am L-System vermittelt,
- dadurch Ca^{2+} freigesetzt wird, das die kontraktilen Elemente des Skelettmuskels aktiviert und
- die Ca^{2+}-Bindung an Troponin-C Konformationsänderungen auslöst, die zur Freilegung der Bindungsstelle eines Myosinkopfes auf dem F-Aktin führt.

Zum **Gleitfilamentmechanismus** ist wichtig, dass

- Myosin ATPase-Eigenschaften hat,
- sich zwischen Aktin und Myosin Querbrücken bilden,
- das Entfernen der ATP-Hydrolyseprodukte vom Myosinkopf ein Teilprozess des Kontraktionszyklus ist und
- der Rigorkomplex durch Mangel an ATP entsteht.

Bei der **Mechanik** ist am wichtigsten, dass die je nach Vordehnung unterschiedliche Kraftentwicklung einer Skelettmuskelfaser auf einer unterschiedlich starken Überlappung von Aktin- und Myosinfilamenten beruht. Schließlich werden immer wieder Unterschiede zwischen **roter** und **weißer Muskulatur** gefragt:
Rote Muskeln haben

- eine geringe Kontraktions- und Erschlaffungsgeschwindigkeit,
- eine niedrige tetanische Kraftentwicklung,
- eine geringe Ermüdbarkeit,
- einen hohen oxidativen Stoffwechsel,
- einen hohen Myoglobingehalt,
- eine hohe Zahl an Kapillaren pro Gramm Muskel und
- mehr Mitochondrien.

Beim Thema **glatte Muskulatur** bekommst du Punkte, wenn du weißt, dass

- vier Ca^{2+}-Ionen im Zytosol an Calmodulin binden,
- Calmodulin die Myosin-Leichtkettenkinase aktiviert,
- die Myosin-Leichtkettenkinase den glatten Muskel durch Phosphorylierung des Myosins aktiviert,
- die Myosin-Leichtkettenkinase ihrerseits durch eine Proteinkinase A phosphoryliert und dadurch gehemmt wird und
- eine Hemmung von Ca^{2+}-Kanälen in der Zellmembran zu einer Relaxation führt.

Prima! Wieder was geschafft! Hier nun also die Fragen zum Thema „Muskeln" aus unserer Prüfungsprotokoll-Datenbank.

1. **Welche Arten von Muskelzellen kennen Sie?**
2. **Was ist eine motorische Einheit?**
3. **Wie funktioniert eine motorische Endplatte und wie kann sie beeinflusst werden?**
4. **Was verstehen Sie unter Gleitfilamenttheorie?**
5. **Wie wird die Kraftentwicklung eines Muskels gesteuert?**
6. **Wie wird der Gleitmechanismus in glatten Muskeln ausgelöst?**
7. **Wie wirkt Botulinumtoxin?**
8. **Aus wieviel Einheiten besteht der nikotinerge Acetylcholinrezeptor und wie funktioniert er?**
9. **Wie wirkt Curare? Nennen Sie mindestens ein klinisches Anwendungsbeispiel.**
10. **Nennen Sie eine neuromuskuläre Erkrankung, deren Ursache und eine Therapiemöglichkeit!**
11. **Nennen Sie Kontraktionsformen aus dem Bereich der Muskelmechanik.**

---

1. Welche Arten von Muskelzellen kennen Sie?

Man unterscheidet quergestreifte, glatte und Herzmuskulatur. Die quergestreifte Muskulatur ist die Skelettmuskulatur. Sie wird willkürlich gesteuert und durch Motoneurone aktiviert. Quergestreifte Muskelzellen werden viele Zentimeter lang und haben mehrere, randständige Kerne. Ihre Kontraktion wird durch Bindung von Calciumionen an Troponin ausgelöst.

Glatte Muskeln liegen in den Wandungen der Gefäße und der inneren Organe. Sie sind häufig über Gap Junctions miteinander verbunden und werden unwillkürlich gesteuert. Ihre Kontraktion wird durch Bindung von Calciumionen an Calmodulin ausgelöst.

Herzmuskelzellen schließlich erscheinen im Mikroskop ebenfalls quergestreift, sie sind jedoch – ähnlich wie glatte Muskelzellen – miteinander verbunden und bilden ein funktionelles Synzytium.

2. Was ist eine motorische Einheit?

Ein Aα-Motoneuron versorgt mit seinen Kollateralen mehrere Skelettmuskelfasern gleichzeitig. In den Augenmuskeln versorgt ein Neuron etwa zehn Fasern, in großen Muskeln wie z. B. im M. quadrizeps femoris sogar über 1000 Muskelfasern.

Ein Motoneuron zusammen mit den Muskelfasern, die es versorgt, wird als motorische Einheit bezeichnet.

3. Wie funktioniert eine motorische Endplatte und wie kann sie beeinflusst werden?

An der motorischen Endplatte überträgt ein Motoneuron sein Signal auf den Muskel. Im Endknöpfchen des Neurons wird der Transmitter Acetylcholin in Vesikeln gespeichert. Läuft ein Aktionspotenzial über das Neuron, werden die Vesikel in den synaptischen Spalt ausgeschüttet. Das Acetylcholin diffundiert durch den Spalt und bindet an der Muskelzellmembran an nikotinische (nikotinerge) ACh-Rezeptoren. Diese Rezeptoren sind ligandengesteuerte Ionenkanä-

le, die sich nach Bindung von ACh öffnen und Na^+-Ionen in die Zelle lassen. Dadurch wird die Muskelzellmembran depolarisiert und ein Aktionspotenzial ausgelöst. Das Acetylcholin wird dann durch die ACh-Esterase wieder abgebaut. Botulinustoxin verhindert die Ausschüttung der Acetylcholinvesikel. Curare und ähnliche Stoffe unterbrechen die Übertragung, indem sie die ACh-Rezeptoren blockieren. Ähnlich wirken auch Antikörper, die von Patienten mit Myasthenia gravis gebildet werden. Acetylcholinesterase-Hemmer verhindern den Abbau des Acetylcholins. Sie erhöhen die Acetylcholinkonzentration im synaptischen Spalt, was bei gesunden Menschen zu einer erhöhten Erregung der Muskulatur mit Krämpfen führen kann.

4. Was verstehen Sie unter Gleitfilamenttheorie?

Skelettmuskeln kontrahieren sich, indem Aktin- und Myosinfilamente ineinander gleiten. Myosinfilamente tragen an ihren Enden Köpfchen, die Bindungen mit Aktin eingehen können.

Zu Beginn eines Kontraktionszyklus sind die Köpfchen gespannt. Nachdem Calcium an Troponin gebunden hat, werden Bindungsstellen am Aktin frei. Die Myosinköpfchen bilden Querbrücken zum Aktin. Nun lösen sich ADP und Phosphat vom Myosin. Dadurch kippt das Myosinköpfchen, sodass das Myosin ein Stückchen am Aktin vorbeigeschoben wird. Wird nun ATP nachgeliefert, löst sich das Myosinköpfchen wieder. Durch Spaltung des ATP kann das Myosinköpfchen erneut gespannt werden und steht für den nächsten Kontraktionszyklus zur Verfügung.

5. Wie wird die Kraftentwicklung eines Muskels gesteuert?

Die Kraftentwicklung eines Muskels hängt u. a. von der Vordehnung eines Muskels ab. Seine Kraftentwicklung ist bei einer Sarkomerlänge von etwa 2,2 µm am höchsten, da sich hier die Querbrücken zwischen Myosin und Aktin optimal überlagern.

Seine Kraft kann durch die Aktionspotenzialfrequenz des Motoneurons beeinflusst werden. Bei niedriger Frequenz erzeugt der Nerv Einzelzuckungen des Muskels, bei steigender Frequenz kommt es zur Superposition der Einzelzuckungen bis zur tetanischen Kontraktion. Schließlich kann die Muskelkraft durch Rekrutierung motorischer Einheiten reguliert werden. Je mehr Kraft benötigt wird, desto mehr motorische Einheiten eines Muskels werden gleichzeitig aktiviert.

6. Wie wird der Gleitmechanismus in glatten Muskeln ausgelöst?

Auch bei glatten Muskeln wird die Kontraktion durch Anstieg der zytosolischen Ca^{2+}-Konzentration ausgelöst. Bei glatten Muskeln bindet das Calcium jedoch an Calmodulin, das nun die Myosin-Leichtkettenkinase aktiviert. Die Myosin-Leichtkettenkinase phosphoryliert das Myosin und setzt damit die Kontraktion in Gang.

7. Wie wirkt Botulinumtoxin?

Botox spaltet Proteine des sogenannten SNARE-Komplexes des Alpha-Motoneurons und verhindert auf diese Weise die Freisetzung von Acetylcholin aus der präsynaptischen Membran. Die Wirkung des Giftes ist übrigens irreversibel und es müssen erst neue Nervenfasern aussprossen bis die Wirkung nachlässt (3–6 Monate).

8. Aus wieviel Einheiten besteht der nikotinerge Acetylcholinrezeptor und wie funktioniert er?

Er besteht aus fünf Untereinheiten. Die beiden Alpha-Untereinheiten binden jeweils ein Molekül Acetylcholin. Die Funktionsweise entspricht dem eines Ionenkanals. Nach Rezeptorbindung öffnet der Kanal und wird permeabel für monovalente Kationen (v.a. Natrium).

9. Wie wirkt Curare? Nennen Sie mindestens ein klinisches Anwendungsbeispiel.
Curare bindet am nikotinergen Acetylcholinrezeptor und verhindert so die Depolarisation der Muskelzelle. Muskelrelaxanzien wirken ähnlich wie Curare und werden bei operativen Eingriffen eingesetzt, um die Muskeln erschlaffen zu lassen.

10. Nennen Sie eine neuromuskuläre Erkrankung, deren Ursache und eine Therapiemöglichkeit!
Myasthenia gravis. Sie ist eine Autoimmunerkrankung, bei der sich das Immunsystem gegen die nikotinergen Acetylcholinrezeptoren richtet. Häufiges Symptom ist eine muskuläre Ermüdung nach Belastung. Cholinesterasehemmer verhindern den Abbau von Acetylcholin im synaptischen Spalt und sorgen auf diese Art und Weise für eine Linderung der Beschwerden.

11. Nennen Sie Kontraktionsformen aus dem Bereich der Muskelmechanik.
Siehe hierzu 2.2.9, S. 31

Mehr Cartoons unter www.medi-learn.de/cartoons

Pause

Lehn dich zurück und mach doch einfach mal kurz Pause ...

3 Motorik

Fragen in den letzten 10 Examen: 26

Das Thema Motorik umfasst die Bereiche der motorischen Systeme des Rückenmarks und des Gehirns.

Die motorischen Systeme des Rückenmarks werden nach wie vor im schriftlichen Examen gerne gefragt. Die motorischen Systeme des Gehirns kommen in der Physiologie nicht mehr so häufig dran wie noch vor einigen Jahren. Die meisten Fragen wirst du schon beantworten können, wenn du die klinischen Symptome bei Kleinhirnschädigung und Schädigung der Basalganglien kennst.

3.1 Neuronale Systeme des Rückenmarks

Die motorischen Systeme des Rückenmarks wirken auf den ersten Blick recht unübersichtlich, zum Glück zielen aber die meisten Fragen im Schriftlichen auf den einfachsten Teil dieser Systeme ab, nämlich auf die Funktion der Golgi-Sehnenorgane.
Klinisch viel wichtiger sind allerdings die Muskelspindeln, da sie für Muskeleigenreflexe wie z. B. den Patellarsehnenreflex erforderlich sind. Bevor du dich jetzt gleich kopfüber in die punktbringenden Details stürzt, sollte dir klar sein, wie die neuronalen Systeme des Rückenmarks funktionieren.

Das Motoneuron und seine Zuflüsse

Wollen wir z. B. den Arm heben, um eine Glühbirne einzuschrauben, müssen zahlreiche Skelettmuskeln aktiviert und koordiniert werden. Dazu muss unser Gehirn mit seinem Kortex, seinem Kleinhirn und seinen Basalganglien einen Bewegungsentwurf erstellen, der schließlich über das Rückenmark zu den Motoneuronen geleitet wird. Die Motoneurone haben ihren Ursprung in den Vorderhörnern des Rückenmarks und ziehen mit ihren Axonen bis zu den quergestreiften Muskeln des Körpers. Dabei versorgt ein einzelnes Motoneuron mehrere Muskelfasern. Hierbei gilt: Je feiner die Kraft eines Muskels abgestimmt werden muss, desto weniger Fasern werden von einem einzelnen Motoneuron versorgt.

Merke!

Ein Motoneuron zusammen mit den zugehörigen Muskelfasern bezeichnet man als motorische Einheit.

Motoneurone werden jedoch nicht nur über das Gehirn angesteuert, sondern erhalten auch Zuflüsse aus Reflexbögen, die auf Rückenmarksebene ablaufen. Diese Reflexbögen können auch dann noch funktionieren, wenn – z. B. nach einer Verletzung im Bereich der Wirbelsäule – die vom Gehirn zum Rückenmark führenden Fasern unterbrochen sind und der Patient an einer Querschnittslähmung leidet.

Die in der folgenden Übersicht dargestellten zum Motoneuron ziehenden Nervenfasern werden später in ihrer Funktion noch genauer erklärt. Die für das schriftliche Examen relevanten Einflüsse auf die Dendriten der Motoneurone sind:

- ein erregender Einfluss vom Kortex über die Nerven des Tractus corticospinalis,
- ein erregender Einfluss (ohne Interneurone) von den Nerven der Muskelspindeln des Agonisten,
- ein hemmender Einfluss (mit Interneuronen) von den Nerven der Muskelspindeln des Antagonisten (reziproke Hemmung),
- ein hemmender Einfluss (über Interneurone) von Kollateralen des eigenen Neurons (recurrente Hemmung = Renshaw-Hemmung),

- ein hemmender Einfluss (über Interneurone) von den Golgi-Sehnenorganen des Agonisten (autogene Hemmung) und
- darüber hinaus die Beeinflussung des Aα-Motoneurons durch retikulo-, tecto- und rubrospinale Neurone sowie durch Haut- und Gelenkrezeptoren.

Nomenklatur der Nervenfasern

Bei den Nervenfasern der spinalen motorischen Systeme haben sich zwei unterschiedliche Einteilungen der Nervenfasern eingebürgert. Diese Einteilungen sind historisch etwa zur gleichen Zeit entstanden und einander sehr ähnlich, sie orientieren sich nämlich beide an der Nervenleitgeschwindigkeit. Dennoch werden die Einteilungen noch nebeneinander benutzt.

1. **Efferente Fasern**, die aus dem Rückenmark über die Vorderhörner in Richtung Muskulatur ziehen, werden nach **Erlanger und Gasser** eingeteilt. Die wichtigste Nervenfaser dieser Art ist das Aα-Motoneuron, das eine dicke Markscheide trägt und daher sehr schnell (60 bis 80 m/s) leitet. Die langsamsten Fasern dieser Gruppe sind die marklosen C-Fasern.
2. Fasern in umgekehrter Richtung, also **Afferenzen**, teilt man nach **Lloyd/Hunt** ein. Diese Fasern treten – im Gegensatz zu den Efferenzen – über die Hinterhörner ein. Von den Muskelspindeln z. B. ziehen Ia-Fasern ins Rückenmark, die ebenfalls dick bemarkt sind und entsprechend schnell leiten. Marklose Fasern hingegen werden nach Lloyd/Hunt als IV-Fasern klassifiziert.

Tab. 4, S. 42 stellt die beiden Einteilungen gegenüber.

3.1.1 Muskelspindel und Patellarsehnenreflex

Muskelspindeln sind ein klassisches Thema im schriftlichen Examen. Punkte bringt hier vor allem das Thema „Sollwerteinstellung der Muskelspindel mit Hilfe der γ-Fasern". Mündliche Prüfer leiten das Thema „Muskelspindel" meistens mit einer Frage zum Patellarsehnenreflex ein.

Erlanger/Gasser: Efferenzen		**Lloyd/Hunt: Afferenzen**	
Aα	100 m/s dick bemarkt	Ia	100m/s dick bemarkt
		Ib	80 m/s
Aβ	50 m/s	II	50 m/s
Aγ	20 m/s	III	15 m/s
Aδ	15 m/s		
B	7 m/s		
C	1 m/s marklos	IV	1 m/s marklos

Tab. 4: Nomenklatur der Nervenfasern

Aufgaben der Muskelspindel

Innerhalb eines Skelettmuskels, eingebettet zwischen den Muskelfasern, liegen kleine Sinnesorgane, die man als Muskelspindeln bezeichnet. Sie sind parallel zur Muskelfaser angeordnet.
Muskelspindeln sind **Längendetektoren**. Sie registrieren also, wenn ein Muskel gedehnt wird und dadurch an Länge zunimmt. Über Ia- und II-Fasern wird bei Dehnung des Muskels ein Signal von den Muskelspindeln in die Hinterhörner geleitet.
Im Hinterhorn teilen sich die Ia- und II-Fasern in mehrere Kollateralen auf. Davon steigt ein Teil auf und zieht über die Hinterstränge (Funiculus cuneatus et gracilis) ins lemniskale System zum Gehirn. Über diese Fasern werden Groß- und Kleinhirn über den aktuellen Dehnungszustand des Muskels informiert.
Mittlerweile geht man davon aus, dass das Gehirn aus den Informationen der Muskelspindeln auch die **Stellung der Gelenke** errechnen kann (Propriozeption).
Weitere Kollateralen der Ia- und II-Fasern ziehen ins Vorderhorn. Dort bilden sie Synapsen mit den Aα-Motoneuronen, werden also **monosynaptisch** auf das Motoneuron umgeschaltet. Wird eine Muskelspindel erregt, kommt es

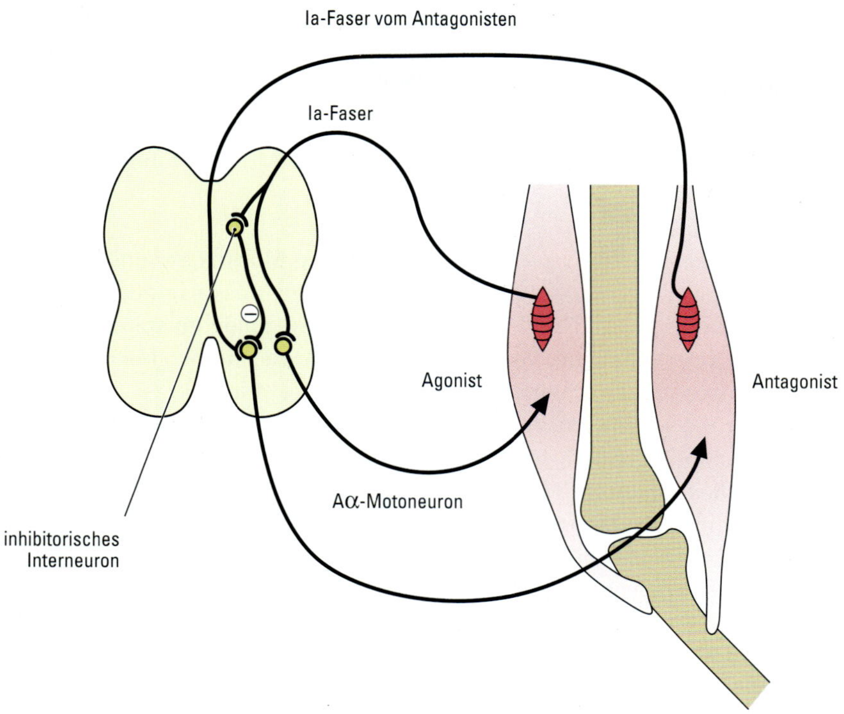

Abb. 19: Verschaltung der Muskelspindeln

medi-learn.de/7-physio5-19

durch die synaptische Umschaltung zur Depolarisation des Motoneurons.

Patellarsehnenreflex

Der Patellarsehnenreflex wird über Muskelspindeln vermittelt und NICHT etwa über die Golgi-Sehnenorgane, die weiter unten beschrieben werden. Damit es in diesem Bereich keine Verwechslungen gibt, bezeichnen manche Autoren den Patellarsehenreflex als Quadrizeps-Dehnungsreflex.

Soviel dazu, doch was passiert nun genau bei diesem klinisch bedeutsamen Reflex? Wenn man mit dem Reflexhammer auf die Patellarsehne klopft, wird die Sehne etwas nach innen gedrückt und so am M. quadrizeps femoris ein leichter Zug ausgeübt. Der Muskel wird gedehnt, was von der Muskelspindel registriert wird. Dadurch werden Ia- und II-Fasern aktiviert, die wiederum monosynaptisch auf das Aα-Motoneuron umgeschaltet werden. Das Motoneuron innerviert nun den Skelettmuskel (in diesem Fall den M. quadrizeps femoris), sodass der Muskel zuckt.

Beim Patellarsehnenreflex handelt es sich um einen Eigenreflex. Von einem **Eigenreflex** spricht man, wenn der Reiz mit dem gleichen Organ aufgenommen wird, das auch die Reflexantwort ausführt. In diesem Fall wird der Reiz von den Spindeln des M. quadrizeps femoris aufgenommen, dessen Fasern die Reflexantwort schließlich auch ausführen. Dieser Reflex läuft auf Rückenmarksebene und kann daher auch bei Querschnittslähmung funktionieren. Beim Gesunden lässt sich der Reflex modifizieren: Die Motoneurone können vom Zentralnervensystem bereits leicht vorerregt werden, was die Reflexantwort erleichtert. Eine derartige, den Reflex bahnende Vorerregung bewirkt der **Jendrassik-Handgriff**: Man bittet dazu den Probanden, die Finger beider Hände ineinander zu verhaken und dann zeitgleich mit dem Schlag z. B.

auf die Patellarsehne die Hände kräftig auseinander zu ziehen.

Beim ruhenden Menschen werden die Muskelspindelreflexe über absteigende, extrapyramidale Fasern gehemmt.

Bei einer Querschnittslähmung, also einer Durchtrennung des Rückenmarks, fallen diese hemmenden Bahnen aus. Folglich laufen die Reflexe auf Rückenmarksebene, die unterhalb der Verletzung liegen, verstärkt ab. Deshalb haben Querschnittsgelähmte – nachdem sie die ersten Wochen nach der Verletzung überstanden haben – **gesteigerte Reflexe**. Der Reflexbogen der Muskelspindeln ist auch beim ruhenden Menschen ständig leicht aktiv. Dadurch stehen die Skelettmuskeln immer unter einem leichten Tonus. Bei Querschnittsgelähmten ist zwar die willkürliche Innervierung der Muskeln unterhalb der Verletzung ausgefallen, sodass die Patienten gelähmt und in der Regel auf einen Rollstuhl angewiesen sind, der reflexbedingte Tonus der Muskeln ist jedoch erhöht, da außer den Pyramidenbahnen auch die reflexhemmenden Bahnen ausgefallen sind. Man bezeichnet diese Art der Lähmung als **spastische Lähmung**.

Die Reflexbögen auf Rückenmarksebene können auch dann funktionieren, wenn die Verbindungen zum Gehirn im Rahmen einer Querschnittslähmung unterbrochen sind. Unmittelbar nach einer frischen Querschnittsverletzung beobachtet man bei den meisten Patienten zunächst einen totalen Ausfall aller Reflexe unterhalb der Verletzung. Erst nach einigen Wochen erholen sich die Reflexbögen auf Rückenmarksebene wieder, während die auf- und absteigenden Fasern für immer unterbrochen bleiben. Allerdings ist der Pathomechanismus, der für den anfänglichen Reflexausfall verantwortlich ist, noch unbekannt. Man bezeichnet den Ausfall der Reflexe unterhalb der Verletzung als **spinalen Schock**. Währenddessen sind die Muskeln unterhalb der Läsion nicht nur gelähmt, auch der reflexbedingte Tonus der Muskulatur ist aufgehoben. Es handelt sich dabei also um eine **schlaffe Lähmung**.

Ebenso würde eine isolierte Schädigung von α-Motoneuronen zu einer schlaffen Lähmung des betroffenen Muskels führen.

Übrigens ...

Außer den Muskeldehnungsreflexen, die über die Muskelspindeln vermittelt werden, fallen im spinalen Schock auch die Defäkations-, Miktions- und Genitalreflexe aus.

Erst wenn nach einigen Wochen der spinale Schock vorbei ist und sich die Reflexbögen erholt haben, geht die schlaffe Lähmung in eine spastische Lähmung über.

Reziproke Hemmung

Die Ia- und II-Fasern, die von den Muskelspindeln wegziehen, spalten sich nicht nur in Kollateralen zum Gehirn und zum Aα-Motoneuron des Muskels auf: Es gibt noch eine Kollaterale, die zum Aα-Motoneuron des Antagonisten zieht. Diese Kollaterale wird zunächst auf ein inhibitorisch wirkendes Interneuron umgeschaltet, das dann die Aα-Faser zum Antagonisten hemmt (s. Abb. 19, S. 43).

Wenn also z. B. der M. quadriceps femoris durch einen Schlag auf die Patellarsehne gedehnt wird, sorgen die von den Muskelspindeln kommenden Nervenfasern nicht nur für eine Aktivierung des Muskels, sondern auch gleichzeitig für eine **Hemmung des Antagonisten**.

Man nennt diese Art der **Hemmung antagonistische** oder auch **reziproke Hemmung**.

Merke!

Ein Aα-Motoneuron erhält über Interneurone hemmende Einflüsse von den Muskelspindeln des Antagonisten (reziproke Hemmung).Diese Interneurone benutzen den Transmitter Glycin (Hyperpolarisation durch Öffnung von Chloridkanälen).

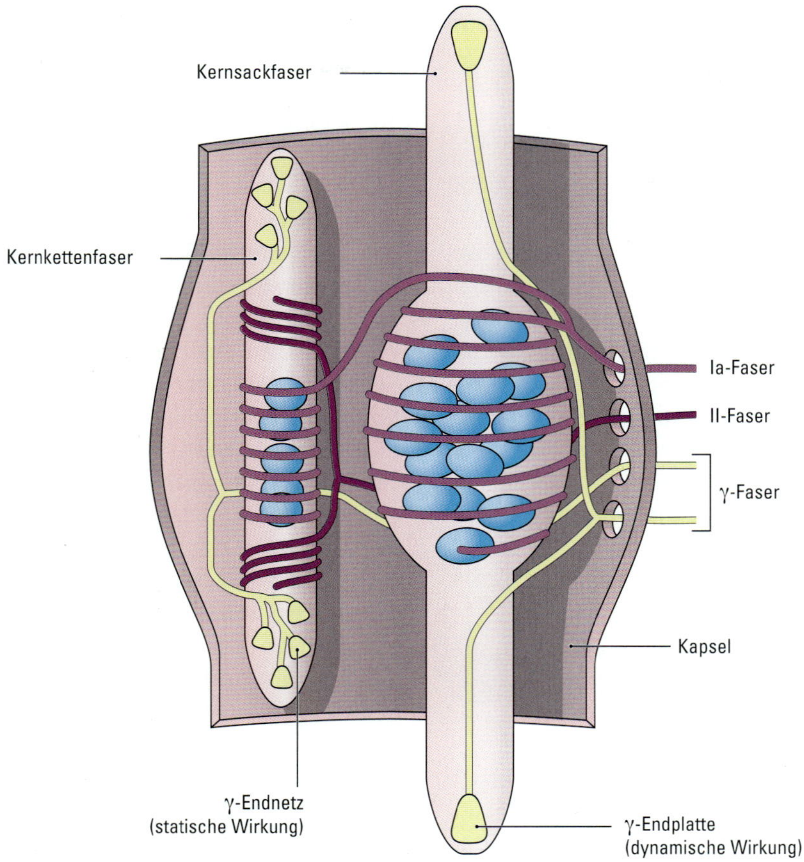

Abb. 20: Aufbau der Muskelspindel

medi-learn.de/7-physio5-20

Feinbau der Muskelspindel

Muskelspindeln sind entwicklungsgeschichtlich gesehen umgebaute, mittlerweile hoch spezialisierte Muskelfasern. Im mittleren Teil einer Muskelspindel finden sich zwei unterschiedliche Fasertypen:

- Kernsackfasern und
- Kernkettenfasern.

Während von den Kernkettenfasern sowohl Ia-(primäre Muskelspindel-Afferenzen) als auch II-Fasern (sekundäre Muskelspindel-Afferenzen) ausgehen, gehen von den Kernsackfasern nur die schnellleitenden Ia-Fasern ab. Die Ia-Faser wickelt sich mehrfach um die Kernsackfaser herum, weshalb man diesen Anschnitt auch als **anulospiralige Endigung** bezeichnet. An den Polen der Muskelspindel finden sich außerdem noch kontraktile Abschnitte, die über einen eigenen Nerven – in diesem Fall eine Aγ-Faser – versorgt werden.

Statische und dynamische Antworten

Muskelspindeln können nicht nur den gegenwärtigen Dehnungszustand und damit die Muskellänge registrieren, sondern auch sehr empfindlich auf Längenänderung reagieren. Sie messen also sowohl statisch, d. h. proportional zur Länge des Muskels, als auch dynamisch, also die Längenänderung. Muskelspindeln sind daher PD-Rezeptoren (s. 4.1.3, S. 70).
Für die statische Messung sind vor allem die von den Kernkettenfasern kommenden, langsameren II-Afferenzen zuständig, während die Kernsackfasern mit ihren Ia-Afferenzen haupt-

sächlich dynamisch, also auf Änderungen, reagieren.

Sollwerteinstellung der Muskelspindel

Wozu braucht man eigentlich den aufwendigen Reflexapparat mit den Muskelspindeln? Manchmal ändert sich die Stellung eines Gelenks, obwohl gar keine Änderung erwünscht ist. Wenn man z. B. die Arme nach vorne streckt, bekommt der Oberkörper ein leichtes Übergewicht nach vorne. Damit man nicht nach vorne umfällt, registrieren Muskelspindeln in der Rückenmuskulatur die leichte Dehnung, die durch Verlagerung des Körpers nach vorne entsteht. Reflektorisch spannen sich jetzt die Rückenmuskeln an und bringen den Oberkörper wieder in die ursprüngliche Lage. Diese Gegenbewegung kann sehr rasch ausgeführt werden, da der Reflex über schnellleitende Ia-Fasern läuft und nur mit einer einzigen Synapse im Rückenmark umgeschaltet wird.

Eine Muskelspindel liegt parallel in der Muskulatur und wird bei Dehnung des Muskels mitgedehnt. Umgekehrt wird sie bei Stauchung des Muskels mitgestaucht. Eine zu stark gestauchte Muskelspindel ist jedoch nicht mehr in der Lage, die Länge und auch die Längenänderungen optimal zu messen. Eine Stauchung, d. h. Entdehnung, würde die Aktivität der Ia-Fasern vermindern. Deshalb haben Muskelspindeln an ihren Polen kontraktile Fasern, die bei einer Stauchung des Muskels dafür sorgen, dass die Muskelspindel in ihrer Mitte gestreckt bleibt.

Wenn z. B. am Arm der M. biceps brachii zur Kontraktion gebracht werden soll, werden vom Kortex aus Pyramidenfasern aktiviert, die Aktionspotenziale in den Aα-Motoneuronen des Biceps-Muskels auslösen. Daraufhin kontrahiert sich der Muskel, sodass er mit seinen Spindeln gestaucht wird. Damit nun die Muskelspindeln in der Mitte – dort wo die Ia- und II-Fasern ansetzen – weiterhin gestreckt bleiben, müssen sich auch die kontraktilen Fasern an den Polen der Spindel zusammenziehen. Dazu werden diese Fasern über Aγ-Motoneurone versorgt, die ebenfalls vom Kortex des Gehirns aus angesteuert werden. Aγ-Motoneurone erhöhen so die Empfindlichkeit der Längenrezeptoren, schnelle Längenänderungen zu registrieren.

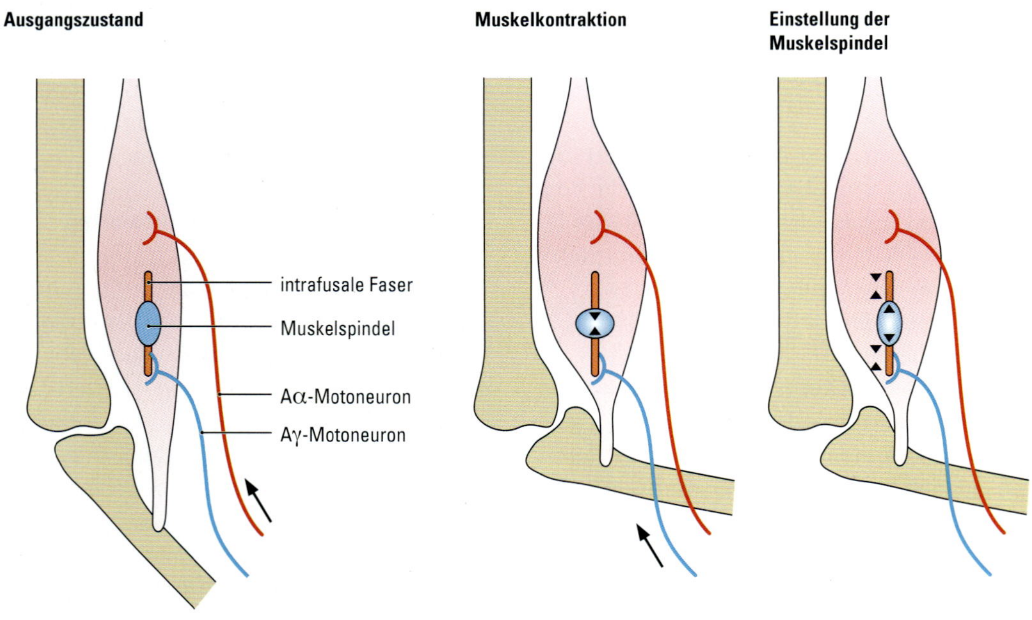

Abb. 21: Sollwerteinstellung der Muskelspindel

medi-learn.de/7-physio5-21

Bei einer Willkürbewegung werden also außer den Aα-Fasern auch die Aγ-Fasern vom ZNS aktiviert und man spricht von einer α-γ-Koaktivierung. Während einer isotonen Kontraktion ist die α-γ-Koaktivierung in der Lage, die Empfindlichkeit der Längenrezeptoren zu sichern: Sie reguliert die Empfindlichkeit des Messfühlers Muskelspindel.

Hoffmann-Reflex

Der monosynaptische Hoffmann-Reflex wird mithilfe einer Reizelektrode über dem N. tibialis ausgelöst. Ein Reizstrom über diesen Nerv bewirkt eine Reflexantwort im M. triceps surae. Leitet man nach Reizung des Nerven ein Elektromyogramm über dem M. triceps surae ab,

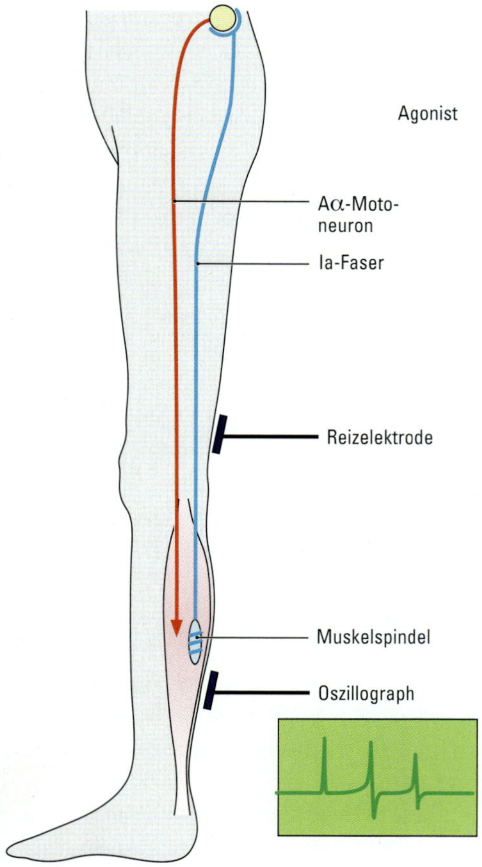

Abb. 22: Hoffmann-Reflex

medi-learn.de/7-physio5-22

kann man bei hinreichender Reizstärke nach nur einem Reiz zwei hintereinander liegende Potenziale ableiten: Die M-Welle und den H-(Hoffmann-) Reflex.
Wie kommt es zu dieser doppelten, zweigipfligen Antwort des Muskels? Im N. tibialis verlaufen nicht nur die Aα-Motoneurone, die vom Rückenmark zum M. triceps surae ziehen, sondern auch die Ia- und II-Fasern, die von den Muskelspindeln im M. triceps zurück zum Rückenmark verlaufen. Setzt man nun einen kräftigen Reiz auf den N. tibialis, so wird direkt an der Aα-Faser ein Aktionspotenzial ausgelöst. Dieses bewirkt eine Erregung des Muskels, welche man als M-Welle im Elektromyogramm ableiten kann. Ein Reizstrom über dem N. tibialis bringt darüber hinaus auch die Ia-Fasern zur Depolarisation. Auch hier breitet sich ein Aktionspotenzial aus: Es wird vom Reizort in der Kniekehle in Richtung Rückenmark fortgeleitet, wo es dann – ebenso wie sonst Signale der Muskelspindeln – auf die Aα-Motoneurone umgeschaltet wird. So werden die Aα-Neurone zusätzlich indirekt erregt. Aber auch diese indirekte Erregung breitet sich schließlich bis zum M. triceps surae aus, wo man dann eine zweite Reflexantwort als H-Reflex ableiten kann. Da die indirekte Erregung ja den Umweg über das Rückenmark nimmt, benötigt sie mehr Zeit als die Erregung des Muskels durch die direkte Reizung der Aα-Faser. Der H-Reflex ist daher zeitlich gegenüber der M-Welle zurückversetzt. Am längsten bis zur Reflexantwort dauert es, wenn ein Schlag (mit einem Reflexhammer) auf die entsprechende Sehne zur Aktivierung der Aα-Mononeurone führt (T-Reflex oder Tendon-Reflex). Die zeitliche Reihenfolge lautet daher aufsteigend:
M-Welle → H-Reflex → T-Reflex
Bei geringerer Reizstärke sieht man im Elektromyogramm die M-Welle kaum, da die Aα-Fasern auf schwache Reize kaum ansprechen. Die empfindlicheren Ia-Fasern jedoch reagieren, sodass die H-Welle bei schwachem Reizstrom ausgeprägter ist als die M-Welle.
Während die M-Welle bei zunehmender Reizstärke größer wird, nimmt die Amplitude des H-Reflexes ab. Die direkte Reizung des Aα-

Motoneurons bewirkt nicht nur, dass sich ein Aktionspotenzial in Richtung M. triceps surae ausbreitet. Es breitet sich außerdem auch vom Reizort in der Kniekehle in Richtung Rückenmark aus, läuft also gewissermaßen in die „falsche" Richtung. Auf diesem Weg stößt es dann mit dem Aktionspotenzial zusammen, das indirekt nach Reizung der Ia-Faser entstanden ist. Dadurch wird das indirekt entstandene Potenzial abgeschwächt, sodass die H-Welle kleiner wird.

Merke!

- Die M-Welle wird durch die Reizung der Aα-Motoaxone ausgelöst.
- Der H-Reflex wird durch die Reizung der empfindlicheren Ia-Faser ausgelöst.

3.1.2 Golgi-Sehnenorgan

Golgi-Sehnenorgane liegen in den Sehnen eines Skelettmuskels und sind daher in Serie zum Muskel geschaltet. Sie haben die Aufgabe, in der Sehne des Muskels die mechanische Spannung zu messen. Somit messen sie die Kraft, die vor allem bei isometrischer Kontraktion an der Sehne des Muskels ausgeübt wird. Von den Golgi-Organen führen Ib-Fasern in die Hinterhörner des Rückenmarks. Im Rückenmark spalten sich die Ib-Fasern in Kollateralen auf: Ein Teil der Kollateralen läuft zum ZNS und versorgt es mit Informationen über die aktuelle Muskelspannung. Andere Kollateralen ziehen zum Vorderhorn und werden auf ein hemmend wirkendes Interneuron umgeschaltet. Dieses hemmende Interneuron zieht zum Aα-Motoneuron des Muskels, zu dem die Sehne gehört. Eine Zunahme der Muskelspannung kann somit – vermittelt über ein Interneuron – das Aα-Motoneuron hemmen und den Tonus des Muskels herabsetzen.

Eine Aktivierung des Golgi-Sehnenorgans mindert also die Aktivität des eigenen Aα-Motoneurons und damit auch die des eigenen agonistischen Muskels. Man nennt diese Art der Hemmung deshalb **autogene Hemmung**. Da zwischen der Ib-Faser und dem Aα-Motoneuron ein Interneuron zwischengeschaltet ist, wird über zwei Synapsen umgeschaltet. Es handelt sich damit um eine **disynaptische Hemmung**.

Wahrscheinlich dient dieser Mechanismus der raschen Feinregulierung der Muskelkraft. Bei nachlassender Muskelkraft verringert sich die Spannung in der Sehne, und die Aktivität des Golgi-Organs wird geringer. Somit verringert sich auch der hemmende Einfluss des Interneurons: Das Aα-Motoneuron wird desinhibiert und der Muskeltonus steigt wieder.

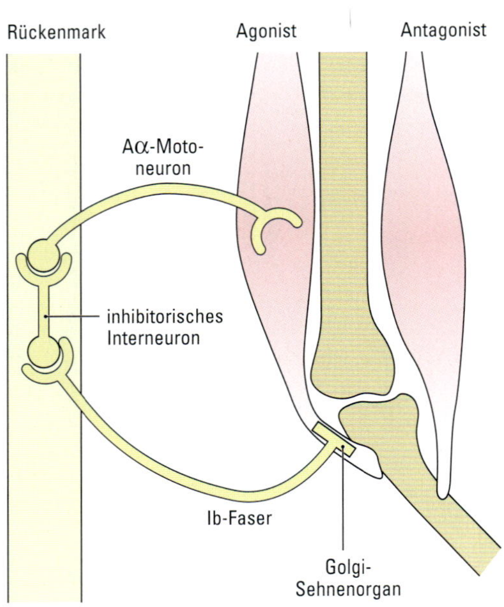

Abb. 23: Golgi-Sehnenorgan: autogene Hemmung

medi-learn.de/7-physio5-23

Merke!

- Durch Dehnung der Sehne eines Muskels kommt es zur Aktivierung des Golgi-Sehnen organs und damit zur Erregung afferenter Ib-Fasern.
- Diese Ib-Fasern erregen Interneurone, die die α-Motoneurone des eigenen Muskels hemmen (autogene Hemmung).

3.1.3 Rekurrente Hemmung

Die Axone der Aα-Motoneurone teilen sich noch auf Rückenmarksebene in Kollateralen auf. Ein Teil dieser Fasern zieht gar nicht aus den Vorderhörnern heraus zur Muskulatur, sondern dreht noch im Vorderhorn um und verläuft rückwärts auf ein hemmend wirkendes Interneuron. Dieses Interneuron wird auf das Aα-Motoneuron selbst umgeschaltet.

Wird ein Aα-Motoneuron erregt, hemmt es über diese rückläufigen Fasern selbst seine weitere Erregung. Diese Art der Hemmung nennt man wegen der rückläufigen Fasern rekurrente Hemmung. Die Interneurone, die den hemmenden Impuls auf die Motoneurone übertragen, werden als Renshaw-Zellen bezeichnet. Gelegentlich bezeichnet man die rekurrente Hemmung daher auch als **Renshaw-Hemmung**. Die Renshaw-Zellen schütten Glycin als inhibierenden Transmitter an der Synapse zum Motoneuron aus. Das Motoneuron verwendet nicht nur an der motorischen Endplatte den Transmitter Acetylcholin, auch die rückläufigen Kollateralen, die zu den Renshaw-Zellen ziehen, übertragen ihr Signal mithilfe von Acetylcholin.

Merke!

- Eine Kollaterale des Motoneurons läuft zurück und bildet eine erregende Synapse mit einem Interneuron, der Renshaw-Zelle.
- Als Transmitter des Motoneurons wird – wie auch an der motorischen Endplatte des Aα-Motoneurons – Acetylcholin verwendet.
- Die Renshaw-Zelle bildet eine hemmend wirkende Synapse mit dem Aα-Motoneuron und verursacht ein inhibitorisches postsynaptisches Potenzial (IPSP).
- Als Transmitter verwendet die Renshaw-Zelle Glycin, das an den Glycin-Rezeptor (für Cl^- durchlässiger Ionenkanal) bindet.

3

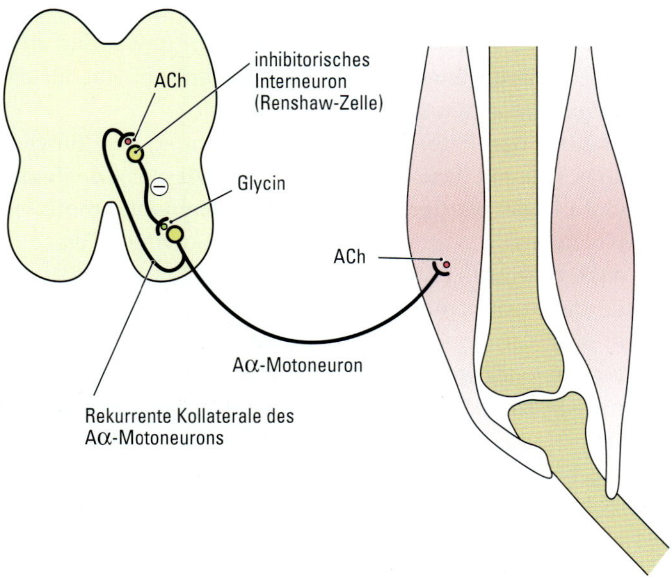

Abb. 24: Rekurrente Hemmung

medi-learn.de/7-physio5-24

Übrigens ...
Das Tetanustoxin (Gift des Bakteriums Clostridium tetani) spaltet Proteine des SNARE-Komplexes, der für die Exozytose der mit Glycin gefüllten Vesikel verantwortlich ist und hemmt somit die Ausschüttung synaptischer Vesikel. Es kommt zu einer Enthemmung des Aα-Motoneurons und zur Verkrampfung der Skelettmuskulatur. Das entsprechende Krankheitsbild nennt man Wundstarrkrampf (Tetanus).

3.2 Fremdreflexe

Man unterscheidet zwischen Eigen- und Fremdreflexen. Beim Eigenreflex ist das Organ, das den Reiz aufnimmt, auch gleichzeitig das Organ, das den Reflex ausführt. Der Patellarsehnenreflex z. B. ist ein Eigenreflex (s. 3.1.1, S. 42): Die Dehnung des M. quadriceps femoris wird von dessen eigenen Muskelspindeln gemessen, der Muskel zuckt und führt so den Reflex selbst aus.
Ein Beispiel für einen Fremdreflex ist der **Flexorreflex**: Wenn man z. B. mit dem Fuß in einen Nagel tritt, nimmt die Haut des Fußes einen Schmerzreiz auf und leitet dieses Signal an das Rückenmark. Dort wird es über mehrere Synapsen verschaltet und bewirkt schließlich eine Kontraktion der Flexoren des betroffenen Beines – der Fuß wird zurückgezogen. Zusätzlich wird auch noch der Tonus an den Extensoren des betroffenen Beines gesenkt. Doch damit nicht genug: Am anderen Bein werden gleichzeitig die Extensoren aktiviert.
Dieser Fremdreflex wird auch gekreuzter Extensorreflex genannt. Er verhindert, dass man beim Zurückziehen des Fußes fällt.
Auch an der oberen Extremität können Schmerzreize einen Flexor- und den gekreuzten Extensorreflex auslösen.

Merke!

Eine Erregung von Nozizeptoren kann
- die ipsilateralen Flexoren erregen,
- die ipsilateralen Extensoren hemmen und
- die kontralateralen Extensoren erregen.

3.3 Motorische Systeme im Gehirn

Zu den motorischen Systemen des Gehirns tauchen nicht nur im Bereich der Neuroanatomie Fragen auf, sondern auch in der Physiologie. Das Kapitel erscheint zunächst recht umfangreich. Da im schriftlichen Examen aber vor allem nach den klinischen Symptomen der Kleinhirn- und Basalganglienerkrankungen gefragt wird, solltest du dich beim Lernen vor allem darauf konzentrieren.

3.3.1 Bewegungsentwurf im limbischen System und im motorischen Assoziationskortex

Man vermutet, dass das limbische System bedeutsam für die Entstehung einer Bewegungsidee ist: Von diesem Bereich des Gehirns soll der Antrieb ausgehen, der schließlich zu einer Bewegung führt. Doch bevor das limbische System zur Bewegung antreibt, muss es erst mal wissen, um was für eine Bewegung es sich handelt.
Für diese Planung der Bewegung sind die motorischen Assoziationsfelder sowie der prä- und supplementär-motorische Kortex zuständig. Die Aktivität in diesen Hirnregionen lässt sich bereits mehrere 100 Millisekunden vor Bewegungsbeginn elektroenzephalographisch ableiten. Die Zunahme der neuronalen Aktivität kann dabei sowohl über dem Vertex (Scheitel) – also über dem Parietallappen – als auch über dem präfrontalen Kortex beider Hirnhemispären gemessen werden. Dauer und Amplitude der Ableitungen sind dabei je nach Art der geplanten Bewegung unterschiedlich.

Übrigens ...
Motorische Bereitschaftspotenziale gehören NICHT zum Spontan-EEG, sondern werden abgeleitet, nachdem man einem Probanden die Anweisung zu einer bestimmten Bewegung gegeben hat.

3.3.2 Primär-motorischer Kortex

Ein wichtiger Teil der für die Motorik zuständigen Kortexareale ist der primär-motorische Kortex – die Area 4 nach Brodmann. Der primärmotorische Kortex liegt im Bereich des **Gyrus praecentralis**. Von hier steigen die kortikospinalen Bahnen – die **Pyramidenbahnen** – in das Rückenmark ab. Sie laufen im Bereich der Pyramidenkreuzung auf die Gegenseite und erreichen Dendriten der Aα-Motoneurone z.T. direkt, größtenteils aber nach Umschaltung über Interneurone in den Vorderhörnern. Es gibt also vom primär-motorischen Kortex **mono- und polysynaptische Projektionen** zu den Motoneuronen der Skelettmuskulatur.
Der primär-motorische Kortex ist **somatotopisch** gegliedert: Jeder Körperregion ist ein bestimmter Teil dieses Kortex zugeordnet. Die Areale, die den Gesichtsmuskeln zugeordnet sind, liegen im unteren Bereich der Area 4, während Neuronen für die distale und proximale Beinmuskulatur oben an der Mantelkante, im Bereich des Vertex (Scheitel), liegen. Der den Füßen zugeordnete Teil liegt an der medialen Fläche zur Fissura longitudinalis cerebri. Stellt man die Körperregionen bildlich über der

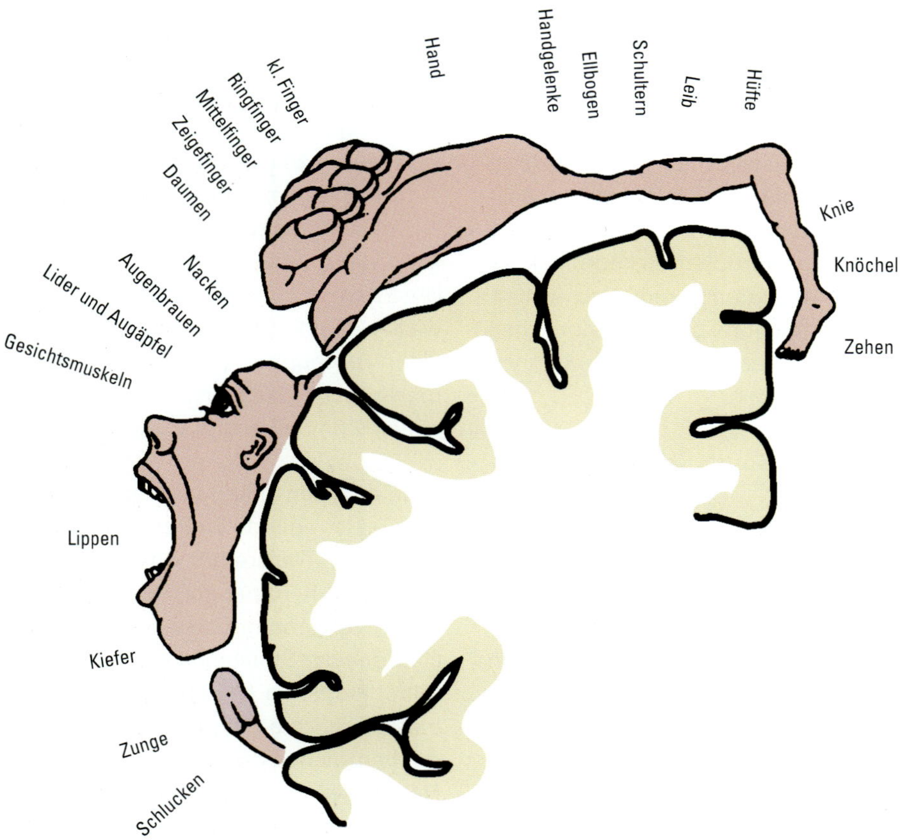

Abb. 25: Homunkulus

medi-learn.de/7-physio5-25

Area 4 dar, ergibt sich ein sehr verzerrt aussehendes und obendrein auf dem Kopf stehendes Männchen: der motorische Homunkulus. Man erkennt, dass die Hände und der Mund, deren Motorik ja sehr fein abgestimmt werden muss, auf einer wesentlich größeren Fläche repräsentiert sind als z. B. der Rücken. Auch mittels geeigneter Bildgebung kann eine topische Diagnostik erfolgen. So stellt z. B. die funktionelle Magnetresonanztomographie (fMRT) bestimmte Areale des Gehirns mit hoher Auflösung dar (z. B. „Markierung" des Sprachzentrums bei einem Sprachverständnistest).

3.3.3 Prämotorischer und supplementär-motorischer Kortex

Der prämotorische und der supplementär-motorische Kortex liegen frontal vom motorischen Kortex, im Bereich der Area 6 nach Brodmann. Den prä- und den supplementär-motorischen Kortex nennt man auch **sekundär-motorische Kortexareale**. Dem supplementär-motorischen Kortex werden Aufgaben bei der **Bewegungsplanung** zugerechnet. Er ist bedeutsam für die zeitliche Struktur komplexer Willkürbewegungen.
Der prämotorische Kortex hat die Aufgabe, die Aktivität von Muskelgruppen zu koordinieren. Vom prä- und supplementär-motorischen Kortex führen Bahnen zum primär-motorischen Kortex, der dann über die Pyramidenbahnen die Bewegung ausführt.

Primär-motorischer Kortex (Area 4 nach Brodmann):
- Hier ist ein wichtiger Teil der Neurone des kortikospinalen Traktes lokalisiert.
- Kurz vor Bewegungsbeginn werden hier Zellen aktiviert.
- Die Zellen des distalen und proximalen Beinbereichs liegen oben an der Mantelkante im Bereich des Vertex.
- Die Zellen des Fußes liegen an der medialen Fläche zur Fissura longitudinalis cerebri.

Prä- und supplementär-motorischer Kortex (Area 6 nach Brodmann):
- Sie sind bedeutsam für die zeitliche Struktur bei komplexen Willkürbewegungen.
- Der supplementär-motorische Kortex projiziert in einem somatotopischen Muster auf den primär-motorischen Kortex.

Motorisches Bereitschaftspotenzial:
- mehrere 100 ms vor Beginn einer Bewegung
- wird von der Schädeloberfläche abgeleitet
- tritt bilateral, d. h. über beiden Hemisphären, auf
- ist im Vertex (Scheitel) ableitbar
- Dauer und Amplitude hängen von der Art der geplanten Bewegung ab

3.3.4 Basalganglien

Nach den Basalganglien wird sehr häufig gefragt, kein Wunder, denn eine der häufigsten Erkrankungen der Neurologie – der M. Parkinson – wird durch eine Störung im Bereich der Basalganglien hervorgerufen.
Die Basalganglien sind funktionell gegliedert:
- Corpus striatum (bestehend aus Nucleus caudatus und Putamen)
- Globus pallidus (bestehend aus externem und internem Anteil)
- Substantia nigra
- Nucleus subthalamicus.

Die Basalganglien spielen eine wichtige Rolle bei der Planung einer Bewegung. Sie bestimmen wesentlich die Richtung und die Kraft, mit denen eine Bewegung ausgeführt wird.

Basalganglien haben zum Teil hemmende und zum Teil erregende Einflüsse aufeinander. Als erregender Transmitter wird in der Regel **Glutamat**, als hemmender Transmitter meistens **GABA** verwendet. Darüber hinaus setzen die Neurone der Substantia nigra noch den Transmitter **Dopamin** frei, der über D_1-Rezeptoren hauptsächlich erregend und über D_2-Rezeptoren hemmend wirkt.
Neben diesen drei Haupttransmittern verwenden die Basalganglien auch noch Acetylcholin, Noradrenalin und eine Reihe weiterer Peptidtransmitter.

Die vereinfachte Verschaltungsschleife für einen Bewegungsentwurf sieht so aus:

Motorische (Assoziations-) Kortexareale → Basalganglien → Thalamus → (prä-)motorische Kortizes

Wenn du das weißt, reicht dies schon für eine ganze Reihe der Fragen im schriftlichen Examen aus, für einige der Fragen musst die Verschaltung jedoch genauer beherrschen.

Auf Abb. 26, S. 54 erkennst du, dass der Kortex erregende Einflüsse auf das Putamen ausübt.
Das Putamen wiederum beeinflusst sowohl den Globus pallidus externus als auch den Globus pallidus internus:

- Der hemmende Einfluss auf den Globus pallidus externus wird über den Transmitter GABA vermittelt, der an dieser Stelle einen Kotransmitter verwendet – das **Enkephalin**.
- Auch der Globus pallidus internus wird vom Putamen mit Hilfe des Transmitters GABA gehemmt, allerdings ist hier Substanz P der **Kotransmitter**.

Der Globus pallidus externus hat eine GABAerge hemmende Verbindung zum Nucleus subthalamicus, der seinerseits erregend auf den Globus pallidus internus wirkt (Transmitter: Glutamat).

Der Globus pallidus internus erhält also auf zwei Wegen Einflüsse vom Putamen:

1. Direkt über hemmende Fasern und
2. indirekt über den Globus pallidus externus und den Nucleus subthalamicus.

Der Globus pallidus internus projiziert jetzt mit hemmenden Fasern auf den motorischen Thalamus, und dieser hat schließlich fördernde Einflüsse auf den Kortex, sodass sich der Kreis (endlich ...) schließt. Doch damit nicht genug: Dieser Regelkreis wird auch noch durch die Substantia nigra mit ihren Anteilen – der Pars compacta und der Pars retikulata – beeinflusst:

- Die Pars compacta wirkt mit dem Transmitter Dopamin über D_1-Rezeptoren fördernd und über D_2-Rezeptoren hemmend auf das Putamen. Dabei ist der hemmende Einfluss vor allem an den Zellen ausgeprägt, die indirekt über den Globus pallidus externus und den Nucleus subthalamicus auf den Globus pallidus internus wirken. Der fördernde Einfluss der Pars compacta findet sich vor allem an den Zellen des Putamen, die direkt den Globus pallidus internus beeinflussen.
- Die Pars reticulata der Substantia nigra erhält erregende Einflüsse vom Nucleus subthalamicus und hemmt ihrerseits den motorischen Thalamus.

aktivierend	hemmend
Nucleus subthalamicus -> Substantia nigra, Pars reticulata (Transmitter = Glutamat)	Corpus striatum -> Globus pallidus, Pars interna (Transmitter = GABA mit Substanz P)
	Corpus striatum -> Globus pallidus, Pars externa (Transmitter = GABA mit Enkephalin)
	Globus pallidus, Pars interna -> Thalamus (Transmitter = GABA)
Substantia nigra, Pars compacta -> Corpus striatum (Transmitter = Dopamin über D_1-Rezeptor)	Substantia nigra, Pars compacta -> Corpus striatum (Transmitter = Dopamin über D_2-Rezeptor)

Tab. 5: Prüfungsrelevante Verschaltungen der Basalganglien

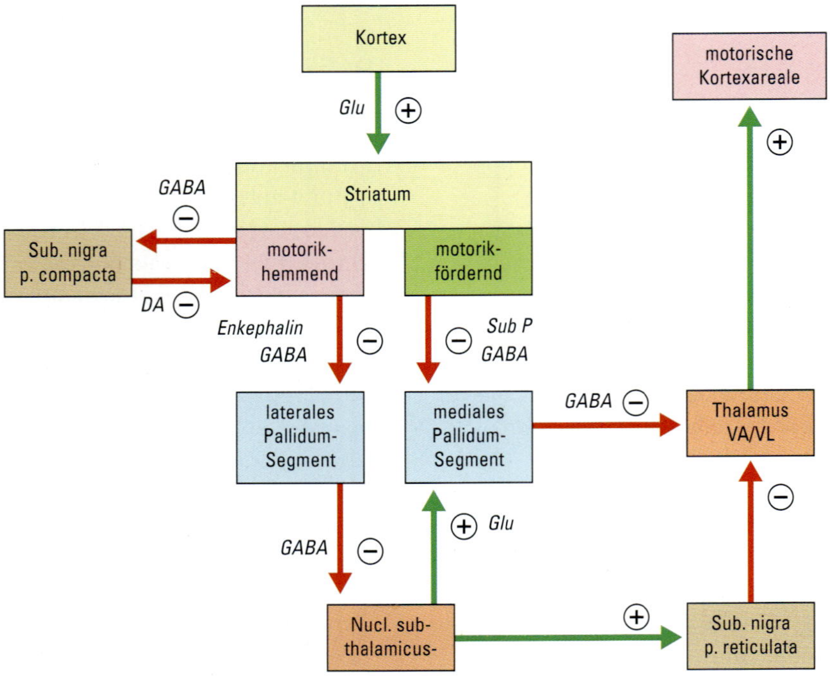

Abb. 26: Entstehung der Akinese bei M. Parkinson *medi-learn.de/7-physio5-26*

Die wichtigste Erkrankung der Basalganglien ist der M. Parkinson. Dabei handelt es sich um eine Degeneration der dopaminergen Zellen im Bereich der Substantia nigra. Ein Ausfall in diesem Bereich führt auf einem direkten und auch auf einem indirekten Weg zum Hauptsymptom des M. Parkinson, der Bewegungsarmut, die man in der Fachsprache als Akinese bezeichnet.

Fazit:

- Beim M. Parkinson sind die Ausgangskerne der Basalganglien – insbesondere der Globus pallidus internus – überaktiv, wodurch der Thalamus zu stark gehemmt wird.
- Der Nucleus subthalamicus ist durch Desinhibition (Hemmung einer Hemmung) überaktiv.

Neben der Akinese (Bewegungsarmut) gehören auch der Ruhetremor (langsames Zittern der Hände) sowie der Rigor (erhöhter Muskeltonus) zu den Symptomen des M. Parkinson. Der Tremor und der Rigor sind Phänomene, die bisher noch nicht so gut verstanden sind. Vermutlich hängen diese Symptome mit Einflüssen der Basalganglien auf die Formatio reticularis zusammen. Letztere soll rhythmisch Impulse an den motorischen Thalamus senden, die normalerweise durch die Basalganglien unterdrückt werden. Fällt diese Unterdrückung weg, könnte hieraus der Tremor resultieren.

Daneben hat die Formatio reticularis auch Verbindungen zu den Motoneuronen im Rückenmark, deren Aktivität ebenfalls durch die Basalganglien gehemmt wird. Ein Ausfall der Basalganglien würde diese Hemmung aufheben und zur erhöhten Aktivierung der Motoneurone durch die Formatio reticularis führen. Das könnte die Ursache für den Rigor sein.

direkter Weg zur Akinese	indirekter Weg zur Akinese
Ausfall der Substantia nigra pars compacta	Ausfall der Substantia nigra pars compacta
▽	▽
Ausfall der fördernden D_1-dopaminergen Einflüsse auf das Putamen	Ausfall der hemmenden D_2-dopaminergen Einflüsse auf das Putamen
▽	▽
verminderte Ausschüttung der hemmenden Transmitter GABA/Substanz P zum Globus pallidus internus	vermehrte Ausschüttung der hemmenden Transmitter GABA/ Enkephalin zum Globus pallidus externus
▽	▽
verminderte Hemmung (Desinhibition) des Globus pallidus internus	verminderte Aktivität des Globus pallidus externus
▽	▽
verstärkte Aktivität des Globus pallidus internus	verminderte Ausschüttung des hemmenden Transmitters GABA zum Nucleus subthalamicus
▽	▽
verstärkte Ausschüttung des hemmenden Transmitters GABA im Bereich des Globus pallidus internus	vermehrte Aktivtät des N. subthalamicus (Desinhibition)
▽	▽
verstärkte Hemmung des motorischen Thalamus	verstärkte Aktivität des Globus pallidus internus
▽	▽
verminderte Aktivität des motorischen Thalamus	verstärkte Ausschüttung des hemmenden Transmitters GABA im Bereich des Globus pallidus internus
▽	▽
verminderte Aktivität des motorischen Kortex	verstärkte Hemmung des motorischen Thalamus
	▽
	verminderte Aktivität des motorischen Thalamus
	▽
	verminderte Aktivität des motorischen Kortex

Tab. 6: Direkter und indirekter Weg zur Akinese bei M. Parkinson

Während beim M. Parkinson die Aktivität des N. subthalamicus erhöht ist, ist sie bei der autosomal dominant vererbten Chorea Huntington vermindert. Ursache dieser Erkrankung ist eine Degeneration der Neurone im Bereich des Corpus striatum, insbesondere derjenigen Neurone, die auf den Globus pallidus externus wirken. Aufgrund der verminderten Aktivität des N. subthalamicus wird die Aktivität der Ausgangskerne der Basalganglien vermindert, wodurch der hemmende Einfluss der Basalganglien auf den Thalamus zu gering wird. Die Folgen sind eine überschießende Motorik mit Grimassieren im Gesicht und schleudernde Bewegungen der Extremitäten. Das Symptom der schleudernden, ausfahrenden Bewegungen wird Ballismus genannt. Im Mittelalter hat man geglaubt, dass die Betroffenen vom Teufel besessen seien, weshalb man die Erkrankung Teufels- oder Veitstanz nannte. Ist – z. B. durch eine Blutung – nur ein einzelner N. subthalamicus geschädigt, kommt es auf der gegenüberliegenden Seite zu schleudernden Bewegungen der

Extremität. Entsprechend bezeichnet man dieses Phänomen als Hemiballismus.
Ursache des M. Parkinson ist die Degeneration der dopaminergen Neurone in der Substantia nigra. Daraus resultiert eine vermehrte Hemmung thalamischer Neurone, an denen die Axone aus den Basalganglien enden. Die Parkinson-Symptome sind

- **Ruhetremor**,
- **Rigor** und
- **Akinese**.

Ursache der Chorea (Huntington) ist die Degeneration von Neuronen im Bereich des Corpus striatum. Daraus resultiert eine verminderte Hemmung thalamischer Neurone. Zu den Symptomen gehören überschießende Bewegungen (Ballismus).
Die Zerstörung nur eines **Nucleus subthalamicus** führt zum **Hemiballismus**.

3.3.5 Kleinhirn

Die Aufgabe des Kleinhirns ist die Feinkoordination der Bewegungen:
Das Kleinhirn erhält dazu mittels verschiedener Eingänge Informationen über den Bewegungsentwurf, das fertige Bewegungsprogramm und aus den Muskeln und Gelenken Auskunft über die tatsächlich ausgeführte Bewegung.

Ähnlich wie bei den Basalganglien (s. 3.3.4, S. 52) wird im schriftlichen Examen häufig nur nach dieser vereinfachten Schleife gefragt:

Motorische (Assoziations-) Kortexareale → Kleinhirnhemisphären → Thalamus → (prä-)motorische Kortizes

Abb. 27, S. 57 zeigt die Verschaltung schon genauer.

Du siehst, dass vom motorischen Assoziationskortex Bahnen zunächst zur Pons ziehen, die dann nach Umschaltung von dort zum Kleinhirn laufen. Über diese Fasern erhält das Kleinhirn Informationen über den **Bewegungsentwurf**.
Außerdem bekommt es eine Kopie des fertigen **Bewegungsprogramms**: Von den motorischen Fasern, die efferent den Motorkortex Richtung Rückenmark verlassen, zweigt ein Teil zur Olive und von dort ins Kleinhirn ab. Das Cerebellum erhält so eine Efferenzkopie des Bewegungsprogramms.
Schließlich gibt es noch die spinozerebellären Bahnen, die das Kleinhirn mit Informationen aus den Muskelspindeln und Gelenkrezeptoren versorgen, sodass es stets über die **Stellung** der Gelenke im Raum informiert ist. Das Kleinhirn hat somit auch eine Afferenzkopie und kann mit diesen Informationen bei einer Bewegung den Sollwert mit dem Istwert abgleichen.

Funktionelle Histologie

Histologisch kann man die Kleinhirnrinde in drei Schichten aufteilen (s. Skript Histologie 2):

1. Innen liegt die Körnerzellschicht, die neben den Körnerzellen auch Golgizellen enthält.
2. Darüber liegt die Purkinje-Zellschicht.
3. Ganz außen schließlich befindet sich die Molekularschicht, die Axone der Körner-Zellen (Parallelfasern) und zudem noch Korb- und Sternzellen enthält.

Merke!

Die einzigen Ausgänge der Kleinhirnrinde sind die Purkinje-Zellen. Sie projizieren auf die Kleinhirnkerne und haben dort einen hemmenden Einfluss. Ihr Transmitter ist GABA.

Purkinje-Zellen werden von mehreren Zellarten beeinflusst. Wie bereits beschrieben erhalten die Oliven eine Efferenzkopie des motorischen Bewegungsprogramms. Von der unteren

Olive aus erreicht dann dieses Signal über die **Kletterfasern** die Kleinhirnrinde. Diese Fasern durchziehen die beiden unteren Schichten der Kleinhirnrinde und klettern hinauf bis zu den Dendriten der Purkinje-Zellen, wo sie zahlreiche erregende Synapsen ausbilden.
Außer den Kletterfasern gehören auch **Moosfasern** zu den Eingängen des Kleinhirns. Sie kommen z.T. aus Kerngebieten der Pons, die ja den Bewegungsentwurf vom Assoziationskortex enthalten, und auch vom Tractus spinocerebellaris, der die Informationen von Muskelspindeln und Gelenkrezeptoren leitet und dem Kleinhirn somit eine Afferenzkopie zuführt. Die Moosfasern gelangen nur bis zur Körnerzellschicht. Dort wirken sie erregend auf die Körnerzellen. Körnerzellen haben Axone, die nach oben ins Stratum moleculare ziehen und sich dort T-förmig aufteilen. Diese aufgeteilten Axone der Körnerzellen bezeichnet man als Parallelfasern, da sie parallel zur Oberfläche der Kleinhirnrinde verlaufen. Die **Parallelfasern** bilden erregende Synapsen mit den Dendriten der Purkinje-Zellen und verwenden dazu den Transmitter Glutamat.
Die Purkinje-Zellen integrieren die sie erreichenden unterschiedlichen Signale in

- Signale aus dem Rückenmark und den pontinen Kernen, die über Moosfasern und nach Umschaltung in Körnerzellen an die Purkinje-Zellen gelangen und
- Signale, die aus den Oliven als Kletterfasern die Purkinje-Zelldendriten erreichen.

Somit integrieren sie das Bewegungsentwurf (aus dem Assoziationskortex mit Umschaltung in der Pons), die Efferenzkopie (aus dem motorischen Kortex mit Umschaltung in den Oliven) und die Afferenzkopie aus den spinozerebellären Trakten.

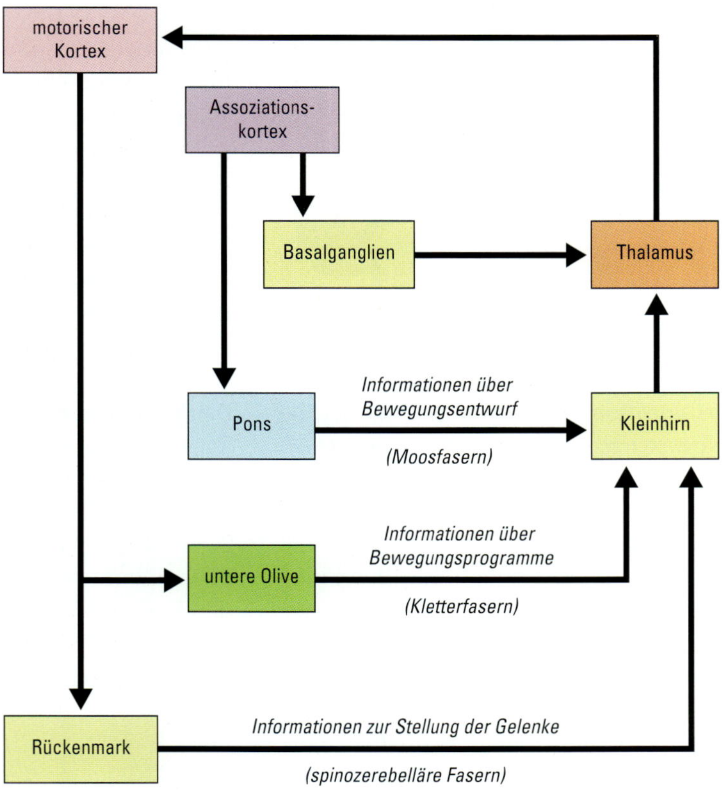

Abb. 27: Kleinhirnverschaltung

medi-learn.de/7-physio5-27

Damit sie sich vor lauter Integrationsarbeit nicht überanstrengen, können die Purkinje-Zellen auch gehemmt werden.
- Die Parallelfasern der Körnerzellen erreichen in der Molekularschicht nämlich nicht nur die Dendriten der Purkinje-Zellen, sondern bilden teilweise auch Synapsen mit den Korb- und Sternzellen. Bei diesen Zellen handelt es sich um hemmende Interneurone. Sie bilden synaptische Verbindungen mit den Purkinje-Zellen und benutzen als Transmitter GABA.
- Moosfasern erreichen in der Körnerzellschicht außer den Körnerzellen auch Golgizellen. Diese haben hemmende Synapsen zu den Körnerzellen, sodass der erregende Einfluss der Körnerzellen auf die Purkinje-Zellen abgeschwächt werden kann. Auch die Golgizellen verwenden als Transmitter GABA.

Zusammengefasst kann man feststellen, dass die Zellen der Kleinhirnrinde mit Ausnahme der Körnerzellen den hemmenden Transmitter GABA verwenden. Das gilt auch für die einzigen Ausgangsneurone der Kleinhirnrinde, die Purkinje-Zellen. Körnerzellen wirken erregend und schütten als Transmitter Glutamat aus.

Zu den Eingängen des Kleinhirns:
- **Kletterfasern**
  - stammen aus der **Olive**,
  - leiten Informationen vom motorischen Kortex nach Umschaltung in der Olive an das Kleinhirn weiter (Bewegungsprogramm) und
  - übermitteln Informationen über die Auslösung und den Verlauf von Bewegungen.
- **Moosfasern**
  - stammen u. a. aus den **pontinen Kernen**,
  - leiten außerdem Informationen vom Rückenmark an das Kleinhirn weiter und
  - werden auf Körnerzellen umgeschaltet.

Zur Verschaltung innerhalb des Kleinhirns:
- Die **erregenden** Zellen in der **Kleinhirnrinde** sind die Körnerzellen (glutamaterg).
- **hemmende (GABAerge) Zellen** in der **Kleinhirnrinde** sind die
  - Golgizellen,
  - Korbzellen,
  - Sternzellen und
  - Purkinje-Zellen.

Zu den Ausgängen des Kleinhirns:
- Die **Purkinje-Zellen** des Kleinhirns sind der **einzige Ausgang** aus dem cerebellären Kortex.
- Purkinje-Zellen wirken **hemmend** auf die nachgeschalteten Neurone.
- GABA ist der Transmitter der synaptischen Verbindung zwischen den Purkinje-Zellen und den Neuronen der Kleinhirnkerne.

Aufgabenteilung im Kleinhirn

Funktionell kann man das Kleinhirn in drei Bereiche einteilen (s. Abb. 28, S. 59):
1. das Vestibulocerebellum – entspricht anatomisch etwa dem Lobus flocculonodularis
2. das Spinocerebellum liegt im Vermis und im intermediären Übergangsbereich zwischen Vermis und den Hemisphären
3. das Pontocerebellum – entspricht anatomisch im Wesentlichen den Kleinhirnhemisphären

Das **Vestibulocerebellum** ist in erster Linie dafür zuständig, Informationen aus den Gleichgewichtsorganen zu verarbeiten und das Gleichgewicht sowie die Stützmotorik zu regulieren. Es erhält dazu über den Tractus vestibulocerebellaris Informationen aus den Makula- und den Bogengangsorganen. Die Purkinje-Zellen des Verstibulocerebellums projizieren direkt auf die Vestibulariskerne.

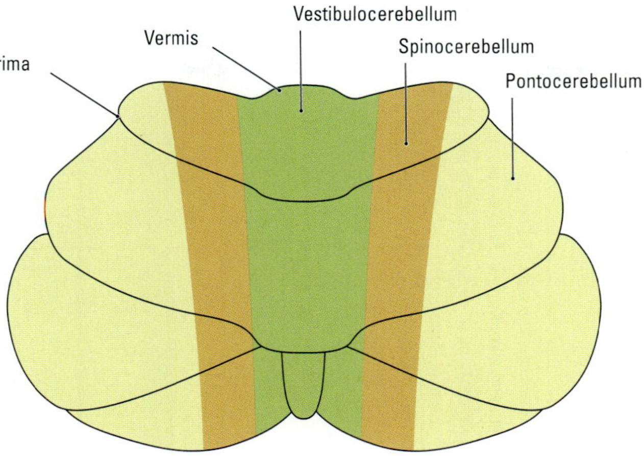

Abb. 28: Kleinhirnübersicht *medi-learn.de/7-physio5-28*

Die wichtigste neuronale Schleife, in die das Vestibulocerebellum eingebunden ist, sieht also so aus:

N. vestibularis ↙ ↖

Vestibulocerebellum ⟶ Vestibulariskerne

Das **Spinocerebellum** hat die Aufgabe, die Körperhaltung zu steuern und für ein koordiniertes Zusammenspiel zwischen der Stütz- und der Zielmotorik zu sorgen. Es erhält über die Tractus spinocerebellaris anterior und posterior Informationen aus den Muskelspindeln und den Gelenkrezeptoren. Diese Angaben zur gegenwärtigen Stellung der Gelenke und zur Bewegung liefern ihm also die Afferenzkopie einer Bewegung.

Die Purkinje-Zellen des Spinocerebellums projizieren auf den **Nucleus globosus** und den **Nucleus emboliformis**, außerdem projizieren die x-Anteile des Spinocerebellums auf den Ncl. fastigii. Von hier aus geht das Signal zunächst an den motorischen Thalamus und von dort schließlich in den motorischen Kortex. Erreicht werden vor allem der primär-motorische Kortex (Area 4 nach Brodmann) sowie der prä- und supplementär-motorische Kortex.

Die neuronale Erregungsschleife des Spinocerebellums ist folglich:

motorischer Kortex
↑
Thalamus
↑
cerebellärer Kortex ⟶ Ncl. globosus bzw. Ncl. emboliformis
↑
Rückenmark

Den größten Anteil am Kleinhirn nimmt das **Pontocerebellum** ein. Es dient der Steuerung der Zielmotorik und der Erstellung von Bewegungsprogrammen. Außerdem bekommt das Pontocerebellum eine Kopie des Bewegungsentwurfs.

Die Fasern aus den pontinen Kernen kommen – wie schon der Name sagt – ebenfalls im Pontocerebellum an und führen die Informationen aus dem motorischen Assoziationskortex. Die Efferenzkopie der Bewegungsimpulse erhält das Pontocerebellum über die Kletterfasern aus der unteren Olive. Die untere Olive wiederum hat Zuflüsse aus Kollateralen von Fasern, die vom Motorkortex absteigen.

funktioneller Anteil	anatomische Entsprechung	Eingänge	Ursprungskern	Ursprungsort der Information	Anatomischer Eingang	Fasertyp	Zielkern im Kleinhirn	Zielort der Information	Vermutlich wichtigste Funktion	Ausfallssymptom
Vestibulocerebellum	Lobus flocculonodularis	Tractus vestibulocerebellaris	Nucleus vestibularis	Gleichgewichtsorgane	Pedunculus cerebellaris inferior	Moosfasern	Nucleus fastigii	Nucleus vestibularis	Gleichgewicht, Okulomotorik, Stützmotorik	Schwindel, Gleichgewichtsstörungen, Nystagmus, Ataxie
Spinocerebellum	Vermis und Intermediärbereich	Tractus spinocerebellaris posterior	Nucleus dorsalis	Muskelspindeln und Gelenkrezeptoren	Pedunculus cerebellaris inferior	Moosfasern	Nucleus globosus, Nucleus emboliformis	Thalamus, von dort motorischer Kortex Area 4 und 6 (primär-, prae- und supplementärmotorischer Kortex)	Haltung, Koordinierung von Stütz- und Zielmotorik	(Ataxie, isolierter Ausfall des Spinocerebellums, kommt kaum vor)
		Tractus spinocerebellaris anterior	Hinterhörner des Rückenmarks		Pedunculus cerebellaris superior	Moosfasern				
		Tractus spinocerebellaris superior								
Pontocerebellum	Kleinhirnhemisphären	Tractus olivocerebellaris	untere Olive	Kortex (Kollaterale der Neurone, die im Rückenmark Motoneurone versorgen)	Pedunculus cerebellaris inferior	Kletterfasern	Nucleus dentatus		Feinmotorik, Erlernen von Bewegungsprogrammen	Störungen der Zielmotorik, Dysmetrie, Dysarthie, Dysdiadochokinese
		Tractus pontocerebellaris	pontine Kerne	Assoziationskortex (Informationen zum Bewegungsentwurf)	Pedunculus cerebellaris medius	Moosfasern	Nucleus dentatus			

Tab. 7: **Funktionelle Einteilung des Kleinhirns**

Die Purkinje-Zellen des Pontocerebellums projizieren auf den Nucleus dentatus. Von dort geht das Signal – wie beim Spinocerebellum – zum motorischen Thalamus und dann zum primär-, prä- und supplementär-motorischen Kortex.
Die neuronale Erregungsschleife des Pontocerebellums, das lateral in den Kleinhirnhemisphären liegt, sieht demnach so aus:

motorische Kortexareale → cerebellärer Kortex → Ncl. dentatus → Thalamus → motorischer Kortex (Areae 4 und 6)

Das Vestibulocerebellum liegt im Lobus flocculonodularis, beeinflusst über den Tractus vestibulospinalis die Stammmuskulatur und bekommt wesentliche afferente Eingänge aus den Bogengangs- und Makulaorganen.

Das Spinocerebellum liegt im Intermediärbereich und im Vermis. Es ist Bestandteil der neuronalen Kette: Rückenmark → cerebellärer Kortex → Ncl. globosus bzw. Ncl. emboliformis → Thalamus → motorischer Kortex

Das Pontocerebellum liegt in den Kleinhirnhemisphären (Neocerebellum), steuert die Willkür- und Zielmotorik über die cerebro-cerebellare Schleife und ist an der Erstellung von Bewegungsprogrammen beteiligt
Es ist Bestandteil der neuronalen Kette: motorische Kortexareale → cerebellärer Kortex → Ncl. dentatus → Thalamus → motorischer Kortex (Areae 4 und 6)

Ein Ausfall bestimmter Anteile des Kleinhirns hat charakteristische klinische Folgen.

Eine Störung der **medial** gelegenen Abschnitte im Lobus flocculonodularis, im Vermis und in intermediären Abschnitten des Kleinhirns hat vor allem eine Störung der Gleichgewichtsfunktionen sowie der Stütz- und Haltungsmotorik zur Folge. Patienten, die in diesem Bereich z. B. einen Tumor haben, klagen über Schwindel und haben einen deutlichen Nystagmus. Außerdem beobachtet man eine Gang- und Standataxie, d. h. einen unsicheren, schwankenden Gang und ebenfalls unsicheres Stehen.

Patienten mit einer isolierten Störung der **Kleinhirnhemisphären** sind in der Regel nicht ataktisch. Sie haben allerdings eine Dysmetrie (Störung der Zielmotorik), was sich daran zeigt, dass sie häufig an einem Gegenstand vorbeigreifen. Man testet dies, indem man den Patienten auffordert, bei geschlossenen Augen mit dem Zeigefinger in hohem Bogen auf die Nasenspitze zu zeigen. Kleinhirnpatienten treffen oft mehr als 20 cm daneben, außerdem kann man am Ende der Bewegung ein zunehmendes Zittern der Hand beobachten (**Intentionstremor**). Neben der gestörten Zielmotorik fällt an diesen Menschen auch die Dysarthrie, d. h. die verwaschene Sprache auf. Schließlich haben sie auch noch **Schwierigkeiten, komplexe Bewegungsabläufe zu koordinieren** und zu erlernen. Bittet man diese Patienten beispielsweise die Hand wie beim Einschrauben einer Glühbirne zu bewegen, läuft diese Bewegung nur sehr langsam und fehlerhaft ab. Dieses Phänomen nennt man **Dysdiadochokinese.**

Eine **kombinierte Störung** der Funktion der Kleinhirnhemisphären und der median gelegenen Anteile kann man bei Betrunkenen beobachten: Alkohol beeinträchtigt nämlich besonders die Funktion des Kleinhirns. Die Funktionsstörung der medial gelegenen Bereiche sieht man am schwankenden Gang und bei schwer Betrunkenen am **Nystagmus**. Die Störung der Hemisphären macht sich in der lallenden Sprache und in der motorischen Ungeschicklichkeit, z. B. beim Versuch, einen Haustürschlüssel ins Schloss zu stecken, bemerkbar.

Merke!

Sind die median gelegenen Teile (Vestibulo- und Spinocerebellum) gestört, kommt es zu
- Gangataxie,
- Standataxie,
- Gleichgewichtsstörung mit Rumpfataxie (Ataxie der axialen und proximalen Körperabschnitte),
- Schwindel und
- Nystagmus.

Merke!

Symptome einer isolierten (!) Störung der Kleinhirnhemisphären sind
- Adiadochokinese, Dysdiadochokinese/Bradydiadochokinese
- Störungen beim Erlernen motorischer Fertigkeiten,
- gestörtes Erstellen komplexer Bewegungsprogramme,
- Dysarthrie (Sprechstörung) und
- Intentionstremor.

Es findet sich jedoch KEINE Ataxie.

DAS BRINGT PUNKTE

Bei den neuronalen Systemen des Rückenmarks kannst du Punkte sammeln, wenn du zu den **Muskelspindeln** weißt, dass

- sie Längendetektoren sind, die Ia- und II-Afferenzen besitzen,
- sie bei Dehnung erregt werden,
- ihre intrafusalen Fasern durch γ-Motoneurone erregt werden und
- die γ-Motoneurone bei einer isotonen Kontraktion zusammen mit den Motoneuronen koaktiviert werden, um die Empfindlichkeit zu sichern (Sollwert-Einstellung).

Zum **Hoffmann–Reflex** solltest du wissen, welche Fasern die Wellen auslösen und wie die zeitliche Abfolge der Reflexantworten ist:

- M-Welle durch Reizung der Aα- und H-Welle durch Reizung der Ia-Fasern
- Zeitliches Auftreten der x Antwort nach entsprechendem Stimulus (aufsteigend) M-Welle → H-Reflex → T-Reflex

Sehr leicht kannst du mit den **Golgi-Sehnenorganen** punkten. Es wird hier nämlich fast immer nach der **autogenen Hemmung** gefragt:

- Reizung der Golgi-Sehnenorgane erregt Ib-Fasern, die über ein hemmendes Interneuron das Aα-Neuron des eigenen Muskels hemmen

Schließlich solltest du noch **Herrn Renshaws Zellen** kennen:

- Eine Kollaterale des Motoneurons läuft rückwärts (recurrent) und wird über die inhibitorische Renshaw-Zelle umgeschaltet.
- Die Renshaw-Zelle erzeugt am Motoneuron ein inhibitorisches postsynaptisches Potenzial.
- Das Motoneuron überträgt mit Acetylcholin, die Renshaw-Zelle mit Glycin.

Bei den **neuronalen Systemen des Gehirns** wird immer wieder nach den **Schleifen** gefragt:

- Motorische Kortexareale → Kleinhirnhemisphären → Thalamus → (prä-) motorische Kortizes.
- Motorische Kortexareale → Basalganglien → Thalamus → (prä-) motorische Kortizes.

Bei den **Basalganglien** kannst du punkten, wenn du einige **Transmitter** kennst:

- Die Substantia nigra überträgt mit Dopamin auf das Corpus striatum.
- Das Corpus striatum überträgt mit GABA und Substanz P auf das interne Pallidum P, mit GABA und Enkephalin auf das externe Pallidum.

Außerdem wird gerne nach dem **M. Parkinson** gefragt:

- Ursache ist eine Degeneration dopaminerger Neurone in der Substantia nigra. Eine vermehrte Hemmung thalamischer Neurone führt dann zu Ruhetremor, Akinese und Rigor.

Beim Thema **Kleinhirn** kannst du am besten mit den klinischen Fragen punkten:

- Kleinhirnhemisphären-Patienten leiden an Adiadochokinese, Störungen beim Erlernen motorischer Fertigkeiten und beim Erstellen komplexer Bewegungsprogramme an Dysarthrie und an Intentionstremor.
- Patienten mit Störungen der median gelegenen Kleinhirnanteile haben eher eine Gang- und Standataxie, Schwindel und Nystagmus.

FÜRS MÜNDLICHE

So, zum Ende des Kapitels „Motorik" nun nochmal die grauen Zellen aktivieren! Hier kommen die passenden Fragen.

1. **Beschreiben Sie bitte, was passiert, wenn Sie einem Patienten mit dem Reflexhammer auf die Patellarsehne klopfen.**
2. **Was verstehen Sie unter autogener Hemmung?**
3. **Was ist die Renshaw-Hemmung?**
4. **Nennen Sie die wichtigsten Symptome, den Pathomechanismus und eine Therapiemöglichkeit beim Morbus Parkinson!**
5. **Welche Aufgaben werden dem Kleinhirn zugeschrieben?**
6. **Was ist Chorea Huntington?**
7. **Wann tritt eine spastische, wann eine schlaffe Lähmung auf?**

---

1. Beschreiben Sie bitte, was passiert, wenn Sie einem Patienten mit dem Reflexhammer auf die Patellarsehne klopfen.

Durch das Beklopfen der Sehne wird der M. quadriceps femoris etwas gedehnt. Da Muskelspindeln Dehnungsrezeptoren sind, werden sie aktiviert und erhöhen die Aktivität der Ia-Fasern, die über die Hinterhörner ins Rückenmark eintreten und von dort zu den Vorderhörnern ziehen. Die Ia-Fasern werden dort monosynaptisch auf die Aα-Motoneurone umgeschaltet. Die Erregung der Aα-Motoneurone bewirkt schließlich eine kurze Zuckung des Muskels. Bei Willkürbewegungen kann der Sollwert der Muskelspindeln durch eine Aktivierung der intrafusalen Fasern mit Hilfe der γ-Motoneuronen eingestellt werden.

2. Was verstehen Sie unter autogener Hemmung?

Bei einer Muskelkontraktion werden Kräfte auf die Sehnen des Muskels ausgeübt, die von den Golgi-Sehnenorganen registriert werden. Diese aktivieren Ib-Fasern, die in den Vorderhörnern auf inhibitorische Interneurone umgeschaltet werden. Diese Interneurone hemmen das Aα-Motoneuron des eigenen Muskels, was dann als autogene Hemmung bezeichnet wird.

3. Was ist die Renshaw-Hemmung?

Bei der Renshaw-Hemmung wird eine noch im Vorderhorn rückwärts verlaufende Kollaterale des Aα-Motoneurons aktiviert. Die Kollaterale wird auf ein inhibitorisches Interneuron umgeschaltet, das man als Renshaw-Zelle bezeichnet. Die Renshaw-Zelle erzeugt mit Hilfe des Transmitters Glycin ein inhibitorisches postsynaptisches Potenzial am Aα-Motoneuron und hemmt es damit.

4. Nennen Sie die wichtigsten Symptome, den Pathomechanismus und eine Therapiemöglichkeit beim Morbus Parkinson!

Durch den Untergang von Neuronen in der Substantia nigra entsteht ein relatives dopaminerges Defizit. Es kommt zu einer Überaktivität des Ncl. subthalamicus und des medialen Pallidumsegments, was zu einer Hemmung thalamischer Neurone führt. Dies wiederum hemmt die motorischen Kortexareale (s. hierzu Abb. 26, S. 54). Typische Symptome sind Tremor, Rigor und Akinese. Medikamentös mit unter anderem L-Dopa substituiert, welches nachdem es die Bluthirnschranke passiert hat zu Dopamin umgewandelt wird und dann das Transmitterdefizit ausgleicht.

5. Welche Aufgaben werden dem Kleinhirn zugeschrieben?

Die Hauptaufgaben des Kleinhirns werden in der Feinkoordination der Bewegungen gesehen. Dazu erhält es eine ganze Reihe von Informationen:

- Aus dem Assoziationskortex über die Pons laufen Moosfasern in die Kleinhirnrinde, die Informationen darüber geben, welche Bewegung gewünscht wurde.
- Aus dem Motorkortex laufen über die Oliven Kletterfasern ein, die das Kleinhirn über die ins Rückenmark gesendeten Bewegungsimpulse informieren.
- Schließlich erhält das Kleinhirn über die Tractus spinocerebellares Informationen über die tatsächliche Stellung der Gelenke.

Diese Informationen integriert das Kleinhirn und greift über seine Ausgänge, die über den Thalamus Richtung Motorkortex ziehen, in die Bewegungsplanung ein. Störungen der Kleinhirnhemisphären machen sich an einem Intentionstremor, an einer Adiadochokinese und vor allem an Störungen der Feinmotorik bemerkbar.

6. Was ist Chorea Huntington?

Antwort: Die auch als Veitstanz bezeichnete Krankheit wird autosomal dominant vererbt. Hier kommt es anders als beim Morbus Parkinson zu einem Untergang von Neuronen im Bereich des Ncl. subthalamicus und Globus pallidus medialis, woraufhin die Hemmung des Thalamus „wegfällt" und ein Mehr an Motorik entsteht.

7. Wann tritt eine spastische, wann eine schlaffe Lähmung auf?

Eine spastische Lähmung tritt vor allem bei einer Läsion des ersten Motoneurons auf, wohingegen eine schlaffe Lähmung bei Läsionen des zweiten Motoneurons auftritt.

Mehr Cartoons unter www.medi-learn.de/cartoons

Pause

Kurze Pause!

4 Somatoviszerale Sensorik

Fragen in den letzten 10 Examen: 26

In diesem Kapitel geht es zunächst um allgemeine Funktionsprinzipien von Sinnesrezeptoren. Dieses Thema ist vor allem für die mündliche Prüfung interessant, für das Schriftliche musst du hauptsächlich den Unterschied zwischen P- und D-Rezeptoren kennen.

Außerdem findest du hier noch Wissenswertes zum Tast-, Temperatur- und Schmerzsinn. Vor allem das Thema „Schmerzen" ist nämlich nicht nur für das Physikum, sondern auch für die spätere Klinik wichtig.

4.1 Allgemeine Sinnesphysiologie

Sehen, Hören, Riechen, Schmecken und Tasten kennen wir als unsere fünf Sinne. Zu diesen klassischen Sinnesmodalitäten kommen noch weitere hinzu, z. B. Gleichgewichtssinn. Innerhalb einer einzelnen Modalität gibt es verschiedenen Qualitäten. Ein hochfrequenter Ton hat z. B. eine andere Tonqualität als ein Ton mit niedriger Frequenz.
Außerdem gibt es noch verschiedene **Intensitäten**: Ein Ton einer bestimmten Frequenz kann leiser oder lauter sein.

4.1.1 Sinnesschwellen

Bereits im 19. Jahrhundert haben sich Weber und Fechner mit der Frage beschäftigt, wie stark Sinnesreize gesteigert werden müssen, damit die Sinnesorgane tatsächlich Veränderungen wahrnehmen können. Nach dem Weber-Quotienten und dem Fechner-Gesetz wird im Schriftlichen zwar nur selten gefragt, aber gelegentlich kommt das Thema in mündlichen Prüfungen dran.

Reiz- und Unterschiedsschwellen

Unsere Sinnesorgane können Reize nur in einem bestimmten Bereich wahrnehmen: Zu leise Töne beispielsweise können nicht wahrgenommen werden. Als **Reizschwelle** bezeichnet man nun diejenige Intensität eines Reizes, die gerade eben ausreicht, um einen Sinneseindruck hervorzurufen, z. B. den Ton, der so laut ist, dass er gerade noch gehört werden kann. Bitte achte darauf, niemals die Reizschwelle mit der Unterschiedsschwelle zu verwechseln: Eine Unterschiedsschwelle stellt man fest, indem man zunächst einen wahrnehmbaren Reiz anbietet und dann prüft, um wie viel dieser Reiz mindestens verstärkt werden muss, bis er tatsächlich als stärkerer Reiz wahrgenommen wird. Man bietet z. B. einem Probanden einen gerade hörbaren Ton an und anschließend einen zweiten, nur wenig lauteren Ton. Die Unterschiedsschwelle ist dann erreicht, wenn der zweite Ton gerade so viel (oder besser so wenig) lauter ist als der erste, dass der Proband diesen Unterschied hört.
Beim Tastempfinden spricht man statt von der Unterschiedsschwelle von der simultanen Zwei-Punkt-Diskrimination. Getestet wird sie dadurch, dass man einen Zirkel auf die Haut aufsetzt und den Abstand misst, ab dem die beiden Zirkelspitzen als zwei unterschiedliche Berührungspunkte wahrgenommen werden.
Diese simultane Raumschwelle ist am Rücken am größten. Kleine simultane Raumschwellen findet man dort, wo feine Unterschiede wahrgenommen werden müssen, z. B. an der Fingerbeere, der Zunge und den Lippen. Die Nervenfasern, die solche Informationen weiterleiten, sind schnell leitende Aβ – Afferenzen (Afferenzen der Gruppe II).

4

Übrigens ...
Bei der Untersuchung von Unterschiedsschwellen hat man festgestellt, dass bei schwachen Reizen schon relativ geringe Unterschiede zwischen dem erstem und dem zweitem Reiz wahrgenommen werden, während bei starken Reizen, z. B. wenn der Ausgangston schon sehr laut ist, der zweite Reiz wesentlich intensiver sein muss als der erste.

Weber-Quotient

Der Weber-Quotient drückt diesen Zusammenhang in einer Formel aus.

$$\Delta\varphi/\varphi = c$$

φ ist die Reizstärke des Ausgangsreizes,
$\Delta\varphi$ die Änderung zwischen erstem und zweitem Reiz.

Je größer der Ausgangsreiz, desto größer muss auch der Abstand zwischen dem erstem und dem zweitem Reiz sein, damit eine Änderung noch wahrgenommen werden kann.

Merke!

Der Weber-Quotient gilt nicht nur für die Modalität „Hören", sondern auch für die anderen Sinne. Er ist als das Verhältnis von Reizzuwachs zu Ausgangsreizstärke bei der Erzeugung eines eben merklich stärkeren Sinneseindrucks definiert.

Fechner-Gesetz und Stevens-Funktion

In diesem Kapitel kommen einige Umrechnungen mithilfe von Logarithmen vor, aber keine Sorge: Im schriftlichen Examen ist schon seit Längerem kaum mehr danach gefragt worden. Dieses Thema ist daher vor allem für mündliche Prüfung interessant.

Ein Reiz, dessen physikalische Reizintensität doppelt so groß ist wie die Intensität eines Vergleichsreizes, wird nicht als doppelt so intensiv wahrgenommen, sondern nur als ein wenig stärker als der Vergleichsreiz. Die Intensität der Wahrnehmung steht also nicht mit der Intensität eines Reizes in direktem, linearem Zusammenhang.
Die Skala nach Fechner stellt den Zusammenhang zwischen einer Reizintensität und der Empfindungsstärke dar. Fechner hat als Einheiten für die Empfindungsstärke die Unterschiedsschwellen zwischen angebotenen Reizen verwendet. Bei schwachen Reizen genügt eine geringe Reizzunahme, um die Unterschiedsschwelle zu überschreiten, während bei starken Reizen ein viel größerer Reizzuwachs zum Erreichen der Unterschiedsschwelle erforderlich ist.
Wenn man mit Fechner die Unterschiedsschwellen als kleinste Einheiten einer Wahrnehmungsintensität annimmt, ergibt sich eine logarithmische Beziehung zwischen der Wahrnehmungsintensität Ψ und der Reizintensität φ:

$$\Psi = k \cdot \log \varphi / \varphi_0$$

Stevens hat nun mit einer Versuchsreihe den Zusammenhang zwischen Wahrnehmungsintensität und Reizintensität erforscht: Er bot Probanden Reize wie z. B. Lichtreize oder Töne an und forderte sie auf, die Stärke der Reize zu vergleichen. Sie sollten z. B. angeben, ob sie den Ton als doppelt oder dreifach so laut empfanden wie einen Vergleichston.
Dabei fand er heraus, dass folgende Formel eine gute Näherung für die Beziehung zwischen Reizintensiät φ und der Wahrnehmungsintensität Ψ ergibt:

$$\Psi = k \cdot (\varphi - \varphi_0)^a$$

Dabei hängt a davon ab, welche Sinnesmodalität – z. B. Sehen oder Hören – getestet wurde.

4.1.2 Rezeptive Strukturen

Sinnesrezeptoren lassen sich in primäre und sekundäre Sinneszellen einteilen:

- Von einer **primären Sinneszelle** spricht man, wenn die Zelle, die den Reiz aufnimmt, gleichzeitig die Nervenzelle ist, die den Reiz weiterleitet. Beispiele für primäre Sinneszellen sind die freien Nervenendigungen für die Schmerzwahrnehmung oder für die Temperaturwahrnehmung in der Haut.
- **Sekundäre Sinneszellen** (z. B. Haarzellen im Innenohr) nehmen den Reiz auf und müssen ihn in einem zweiten Schritt über einen Neurotransmitter auf eine Nervenfaser übertragen.

Folgendes Modell einer rezeptiven Struktur soll die Prozesse bei der Sinneswahrnehmung und – weiterleitung verdeutlichen:

Abb. 29, S. 69 stellt einen Chemorezeptor vereinfacht dar, wie er sich z. B. in der Nase für den Geruchssinn befindet. Es handelt sich um eine spezialisierte Nervenzelle, die an ihrem Ende Rezeptormoleküle trägt, die für bestimmte Geruchsstoffe spezifisch sind.
Wenn nun ein Geruchsstoff an das Rezeptormolekül bindet, werden in der Umgebung des Rezeptormoleküls G-Proteine aktiviert, die ihrerseits eine Öffnung von Kationenkanälen bewirken.

Nun können Na^{+}- (und Ca^{2+}-) Ionen in die Zelle einströmen. Dadurch wird die Zellmembran in diesem Bereich depolarisiert. Diese Depolarisation bezeichnet man als **Rezeptor- oder auch als Generatorpotenzial**. Je mehr Geruchsstoffe in der Luft sind, je mehr es also „stinkt", desto mehr und desto häufiger werden Rezeptormoleküle aktiviert. Entsprechend mehr Ionenkanäle öffnen sich dann, sodass an der Zellmembran noch stärker depolarisiert wird. Bei einem Rezeptorpotenzial ist die **Amplitude abhängig von der Reizstärke** – im Gegensatz zu einem Aktionspotenzial richtet es sich NICHT nach dem „Alles-oder-nichts-Prinzip".

Merke!

Das Rezeptorpotenzial ist um so ausgeprägter, je intensiver der Reiz ist: Je mehr es stinkt, desto stärker wird an den Geruchszellen depolarisiert.

Die Übertragung eines Reizes in ein Rezeptorpotenzial wird alsTransduktion bezeichnet. Unser Beispiel zeigte dieTransduktion für den Geruchssinn.Transduktionsprozesse gibt es aber auch bei anderen Rezeptoren, z. B. bei den freien Nervenendigungen für dieThermorezeption. In diesen Nervenmembranen sind Ionenkanäle verankert, die sich temperaturabhängig öffnen oder schließen. Ein weiteres Beispiel sind die Mechanorezeptoren in der Haut. Dort öffnen sich die Ionenkanäle durch mechanische Dehnung.

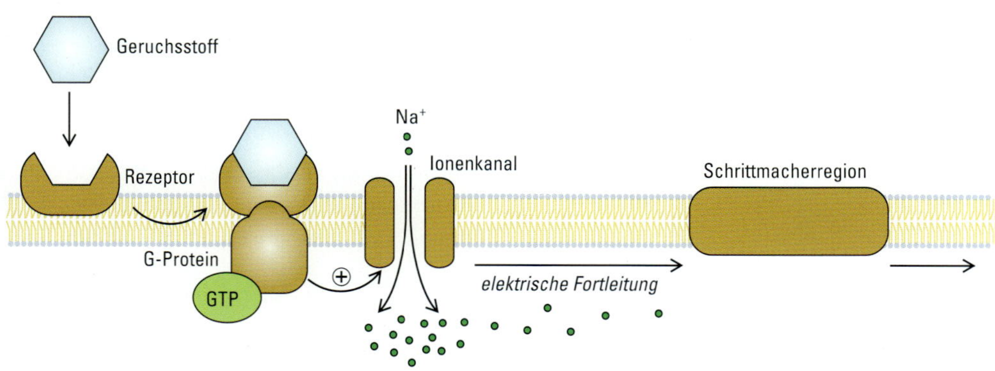

Abb. 29: Sinneszelle

medi-learn.de/7-physio5-29

Das Rezeptorpotenzial breitet sich entlang der Nervenzellmembran **elektrotonisch** aus. Dabei nimmt die Stärke der Depolarisation mit zunehmender Ausbreitung des Potenzials ab. Es kann sich deshalb nicht elektrotonisch über das ganze Axon auf dem langen Weg bis zum Zentralnervensystem ausbreiten, da es über diese lange Distanz viel zu schwach geworden wäre. Daher haben rezeptive Strukturen an ihrer Membran eine **Schrittmacherregion**. Sie liegt z. B. bei Pacinikörperchen im Bereich des ersten Ranvier-Schnürrings, also bereits im bemarkten Teil der Nervenfaser. Erst von diesem Bereich aus werden mit einer gewissen Ruhefrequenz kontinuierlich Aktionspotenziale erzeugt, die sich nach dem „Alles-oder-nichts-Prinzip" ausbreiten. Breitet sich nun ein Rezeptorpotenzial bis zur Schrittmacherregion hin aus, wird dort über einen noch nicht genau bekannten Mechanismus die Frequenz verändert, mit der die Aktionspotenziale erzeugt werden. Je stärker depolarisiert ist, je ausgeprägter also das Rezeptorpotenzial ist, desto höher wird die Aktionspotenzialfrequenz. Diese Umcodierung des Rezeptorpotenzials in eine Aktionspotenzialfrequenz nennt man **Transformation**. Die Transformation ermöglicht eine Leitung des Sinnesreizes über eine große Distanz. Aktionspotenziale breiten sich zuverlässig aus, allerdings kann ihre Amplitude nicht moduliert werden (außer bei relativer Refraktärität, s. Skript Physiologie 3). Deshalb wird die Reizstärke nach Transduktion und Transformation als Frequenz der Aktionspotenziale fortgeleitet.

Merke!

Rezeptorpotenziale (Sensorpotenziale = Generatorpotenziale)
- haben eine von der Reizstärke abhängige Amplitude,
- breiten sich elektrotonisch aus,
- können sich summieren und
- werden in einer Schrittmacherregion eines Rezeptors in Aktionspotenziale transformiert.

4.1.3 Proportional- und Differentialrezeptoren

Wie du eben gelesen hast, wird die Reizstärke durch Rezeptoren in eine Aktionspotenzialfrequenz umcodiert. Dabei können die Rezeptoren – je nach Aufbau – ein proportionales, ein differentiales oder auch ein gemischtes proportional-differentiales Antwortverhalten zeigen.

Proportionalrezeptoren

Von einem Proportionalrezeptor spricht man, wenn sich die Aktionspotenzialfrequenz proportional zur Reizintensität ändert.

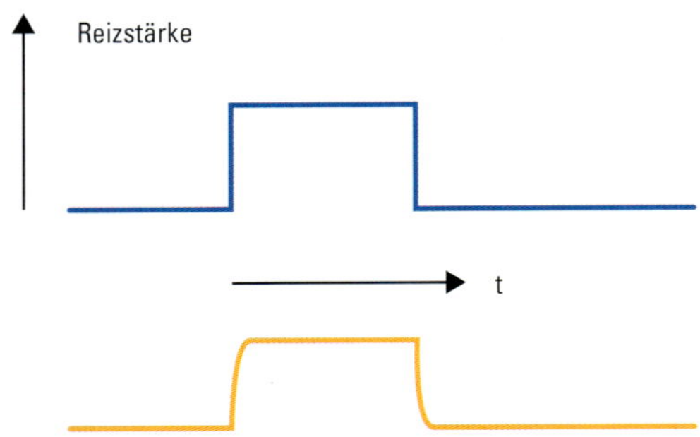

Abb. 30: Antwortverhalten eines Proportionalrezeptors *medi-learn.de/7-physio5-30*

Der obere Teil der Abbildung zeigt einen Reiz, der auf einen Rezeptor einwirkt, z. B. einen Druckrezeptor der Haut. Zunächst wird kein Reiz ausgeübt, dann wird auf die Haut gedrückt und schließlich wieder losgelassen.
Der untere Strich zeigt die Aktionspotenzialfrequenz des Nervens: Zunächst wird die relativ langsame Ruhefrequenz erzeugt. Wird gereizt, erhöht sich die Frequenz. Während der Reiz ausgeübt wird, bleibt die Frequenz erhöht, um dann am Ende, wenn der Reiz aufhört, auf den Ruhewert zu sinken.

Man bezeichnet dieses proportionale Antwortverhalten auch als statisch oder tonisch. Die Rezeptoren messen, solange der Reiz vorhanden ist und adaptieren NICHT an den Reiz.

Differentialrezeptoren:

Reine Differentialrezeptoren messen nur eine Reizänderung.
Abb. 31, S. 71 zeigt das Antwortverhalten eines Differential- (D-) Rezeptors:

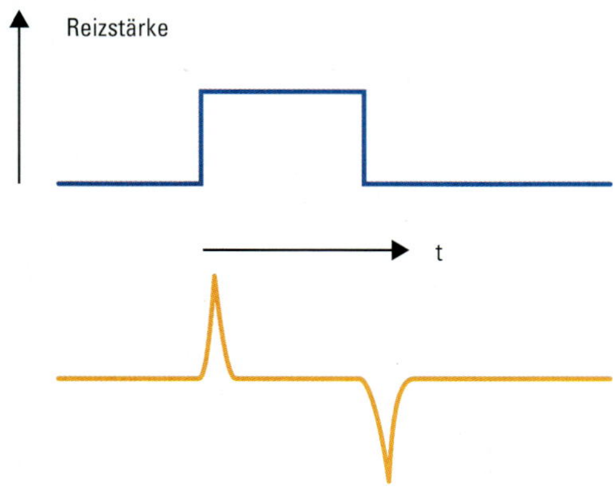

Abb. 31: Antwortverhalten eines Differenzialrezeptors

medi-learn.de/7-physio5-31

An der Nervenfaser werden zunächst Aktionspotenziale mit der Ruhefrequenz erzeugt, bis der Reiz kommt: In diesem Moment steigt die Aktionspotenzialfrequenz steil an. Obwohl der Reiz anhält, fällt sie unmittelbar wieder auf ihren Ruhewert zurück. Wenn dann der Reiz aufhört, ändert sich die Aktionspotenzialfrequenz erneut: Sie fällt unter ihren Ruhewert, um dann rasch wieder auf die Ausgangsfrequenz zurückzukehren.

Das Antwortverhalten von Differentialrezeptoren nennt man auch dynamisch oder phasisch. Sie gewöhnen sich (adaptieren) also schnell an einen Reiz, der zwar vorhanden ist, sich aber nicht mehr ändert.

Proportional-Differential-Rezeptoren

Die meisten Rezeptoren im Körper sind eine Mischung aus Proportional- und Differentialrezeptor. Sie reagieren wie ein reiner Differentialrezeptor sehr stark bei einer Reizänderung, zeigen aber auch bei anhaltendem Reiz wie ein Proportionalrezeptor eine erhöhte Aktionspotenzialfrequenz.
Abb. 32, S. 71 zeigt das Antwortverhalten eines Proportional-Differential- (PD-) Rezeptors:

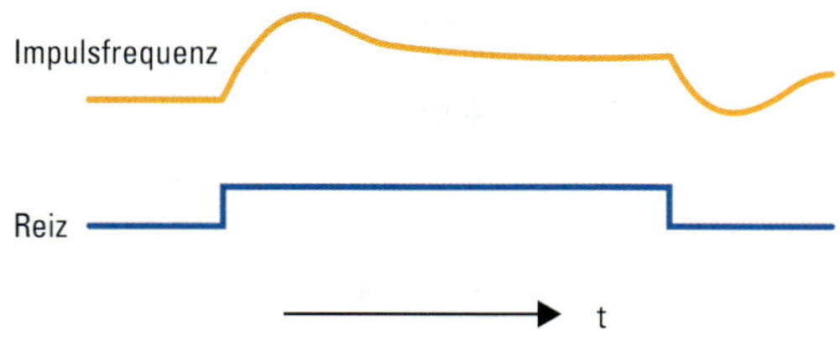

Abb. 32: Antwortverhalten eines Proportional-Differenzial-Rezeptors

medi-learn.de/7-physio5-32

Man erkennt, wie die Aktionspotenzialfrequenz bei Reizbeginn ansteigt und während des Reizes zwar sinkt, aber nicht ihren Ruhewert erreicht. Am Ende der Reizung sinkt die Aktionspotenzialfrequenz dann kurzfristig unter den Ruhewert.

Merke!

- Proportionalrezeptoren reagieren proportional zur Reizstärke.
- Differentialrezeptoren reagieren auf Reizänderungen.
- PD-Rezeptoren registrieren sowohl Änderungen als auch die Reizstärke.

4.2 Tastsinn

Zum Tasten haben wir in der Haut eine ganze Reihe unterschiedlicher Strukturen, die so unterschiedliche Empfindungen wie Druck, Berührung und Vibration registrieren können. Für die schriftlichen Physiologie-Fragen musst du vor allem wissen, welche Strukturen jeweils P-, D- bzw. PD-Verhalten zeigen.

4.2.1 Merkelscheiben

Merkelscheiben dienen hauptsächlich der Wahrnehmung von Druckreizen. Sie zeigen überwiegend **Proportionalverhalten**, adaptieren also nur sehr langsam. Deshalb zählt man diese Rezeptoren zu den „slowly-adapting“ (SA-) Rezeptoren.
Die Nervenfasern, die den Merkelscheiben zugeordnet sind, sind in Ruhe inaktiv. Daher ist ihre Ruheaktionspotenzialfrequenz null. Ein in

Ruhe inaktiver SA-Rezeptor wird als SA-I-Rezeptor bezeichnet.

4.2.2 Ruffini-Körperchen

Ruffini-Körperchen sind ebenfalls druckempfindlich. Im Gegensatz zu den Merkelscheiben reagieren sie aber auch auf Dehnung. Auch sie zeigen hauptsächlich **Proportionalverhalten** und adaptieren daher nur langsam.
Die Nervenfasern, die den Ruffini-Körperchen zugeordnet sind, haben eine gewisse Ruheaktionspotenzialfrequenz. Deshalb werden Ruffini-Körperchen zu den SA-II-Rezeptoren gezählt.

4.2.3 Meissner-Körperchen und Haarfollikel

Meissner-Körperchen ermöglichen die Wahrnehmung feiner Berührungen. Sie verhalten sich hauptsächlich **differentiell**, adaptieren also schnell. Deshalb zählt man sie zu den „rapid-adapting Rezeptoren".
Während man also wegen des Proportionalverhaltens der Merkelscheiben groben Druck auf der Haut ständig spürt, bemerkt man eine Berührung nur zu Beginn. Man spürt z. B., wenn man sich ein Hemd anzieht, hat man das Hemd dann eine Weile an, registriert man es nicht mehr. Merkelscheiben messen proportional zur Reizintensität, Meissner-Körperchen hingegen reagieren, wenn sich die Reizintensität ändert. Sie messen daher NICHT die Reizstärke, sondern die **Geschwindigkeit**, mit der ein Reiz zu- oder abnimmt.
Abb. 33, S. 72 zeigt auf der oberen Linie das typische differentielle Verhalten der Aktionspotenziale, die von einem Meissner-Körperchen ausgehen:
Die rasch adaptierenden Meissner-Körperchen werden zusammen mit den langsam adaptierenden Merkel(tast)scheiben für differenzierte Tastempfindungen benötigt. Die Brailleschrift (Blindenschrift) z. B. wird mit den Fingerspitzen mithilfe dieser Rezeptoren gelesen. Meissner-Körperchen und Merkelscheiben sind übrigens auch die zahlenmäßig am häufigsten vorkommende Sinneszellen der Tastempfindung in der Haut.

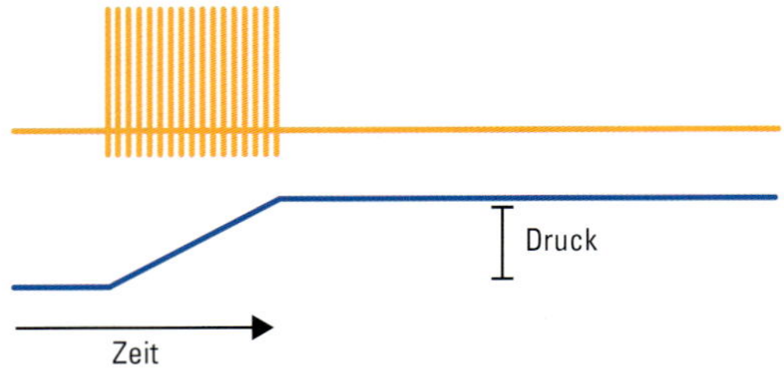

Abb. 33: Reizantwort eines Meissner-Körperchens
medi-learn.de/7-physio5-33

Ganz ähnlich wie die Meissner-Körperchen reagieren die Haarfollikelrezeptoren: Auch sie adaptieren rasch. Man merkt daher zwar z. B. beim Kämmen, wenn ein Haar umgelegt wird, aber seine Frisur spürt man nicht.

4.2.4 Pacini-Körperchen

Pacini-Körperchen sind Vibrationsdetektoren. Die Nervenendigung ist bei diesen Rezeptoren **zwiebelschalenartig** von Hornlamellen umgeben. Diese Hornlamellen sind dafür verantwortlich, dass nur Vibration, nicht aber Druck oder Berührung den Nerv reizen kann.

Während Meissner-Körperchen die Geschwindigkeit messen, mit der ein Reiz zu- oder abnimmt, reagieren die Pacini-Körperchen, wenn die Geschwindigkeit der Reizänderung zu- oder abnimmt.
Abb. 34, S. 73 zeigt das Verhalten bei Reizung eines Pacini-Körperchens: Es misst nicht die ganze Zeit, in der der Reiz zunimmt, sondern nur den Anfang und das Ende der Reizzunahme. Folglich registriert es also nicht die Geschwindigkeit, mit der der Reiz zunimmt, sondern nur die Änderung dieser Geschwindigkeit. Die Geschwindigkeit der Reizstärkenänderung nennt man auch Beschleunigung. Es genügt aber, wenn du weißt, dass Pacini-Körperchen die Geschwindigkeit der Reizänderung messen, Vibrationsrezeptoren sind und D-Verhalten zeigen. Zudem reagieren sie bei einem

Frequenzbereich um 200–300 Hz am empfindlichsten, d. h. die Schwellenreizstärke zur Erregung des Sensors ist hier am geringsten.

Abb. 34: Reizantwort eines Pacini-Körperchens

medi-learn.de/7-physio5-34

Merke!

Merkel-Rezeptoren (SA-I-Rezeptoren)
- sind Intensitätsrezeptoren und
- zeigen überwiegend P-Verhalten.

Ruffini-Rezeptoren (SA-II-Rezeptoren)
- sind Intensitätsrezeptoren und
- zeigen überwiegend P-Verhalten.

Meissner-Rezeptoren (RA-Rezeptoren)
- sind Geschwindigkeitsrezeptoren und
- zeigen überwiegend D-Verhalten.

4.2.5 Weiterleitung des Tastsinns

In diesem Kapitel gibt es viele Überschneidungen mit der Neuroanatomie – du kannst mit diesem Thema also am ersten und am zweiten Tag der Prüfung punkten.

Die Tastempfindungen werden im Rückenmark über zwei verschiedene Bahnsysteme weitergeleitet:
- Die Nervenfasern für das grobe Druckempfinden, das zusammen mit der Schmerz- und Temperaturempfindung zur protopathischen Sensibilität gerechnet wird, treten über die Hinterhörner in das Rückenmark ein, werden auf Segmentebene umgeschaltet, kreuzen auf die Gegenseite und ziehen schließlich als zweites Neuron im **Tractus spinothalamicus** anterior in das Gehirn.
- Die Fasern für feine Berührung – die epikritische Sensibilität – treten auch über die Hinterhörner ein, werden aber nicht gleich umgeschaltet, sondern laufen zunächst auf derselben Seite über die **Hinterstränge** (Fasciculus cuneatus und Fasciculus gracilis) noch als erstes Neuron nach zentral. Umgeschaltet werden sie dann erst in der Medulla oblongata im Nucleus cuneatus bzw. gracilis. Von dort aus zieht dann das zweite Neuron der epikritischen Sensibilität im Lemniscus medialis auf die Gegenseite und erreicht schließlich den Thalamus. Im Thalamus projizieren diese Neurone vor allem auf Nervenzellen im ventrobasalen Komplex, also auf den Nucleus ventralis posterolateralis und den Nucleus ventralis posteromedialis.

Übrigens ...

- Der für Tastempfindungen zuständige Thalamusbereich ist somatotop organisiert, d. h. jedem Abschnitt des Körpers ist auch ein bestimmter Abschnitt des Thalamus zugeordnet.
- Entgegen mancher Antwortmöglichkeit im Schriftlichen ist dieser Thalamusbereich aber NICHT multimodal erregbar, d. h. andere Sinnesreize außer denen der Sensibilität, z. B. Hören oder Sehen erregen diesen Thalamusabschnitt NICHT.

Vom Thalamus aus zieht dann das dritte Neuron zum Kortex. Die Bahnen für die somatosensorischen Signale projizieren hauptsächlich auf den Gyrus postcentralis. Man kann in dieser Region evozierte Potenziale ableiten: Wenn man z. B. den N. ulnaris im Bereich des Handgelenks mit Rechteckimpulsen überschwellig reizt, lassen sich elektroenzephalographisch über der Region des Gyrus postcentralis entsprechende Potenziale registrieren. Auch am somatosensorischen Kortex sind die Körperregionen in Form eines sensorischen Homunculus repräsentiert. Die Form dieses Homunculus ist dabei durchaus veränderlich. Verliert

z. B. ein Motorradfahrer bei einem Unfall einen Arm, reorganisiert sich das somatosensorische Projektionsfeld im Kortex und es kommt zu einer Änderung des Homunculus.

Merke!

- Somatosensorische Neurone projizieren auf den ventrobasalen Komplex des Thalamus.
- Der ventrobasale Komplex des Thalamus ist NICHT multimodal erregbar.
- Der ventrobasale Komplex des Thalamus ist somatotopisch organisiert.
- Vom Thalamus aus projizieren die somatosensorischen Neurone auf den Gyrus postcentralis.
- Eine überschwellige Reizung des N. ulnaris kann Potenziale im Gyrus postcentralis evozieren.

4.3 Temperatursinn

Temperatur wird in verschiedenen Regionen des Körpers gemessen. Ein wichtiger Temperaturfühler liegt z. B. im Bereich des Hypothalamus. In diesem Kapitel geht es jedoch um die Temperaturrezeptoren der Haut, von denen es mehrere unterschiedliche Typen gibt – die natürlich gerne im schriftlichen Examen gefragt werden...

4.3.1 Wärme- und Kälterezeptoren

Für das Temperaturempfinden haben wir in unserer Haut freie Nervenendigungen, an deren Ende in der Membran temperaturempfindliche Ionenkanäle liegen. Dabei gibt es zwei verschiedene Arten von Temperaturrezeptoren:

- freie Nervenendigungen, bei denen Abkühlung ein Rezeptorpotenzial auslöst (Kälterezeptoren) und
- freie Nervenendigungen, die bei Erwärmung gereizt werden (Wärmerezeptoren).

Insgesamt verfügen wir über mehr Kalt- als Wärmerezeptoren. Daher ist auch die Anzahl der Kaltpunkte, also der Stellen, an denen sich kältesensible freie Nervenendigungen befinden, größer als die Anzahl der Warmpunkte. An den Lippen sind die Kalt- und Warmpunkte am dichtesten angeordnet.
Wärme- und Kälterezeptoren sind **PD-Rezeptoren**: Sie reagieren besonders intensiv auf Temperaturänderungen, messen aber bei Kälte oder Wärme innerhalb ihres Messbereichs auch proportional zur aktuellen Temperatur.

Übrigens ...
- Besonders viele thermosensible freie Nervenendigungen haben wir im Gesicht, sodass die Haut in diesem Bereich besonders temperaturempfindlich ist.
- Getestet wird das Kälte- und Wärmeempfinden mit Sonden, die auf die gewünschte Testtemperatur gebracht werden und dann mit der Haut in Berührung gebracht werden.

Unter dem Begriff **thermische Indifferenzzone** versteht man die Temperatur, die man weder als warm noch als kalt empfindet. Sie liegt im Bereich von etwa 31–34 °C. In diesem Temperaturbereich sind die Thermorezeptoren – wenn sie an die Temperatur adaptiert sind – inaktiv: Es werden keine **Aktionspotenziale** erzeugt.
Auch im Indifferenzbereich werden jedoch Aktionspotenziale erzeugt, wenn sich die Temperatur rasch ändert. In diesem Fall reagieren die Rezeptoren, da sie ja ein Differentialverhalten, d. h. eine starke Reaktion auf Änderungen, zeigen.
Eine sehr langsame Änderung, die eine Adaptation der Rezeptoren ermöglicht, führt innerhalb der thermischen Indifferenzzone hingegen zu **keiner Veränderung** der Temperaturempfindung.
Kühlt man die Haut mit einer Reizsonde auf Temperaturen unterhalb der thermischen Indifferenzzone ab, reagieren die Kälterezeptoren nicht nur auf die plötzliche Änderung der Temperatur, sondern nach Adaptation auch

statisch auf die Kälte selbst. Kälterezeptoren haben ihre größte statische Entladungsfrequenz bei ca. 20–30 °C.

Übrigens ...

- Die angegebenen Werte beziehen sich auf Experimente mit einer metallischen Reizsonde, die die Temperaturen gut leitet und die Hauttemperatur auf den angegebenen Bereich bringt. Hat z. B. nur die umgebende Luft 10 °C, so kühlt sich die Haut nicht automatisch sofort auf 10 °C ab.
- Werden Kälterezeptoren gereizt, versucht der Körper, Kälteverluste über die Haut zu vermeiden. Dazu wird die Durchblutung der arteriovenösen Anastomosen im Bereich der Akren **gedrosselt** – die Haut wird blass.

Auch Wärmerezeptoren reagieren bei Überschreiten der thermischen Indifferenzzone, und auch sie erzeugen noch nach Anpassung bei Temperaturen oberhalb des Indifferenzbereichs Aktionspotenziale, sodass die Empfindung „warm" hervorgerufen wird. Die größte statische Entladungsfrequenz haben Wärmerezeptoren bei Reizung mit Temperaturen zwischen 35–43 °C. Abb. 35, S. 76 zeigt noch einmal den Zusammenhang zwischen thermischer Indifferenzzone und Entladungsverhalten der Kälte- und Wärmerezeptoren.

Merke!

- Es gibt sowohl für das Kälte- als auch für das Wärmeempfinden Rezeptoren.
- In der Handfläche ist die Anzahl der Kaltpunkte größer als die der Warmpunkte.
- Innerhalb der thermischen Indifferenzzone führt eine sehr langsame Änderung der Hauttemperatur zu keiner Veränderung der Temperaturempfindung.
- Kälterezeptoren haben ihre größte statische Entladungsfrequenz bei 20–30 °C, Wärmerezeptoren bei 35–43 °C.
- Eine großflächige Erregung der Kälterezeptoren der Haut führt zu verminderter Durchblutung der arteriovenösen Anastomosen der Haut im Bereich der Akren.
- Der Energieumsatz steigt z. B. bei Fieber oder zu kalter/heißer Umgebung (also außerhalb der thermischen Indifferenzzone): Kälte führt zu Muskelzittern und Wärme zu einer gesteigerten Hautdurchblutung, was wiederum zusätzliche Energie benötigt.
- Zur Thermoregulation solltest du übrigens wissen, dass z. B. Prostaglandin E2 im Hypothalamus erhöhend auf den Sollwert wirkt.

Übrigens ...

Kälterezeptoren können sich wie hitzeaktivierte Nozizeptoren verhalten und ab einem Temperaturbereich von größer als 43 °C kurz öffnen. Deshalb empfinden wir heißes Badewasser beim Einsteigen in eine Badewanne für einen kurzen Moment als kalt. Dieses Verhalten bezeichnet man als paradoxe Kaltempfindung. Ab einem Temperaturbereich von größer als 43 °C oder kleiner als 10 °C werden übrigens auch Schmerzrezeptoren gereizt.

4.3.2 Weiterleitung des Temperatursinns

Ähnlich wie die Schmerzfasern (s. 4.5.1, S. 76) treten auch die für den Temperatursinn zuständigen Neurone über die Hinterhörner in das Rückenmark, werden dort einmal umgeschaltet und kreuzen dann noch auf Segmentebene auf die Gegenseite. Dort laufen sie gemeinsam mit den Bahnen für die Schmerzleitung im Tractus spinothalamicus lateralis zum Gehirn.

4.4 Tiefensensibilität

Zu diesem Thema ist es wichtig zu wissen, dass die Muskelspindeln wesentlich an der Wahrnehmung der Stellung und Bewegung von Gelenken beteiligt sind. Wenn du dann noch weißt,

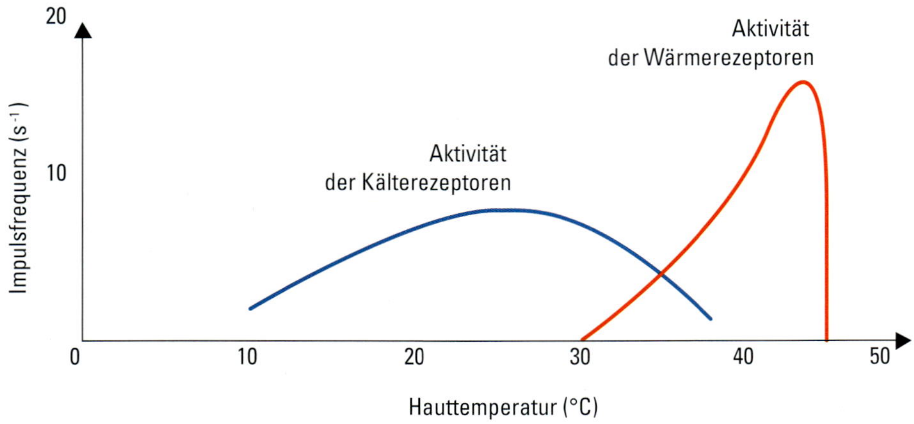

Abb. 35: Temperatursinn

medi-learn.de/7-physio5-35

dass die Informationen über die Hinterstränge nach oben geleitet werden, hast du die meisten Punkte zu diesem Thema schon beisammen.

4.4.1 Bedeutung der Muskelspindeln

Tiefensensibilität nennt man auch Propriozeption. Sie informiert über Stellung, Bewegung und Kraft von Muskeln und Gelenken.
Wesentlich an der Bewegungswahrnehmung beteiligt sind hingegen die Muskelspindelafferenzen. Die Wahrnehmungsschwelle für Winkeländerungen ist dabei an den proximalen Gelenken, z. B. an der Schulter, niedriger als an den distalen Gelenken wie z. B. den Fingern. Winkeländerungen können daher proximal besser erfasst werden als distal.
Früher wurde den Gelenkrezeptoren eine bedeutsame Rolle für die Propriozeption beigemessen. Da man im Rahmen orthopädischer Operationen gelegentlich die Gelenkkapsel und damit die Gelenkrezeptoren entfernen muss, dabei aber die Tiefensensibilität in der betroffenen Extremität erhalten bleibt, geht man heute von einer weniger großen Bedeutung dieser Rezeptoren aus.

4.4.2 Weiterleitung der Tiefensensibilität

Ähnlich wie die feinen Berührungsempfindungen – die epikritische Sensibilität (s. 4.2.5, S. 73) – wird auch die Tiefensensibilität mit den **Hintersträngen** (Fasciculus cuneatus und Fasciculus gracilis) an das Gehirn weitergeleitet.

Merke!

- Propriozeption informiert über die Richtung und Geschwindigkeit von Winkeländerungen der Gelenke.
- Die Wahrnehmungsschwelle für Winkeländerungen ist an proximalen Gelenken (z. B. Schulter) niedriger als an distalen (z. B. Finger).
- Muskelspindelafferenzen sind wesentlich an der Bewegungswahrnehmung beteiligt.
- Die Propriozeption wird über den Fasciculus cuneatus et gracilis an das ZNS geleitet.

4.5 Schmerzempfindung

Im Schriftlichen wird häufig das Thema Schmerzempfindung gefragt – es lohnt sich schon deshalb, sich damit zu beschäftigen. Das Gute ist, dass du dieses Wissen später auch für die Pharmakologie brauchen kannst.

4.5.1 Nozizeptoren

Schmerzempfindung nennt man auch Nozizeption. Die schmerzerfassenden Rezeptoren werden dementsprechend Nozizeptoren genannt. Es handelt sich dabei um **freie Nervenendigungen**, deren Zellkörper in den Spinalganglien liegen.

Schmerzen können z. B. durch chemische, mechanische oder auch durch Temperaturreize ausgelöst werden. Da Nozizeptoren Schmerzreize bei verschiedenen Sinnesmodalitäten wahrnehmen können, sind sie **polymodal**.

Die Empfindlichkeit einer freien Nervenendigung auf Schmerzreize kann durch mehrere Substanzen gesteigert werden. Beispiele für solche Nozizeptoren sensibilisierende Substanzen sind die im Rahmen von Entzündungsreaktionen freigesetzten Stoffe

- Bradykinin,
- Histamin und
- Prostaglandin E.

Ein weiterer Schmerz auslösender Mechanismus ist die Aktivierung eines Nozizeptors durch Capsaicin, den Stoff, der in Chilis enthalten ist. Capsaicin bindet an einen spezifischen Rezeptor, den TRPV1 (Vanilloidrezeptor Typ 1 Calcium-Ionenkanal), der unter anderem auch durch Hitze stimuliert wird. Dies ist ein Grund dafür, warum uns beim Essen scharfer Speisen so schnell warm wird.

Übrigens ...

Zur Bildung von Prostaglandinen ist das Enzym Cyclooxygenase erforderlich. Dieses Enzym wird z. B. durch Acetylsalicylsäure (ASS, Wirkstoff von Aspirin) gehemmt. Nach Gabe von Aspirin werden daher weniger Prostaglandine gebildet, die Schmerzrezeptoren sensibilisieren könnten, weshalb dieses Medikament schmerzlindernd wirkt.

Die freien Nervenendigungen, die Schmerzreize wahrnehmen können, werden nicht nur durch unterschiedliche Stoffe gereizt; sie können auch selbst Mediatorsubstanzen freisetzen. Dazu gehören die **Substanz P** („P" wie „pain") und das „**Calcitonine Gene Related Peptide**". Diese Substanzen erzeugen eine lokale Entzündung in der Umgebung der Nozizeptoren und rufen dort eine Vasodilatation hervor. Dadurch können z. B. bisher stumme Nozizeptoren rekrutiert und aktiviert werden. Der bei Substanz P vermutete Mechanismus ist eine Förderung der Histaminausschüttung aus Mastzellen.

Merke!

Nozizeptoren setzen bei ihrer Aktivierung

- Substanz P und
- Calcitonine Gene Related Peptide frei.

Nozizeptoren können durch

- Bradykinin,
- Histamin und
- Prostaglandin E sensibilisiert werden.

4.5.2 Schmerzweiterleitung

Das Schmerzsignal wird von den freien Nervenendigungen der Haut durch zwei verschiedene Fasertypen zum Rückenmark weitergeleitet:

- durch marklose Gruppe C-Fasern und
- durch deutlich schneller leitende markhaltige Aδ-Fasern.

Insgesamt gibt es für die Schmerzleitung wesentlich mehr C- als Aδ-Fasern.

Die Aδ-Fasern leiten eine andere Schmerzqualität weiter als die C-Fasern: Bei einer Verletzung der Haut spürt man zunächst einen kurzen, hellen Schmerz, der relativ schnell wieder abklingt. Dieser erste Schmerz wird von den Aδ-Fasern geleitet. Nach kurzer Zeit empfindet man einen dumpferen Schmerz, der wesentlich länger anhält. Für die Weiterleitung dieses zweiten Schmerzes sind die marklosen C-Fasern zuständig. Bei beiden gilt: Die Weiterleitung entlang der Nervenfaser erfolgt über spannungsabhängige Na^+-Kanäle, die z. B. selektiv durch Lokalanästhetika blockiert werden können.

Die Schmerzfasern treten über die Hinterhörner ins Rückenmark ein und werden dort auf ein zweites Neuron umgeschaltet (glutamaterg). Von dort aus kreuzt die Bahn gemeinsam mit den Fasern, die das Temperaturempfinden leiten (s. 4.3.2, S. 75), auf die Gegenseite und zieht als Tractus spinothalamicus lateralis (Vorderseitenstrang) zum Thalamus. Die Schmerzbahn kreuzt also bereits im Rückenmark auf Segmentebene! Die Schmerzfasern des Tractus spinothalamicus lateralis gelangen in unterschiedliche Thalamusbereiche:

- den ventrolateralen Komplex,
- den intralaminären Komplex und
- den posterioren Komplex.

Vom Thalamus aus projiziert dann das dritte Neuron der Schmerzbahn in verschiedene Hirnregionen:

- die sensorischen Kortexareale,
- den präfrontalen Kortex und
- das limbische System, das eine wichtige Rolle für die emotionale (affektive) Dimension des Schmerzerlebens spielt.
- den anterioren cingulären Kortex (Teil des präfrontalen Kortex, der wiederum u. a. mit dem limbischen System assoziiert ist).

Übrigens ...
Die Umschaltung der Schmerzbahn im Thalamus hat eine wichtige klinische Bedeutung: Durchblutungsstörungen im Bereich des Thalamus, z. B. durch einen apoplektischen Insult (Schlaganfall), können starke Schmerzen auslösen, die im Bereich der kontralateralen Körperhälfte empfunden werden.

Als Transmitter wird für die Umschaltung im Hinterhorn des Rückenmarks **Glutamat** verwendet. Es gibt darüber hinaus noch Co-Transmitter, nämlich die Substanz P und das **Calcitonine Gene Related Peptide**, die du ja eben schon kennen gelernt hast. Außerdem kann sich ein sogenanntes Schmerzgedächtnis ausbilden. Eine zentrale Sensibilisierung kann z. B. zu einer gesteigerten Expression von NMDA-Rezeptorkanälen führen. Glutamat kann an diesen Ionenkanal-Rezeptoren binden und sie öffnen. Calcium strömt ein und es kommt zu einer Depolarisation der Nervenzelle.

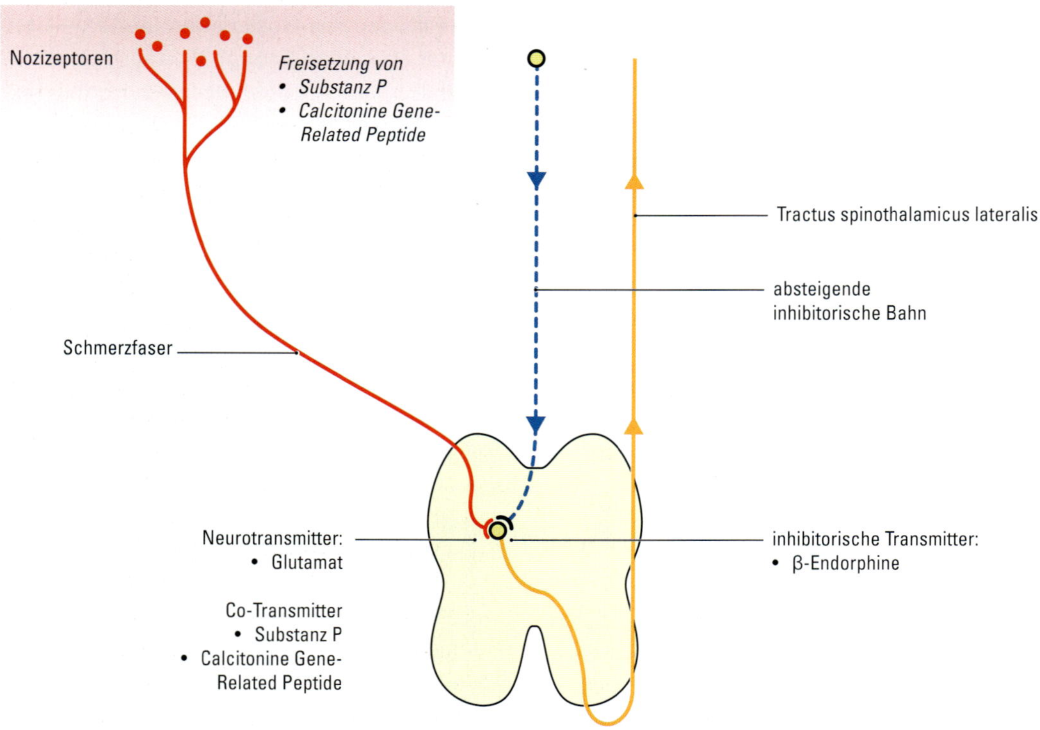

Abb. 36: Schmerzleitung Rückenmark

medi-learn.de/7-physio5-36

Übrigens ...
β-Endorphin ist ein Transmitter, der an Rezeptoren bindet, an die auch Opiate wie z. B. Morphium oder die Droge Heroin binden. Dies erklärt die schmerzstillende Wirkung des Morphiums: Seine Bindung an den Opiatrezeptor hemmt die Schmerzweiterleitung bereits auf Rückenmarksebene (durch Aktivierung inhibitorischer G-Proteine).

Merke!

- Glutamat ist ein wichtiger Transmitter der nozizeptiven Terminale im Rückenmark.
- Substanz P ist ein Co-Transmitter der synaptischen Übertragung im Hinterhorn des Rückenmarks.
- Schmerz wird im Tractus spinothalamicus lateralis an das ZNS geleitet.
- β-Endorphin ist Transmitter deszendierender schmerzhemmender Neurone, die die Weiterleitung nozizeptiver Signale vom Rückenmark in höhere Hirnregionen hemmen.
- β-Endorphin bindet an Opiatrezeptoren.
- Endorphine sind Peptide und werden im Gehirn gebildet.
- Limbische Kortexareale sind an der Schmerzwahrnehmung beteiligt.

4.5.3 Übertragener und projizierter Schmerz

Der Unterschied zwischen übertragenem und projiziertem Schmerz ist schon seit drei Jahrzehnten ein Dauerbrenner im schriftlichen Examen – und es werden auch heute noch Fragen dazu gestellt.

Projizierter Schmerz

Wenn man sich versehentlich mit dem Ellbogen stößt und dabei der N. ulnaris z. B. auf eine Tischkante schlägt, empfindet man häufig nicht nur im Bereich des Sulcus ulnaris Schmerzen, sondern auch im Innervationsgebiet des N. ulnaris, also z. B. im kleinen Finger. Der Reiz entsteht zwar am Ellbogen, wird aber auf den Kleinfinger projiziert. Deshalb nennt man diese Art von Schmerz auch projizierten Schmerz.

Übrigens ...
Eine ganz ähnliche Situation liegt beim Bandscheibenvorfall vor: Auch hier kann ein Reiz, der eigentlich durch Druck der vorgefallenen Bandscheibe auf den Nerven entsteht, auf das Innervationsgebiet des betreffenden Nerven projiziert werden.

Übertragener Schmerz

Der übertragene Schmerz darf nicht mit dem projizierten Schmerz verwechselt werden. Das Phänomen des übertragenen Schmerzes findet man z. B. bei Herzinfarktpatienten: Ein Herzinfarkt schmerzt oft nicht nur in der Herzgegend, sondern häufig auch im Bereich der linken Schulter und des linken Oberarms. Dieser Schmerz wird darauf zurückgeführt, dass einige Schmerzbahnen aus dem Bereich des Herzens im Rückenmark gemeinsam mit den Schmerzbahnen der Schulter zum Gehirn laufen. Der übertragene Schmerz beruht also auf einer **Konvergenz viszeraler und kutaner Afferenzen auf spinaler Ebene**. Auch bei Erkrankungen anderer Organe kann es zu einer Hyperalgesie, also zu einer erhöhten Schmerzempfindlichkeit bestimmter Hautabschnitte kommen. Man bezeichnet die Hautregionen, deren Schmerzbahnen mit den Schmerzbahnen eines bestimmten Organs zusammenlaufen, als **Head-Zonen**.

Merke!

Beispiele: **Schmerzprojektion** => Kleinfinger (Reizung des N. ulnaris); Schmerzprojektion => lateraler Fußrand (Bandscheibenvorfall). **Übertragener Schmerz**: Konvergenz nozizeptiver Afferenzen tieferer & oberflächlicher Areale im Rückenmark (Hyperalgesie im betroffenen Hautabschnitt).

4.6 Brown-Séquard-Syndrom: Halbseitige Rückenmarksdurchtrennung

Das Brown-Séquard-Syndrom ist zwar in reiner Ausprägung klinisch recht selten, eignet sich aber gut dazu, das Wissen über den Verlauf der wichtigsten Rückenmarksbahnen zu prüfen. Deshalb spielen viele Fragen im schriftlichen Examen auf dieses Syndrom an.

Auf Abb. 37, S. 80 ist das Rückenmark in der Vorderansicht schematisch dargestellt. Ein Brown-Séquard-Syndrom liegt vor, wenn das Rückenmark gerade halbseitig durchtrennt ist. Eine Ursache könnte z. B. eine Stichverletzung sein, die das Rückenmark nur einseitig durchtrennt hat.

Auf der verletzten Seite gestört sind:
- die Pyramidenbahn für die Motorik und
- die Hinterstrangbahnen für die Weiterleitung der feinen Berührungsempfindung (epikritische Sensibilität) und der Tiefensensibilität.

Folge: ipsilateraler Ausfall von Motorik und Tiefensensibilität. Da der Tractus spinothalamicus lateralis bereits auf Segmentebene kreuzt, fällt die Schmerz- und Temperaturempfindung kontralateral aus. Dieses Phänomen nennt man „dissoziierte Empfindungsstörung".

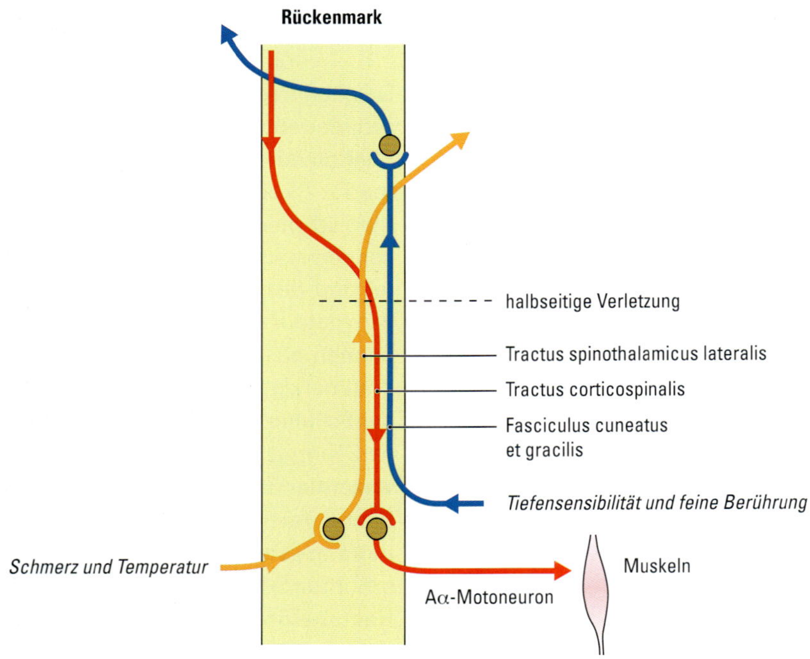

Abb. 37: Brown-Séquard-Syndrom *medi-learn.de/7-physio5-37*

	Synonym	Qualität	Kreuzungsstelle
Tractus spinothalamicus lateralis	Vorderseitenstrang	Schmerz und Temperatur	kreuzt auf Segmentebene
Fasciculus cuneatus et gracilis	Hinterstränge	Berührung und Propriozeption	kreuzt im Lemniscus medialis
Tractus corticospinalis	Pyramidenbahn	Motorik	kreuzt unterhalb der Pons im Bereich der Pyramidenkreuzung

Tab. 8: Wichtige Bahnsysteme des Rückenmarks

DAS BRINGT PUNKTE

Zu **Rezeptorpotenzialen** (Sensorpotenzialen = Generatorpotenzialen) sollest du wissen, dass sie
- eine von der Reizstärke abhängige Amplitude haben und
- sich elektrotonisch ausbreiten.

Zu den **Merkel- und Ruffini-Rezeptoren** solltest du fürs Schriftliche wissen, dass
- sie Intensitätsrezeptoren sind und damit proportional zur Reizstärke reagieren (P-Verhalten).

Meissner-Rezeptoren sind hingegen
- Differentialrezeptoren und reagieren auf Reiz-ÄNDERUNGEN (D-Verhalten).

Sehr oft wird nach **Kalt- und Warmrezeptoren** gefragt. Hier kannst du punkten, wenn du weißt, dass
- die Anzahl der Kaltpunkte in der Handfläche größer ist als die der Warmpunkte
- Kälterezeptoren ihre größte statische Entladungsfrequenz bei 20–30 °C haben
- großflächige Erregung der Kälterezeptoren der Haut zu verminderter Durchblutung der arteriovenösen Anastomosen der Haut im Bereich der Akren führt.

Viele Fragen kommen schließlich zum Thema **Schmerzleitung**. Hier solltest du die Substanzen kennen, die bei Aktivierung von Nozizeptoren frei werden, nämlich
- Substanz P und Calcitonine Gene Related Peptide.

Dauerthemen im Schriftlichen sind **projizierter** und **übertragener Schmerz**.
- Projizierten Schmerz findet man z. B. bei Reizung des N. ulnaris oder bei Bandscheibenvorfällen.
- Übertragener Schmerz beruht auf einer Konvergenz von nozizeptiven Afferenzen aus tieferen und oberflächlicheren Körperbereichen im Rückenmark.

Schließlich kannst du viele Fragen lösen, wenn du weißt, wo die drei wichtigsten **Rückenmarksbahnen** kreuzen und was bei **halbseitiger Durchtrennung** ausfällt.
- Berührung (Funiculus gracilis et cuneatus): ipsilateral
- (Fein-) Motorik (Tractus corticospinalis): ipsilateral
- Schmerz- und Temperatur (Tractus spinothalamicus lateralis): kontralateral

FÜRS MÜNDLICHE

Überprüfe nun dein Wissen – alleine oder in deiner Lerngruppe – mit unseren Fragen zum Thema „Somatoviszerale Sensorik".

1. **Was sind Generatorpotenziale?**
2. **Welche Rezeptoren sind für die Tastempfindung zuständig?**
3. **Wie wird in der Haut die Temperatur gemessen?**
4. **Wie wird Schmerz weitergeleitet und wie wird die Schmerzempfindung moduliert?**
5. **Was ist das Brown-Séquard-Syndrom?**

FÜRS MÜNDLICHE

6. Wie wirkt Aspirin bei der Schmerzbekämpfung?

7. Was ist übertragener, was projizierter Schmerz?

1. Was sind Generatorpotenziale?
Generatorpotenziale entstehen an Sinneszellen durch den spezifischen Sinnesreiz. Der Sinnesreiz öffnet an der jeweiligen Nervenzelle Ionenkanäle. Je nach Rezeptortyp wird diese Öffnung direkt ausgelöst, über ein G-Protein vermittelt oder durch eine spezialisierte Sinneszelle vermittelt.
Die Amplitude des Generatorpotenzials ist von der Stärke des Sinnesreizes abhängig und folgt NICHT dem „Alles-oder-nichts-Prinzip". Das Potenzial wird elektrotonisch bis zu einer Schrittmacherregion fortgeleitet. Dort moduliert das Generatorpotenzial die Frequenz der Aktionspotenziale, die von der Schrittmacherregion erzeugt werden.

2. Welche Rezeptoren sind für die Tastempfindung zuständig?
Für die Tastempfindung haben wir Merkel-Tastscheiben, die als Proportionalrezeptoren Druckreize messen. Ebenfalls druckempfindlich und stärker auf Dehnungsreize ausgelegt sind die Ruffini-Körperchen. Meissner-Körperchen und Haarfollikel-Rezeptoren messen als D-Rezeptoren feine Berührungsreize. Schließlich gibt es noch die Pacini-Körperchen, die als Beschleunigungsrezeptoren ausgelegt sind und vor allem auf Vibrationen ansprechen.

3. Wie wird in der Haut die Temperatur gemessen?
In der Haut finden sich freie Nervenendigungen, die auf die Messung der Temperatur spezialisiert sind. Es gibt Kälte- und Wärmerezeptoren, wobei die Kälterezeptoren überwiegen. Im thermischen Indifferenzbereich erzeugen die Kälte- und Wärmerezeptoren keine Aktionspotenziale, es sei denn, die Temperatur ändert sich sehr rasch. Temperaturrezeptoren zeichnen sich durch ein typisches PD-Verhalten aus.

4. Wie wird Schmerz weitergeleitet und wie wird die Schmerzempfindung moduliert?
Die Nozizeptoren der Haut sind freie Nervenendigungen. Sie leiten ihr Signal in Richtung Rückenmark weiter. Bereits in der Haut können die Schmerzfasern durch Bradykinin, Histamin oder auch Prostaglandin E sensibilisiert werden.
Im Rückenmark werden die Schmerzfasern auf die Neurone des Tractus spinothalamicus lateralis umgeschaltet. Als Transmitter dient hier Glutamat. Absteigende Bahnen können an dieser Stelle die Übertragung mit Hilfe der β-Endorphine hemmen.
Der Tractus spinothalamicus lateralis kreuzt noch auf Rückenmarksebene und erreicht den Thalamus. Nach Umschaltung ziehen die Neurone der Schmerzbahn dann in den sensorischen Kortex, in den präfrontalen Kortex und in das limbische System.

5. Was ist das Brown-Séquard-Syndrom?
Bei dieser Störung führt eine halbseitige Durchtrennung des Rückenmarks zu Ausfällen unterhalb der Läsion auf unterschiedlichen Seiten des Körpers.
Da der Tractus spinothalamicus lateralis auf Rückenmarksebene kreuzt, fallen Schmerz- und Temperaturempfindung kontralateral aus. Ipsilateral fällt die Berührungsempfindung aus, da die Hinterstränge erst im Lemniscus medialis kreuzen. Ebenfalls ipsilateral fällt die Motorik aus, da die Pyramidenbahnen bereits schon kurz unter der Pons auf die Gegenseite kreuzen.

6. Wie wirkt Aspirin bei der Schmerzbekämpfung?
Aspirin hemmt die Cyclooxygenase und vermindert so die Entstehung von Prostaglandinen (diese wiederum sensibilisieren Schmerzfasern).

7. Was ist übertragener, was projizierter Schmerz?
Übertragener Schmerz: Bei der Verschaltung von inneren Organen und Hautarealen kommt es vor, dass sowohl das Organ wie auch die Nervenfaser der Haut auf ein und das selbe Neuron im Rückenmark umschalten. Somit kann das Gehirn nicht mehr auseinanderhalten, ob z. B. bei einem Herzinfarkt der Schmerz die Ursache das Herz ist oder die Haut im Bereich des linken Arms. Hautareale, die bestimmten inneren Organen zugeordnet sind nennt man übrigens Head-Zonen. Projizierter Schmerz tritt z. B. bei Bandscheibenvorfällen auf. Hier drückt die Bandscheibe auf einen Spinalnerven. Die Schädigung liegt also im Bereich der Wirbelsäule, der Schmerz hingegen wird jedoch in das betroffene Dermatom projiziert.

Mehr Cartoons unter www.medi-learn.de/cartoons

Pause

Soviel zum Thema Schmerz ...
Und nun auf zum letzten Kapitel!

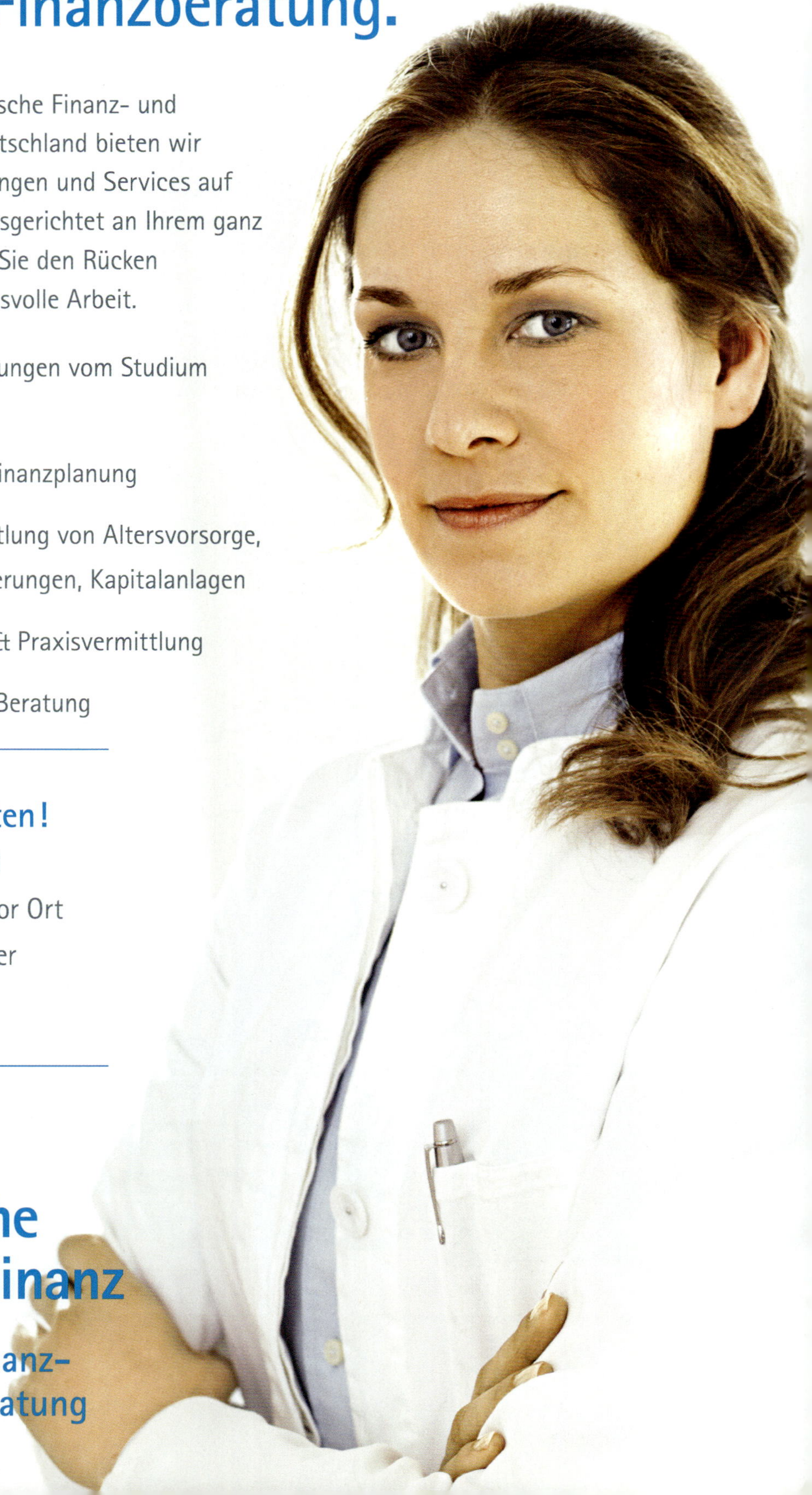

5 Arbeits- und Leistungsphysiologie

Fragen in den letzten 10 Examen: 15

In diesem Kapitel geht es darum, was bei der Umstellung auf körperliche Arbeit im Körper passiert. Zum Glück wird im Schriftlichen Examen recht wenig nach den physikalischen Grundlagen gefragt, sodass du dich damit nicht allzu lange beschäftigen musst. Die meisten Fragen zielen darauf ab, wie sich der Körper an eine erhöhte Belastung anpasst.

5.1 Grundbegriffe

Arbeits- und Leistungsphysiologie... Was versteht man eigentlich unter den Begriffen Arbeit und Leistung? Keine Sorge, du musst hier nicht zu tief in die Physik eintauchen, aber ein paar wenige Begriffe solltest du dir dennoch klar machen, da im Schriftlichen gelegentlich ein paar Aufgaben auftauchen, bei denen man umrechnen muss.

5.1.1 Arbeit, Energie und Leistung

Definition: Arbeit = Kraft · Weg

Dazu ein Beispiel: Ein Gewichtheber soll eine 50-Kilogramm Hantel vom Boden in eine Höhe von zwei Metern anheben. Welche Arbeit wird dabei verrichtet? Um diese Aufgabe lösen zu können, musst du zunächst wissen, dass die Einheit Kilogramm im Alltag Gewichte angibt, der Physiker damit jedoch physikalische Masse bezeichnet. Unter Gewicht versteht man in der Physik dagegen die Kraft, mit der ein Gegenstand von der Erdanziehung nach unten gezogen wird. Die Einheit für Kraft und damit auch für Gewichts- oder Schwerkraft ist das **Newton**. Dazu kannst du dir merken, dass ein Gegenstand mit einer Masse von einem Kilogramm (auf der Erde) eine (Schwer-) Kraft von etwa 10 Newton ausübt.
Weist die Hantel nun also eine Masse von 50 Kilogramm auf, wird zum Anheben eine Kraft von etwa 50 · 10 = 500 Newton benötigt. Hebt der Gewichtheber diese Hantel zwei Meter an, wird eine Arbeit von etwa 500 N · 2 m = 1000 Newtonmeter verrichtet.
Die Einheit Newtonmeter nennt man auch Joule. Der Gewichtheber verrichtet also eine Arbeit von ungefähr 1000 Joule oder ein Kilojoule.
Unter Energie wiederum versteht man die Fähigkeit, physikalische Arbeit zu verrichten. Wenn unsere Hantel zwei Meter hoch gehoben wurde, könnte unser Gewichtheber sie einfach loslassen. Die Hantel würde herunterfallen, dabei eine Kraft von 500 Newton Richtung Erdboden ausüben und einen Weg von zwei Metern zurücklegen. Beim Fallen würde die Hantel eine Arbeit von 1000 Joule oder einem Kilojoule verrichten. Beim Hochheben der Hantel wurde eine Arbeit von 1000 Joule aufgewendet, die nun als potenzielle Energie in der Hantel gespeichert ist. Durch das Fallenlassen wird die Energie freigesetzt, sodass die Hantel jetzt physikalische Arbeit leistet.

Unter Leistung versteht man in der Physik Arbeit pro Zeit:
Leistung = Arbeit / Zeit
Die Einheit der Leistung ist Joule/Sekunde (J/s) bzw. das Watt.

Wenn unser Gewichtheber das Gewicht also innerhalb einer Sekunde hochhebt, werden am Gewicht 1000 J/s = 1000 Watt = 1 kW geleistet. Wenn er das Gewicht dagegen in einer halben Sekunde anhebt, muss er dazu die doppelte Leistung aufbringen: 1000 J/0,5 s = 2000 J/s = 2 kW.

5.1.2 Kalorisches Äquivalent

Energie kann natürlich nicht nur mechanisch gespeichert sein, sondern auch als chemische

5

Energie. In einem Gramm Kohlenhydrate ist z. B. die chemische Energie von ungefähr 17 kJ gespeichert. Um diese Energie freizusetzen und für den Körper nutzbar zu machen, müssen wir die Kohlenhydrate verstoffwechseln. Da dies in der Regel mithilfe von Sauerstoff geschieht, hat sich dafür der Begriff „verbrennen" eingebürgert.
Bei der Verbrennung von durchschnittlicher, aus Kohlenhydraten, Eiweißen und Fetten gemischter Kost wird pro Menge Nahrung eine bestimmte durchschnittliche Menge Energie freigesetzt. Für die Verbrennung wird auch eine gewisse Menge Sauerstoff benötigt. Bei Versuchen wurde gemessen, wie viel Energie freigesetzt wird, wenn man bei üblicher, gemischter Kost für die Nahrungsverbrennung einen Liter Sauerstoff verbraucht. Bei Versuchen wurde festgestellt, dass pro Liter Sauerstoffverbrauch eine Energie von 20 kJ freigesetzt wird. Diesen Wert von 20 kJ/l O_2 bezeichnet man als kalorisches Äquivalent.

Merke!

Ein Verbrauch von einem Liter Sauerstoff entspricht einem **Energieumsatz** von etwa 20 kJ.

5.2 Energieumsatz des Menschen

In diesem Kapitel geht es um den Energieumsatz in Ruhe und bei Anstrengung. Außerdem wird besprochen, wie der Energieumsatz bestimmt werden kann.

5.2.1 Grundumsatz

Ein Mensch muss zur Aufrechterhaltung seiner Lebensfunktionen auch dann Energie aufwenden, wenn er völlig ruhig und entspannt ist. Schließlich muss er ja atmen, sein Herz muss schlagen, und seine Zellen benötigen Energie für Stoffwechsel- und Transportprozesse. Als Grundumsatz bezeichnet man die Energie, die unter folgenden Bedingungen umgesetzt wird:

1. in **Ruhe** (d. h. ruhiges und entspanntes Liegen)
2. bei **Nüchternheit** (vorher weder getrunken noch gegessen)
3. bei **thermischer Indifferenz** (einer Temperatur, bei der einem weder kalt noch warm ist)
4. in psychischer **Entspannung**

Der Grundumsatz liegt **pro Kilogramm** Körpergewicht bei etwa **1 J/s = 1 Watt**. Da in den Fragen des schriftlichen Examens die Menschen meistens ein Gewicht von 70 kg haben, liegt deren Grundumsatz bei 70 J/s = 70 Watt. Diese 70 Joule pro Sekunde entsprechen pro Tag etwa 7 000 000 J = 7 MJ/Tag.
Außer vom Körpergewicht hängt der Grundumsatz auch vom Lebensalter und vom Geschlecht ab: Bei gleichem Gewicht und gleicher Körperoberfläche ist er bei Frauen um zehn bis 20 % niedriger als bei Männern. Außerdem sinkt der Grundumsatz mit zunehmendem Lebensalter. Verschiedene Organe haben jeweils einen unterschiedlichen Grundumsatz. Der Anteil des Energieumsatzes des Gehirns am Grundumsatz des Körpers beträgt beim Erwachsenen ca. 15-28 %. Bei körperlicher Betätigung steigt der Energieumsatz.

Die folgenden Richtwerte müssen NICHT auswendig gelernt werden:

- Grundumsatz: 5 bis 10 MJ/Tag
- Energieumsatz bei leichter bis mittelschwerer Arbeit: 15 MJ/Tag
- Energieumsatz bei Schwer- bis Schwerstarbeit: 20 MJ/Tag

5.3 Energieträger des Körpers

Der Mensch hat unterschiedliche Energiespeicher: Am schnellsten kann Energie durch ATP-Spaltung bereit gestellt werden. Allerdings sind die ATP-Vorräte schon nach wenigen Sekunden erschöpft, sodass es nachgebildet werden muss. Dazu steht der Muskulatur

das **Kreatinphosphat** zur Verfügung, das allerdings auch bereits nach etwa 20 Sekunden verbraucht ist. Die Energie muss nun durch Glykolyse gewonnen werden. Zunächst wird dabei die **anaerobe Glykolyse** in Gang gesetzt, die für etwa vier Minuten Energie liefert und bei der Lactat anfällt. Bei andauernder körperlicher Arbeit muss die Energie durch die **aerobe Glykolyse** gewonnen werden. Nach einer guten Stunde sind schließlich die Glykogenvorräte, die die Glucose für die Glykolyse liefern, erschöpft. Ab jetzt gewinnt der Körper seine Energie aus der Verbrennung von **Fetten**.
Am geringsten sind also die Energiereserven in Form von ATP, am zweitniedrigsten in Form von Kreatinphosphat, dann kommt das Glykogen und am meisten Energie steht dem Körper in Form von Fetten zur Verfügung.

Merke!

- Menge der zur Verfügung stehenden Energieträger: ATP < KP < KH < F
- Physiologische Brennwerte von Nährstoffen in kJ/g: Fette: 39, Kohlenhydrate 17, Eiweiß 17, Äthylalkohol 30

5.4 Sauerstoffschuld und Erholungspulssumme

Zu Beginn einer körperlichen Tätigkeit wird im Stoffwechsel also ATP verbraucht, anschließend das Kreatinphosphat, danach wird Energie über die anaerobe Glykolyse zur Verfügung gestellt. Bei all den o. g. Arten der Energiegewinnung wird die Energie ohne Verbrauch von Sauerstoff gewonnen.
Erst die aerobe Glykolyse und die Fettverbrennung benötigen Sauerstoff.
Am Ende einer körperlichen Arbeit müssen die Energievorräte wieder aufgefüllt werden. Die ATP- und Kreatinphosphatspeicher werden wieder aufgebaut, und das Lactat, das bei der anaeroben Glykolyse entstanden ist, wird wieder zu Pyruvat umgewandelt. Dazu ist natürlich Sauerstoff erforderlich.
Da am Anfang einer körperlichen Tätigkeit Energieträger ohne Sauerstoff zur Verfügung gestellt wurden, die später unter Sauerstoffverbrauch wieder hergestellt werden müssen, sagt man auch, dass der Körper zu Beginn einer Arbeit eine **„Sauerstoffschuld"** eingeht, die er später wieder einlösen muss.
Dies ist der Grund dafür, dass wir nicht nur während, sondern auch nach einer körperlichen Belastung stärker atmen müssen

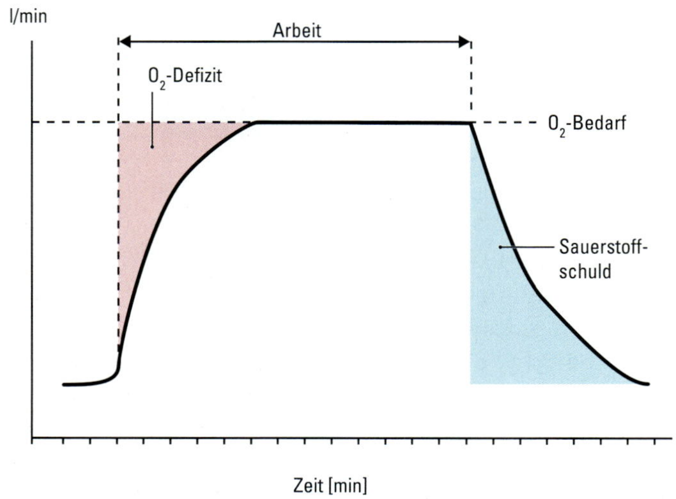

Abb. 38: Sauerstoffschuld

medi-learn.de/7-physio5-38

als in Ruhe. Dieser zusätzliche Sauerstoff, der nach der Arbeit durch die verstärkte Atmung aufgenommen wird, muss vom Kreislauf im Organismus verteilt werden. Dazu muss das Herz mehr arbeiten als in Ruhe, was sich in erster Linie in einem erhöhten Puls ausdrückt. Nach einigen Minuten geht die Pulszahl dann wieder auf ihren Ruhewert zurück.

Zählt man die Pulsschläge, die nach Ende der Arbeit zusätzlich zu den Ruhepulsschlägen gemacht werden, so erhält man die Erholungspulssumme. Wenn schwere Arbeit geleistet wurde, fällt die Erholungspulssumme größer aus als bei leichter Arbeit. Somit ist sie ein Maß für die **Schwere der geleisteten Arbeit**, ein Fakt, der übrigens auch immer mal wieder in den Fragen auftaucht.

Merke!

Die Erholungspulssumme ist ein Maß für die Schwere einer geleisteten Arbeit.

5.5 Arbeit unterhalb der Dauerleistungsgrenze

Mit „Arbeit unter der Dauerleistungsgrenze" ist eine Arbeit gemeint, die für einen Zeitraum von wenigstens acht Stunden ausgeführt werden kann, ohne dass dabei die arbeitende Muskulatur ermüdet. Bei solch einer Arbeit wird zu Beginn die Energie anaerob gewonnen und damit auch hier eine Sauerstoffschuld eingegangen – allerdings liegt diese unter vier Litern. Da in den ersten Minuten die Energie außer durch ATP- und Kreatinphosphatspaltung mit anaerober Glykolyse gewonnen wird, steigt der Lactatspiegel im Blut etwas an. Bei leichter körperlicher Arbeit bleibt die Lactatkonzentration dann auf erhöhtem Niveau konstant und ein lactate-steady state ist erreicht. Vom Normwert von ca. **1 mmol/l** ausgehend werden nur selten Werte über 2–3 mmol/l überschritten.

Sind die ersten Minuten verstrichen, wird die Energie durch aerobe Glykolyse gewonnen. Dazu benötigt der Stoffwechsel zusätzlichen Sauerstoff, sodass die Ventilation zunimmt. Da dieser zusätzliche Sauerstoff auch zu den Zellen transportiert werden muss, ist eine Steigerung des Herzminutenvolumens erforderlich. In der Arbeitsmuskulatur befinden sich Rezeptoren, die durch **C-Fasern** über das Rückenmark dem Kreislaufzentrum in der Medulla oblongata die Veränderung des Muskelstoffwechsels melden, sodass der Sympathikus darauf reagieren kann. Damit steigen das Schlagvolumen, die Blutdruckamplitude und vor allem die Herzfrequenz. Deshalb ist bereits bei leichter Arbeit ein Anstieg der Pulsfrequenz zu erwarten. Bei Belastungen unterhalb der Dauerleistungsgrenze steigt die Herzfrequenz ungefähr linear zur Sauerstoffaufnahme und der Wattzahl an und erreicht schließlich einen steady state (Plateauwert). Übersteigt der Puls jedoch den Wert von **130/min**, gilt die Dauerleistungsgrenze als überschritten. Aus diesem Grund haben auch viele Jogger oder andere Ausdauersportler ein Pulsmessgerät dabei, das bei Überschreiten dieses Wertes piepst und damit vor erschöpfender Belastung warnt.

Neben den kardiovaskulären Anpassungen findet man bei der Umstellung des Organismus auf körperliche Arbeit noch einige endokrine Veränderungen:

- Die Sympathikusaktivierung führt zu einer erhöhten Katecholaminausschüttung im Nebennierenmark und
- im Blut lässt sich ein erhöhter Cortisolspiegel feststellen.

Merke!

Der Körper passt sich an leichte körperliche Arbeit an durch:

- Anstieg der Herzfrequenz (ausgelöst von afferenten C-Fasern aus der arbeitenden Muskulatur),
- Anstieg der Pulsfrequenz (nicht höher als 130/min),
- Anstieg der O_2-Aufnahme (weitgehend linear mit der Herzfrequenz),
- Anstieg des Schlagvolumens,

- Anstieg der arteriellen Blutdruckamplitude (Differenz zwischen systolischem und diastolischem Blutdruckwert),
- Anstieg des Lactats (< 2 bis 3 mmol/l) und
- Anstieg des Cortisolspiegels.
- Verminderung der Insulinsekretion

5.6 Arbeit oberhalb der Dauerleistungsgrenze

Im Schriftlichen kommen die meisten Fragen zur Umstellung bei Arbeit oberhalb der Dauerleistungsgrenze. Auf den ersten Blick verwirren die vielen Details zu diesem Kapitel vielleicht, aber mit nur wenigen Grundkenntnissen kannst du dir die meisten Fakten logisch ableiten.

In körperlicher Ruhe liegt der O_2-Verbrauch bei etwa 0,3 l/min. Bei schwerer körperlicher Arbeit kann er beim Untrainierten auf 3–4 Liter pro Minute steigen, also auf mehr als das zehnfache. Dieser Sauerstoffbedarf übersteigt jedoch die Aufnahmefähigkeit des Organismus für O_2. Subjektiv hat man bei erschöpfender körperlicher Arbeit zwar das Gefühl, wegen einer begrenzten Kapazität der Lungen „aus der Puste" zu sein, tatsächlich jedoch ist der begrenzende Faktor beim Gesunden die Leistungsfähigkeit des Herz-Kreislauf-Systems: Während das Atemzeitvolumen etwa um den Faktor zehn gesteigert werden kann, erhöht sich das Herzminutenvolumen beim Untrainierten jedoch nur auf das zwei bis dreifache. Grund: Das Herzminutenvolumen hängt vom Herzschlagvolumen (in Ruhe ca. 70 ml) und der Herzfrequenz (in Ruhe ca. 70/min) ab. Bei zunehmender körperlicher Belastung steigt das Herzschlagvolumen zwar zunächst an, sinkt aber bei weiter steigender Belastung oberhalb der Dauerleistungsgrenze wieder und fällt sogar unter den Ruhewert ab (s. Abb. 39, S. 89). Das Herzminutenvolumen kann dann nur noch durch eine Erhöhung der Herzfrequenz gesteigert werden. Die Pulsfrequenz ist jedoch bei den meisten Menschen auf Werte von rund 180–200/min begrenzt, da man bei deutlich höheren Werten in den Bereich des Kammerflatterns oder -flimmerns käme.

Wenn du weißt, dass das Herz und nicht die Lungen der begrenzende Faktor ist, kannst du damit schon eine ganze Reihe von Fragen richtig beantworten.

Bei erschöpfender Arbeit steigt die Pulsfrequenz an und erreicht im Gegensatz zur Frequenz bei Arbeit unterhalb der Dauerleistungsgrenze KEINEN Plateauwert. Spätestens bei Erreichen der maximal möglichen Herzfrequenz muss dann die Arbeit abgebrochen werden.

Erschöpfende körperliche Arbeit ist also dadurch gekennzeichnet, dass die O_2-Aufnahme des Körpers nicht zur Deckung des Energiebedarfs ausreicht und deshalb kontinuierlich zusätzliche Energie auf anaerobem Weg gewonnen werden muss.

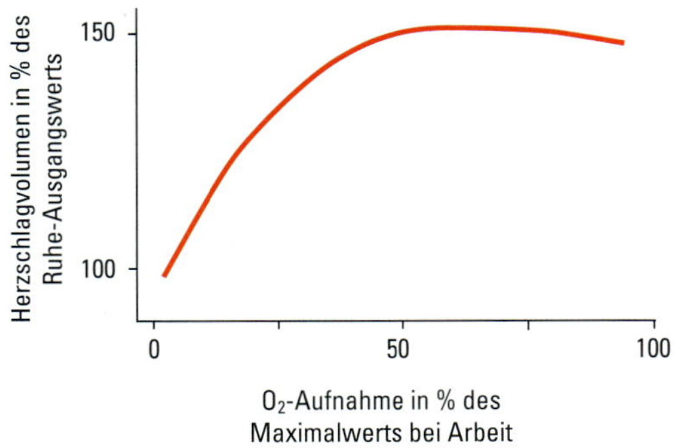

Abb. 39: Herzminutenvolumen

medi-learn.de/7-physio5-39

Merke!

- Die Herzfrequenz kann nur auf das zwei– bis dreifache gesteigert werden.
- Der Sauerstoffverbrauch kann auf das zehn– bis zwanzigfache des Ruhewerts von 0,3 l/min ansteigen und bewirkt eine starke Abnahme des Sauerstoffgehalts in der A. pulmonalis.
- Herzzeitvolumen und Lungendurchblutung steigen auf das Volumen bezogen, um den gleichen Wert: Verdreifacht sich z. B. das Herzminutenvolumen, so nimmt die Lungendurchblutung ebenfalls um 200 % zu.

Neben der aeroben Glykolyse wird daher auch immer Energie durch die anaerobe Glykolyse bereitgestellt, sodass auch die Lactatkonzentration KEINEN steady state erreichen kann, sondern stetig ansteigt. In der Regel ist ab einer Lactatkonzentration von 4 mmol/l damit zu rechnen, dass die Dauerleistungsgrenze überschritten ist und die Lactatkonzentration weiter ansteigt. Man bezeichnet diesen Grenzwert von etwa 4 mmol/l – der allerdings je nach Trainingszustand auch höher oder niedriger seinkann – als **anaerobe Schwelle**.

Die Lactatkonzentration kann kurzfristig auf über 20 mmol/l ansteigen. Dann kommt es zur **metabolischen Azidose**, sodass der pH-Wert im Blut sinkt und die Pufferbasen verbraucht werden. Metabolische Azidosen versucht der Körper respiratorisch auszugleichen, sodass die Ventilation zunimmt. Durch die verstärkte Atmung wird vermehrt Kohlendioxid abgeatmet und der **pCO_2** sinkt. Die Azidose führt aber auch zu einem Anstieg der K^+-Konzentration im Extrazellulärraum. H^+ und K^+ werden nämlich an den Zellmembranen gegeneinander ausgetauscht, sodass bei hohen H^+-Werten (bei einer Azidose) relativ viele H^+-Ionen in die Zelle hinein- und im Austausch viele K^+-Ionen aus der Zelle hinausgehen. Die **Hyperkaliämie** wird außerdem noch dadurch begünstigt, dass bei schwerer Arbeit einige Muskelzellen durch Überbeanspruchung zerstört werden können und dann das Kalium aus deren Intrazellulärraum freigesetzt wird. Wenn du im Examen weißt, dass der Lactatanstieg für viele H^+-Ionen und damit für einen erhöhten K^+-Spiegel sorgt, sind das schon wieder einige Punkte mehr.

Merke!

Lactat kann auf Werte über die anaerobe Schwelle (4 mmol/l) steigen.

Übrigens ...

Einige Organe wie z. B. das Herz können zwar Lactat zur Energiegewinnung im oxidativen Stoffwechsel nutzen, am Ende der Arbeit muss der größte Teil des Lactats jedoch wieder unter Sauerstoffverbrauch in Pyruvat umgewandelt werden. Dadurch steigt bei erschöpfender Arbeit die Sauerstoffschuld stetig an.

Wegen des hohen O_2-Verbrauchs wird aus den Kapillaren vermehrt O_2 ausgeschöpft, sodass der venöse O_2-Gehalt im Vergleich zur Ruhe abnimmt. Damit steigt die Differenz zwischen arteriellem und venösem Sauerstoffgehalt an. Da die A. pulmonalis das sauerstoffarme, nicht-arterielle Blut führt, ist auch hier der O_2-Gehalt niedriger als in Ruhe.

In Gefäßen der arbeitenden Muskulatur wird versucht, durch Vasodilatation möglichst viel Blut und damit möglichst viel Sauerstoff zur Verfügung zu stellen. Diese Vasodilatation wird vor allem über lokalchemische Mechanismen gesteuert. Außer der erhöhten Kaliumkonzentration bewirken auch die Lactatazidose und der CO_2-Anfall im Muskel eine Erweiterung der Gefäße. Die Steuerung der Gefäßweite durch das

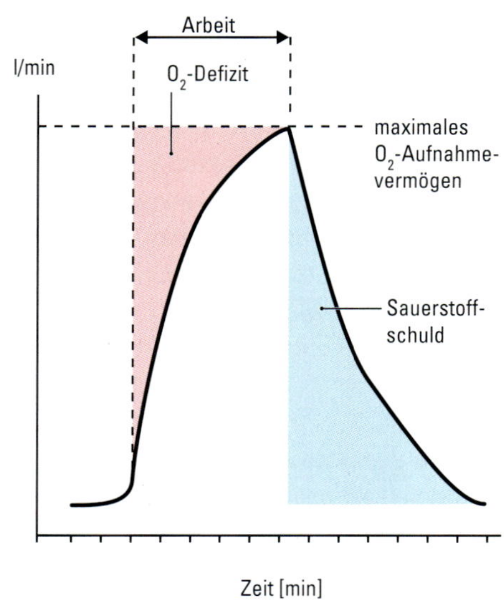

Abb. 40: Erschöpfende Arbeit

medi-learn.de/7-physio5-40

vegetative Nervensystem ist in der Arbeitsmuskulatur hingegen nur von untergeordneter Bedeutung.
Es kommt also zu einer erheblichen Abnahme des Strömungswiderstands in den arteriellen Gefäßen der arbeitenden Muskulatur. Ohne Kompensationsmechanismen wäre ein Abfall des arteriellen Blutdrucks zu erwarten. Hier wird gerne nach dem wichtigsten Gegenregulationsmechanismus gefragt: nach der sympathisch induzierte Vasokonstriktion im Einzugsbereich der Pfortader, d. h. in den Verdauungsorganen. Insgesamt nimmt der totale periphere Strömungswiderstand jedoch ab.
Bei körperlicher Arbeit entsteht Wärme, sodass die Körperkerntemperatur Werte von mehr als 39 °C erreichen kann. Wegen dieser zusätzlichen Wärmeenergie schwitzt der arbeitende Mensch vermehrt, wobei eine Schweißproduktion von über einem Liter pro Stunde möglich ist. Der Flüssigkeitsverlust macht sich im Blut häufig durch einen Anstieg des Hämatokritwerts, also des Anteils fester Bestandteile im Blut, bemerkbar.

5.7 Training

Wie unter Kapitel 5.6, S. 89 beschrieben, ist der begrenzende Faktor bei erschöpfender körperlicher Arbeit vor allem die Kapazität des Herz-Kreislauf-Systems, die wiederum durch die Pulsfrequenz nach oben hin beschränkt ist. Das Herzminutenvolumen ergibt sich aus dem Produkt von Herzfrequenz und Schlagvolumen:

$HF \cdot SV = HMV$

In Ruhe sind das 70/min · 70 ml = 4900 ml/min.

Ein Mensch kann seine Pulsfrequenz bei körperlicher Belastung knapp verdreifachen, sodass ein Untrainierter ein maximales Herzminutenvolumen von etwa 15 Litern erreichen kann.
Ausdauertraining muss daher das Ziel verfolgen, die Kapazität des Kreislaufsystems zu steigern und damit eine Erhöhung des Herzminutenvolumens zu bewirken. Da die maximale Herzfrequenz durch Training kaum gesteigert werden kann, bleibt nur die Erhöhung des Schlagvolumens. Und tatsächlich: Durch Ausdauertraining vergrößert sich das Herz beträchtlich. Dadurch steigt das enddiastolische Volumen, und auch das Schlagvolumen erhöht sich.

Übrigens ...
- Bei sehr gut trainierten Ausdauersportlern, z. B. bei Radprofis, kann das Schlagvolumen mehr als doppelt so groß sein wie beim Untrainierten. Damit ist dann ein maximales Herzminutenvolumen von 30 bis 40 l/min möglich.
- In Ruhe benötigt auch ein Trainierter nur ein Herzminutenvolumen von etwa fünf Litern pro Minute. Da das Schlagvolumen durch das Training vergrößert ist, muss die Pulsfrequenz in Ruhe entsprechend niedriger sein. Radprofis haben daher teilweise Ruhepulswerte von ca. 30/min – das ist so wenig, dass man anderen Menschen bereits einen Herzschrittmacher implantieren würde.

Merke!

Durch Ausdauertraining
- vergrößert sich das Herz,
- nehmen das enddiastolische Blutvolumen im linken Ventrikel und das Schlagvolumen zu,
- ist die Herzfrequenz bei gleicher Belastung niedriger als bei Untrainierten,
- ist in körperlicher Ruhe die Herzfrequenz sehr niedrig,
- kann der Puls – wie bei Untrainierten auch – NICHT auf Werte über 180 bis 200/min gesteigert werden und
- kann das Herzzeitvolumen dennoch Werte von 30–40 Liter/min erreichen, da das Schlagvolumen steigt.

DAS BRINGT PUNKTE

Zum Kapitel Arbeits- und Leistungsphysiologie wird im Schriftlichen immer wieder nach der Herzfrequenz, der Sauerstoffaufnahme und der Azidose gefragt.

Zur **Herzfrequenz** solltest du wissen, dass sie

- Werte bis 180–200/min erreicht und durch Erregung von Afferenzen (C-Fasern) aus der arbeitenden Muskulatur ansteigt.

Der **Sauerstoffverbrauch**

- kann auf das zehn bis zwanzigfache gegenüber dem Ruhewert von 0,3 l/min ansteigen,
- steigt schneller als das Herzzeitvolumen, wodurch eine zunehmende Sauerstoffschuld entsteht und
- führt zu einer starken Abnahme des gemischt-venösen Sauerstoffgehalts.

Zur **Sauerstoffaufnahme**:

- Ihr Maximum ist in erster Linie von der Herztätigkeit abhängig.
- Die Ventilation steigt viel stärker als die Sauerstoffaufnahme.

Zur **Lactatazidose** ist Folgendes wichtig:

- Das Lactat kann auf Werte über 7 mmol/l steigen (anaerobe Schwelle = 4 mmol/l).
- Durch Hyperventilation wird versucht, die Lactatazidose auszugleichen.
- Durch Hyperventilation kommt es zum Absinken der CO_2-Konzentration.
- Daraus resultiert ein Abfall der Pufferbasenkonzentration und
- ein Anstieg der K^+-Konzentration.

Zum **Ausdauertraining** solltest du dir merken, dass

- das enddiastolische Blutvolumen im linken Ventrikel zunimmt,
- die Herzfrequenz bei gleicher Belastung niedriger ist als bei Untrainierten,
- der Puls – wie bei Untrainierten auch – NICHT auf Werte über 180 bis 200/min gesteigert werden kann und
- das Herzzeitvolumen dennoch Werte von 30–40 Liter/min erreichen kann, da das Schlagvolumen steigt.

FÜRS MÜNDLICHE

Endspurt! Hier kommen noch vier Fragen zum Thema „Arbeits- und Leistungsphysiologie".

1. **Was verstehen Sie unter Grundumsatz?**
2. **Wie misst man Energieumsätze?**
3. **Wie passt sich der Organismus an erschöpfende Arbeit an?**
4. **Welche Veränderungen bewirkt Ausdauertraining?**

---

1. Was verstehen Sie unter Grundumsatz?
Der Grundumsatz ist der Energieumsatz eines ruhenden, nüchternen Menschen, der sich in thermischer Indifferenz aufhält und psychisch entspannt ist. Der Grundumsatz beträgt etwa ein Watt pro Kilogramm Körpergewicht, das entspricht einem Umsatz von fünf bis zehn Megajoule pro Tag.

2. Wie misst man Energieumsätze?
Energieumsätze können direkt und indirekt gemessen werden. Bei der indirekten Kalo-

rimetrie misst man die Sauerstoffkonzentration in der Ein- und Ausatemluft sowie das Atemzeitvolumen. Daraus errechnet man den Sauerstoffverbrauch.
Da man das kalorische Äquivalent des Sauerstoffs kennt – 20 kJ pro Liter O_2 – kann man aus dem O_2-Verbrauch den Energieumsatz berechnen.

3. Wie passt sich der Organismus an erschöpfende Arbeit an?
Bei erschöpfender körperlicher Arbeit kann kein steady state erreicht werden. Es kommt zu einem kontinuierlichen Anstieg der Pulsfrequenz. Da die Sauerstoffaufnahme vor allem von der Leistungsfähigkeit des Kreislaufsystems abhängt, kommt es während erschöpfender Arbeit zu einem Anstieg der Sauerstoffschuld und zur Energiegewinnung auf anaerobem Weg. Dabei entsteht eine Lactatazidose, die eine erhöhte Ventilation und damit ein Absinken der CO_2-Konzentration bewirkt. Außerdem kommt es zu einer Erhöhung der K^+-Konzentration und zu einer Erhöhung der Körperkerntemperatur mit vermehrtem Schwitzen.

4. Welche Veränderungen bewirkt Ausdauertraining?
Ausdauertraining steigert vor allem die Leistungsfähigkeit des Herz-Kreislauf-Systems. Das trainierte Herz ist größer als ein untrainiertes Herz und hat ein deutlich erhöhtes Schlagvolumen. Da es pro Herzaktion mehr Volumen auswirft, reicht in Ruhe eine wesentlich niedrigere Herzfrequenz zur Aufrechterhaltung der Blutversorgung aus.

Pause

Energieumsatz funktioniert aber auch manchmal viel zu gut ...

Index

Feedback

Deine Meinung ist gefragt!

Es ist erstaunlich, was das menschliche Gehirn an Informationen erfassen kann. Slbest wnen kilene Fleher in eenim Txet entlheatn snid, so knnsat du die eigneltchie lofnrmotian deoncnh vershteen – so wie in dsieem Text heir.

Wir heabn die Srkitpe mecrfhah sehr sogrtfältg güpreft, aber vilcheliet hat auch uesnr Girehn – so wie deenis grdaee – unbeswust Fheler übresehne. Um in der Zuuknft noch bsseer zu wrdeen, bttein wir dich dhear um deine Mtiilhfe.

Sag uns, was dir aufgefallen ist, ob wir Stolpersteine übersehen haben oder ggf. Formulierungen verbessern sollten. Darüber hinaus freuen wir uns natürlich auch über positive Rückmeldungen aus der Leserschaft.

Deine Mithilfe ist für uns sehr wertvoll und wir möchten dein Engagement belohnen: Unter allen Rückmeldungen verlosen wir einmal im Semester Fachbücher im Wert von 250 Euro. Die Gewinner werden auf der Webseite von MEDI-LEARN unter www.medi-learn.de bekannt gegeben.

Schick deine Rückmeldung einfach per E-Mail an support@medi-learn.de oder trag sie im Internet in ein spezielles Formular für Rückmeldungen ein, das du unter der folgenden Adresse findest:

www.medi-learn.de/rueckmeldungen

Sebastian Fehlberg

Physiologie Band 4

MEDI-LEARN Skriptenreihe

7., komplett überarbeitete Auflage

MEDI-LEARN Verlag GbR

Autor: Sebastian Fehlberg
Fachlicher Beirat: PD Dr. Andreas Scholz

Teil 4 des Physiologiepaketes, nur im Paket erhältlich
ISBN-13: 978-3-95658-016-1

Herausgeber:
MEDI-LEARN Verlag GbR
Dorfstraße 57, 24107 Ottendorf
Tel. 0431 78025-0, Fax 0431 78025-262
E-Mail redaktion@medi-learn.de
www.medi-learn.de

Verlagsredaktion:
Dr. Marlies Weier, Dipl.-Oek./Medizin (FH) Désirée Weber, Denise Drdacky, Jens Plasger, Sabine Behnsch, Philipp Dahm, Christine Marx, Florian Pyschny, Christian Weier

Layout und Satz:
Fritz Ramcke, Kristina Junghans,
Christian Gottschalk

Grafiken:
Dr. Günter Körtner, Irina Kart, Alexander Dospil,
Christine Marx

Illustration:
Daniel Lüdeling

Druck:
Löhnert Druck

7. Auflage 2015

Wichtiger Hinweis für alle Leser
Die Medizin ist als Naturwissenschaft ständigen Veränderungen und Neuerungen unterworfen. Sowohl die Forschung als auch klinische Erfahrungen führen dazu, dass der Wissensstand ständig erweitert wird. Dies gilt insbesondere für medikamentöse Therapie und andere Behandlungen. Alle Dosierungen oder Applikationen in diesem Buch unterliegen diesen Veränderungen.
Obwohl das MEDI-LEARN Team größte Sorgfalt in Bezug auf die Angabe von Dosierungen oder Applikationen hat walten lassen, kann es hierfür keine Gewähr übernehmen. Jeder Leser ist angehalten, durch genaue Lektüre der Beipackzettel oder Rücksprache mit einem Spezialisten zu überprüfen, ob die Dosierung oder die Applikationsdauer oder -menge zutrifft. Jede Dosierung oder Applikation erfolgt auf eigene Gefahr des Benutzers. Sollten Fehler auffallen, bitten wir dringend darum, uns darüber in Kenntnis zu setzen.

Inhalt

1 Atmung

Fragen in den letzten 10 Examen: 52

Das erste Kapitel behandelt die lebensnotwendigen Vorgänge der Atmung. Die wichtigsten Aufgaben der Atmung sind der Transport von Sauerstoff und Kohlendioxid sowie die Beteiligung am Säure-Basen-Haushalt des menschlichen Körpers.
Allgemein kann der Transport von Atemgasen aufgeteilt werden in eine äußere Atmung, den Transport der Atemgase und eine innere Atmung:

- Als äußere Atmung wird der Gasaustausch in der Lunge bezeichnet,
- der Transport der Atemgase umfasst die Vorgänge im Blutkreislaufsystem und
- die innere Atmung ist der Gasaustausch mit den Geweben.

1.1 Morphologische Grundlagen

Zunächst die zugrunde liegenden physiologisch relevanten morphologischen Fakten:
Der Bronchialbaum als Luft leitende Struktur der Lunge teilt sich in 23 Atemwegsgenerationen auf – ausgehend von der Trachea bis hin zu den Alveolen. Luftaustauschende Bereiche finden sich aber erst ab der 17. Aufteilungsgeneration.
In den Alveolen sind das Alveolargas und das Blut der Lungenkapillaren nur durch eine dünne Gewebeschicht voneinander getrennt. Diese Schicht wird als Blut-Gas-Barriere bezeichnet und vor allem durch die weit ausgespannten Alveolar-Epithelzellen vom Typ I gebildet. Alveolar-Epithelzellen vom Typ II sind kleiner und produzieren den Surfactant (s. 1.4.2, S. 10).

Merke!

- Die Austauschfläche der Lunge ist mit 50 bis 100 m² so groß wie ein halber Tennisplatz.
- Der Durchmesser einer Alveole beträgt 300 µm oder 0,3 mm.

1.2 Physikalische Grundlagen

Was wäre die Physiologie nur ohne die Physik?

1.2.1 Ideale Gasgleichung

Die Zusammenhänge zwischen Volumen, Druck, Temperatur und der Stoffmenge eines Gases können durch die ideale Gasgleichung dargestellt werden:

$$p \cdot V = n \cdot R \cdot T$$

Hierbei wird der Druck (p) in kPa, das Volumen (V) in l, die Gasmenge (n) in mol und die Temperatur (T) in K (Kelvin) angeben. R ist die allgemeine Gaskonstante (= 8,31 J/mol · K).

Übrigens ...
Der Wasserdampf folgt nicht der idealen Gasgleichung und muss in jeder Berechnung separat betrachtet werden.

1.2.2 Partialdruck

Verstanden werden muss auch die Bedeutung des Partialdrucks. Er ist der Teildruck, den ein bestimmtes Gas X zu einem Gesamtgasdruck P_{ges} eines Gasgemischs beiträgt:

$$P_{ges} = P_{x1} + P_{x2} + P_{x3} + P_{xn} + P_{H_2O}$$

1.2.3 Wasserdampfdruck

Wasserdampf ist gasförmiges Wasser und besitzt als wichtige Besonderheit einen oberen Grenzwert des Partialdrucks. Wird dieser obere Grenzwert erreicht, könnte mit einem Hygrometer eine Luftfeuchtigkeit von 100 % gemessen werden und wir würden uns fühlen, als hätten wir den dicksten Londoner Nebel um uns herum. Bei diesem temperaturabhängigen Sättigungsdruck (P_{H_2O}) steht nämlich der gasförmige Wasserdampf im Gleichgewicht mit flüssigem Wasser.

Merke!

Atemgas im menschlichen Körper ist körperwarm und vollständig wasserdampfgesättigt. Bei 37 °C beträgt die Wasserdampfsättigung 6,3 kPa.

Übrigens ...

Angenommen die äußere Temperatur beträgt 37 °C und es liegt eine vollständige Wasserdampfsättigung vor – wie dies hin und wieder in tropischen Regenwäldern anzutreffen ist – dann ist die Perspiratio insensibilis (Wasserabgabe über die Lungen) gleich null.

Es wird somit KEIN Wasser abgegeben, da außerhalb und innerhalb der Lungen identische Bedingungen vorliegen (BTPS, s. 1.2.4). Unter solchen Umständen ist die Perspiratio sensibilis (die Wasserabgabe über den Schweiß) maximal und es besteht die Gefahr einer hypertonen Dehydratation (Wasserverlust mit steigender Elektrolytkonzentration), wobei das Schwitzen unter diesen Bedingungen keine Wärmeabgabe bringt.

1.2.4 Messbedingungen

In der Physiologie werden insgesamt drei Messbedingungen eines Gases unterschieden:

- BTPS (body temperature pressure saturated) als die Körperbedingungen mit T = 37 °C (310 K), P = Umgebungsluftdruck P_B und einem Wasserdampfpartialdruck von P_{H_2O} = 6,3 kPa (vollständige Sättigung mit H_2O bei Körpertemperatur, 47mmHg).
- ATPS (ambient temperature pressure saturated) als die Spirometerbedingungen mit der Temperatur im Spirometer (T_S von 20 oder 25 °C), dem Umgebungsluftdruck P_B und einem Wasserdampfdruck P_{H_2O} bei der entsprechenden Spirometertemperatur.
- STPD (standard temperature pressure dry) als die Standardbedingungen mit T = 0 °C (273 K), P = 101 kPa und einem wasserfreien Zustand mit P_{H_2O} = 0 kPa.

Merke!

V_{BTPS} ist etwa 10 % höher und V_{STPD} etwa 10 % niedriger als das spirometrisch gemessene Volumen V_{ATPS}:

$V_{BTPS} > V_{ATPS} > V_{STPD}$

Viele Zahlen können zu diesem Thema aufgeführt werden, von denen aber nur einige wenige – hier fett markiert – regelmäßig gefragt wurden.

Das **Molvolumen** gibt das molare Normvolumen eines idealen Gases an und beträgt **22,4 l/mol**. Mit diesem Wert lässt sich beispielsweise die Stoffmenge von Sauerstoff in einem Alveolargasgemisch errechnen.Beispiel: Gegeben sind 6 l eines idealen Alveolargases mit 37 °C und einem Druck von 13,3 kPa. Hieraus lässt sich ableiten, dass

- der Anteil Sauerstoff am gesamten idealen (also ohne Wasserdampf) alveolären Gasgemisch bei 13,3 kPa O_2-Partialdruck und einem Gesamtdruck von 101 kPa ca. 13,3 % beträgt, was ca. 0,78 l entspricht.
- da das Molvolumen 22,4 l/mol beträgt –0,78 l Sauerstoff einer gesuchten Stoffmenge von **0,03 mol** entsprechen.

1.2.5 Zusammensetzung der Atemgase

	Frischluft	Alveolarluft	gemischte Exspirationsluft
O_2 (Vol.-%)	**20,9 %**	**13,3 %**	~ 15 %
P_{O_2}	**150 mmHg (= 20 kPa)**	**100 mmHg (= 13,3 kPa)**	~ 110 mmHg (= 15 kPa)
CO_2 (Vol.-%)	0,03 %	**5,3 %**	**~ 4 %**
P_{CO_2}	0,2 mmHg (= 0,03 kPa)	**40 mmHg (= 5,3 kPa)**	~ 30 mmHg (= 4 kPa)
N_2 (Vol.-%)	79,1 %	**79,1 %**	79,1 %
P_{N_2}	550 mmHg (= 74,1 kPa)	**550 mmHg (= 74,1 kPa)**	
H_2O (Vol.-%)	1–2 %	6–7 %	
P_{H_2O} **unter BTPS**	47 mmHg = **6,3 kPa**		
unter ATPS (hier 20 °C)	18 mmHg = 2,3 kPa		
unter STPD	0 mmHg = 0 kPa		

Tab. 1: Prozentuale Zusammensetzung und Partialdrücke der Atemgase

Merke!

In den letzten Jahren wurden neben den Werten in mmHg (Millimeter Quecksilbersäule) auch die Werte in kPa gefragt. Als Umrechnungsfaktor gilt:
1 mmHg = 133 Pa = 0,133 kPa,
1 kPa = 7,5 mmHg und 1 kPa = 10 hPa.

1.2.6 Löslichkeit von Gasen in Flüssigkeiten

Die Löslichkeit eines Gases – der Atemgase – ist die Grundvoraussetzung für den Transport in Flüssigkeiten, speziell im Blut. Das Henry-Gesetz beschreibt die physikalische Löslichkeit von Gasen in Flüssigkeit:

$\mathbf{C_x = \alpha_x \cdot P_x}$

Dabei ist C_x die Konzentration eines in Flüssigkeit gelösten Gasmoleküls x; α_x ist der Bunsen-Löslichkeitskoeffizient, der abhängig ist vom Molekül der Flüssigkeit und der Temperatur. $\mathbf{P_x}$ ist der Partialdruck des Gases über der Flüssigkeit. Übrigens ist die physikalische Löslichkeit von CO_2 im Blut 20-mal größer als die von O_2.

Merke!

Die Löslichkeit eines Gases hängt vom Partialdruck des Gases über der Flüssigkeit ab.

1.3 Lungen- und Atemvolumina

Im Physikum werden Fragen zum Lungen- und Atemvolumen gestellt, die auch Rechenaufgaben umfassen. Es lassen sich zwei Arten von Lungenvolumina unterscheiden:
Ein Lungenvolumen, das durch den Einsatz von Atemmuskeln mobilisiert werden kann, und eines, das nicht durch Atemmuskeln mobilisierbar ist.
Das **mobilisierbare Volumen** lässt sich weiter unterteilen in (s. Abb. 1, S. 4)

- das **Atemzugvolumen** (AZV = 0,5 l) : das Volumen, das normalerweise ein- und ausgeatmet wird,
- das **inspiratorische Reservevolumen** (IRV = 3,5 l) : das Volumen, das nach einer normalen Einatmung noch zusätzlich eingeatmet werden kann,

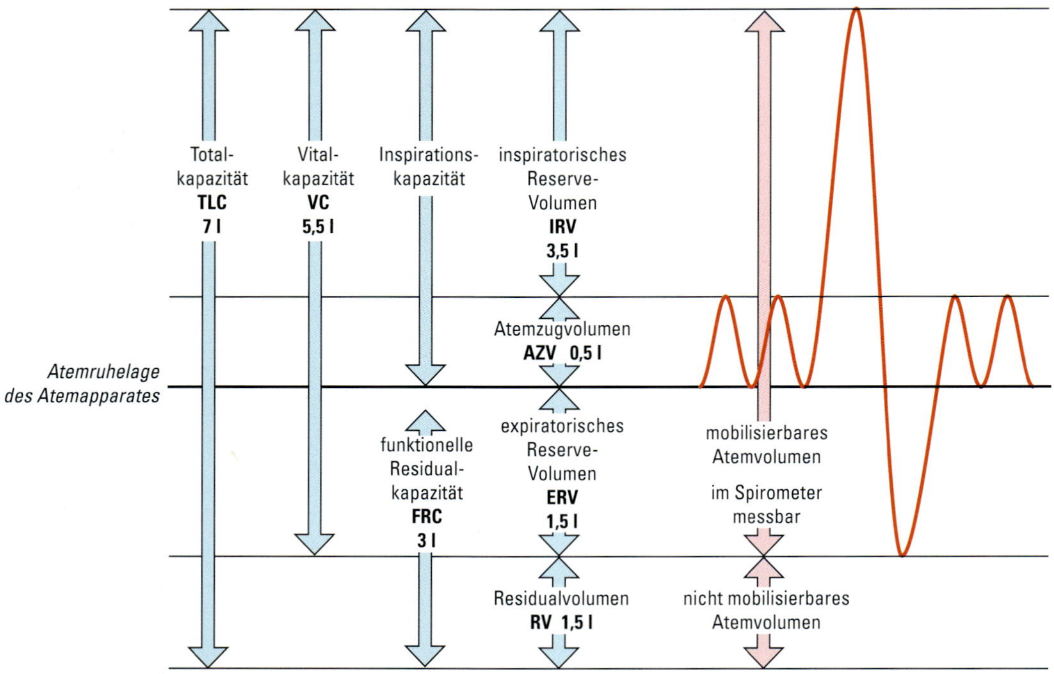

Abb. 1: Lungen- und Atemvolumina *medi-learn.de/7-physio4-1*

- das **exspiratorische Reservevolumen** (ERV = 1,5 l) : das Volumen, das nach einer normalen Ausatmung noch zusätzlich ausgeatmet werden kann und
- die **Vitalkapazität** (VC = IRV + AZV + ERV = 5,5 l), die sich aus dem Atemzugvolumen, dem inspiratorischen und dem exspiratorischen Reservevolumen errechnet.

Das mobilisierbare Volumen kann direkt mit dem Spirometer gemessen werden.

Ein **Spirometer** ist ein in seinem Volumen veränderbarer gasdichter Hohlraum. Er kann mit einem Patienten verbunden werden und bewegt sich entsprechend der Atembewegungen auf und ab, wodurch ein Spirogramm aufgezeichnet wird.

Merke!

Am Ende einer normalen Ausatmung (Atemzugvolumen) wird die **Atemruhelage** des Atemapparats erreicht (s. Abb. 1, S. 4).

Das **nicht mobilisierbare Volumen** kann verglichen werden mit dem Volumen einer Plastikflasche, das nach dem Zusammendrücken mit einer Hand noch in dieser verbleibt und nicht weiter herausgedrückt werden kann. Dieses Volumen wird auch als **Residualvolumen (RV = 1500 ml)** bezeichnet.

Merke!

Das Residualvolumen kann NICHT direkt mit dem Spirometer bestimmt werden.

Um dennoch das Residualvolumen bestimmen zu können, bedient man sich der **Fremdgasverdünnungsmethode**. Dazu wird ein Patient mit einem Spirometer verbunden und atmet eine bestimmte Konzentration eines inerten Gases ein (s. Abb. 2, S. 5).

Das inerte Gas (Helium) verteilt sich in der Lunge und wird nicht in die Blutbahn aufgenommen, wodurch die Stoffmenge von Helium

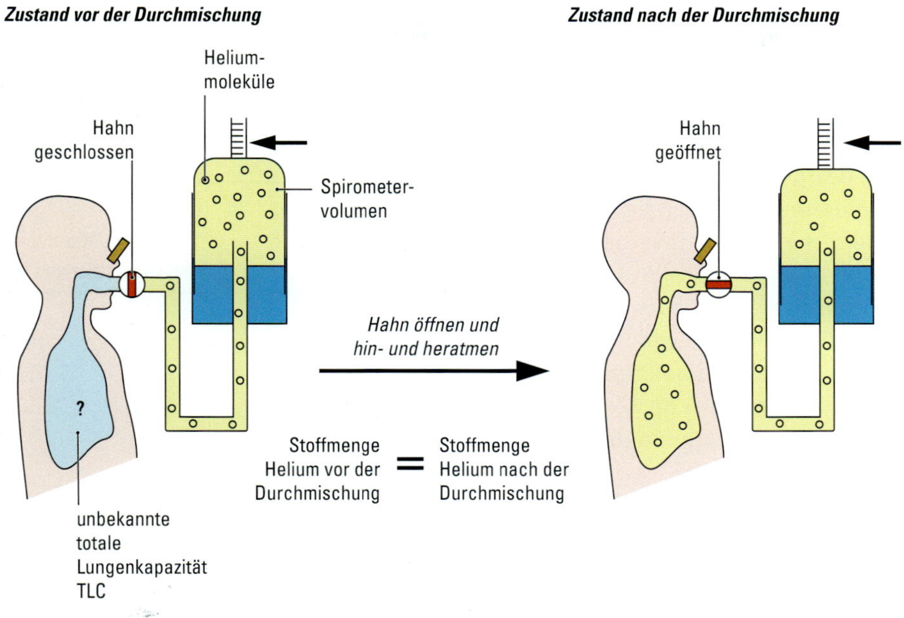

Abb. 2: Fremdgasverdünnungsmethode *medi-learn.de/7-physio4-2*

(Anzahl der Heliummoleküle) vor und nach der Verteilung gleich bleibt. Nur das Volumen, auf das sich die Heliummoleküle verteilt haben, hat sich vergrößert und umfasst nach der Verteilung das gesamte Lungenvolumen. Über eine Verhältnisgleichung der **Stoffmengen Helium vor der Durchmischung (vorher) und nach der Durchmischung (nachher)** kann das Volumen nach der Verteilung in den Lungen (totale Lungenkapazität) bestimmt werden:
Stoffmenge (vorher) = Stoffmenge (nachher)

Merke!

Stoffmenge = Konzentration · Volumen

$$\text{Konzentration}_{(\text{vorher})} \cdot \text{Volumen}_{(\text{vorher})} = \text{Konzentration}_{(\text{nachher})} \cdot \text{Volumen}_{(\text{nachher})}$$

Bekannt sind die Werte für
- die Konzentration $\text{Helium}_{(\text{vor der Durchmischung})}$
- das Volumen $\text{Spirometer}_{(\text{vor der Durchmischung})}$

Die Konzentration $\text{Helium}_{(\text{nach der Durchmischung})}$ wird durch eine Probenentnahme bestimmt.

Durch Umformen der Gleichung kann das $\text{Volumen}_{(\text{nachher})}$ (= Spirometervolumen + totale Lungenkapazität) errechnet werden:

$$\text{Volumen}_{(\text{TLC ges})} = \frac{\text{Konzentration Helium}_{(\text{vorher})} \cdot \text{Volumen Spirometer}_{(\text{vorher})}}{\text{Konzentration Helium}_{(\text{nachher})}}$$

Mit der Fremdgasverdünnungsmethode kann die **totale Lungenkapazität (TLC)** errechnet werden, wenn der Patient vor Öffnen des Spirometerhahns **vollständig einatmet**.
Zur Bestimmung des Residualvolumens muss von der errechneten totalen Lungenkapazität die im Spirometer gemessene Vitalkapazität abgezogen werden:
Residualvolumen = totale Lungenkapazität – VC

Merke!

Eine Kapazität ist aus mindestens zwei Volumina zusammengesetzt.

Übrigens ...
Mit der Fremdgasverdünnungsmethode wird nur das **belüftete** Lungenvolumen bestimmt (das Volumen, in dem sich Helium verteilt). Zur Bestimmung des gesamten intrathorakalen Gasvolumens, unabhängig davon welche Bereiche ventiliert werden, dient die Bodyplethysmografie (s. 1.4.4, S. 17). Hierbei gehen auch extrapulmonale Gasvolumina wie beim Pneumothorax oder nicht belüftete, aber atemgashaltige Bereiche wie beim Lungenemphysem, mit in die Messung ein.

Atmet ein Patient in Ruhe nur das Atemzugvolumen ein und aus, so wird das aktuell nicht mobilisierte exspiratorische Reservevolumen (ERV) und das Residualvolumen (RV) zur **funktionellen Residualkapazität** (FRC) zusammengezogen (s. Abb. 1, S. 4):
funktionelle Residualkapazität (FRC)
= exspiratorisches Reservevolumen (ERV) + Residualvolumen (RV)

Merke!

Bei einem 25-jährigen Mann beträgt der Anteil der funktionellen Residualkapazität an der totalen Lungenkapazität etwa 45 %.

Parameter	Symbol	Mittelwerte Männer und Frauen [l]
Atemzugvolumen	AZV	0,5
inspiratorisches Reservevolumen	IRV	3,5
exspiratorisches Reservevolumen	ERV	1,5
Vitalkapazität	VC	5,5
Residualvolumen	RV	1,5
funktionelle Residualkapazität	FRC	3,0
totale Lungenkapazität	TLC	7,0

Tab. 2: Mittelwerte der Atem- und Lungenvolumina

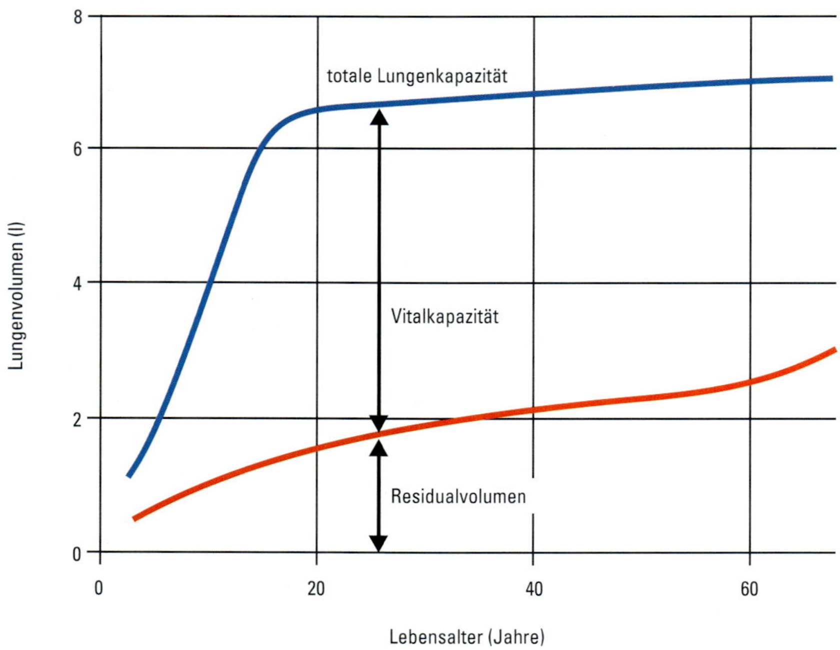

Abb. 3: Altersabhängigkeit von RV und VC

medi-learn.de/7-physio4-3

Tab. 2, S. 6 zeigt eine Zusammenfassung der wichtigen Atem- und Lungenvolumina unter BTPS-Bedingungen als Mittelwerte von Männern und Frauen.

Merke!

Die Lungenvolumina sind abhängig von der Körpergröße, dem Alter, Geschlecht und Trainingszustand des Patienten.

Übrigens ...

Das Residualvolumen und die Vitalkapazität ändern sich mit dem Lebensalter: Bis zum Abschluss der Wachstumsphase steigen das Residualvolumen und vor allem die Vitalkapazität an. Mit zunehmendem Alter vergrößert sich das Residualvolumen auf Kosten der Vitalkapazität bei nahezu gleich bleibender totaler Lungenkapazität, was jedoch bei Rauchern viel schneller geht!

Durch den Tabakrauch wird nämlich ein Methioninrest des Proteins **α1-Antitrypsin** zu Methioninsulfoxid oxidiert und so das gesamte Enzym inaktiviert. Durch den Wegfall der hemmenden Wirkung des α1-Antitrypsins kann das Enzym **Elastase** ungehemmt seine Wirkung entfalten. Dies führt bei jahrelangem Rauchen zum Abbau des Lungenparenchyms und zur Ausbildung eines **Lungenemphysems**. Beim Lungenemphysem findet man eine vermehrte Füllung der Lungen und eine Erweiterung des Thoraxraumes, die als Fassthorax sichtbar ist. Durch die Parenchymzerstörung reduziert sich die für die Diffusion zur Verfügung stehende Austauschfläche. Gleichzeitig erhöht sich der Atemwegswiderstand vor allem bei der Ausatmung (Resistance, s. 1.4.4, S. 17), da es durch die verminderte elastische Zugspannung auf die kleinen Bronchiolen zum Kollaps und dadurch zu einer **Entspannungsobstruktion** kommt.

DAS BRINGT PUNKTE

Du solltest dir unbedingt merken, dass zu den **anatomischen Grundlagen** der Atmung in den letzten Physika lediglich gefragt wurde, dass

- die Alveolar-Epithelzellen Typ I an der Blut-Gas-Barriere beteiligt sind.

Im Gegensatz hierzu wurden in den vergangenen Jahren zunehmend Fragen zu den **physikalischen Grundlagen** der Atmung gestellt. Hierzu solltest du wissen, dass

- unter Körperbedingungen (BTPS) bei 37 °C die Wasserdampfsättigung 6,3 kPa beträgt,
- für die Volumenbeziehung $V_{BTPS} > V_{ATPS} > V_{STPD}$ gilt,
- unter Zuhilfenahme der idealen Gasgleichung die Stoffmenge eines Gases errechnet werden kann, wenn Druck, Volumen, Temperatur und allgemeine Gaskonstante bekannt sind, nach der Formel:
  $p \cdot V = n \cdot R \cdot T$
- bei der Einatmung vollständig mit Wasserdampf gesättigter Luft (BTPS) die respiratorische Perspiratio insensibilis (Wasserabatmung) gleich null ist,
- bei der Perspiratio sensibilis (Schwitzen) die Gefahr einer hypertonen Dehydration besteht,
- der Sauerstoffpartialdruck in der Umgebungsluft 20 kPa beträgt und
- die Löslichkeit von CO_2 im Blut 20-mal größer ist, als die von O_2.

Zum Themenkomplex der **Atem- und Lungenvolumen** solltest du dir merken, dass

- die funktionelle Residualkapazität NICHT allein mit dem Spirometer bestimmt werden kann und
- bei 25-jährigen Männern der Anteil der funktionellen Residualkapazität an der Totalkapazität der Lunge etwa 45 % beträgt.

FÜRS MÜNDLICHE

Folgende Fragen zu den Themenkomplexen Grundlagen und Volumina kannst du nun alleine oder in deiner Lerngruppe rekapitulieren:

1. **Was können Sie mir zum Bronchialbaum der Lunge sagen?**
2. **Durch welche Zellen wird in der Lunge die Blut-Gas-Schranke gebildet?**
3. **Was können Sie mir zur Zusammensetzung der Umgebungsluft sagen?**
4. **Welche Messbedingungen unterscheiden Sie in der Physiologie?**
5. **Mit welcher Formel können Sie die Volumenunterschiede der einzelnen Messbedingungen errechnen?**
6. **Nennen Sie uns bitte die Zusammensetzung des Lungenvolumens!**
7. **Wie können Sie das Residualvolumen bestimmen?**
8. **Erläutern sie uns den Unterschied zwischen Residualvolumen und Residualkapazität!**

FÜRS MÜNDLICHE

1. Was können Sie mir zum Bronchialbaum der Lunge sagen?
Der Bronchialbaum teilt sich in 23 Atemwegsgenerationen auf. Erst ab der 17. kommen die 0,3 mm dicken Alveolen vor, in denen der Atemgasaustausch stattfindet.

2. Durch welche Zellen wird in der Lunge die Blut-Gas-Schranke gebildet?
Die Blut-Gas-Barriere wird vor allem von den Alveolar-Epithelzellen Typ I gebildet.

3. Was können Sie mir zur Zusammensetzung der Umgebungsluft sagen?
Sie besitzt einen Luftdruck von etwas über 100 kPa. Diese 100 kPa ergeben sich aus den Partialdrücken für O_2 von etwa 20 kPa, CO_2 von 0,03 kPa, N2 von etwa 74,1 kPa und einem Partialdruck Wasserdampf von 6,3 kPa bei 37 °C und voller Wasserdampfsättigung sowie dem Partialdruck der Edelgase (u. a. Helium ...).

4. Welche Messbedingungen unterscheiden Sie in der Physiologie?

- Die Körperbedingungen (BTPS) bei 37 °C,
- die Spirometerbedingungen (= ATPS) bei meistens 20 °C und
- die physikalischen Standardbedingungen (STPD) bei 0 °C und Wasserfreiheit.

Bei den ersten beiden Bedingungen entspricht die Wasserdampfsättigung der jeweiligen Temperatur. Das Volumen unter Körperbedingungen ist etwa 10 % größer und das unter physikalischen Bedingungen etwa 10 % geringer als das Volumen im Spirometer.

5. Mit welcher Formel können Sie die Volumenunterschiede der einzelnen Messbedingungen errechnen?
Mit der idealen Gasgleichung können die Volumina unter verschiedenen Bedingungen errechnet werden:
$p \cdot V = n \cdot R \cdot T$. Sie gibt die Beziehung zwischen dem Partialdruck, dem Volumen, der Stoffmenge und der Temperatur eines Gases an und ist abhängig von der allgemeinen Gaskonstante (= 8,31 J/mol · K).

6. Nennen Sie uns bitte die Zusammensetzung des Lungenvolumens!
Die totale Lungenkapazität beträgt etwa 7,0 l und lässt sich aufteilen in

- ein Atemzugvolumen von normal 0,5 l,
- ein inspiratorisches Reservevolumen von 3,5 l und
- ein exspiratorisches Reservevolumen von 1,5 l.

Diese Volumina werden als Vitalkapazität bezeichnet und können willkürlich geatmet werden. Daneben gibt es noch ein Lungenvolumen, das nicht durch Atemmuskeln mobilisiert werden kann: das Residualvolumen von etwa 1,5 l.

7. Wie können Sie das Residualvolumen bestimmen?
Die mobilisierbaren Volumina der Vitalkapazität können mit dem Spirometer direkt gemessen werden. Für die Bestimmung des Residualvolumens wird die indirekte Methode der Fremdgasverdünnung benutzt. Hierzu wird ein Gas eingeatmet, das nicht in die Blutbahn übertreten kann – meist Helium. Eine bestimmte Stoffmenge Helium wird eingeatmet und das Volumen sowie die Konzentration vor und nach der Durchmischung ins Verhältnis gesetzt. Dadurch wird die totale Lungenkapazität errechnet, von der man die im Spirometer messbare Vitalkapazität abzieht, um die Residualkapazität zu erhalten.

8. Erläutern sie uns den Unterschied zwischen Residualvolumen und Residualkapazität!
In körperlicher Ruhe wird nur ein Atemzugvolumen von 0,5 l geatmet und das exspiratorische Reservevolumen nicht verändert. In dieser Situation kann das exspiratorische Reservevolumen zum Residualvolumen hinzugezogen werden, wodurch man die funktionelle Residualkapazität erhält.

1

1.4 Atemmechanik

Für die Ein- und Ausatmung der Atemluft werden Atemmuskeln benötigt. Die Intensität der notwendigen Muskelaktivität ist abhängig von der Elastizität und Dehnbarkeit der Lunge sowie des Thorax. Außerdem müssen noch die Reibungskräfte überwunden werden, die bei der Luftströmung entstehen.
In diesem Kapitel wird zunächst auf die Atemmuskeln, die Atemarbeit und dann auf die Elastizität des Atemapparats eingegangen. Anschließend werden die Zusammenhänge der Compliance des Atemapparats dargestellt. Den Abschluss bilden die Atemwegswiderstände und die Resistance.

Merke!

Die Compliance wird besonders gern in der mündlichen Prüfung gefragt.

1.4.1 Atemmuskeln und Atemarbeit

Die Atemmuskeln führen zu einer Vergrößerung des Thoraxvolumens, wodurch die Atemluft in die Lungen einströmt. Die Atemmuskeln sind
- die Mm. intercostales externi und das Zwerchfell für die **Einatmung**,
- die Mm. sternocleidomastoidei und die Mm. scaleni als **Reserve bei forcierter Einatmung**.
- die Mm. intercostales interni und die Bauchmuskeln (Bauchpresse) als **Reserve bei forcierter Ausatmung**.

Merke!

Unter Ruhebedingungen erfolgt die **Exspiration** passiv durch die Retraktionskraft der Lunge.

Die Atemmuskeln müssen unterschiedliche Kräfte überwinden und leisten hierbei Arbeit:

Die **Inspirationsarbeit** der Atemmuskeln richtet sich gegen
- **elastische Widerstände** bei der Dehnung von Lunge und Thorax,
- **visköse Kräfte** (Reibungsarbeit) für die Bewegung der Atemluft im Bronchialbaum.

Die **Exspirationsarbeit** der Atemmuskeln erfolgt
- passiv durch Nutzung der – während der Inspiration – **gespeicherten Energie**,
- bei **vermehrter Arbeit** durch zusätzliche Nutzung der **Exspirationsmuskeln** (z. B. bei obstruktiven Atemwegserkrankungen, s. 1.6.1, S. 27).

1.4.2 Elastizität der Lunge

Die Elastizität der Lunge wird durch drei Faktoren bestimmt:
1. Dehnbarkeit und geometrische Anordnung **elastischer Fasern** im Lungengewebe.
2. **Verankerung** jeder Alveole im umgebenden Lungengewebe, wodurch eine Balance der Dehnung geschaffen wird. Kollabiert eine Alveole, so erweitern sich andere, wodurch sich ein Gleichgewicht der Alveolardehnung einstellt.
3. Verminderung der Oberflächenspannung in den Alveolen durch **Surfactant (surface active agents)**.

Gerade der dritte Punkt wurde sehr gern im schriftlichen Physikum gefragt und wird deshalb hier näher erläutert: Das **Surfactant** ist ein Stoffgemisch und besteht zu 90 bis 95 % aus **Phospholipiden**, besonders aus Phosphatidylcholin (Lecithin). Weiterhin enthält es vier spezifische **Surfactant-Proteine** und einen **geringen Kohlenhydratanteil**. Gebildet wird das Surfactant von **Typ II Alveolarzellen**.
Wie kann diese Wirkung von Surfactant erklärt werden?

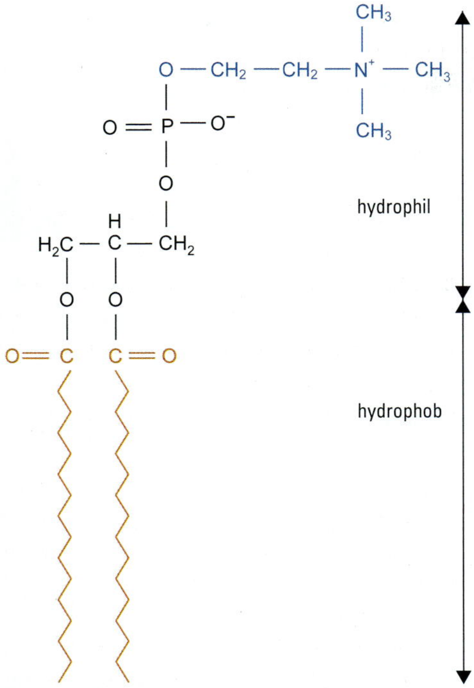

Abb. 4: Phosphatidylcholin-Strukturformel

medi-learn.de/7-physio4-4

Hier die Antwort, um auch diese im mündlichen Physikum beliebte Frage beantworten zu können:
Surfactant kleidet wie Kleister alle Nischen und Hohlräume in den Alveolen aus, glättet so die Oberflächen und befindet sich an der Grenzschicht zwischen Alveolargas und Flüssigkeitsfilm auf den Alveolarzellen. Genau an dieser Grenzschicht wirkt auch die **Oberflächenspannung**. Die Oberflächenspannung zieht die Alveolen zusammen, wodurch die Retraktionskräfte der Lunge verstärkt werden. Ohne Surfactant würde es zu einem Kollaps der Alveolen kommen.
Bei der Betrachtung der Strukturformel von Phosphatidylcholin fällt die Aufteilung in eine **polare** (hydrophile, wasserlösliche) Kopfgruppe und einen **unpolaren** (hydrophoben, wasserabweisenden) Schwanzteil auf. Hier liegt der Grund für seine Wirkungsweise: Surfactant mindert die Oberflächenspannung und Retraktionskräfte, indem sich seine polaren Anteile zum Flüssigkeitsfilm hin ausrichten und die unpolaren Anteile in die Alveolargasphase hineinragen. Kommt es bei der **Ausatmung** zu einer Verkleinerung der Alveolen, so rücken die unpolaren Anteile des Surfactant näher zueinander. Dadurch erhöhen sich aber die **Abstoßungskräfte der unpolaren Anteile** untereinander, weshalb die Alveole nicht kollabiert und die Oberflächenspannung vermindert wird.

Merke!

Surfactant vermindert die Oberflächenspannung in Alveolen und verhindert dadurch Atelektasen = einen Kollaps von Alveolen.

Übrigens ...
Bei einem **Surfactantmangel** – wie er bei Frühgeborenen auftreten kann – kommt es zu einer Zunahme der Oberflächenspannung in den Alveolen. Mit steigender Oberflächenspannung nehmen jedoch auch die Retraktionskräfte der Lunge zu, wodurch die Compliance (Dehnbarkeit) der Lunge sinkt (s. 1.4.3, S. 12) und mehr Kräfte für die Dehnung der Lunge benötigt werden. Das Frühgeborene muss deshalb sehr angestrengt (dyspnoeisch) atmen. Dieses Krankheitsbild wird als **Atemnotsyndrom des Frühgeborenen (IRDS**, infant respiratory distress syndrome) bezeichnet. Es lässt sich durch die direkte Gabe von Rindersurfactant oder synthetischem Surfactant in die Lungen therapieren.

Beim **Surfactantmangel** kommt es am Ende der **Ausatmung** (endexspiratorisch) zu einer Besonderheit, die gern im schriftlichen Physikum gefragt wird: Endexspiratorisch kann die Oberflächenspannung in den Alveolen so groß werden, dass die Alveolen kollabieren, wodurch die Compliance der Lunge sinkt. Die Lunge wird dann insgesamt kleiner und füllt einen kleineren Raum im Thorax aus. Die starke endexspiratorische Verkleinerung der Lunge bewirkt eine **Abnahme des Drucks im Pleuraspalt** (einen größeren Unterdruck im Pleuraspalt). Bei einem **Surfactantmangel** kommt es nach so einem Kollaps der Alveolen zu einer Minderbelüftung der Alveolen und zu einer **hypoxischen pulmonalen Vasokonstriktion der Arteriolen**, NICHT jedoch der Kapillaren (Euler-Liljestrand-Mechanismus, s. 1.5, S. 26), wodurch die besser belüfteten Lungenareale durchblutet werden, aber auch der Rechts-Links-Shunt ansteigt.

Merke!

Beim **Surfactantmangel** kommt es endexspiratorisch durch einen Kollaps der Alveolen zu einem stärker negativen Pleuradruck.

1.4.3 Elastizität und Dehnbarkeit

Im schriftlichen Teil des Physikums finden sich zu diesem komplexen Thema erstaunlich wenig Fragen. Dennoch sollten die wesentlichen Zusammenhänge verstanden sein, da gerade die Dehnbarkeit (Compliance) des Atemapparats gern in der mündlichen Prüfung gefragt wird.

Definition des transmuralen Drucks und der Compliance

Zum besseren Verständnis der Compliance wird hier ein Beispielexperiment vorgestellt (s. Abb. 5, S. 12).

Beispiel
Ein Luftballon wird mit einer Luftpumpe verbunden. Durch die Luftpumpe kann

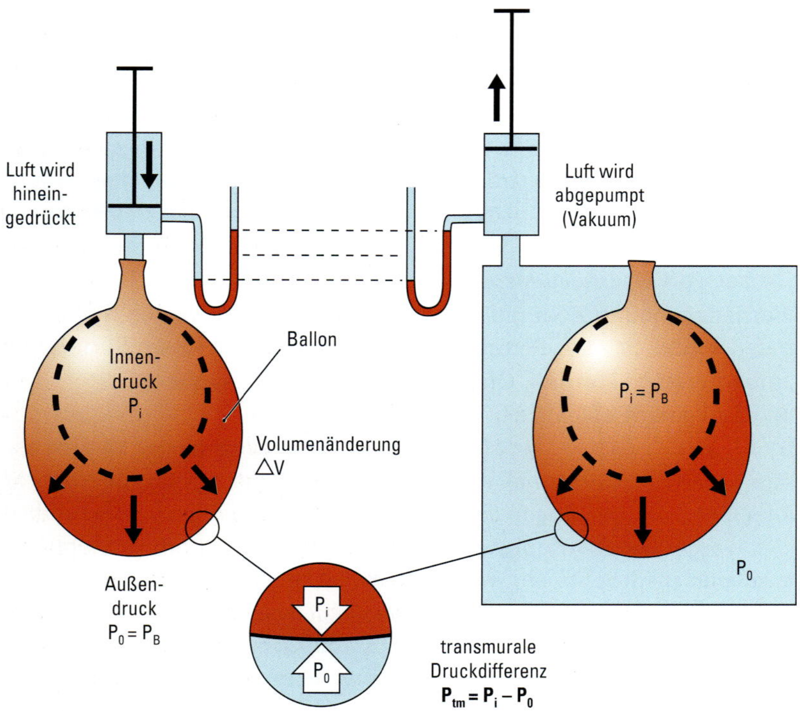

Abb. 5: Experiment transmuraler Druck und Compliance *medi-learn.de/7-physio4-5*

Luft in den Luftballon hineingedrückt werden. Ein zweiter Luftballon befindet sich in einer luftdicht verschlossenen Apparatur Nur die Öffnung des Luftballons ist so eingespannt, dass sie mit dem Umgebungsluftdruck kommunizieren kann. Durch eine Vakuumpumpe kann Luft aus der Apparatur herausgepumpt und ein Unterdruck erzeugt werden.
Welcher Luftballon entfaltet sich dabei stärker? Der erste Luftballon, in den Luft hineingepumpt wird, oder der zweite, aus dessen Umgebung eine identische Luftmenge aus der Apparatur herausgepumpt wurde? Die korrekte Antwort lautet: Beide Luftballons entfalten sich gleich stark. Wie lässt sich dies erklären und was hat es mit der Compliance zu tun?

Sowohl im Beispielexperiment als auch in unserem Körper hängt die Dehnung des Luftballons/Atemapparats von der erzeugten Druckdifferenz über seiner Wand ab – von der **transmuralen Druckdifferenz P_{tm}**. Sie berechnet sich aus dem Innendruck (P_i) **minus** dem **Außendruck** (P_o):

$$P_{tm} = P_i - P_o$$

In beiden Fällen ist die **transmurale Druckdifferenz identisch**, da im ersten Luftballon der **Innendruck erhöht** und im zweiten der **Außendruck um den gleichen Betrag negativer wird**.
Wird bei solch einem Experiment die Änderung der transmuralen Druckdifferenz und die Volumenänderung registriert, so können diese Werte im Druck-Volumen-Diagramm (Dehnungskurve) dargestellt werden. Der Anstieg dieser Kurve ist dann die Volumendehnbarkeit – die **Compliance**:

$$C = \Delta V / \Delta P_{tm}$$

Der Kehrwert der Compliance (1/C) ist die **Elastance** – die Steifigkeit.

Wer selbst schon einmal einen Luftballon aufgepustet und versucht hat, ihn zum Platzen zu bringen, wird festgestellt haben, dass es kurz vor dem Platzen schwierig und anstrengend ist, noch mehr Luft in den Luftballon hineinzupumpen. Kurz vor dem Platzen nimmt nämlich die Compliance (Volumendehnbarkeit) des Luftballons ab und die Elastance (Steifigkeit) zu.

Merke!

Die Compliance (Volumendehnbarkeit) ist ein Maß für die elastischen Widerstände eines Systems. Sie ist der Anstieg im Druck-Volumen-Diagramm. Je steiler die Kurve, desto größer die Compliance (Dehnbarkeit).

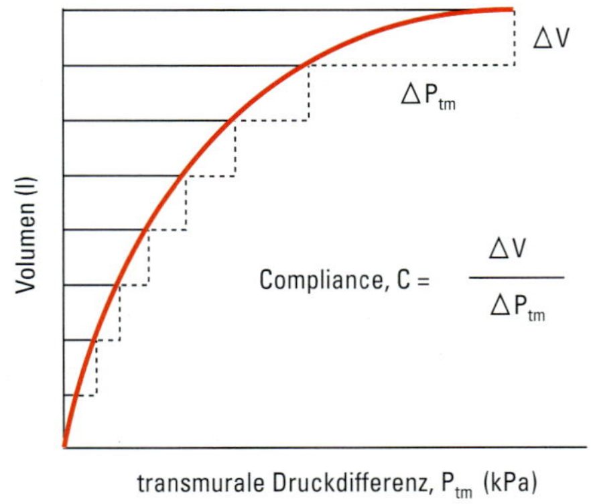

Abb. 6: Anstieg Druck-Volumen-Diagramm

medi-learn.de/7-physio4-6

Transmuraler Druck und Compliance im Atemapparat des Menschen

Nach diesen experimentellen Vorüberlegungen wagen wir nun den Schritt in den menschlichen Körper: Der menschliche Atemapparat kann vereinfacht dargestellt werden als **zwei ineinander geschachtelte elastische Hohlkörper**. Der innere Hohlkörper stellt die Lunge und der äußere den Thorax dar. Beide Hohlkörper müssen zur Ein- und Ausatmung gedehnt werden und besitzen somit eine eigene Volumendehnbarkeit (Compliance). Da beide Hohlkörper in vivo (beim lebenden Menschen) zur Messung der Compliance nicht voneinander getrennt werden können, erfolgt die Messung am gesamten Atemapparat. Es stellt sich somit die Frage, wie groß der jeweilige Anteil der Compliance der Lunge und der des Thorax an der Gesamtcompliance des Atemapparats ist.

Merke!

Die Compliance (C) errechnet sich aus der Volumenänderung (ΔV) und der Änderung der transmuralen Druckdifferenz (ΔP_{tm}):
$C = \Delta V / \Delta P_{tm}$

Beginnen wir mit den Betrachtungen der transmuralen Druckdifferenzen von Lunge, Thorax und Atemapparat. Zur Wiederholung hier noch einmal die Definition der transmuralen Druckdifferenz:

Merke!

Die **transmurale Druckdifferenz** berechnet sich aus dem **Innendruck** (P_i) **minus** dem **Außendruck** (P_o).

- Für die **Lunge** berechnet sich die **transpulmonale Druckdifferenz** aus dem **Alveolardruck (P_A) minus** dem **Pleuradruck (P_{pl})**:
  $P_{tm\ (Lunge)} = \mathbf{P_A - P_{pl}}$
- Für den Thorax berechnet sich die transthorakale Druckdifferenz aus dem **Pleuradruck (P_{pl}) minus dem äußeren Luftdruck (P_B)**:
  $P_{tm\ (Thorax)} = P_{pl} - P_B$
- Für den **gesamten Atemapparat** berechnet sich die **Trans-Atemapparat-Druckdifferenz** aus **Alveolardruck (P_A) minus dem äußeren Luftdruck (P_B):**
  $P_{tm\ (Atemapparat)} = P_A - P_B$

Da sich der äußere Luftdruck (P_B) während der Messung nicht ändert, kann er in der Rechnung vernachlässigt werden.
Wie können die einzelnen Drücke nun in vivo gemessen werden?

- Der **P_A** = intrapulmonale Druck oder Alveolardruck wird bei **geöffneter Glottis als Munddruck** gemessen, wenn kein Luftstrom vorhanden ist.
- Der **P_{pl}** = intrapleurale Druck oder Pleuradruck wird durch Anstechen des Pleuraspalts direkt (Cave: Pneumothorax) oder durch eine **Ösophagusdrucksonde** bei aufrechtem Oberkörper in einer bestimmten Höhe gemessen.
- Der **P_B** = Barometerdruck oder äußere Luftdruck ändert sich während der Messung nicht und kann daher als Konstante aus der Rechnung entfernt werden.

Passive Druck-Volumen-Beziehungen von Lunge, Thorax und Atemapparat

Aus dem Druck-Volumen-Diagramm lässt sich die Compliance von Lunge, Thorax und Atemapparat ablesen. Die Compliance des Atemapparats kann mit der folgenden Formel errechnet werden:
$1/C_{Th+L} = 1/C_{Th} + 1/C_L$

Merke!

Die Compliance des Atemapparats errechnet sich aus dem Kehrwert der Compliance von Lunge und Thorax – es addieren sich die Elastancen (1/C) von Lunge und Thorax.

Besonders in der mündlichen Prüfung des Physikums wird gern nach der Volumendehnbarkeit und den Ruhedehnungskurven von Lunge, Thorax und Atemapparat gefragt. Die Ruhedehnungskurve vom Thorax wird bei völlig entspannter Thorax-Muskulatur aufgezeichnet.

Du solltest dir den groben Kurvenverlauf sowie die Aussagen und Interpretationen einiger markanter Punkte der Kurven gut merken.

Wird in der mündlichen Prüfung die Aufgabe gestellt, das Druck-Volumen-Diagramm und die Ruhedehnungskurven zu erläutern, so solltest du unbedingt mit der Beschreibung der Achsen beginnen:

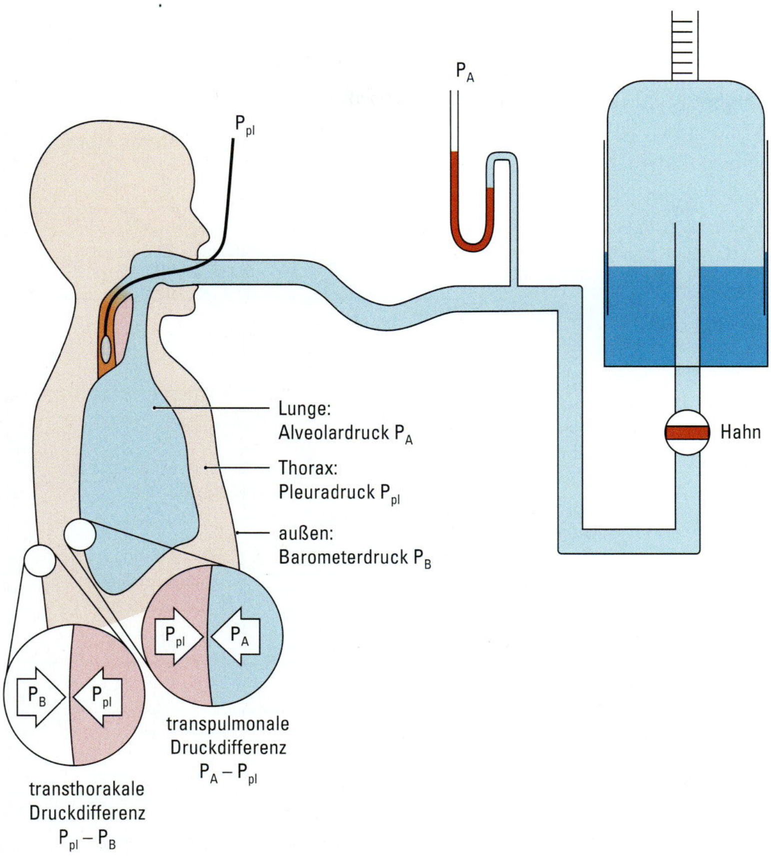

Abb. 7: Transmuraler Druck im Atemapparat

medi-learn.de/7-physio4-7

- Auf der **x-Achse** sind die transmuralen **Druckdifferenzen** in kPa aufgetragen. Eine transmurale Druckdifferenz von **Null** liegt im **Gleichgewichtszustand** vor. Hier ist der Innendruck gleich dem Außendruck. Ist die transmurale Druckdifferenz **negativ**, so ist das System gestaucht und es möchte sich ausdehnen. Ist sie **positiv**, so ist das System gedehnt und die zusammenziehenden Retraktionskräfte sind sehr stark ausgeprägt.
- Auf der **y-Achse** sind die jeweiligen **Lungenvolumina** aufgetragen. Drei Werte sollten bekannt sein: **RV** bezeichnet das Residualvolumen mit etwa 1,5 l.
- **FRC** bezeichnet die funktionelle Residualkapazität mit etwa 3,0 l – sie wird am Ende einer normalen Ausatmung erreicht und bezeichnet die **Atemruhelage.** Der letzte Wert ist die **TLC,** die totale Lungenkapazität mit etwa 7,0 l.

Ruhedehnungskurven werden durch Messung der transmuralen Druckdifferenzen bei bestimmten Lungenvolumina registriert.

Merke!

- Lunge, Thorax und Atemapparat streben ihrer Gleichgewichtslage zu. In der Gleichgewichtslage ist die transmurale Druckdifferenz gleich Null und somit sind Innendruck und Außendruck identisch.
- Die transmuralen Druckdifferenzen errechnen sich aus
  - $P_{tm\,(Lunge)} = P_A - P_{pl}$
  - $P_{tm\,(Thorax)} = P_{pl}$
  - $P_{tm\,(Atemapparat)} = P_A$

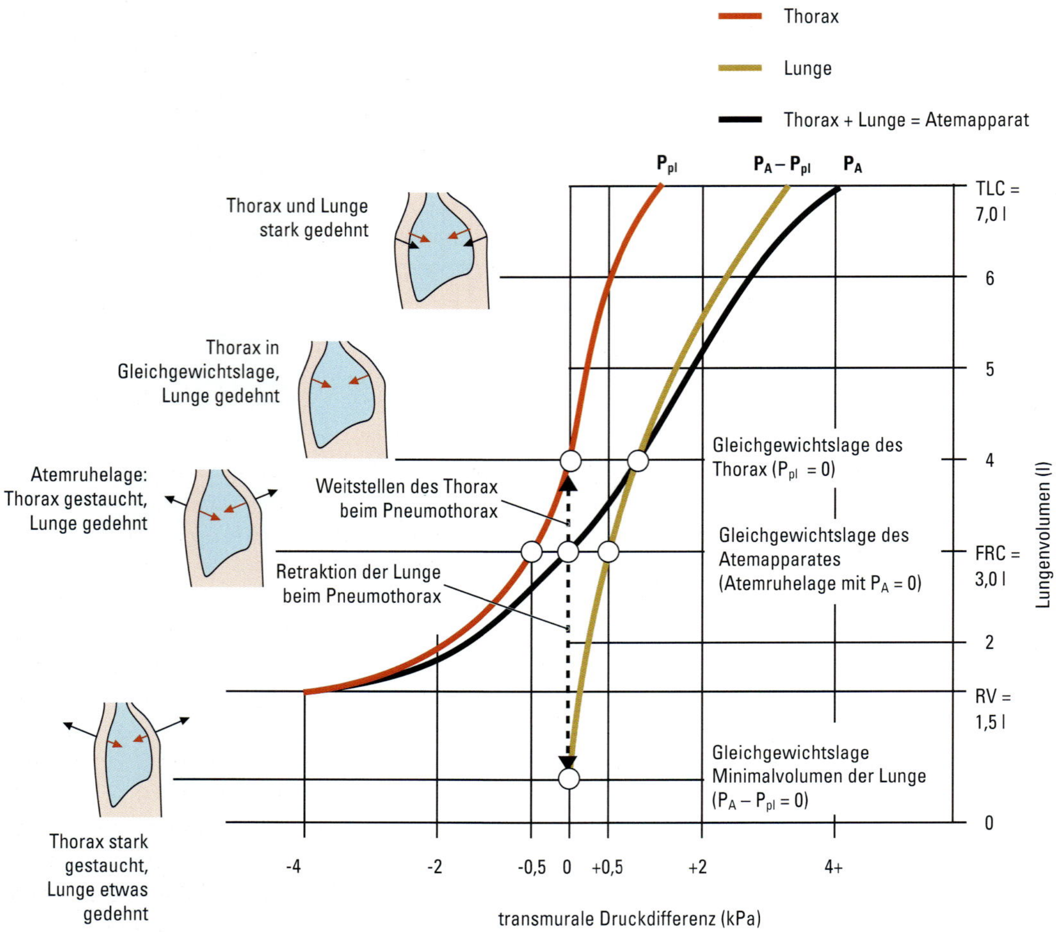

Abb. 8: Passive Druck- und Volumenbeziehungen *medi-learn.de/7-physio4-8*

Jetzt werden noch zwei markante Punkte auf den Ruhedehnungskurven näher vorgestellt:

1. der Punkt der **physiologischen Atemruhelage** und
2. der **Zustand im Pneumothorax**.

Der erste Punkt ist der physiologische Punkt der Atemruhelage. Die Atemruhelage wird am Ende einer normalen Ausatmung erreicht, bei der die Lungen die funktionelle Residualkapazität (FRC) von etwa 3,0 l enthalten. Bei diesem Volumen befindet sich der Atemapparat in der Gleichgewichtslage und die transmurale Druckdifferenz des Atemapparats ist gleich Null. Nun stellt sich die Frage, in welchem Dehnungszustand sich Lunge und Thorax befinden. Zusammengehalten werden die Lunge und der Thorax durch den Unterdruck im Pleuraspalt und einen dünnen Flüssigkeitsfilm.

Merke!

Unter Ruhebedingungen befindet sich im **Pleuraspalt** ein Unterdruck von etwa –0,5 kPa.

Sicherlich hast du schon einmal versucht, zwei nasse Glasplatten zu trennen und festgestellt, dass sie sich sehr gut gegeneinander verschieben lassen, jedoch schwer voneinander zu trennen sind. In der Atemruhelage

– am Ende einer normalen Ausatmung – bei etwa 3,0 l Lungenvolumen beträgt die transmurale Druckdifferenz des Thorax **–0,5 kPa** und der Lunge **+0,5 kPa**. Dies bedeutet, dass der Thorax in der Atemruhelage gestaucht und die Lunge gedehnt ist. Der Thorax hat daher das Bestreben sich **auszudehnen**, und die Lunge möchte sich **zusammenziehen**, um die jeweilige eigene Gleichgewichtslage zu erreichen. Beide Hohlkörper sind nun aber durch den Unterdruck und den Flüssigkeitsfilm im Pleuraspalt miteinander gekoppelt und halten so den gesamten Atemapparat in seiner Gleichgewichtslage. Der Begriff „Gleichgewichtslage des Atemapparats" bedeutet, dass die Lungendehnung und die Thoraxverkleinerung hier im Gleichgewicht stehen, wodurch die transmurale Druckdifferenz des gesamten Atemapparats gleich **Null** ist.

Der **zweite Zustand** ist die pathologische Situation beim **Pneumothorax**. Ein Pneumothorax entsteht z. B. nach einem Lungenriss oder nach einer Stichverletzung von außen. Dabei dringt Luft in den Pleuraspalt ein, die den Unterdruck beseitigt und eine Trennung von Thorax und Lunge bewirkt. Die Kopplung zwischen Lunge und Thorax ist damit aufgehoben und beide Hohlkörper streben ihrer eigenen Gleichgewichtslage zu:

- Der **Thorax** bewegt sich auf seiner Ruhedehnungskurve in Richtung Gleichgewichtslage des Thorax und dehnt sich dazu aus.
- Die **Lunge** bewegt sich auf der Ruhedehnungskurve in Richtung Gleichgewichtslage der Lunge und zieht sich bis auf ein Minimalvolumen zusammen – die Lunge kollabiert.

In der Gleichgewichtslage ist die transmurale Druckdifferenz gleich Null.

Übrigens ...
Ein Patient mit beidseitigem Pneumothorax besitzt einen vergrößerten Brustkorb und kollabierte Lungen. Es müssen Thoraxdrainagen in den Pleuraspalt eingebracht werden, um die eingedrungene Luft ausströmen zu lassen, oft muss der Patient beatmet werden.

Zum Abschluss noch einige prüfungsrelevante **Aussagen zu den Ruhedehnungskurven**: Die Compliance ist dort am größten, wo die Ruhedehnungskurve am steilsten (die Steigung der Kurve am größten) ist. Eine große Compliance bedeutet eine große Volumendehnbarkeit. Es kann somit festgehalten werden, dass

- der Atemapparat seine größte Volumendehnbarkeit (Compliance) im Zustand der **Atemruhelage** (am Ende einer normalen Ausatmung, wenn nur noch die funktionelle Residualkapazität enthalten ist) besitzt, da an diesem Punkt die Ruhedehnungskurve am steilsten verläuft.
- bei **langsamer Inspiration** der transpulmonale Druck als ($P_A - P_{pl}$) zunimmt.
- bei **geringeren Lungenvolumina** vor allem die Elastance (Steifigkeit) des Thorax zunimmt. Seine Compliance nimmt dann also ab, was an der Abflachung der Ruhedehnungskurve zu sehen ist. Die Compliance der Lunge erreicht mit abnehmendem Lungenvolumen ihr Maximum.
- bei **größeren Lungenvolumina** die Elastance der Lunge zu- und die Compliance abnimmt (die Ruhedehnungskurve flacht sich ebenfalls ab). Der Thorax verliert hier allerdings nur wenig an Volumendehnbarkeit.

1.4.4 Atemwegswiderstände – die Resistance

Mit der Compliance hast du im vorhergehenden Kapitel die elastischen Widerstände des Atemsystems kennen gelernt. Welche Kräfte werden nun der strömenden Atemluft entgegengesetzt und wie sind die viskösen Widerstände definiert? Um die Atemluft in die Alveolen zu befördern, sind zwei Möglichkeiten denkbar:

1. ein **Überdruck** im Mund drückt Luft in die Alveolen = der Patient wird beatmet, oder
2. ein **Unterdruck** im Alveolarraum saugt Luft in die Alveolen = der Patient atmet selbst.

In beiden Fällen wurde eine **treibende Druckdifferenz** zwischen Alveolarraum und Mundbereich aufgebaut, die einen Luftstrom erzeugt.

Merke!

Für eine Luftströmung ist eine Druckdifferenz = ein Strömungsdruck notwendig.

Der Atemwegswiderstand ist analog zum elektrischen Widerstand definiert. Das Ohm-Gesetz besagt, dass der **elektrische Widerstand** (R) aus der Spannung – also der elektrischen Potentialdifferenz (U) – geteilt durch die Stromstärke (I) resultiert:

$R = U / I$

Für den Atemwegswiderstand, der als Resistance (R_L) bezeichnet wird, gilt analog:

$R_L = (P_A - P_{ao}) / \dot{V}$

Hierbei ist P_A der Druck im Alveolarraum, P_{ao} der Druck im Mund und $\dot{V}$ die Atemstromstärke. Für die schriftliche Prüfung solltest du dir die Formel der Resistance unbedingt einprägen.

Merke!

Die Resistance ergibt sich aus dem Verhältnis der treibenden Druckdifferenz zur Atemstromstärke.

Übrigens ...

- Der Atemwegswiderstand (die Resistance der Lunge R_L) kann mithilfe des **Ganzkörperplethysmografen** ermittelt werden. Bei der Ganzkörperplethysmografie sitzt der Patient in einer Kammer und es werden Druckschwankungen der Kammer gemessen, die den **Änderungen des intrapulmonalen Drucks** (Druck im Alveolarraum) entsprechen. Durch ein Mundstück kann zusätzlich die Atemstromstärke ermittelt werden.
- Etwa **80 % des Gesamtatemwegswiderstands** fallen in den **oberen sieben Verzweigungsgenerationen** (Mund, Nase, Rachen, Trachea, Stamm-, Lappen- und Segmentbronchien) an. Ein etwa 20%iger Anteil der Resistance entfällt auf die peripheren Atemwege unter 2 mm. Ursache ist der in der Peripherie **stark zunehmende Gesamtquerschnitt** der Bronchien.

Zur exakten Messung des Atemwegswiderstands (Resistance der Lunge R_L) wird der intrapulmonale Druck benötigt. Dieser Druck kann nicht direkt gemessen, aber indirekt mittels **Bodyplethysmografie** bestimmt werden: Der Patient sitzt in einer Kammer, es werden Druck- und Volumenschwankungen registriert, die den Änderungen des intrapulmonalen Drucks (Druck im Alveolarraum) entsprechen. Durch ein Mundstück kann die Atemstromstärke ermittelt werden. Wenn die Atemstromstärke $\dot{V}$ in Abhängigkeit vom bodyplethysmografisch ermittelten alveolären Druck P_A registriert wird, kann die Resistance $R_L = (P_A - P_{ao}) / \dot{V}$ aus der Steigung der Kurve abgelesen werden. Bei einem gesunden Erwachsenen beträgt der Atemwegswiderstand während ruhiger Atmung durch den Mund zwischen 0,05 und 0,3 kPa pro L/sec. Bei einer forcierten Ausatmung ist der mittlere Atemwegswiderstand gegenüber ruhigem Ausatmen erhöht. Schwankungen der Resistance zeigen sich als Schleifen und ermöglichen die differenzielle Beurteilung pathologischer Veränderungen (s. Abb. 11, S. 22). Der Atemwegswiderstand ändert sich mit dem Tonus der glatten Bronchialmuskulatur: Er unterliegt humoralen, nervalen und lokal-chemischen Einflüssen. Eine Aktivierung des Sympathikus bewirkt über Adrenalin eine Aktivierung von β_2-Rezeptoren und führt zu einer **Bronchodilatation**.

Übrigens ...

Phosphodiesterase-Hemmer wie Koffein und Theophyllin blockieren Enzyme aus der Gruppe der Phosphodiesterasen und setzen so bei lokaler

Wirkung an den Bronchen den Atemwegswiderstand herab.

Die Aktivierung des Parasympathikus bewirkt eine **Bronchokonstriktion** und einen Anstieg der Resistance. Der lokale Faktor **NO**, der von Gefäß- und Lungenepithelzellen gebildet wird, erweitert die Bronchien, das gefäßerweiternde **Bradykinin** wirkt dagegen bronchokonstriktorisch.

1.4.5 Zusammenhang zwischen Atemstromstärke, Alveolardruck und Pleuradruck

Schriftlich wie auch mündlich werden die Zusammenhänge zwischen Atemstromstärke, Alveolardruck und Pleuradruck sehr gern gefragt. Daher jetzt gut aufgepasst ...

Stell dir am besten mal den Atemapparat bildlich vor: Ganz innen ist der Alveolarraum mit dem Alveolardruck, abgetrennt vom Pleuraraum und Pleuradruck durch die aufgespannte Lunge mit ihrer speziellen Compliance (Volumendehnbarkeit). Außen sind der Thorax und das Zwerchfell mit der einzigen Möglichkeit, durch Muskelkraft eine Bewegung des Atemapparats zu erreichen. Wie wirken nun die Muskelkräfte auf die inneren Strukturen, und wie müssen sich die Drücke im Pleura- und Alveolarraum ändern, damit Luft in den Alveolarraum einströmt? Unter Ruhebedingungen befindet sich im Pleuraspalt ein Unterdruck von etwa –0,5 kPa, der zusammen mit der Pleuraflüssigkeit die Verbindung zwischen Thorax und Lunge herstellt.

- Bei der **normalen Einatmung** wird der Brustkorb durch die Atemmuskeln erweitert. Diese **Brustkorberweiterung** erzeugt eine **Zunahme des Unterdrucks im Pleuraspalt**, der auf die Lunge wirkt und diese stärker entfaltet. Diese Lungenerweiterung erzeugt nun den notwendigen **Unterdruck im Alveolarraum, die treibende Druckdifferenz**, die nach Öffnen der Glottis und des Mundes **Atemluft in den Alveolarraum einströmen lässt (eine Atemstromstärke fließt)**.
  Die einströmende Luft gleicht dann allmählich den Unterdruck im Alveolarraum aus, bis keine treibende Druckdifferenz mehr besteht und folglich auch keine Luft mehr strömt.
- Bei **forcierter Einatmung** soll die Atemluft sehr schnell in die Lungen eingesogen werden. Dafür muss sich der Thorax durch **rasche Anspannung der Atemmuskulatur** sehr schnell erweitern. Dies führt zu einem **starken Unterdruck im Pleuraspalt**, der die Lunge sich schneller entfalten lässt. Eine noch **schnellere Lungenerweiterung** führt zu einem **noch negativeren Druck im Alveolarraum**. Sowohl die treibende Druckdifferenz als auch die Atemstromstärke sind hier – im Vergleich zur normalen Atmung – wesentlich größer und ermöglichen so einen schnelleren Atemlufteinstrom. Die forcierte Inspiration hat auch Auswirkungen auf den Druck in der Vena cava superior, dieser sinkt in der Anfangsphase der forcierten Einatmung.
- Bei der **normalen Ausatmung** soll Luft aus dem Alveolarraum herausgedrückt werden. Hierzu **verkleinert sich der Thorax** nach Entspannung der Atemmuskulatur, wodurch die Rückstellkräfte der Lunge zu einer **Verkleinerung des Lungenvolumens** führen. Die treibende Druckdifferenz und die Atemstromstärke kehren sich um und Atemluft wird aus den Lungen herausgedrückt. Während der normalen Ausatmung wird der Unterdruck im Pleuraspalt geringer, ohne jedoch einen positiven Wert anzunehmen.
- Bei der **forcierten Ausatmung** wird der Lungeninhalt rasch ausgeatmet. Dazu werden **zusätzliche Ausatemmuskeln mobilisiert**, um rasch das Thoraxvolumen zu verkleinern. Der **Pleuradruck** kann unter diesen Bedingungen einen **positiven Wert** annehmen und drückt die Lunge zusätzlich zusammen. Es resultiert eine – auf Ausstrom gerichtete – höhere treibende Druckdiffe-

1

renz, wodurch sich eine hohe Atemstromstärke einstellt. Bei maximaler Ausatmung, geöffneter Glottis und geöffnetem Mund nähert sich der Druck im Alveolarraum und im Pleuraspalt zum Ende der Ausatmung am stärksten an. Der Druck im Pleuraspalt kann jetzt positiv werden. Im Alveolarraum ist er nach ausgeströmter Atemluft gleich Null.

Merke!

- Bei **langsamer Ausatmung** wird der Pleuradruck positiver und nähert sich dem Nullwert an, OHNE ihn jedoch zu erreichen.
- Bei **forcierter Ausatmung** steigt der Druck im Pleuraspalt und erreicht kurzfristig einen positiven Druck, um dann wieder negativ zu werden.

1.4.6 Dynamische Atemgrößen

Dynamische Atemgrößen sind wichtige diagnostische Kenngrößen des Atemapparats zur Messung des Atemwegswiderstands. Sie können im **Tiffeneau-Test** bestimmt werden, indem ein Patient mit einem Spirometer verbunden wird. Der Patient wird aufgefordert, aus **maximaler Einatmung** so schnell wie möglich auszuatmen. Dabei werden die Zeit und das ausgeatmete Volumen registriert.

- **Forcierte Vitalkapazität (FVC)** bezeichnet das gesamte schnellstmöglich ausatembare Lungenvolumen,
- **Einsekundenkapazität (FEV_1)** bezeichnet das Volumen, das in einer Sekunde maximal forciert ausgeatmet werden kann, normalerweise etwa **80 % der Vitalkapazität**, und
- **Atemgrenzwert** meint das maximale Atemzeitvolumen, das der Proband kurzzeitig willkürlich erreichen kann, normal etwa 120–170 l/min.

Die Werte der Einsekundenkapazität und der forcierten Vitalkapazität sind – genau wie die Vitalkapazität – vom Alter, Körperdimensionen, Geschlecht und Trainingszustand abhängig.

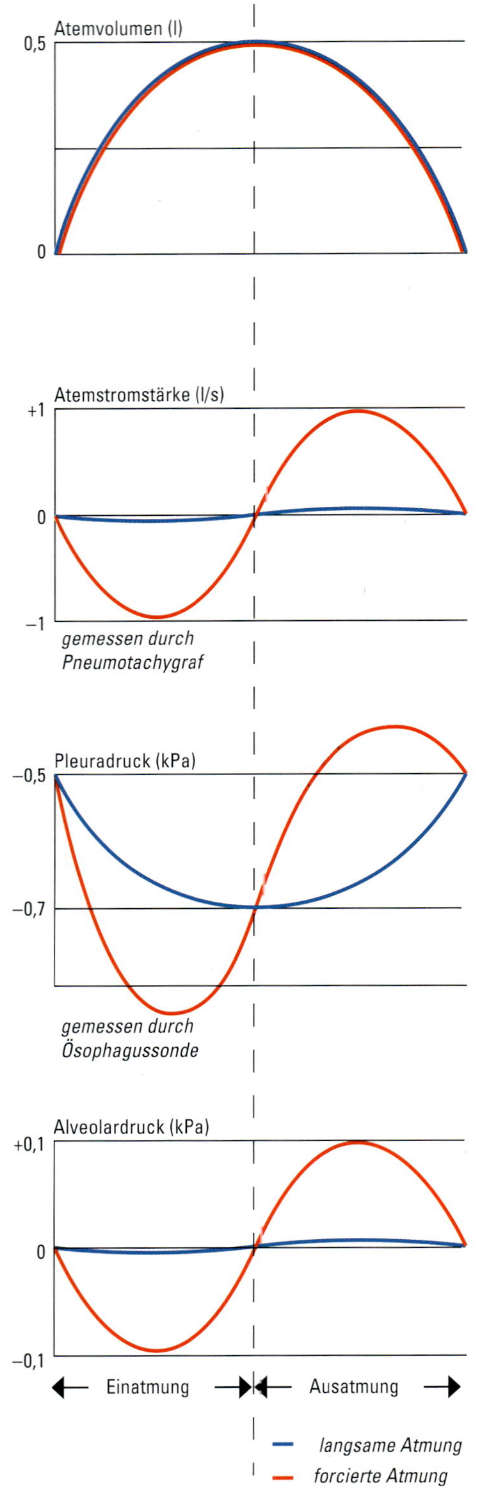

Abb. 9: Atemstromstärke, Alveolardruck und Pleuradruck medi-learn.de/7-physio4-9

Merke!

- Dynamische Atemgrößen beschreiben die Geschwindigkeit von Volumenänderungen und sagen etwas über den Atemwegswiderstand aus.
- Die Erhöhung des Atemwegswiderstands führt zur Abnahme der Einsekundenkapazität.

- Eine Besonderheit besitzt die **forcierte Vitalkapazität**, die etwas geringer ist als die langsam ausgeatmete Vitalkapazität. Durch die **schnelle Ausatmung (forcierte Exspiration)** kommt es zu einer **Kompression der kleinen Atemwege** durch den **kurzzeitig positiv werdenden Pleuradruck**, was **dynamische Atemwegskompression** genannt wird und zu einem kurzen Anstieg des mittleren Atemwegswiderstandes führt (ist in Abb. 10, S. 21 nicht dargestellt).
- Aus dem im Tiffeneau-Test aufgezeichneten Volumen-Zeit-Diagramm kann neben der FVC und FEV_1 auch die Atemstromstärke ($\dot{V}$) abgelesen werden. Die **forciert exspiratorische Atemstromstärke** ergibt sich als Anstieg der Atemkurve im mittleren Anteil.

1.4.7 Lungenfunktionsstörungen

Lungenfunktionsstörungen können unterteilt werden in restriktive und obstruktive Lungenfunktionsstörungen (s. Abb. 11, S. 22):

Restriktive Lungenfunktionsstörungen liegen vor bei einer Einschränkung der Expansionsfähigkeit des Atemapparats mit

- Verminderung der Vitalkapazität und totalen Lungenkapazität sowie
- Verminderung der Compliance des Atemapparats.

Die Ursachen hierfür sind Veränderungen des Lungenparenchyms wie bei der **Lungenfibrose**, Veränderungen der Pleura wie z. B. **Verwachsungen** oder Veränderungen der Beweglichkeit des Thorax wie bei einer **Skoliose**.

Obstruktive Lungenfunktionsstörungen liegen vor bei einer **Erhöhung des Atemwegswiderstands** durch

- Fremdkörper oder Sekret in den Atemwegen, z. B. bei **chronischer Bronchitis, Asthma** oder
- einengenden Druck von außen, z. B. bei einem **Ödem oder Tumor**.

Merke!

- Die Einsekundenkapazität ist bei restriktiven Lungenfunktionsstörungen NICHT verändert.
- Vermehrte Aktivität exspiratorischer Atemmuskeln in körperlicher Ruhe und erhöhte Atemarbeit weisen auf eine obstruktive Ventilationsstörung hin.

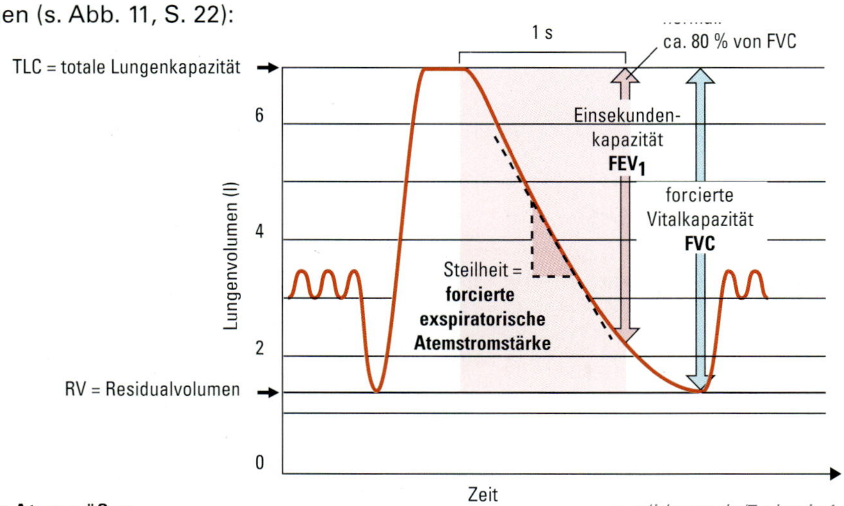

Abb. 10: Dynamische Atemgrößen

medi-learn.de/7-physio4-10

Übrigens ...
Beim **Asthma bronchiale** (obstruktive Lungenfunktionsstörung) kommt es durch Wandverdickung der hypertrophierten Schleimdrüsen und übermäßiger Schleimproduktion sowie Tonuserhöhung der Bronchialmuskulatur zu einer **Abnahme der Einsekundenkapazität (FEV_1 erniedrigt)**. Der erhöhte Atemwegswiderstand kann mithilfe einer Messung im **Ganzkörperplethysmografen** bestimmt werden.

Normal

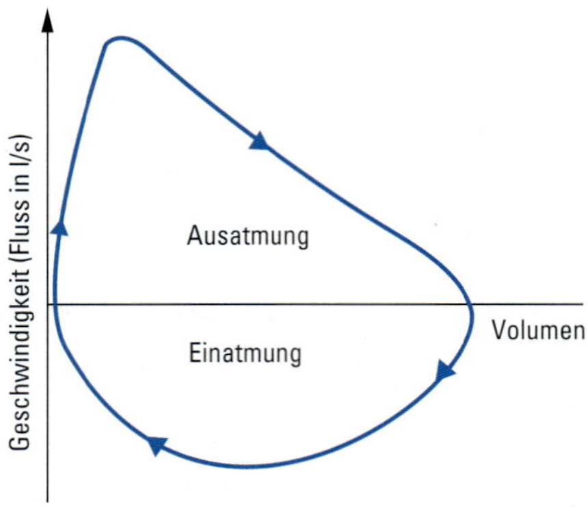

Kurve geht weit nach oben: Luft strömt schnell heraus. **Kurve geht weit nach rechts:** Es strömt viel Luft heraus.

Obstruktive Störung (z. B. Asthma)

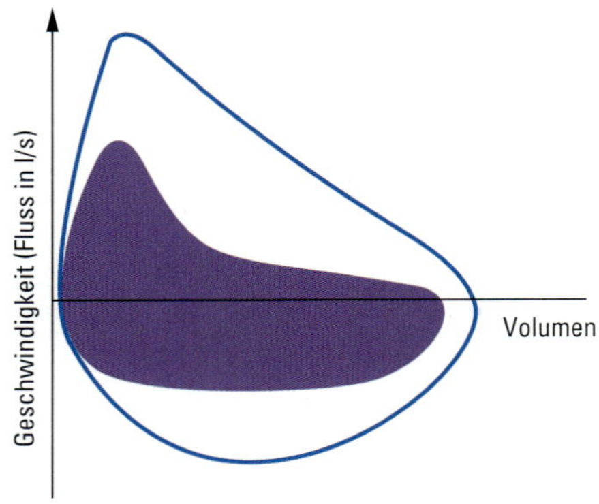

Kurve geht nicht so weit nach oben: Luft strömt nicht so schnell heraus. **Kurve geht weit nach rechts:** Es strömt viel Luft heraus, aber es dauert länger.

Restriktive Störung (z. B. Lungenfibrose)

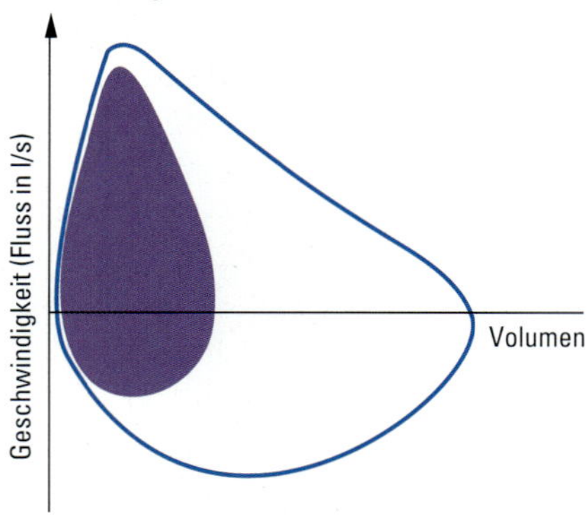

Kurve geht weit nach oben: Luft geht schnell heraus. **Kurve geht kaum nach rechts:** Es strömt wenig Luft heraus, weil auch nur wenig hinein strömt.

Lungenemphysem

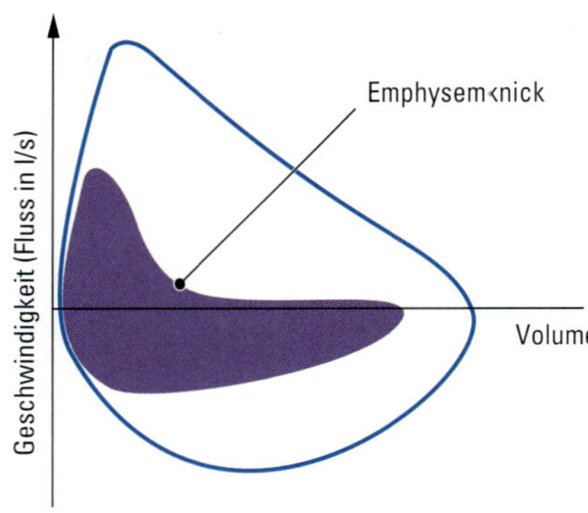

Kurve geht nicht so weit nach oben: Die Luft strömt anfangs normal heraus, erreicht aber nicht die normale Ausströmgeschwindigkeit (verminderter Spitzenfluss). **Dann geht die Kurve nach unten:** Die Luft strömt noch langsamer heraus, weil die Atemwege kollabieren (Emphysemknick: flussabhängige Obstruktion). **Kurve geht weit nach rechts** Es strömt ziemlich viel Luft heraus, aber es dauert länger (keine Restriktion der Lunge).

Abb. 11: Lungenfunktionsstörungen

medi-learn.de/7-physio4-11

DAS BRINGT PUNKTE

Aus dem Kapitel **Elastizität der Lunge** solltest du dir merken, dass

- Typ II Alveolarepithelzellen Surfactant bilden und sezernieren,
- Surfactant die Oberflächenspannung in den Alveolen vermindert und Atelektasen (Lungenkollaps) verhindert,
- eine Verminderung von Surfactant zu einer Erhöhung der Retraktionskräfte der Lunge führt,
- es am Ende der Exspiration bei einem Mangel an Surfactant zu einem Kollaps der Alveolen mit Verkleinerung des gesamten Lungenvolumens kommen kann, wodurch der Druck im Pleuraspalt abnimmt.

Zur **Compliance** solltest du wissen, dass

- die Compliance der Anstieg der Kurve im Druck-Volumen-Diagramm ist,
- die Compliance (die Volumendehnbarkeit) umso größer ist, je steiler die Kurve verläuft,
- sich die Compliance des Atemapparats aus dem Kehrwert der Compliance der Lunge und des Thorax addiert,
- die Kurve des Thorax steiler verläuft als die Kurve des gesamten Atemapparats, also eine größere Compliance besitzt und
- bei einer restriktiven Ventilationsstörung die Compliance des Atemapparats typischerweise vermindert ist.

Zur **Resistance**, dem **Atemwegswiderstand** und den **dynamischen Atemgrößen** solltest du im Examen parat haben, dass

- die Resistance im Tiffeneau-Test durch Messung der Einsekundenkapazität bestimmt werden kann,
- die Formel der Resistance so lautet: $R_L = (P_A - P_{ao}) / \dot{V}$
- die peripheren Atemwege unter 2 mm Durchmesser nur einen Anteil von 20 % am Gesamtatemwegswiderstand der Lunge haben,
- die FEV_1 das Volumen ist, das nach einer Sekunde ausgeatmet ist,
- die in der Abb. 12, S. 24 dargestellte FEV_1 etwa 3,2 l (also 80 %) beträgt, d. h. nach einer Sekunde 3,2 l oder 80 % der Vitalkapazität ausgeatmet sind.
- $rFEV_1$ die relative Einsekundenkapazität ist und prozentual zum Gesamtvolumen gemessen wird,
- der Atemgrenzwert das Volumen ist, das in einer Minute maximal ein- oder ausgeatmet werden kann,
- die Erhöhung des Atemwegswiderstands zu einer Abnahme der Einsekundenkapazität führt.

Gern werden auch die Zusammenhänge zwischen **Alveolardruck, Pleuradruck** und **Atemstromstärke** gefragt:

- Während der Ruheatmung herrscht im Pleuraspalt immer ein Unterdruck.
- Bei maximaler Exspirationslage mit offener Glottis ist die Differenz zwischen den Drücken im Alveolarraum und im Pleuraspalt am geringsten.
- Bei der forcierten Ausatmung steigt der Druck im Pleuraspalt und nimmt kurzfristig einen positiven Wert an, um dann wieder negativ zu werden.
- Bei langsamer Exspiration wird der Pleuradruck positiver und nähert sich dem Nullwert an, ohne ihn jedoch zu erreichen.

Zu den **Lungenfunktionsstörungen** solltest du dir merken, dass die vermehrte Aktivität der exspiratorischen Atemmuskeln in körperlicher Ruhe und eine erhöhte Atemarbeit auf eine obstruktive Ventilationsstörung hinweisen.

DAS BRINGT PUNKTE

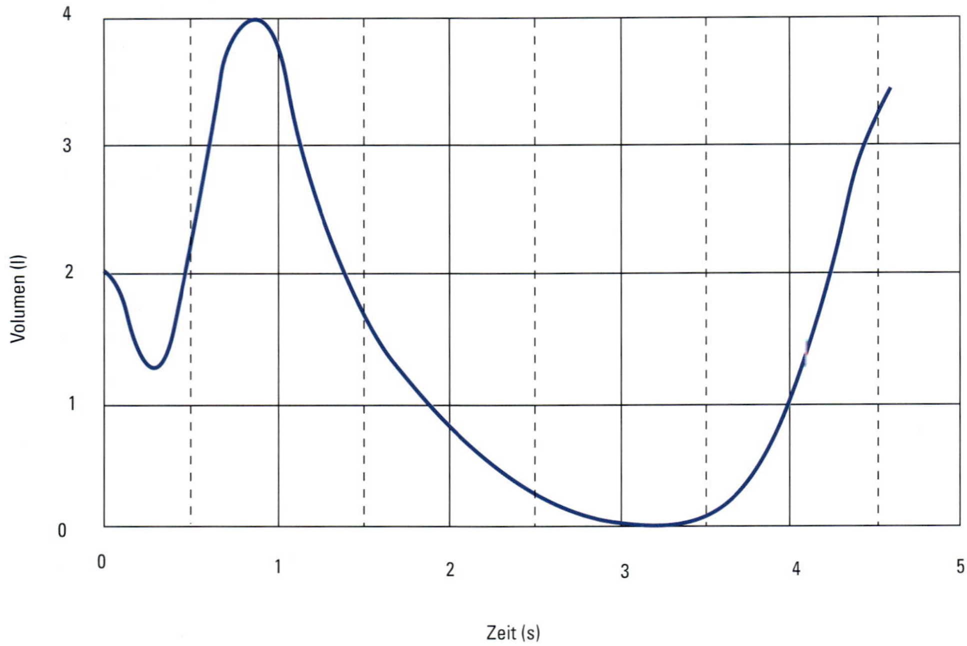

Abb. 12: Forcierte Exspiration im Tiffeneau-Test *medi-learn.de/7-physio4-12*

FÜRS MÜNDLICHE

Das Thema Atemmechanik kannst du mit den folgenden Fragen für die mündliche Prüfung weiter verinnerlichen:

1. **Erläutern Sie bitte, wie das Surfactant funktioniert.**
2. **Was sagt die Compliance aus?**
3. **Beziehen Sie bitte die Compliance auf den Atemapparat des Menschen. Was können Sie dazu sagen?**
4. **Können Sie die Grundzüge des eben Gesagten noch einmal kurz skizzieren, um dann zu beschreiben, wo sich die Gleichgewichtslage des Thorax und der Lunge befinden?**
5. **Zeigen Sie mir bitte diese Punkte.**

---

1. Erläutern Sie bitte, wie das Surfactant funktioniert.

Beim Surfactant handelt es sich um ein Stoffgemisch, das zu 90–95 % aus Phospholipiden – besonders aus Phosphatidylcholin (Lecithin) – besteht. Das Surfactant kleidet wie Kleister die Alveolen aus. Kommt es zu einer Verkleinerung der Alveolen, so nähern sich die apolaren Anteile der Phosphatidylcholine sehr stark an und es steigen die

Abstoßungskräfte zwischen ihnen. Die Vergrößerung der Abstoßungskräfte bei Verkleinerung der Alveolen bewirkt den Schutz vor dem Kollaps und stellt somit die Verminderung der Oberflächenspannung her.

2. Was sagt die Compliance aus?
Die Compliance ist die Volumendehnbarkeit. Sie besagt, wie dehnbar ein System ist. Dem gegenüber steht die Elastance, die Steifigkeit. Je höher die Elastance, desto geringer die Compliance.

3. Beziehen Sie bitte die Compliance auf den Atemapparat des Menschen. Was können Sie dazu sagen?
Die Compliance des Atemapparats resultiert aus der Compliance des Thorax und der Lunge. Das System des Atemapparats kann man sich vorstellen als zwei ineinander geschachtelte Hohlkörper: innen die Lunge und außen der Thorax. In diesem System ist die Lunge aufgespannt und der Thorax verkleinert. Beide Hohlkörper werden durch den Unterdruck im Pleuraspalt und die Adhäsionskräfte der Pleuraflüssigkeit zusammengehalten.
Je mehr Volumen in die Lunge aufgenommen wird, umso geringer wird die Compliance der Lunge. Die Compliance des Thorax bleibt fast unverändert hoch.
Die Gesamtcompliance resultiert aus der Compliance der Lunge und des Thorax und nimmt deshalb ab. Bei geringen Lungenvolumina nimmt die Compliance der Lunge immer mehr zu und die des Thorax immer mehr ab. Auch hier nimmt die Compliance des Atemapparats ab.

4. Können Sie die Grundzüge des eben Gesagten noch einmal kurz skizzieren, um dann zu beschreiben, wo sich die Gleichgewichtslage des Thorax und der Lunge befinden?
Die Kurve der Atemwegscompliance beschreibt eine S-Form. Die größte Compliance hat der Atemapparat am Ende einer normalen Ausatmung, also in der Atemruhelage. Die Gleichgewichtslage beschreibt einen Zustand der völligen Entspannung. Innendruck und Außendruck sind identisch, vergleichbar einem entleerten Luftballon. Der Thorax erreicht diesen Zustand bei einem Lungenvolumen über der Atemruhelage, die Lunge weit unter dem Residualvolumen, wenn sie komplett kollabiert ist.

5. Zeigen Sie mir bitte diese Punkte.
Siehe dazu Abb. 8, S. 16. Du solltest dafür unbedingt die Achsenbeschriftung und den groben Kurvenverlauf kennen.

Pause

Päuschen! Nach Lungenfunktionsstörungen hast du dir jetzt wieder ein Comic verdient!

1.5 Lungenperfusion

Obwohl die Lungen mit dem kompletten Herzzeitvolumen durchblutet werden, ist der Druck in der Lungenstrombahn sehr viel niedriger als der totale periphere Widerstand im Systemkreislauf. Wie lässt sich das erklären?
In der Lungenstrombahn wird der **Strömungswiderstand passiv** und **aktiv beeinflusst**:

- Die **passive Herabsetzung** des Strömungswiderstands erfolgt durch
  - **Erweiterung** bereits durchströmter Gefäße oder
  - **passive Rekrutierung** neuer Gefäße.
- Die **aktive Erhöhung** des Strömungswiderstands erfolgt durch die **hypoxische pulmonale Vasokonstriktion**, der Kontraktion kleiner Arterien (Durchmesser von 200–400 µm) nach **Absenkung des alveolären P_{O_2}** unter 60 mmHg. Durch diesen als **Euler-Liljestrand-Effekt** bezeichneten Mechanismus wird die Durchblutung von schlecht belüfteten Lungenabschnitten reduziert.
- Die **aktive Beeinflussung** des Strömungswiderstands erfolgt außerdem durch bestimmte Substanzen wie **NO** (Stickstoffmonoxid), einem **potenten Vasodilatator des Endothels**.

Merke!

- Vor allem die **passive Gefäßerweiterung** und die **Rekrutierung** neuer Gefäße senken den pulmonalen Strömungswiderstand.
- Die hypoxische pulmonale Vasokonstriktion ist eine Besonderheit der Lungenstrombahn.

Neben den aktiven und passiven Möglichkeiten der Beeinflussung der Lungenperfusion gibt es noch eine starke Abhängigkeit von der **Schwerkraft** und somit von der **Blutdrucksäule** in der Arteria pulmonalis. Bei einem aufrecht stehenden Menschen können in der Lunge grob **drei Zonen der Durchblutung** unterschieden werden:

1. In der **Lungenspitze** ist der Druck $\mathbf{P_a}$ in den Lungengefäßen kleiner als der Druck $\mathbf{P_A}$ im Alveolarraum, wodurch die Kapillaren komprimiert werden und kein Blut mehr fließen kann: **Da $P_A > P_a$, findet apikal eine sehr geringe Lungenperfusion statt**, wodurch sich eine **alveoläre Totraumbelüftung** einstellt.
2. Im mittleren Bereich der Lunge steigt die Durchblutung zunehmend an und
3. an der Lungenbasis ist der Druck in den Lungengefäßen viel größer als der Druck im Aveolarraum, und es gilt **$P_a > P_A$ und somit**

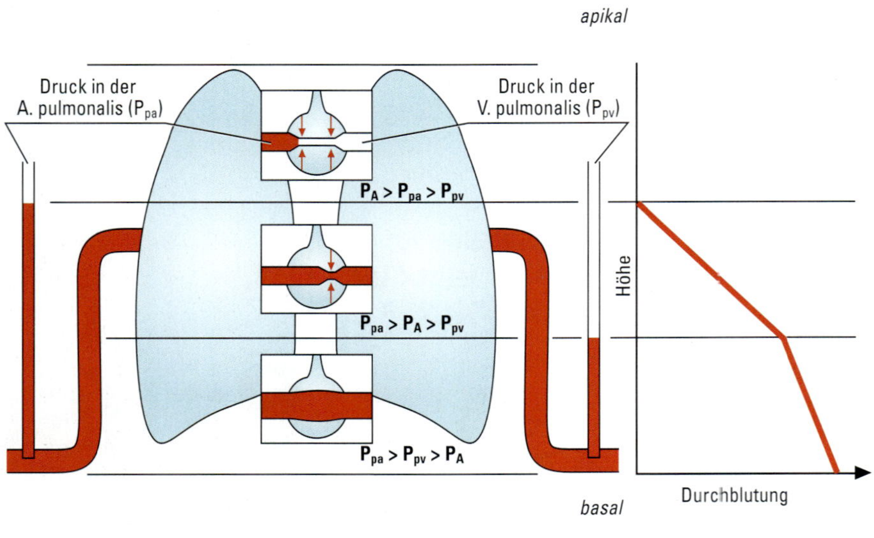

Abb. 13: Lungenperfusion

medi-learn.de/7-physio4-13

basal eine sehr starke Lungenperfusion. Hier stellt sich im Extremfall ein **Rechts-Links-Shunt**, also eine venöse Beimischung ohne Ventilation, ein.

Merke!

Durch die Schwerkraft ist der Blutdruck apikal geringer als basal. Daher nimmt die Lungenperfusion zur Lungenbasis hin zu.

Schaut man sich den **Quotienten** aus der **gesamten alveolären Ventilation** und der **Gesamtperfusion** der Lunge an, so findet man bei einem Lungengesunden in körperlicher Ruhe einen Wert von **0,7**. Hierbei ist der Quotient apikal durch das Überwiegen der alveolären Ventilation größer und basal durch das Überwiegen der Perfusion kleiner.

1.6 Ventilation und Gasaustausch in der Lunge

Nachdem du gerade die Unterschiede der Durchblutung in der Lunge kennen gelernt und erfahren hast, dass nicht alle Bereiche der Lunge gleichmäßig durchblutet sind, werden in diesem Kapitel die Besonderheiten der Ventilation der Lunge erläutert:

- wie viel O_2 aufgenommen und wie viel CO_2 abgegeben werden kann,
- was der respiratorische Quotient aussagt,
- wie der Totraum und die Atemfrequenz die alveoläre Ventilation beeinflussen und
- wie Ventilation und Perfusion der Lunge miteinander zusammenhängen.

1.6.1 O_2-Aufnahme und CO_2-Abgabe

Als Normalwerte für einen lungengesunden jungen Menschen gelten in **körperlicher Ruhe**:

- **O_2-Aufnahme** etwa 310 ml/min,
- **CO_2**-Abgabe etwa 260 ml/min.

Diese Werte beziehen sich auf ein Atemzeitvolumen von 8000 ml/min, wobei etwa 5600 ml/min den Alveolarraum erreichen (s. 1.6.3, S. 28).

Bei einem untrainierten Mann kann z. B. die **maximale Sauerstoffaufnahme** auf 3000 ml/min gesteigert werden. Dies entspricht einer Verzehnfachung gegenüber der Sauerstoffaufnahme unter Ruhebedingungen und ist vergleichbar mit der Steigerungsmöglichkeit des Atemminutenvolumens eines untrainierten Mannes. Das Herzzeitvolumen (HZV) ist der begrenzende Faktor für die maximale O_2-Aufnahme. Umgekehrt kann aber auch aus der Sauerstoffaufnahme ($\dot{V}_{O_2}$) und der arteriellen und venösen Sauerstoffkonzentration (C_{aO_2} und C_{vO_2}) das **Herzzeitvolumen nach dem Fick-Prinzip** errechnet werden:

$HZV = \dot{V}_{O_2} / C_{aO_2} - C_{vO_2}$

1.6.2 Respiratorischer Quotient

Der respiratorische Quotient bezeichnet die Beziehung von CO_2-Abgabe zu O_2-Aufnahme:

$RQ = \dot{V}_{CO_2} / \dot{V}_{O_2}$

Daneben kann der respiratorische Quotient auch aus den Blutwerten errechnet werden:

$RQ = C_{vCO_2} - C_{aCO_2} / C_{aO_2} - C_{vO_2}$

Hierbei ist C_v die Konzentration von CO_2 oder O_2 im gemischt-venösen und C_a die Konzentration im arteriellen Blut. Die Beziehungen des respiratorischen Quotienten gelten nur dann, wenn der Körper sich im steady state (Fließgleichgewicht) befindet.

Übrigens ...

Gerade bei **körperlicher Arbeit** steigt der Sauerstoffverbrauch durch den Stoffwechsel prozentual stärker an als das Herzzeitvolumen und die Sauerstoffaufnahme: Es entsteht Laktat. In dieser Situation kann es daher zu einer nicht-respiratorischen (metabolischen) Azidose kommen (s. 2, S. 57).

Merke!

- Der RQ beträgt normalerweise 0,84. Während einer aufregungsbedingten Hyperventilation steigt er anfänglich typischerweise an.
- Im **steady state** sind Sauerstoffverbrauch und Kohlendioxidproduktion des Stoffwechsels gleich der Sauerstoffaufnahme und Kohlendioxidabgabe über die Lunge.
- Um den Sauerstoffverbrauch im steady state auszurechnen, werden der Anteil von Sauerstoff in der Inspirationsluft (F_{IO_2}), der in der Exspirationsluft (F_{EO_2}) und das AZV benötigt.

1.6.3 Alveoläre Ventilation und Totraum

Pro normalem Atemzug (500 ml) erreichen etwa 350 ml Frischluft den Alveolarraum und mischen sich mit dem Gas der funktionellen Residualkapazität von etwa 3000 ml (s. 1.3, S. 3).

Bei normaler Atmung und normalem Stoffwechsel unterliegt die Zusammensetzung der Alveolarluft nur geringen Schwankungen. Hier noch einmal zur Wiederholung die Zusammensetzungen von Frischluft, Alveolarluft und Exspirationsluft:

Merke!

In Ruhe wird pro Atemzug weniger als ein Zehntel des Gasvolumens in der Lunge ausgetauscht.

Doch was genau ist das Totraumvolumen?

Merke!

Das Totraumvolumen ist der Anteil des Atemwegvolumens, der nicht am Gasaustausch beteiligt ist; also so etwas wie ein – bezüglich des Gasaustauschs – nutzloser und daher toter Raum.

Es kann aufgeteilt werden in einen
- **anatomischen Totraum**, der die Atemwege bis zu den Bronchioli respiratorii umfasst, und einen
- **funktionellen Totraum**, der die belüfteten, aber nicht durchbluteten Alveolen umfasst.

Übrigens ...
Der funktionelle Totraum spielt nur bei Erkrankungen wie z. B. dem embolischen Verschluss einer Pulmonalarterie eine Rolle.

	Frischluft	Alveolarluft	gemischte Exspirationsluft
O_2 (Vol.-%)	20,9 %	13,3 %	~ 15 %
P_{O_2}	**150 mmHg (= 20 kPa)**	**100 mmHg (= 13,3 kPa)**	~ 110 mmHg (= 15 kPa)
CO_2 (Vol.-%)	0,03 %	5,3 %	**~ 4 %**
P_{CO_2}	0,2 mmHg (= 0,03 kPa)	**40 mmHg (= 5,3 kPa)**	~ 30 mmHg (= 4 kPa)
N_2 (Vol.-%)	79,1 %	79,1 %	79,1 %
P_{N_2}	550 mmHg (= 74,1 kPa)	550 mmHg (= 74,1 kPa)	
H_2O (Vol.-%)	1–2 %	6–7 %	
P_{H_2O} unter BTPS	47 mmHg = **6,3 kPa**		
unter ATPS (hier 20 °C)	18 mmHg = 2,3 kPa		
unter STPD	0 mmHg = 0 kPa		

Tab. 3: Prozentuale Zusammentzung und Partialdrücke der Atemgase

Berechnen lässt sich das Totraumvolumen mit der im Schriftlichen gern gefragten **Bohr-Totraumformel**:

$$V_D = \frac{V_T\,(F_{ACO_2} - F_{ECO_2})}{F_{ACO_2}}$$

V_D = Totraumvolumen, V_T = Atemzugvolumen, F_{ACO_2} = alveoläre CO_2-Fraktion bestimmt aus einer endexspiratorischen Gasprobe, F_{ECO_2} = CO_2-Fraktion in der gemischten Exspirationsluft.

Die **alveoläre CO_2-Fraktion** lässt sich aus einer Gasprobe am Ende einer Exspiration bestimmen. Aber wieso ist das möglich? In Abb. 14, S. 29 ist der Atemapparat des Menschen schematisch dargestellt. Bei der Einatmung verteilt sich die frische Atemluft (V_T) entlang der luftleitenden Strukturen (Totraum) bis zum Alveolarraum. Die Frischluft aus dem Totraum (V_D) wird in ihrer Zusammensetzung unverändert wieder ausgeatmet. Anschließend folgt die Luft aus dem Alveolarraum (V_A), die in ihrem Sauerstoffgehalt vermindert und im Kohlendioxidgehalt erhöht ist. Wird somit am Ende einer Exspiration eine Gasprobe genommen, so enthält diese reine Alveolarluft. Wird dagegen die gesamte Ausatemluft aufgefangen, so enthält diese ein gemischt-exspiratorisches Gas.

Merke!

Nur die Frischluft, die den Alveolarraum erreicht, nimmt am Gasaustausch teil.

Im schriftlichen Physikum werden oft Aufgaben gestellt, in denen die alveoläre Ventilation errechnet werden soll.

Merke!

- Die alveoläre Ventilation errechnet sich aus dem Atemzugvolumen abzüglich des Volumens aus dem Totraum.
- Der Totraum (VD) kann mit etwa 150 ml oder 2 ml pro kg Körpergewicht angenommen werden.

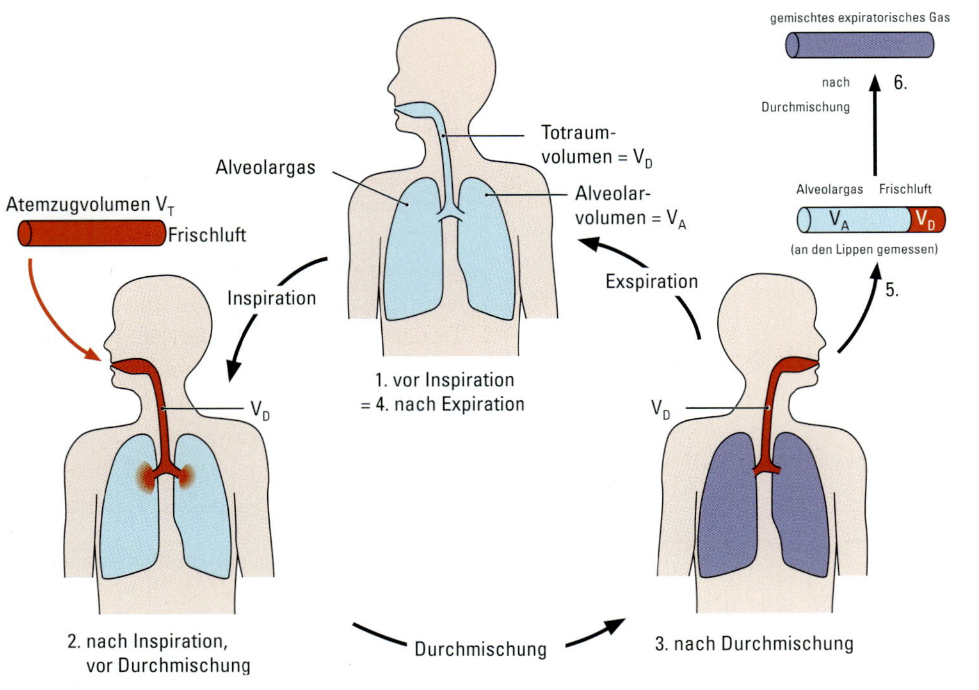

Abb. 14: Totraum

medi-learn.de/7-physio4-14

Beispiel
Das Atemzugvolumen (AZV) beträgt 300 ml und die Atemfrequenz 30/min. Wie groß ist dann die alveoläre Ventilation?
Alveoläre Ventilation =
(300 ml AZV - 150 ml VD) · 30/min = 4500 ml/min. Die alveoläre Ventilation unter den oben aufgeführten Bedingungen beträgt also etwa 4,5 l pro Minute.

1.6.4 Hyper-, Hypoventilation und Stoffwechsel

Eine Veränderung der Atemfrequenz hat einen großen Einfluss auf die Totraumventilation, die alveoläre Ventilation und die alveolären Partialdrücke der Atemgase. In Abb. 15, S. 31 sind die hyperbolen Zusammenhänge dargestellt. Für eine konstante Stoffwechsellage gilt: Ausgehend von den Ruhewerten (P_{O_2} = 13,3 und P_{CO_2} = 5,3 kPa) bei Verdopplung der alveolären Ventilation (von 5,6 auf 11,2 l/min) sinkt der alveoläre P_{CO_2} auf die Hälfte (Punkt 1 zu 4 in Abb. 15, S. 31) und der alveoläre P_{O_2} halbiert seinen Abstand zum P_{O_2} der Einatemluft (Punkt 1a zu 4a in Abb. 15, S. 31).

Merke!

- Bei steigender alveolärer Ventilation fällt der alveoläre CO_2-Partialdruck unter den Normalwert von P_{CO_2} = 5,3 kPa und der O_2-Partialdruck steigt an. Dies wird als **Hyperventilation** bezeichnet.
- Bei sinkender alveolärer Ventilation steigt der alveoläre CO_2-Partialdruck über den Normalwert von P_{CO_2} = 5,3 kPa und der O_2-Partialdruck sinkt ab. Dies wird als **Hypoventilation** bezeichnet.

Vorsicht ist geboten bei solchen Fragen im Physikum, in denen eine Veränderung der alveolären Ventilation mit einer Veränderung des Stoffwechsels kombiniert ist.

Bitte hier nicht verwirren lassen:

- Bei einer **Verdopplung** der **CO_2-Produktion** (gestrichelte Kurve) durch eine Stoffwechselerhöhung ohne einsetzende Atmungsregulation (ohne veränderte alveoläre Ventilation) ist auch der **P_{CO_2} verdoppelt** (von Punkt **1** = 5,3 auf **2** = 10,6 kPa auf der gestrichelten Kurve in Abb. 15, S. 31).
- Bei einer **Verdopplung** der **CO_2-Produktion** und einer einsetzenden Atmungsregulation mit einer Verdopplung der alveolären Ventilation bleibt der **P_{CO_2} jedoch weitgehend konstant bei 5,3 kPa** (Punkt **1** zu **3** auf der gestrichelten Kurve in Abb. 15, S. 31).

Merke!

Bei einer Verdopplung der alveolären Ventilation und CO_2-Produktion ausgehend vom Ruhewert bleibt der P_{CO_2} konstant bei 5,3 kPa.

1.6.5 Zusammenhang zwischen Ventilation und Perfusion

Neben den Perfusionsunterschieden (s. 1.5, S. 26), können auch Unterschiede in der regionalen alveolären Ventilation der Lunge beschrieben werden. Auch hier ist die Schwerkraft die Ursache: Da die Lungenalveolen alle miteinander verknüpft sind, kommt es zu einem Zug der unteren Alveolen an den oberen. Durch diesen Zug werden die Alveolarwände in den oberen Lungenabschnitten stärker gedehnt und verlieren dadurch an Compliance (die Elastance nimmt zu; s. 1.4.3, S. 12).

Merke!

Die unteren Abschnitte der Lunge werden stärker ventiliert als die oberen.

Der Ventilationsunterschied ist jedoch schwächer ausgeprägt als der Perfusionsunterschied.

Diese Unterschiede lassen sich im – gerne schriftlich abgefragten – Verhältnis von alveolärer Ventilation ($\dot{V}_a$) zur Perfusion ($\dot{Q}$) darstellen: $\dot{V}_a / \dot{Q}$

- in den oberen Lungenabschnitten ist das $\dot{V}_a/\dot{Q}$ höher. Sie sind somit besser belüftet als perfundiert,
- in den unteren Lungenabschnitten ist das $\dot{V}_a/\dot{Q}$ niedriger. Sie sind somit stärker perfundiert als belüftet.

Unter Kapitel 1.5, S. 26 wurde die für die Lunge spezifische pulmonale hypoxische Vasokonstriktion (Euler-Liljestrand-Effekt) ja schon besprochen. Durch diesen Effekt wird die Perfusion von hypoventilierten Lungenabschnitten gedrosselt und dadurch werden die Unterschiede im $\dot{V}_a/\dot{Q}$-Quotienten der Lunge vermindert.

Übrigens ...
Ein **$\dot{V}_a/\dot{Q}$-Quotient von 0** kommt bei einem Rechts-Links-Shunt vor, bei dem Blut aus dem rechten – unter Umgehung der Lunge – direkt in den linken Teil des Herzens strömt. Ein $\dot{V}_a/\dot{Q}$-**Quotient von** ∞ (unendlich) liegt dagegen bei einem **alveolärem Totraum** vor, bei dem die Perfusion gegen Null tendiert.

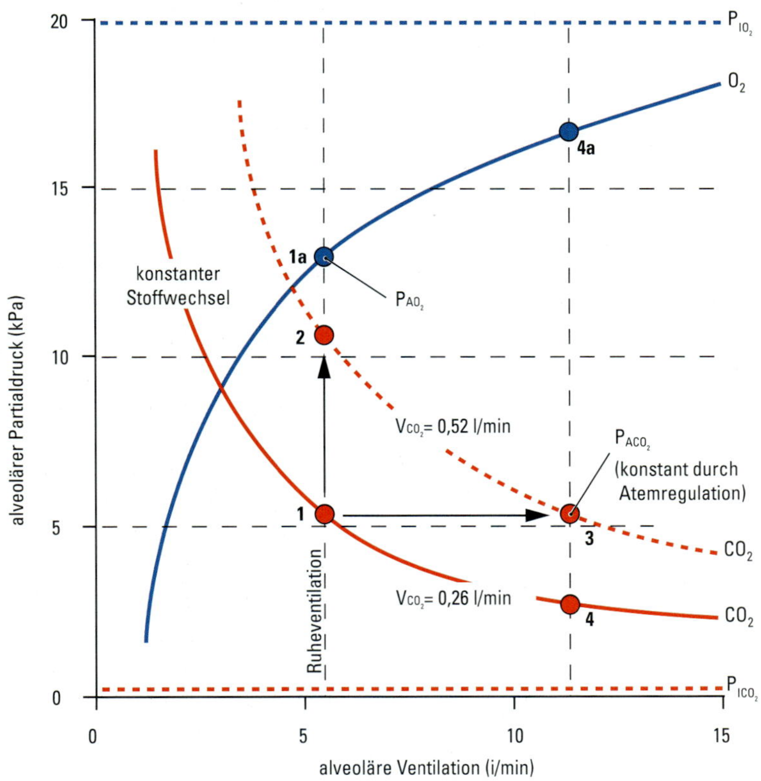

P_{IO_2} = Sauerstoffpartialdruck der Inspirationsluft
P_{ICO_2} = Kohlendioxidpartialdruck der Inspirationsluft
V_{CO_2} = alveoläre Ventilation für Kohlendioxid
P_{ACO_2} = alveolärer Partialdruck Kohlendioxid
P_{AO_2} = alveolärer Partialdruck Sauerstoff

Abb. 15: Zusammenhang alveoläre Ventilation und Partialdrücke *medi-learn.de/7-physio4-15*

DAS BRINGT PUNKTE

Zur **Lungenperfusion** solltest du dir merken, dass

- es bei Hypoventilation zu einer hypoxisch pulmonalen Vasokonstriktion kommt,
- die pulmonale hypoxische Vasokonstriktion eine Besonderheit der Lunge ist,
- zur Lungenbasis hin die Lungenperfusion zunimmt,
- die hypoxische pulmonale Vasokonstriktion zu einer Erhöhung des pulmonalen vaskulären Widerstands führt und
- der Quotient aus Gesamtventilation zu Gesamtperfusion der Lunge eines Gesunden in Ruhe 0,7 beträgt.

Zur **Sauerstoffaufnahme** und **Kohlendioxidabgabe** solltest du dir merken, dass

- ein Erwachsener in Ruhe pro Minute etwa 310 ml Sauerstoff ins Blut aufnimmt,
- die maximale Sauerstoffaufnahme eines untrainierten Mannes auf 3000 ml/min ansteigen kann,
- das Herzzeitvolumen der begrenzende Faktor für die maximale O_2-Aufnahme ist,
- bei körperlicher Arbeit das Herzzeitvolumen weniger stark ansteigt als der O_2-Verbrauch und
- das Atemzeitvolumen auf das 10-fache des Ruhewertes ansteigen kann.

Auch der **respiratorische Quotient** wird gern im schriftlichen Physikum gefragt. Dazu solltest du wissen, dass

- die Formel
  $RQ = (C_{vCO_2} - C_{aCO_2} / C_{aO_2} - C_{vO_2})$
  lautet und
- der Sauerstoffverbrauch im steady state errechnet werden kann aus F_{IO_2}, F_{EO_2} und dem AZV.

Aus dem Kapitel alveoläre **Ventilation** und Totraum solltest du dir merken, dass

- das Totraumvolumen 2 ml pro kg KG und etwa 150 ml pro Atemzug beträgt,
- bei steigender Atemfrequenz und gleich bleibendem Atemzeitvolumen sich die Totraumventilation und der alveoläre CO_2-Partialdruck erhöhen,
- das Totraumvolumen mit der Totraumformel von Bohr errechnet werden kann:
  $VD = VT(F_{ACO_2} - F_{ECO_2})/F_{ACO_2}$,
- das Totraumvolumen rund 150 ml beträgt. Beispielrechnung: 300 ml AZV, 30/min AF, woraus sich eine alveoläre Ventilation von 150 ml · 30 = 4500 ml/min ergibt und
- bei steigender alveolärer Ventilation der alveoläre CO_2-Partialdruck entsprechend dieses Graphen abfällt:

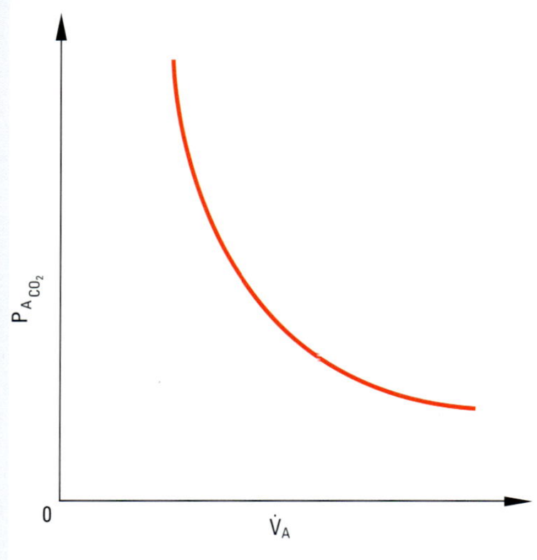

Abb. 16: Zusammenhang alveoläre Ventilation und alveolärer CO_2-Partialdruck

medi-learn.de/7-physio4-16

Zu den Themen Ventilation, Stoffwechsel und Perfusion solltest du wissen, dass

- bei einer Verdopplung der alveolären Ventilation und der CO_2-Produktion der Partialdruck von CO_2 konstant bleibt,

DAS BRINGT PUNKTE

- bei zunehmender Atmung der alveoläre P_{CO_2} abnimmt, wenn die CO_2-Produktion unverändert bleibt,
- eine Hypoventilation unter Normalluftbedingungen vorliegt, wenn der arterielle CO_2-Partialdruck erhöht ist,
- es bei einer Hyperventilation zu einem Abfall des alveolären P_{CO_2} kommt,
- ein hohes Ventilations-Perfusions-Verhältnis zu einer Zunahme des alveolären Partialdrucks von Sauerstoff und einer Abnahme des Partialdrucks von Kohlendioxid führt und
- es bei sehr starker körperlicher Arbeit zu einer verstärkten Sauerstoffausschöpfung kommt, trotz verstärkter Ventilation (s. Abb. 17 mit $\dot{V}_A$ = alveoläre Ventilation und $\dot{V}_{O_2}$ = Sauerstoffverbrauch).

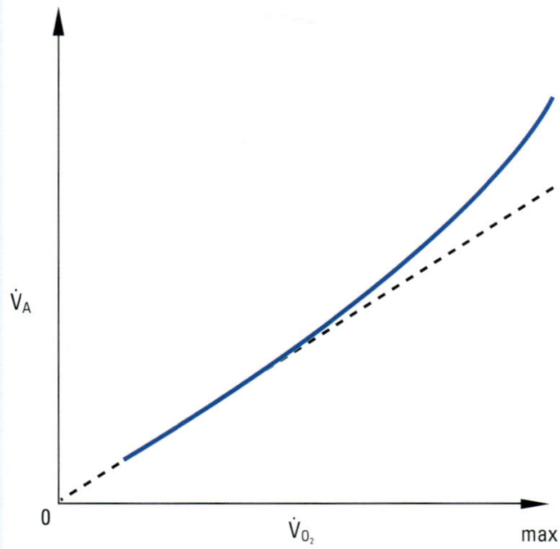

Abb. 17: Zusammenhang alveoläre Ventilation und Sauerstoffverbrauch bei sehr starker körperlicher Arbeit

medi-learn.de/7-physio4-17

FÜRS MÜNDLICHE

Hier kommen die Fragen zu den Themen Perfusion und Ventilation, mit denen du dein Wissen überprüfen kannst:

1. **Ist die Durchblutung der Lunge an allen Stellen gleich? Was wissen Sie darüber?**
2. **Sagen Sie, kann die Durchblutung der Lunge durch körpereigene Faktoren reguliert werden?**
3. **Was denken Sie, warum sollte so ein Effekt wie der Euler-Liljestrand-Effekt Sinn machen?**
4. **Was sagt der respiratorische Quotient aus?**
5. **Steady state! Erläutern Sie bitte diesen Begriff!**
6. **Was verstehen Sie unter dem Begriff Totraumvolumen in der Physiologie der Atmung?**
7. **Welche Unterschiede zwischen dem Totraumvolumen und dem Residualvolumen kennen Sie?**
8. **Was verstehen Sie unter alveolärer Ventilation?**
9. **Wie definieren Sie die Begriffe Hyper- und Hypoventilation?**
10. **Erläutern Sie die Atemfrequenz die alveoläre Ventilation und somit die alveolären Partialdrücke!**

11. Welche Aussagen können Sie dem Ventilations-/Perfusionsverhältnis entnehmen?

1. Ist die Durchblutung der Lunge an allen Stellen gleich? Was wissen Sie darüber?
Nein! Durch die Schwerkraft, die auf die Blutdrucksäule der A. pulmonalis wirkt, können in der Lunge unterschiedliche Bereiche der Durchblutung unterschieden werden. Bei einem stehenden Menschen befindet sich die erste von drei Zonen ganz oben an der Lungenspitze. Hier ist der Druck im Alveolarraum größer als der in den Lungenkapillaren. Dadurch werden diese Gefäße komprimiert und der obere Teil der Lunge nur sehr gering perfundiert. Im mittleren Drittel steigt der Druck in der A. pulmonalis an, wodurch die Perfusion zunimmt. Im unteren Drittel der Lunge ist der Druck in der A. pulmonalis größer als im Alveolarraum. Daher wird die Lungenbasis gut perfundiert.

2. Sagen Sie, kann die Durchblutung der Lunge durch körpereigene Faktoren reguliert werden?
Ja, und zwar sowohl aktiv als auch passiv:

- Aktiv durch die für die Lunge charakteristische pulmonale hypoxische Vasokonstriktion, die als Euler-Liljestrand-Effekt bezeichnet wird und Folgendes bedeutet: Wird ein Bereich der Lunge schlechter ventiliert, so kontrahieren sich dort die kleinen Arterien mit einem Durchmesser von 200–400 µm und die Durchblutung nimmt ab.
- Aktiv ebenfalls durch den potenten Vasodilatator des Endothels – das NO.
- Passiv erfolgt eine Herabsetzung des Strömungswiderstands durch Erweiterung bereits durchströmter Gefäße und die Rekrutierung neuer, noch nicht perfundierter Gefäße.

3. Was denken Sie, warum sollte so ein Effekt wie der Euler-Liljestrand-Effekt Sinn machen?
Solch ein Effekt macht Sinn, weil durch seine Wirkung nur Lungenbereiche perfundiert werden, die auch ventiliert werden. Damit fördert der Euler-Liljestrand-Effekt die Anreicherung des Blutes mit Sauerstoff.

4. Was sagt der respiratorische Quotient aus?
Der RQ ist das Verhältnis von CO_2-Abgabe zu O_2-Aufnahme und sagt etwas über die Stoffwechselaktivität des Körpers aus. Grundvoraussetzung dafür ist, dass der Körper sich im steady state – also in der Gleichgewichtslage – befindet.

5. Steady state! Erläutern Sie bitte diesen Begriff!
Der steady state ist ein Zustand, bei dem einerseits der Sauerstoffverbrauch und die Kohlendioxidproduktion des Stoffwechsels und andererseits die Sauerstoffaufnahme und Kohlendioxidabgabe über die Lunge identisch sind. Nur wenn diese Bedingung erfüllt ist, kann von den respiratorischen Parametern auf die Stoffwechselaktivität geschlossen werden.

6. Was verstehen Sie unter dem Begriff Totraumvolumen in der Physiologie der Atmung?
Das Totraumvolumen ist ein Anteil des Atemwegvolumens, der nicht am Gasaustausch teilnimmt. Dabei handelt es sich um die luftleitenden Abschnitte der Atemwege und der Lunge sowie alveoläre Bereiche, die nicht am Gasaustausch teilnehmen, z. B. bei einer Embolie der A. pulmonalis. Bei einem Erwachsenen kann das Totraumvolumen mit etwa 150 ml angegeben werden.

7. Welche Unterschiede zwischen dem Totraumvolumen und dem Residualvolumen kennen Sie?

Das Residualvolumen mit etwa 1500 ml ist ein Lungenvolumen, das nicht mobilisierbar ist, d. h. es kann nicht aktiv ausgeatmet werden. Das Residualvolumen nimmt – im Gegensatz zum Totraumvolumen – an der Diffusion der Atemgase teil.

8. Was verstehen Sie unter alveolärer Ventilation?

Die alveoläre Ventilation ist jener Volumenanteil des Atemzugvolumens, der den Alveolarraum erreicht, nachdem das Totraumvolumen abgezogen wurde. Die alveoläre Ventilation bestimmt den Gasaustausch.

9. Wie definieren Sie die Begriffe Hyper- und Hypoventilation?

- Eine Hyperventilation liegt vor, wenn es durch einen Anstieg der alveolären Ventilation zu einem Abfall des CO_2-Partialdrucks unter den Normalwert von 5,3 kPa kommt.
- Eine Hypoventilation ist durch einen Anstieg des CO_2-Partialdrucks über 5,3 kPa definiert.

10. Erläutern Sie die Atemfrequenz die alveoläre Ventilation und somit die alveolären Partialdrücke!

Die Atemfrequenz hat großen Einfluss auf die alveoläre Ventilation und die Partialdrücke der Atemgase in der Lunge und im Blut. Die Zusammenhänge lassen sich in hyperbolen Graphen darstellen: Der CO_2-Partialdruck in den Alveolen halbiert sich, wenn es zu einer Verdopplung der Ventilation kommt. Vorausgesetzt, der Stoffwechsel des Patienten bleibt konstant.

11. Welche Aussagen können Sie dem Ventilations-/Perfusionsverhältnis entnehmen?

Neben Perfusionsunterschieden treten auch Unterschiede bei der alveolären Ventilation auf: In den oberen Lungenabschnitten ist eine geringere Ventilation vorhanden als in den unteren. Vergleicht man den Ventilations- und Perfusionsindex der oberen mit dem der unteren Lungenabschnitte, so gilt:

- obere Lungenabschnitte sind besser ventiliert als perfundiert – $\dot{V}_a/\dot{Q}$ ist hoch,
- untere Lungenabschnitte sind besser perfundiert als ventiliert – $\dot{V}_a/\dot{Q}$ ist niedriger.

Mehr Cartoons unter www.medi-learn.de/cartoons

Pause

Blutdruck noch ok?
Eine Pause kann sicher nicht schaden ...

1

1.7 Diffusion durch die Alveolarmembran

Die **Kontaktzeit** des Blutes in den Lungenkapillaren, in denen der Gasaustausch stattfinden kann, beträgt etwa **0,5 sec.** In dieser Zeit muss der vollständige Ausgleich der Partialdrücke zwischen Blut und Alveole erfolgen. Um dies zu schaffen, sind sowohl große Austauschflächen als auch eine sehr geringe Diffusionsstrecke notwendig:

Die **Austauschfläche der Lunge** ist mit **50–100 m²** so groß wie ein halber Tennisplatz. Die sehr geringe Diffusionsstrecke wird durch die sehr dünne Alveolarmembran gewährleistet. Sie ist aufgebaut aus

- dem Alveolarepithel,
- dem Interstitium und
- dem Kapillarendothel und

besitzt eine Dicke von **0,2 bis 1 µm**.

Übrigens ...

Da die Atemgase während ihrer Diffusion nicht nur die Alveolarmembran, sondern auch eine kurze Blutstrecke, die Membran des Erythrozyten und ebenfalls noch im Erythrozyten einige Membranen überwinden müssen, wird diese Gesamtstrecke meist unter dem Begriff Alveolarmembran subsummiert.

Damit die Atemgase durch die Alveolarmembran diffundieren können, sind Partialdruckunterschiede als treibende Kräfte notwendig.

Merke!

Die treibende Diffusionskraft ist der Partialdruckunterschied zwischen dem Alveolarraum und dem venösen Blut der Lungenkapillaren.

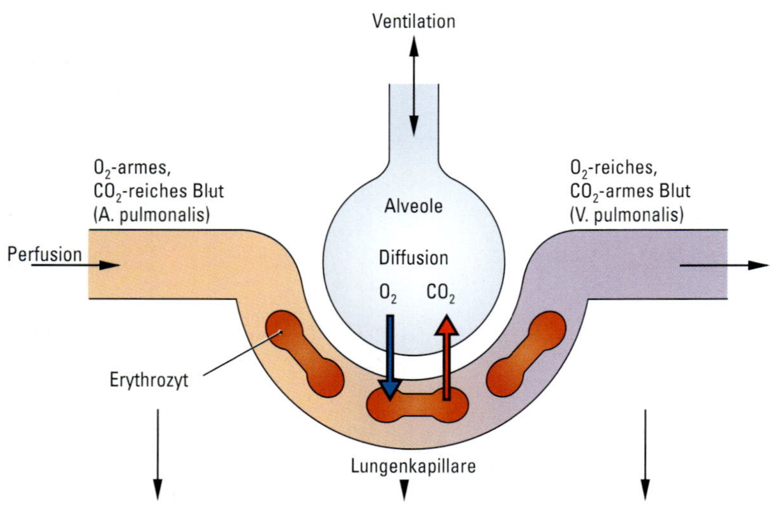

A. pulmonalis	*Alveole*	*V. pulmonalis*
P_{O_2} = 5,33 kPa = 40 mmHg	P_{O_2} = 13,3 kPa = 100 mmHg	P_{O_2} = 13,3 kPa = 100 mmHg
P_{CO_2} = 6,13 kPa = 46 mmHg	P_{CO_2} = 5,3 kPa = 40 mmHg	P_{CO_2} = 5,3 kPa = 40 mmHg

Abb. 18: Diffusion der Atemgase

medi-learn.de/7-physio4-18

Übrigens ...
Bei Beatmung mit **reinem Sauerstoff** steigt der alveoläre P_{O_2} auf etwa 90 kPa (= 670 mmHg), wodurch eine sehr hohe treibende Diffusionskraft erzeugt werden kann.

Hier ein kurzer Überblick über die Partialdrücke der Atemgase:

	Lungenarterie (venöses Blut)	Alveole/Lungenvene (arterielles Blut)
P_{O_2}	40 mmHg/5,33 kPa	100 mmHg/13,3 kPa
P_{CO_2}	46 mmHg/6,13 kPa	40 mmHg/5,3 kPa

Tab. 4: Partialdrücke der Atemgase

Unter sonst gleichen Bedingungen verläuft die CO_2-Diffusion rund 20-mal schneller als die von O_2. Deshalb werden für die CO_2-Diffusion geringere Partialdruckunterschiede zwischen Alveole und Blut benötigt.
Erklären lässt sich dies mit dem 20-fach höheren Krough-Diffusionskoeffizienten von CO_2 im Fick-Diffusionsgesetz:

$$M = D \cdot \frac{F}{d} \cdot \Delta C$$

M = Diffusionsstrom
D = Krough-Diffusionskoeffizient
F = Austauschfläche
d = Schichtdicke
ΔC = Konzentrationsdifferenz

1.8 Atemgastransport im Blut

Zwei Prinzipien des Atemgastransports können unterschieden werden:
- die **physikalische Lösung** und
- die **chemische Bindung** von Gasen.

Die physikalische Lösung ist die unerlässliche Voraussetzung für den Austausch, die Diffusion und die chemische Bindung eines Gases. Daher muss jedes Gasmolekül physikalisch gelöst werden, auch wenn es die physikalische Löslichkeit nur vorübergehend nutzt.

Merke!

Die physikalische Löslichkeit von CO_2 ist 20-mal höher als die von O_2.

1.8.1 Sauerstofftransport im Blut

Die **Gesamtkonzentration** von Sauerstoff, die im Blut transportiert werden kann, entspricht der Sauerstoffkonzentration der Frischluft: 200 ml pro Liter Blut, was **20 ml/dl** Blut entspricht. Sauerstoff wird im Blut sowohl physikalisch gelöst als auch chemisch gebunden transportiert. Da die physikalische Löslichkeit im Blut jedoch sehr gering ist, nämlich nur etwa 1/40 der Gasmenge beträgt, müssen die restlichen Anteile des Sauerstoffs chemisch gebunden sein.

Merke!

- Bei schwerer körperlicher Arbeit erreicht die arterio-venöse Sauerstoffdifferenz Werte von ungefähr 120 bis 160 ml O_2/l Blut, d. h. es wird fast der gesamte O_2 aufgenommen.
- In Ruhe beträgt der O_2-Gehalt in den Aa. pulmonales eines gesunden Erwachsenen etwa 150 ml/l Blut.
- Die **Sauerstoffkapazität** ist der Maximalwert des chemisch gebundenen Sauerstoffs im Blut.

Für die **chemische Bindung** von Sauerstoff im Blut steht das in den Erythrozyten vorkommende **Hämoglobin** bereit. Das tetramere Hämoglobin besteht aus **vier Häm-Molekülen** und dem Globin, das aus **vier** Proteinketten aufgebaut ist. Beim Menschen werden drei Globinarten unterschieden:
- **HbA_1** kommt bei Erwachsenen zu **98 %** vor und besteht aus **zwei α- und zwei β-Globinuntereinheiten**,
- **HbA_2** kommt bei Erwachsenen zu **2 %** vor und besteht aus **zwei α- und zwei δ-Globinuntereinheiten** und

– **HbF** ist das **fetale Hämoglobin**, das eine **höhere Sauerstoffbindungsaffinität** besitzt, 2,3-Bisphosphoglycerat schwächer bindet und aus **zwei α-** und **zwei γ-Globinuntereinheiten** besteht.

Alle Häm-Moleküle besitzen ein zentrales zweiwertiges Eisen-Ion (Fe^{2+}), an das sich der Sauerstoff anlagern kann. So entsteht aus Hämoglobin das Oxyhämoglobin HbO_2.

Oxygeniertes Hb (HbO_2) sieht hellrot aus, desoxygeniertes Hb bläulich-dunkelrot. Steigt die Konzentration von desoxygenierten Hb auf über 50 g/l (= 5 g/dl) an, so färben sich daher die Haut und die Schleimhäute blau, was in der Klinik als Zyanose bezeichnet wird.

Jetzt folgt noch eine Zahl – aber nur für die mündliche Prüfung: Mit der Hüfner-Zahl von ca. 1,34 ml O_2 pro Gramm Hämoglobin kann die O_2-Kapazität des Blutes aus der Hämoglobinkonzentration (~ 150 g/l) berechnet werden. Die Sauerstoffbindung am Hämoglobin erfolgt als **Oxygenierung** an das Fe^{2+}-Ion, nicht als Oxidation.

1.8.2 Sauerstoffbindungskurve

Die Sauerstoffbindungskurve ist ein sehr beliebtes Prüfungsthema im Physikum. Um Aussagen über die Eigenschaften der verschiedenen Hämoglobine und des Myoglobins machen zu können, wird die **O_2-Sättigung** betrachtet.

Merke!

Die O_2-Sättigung des Hämoglobins ist der Anteil oxygenierten Hämoglobins am Gesamthämoglobin und wird in % angegeben.

In Abb. 20, S. 39 sind die **Sauerstoffbindungskurven** von Hämoglobin und Myoglobin dargestellt. Hämoglobin ist der Sauerstofftransporter der Erythrozyten und Myoglobin der Sauerstoffspeicher der Muskelzellen. Sauerstoffbindungskurven zeigen die Abhängigkeit der Sauerstoffsättigung vom jeweiligen Sauerstoffpartialdruck. Man kann daher an ih-

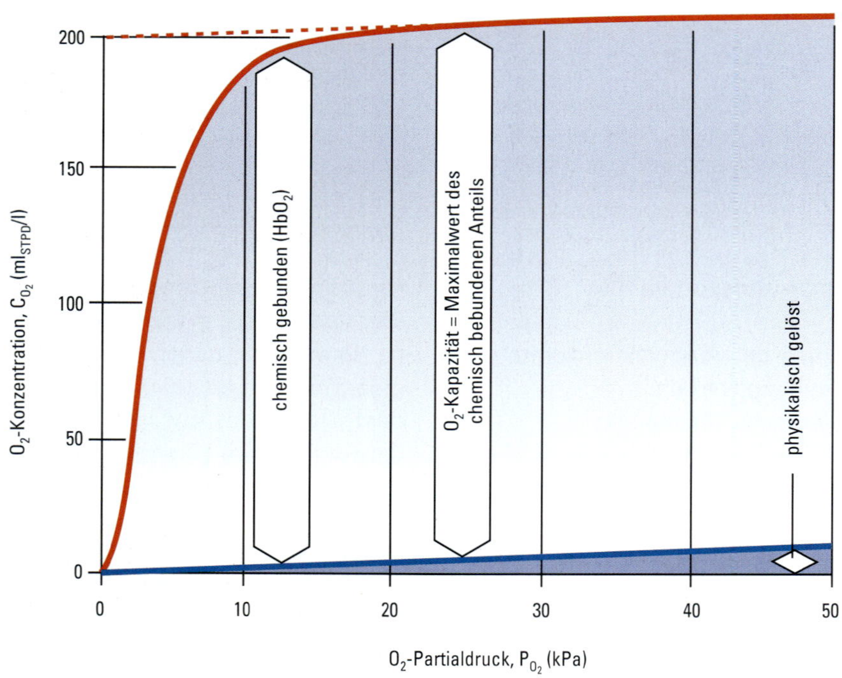

Abb. 19: Sauerstoffkapazität

medi-learn.de/7-physio4-19

nen ablesen, wie stark der P_{O_2} verändert werden muss, um eine bestimmte Änderung der O_2-Sättigung zu erzielen. Aus einer Sauerstoffsättigungskurve kann natürlich auch der **Halbsättigungsdruck** abgelesen werden. Dies ist der Partialdruck von Sauerstoff (P_{O_2}), bei dem 50 % der Hämoglobine mit Sauerstoff gesättigt sind (= 3,6 kPa).

Sollen die beiden Kurven z. B. im Mündlichen beschrieben werden, kann man sagen, dass die Sauerstoffsättigungskurve des **Hämoglobins** einen S-förmigen Verlauf und die des Myoglobins einen eher hyperbolen Verlauf hat. Die Ursachen liegen im unterschiedlichen Aufbau der Moleküle: Im tetrameren Hämoglobin üben die vier Untereinheiten **kooperative Wechselwirkungen** aufeinander aus. Die Bindung des ersten Sauerstoffmoleküls ist erschwert. Ist erst einmal ein Sauerstoffmolekül am Häm-Eisen gebunden, so wird die Bindung weiterer Sauerstoffmoleküle immer leichter. Das Myoglobin dagegen ist ein Monomer. Deshalb beeinflussen hier KEINE Wechselwirkungen von Untereinheiten die Sauerstoffbindung.

Merke!

Bei normalem alveolären Sauerstoffpartialdruck (P_{O_2} = 13,3 kPa) beträgt die Sauerstoffsättigung schon 98 %.

Im flachen Bereich der Sauerstoffbindungskurve – bei einem Sauerstoffpartialdruck über 8 kPa (Bereich des normalen alveolären P_{O_2}) – ist die Sauerstoffsättigung relativ konstant und ändert sich auch bei Einatmung von reinem Sauerstoff nur wenig.

Die Sauerstoffbindungskurven lassen sich durch eine Änderung der Temperatur, des pH-Werts oder der Konzentration von CO_2 und 2,3-Bisphosphoglycerat (2,3-BPG) ändern.

Eine Verschiebung der Sauerstoffbindungskurve findet sich vor allem im **mittleren Bereich der Sauerstoffpartialdrücke.**

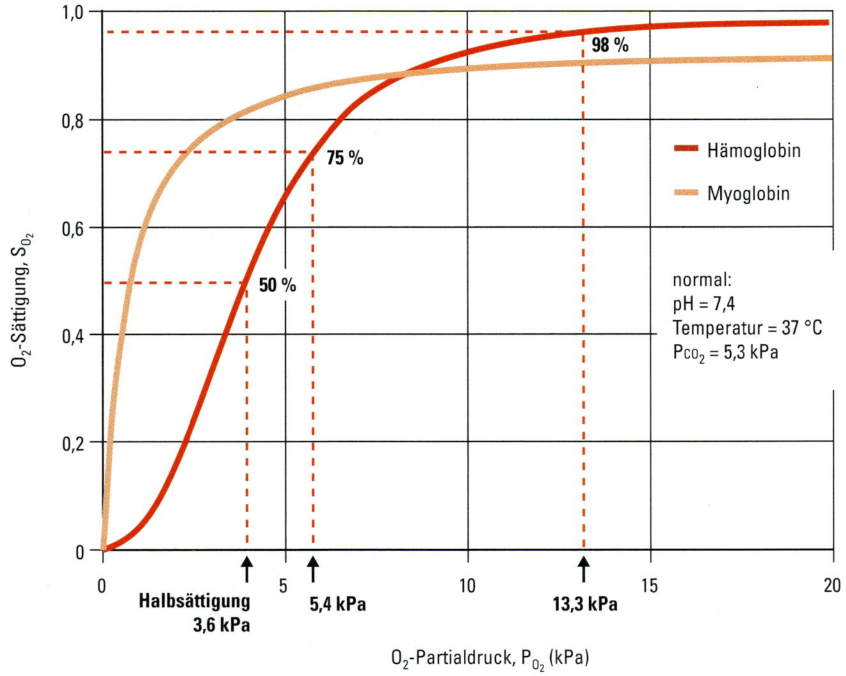

Abb. 20: Sauerstoffbindungskurven von Hämoglobin und Myoglobin *medi-learn.de/7-physio4-20*

Eine **Rechtsverschiebung** bedeutet eine Affinitätsabnahme des Hämoglobins in Bezug auf die Sauerstoffbindung. D. h., es werden höhere Partialdrücke an Sauerstoff benötigt, um die gleiche Sauerstoffsättigung zu erreichen. Faktoren, die zu einer Rechtsverschiebung führen, sind:

- Zunahme der H^+-Konzentration, wodurch der pH-Wert sinkt und das Blut saurer wird,
- Zunahme der CO_2-Konzentration,
- Zunahme der Temperatur und
- Zunahme der Konzentration von 2,3-Bisphosphoglycerat (2,3-BPG).

Eine **Linksverschiebung** bedeutet eine **Affinitätszunahme** des Hämoglobins gegenüber Sauerstoff. D. h., es ist für die gleiche Sättigung ein geringerer Sauerstoffpartialdruck notwendig. Oder andersherum betrachtet: Bei gleichem Sauerstoffpartialdruck ist die Sauerstoffsättigung des Hämoglobins höher. Faktoren, die zu einer Linksverschiebung führen, sind:

- Abnahme der H^+-Konzentration, wodurch der pH-Wert steigt und das Blut basischer wird,
- Abnahme der CO_2-Konzentration,
- Abnahme der Temperatur und
- Abnahme der Konzentration von 2,3-Bisphosphoglycerat.

Merke!

- 2,3-Bisphosphoglycerat bewirkt eine Platzierung der Sauerstoffbindungskurve in den Bereich des physiologischen P_{O_2}. Eine Konzentrationserhöhung von 2,3-BPG verschiebt die Kurve nach rechts.
- Eine Rechtsverschiebung durch Erhöhung der H^+-Konzentration (abnehmender pH-Wert) und der CO_2-Konzentration wird **Bohr-Effekt** genannt und findet vor allem im Gewebe statt.
- Eine **Rechtsverschiebung** begünstigt die Sauerstoffabgabe in das Gewebe.
- Eine **Linksverschiebung** begünstigt die Sauerstoffaufnahme in der Lunge.

Im schriftlichen Physikum wird gern nach der Sauerstoffsättigung und den Sauerstoffpartialdrücken an verschiedenen Stellen des Körpers gefragt. Deshalb hier ein kurzer Überblick:

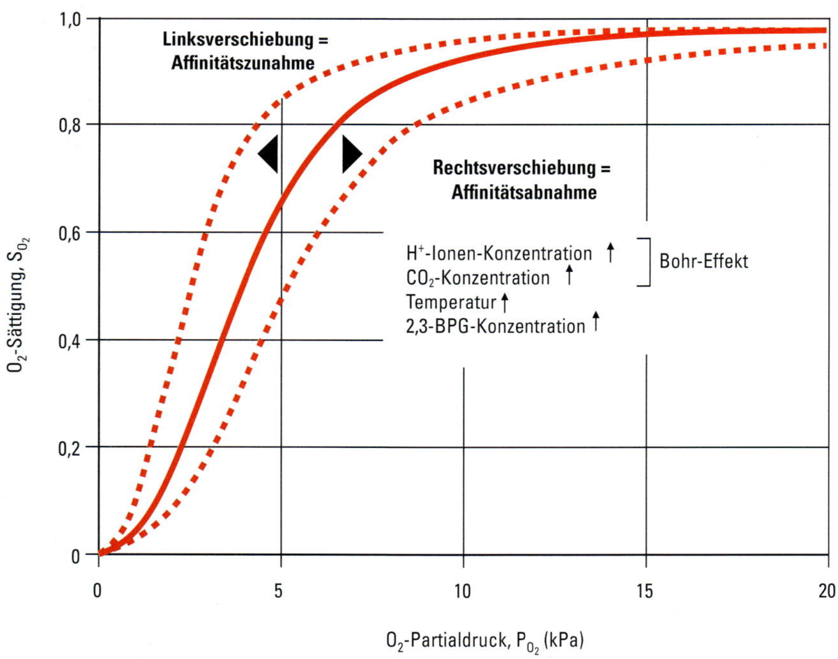

Abb. 21: Rechts- und Linksverschiebung der Sauerstoffbindungskurve *medi-learn.de/7-physio4-21*

- In körperlicher Ruhe beträgt die Sauerstoffsättigung im **arteriellen System 97 %** und im **gemischt-venösen Blut etwa 75 %**.
- Die Sauerstoffsättigung in der **V. pulmonalis beträgt etwa 98 %**.
- In der A. femoralis beträgt der Sauerstoffpartialdruck etwa **90 mmHg (etwa 12 kPa)**.
- Bei Beatmung mit reinem Sauerstoff steigt der alveoläre Partialdruck auf etwa 90 kPa (670 mmHg) an.

1.8.3 Inaktive Hämoglobine

Zwei Formen der Inaktivierung von Hämoglobin sind fürs Physikum wichtig:

- **Kohlenstoffmonoxid (CO)** bindet reversibel etwa 300-fach stärker als Sauerstoff an das zweiwertige Hämeisen und blockiert dieses dadurch für den Sauerstofftransport.
- **Methämoglobin (MetHb)** entsteht, wenn das zweiwertige Hämeisen (Fe^{2+}) zum dreiwertigen Hämeisen (Fe^{3+}) oxidiert wird. Mögliche Ursachen sind Gifte (z. B. Nitrate im Trinkwasser), manche Medikamente (z. B. Nitroglycerin und einige Lokalanästhetika) und vor allem Zigarettenrauch. An Methämoglobin kann Sauerstoff nicht mehr reversibel binden und es zeigt sich eine Verminderung der O_2-Sättigung des Hämoglobins. Klinisch zeigt sich eine schokoladenbraune Färbung des Blutes nach einer Blutentnahme.

Merke!

Kohlenstoffmonoxid und Methämoglobin bewirken eine Reduktion der maximalen Sauerstoff-Sättigung ($S_{O_2 max}$).

1.8.4 Kohlendioxidtransport im Blut

Der Kohlendioxidtransport im Blut ist eng mit dem Säure-Basen-Haushalt verknüpft, da der CO_2-Bikarbonatpuffer (s. 2.2, S. 57) eines der wichtigsten Puffersysteme des Menschen darstellt. Das Kohlendioxid kommt im Blut sowohl physikalisch gelöst als auch chemisch gebunden vor. Mit einer Konzentration von insgesamt etwa 50 ml/dl im arteriellen Blut wird ein wesentlich größeres Volumen an Kohlendioxid transportiert als an Sauerstoff.

Die reversible chemische Bindung von CO_2 erfolgt

- als **Bikarbonat** in Erythrozyten und im Blutplasma nach der Löslichkeitsgleichung $CO_2 + H_2O \leftrightarrows H^+ + HCO_3^-$ und
- zu einem kleinen Teil als **Carbamat** an freie Aminogruppen der Proteine gebunden: $CO_2 + R\text{-}NH_2 \leftrightarrows H^+ + R\text{-}NH\text{-}COO^-$

Dabei ist die Pufferung der H^+-Ionen über die Histidinseitenketten des Hämoglobins notwendig, um mehr CO_2 chemisch binden zu können (s. 2.2, S. 57).

1.8.5 Kohlendioxidbindungskurve

Wie für Sauerstoff existiert auch für Kohlendioxid eine Bindungskurve, die den Zusammenhang zwischen dem Partialdruck von Kohlendioxid und der Kohlendioxid-Konzentration angibt. Die gesamte Kohlendioxid-Konzentration setzt sich aus dem als Bikarbonat oder Carbamat chemisch gebundenen und dem physikalisch gelösten Kohlendioxid zusammen. In Abb. 22, S. 42 ist die Kohlendioxidbindungskurve dargestellt. Sie verläuft in den Bereichen des jeweiligen arteriellen und gemischtvenösen Partialdrucks steiler, besitzt KEIN Plateau und somit KEINEN Sättigungswert.

Merke!

Die Kohlendioxidbindungskurve besitzt keine Sättigung des chemisch gebundenen Anteils von CO_2. Daher gibt es keine „CO_2-Kapazität" des Blutes.

Die CO_2-Bindungskurve kann durch bestimmte Einflüsse sowohl nach rechts als auch nach links verschoben werden:

- **Rechtsverschiebung** bedeutet eine Affinitätsabnahme und erfolgt durch Erniedrigung des pH-Werts und/oder Erhöhung der Temperatur.

- **Linksverschiebung** bedeutet eine Affinitätszunahme und erfolgt durch Erhöhung des pH-Werts und/oder Abnahme der Temperatur.

Der **Sauerstoffpartialdruck** hat ebenfalls Einfluss auf die Bindung von Kohlendioxid im Blut. Im oxygenierten Blut (hoher P_{O_2}) ist bedeutend weniger CO_2 gebunden als im desoxygenierten. Dieser sogenannte Haldane-Effekt beruht auf allosterischen Wechselwirkungen der H^+- und O_2-Bindung am Hämoglobin und tritt vor allem in der Lunge auf.

Merke!

- Der Effekt des P_{O_2} auf die Kohlendioxidkonzentration im Blut wird **Haldane-Effekt** genannt.
- Bei gleichem CO_2-Partialdruck ist die Gesamtkonzentration des CO_2 im desoxygenierten Blut höher als im oxygenierten.

Da zum Bohr- und Haldane-Effekt im Physikum sehr viele Fragen gestellt werden, hier noch einmal eine Zusammenfassung:

- Bohr- und Haldane-Effekt beruhen auf **allosterischen Wechselwirkungen** der O_2^- und H^+-Bindung untereinander am Hämoglobin.
- Der Bohr-Effekt ist der Effekt von CO_2 auf O_2, wirkt vor allem im Gewebe und setzt Sauerstoff frei.
- Der Haldane-Effekt ist der Effekt von O_2 auf die Bindung von H^+ und CO_2 am Globin, wirkt in der Lunge und setzt Kohlendioxid frei.

Übrigens ...

Eine Säure ist nach Brönstedt definiert als ein H^+-Donator (kann Protonen abgeben). Nach dieser Definition ist **Hämoglobin** in der **desoxygenierten Form eine schwächere Säure** (Bohr-Effekt und die H^+ binden stärker am Hb und bewirken eine O_2-Freisetzung) und in der **oxygenierten Form eine stärkere Säure**

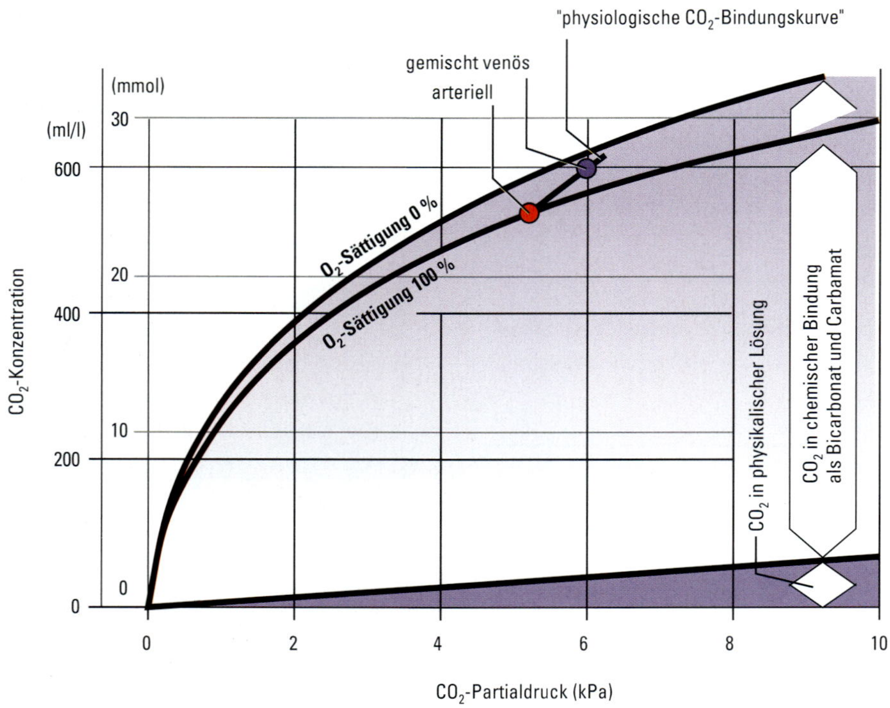

Abb. 22: Kohlendioxidbindungskurve

medi-learn.de/7-physio4-22

(bei hohem P_{O_2} in oxygenierter Form wirkt der Haldane-Effekt und es wird leichter H^+ freigesetzt, das mit Bikarbonat dann CO_2 bildet).

1.8.6 Wechselwirkung zwischen O_2- und CO_2-Bindung beim Atemgastransport im Blut

Durch die Stoffwechselaktivität fällt im Gewebe viel Kohlendioxid an, das durch das Blut abtransportiert werden muss. Hier liegt ein hoher Partialdruckunterschied zwischen dem Gewebe und dem Blut vor, der zu einer raschen Diffusion von CO_2 durch die Endothel- und Erythrozytenwand führt.

In den Erythrozyten – aber auch im Blutplasma – reagiert CO_2 mit Wasser entsprechend der Formel

$CO_2 + H_2O \leftrightarrows H^+ + HCO_3^-$

Dabei entstehen gleiche Mengen an **Protonen** (H^+/Wasserstoffionen) und **Bikarbonat**. Diese Reaktion wird durch das im schriftlichen Physikum sehr gefragte Enzym **Carboanhydrase** katalysiert. Hier wird eine

- **schnell arbeitende Carboanhydrase in den Erythrozyten** und eine
- **langsam arbeitende Carboanhydrase in der Endothelwand**

unterschieden. Durch die schnelle Carboanhydrase läuft die Reaktion von CO_2 mit Wasser in den Erythrozyten mit höherer Geschwindigkeit ab. Daneben gibt es noch einen weiteren Grund für die Reaktion von CO_2 mit Wasser in den Erythrozyten: In den Erythrozyten können die entstehenden H^+-Ionen besser abgepuffert werden, da hier in Form von **Hämoglobin ein sehr wirkungsvoller Nichtbikarbonatpuffer** vorhanden ist (s. 2.2, S. 57).

Merke!

- Die Carboanhydrase beschleunigt die Dissoziation von CO_2.
- In den Erythrozyten wird durch die schnellere Carboanhydrase und den wirkungsvolleren Puffer mehr HCO_3^- (=Bikarbonat) gebildet als im Blutplasma.

Durch diese Mechanismen steigt die Konzentration von HCO_3^- in den Erythrozyten an. Dadurch entsteht ein Konzentrationsunterschied

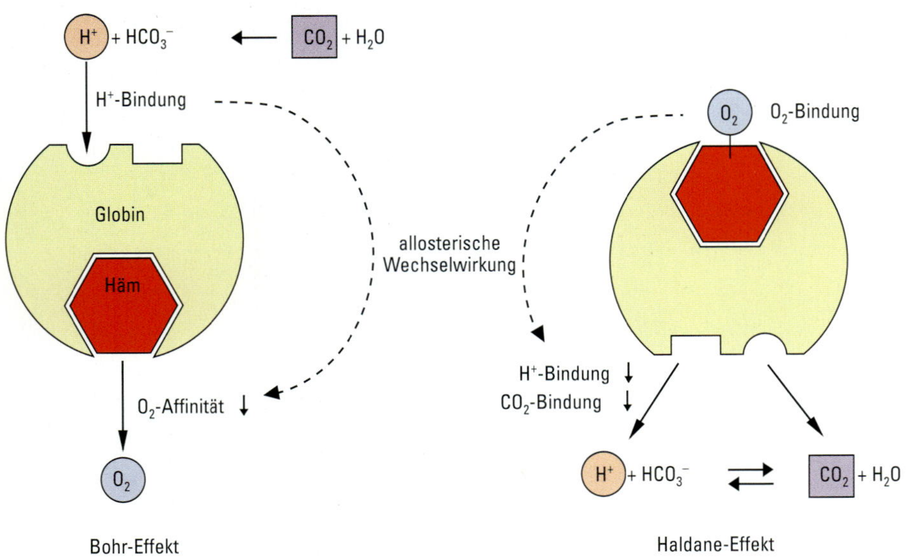

Abb. 23: Bohr- und Haldane-Effekt

medi-learn.de/7-physio4-23

zwischen Blutplasma und Erythrozyten, der ein **elektroneutrales carriervermitteltes Austauschsystem** antreibt, das HCO_3^- im Austausch mit Cl^- ins Blutplasma ausschleust. Dieser Austausch wird **Hamburger-Shift** genannt (s. Abb. 24, S. 44).

Übrigens ...
Beim Hamburger-Shift werden die HCO_3^--Ionen deshalb gegen Cl^--Ionen ausgetauscht, weil Cl^--Ionen in hoher Konzentration im Plasma vorliegen und um die Ladungsneutralität dieses Transportes zu wahren: Eine negative Ladung wird so durch eine andere ersetzt.

In Abb. 24, S. 44 ist auch der **Bohr-Effekt** dargestellt. Durch die Bindung von H^+ an Hämoglobin (Pufferung) wird O_2 leichter ins Gewebe abgegeben.
Diese Anpassungsvorgänge vollziehen sich auf dem Weg vom Gewebe in die Lunge und sind abhängig vom jeweiligen P_{CO_2} und P_{O_2}. In der **Lunge** kehren sich die Verhältnisse um, und ein **hoher** $\mathbf{P_{O_2}}$ in den Alveolen bewirkt eine Diffusion von Sauerstoff in die Erythrozyten. Sauerstoff bindet sich an das Hämoglobin und bewirkt über den **Haldane-Effekt** eine **leichtere Abgabe** von CO_2 aus der Carbamat-Bindung und von H^+ aus dem Hämoglobinpuffer. $\mathbf{H^+}$ kann nun mit HCO_3^- wieder zu CO_2 umgewandelt werden. Auch diese Rückreaktion wird durch das schnelle erythrozytäre Enzym **Carboanhydrase** katalysiert.
Entsprechend dem Partialdruckunterschied diffundiert CO_2 in die Alveolen und wird abgeatmet.

Merke!

- Der Hamburger-Shift bezeichnet den elektroneutralen carriervermittelten Transport von HCO_3^- in das Blutplasma im Austausch gegen Cl^-.
- Je größer der Partialdruck von Kohlendioxid im Gewebe, desto ausgeprägter ist der Hamburger-Shift in den Erythrozyten.
- In der **Lunge** vermindert sich die HCO_3^--Konzentration in den Erythrozyten, und der **Hamburger-Shift kehrt sich um** (HCO_3^- Einstrom und Cl^- -Ausstrom).

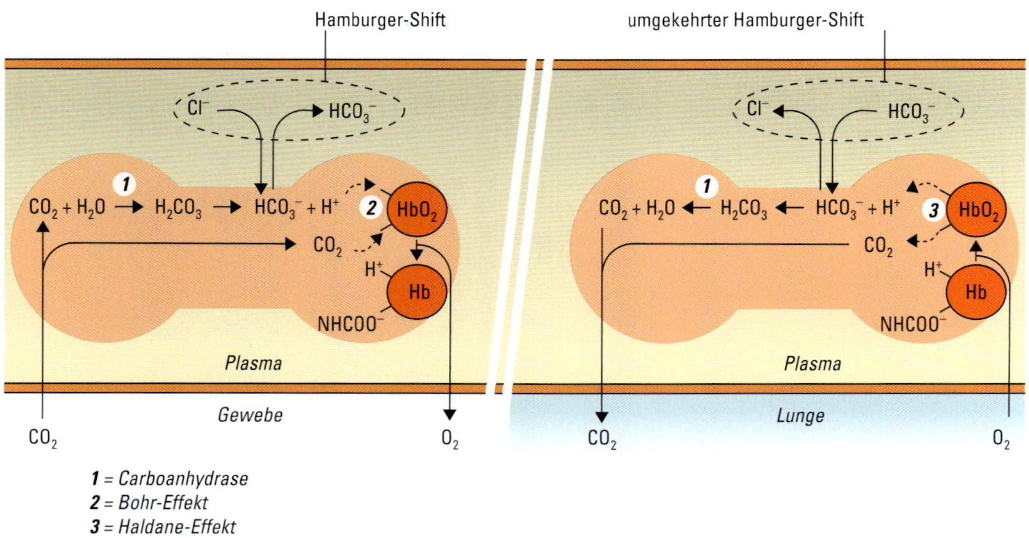

Abb. 24: Austauschvorgänge im Blut

medi-learn.de/7-physio4-24

DAS BRINGT PUNKTE

Die Normalwerte der Partialdrücke der **Atemgase** wurden bislang in jedem Physikum gefragt. Es lohnt sich daher, diese Werte auswendig zu lernen. Aus dem Themenkomplex der Diffusion der Atemgase solltest du dir außerdem unbedingt merken, dass

- in körperlicher Ruhe der O_2-Partialdruck im Blut der A. pulmonalis ungefähr 5,33 kPa (40 mmHg) beträgt,
- bei Beatmung mit reinem Sauerstoff der alveoläre Partialdruck auf etwa 90 kPa (670 mmHg) ansteigt.

Zum **Sauerstofftransport** solltest du wissen, dass

- die Sauerstoffkapazität der Maximalwert des chemisch gebundenen Sauerstoffs im Blut ist,
- im Bereich zwischen arteriellen und gemischtvenösen Partialdrücken die Gesamtkonzentration des CO_2 höher ist als die des O_2,
- bei sehr großen Sauerstoffpartialdrücken die O_2-Konzentration des Blutes vor allem durch die Hb-Konzentration beeinflusst wird,
- HbF 2,3-Bisphosphoglycerat schwächer bindet als HbA und somit eine höhere Sauerstoffaffinität besitzt,
- die Sauerstoffsättigung in der V. pulmonalis etwa 97 % beträgt,
- in körperlicher Ruhe die Sauerstoffsättigung im arteriellen System 97 % und im gemischtvenösen Blut 75 % beträgt,
- in der A. femoralis der Sauerstoffpartialdruck etwa 90 mmHg (12 kPa) beträgt,
- bei schwerer körperlicher Arbeit die arterio-venöse Sauerstoffdifferenz Werte von ungefähr 120–160 ml O_2/l Blut erreicht und
- die normale Hb-Konzentration im Blut 150 g/l beträgt, sodass ca. 200 ml Sauerstoff pro Liter Blut transportiert werden können.

Zur **Sauerstoffbindungskurve** solltest du dir unbedingt merken, dass

- 2,3-Bisphosphoglycerat eine Rechtsverschiebung der Sauerstoffbindungskurve bewirkt und somit eine Affinitätsabnahme des Hb für Sauerstoff,
- eine Rechtsverschiebung der Bindungskurve des Sauerstoffs durch 2,3-Bisphosphoglycerat, Anstieg des CO_2-Partialdrucks, Temperaturerhöhung und durch ein Absenken des pH-Werts erreicht wird,
- eine Abnahme von 2,3-BPG eine Erhöhung der Sauerstoffsättigung durch eine Linksverschiebung der Sauerstoffbindungskurve bewirkt,
- es zu einer Erhöhung des Halbsättigungsdrucks durch eine Rechtsverschiebung der Sauerstoffbindungskurve infolge des Bohr-Effekts kommt und
- trotz einer Anämie mit einer Hb-Konzentration von 100 g/l (normal sind 150 g/l) und der Einatmung normaler Luft die Sauerstoffsättigung weiterhin fast 100 % beträgt, wobei sich der Sauerstoffgehalt von 200 ml/l auf ca. 130 ml/l reduziert.

Zu den inaktiven **Hämoglobinen** wurde schon öfters gefragt, dass

- sowohl O_2 als auch CO am Häm des Hämoglobins reversibel binden können und
- die Bindung von CO 200- bis 300-mal fester ist als die Sauerstoffbindung.

Beim **Kohlendioxidtransport** sind vielversprechende Punktebringer, dass

- die CO_2-Bindungskurve kein Plateau (Sättigungswert) hat,
- die CO_2-Bindungskurve im Bereich zwischen den jeweiligen arteriellen und gemischtvenösen Partialdrücken steiler verläuft als die O_2-Bindungskurve,

DAS BRINGT PUNKTE

- bei gleichem CO_2-Partialdruck die Gesamtkonzentration des CO_2 im desoxygenierten Blut höher ist als im oxygenierten Blut,
- für den Haldane-Effekt die Konzentrationen von HCO_3^- in den Erythrozyten und im Plasma eine Rolle spielen,
- der Hauptanteil der Konzentration von physikalisch gelöstem und chemisch gebundenem CO_2 das HCO_3^- im Plasma ist,
- Hämoglobin H^+-Ionen puffert, CO_2 über Carbaminobindungen bindet und deshalb in desoxygenierter Form eine schwächere Säure ist als in oxygenierter,
- bei starker Erhöhung des P_{CO_2} mehr CO_2 über die Erythrozyten transportiert werden muss, wodurch ein verstärkter Hamburger-Shift (ladungsneutraler Cl^--Einstrom und HCO_3^--Ausstrom) auftritt,
- Bikarbonat in der Lungenstrombahn aus dem Plasma in die Erythrozyten aufgenommen wird und sich der Hamburger-Shift umkehrt und
- die Carboanhydrase die Dissoziation von CO_2 zu HCO_3^- katalysiert.

FÜRS MÜNDLICHE

Gastransport und Bindungkurven sind ein geliebtes Prüfungsthema. Mit den folgenden Fragen kannst du das Wichtigste noch einmal alleine oder mit deiner Lerngruppe rekapitulieren.

1. **Durch welche physikalischen Vorgänge gelangen die Atemgase aus dem Alveolarraum in die Blutbahn?**
2. **Sagen Sie, warum ist der Partialdruckunterschied von 0,83 kPa für die vollständige Diffusion von CO_2 ausreichend?**
3. **Krough-Diffusionskoeffizient und Fick-Diffusionsgesetz? Bitte erläutern Sie mir was man darunter versteht.**
4. **Was können Sie mir zum Atemgastransport im Blut sagen?**
5. **Was wissen Sie über den Sauerstofftransport?**
6. **Wie kommt die spezielle Sauerstoffbindungskurve des Hämoglobins zustande und was sagt Ihnen diese Kurve?**
7. **Bitte erläutern Sie die Begriffe Links- und Rechtsverschiebung im Zusammenhang mit der Sauerstoffbindungskurve!**
8. **Sagen Sie, durch welche Faktoren kommt es zu einer Verschiebung nach links, durch welche zu einer Verschiebung nach rechts?**
9. **Wie wird Ihrer Meinung nach Kohlendioxid im Blut transportiert?**
10. **Welche Vorgänge spielen sich bei der chemischen Bindung von Kohlendioxid in Erythrozyten ab? Nennen Sie diese!**
11. **Erläutern Sie bitte den Haldane-Effekt!**

FÜRS MÜNDLICHE

1. Durch welche physikalischen Vorgänge gelangen die Atemgase aus dem Alveolarraum in die Blutbahn?

Durch die Diffusion können die Atemgase die Alveolarmembran überwinden. Der Antrieb für die Diffusion ist der Partialdruckunterschied zwischen Alveolarraum und dem venösen Blut der Lungenkapillaren.

- Im venösen Blut beträgt der P_{CO_2} 6,13 kPa und der P_{O_2} 5,33 kPa.
- Im Alveolarraum ist die Zusammensetzung ein P_{CO_2} von 5,3 kPa und ein P_{O_2} von 13,3 kPa.

2. Sagen Sie, warum ist der Partialdruckunterschied von 0,83 kPa für die vollständige Diffusion von CO_2 ausreichend?

Kohlendioxid besitzt ein etwa 20-fach höheres Diffusionsvermögen als Sauerstoff, weshalb dieser Partialdruckunterschied ausreichend ist. Dies liegt am 20-fach höheren Krough-Diffusionskoeffizienten im Fick-Diffusionsgesetz.

3. Krough-Diffusionskoeffizient und Fick-Diffusionsgesetz? Bitte erläutern Sie mir was man darunter versteht.

Das Fick-Diffusionsgesetz stellt eine Beziehung her zwischen der Austauschfläche, der Diffusionsstrecke und der Konzentrationsdifferenz. Es besagt, je größer die Fläche, je dünner die Membran, je größer der Krough-Diffusionskoeffizient und je größer der Konzentrationsunterschied sind, desto mehr Gas wird diffundieren. Die gasspezifischen Eigenschaften werden durch den Krough-Diffusionskoeffizienten in dieser Gleichung mit eingebracht.

4. Was können Sie mir zum Atemgastransport im Blut sagen?

Grundlage des Atemgastransports im Blut ist die physikalische Löslichkeit der Gase. Atemgase müssen sich erst im Blutplasma lösen, um dann transportiert zu werden: überwiegend chemisch gebunden und zu einem geringen Teil auch physikalisch gelöst.

5. Was wissen Sie über den Sauerstofftransport?

Sauerstoff wird im Blut an die zweiwertigen Eisenionen des Hämoglobins gebunden. Hierbei handelt es sich NICHT um eine Oxidation, sondern um eine Oxygenierung. Zum Sauerstofftransport stehen verschiedene Hämoglobinarten zur Verfügung:

- fetales HbF,
- adultes HbA_1 und
- adultes HbA_2.

Insgesamt werden 200 ml Sauerstoff pro Liter Blut transportiert. Dies entspricht in etwa dem Sauerstoffanteil in der Atemluft (21 %). Wenn die Konzentration der desoxygenierten Hämoglobine auf über 50 g pro Liter ansteigt, kann es zu einer Blaufärbung der Lippen und Schleimhäute kommen, was als Zyanose bezeichnet wird.

6. Wie kommt die spezielle Sauerstoffbindungskurve des Hämoglobins zustande und was sagt Ihnen diese Kurve?

Sauerstoff wird am Hämoglobin gebunden transportiert. Das tetramere Hämoglobin ist aus vier Untereinheiten aufgebaut, die sich bei der Sauerstoffbindung gegenseitig beeinflussen. Diese – auch allosterische Wechselwirkungen genannten – Kräfte bewirken nach Bindung eines Sauerstoffmoleküls an eine Untereinheit des Hämoglobins eine erleichterte Bindung weiterer O_2-Moleküle an die restlichen Untereinheiten. Daraus ergibt sich eine S-förmige sigmoide Sauerstoffbindungskurve. Schon bei einem physiologisch normalen P_{O_2} von 13,3 kPa liegt eine Sauerstoffsättigung von 98 % vor.

7. Bitte erläutern Sie die Begriffe Links- und Rechtsverschiebung im Zusammenhang mit der Sauerstoffbindungskurve!

Die Sauerstoffbindungskurve kann durch bestimmte Einflüsse nach links oder rechts verschoben werden. Eine Linksverschiebung bedeutet eine Affinitätszunahme des Hämoglobins für Sauerstoff, wodurch Sauerstoff einfacher aufgenommen wird, jedoch schwerer abgegeben werden kann. Eine Rechtsverschiebung meint genau das Gegenteil: Es wird leichter Sauerstoff abgegeben.

8. Sagen Sie, durch welche Faktoren kommt es zu einer Verschiebung nach links, durch welche zu einer Verschiebung nach rechts?
Die Linksverschiebung findet vor allem in der Lunge und die Rechtsverschiebung im Gewebe statt:

- Linksverschiebung durch Abnahme von P_{CO_2}, Zunahme des pH-Werts, Abnahme der Temperatur und/oder von 2,3-BPG.
- Rechtsverschiebung durch Erhöhung von P_{CO_2}, Abnahme des pH-Werts (Bohr-Effekt), Erhöhung der Temperatur und/oder von 2,3-BPG.

9. Wie wird Ihrer Meinung nach Kohlendioxid im Blut transportiert?
Sowohl physikalisch gelöst als auch chemisch gebunden. Die chemische Bindung erfolgt als Bikarbonat und als Carbamat an den Proteinseitenketten des Hämoglobins. Daneben werden noch die bei der Reaktion von CO_2 mit Wasser im Blut anfallenden H^+-Ionen an die Histidinseitenketten des Hämoglobins gebunden.

10. Welche Vorgänge spielen sich bei der chemischen Bindung von Kohlendioxid in Erythrozyten ab? Nennen Sie diese!
CO_2 diffundiert in die Erythrozyten hinein und reagiert dort mit Wasser zu HCO_3^--Ionen und H^+-Ionen. Diese Reaktion wird durch die schnelle intraerythrozytäre Carboanhydrase stark beschleunigt. H^+-Ionen können über Histidinseitenketten gebunden, also gepuffert werden. Bikarbonat-Ionen jedoch nicht, wodurch die intraerythrozytäre Konzentration von HCO_3^- ansteigt. Dieser Konzentrationsanstieg wird durch den Hamburger-Shift begrenzt: Es kommt zu einem Ausstrom von HCO_3^--Ionen und einem Einstrom von Cl^--Ionen.

11. Erläutern Sie bitte den Haldane-Effekt!
Das Äquivalent zum Bohr-Effekt. Er findet in der Lunge statt. Durch einen hohen Sauerstoffpartialdruck kommt es zur Bindung von O_2 an das Hämoglobin, wodurch über allosterische Wechselwirkungen die Bindungsfähigkeit von H^+ und CO_2 am Globin des Hämoglobins abnimmt.

Mehr Cartoons unter www.medi-learn.de/cartoons

Pause

Lach doch mal wieder!
Fünf Minuten Pause ...

1.9 Atmungsregulation

Das Atemzentrum liegt in der **Medulla oblongata** und erhält Atemreize über verschiedene Mechanismen. Unterschieden werden dabei
- rückkoppelnde Atemreize und
- nicht-rückkoppelnde Atemreize.

1.9.1 Rückkoppelnde Atemreize

Rückkoppelnde Atemreize sind Bestandteil eines geschlossenen Regelkreises. Zu ihnen gehören die Informationen der
- **Lungendehnungsrezeptoren**, die sich in der **Trachealwand** sowie den **Bronchien** befinden und durch eine Dehnung der Lunge aktiviert werden. Die Informationen gelangen über afferente Fasern des **N. vagus** zur Medulla oblongata. Dort hemmen sie die Einatmung, wodurch die Lunge vor allem bei beschleunigter Atmung vor Überdehnung geschützt wird.
- **Chemorezeptoren**, die in zentrale und periphere Chemorezeptoren unterteilt werden: **Zentrale Chemorezeptoren** werden vor allem durch **Hyperkapnie** (hohe CO_2-Partialdrücke) und **Azidose** (niedrigen pH-Wert) stimuliert. **Periphere Chemorezeptoren** aus dem Glomus aorticum und dem Glomus caroticum werden durch **Hypoxie** (niedrigen O_2-Partialdruck), aber auch durch **Hyperkapnie** und **Azidose** aktiviert.

Übrigens …
Wird der N. vagus durchtrennt, kommt es zu einer Vertiefung und Verlangsamung der Atmung.

Merke!

- Die reflektorische Hemmung der Einatmung nach Aktivierung von Dehnungsrezeptoren der Bronchien und der Trachealwand wird als Hering-Breuer-Reflex bezeichnet.
- Der Partialdruck von CO_2 hat mit Abstand den größten Einfluss auf den Atemantrieb: P_{CO_2} > pH-Wert > P_{O_2}
- Arterielle Normalwerte für
  - P_{CO_2} = 5,3 kPa oder 40 mmHg
  - pH-Wert = 7,4
  - P_{O_2} = 13,3 kPa oder 100 mmHg

1.9.2 Nicht-rückkoppelnde Atemreize

Aus höheren Hirnarealen erhält das Atemzentrum Informationen, die eine Stimulation der Atmung hervorrufen. Hierzu gehören vor allem die Informationen von
- hypothalamischen Schaltstellen der **Temperaturregulation**,
- **Pressorezeptoren** des Kreislaufsystems,
- **Schmerzreizen** und
- Hormonen wie **Adrenalin**.

1.9.3 Formen normaler und veränderter Atmung

In Abb. 25, S. 50 sind die wichtigsten physiologischen und pathologischen Atmungsformen dargestellt:

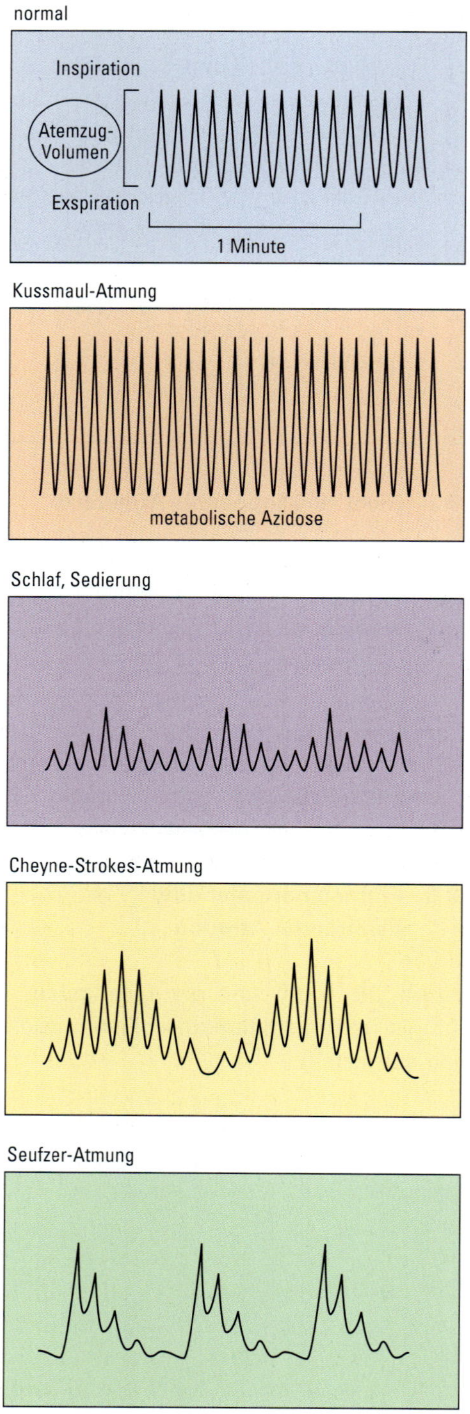

Abb. 25: Atmungsformen

medi-learn.de/7-physio4-25

Merke!

Die **Kussmaul-Atmung** bezeichnet eine verstärkte Atmung, wie sie bei der metabolischen Azidose auftreten kann (s. 2.4, S. 60).

1.10 Atmung unter ungewöhnlichen Bedingungen

Im schriftlichen Teil des Physikums beziehen sich die Fragen zu diesem Thema vor allem auf die Höhenatmung und die Höhenakklimatisation. Neuerdings werden aber auch wieder Fragen zum Thema Atmung bei erhöhtem Außendruck gestellt, wie er z. B. unter Wasser während des Schnorchelns oder Tauchens auftritt.

1.10.1 Höhenatmung

Mit zunehmender Höhe sinken der $\mathbf{P_{O_2}}$ und der $\mathbf{P_{CO_2}}$ der Inspirationsluft ab. Die prozentuale Zusammensetzung der Umgebungsluft bleibt mit zunehmender Höhe jedoch unverändert.

Merke!

In einer Höhe von **5500 m** hat sich der **äußere Luftdruck halbiert** (von etwa 100 kPa auf ~ 50 kPa), die prozentuale Zusammensetzung ist aber unverändert.

Bis auf etwa 2000 Höhenmeter wird der Abfall des $\mathbf{P_{O_2}}$ gut kompensiert, da bis zu einem alveolären P_{O_2} von 10 kPa (~ 75 mmHg) die Sauerstoffsättigung aufgrund der Bindungskurve nur unwesentlich abfällt. In größeren Höhen macht sich der Abfall des P_{O_2} jedoch bemerkbar (Hypoxie). Es kommt zu einer schnellen und einer verzögerten Anpassungsreaktion.

1. **Schnelle Anpassungsreaktion**: Durch die **arterielle Hypoxie** (fallender P_{O_2}) kommt es über die **peripheren Chemorezeptoren** zu einer **Stimulation der Atmung mit Anstieg der Herzfrequenz**. Die vermehrte Atmung führt zur gewünschten Zunahme des arteri-

ellen P_{O_2}. Dabei wird zugleich vermehrt Kohlendioxid abgeatmet (P_{CO_2} fällt), wodurch der pH-Wert steigt (Alkalose). Ein niedriger P_{CO_2} wirkt jedoch hemmend auf das Atemzentrum. Somit tritt während der schnellen Anpassungsreaktion eine Konkurrenz zwischen hypoxischem Atemantrieb und hypokapnischer Atemhemmung auf.

2. **Verzögerte Anpassungsreaktion**: Nach Tagen bis Wochen greifen zwei verschiedene Mechanismen.
   - Einerseits wird die **respiratorische Alkalose** durch eine **renale Kompensation** (s. Kapitel 2.5, S. 64) mit vermehrter Ausscheidung von HCO_3^- abgemildert und so die hypokapnische Atemhemmung reduziert.
   - Andererseits bewirkt eine längere Hypoxie die Ausschüttung von Erythropoetin, wodurch die Erythropoese ansteigt und so die Sauerstofftransporter im Blut zunehmen(Polyglobulie als Anstieg des Hämatokrits und Blutvolumens). Der Sauerstoffgehalt des Blutes ist dadurch erhöht, was vor allem von Leistungs- und Ausdauersportlern durch das Höhentraining ausgenutzt wird.

Daneben kommt es noch zu einer **Zunahme der Konzentration von 2,3-Bisphosphoglycerat** in den Erythrozyten, was eine **Rechtsverschiebung der Sauerstoffbindungskurve** bewirkt. Diese Rechtsverschiebung führt zur Affinitätsabnahme des Hämoglobins gegenüber Sauerstoff, der daraufhin im Gewebe leichter abgegeben werden kann.

Merke!

- Die schnelle Anpassungsreaktion wird durch die respiratorische Alkalose limitiert.
- Nach einer **Höhenakklimatisation** ist der arterielle P_{CO_2} vermindert und der Hämatokrit, das Blutvolumen, der Sauerstoffgehalt des Blutes sowie die Konzentration von 2,3-Bisphosphoglycerat sind erhöht.

Übrigens ...

Bei der **akuten Bergkrankheit** kommt es zu Schwindel, Kopfschmerzen und Müdigkeit, was durch die stark **Hypoxie-empfindlichen Nervenzellen** erklärbar ist. Zudem kann – durch den **höheren pulmonalen Gefäßwiderstand** mit resultierendem Anstieg des pulmonalarteriellen Blutdruckes – ein **Lungenödem neben einem Hirnödem** entstehen. Der gestiegene Gefäßwiderstand resultiert aus der Zunahme des Hämatokrits, wodurch die **Blutviskosität** (Zähflüssigkeit) steigt, und aus der auftretenden **hypoxischen Vasokonstriktion** der Lunge.

1.10.2 Tauchen und Schnorcheln

Nicht nur beim Tauchen mit einem Atemgerät, sondern auch beim Schnorcheln im nächstgelegenen See wirken erhebliche Kräfte auf unseren Brustkorb und unsere Lunge: Pro 10 m Tauchtiefe steigt der Außendruck um etwa 100 kPa (entspricht 1 bar oder 750 mmHg). Bis zu einer Schnorcheltiefe von 30 cm können die Inspirationsmuskeln den Kompressionsdruck von ca. 2 bis 5 kPa kompensieren und die Luft mit atmosphärischem Druck einatmen. Ab einer Schnorcheltiefe von 1 m erreicht die Belastung der Atemmuskeln jedoch eine kritische Grenze. Selbst wenn die Lunge durch erhebliche Anstrengungen noch ventiliert werden könnte, wäre der eingeatmete atmosphärische Partialdruck von Sauerstoff zu gering, um dessen ausreichende Diffusion durch die Alveolarmembran zu bewirken (s. 1.7, S. 36).

In dieser Situation addiert sich nämlich zum Gesamtdruck in der Lungenkapillare (Summe der Partialdrücke von Stickstoff, Sauerstoff, Edelgasen, Wasserdampf und Kohlendioxid) noch der hydrostatische Druck der Tauchtiefe (1 m = 10 kPa). Dadurch kann – bei fehlendem Gegendruck durch die Einatmung atmosphärischer Luft – eine Filtration in Richtung Lungenalveole auftreten und sich ein Lungenödem ausbilden.

Merke!

Pro 10 m Tauchtiefe kommen zum gesamten Luftdruck von 101 kPa noch einmal ca. 100 kPa = 1 bar = 750 mmHg hinzu.

Ein neues Lieblingsthema im Physikum scheinen Volumenveränderungen mit zunehmender Tauchtiefe zu sein. Bei konstanter Temperatur und abgeschlossener Gasmenge kann die ideale Gasgleichung $p \cdot V = n \cdot R \cdot T$ (s. 1.2.1, S. 1) vereinfacht werden zu $p_1 \cdot V_1 = p_2 \cdot V_2$. Versenkt man einen luftgefüllten 10-Liter-Eimer mit der Öffnung nach unten im Wasser, so verkleinert sich das eingeschlossene Luftvolumen mit zunehmender Tauchtiefe (s. Tab. 5, S. 52):

Beim **Apnoetauchen** wird die Luft angehalten. Mit steigender Tauchtiefe und zunehmendem Außendruck kommt es hierbei zur Verkleinerung des Thorax, zum Höhertreten des Zwerchfells und zur Blutverschiebung in den Thoraxraum. Dies führt zu einer Abnahme des Lungenvolumens und zum Anstieg des Drucks im Alveolarraum. In großen Tiefen kann daher der Sauerstoffgehalt des Alveolarraums besser genutzt werden. Durch Hyperventilation vor dem Tauchgang können z. B. Perlentaucher ihre Tauchzeit verlängern: Hyperventilation senkt den CO_2-Partialdruck und verzögert so den CO_2-vermittelten Atemreiz. Beim Auftauchen und der Normalisierung des Gesamtdrucks kann der alveoläre Partialdruck von Sauerstoff jedoch unter 4 kPa (= 30 mmHg) absinken und dadurch Bewusstlosigkeit eintreten. Der Perlentaucher würde zwar die Wasseroberfläche erreichen, jedoch dann zu ertrinken drohen.

Merke!

Beim Apnoetauchen kommt es mit steigendem Außendruck zu einer Abnahme des Lungenvolumens.

Beim **Gerätetauchen** mit Pressluft-Atemgeräten, die den Druck der Atemluft dem Umgebungsdruck mittels eines Lungenautomaten anpassen, aber auch beim Arbeiten in **Taucherglocken** oder **Caissons** (unten offener Kasten mit luftdichten Wänden, die z. B. bei Tunnelbauarbeiten eingesetzt werden, um durch Innen-

	Tiefe	Druck / Volumen	$P \cdot V$
Luft	0 Meter	Druck P_1 = 1 bar Volumen V_1 = 10 Liter	$P_1 \cdot V_1$ = 1 bar · 10 L
Wasser	10 Meter	P_2 = 2 bar V_2 = 5 Liter	$P_2 \cdot V_2$ = 2 bar · 5 L
	20 Meter	P_3 = 3 bar V_3 = 3,33 Liter	$P_3 \cdot V_3$ = 3 bar · 3,33 L
↓ **Wassertiefe**	30 Meter	P_4 = 4 bar V_4 = 2,5 Liter	$P_4 \cdot V_4$ = 4 bar · 2,5 L
	40 Meter	P_5 = 5 bar V_5 = 2 Liter	$P_5 \cdot V_5$ = 5 bar · 2 L

Tab. 5: Volumenänderungen mit zunehmender Tauchtiefe

druckerhöhung den Einstrom von Grundwasser zu verhindern), wird die Komprimierung der Lungen vermieden. Die alveolären Partialdrücke von Stickstoff und Sauerstoff steigen daher proportional zum Innendruck der Atemgeräte und Taucherglocken an. Problematisch ist hier die toxische Wirkung von Stickstoff und Sauerstoff:

- Ein sehr hoher Partialdruck von Stickstoff (ab ca. 300 kPa, normal ca. 75 kPa) führt durch Schädigung des ZNS zu Euphorie sowie Störung der Gedächtnisleistung und Motorik. Ab einer Tauchtiefe von ca. 35 bis 40 m kann der gefürchtete Tiefenrausch einsetzen. Dieses Problem wird durch Einsatz von Helium vermieden, das nur in geringem Maß die Alveolarmembran passiert.
- Ein sehr hoher Partialdruck von Sauerstoff führt ebenfalls zu einer Schädigung des ZNS und nach längerer Einwirkung auf die Alveolen auch zu Schäden, die ein Lungenödem hervorrufen können. Beim Tauchen in sehr großen Tiefen wird deshalb nicht nur Stickstoff durch Helium ersetzt, sondern auch die Sauerstoffkonzentration reduziert.

1

Übrigens ...
Durch technische Fehler in geschlossenen Tauchgeräten, die einen CO_2-Absorber verwenden und so die Rückatemluft wiederverwenden, kann es zur **Hyperkapnie** des Tauchers kommen. Als Symptome treten in der Regel ab einem CO_2-Partialdruck von 5 kPa Kopfschmerzen und Ohrensausen auf. Ab 10 kPa kann es zu Euphorie, Apathie und Bewusstseinsstörungen kommen – **der CO_2-Narkose (Tiefenrausch).**

DAS BRINGT PUNKTE

Zur **Atemregulation** wurde häufig gefragt, dass

- Hyperkapnie vor allem zentrale Chemorezeptoren stimuliert,
- Hypoxie vor allem periphere Chemorezeptoren stimuliert und
- die Rezeptoren des Hering-Breuer-Reflexes sich in den Bronchien befinden und Dehnungsrezeptoren sind.

Zur **Höhenatmung** solltest du wissen, dass

- mit Zunahme der Höhe der Sauerstoffpartialdruck der Inspirationsluft sinkt, jedoch NICHT der prozentuale Sauerstoffgehalt,
- bei einem Aufstieg in große Höhen (> 3500 m) die alveolären P_{O_2} und P_{CO_2} absinken, der P_{H_2O} aber unverändert bleibt, wenn sich die Temperatur der Alveolarluft nicht ändert,
- sich in fünf bis sechs Kilometer Höhe der äußere Luftdruck halbiert hat,
- mit zunehmender Höhe die arterielle Hypoxie als Atemantrieb wirkt,
- mit zunehmender Höhe das Atemzeitvolumen ansteigt und sich zusehends eine respiratorische Alkalose entwickelt,
- nach Höhenakklimatisation der arterielle CO_2-Partialdruck vermindert ist,
- während einer Höhenakklimatisation der Hämatokrit, das Blutvolumen, das 2,3-BPG und die Blutviskosität ansteigen,
- ein längerer Höhenaufenthalt zu einer Polyglobulie führt,
- durch eine Höhenakklimatisation mit Hb-Anstieg auch der periphere Kreislaufwiderstand steigt und
- bei akutem Höhenaufstieg auf 5500 m sich eine verminderte arterielle O_2-Sättigung des Hämoglobins, ein erhöhtes Atemzeitvolumen, eine Tachykardie, ein erhöhter Strömungswiderstand der Lunge durch hypoxische Vasokonstriktion und – nach einigen Tagen – eine erhöhte Ausscheidung von Bikarbonat über die Niere einstellen.

Zur Atmung beim **Tauchen** wurde gefragt, dass

- pro 10 m Tauchtiefe zum gesamten Luftdruck von 101 kPa noch einmal ca. 100 kPa hinzukommen,
- beim Apnoetauchen durch eine Hyperventilation mit Hypokapnie vor dem Tauchgang der CO_2-bedingte Atemreiz während des Tauchgangs verzögert wird.

FÜRS MÜNDLICHE

Nun wird es sportlich: Bergsteigen und Tauchen stehen an. Mit diesem Praxisbezug machen die folgenden Fragen vielleicht sogar ein kleines bisschen Spaß!

1. **Sagen Sie, durch welche Einflüsse wird die Atmung gesteuert?**
2. **Was ist die Kussmaul-Atmung?**
3. **Was verstehen Sie unter Höhenakklimatisierung?**

FÜRS MÜNDLICHE

1. Sagen Sie, durch welche Einflüsse wird die Atmung gesteuert?
Es können rückkoppelnde von nicht-rückkoppelnden Atemreizen unterschieden werden. Rückkoppelnd bedeutet, dass mit der Atmung verbundene Reize der Lunge registriert werden. So zum Beispiel Informationen der Lungendehnungsrezeptoren, die die Einatmung hemmen und so die Lunge bei beschleunigter Atmung vor Überdehnung schützen. Aber auch Informationen der Chemorezeptoren, die die Atemgaskonzentrationen im Blut registrieren.
Nicht-rückkoppelnd bedeutet, dass Reize auf den Atemantrieb wirken können, die nicht aus dem respiratorischen System stammen. Zu den nicht-rückkoppelnden Atemreizen gehören z. B. Schmerzreize und die Wirkung von Adrenalin.

2. Was ist die Kussmaul-Atmung?
Eine verstärkte Atmung, die vor allem bei einer metabolischen Azidose auftritt, z. B. während einer Ketoazidose bei Diabetes mellitus. Durch die verstärkte Atmung versucht der Körper den P_{CO_2} zu senken und so eine Erhö-

3. Was verstehen Sie unter Höhenakklimatisierung?
Die Höhenakklimatisierung ist die Reaktion des Körpers auf einen längeren Höhenaufenthalt. Da in der Höhe die Partialdrücke von Sauerstoff und Kohlendioxid abnehmen, kommt es akut zu einer Steigerung der Atmung. Jedoch ist diese Steigerung der Atmung durch die sich entwickelnde respiratorische Alkalose begrenzt. Längerfristig kommt es daher – über die Ausschüttung von Erythropoetin aus der Niere – zu einer Steigerung der Erythropoese mit steigendem Hämatokrit, wodurch die chemische Sauerstoff-Kapazität des Blutes erhöht wird. Außerdem wird die respiratorische Alkalose renal kompensiert durch die vermehrte HCO_3^--Ausscheidung und die Erhöhung der Konzentration von 2,3-BPG in den Erythrozyten. Dadurch kann der Sauerstoff im Gewebe leichter abgegeben werden – aufgrund der Rechtsverschiebung der Sauerstoffbindungskurve (s. Abb. 21, S. 40).

Mehr Cartoons unter www.medi-learn.de/cartoons

Pause

Noch einmal kurz grinsen, dann geht's zum nächsten Kapitel ...

2 Säure-Basen-Gleichgewicht und Pufferung

Fragen in den letzten 10 Examen: 8

Der Säure-Basen-Haushalt des menschlichen Körpers hat die Aufgabe, den physiologischen pH-Wert bei 7,4 konstant zu halten. Dafür ist es notwendig, anfallende überschüssige H^+- und OH^--Ionen durch Puffersysteme zu neutralisieren und aus dem Körper zu entfernen. Diese Arbeit erfordert ein komplexes Zusammenspiel zwischen Geweben, Blut, Nieren und Lungen. Das Verständnis und vor allem die Anwendung dieses komplexen Zusammenspiels auf konkrete Beispiele wird durch Fragen im Physikum überprüft und ist zudem oft Gegenstand der mündlichen Prüfung.

2.1 Pufferung

Vorab einige wichtige chemische Grundlagen, die dir das Verständnis dieses Themas erleichtern sollen:
Unter Puffer versteht man in der Chemie ein Gemisch aus einer schwachen **Säure mit ihrer korrespondierenden Base** – so z. B. **CO_2 als Puffersäure und HCO_3^- als Pufferbase**. Diese Pufferlösungen sind in der Lage, bestimmte Mengen von H^+- und OH^--Ionen zu binden oder abzugeben, wodurch sich der pH-Wert der Lösung über weite Bereiche nicht wesentlich verändert. Die Zusammenhänge zwischen pH-Wert und Pufferteilchen lassen sich mit der **Henderson-Hasselbalch-Gleichung** darstellen:

$$pH = pK + \log \frac{(\text{Pufferbase A}) = HCO_3^-}{(\text{Puffersäure AH}) = CO_2}$$

Der pK-Wert gibt den pH-Wert der optimalen Pufferung des Puffersystems an.

Bei näherer Betrachtung der Gleichung fällt auf, dass sie **drei Variablen** besitzt:

1. den pH-Wert,
2. die Konzentration der Pufferbase und
3. die Konzentration der Puffersäure.

Merke!

- Merk dir bitte unbedingt, dass jedes Puffersystem seinen eigenen **pK-Wert** besitzt!
- Mit der Henderson-Hasselbalch-Gleichung kann in einer Bikarbonat-Pufferlösung die Bikarbonat-Konzentration (Pufferbase) errechnet werden, wenn der pH-Wert der Lösung und der Partialdruck CO_2 bekannt sind.

2.2 Puffersysteme

Im menschlichen Körper gibt es drei wichtige Puffersysteme:

1. **Phosphatpuffer**: $H_2PO_4^- \leftrightarrows HPO_4^{2-} + H^+$
   Dieses Puffersystem besitzt den günstigsten Pufferbereich mit pK = 6,8, der nahe am physiologischen pH-Wert liegt. Durch die Nieren können $H_2PO_4^-$-Ionen ausgeschieden werden, was eine Abgabe von H^+-Ionen bedeutet. Der Phosphatpuffer besitzt jedoch im Extrazellulärraum nur eine sehr geringe Konzentration und hat daher für die Pufferung des Blutplasmas nur eine eingeschränkte Relevanz.

2. **Proteinpuffer**: $-NH_2$ (Amino-) und -COOH (Carboxyl-)Gruppen sowie einige Reste von **Aminosäuren** der **Proteine** bilden dieses Puffersystem.
   Der Proteinpuffer kommt vor allem **intrazellulär** vor. In den **Erythrozyten** bildet das Protein **Hämoglobin** den quantitativ wichtigsten Nicht-Bikarbonatpuffer (Proteinpuffer) und ist wesentlich an der Pufferung des Blutplasmas beteiligt.

3. **Bikarbonatpuffer**: $CO_2 + H_2O \leftrightarrows H^+ + HCO_3^-$ Der Bikarbonatpuffer hat mit seinem pK = 6,1 einen weniger physiologischen Pufferbereich. Dennoch stellt dieses Puffersystem den **wichtigsten Puffer** des menschlichen Körpers dar, da es sich um ein **offenes Puffersystem** handelt. Über die Lunge kann als respiratorische Komponente des Säure-Basen-Haushalts die Puffersäure **CO_2 abgeatmet** und so saure H^+-Ionen aus dem Körper entfernt werden. Außerdem kann Bikarbonat zusätzlich über die Nieren ausgeschieden oder eingespart werden.

2.3 Parameter des Säure-Basen-Haushalts

Jetzt, wo dir die Puffersysteme hoffentlich geläufig sind, stellt sich die Frage, wie man den Status des Säure-Basen-Haushalts genau festlegen kann. In der Klinik ist z. B. zu klären, ob bei einem Patienten eine Azidose oder Alkalose vorliegt und ob diese Störung respiratorisch und/oder nicht-respiratorisch verursacht wurde. Um diese Entscheidung treffen zu können, müssen drei Punkte abgefragt werden:

1. der **pH-Wert**, der die Konzentration freier **H^+**-Ionen im Blut angibt,
2. der **P_{CO_2}** als Partialdruck von CO_2 im Blut, der Auskunft über die **respiratorischen** Einflüsse auf den Säure-Basen-Status gibt,
3. das **aktuelle Bikarbonat**, das **Standardbikarbonat**, die **Pufferbasen** (BB) und der **Basenüberschuss** (BE), die die **nicht-respiratorischen** (metabolischen) Einflüsse auf den Säure-Basen-Status anzeigen.

Natürlich kann durch Messung des **pH-Werts** eindeutig zwischen einer Azidose und einer Alkalose unterschieden werden. Auch die respiratorischen Einflüsse lassen sich direkt durch die Messung des P_{CO_2} abschätzen. Es stellt sich nun noch die Frage, welcher der vier Messwerte unter Punkt 3 am aussagekräftigsten ist, um eine **nicht-respiratorische** (metabolische) Störung eindeutig abzugrenzen.

Welcher dieser Parameter ändert sich also nur bei einem nicht-respiratorischen Problem?

Um diese Frage zu klären und Sicherheit im Umgang mit den Messwerten des Säure-Basen-Haushalts zu vermitteln, werden diese vier Messwerte hier näher beleuchtet:

– Das **aktuelle Bikarbonat** wird im Blutplasma des Vollbluts bestimmt. Hierzu wird einem Patienten Blut abgenommen und die aktuelle HCO_3^--Konzentration gemessen.

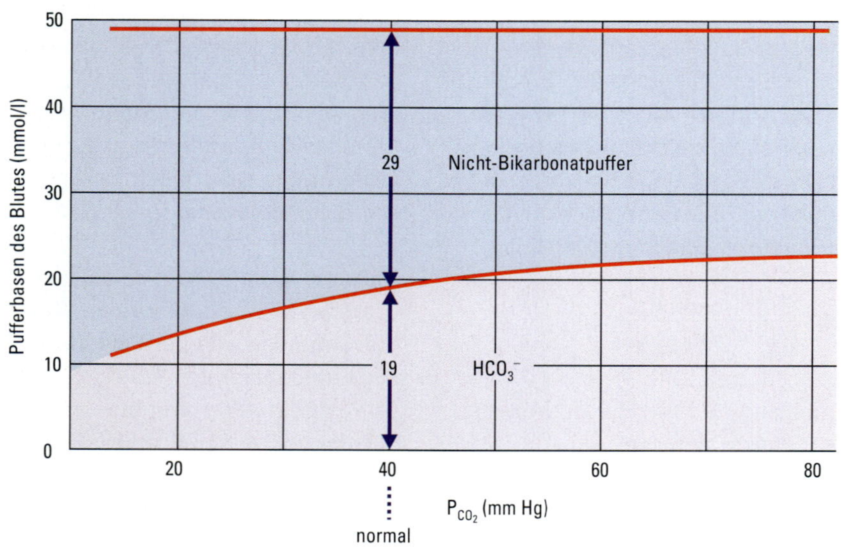

Abb. 26: Abhängigkeit der Pufferbasen vom P_{CO_2}

medi-learn.de/7-physio4-26

Diese ist sowohl bei respiratorischen als auch bei nicht-respiratorischen Störungen verändert. Der Normalwert ist **24 mmol/l**.

– Das **Standardbikarbonat** wird ebenfalls im Blutplasma des Vollbluts bestimmt. Hierzu wird einem Patienten Blut abgenommen und in der Blutprobe die **respiratorischen Standardbedingungen eines gesunden Menschen hergestellt**. Die Blutprobe wird dazu vollständig oxygeniert (normaler arterieller P_{O_2} von 13,3 kPa = 100 mmHg wird hergestellt) und bei einem P_{CO_2} von 5,3 kPa = 40 mmHg (normales arterielles Blut) und 37 °C die HCO_3^-**-Konzentration** bestimmt. Der Wert des Standardbikarbonats ist dann nur noch bei nicht-respiratorischen (metabolischen) Störungen und bei einer renalen Kompensation einer respiratorischen Störung verändert. Der Normalwert ist 24 mmol/l.

– Die **Pufferbasen (BB = 48 mmol/l)** werden ebenfalls im Blutplasma des Vollbluts bestimmt. Hierzu wird einem Patienten Blut abgenommen und es werden wieder die respiratorischen Standardbedingungen von P_{O_2} und P_{CO_2} hergestellt. Daraufhin wird die Konzentration der puffernden Anionen im Blut bestimmt. Die puffernden Anionen setzen sich zusammen aus:

- **HCO_3^--Konzentration des Blutplasmas und der Erythrozyten** als Bikarbonatpuffer
- **Pufferanionen der Plasmaproteine und des Hämoglobins** als Nicht-Bikarbonatpuffer
- **dem Phosphat-Ion HPO_4^{2-}** als Nicht-Bikarbonatpuffer

Der Normalwert der Pufferbasen beträgt **48 mmol/l**. Erhöht sind die Pufferbasen bei einer nicht-respiratorischen (metabolischen) Alkalose, erniedrigt bei einer nicht-respiratorischen Azidose. Außerdem sind sie abhängig von der Hämoglobinkonzentration und können daher bei einer Anämie erniedrigt sein (s. Abb. 26, S. 58).

Merke!

Die **Pufferbasen** sind unabhängig vom P_{CO_2} und damit unabhängig von respiratorischen Einflüssen. Die Pufferbasen werden daher durch respiratorische Einflüsse in ihrer Summe auch nicht verändert. Es ändert sich nur das Verhältnis von Bikarbonatpuffer zu Nicht-Bikarbonatpuffer.

Symbol	$P_{A_{CO_2}}$		pH_{Pl}	$[HCO_3^-]_{Pl}$	$[HCO_3^-]_{St}$	BE	BB
Einheit	kPa	mmHg	–	mmol/l	mmol/l	mmol/l	mmol/l
normal							
von	4,3	32	7,37	20	21	–2	42
bis	6,0	45	7,45	27	26	+2	54
Mittelwert	**5,3**	**40**	**7,40**	**24**	**24**	**0**	**48**
	CO_2-Partialdruck		Plasma-pH	Plasmabikarbonat-Konz.	Standardbikarbonat-Konz.	Basenabweichung	Pufferbasen

Abb. 27: Normalwerte wichtiger Parameter des Säure-Basen-Haushalts *medi-learn.de/7-physio4-27*

- Der **Basenüberschuss** (BE = base excess) wird ebenfalls im Blutplasma des Vollbluts bestimmt. Hierzu wird einem Patienten Blut abgenommen und die Differenz zwischen aktueller Pufferbase und Pufferbase nach Herstellung der respiratorischen Standardbedingungen ermittelt.
  Der Normalwert beträgt 0 mmol/l, der Normalbereich der Basenabweichung reicht von –2 bis +2 mmol/l.
  Ist der BE auf Werte über 2 mmol/l erhöht, so liegt eine nicht-respiratorische (metabolische) Alkalose vor. Eine nicht-respiratorische (metabolische) Azidose ist gekennzeichnet durch einen stark (< –2mmol/l) negativen BE.

Merke!

Der Base excess ist
- unabhängig von Veränderungen des P_{CO_2} und des Hb-Werts.
- nur bei nicht-respiratorischen (metabolischen) Störungen verändert.

Zum Abschluss noch einmal ein Überblick über die Normalwerte des Säure-Basen-Haushalts, die du für das Physikum unbedingt parat haben solltest (s. Abb. 27, S. 59).

2.4 Störungen des Säure-Basen-Haushalts

Im Physikum werden oft Fragen gestellt, in denen aus unterschiedlichen Parametern des Säure-Basen-Haushalts eines Patienten die zugrunde liegende Störung erkannt werden soll. Um diese recht komplexen Fragen lösen zu können, muss man die Störungen des Säure-Basen-Haushalts näher betrachten:

Aus der Höhe des pH-Werts kann man schon grob ablesen, in welche Richtung die Störung des Säure-Basen-Haushalts geht:
- Bei einem pH **unter 7,4** liegt eine **Azidose** vor.
- Bei einem pH **über 7,4** liegt eine **Alkalose** vor.

Um die Ursachen einer Azidose oder Alkalose aufzuklären und näher zu beschreiben, müssen eine **respiratorische** von einer **nicht-respiratorischen Ursache** unterschieden werden.

2.4.1 Respiratorische Störungen

Bei den primär respiratorischen Störungen kommt es aufgrund einer Störung der Ventilation zu einer **Zu- oder Abnahme des P_{CO_2}**.

Merke!

Der normale arterielle P_{CO_2} beträgt 5,3 kPa (= 40 mmHg).

Die **respiratorische Azidose** (s. Abb. 28, S. 63 Pfeil 1) ist gekennzeichnet durch
- einen **erhöhten P_{CO_2}** und somit nach der Reaktionsgleichung des Bikarbonatpuffers $CO_2 + H_2O \rightarrow H^+ + HCO^{3-}$,
- eine **erhöhte** Konzentration von H^+-Ionen und damit einen erniedrigten **pH**-Wert (Azidose),
- eine **erhöhte** Konzentration des **aktuellen Bikarbonats** (HCO_3^- > 24 mmol/l),
- ein unter Standardbedingungen **NORMALES Standardbikarbonat** (24 mmol/l),
- **normale Pufferbasen** (48 mmol/l), da mit Zunahme der Konzentration des Bikarbonatpuffers (**HCO_3^-** steigt an) die Konzentration der Nicht-Bikarbonatpufferbasen abnimmt und
- einen **Basenüberschuss von Null** (BE-Bereich zwischen –2 bis +2 mmol/l).

Die **Ursachen** einer respiratorischen Azidose können eine **Hypoventilation** durch Schädigung des Atemzentrums, nervaler Verbindungen, der Atemmuskulatur, der Lungen- und/oder Thoraxelastizität oder des Gasaustauschs sein.

Merke!

Bei einer Veränderung des P_{CO_2} ändert sich das Verhältnis der Pufferbasen zueinander, NICHT jedoch die Gesamtmenge der Pufferbasen.

Die **respiratorische Alkalose** (s. Abb. 28, S. 63, Pfeil 2) ist gekennzeichnet durch

- einen **erniedrigten** P_{CO_2} und somit nach der Reaktionsgleichung des Bikarbonatpuffers $CO_2 + H_2O \leftarrow H^+ + HCO^{3-}$,
- eine **erniedrigte Konzentration** von H^+-Ionen und damit einen erhöhten pH-Wert (Alkalose),
- eine erniedrigte Konzentration des aktuellen Bikarbonats (HCO_3^- < 24 mmol/l),
- ein – wie bei der respiratorischen Azidose – unter Standardbedingungen – **NORMALES Standardbikarbonat** (24 mmol/l) und
- einen **Basenüberschuss von Null** (BE-Bereich zwischen –2 bis +2 mmol/l).

Die **Ursachen** der respiratorischen Alkalose können eine **Hyperventilation** durch eine verstärkte Stimulation des Atemzentrums bei Verletzungen/Hirnschäden bzw. psychogen oder die verstärkte Atmung in großen Höhen sein. Typischerweise entwickelt sich bei diesen Patienten durch die arterielle Hypokapnie eine zerebrale Vasokonstriktion. Dies führt dazu, dass dem Patienten „schwarz vor Augen" wird und er kollabiert.

Merke!

Bei Veränderung des CO_2-Partialdrucks bleiben das Standardbikarbonat, die Pufferbasenkonzentration und der BE im Normalbereich.

2.4.2 Nicht-respiratorische (metabolische) Störungen

Bei primär nicht-respiratorischen (metabolischen) Störungen kommt es zu einer Zunahme oder Abnahme der Konzentration von **H^+-Ionen.**

Die **nicht-respiratorische (metabolische) Azidose** (s. Abb. 28, S. 63, Pfeil 3) ist gekennzeichnet durch

- einen **normalen** P_{CO_2} (5,3 kPa/40 mmHg),
- eine **erhöhte** Konzentration von H^+-Ionen und damit einen **erniedrigten pH-Wert** (Azidose),
- eine erniedrigte Konzentration des **aktuellen Bikarbonats** (HCO_3^- < 24 mmol/l) – durch Abpufferung der hohen H^+-Konzentration,
- ein – unter Standardbedingungen – **erniedrigtes Standardbikarbonat** (HCO_3^- < 24 mmol/l) und
- einen negativen **Basenüberschuss** (BE < 0/unter –2 mmol/l).

Die **Ursachen** der metabolischen Azidose können eine Additionsazidose, eine Retentionsazidose oder eine Subtraktionsazidose sein. **Additionsazidose** bezeichnet die vermehrte Bildung oder Zufuhr von Säuren, wie bei der Laktazidose (durch schwere körperliche Arbeit), bei der Ketoazidose (durch Ketonkörper beim Diabetes mellitus) oder beim Fasten (Fettsäuren, Azetazetat und β-Hydroxybutyrat). Außerdem führt eine Hyperkaliämie zu einer extrazellulären Azidose. **Retentionsazidose** bezeichnet eine Nierenfunktionsstörung mit verminderter Ausscheidung von H^+-Ionen. **Subtraktionsazidose** bezeichnet eine vermehrte Ausscheidung von Basen beim Durchfall oder bei einer Nierenfunktionsstörung mit vermehrter Ausscheidung von HCO_3^--Ionen, wie sie bei einer Hemmung des Enzyms Carboanhydrase im proximalen Tubulus der Niere entstehen kann. Die Hemmung führt zu einer geringeren Wiederaufnahme von HCO_3^- und Na^+ und somit Wasser. Der vermehrte Na^+-Verlust führt zu einem Zurückhalten von Cl^- und zu einer vermehrten Ausscheidung von K^+- einer Hypokaliämie, wodurch eine hyperchlorämische metabolische Azidose entsteht.

Die **nicht-respiratorische (metabolische) Alkalose** (s. Abb. 28, S. 63, Pfeil 4) ist gekennzeichnet durch

- einen – wie bei der metabolischen Azidose – **normalen** P_{CO_2} (= 5,3 kPa/40 mmHg),
- eine **verminderte** Konzentration von H^+-Ionen, bei **erhöhter** Konzentration von OH^--Ionen und damit einen **erhöhten pH-Wert** (Alkalose),
- ein erhöhtes **aktuelles Bikarbonat** (HCO_3^- > 24 mmol/l) – **durch Abpufferung** der hohen OH^--Konzentration,
- ein unter Standardbedingungen **erhöhtes Standardbikarbonat** (HCO_3^- > 24 mmol/l) und
- einen positiven Basenüberschuss **(BE > +2 mmol/l).**

Die **Ursachen** der metabolischen Alkalose können eine **Additionsalkalose**, eine **Subtraktionsalkalose** oder eine Verteilungsalkalose sein. Additionsalkalose bezeichnet die vermehrte Bildung oder Zufuhr von Basen, wie bei der inadäquaten renalen Produktion von HCO_3^- bei einer gesteigerten renalen H^+-Ausscheidung (zusätzlich zur Hypokaliämie bei chronisch erhöhtem Aldosteron-Spiegel – dem primären oder sekundären Hyperaldosteronismus). Subtraktionsalkalose bezeichnet den vermehrten Verlust von H^+-Ionen über die Niere oder bei Erbrechen von saurem Magensaft. **Verteilungsalkalose** bezeichnet den Ausgleich einer Hypokaliämie, bei der K^+-Ionen aus der Zelle abgegeben und H^+-Ionen kompensatorisch aufgenommen werden.

Merke!

Bei einer primär nicht-respiratorischen (metabolischen) Störung bleibt der P_{CO_2} normal bei 5,3 kPa (= 40 mmHg).

In Abb. 28, S. 63 sind die Störungen des Säure-Basen-Haushalts im **log P_{CO_2}/CO_2-Diagramm** dargestellt. Dieses Diagramm wird sehr oft in den Physikumsfragen verwendet, weshalb du es unbedingt verstanden haben solltest.

Neben dem pH-Wert und dem P_{CO_2} enthält dieses Diagramm aber noch eine weitere wichtige Information, die sehr gern im Physikum gefragt wird: die Geraden gleicher aktueller Bikarbonatkonzentration. Bei Betrachten des Diagramms sieht man, dass sich der Normalwert des Säure-Basen-Haushalts von pH = 7,4 und P_{CO_2} = 5,3 kPa als Punkt auf der 24 mmol/l-Geraden der aktuellen Bikarbonat-Konzentration befindet.

Merke!

- Der Normalzustand im arteriellen Blut ist gekennzeichnet durch einen pH-Wert von 7,4 und einem P_{CO_2} von 5,3 kPa (= 40 mmHg).
- Gleiche Konzentrationen von HCO_3^--Ionen liegen auf einer Geraden mit der Steigung –1.
- Die aktuelle Bikarbonatkonzentration ist links der schräg verlaufenden Geraden vermindert und rechts von ihr erhöht.

Die respiratorischen Veränderungen (s. Abb. 28, S. 63, Pfeil 1 und 2) verschieben sich im log P_{CO_2}/CO_2-Diagramm entlang der schräg verlaufenden CO_2-Äquilibrierungslinie und somit nicht direkt entlang der Linie der normalen Bikarbonatkonzentration von 24 mmol/l. Ursache hierfür ist, dass die Puffersysteme des Menschen nicht nur aus dem Bikarbonatpuffer (HCO_3^-), sondern auch aus dem Nicht-Bikarbonatpuffer bestehen. Dadurch verläuft die CO_2-Äquilibrierungslinie abweichend etwas steiler. Die primär nicht-respiratorischen (metabolischen) Veränderungen (s. Abb. 28, S. 63, Pfeile 3 und 4) verschieben sich auf einer horizontalen Linie ausgehend vom Normalzustand. Der P_{CO_2} bleibt unverändert, und nur der pH-Wert ändert sich.

Übrigens ...

Die klinisch häufigste Ursache einer nicht-respiratorischen (metabolischen) Alkalose ist die Hypokaliämie. Beim seltenen **Conn-Syndrom, dem primären Hyperaldosteronismus**, kommt es durch die Überproduktion des Steroidhormons Aldosteron in der Zona glomerulosa der Nebennierenrinde zu einer renalen Hypernatriämie mit Ausbildung eines Hypertonus. Gleichzeitig werden vermehrt Kaliumionen über die Niere ausgeschieden, es entwickelt sich eine Hypokaliämie. Als Versuch des Ausgleichs werden daraufhin K^+-Ionen im Tausch gegen H^+-Ionen aus der Zelle ausgeschleust – es entsteht eine metabolische Alkalose – die Trias des Conn-Syndroms mit Hypernatriämie, Hypokaliämie und metabolischer Alkalose ist komplett.

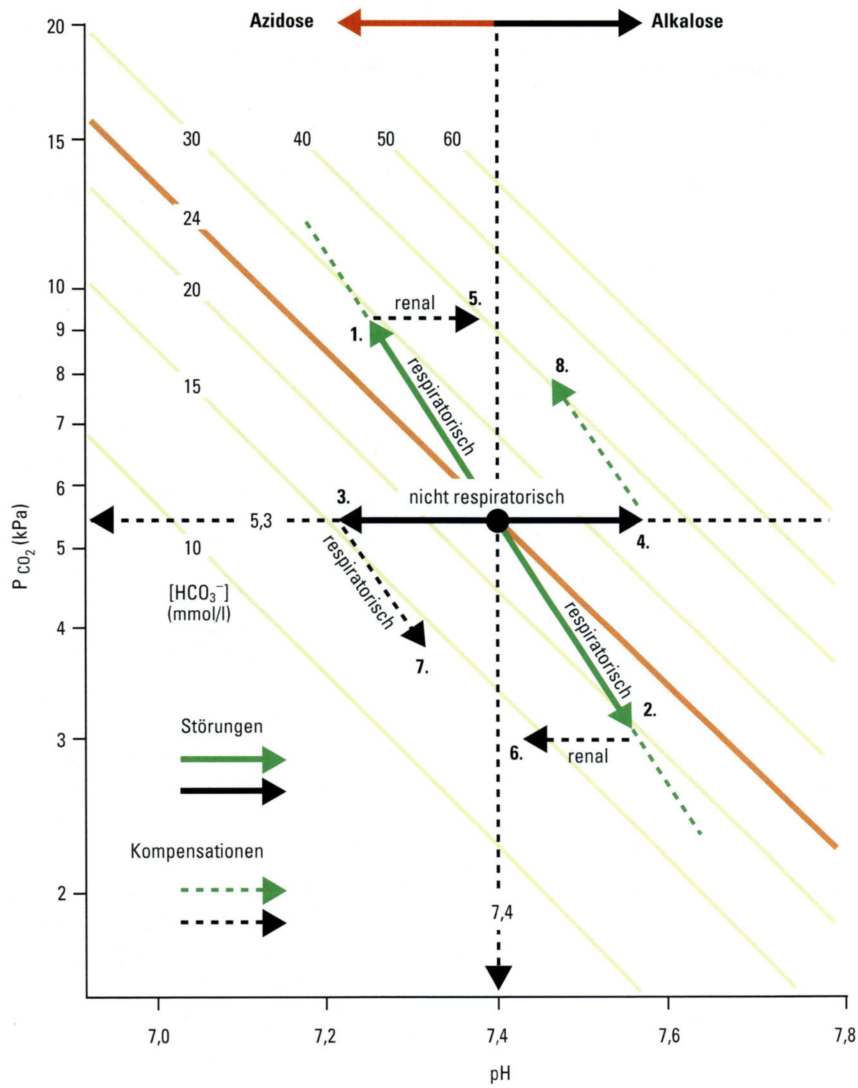

	Azidose respiratorisch	Azidose nicht respiratorisch	Alkalose respiratorisch	Alkalose nicht respiratorisch
pH	↓	↓	↑	↑
P CO_2	↑	normal	↓	normal
aktuelles [HCO_3^-]	↑	↓	↓	↑
BE	normal	↓	normal	↑
Standard [HCO_3^-]	normal	↓	normal	↑

Abb. 28: Störungen und Kompensationen des Säure-Basen-Haushalts *medi-learn.de/7-physio4-28*

Übrigens ...
Klinische Auswirkungen einer **Azidose** sind die Hemmung der Glykolyse, Förderung der Glykoneogenese mit Ausbildung einer Hyperglykämie. Entwicklung einer Hyperkaliämie durch zelluläre K^+-Abgabe bedingt durch eine zelluläre Abgabe von HCO_3^-, Depolarisation, sowie Hemmung der Na^+/K^+-ATPase. Verlangsamung der kardialen Erregungsfortleitung durch Verschluss der gap junctions. Cerebrale Vasodilatation vor allem bei respiratorischer Azidose.
Klinische Auswirkungen einer **Alkalose** sind die Stimulation der Glykolyse und Hemmung der Glykoneogenese mit drohender Hypoglykämie. Entwicklung einer Hypokaliämie durch Steigerung der zellulären K^+-Aufnahme. Senkung der freien Ca_2^+-Konzentration durch gesteigerte Bildung an Plasmaproteine oder an HCO_3^- mit Begünstigung von Herzrhythmusstörungen. Begünstigung eines Auftretens einer Schlafapnoe bei chronisch metabolischer Alkalose durch Minderung des Atemantriebes. Cerebrale Vasokonstriktion vor allem durch eine respiratorische Alkalose.

2.5 Regulation und Kompensationen des Säure-Basen-Haushalts

Die Störungen des Säure-Basen-Haushalts beim Menschen können von respiratorischen oder nicht-respiratorischen (metabolischen) Ursachen ausgehen. **Ziel der Kompensation** einer Störung des Säure-Basen-Haushalts ist es, den **physiologischen pH-Wert von 7,4** (Normal-pH-Bereich von 7,37 bis 7,45) wiederherzustellen. Dabei unterscheidet man eine **Teilkompensation** von einer vollen Kompensation, wobei nur die **volle Kompensation** den physiologischen pH-Wert von 7,4 erreicht.

2.5.1 Kompensationen respiratorischer Störungen

Eine **respiratorische Azidose** kann **metabolisch kompensiert** werden durch die vermehrte **Ausscheidung** von **H^+**- und **NH_4^+-Ionen** über die Nieren. Dies wird als **renale Kompensation** bezeichnet. **Der pH-Wert normalisiert sich dabei, der P_{CO_2} verändert sich jedoch nicht** (s. Abb. 28, S. 63, Pfeil 5).
Eine **respiratorische Alkalose** kann ebenfalls **metabolisch kompensiert** werden. Hier erfolgt die **renale Kompensation** durch die vermehrte **Ausscheidung** von HCO_3^--Ionen über die Nieren. Auch dabei **normalisiert sich der pH-Wert und der P_{CO_2} ändert sich nicht** (s. Abb. 28, S. 63, Pfeil 6).

Merke!

- Kann eine respiratorische Azidose primär nicht durch eine verstärkte Atmung kompensiert werden (bei Störung der Gasleitung oder der Lungenfunktion), erfolgt die verzögerte metabolische Kompensation über die Niere.
- Kann eine respiratorische Alkalose primär nicht durch eine verlangsamte Atmung kompensiert werden (bei Hypoxiegefahr), erfolgt die verzögerte metabolische Kompensation wiederum über die Niere.

2.5.2 Kompensationen nicht-respiratorischer (metabolischer) Störungen

Eine **nicht-respiratorische (metabolische) Azidose** kann kompensiert werden durch
- **Stimulation der Atmung** (durch den niedrigen pH-Wert = Azidose) und dadurch Elimination der Puffersäure CO_2 über die Lungen. So **normalisiert sich der pH-Wert und der P_{CO_2} wird geringer (P_{CO_2}< 5,3 kPa/40 mmHg)** (s. Abb. 28, S. 63, Pfeil 7).
- die **Niere** (mit einer kurzen Verzögerung) über eine **gesteigerte Ausscheidung** von H^+- und NH_4^+-Ionen. So werden Puffersäuren ausgeschieden und die Pufferbasen können sich regenerieren.

Eine **nicht-respiratorische (metabolische) Alkalose** kann kompensiert werden durch
- **Hemmung der Atmung** (durch hohen pH-Wert = Alkalose) und folglich Konzentrationserhöhung der Puffersäure CO_2. So wird versucht den pH-Wert zu normalisieren. Der P_{CO_2} und das aktuelle Bikarbonat steigen an (P_{CO_2} > 5,3kPa/40mmHg) (s. Abb. 28, S. 63, Pfeil 8). Limitiert wird dieser Kompensationsmechanismus jedoch durch den notwendigen Sauerstoffbedarf des Körpers. Unter physiologischen Bedingungen sind der Einschränkung der Atmung enge Grenzen gesetzt.
- die **Niere** (mit einer kurzen Verzögerung) über eine **gesteigerte Ausscheidung** von **HCO_3^--Ionen**. So werden Pufferbasen ausgeschieden.

Störung	pH	P_{CO_2}	aktuelles HCO_3^-	Standard-HCO_3^-	BE	mögliche Ursachen
respiratorische Azidose	↓ (↔)	↑	↑	↔ (↑)	↔ (↑)	**Ventilationsversagen, Hypoventilation durch** – veränderte Lungen- und Thoraxelastizität – Störung der nervalen Verbindungen – Schäden des Atemzentrums – gestörter Gasaustausch – gestörte Gasleitung
metabolische Azidose	↓ (↔)	↔ (↓)	↓	↓	↓	**Additionsazidose:** – Laktatazidose – Ketoazidose (im Coma diabeticum) **Retentionsazidose:** – Nierenversagen **Subtraktionsazidose:** – Diarrhö
respiratorische Alkalose	↑ (↔)	↓	↓	↔ (↓)	↔ (↓)	**Hyperventilation:** – Angst, Schmerzen – psychogene Auslöser – Mittelhirnschaden
metabolische Alkalose	↑ (↔)	↔ (↑)	↑	↑	↑	**Subtraktionsalkalose:** – Erbrechen von Magensaft – H^+-Ionen-Verlust über die Niere **Verteilungsalkalose:** – Hypokaliämie **Additionsalkalose:** – Retention von Bikarbonat

Tab. 6: Ursachen, Laborparameter und Kompensationsmöglichkeiten von Störungen des Säure-Basen-Haushalts

2

2.6 Zusammenfassung Säure-Basen-Haushalt

Die Störungen des Säure-Basen-Haushalts sowie deren Ursachen und Kompensationen sind in Tab. 6, S. 65 zusammengefasst. In Klammern steht der Zustand nach vollem Einsetzen der Kompensationsmechanismen.

Übrigens ...
Bei einer Azidose wird die Na^+/K^+-ATPase der Zellmembran gehemmt und sie kann den Kaliumgradienten nicht mehr aufrechterhalten. Dadurch kommt es zu einer **Hyperkaliämie**. Zusätzlich führt eine Azidose zu einer **Verteilungshyperkaliämie** durch Aufnahme von H^+-Ionen in die Zellen und Verlagerung intrazellulären Kaliums in den Extrazellularraum.
Hyperkaliämie kann Zuckungen der Muskulatur, Parästhesien mit Kribbeln in den Extremitäten bis hin zu EKG-Veränderungen auslösen. Sehr hohe K^+-Spiegel können zu spitzen hohen T-Wellen, dem Verlust der P-Welle und einer Verbreiterung des gesamten QRS-Komplexes führen, bis hin zu lebensbedrohlichen kardialen Komplikationen wie Arrhythmien, Kammerflimmern und Asystolie.

Beispiel
Aufgrund der Komplexität des Säure-Basen-Haushalts und auch zu deiner Selbstkontrolle, kannst du jetzt noch eine Beispielaufgabe bearbeiten, wie sie im Physikum schon öfters gestellt wurde:
Die eingezeichnete Gerade in Abb. 29, S. 67 gibt die Beziehung zwischen pH-Wert und CO_2-Partialdruck des oxygenierten Blutes eines Gesunden wieder.
Der eingezeichnete Punkt gibt die Werte des arteriellen Blutes eines Patienten an und spricht für eine Azidose, die

1. respiratorisch und nicht-respiratorisch bedingt ist.
2. teilweise nicht-respiratorisch kompensiert ist.
3. metabolisch bedingt und teilweise respiratorisch kompensiert ist.
4. rein respiratorisch bedingt ist.
5. rein nicht-respiratorisch bedingt ist.

Antwort:
Um diese Frage beantworten zu können, musst du wissen, dass links der eingezeichneten Geraden die Konzentration des **aktuellen Bikarbonats** vermindert ist und rechts davon erhöht.
Die eingezeichnete Gerade entspricht der **aktuellen Bikarbonatkonzentration** eines Gesunden (s. Frage). Auswendig wissen solltest du außerdem, dass diese Normalwerte 24 mmol/l sind und bei **pH 7,4** dann ein P_{CO_2} von 5,3 kPa/40 mmHg herrscht. Am gefragten Punkt liegt mit einem pH-Wert von 7,2 daher eine **Azidose** vor. Der P_{CO_2} ist hier mit etwa 60 mmHg erhöht (vgl. normal 5,3 kPa/40 mmHg). Es wird über die Lungen also weniger CO_2 abgegeben und die Azidose ist somit **respiratorisch** bedingt.
Bei einer rein respiratorisch bedingten Azidose würde das aktuelle Bikarbonat jedoch erhöht sein, da zu wenig CO_2 abgeatmet wird:
$\mathbf{CO_2 + H_2O \rightarrow H^+ + HCO_3^-}$.

In solch einer Situation müsste sich der eingezeichnete Punkt **rechts** der Geraden der normalen aktuellen Bikarbonatkonzentration befinden. Da sich in diesem Beispiel aber der Punkt **links** der Geraden befindet, spricht dies für eine **metabolische Komponente der Azidose**, bei der die Konzentration des Bikarbonats sinkt. Es fallen somit nicht-respiratorisch (metabolisch) vermehrt Säuren an, die die Konzentration der Pufferbase HCO_3^- vermindern.

Gleichzeitig liegt hier aber auch keine rein nicht-respira-

torische (metabolische) Azidose vor, da sonst der P_{CO_2} normal oder vermindert sein müsste (bei einer respiratorischen Kompensation einer nicht-respiratorischen Azidose).
Die richtige Lösung lautet also 1 = respiratorisch und nicht-respiratorisch bedingte Azidose.

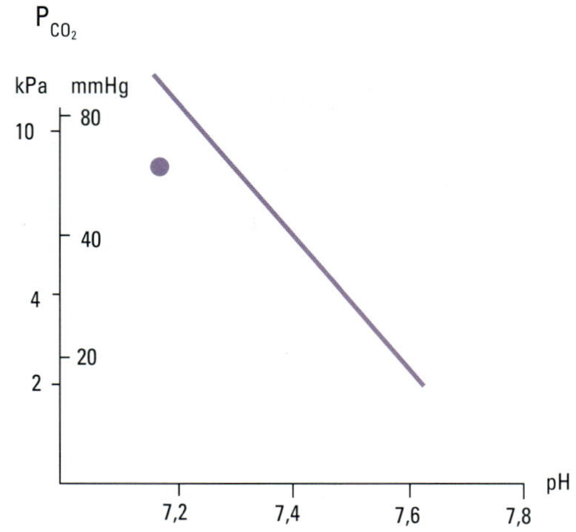

Abb. 29: Beziehung zwischen pH-Wert und CO_2-Partialdruck im oxygenierten Blut

medi-learn.de/7-physio4-29

DAS BRINGT PUNKTE

Die Fragen zum **Säure-Basen-Haushalt** im Physikum sind oft sehr komplex, weshalb hier noch einmal die Fakten zusammenhängend dargestellt sind, mit denen gepunktet werden kann. Unbedingt merken solltest du dir, dass

- Erythrozyten am Transport von CO_2 und an der Pufferung des Blutplasmas beteiligt sind und
- die Erythrozyten den quantitativ wichtigsten Nicht-Bikarbonatpuffer des Blutes enthalten.

Besonders wichtig zum Verständnis des Säure-Basen-Haushalts ist die Kenntniss der **Parameter** und ihre Anwendung auf einen veränderten Säure-Basen-Status. Wissen solltest du darüber auf jeden Fall, dass

- wenn eine Blutprobe mit erhöhtem CO_2-Partialdruck äquilibriert wird, sich weder der BE noch die Gesamt-Pufferbasen verändern.
- eine Änderung des BE nur bei nicht-respiratorischen Störungen auftritt.
- eine nicht-respiratorische Azidose gekennzeichnet ist durch einen stark negativen BE.
- ein positiver BE über 2 mmol/l eine metabolische Alkalose kennzeichnet.
- bei Veränderung des CO_2-Partialdrucks die Gesamt-Pufferbasen-Konzentration und der BE konstant bleiben.
- um eine Blutprobe mit einem BE von +10 mmol/l zu titrieren, das Volumen der Blutprobe bekannt sein muss.
- die Normalwerte des Säure-Basen-Haushalts so lauten:
  - arterieller P_{CO_2} = 5,3 kPa oder 40 mmHg,
  - pH-Wert = 7,4
  - Plasmabikarbonatkonzentration = 24 mmol/l,
  - Standardbikarbonatkonzentration = 24 mmol/l,
  - BE zwischen –2 und +2 mmol/l und
  - Pufferbasenkonzentration = 48 mmol/l.

Zu den **Störungen** und **Kompensationen** solltest du folgende Fakten parat haben:

- Bei einer nicht-kompensierten, nicht-respiratorischen Alkalose kann der BE von 0 auf +5 ansteigen.
- Eine akute respiratorische Azidose entsteht durch eine Hypoventilation.
- Durch eine Hypoventilation kann eine respiratorische Azidose entstehen.
- Bei einer nicht-kompensierten respiratorischen Azidose ist die aktuelle HCO_3^--Ionenkonzentration im Blut erhöht.
- Eine respiratorische Azidose ist durch eine Erhöhung des P_{CO_2} und der HCO_3^- Ionen sowie eine Abnahme des pH gekennzeichnet.
- Bei einer rein respiratorischen Azidose ohne Kompensation ändert sich der BE nur innerhalb seines Referenzbereichs.

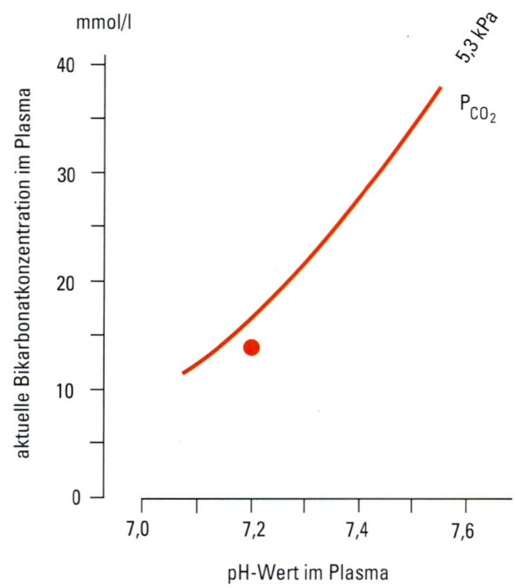

Abb. 30: Bikarbonatkonzentration in Abhängigkeit vom pH-Wert

medi-learn.de/7-physio4-30

DAS BRINGT PUNKTE

Zum Thema **körperliche Arbeit** und Säure-Basen-Haushalt solltest du wissen, dass

- es bei schwerer körperlicher Arbeit zu einer Abnahme des pH-Werts, einer Abnahme der aktuellen HCO_3^--Konzentration und einer leichten Verminderung des P_{CO_2} kommt,
- durch erschöpfende Arbeit mit massiver Tachypnoe die Pufferbasenkonzentration absinkt und
- bei schwerer körperlicher Arbeit der Punkt in Abb. 29, S. 67 zu erwarten ist.

FÜRS MÜNDLICHE

Auf zum Endspurt mit den Fragen zum Thema Säure-Basen-Haushalt! Nochmal kurz konzentrieren, dann hast du dieses Skript geschafft. Hier kommen die Fragen:

1. **Beschreiben Sie bitte den Normalzustand des Säure-Basen-Haushalts. Wie lässt er sich charakterisieren?**
2. **Was verstehen Sie unter der Standardbikarbonatkonzentration?**
3. **Wann ist die Standardbikarbonatkonzentration verändert?**
4. **Was verstehen Sie unter einer renalen Kompensation?**
5. **Welche Störungen des Säure-Basen-Haushalts sind Ihnen bekannt?**
6. **Suchen Sie sich bitte eine Störung aus und erläutern Sie diese. Welche Symptome erwarten Sie bei diesen Patienten und warum?**
7. **Wie sehen die Kompensationsmöglichkeiten einer respiratorischen Alkalose aus?**

---

1. Beschreiben Sie bitte den Normalzustand des Säure-Basen-Haushalts. Wie lässt er sich charakterisieren?

Der normale pH-Wert beträgt 7,4. In den Arterien sollte ein P_{O_2} von 13,3 kPa und ein P_{CO_2} von 5,3 kPa vorliegen. Die aktuelle Plasmabikarbonatkonzentration und die Standardbikarbonatkonzentration sollten 24 mmol/l betragen und der BE zwischen –2 und +2 mmol/l liegen.

2. Was verstehen Sie unter der Standardbikarbonatkonzentration?

Der Wert für das Standardbikarbonat kann ermittelt werden, indem eine Blutprobe den Standardbedingungen des menschlichen Körpers ausgesetzt wird. Hierzu wird die Blutprobe in eine Kammer mit P_{CO_2} 5,3 und P_{O_2} 13,3 kPa sowie einer Temperatur von 37 °C überführt und dort das HCO_3^- gemessen.

3. Wann ist die Standardbikarbonatkonzentration verändert?

Verändert ist der Wert für das Standardbikarbonat, wenn

- nicht-respiratorische (metabolische) Veränderungen vorliegen oder
- eine renale Kompensation eintritt.

4. Was verstehen Sie unter einer renalen Kompensation?
Die Niere kann als Kompensation einer respiratorischen Störung die Ausscheidung von HCO_3^- erhöhen oder vermindern sowie die Ausscheidung von H^+ und NH_4^+ erhöhen.

5. Welche Störungen des Säure-Basen-Haushalts sind Ihnen bekannt?
Prinzipiell kann eine Azidose von einer Alkalose unterschieden werden. Weiterhin können respiratorische von nicht-respiratorischen Störungen unterschieden werden.

6. Suchen Sie sich bitte eine Störung aus und erläutern Sie diese. Welche Symptome erwarten Sie bei diesen Patienten und warum?
Die respiratorische Alkalose: Sie ist gekennzeichnet durch einen hohen pH-Wert. Der P_{CO_2} ist unter 5,3 kPa vermindert. Das aktuelle Bikarbonat ist unter 24 mmol/l vermindert. Standardbikarbonat und der BE sind dagegen normal.
Diese Störung tritt bei einer verstärkten Atmung auf. Zum Beispiel bei einer Schädigung des Atemzentrums, aber auch psychogen bei Angst oder starker Erregung. Ursache kann z. B. ein Musikkonzert einer Teenieband sein. Dort findet man respiratorische Alkalosen vor allem bei Zuhörern in den ersten Reihen. Die Betroffenen atmen sehr schnell, ihre Hände nehmen eine typische Pfötchenstellung ein und die Gesichtsmuskulatur verkrampft.
Ursache der Muskelkrämpfe: Bei der sich entwickelnden respiratorischen Alkalose lösen sich H^+-Ionen von den Plasmaproteinen, um den akuten H^+-Mangel auszugleichen. Gleichzeitig werden Ca^{2+}-Ionen an die freien Plasmaproteinbindungsstellen gebunden und so die Konzentration der freien Ca^{2+}-Ionen erniedrigt. Dies löst die Muskelkrämpfe aus.

7. Wie sehen die Kompensationsmöglichkeiten einer respiratorischen Alkalose aus?
Es kommt mit Verzögerung zu einer vermehrten Ausscheidung von HCO_3^--Ionen, wodurch sich der pH-Wert wieder dem physiologischen Bereich annähert. Der P_{CO_2} ändert sich dabei jedoch nicht.

Mehr Cartoons unter www.medi-learn.de/cartoons

Pause

Geschafft! hier noch ein kleiner Cartoon als Belohnung ...

Index

Deine Meinung ist gefragt!
Es ist erstaunlich, was das menschliche Gehirn an Informationen erfassen kann. Slbest wnen kilene Fleher in eenim Txet entlheatn snid, so knnsat du die eigneltchie lofnrmotian deoncnh vershteen – so wie in dsieem Text heir.

Wir heabn die Srkitpe mecrfhah sehr sogrtfältg güpreft, aber vilcheliet hat auch uesnr Girehn – so wie deenis grdaee – unbeswust Fheler übresehne. Um in der Zuuknft noch bsseer zu wrdeen, bttein wir dich dhear um deine Mtiilhfe.

Sag uns, was dir aufgefallen ist, ob wir Stolpersteine übersehen haben oder ggf. Formulierungen verbessern sollten. Darüber hinaus freuen wir uns natürlich auch über positive Rückmeldungen aus der Leserschaft.

Deine Mithilfe ist für uns sehr wertvoll und wir möchten dein Engagement belohnen: Unter allen Rückmeldungen verlosen wir einmal im Semester Fachbücher im Wert von 250 Euro. Die Gewinner werden auf der Webseite von MEDI-LEARN unter www.medi-learn.de bekannt gegeben.

Schick deine Rückmeldung einfach per E-Mail an support@medi-learn.de oder trag sie im Internet in ein spezielles Formular für Rückmeldungen ein, das du unter der folgenden Adresse findest:

www.medi-learn.de/rueckmeldungen

Dr. Claas Wesseler

Physiologie Band 1

MEDI-LEARN Skriptenreihe

7., komplett überarbeitete Auflage

MEDI-LEARN Verlag GbR

Autor: Dr. med. Claas Wesseler
Fachlicher Beirat: PD Dr. Andreas Scholz

Teil 1 des Physiologiepaketes, nur im Paket erhältlich
ISBN-13: 978-3-95658-016-1

Herausgeber:
MEDI-LEARN Verlag GbR
Dorfstraße 57, 24107 Ottendorf
Tel. 0431 78025-0, Fax 0431 78025-262
E-Mail redaktion@medi-learn.de
www.medi-learn.de

Verlagsredaktion:
Dr. Marlies Weier, Dipl.-Oek./Medizin (FH) Désirée Weber, Denise Drdacky, Jens Plasger, Sabine Behnsch, Philipp Dahm, Christine Marx, Florian Pyschny, Christian Weier

Layout und Satz:
Fritz Ramcke, Kristina Junghans,
Christian Gottschalk

Grafiken:
Dr. Günter Körtner, Irina Kart, Alexander Dospil,
Christine Marx

Illustration:
Daniel Lüdeling

Druck:
Löhnert Druck

7. Auflage 2015

Wichtiger Hinweis für alle Leser
Die Medizin ist als Naturwissenschaft ständigen Veränderungen und Neuerungen unterworfen. Sowohl die Forschung als auch klinische Erfahrungen führen dazu, dass der Wissensstand ständig erweitert wird. Dies gilt insbesondere für medikamentöse Therapie und andere Behandlungen. Alle Dosierungen oder Applikationen in diesem Buch unterliegen diesen Veränderungen.
Obwohl das MEDI-LEARN Team größte Sorgfalt in Bezug auf die Angabe von Dosierungen oder Applikationen hat walten lassen, kann es hierfür keine Gewähr übernehmen. Jeder Leser ist angehalten, durch genaue Lektüre der Beipackzettel oder Rücksprache mit einem Spezialisten zu überprüfen, ob die Dosierung oder die Applikationsdauer oder -menge zutrifft. Jede Dosierung oder Applikation erfolgt auf eigene Gefahr des Benutzers. Sollten Fehler auffallen, bitten wir dringend darum, uns darüber in Kenntnis zu setzen.

Vorwort

Liebe Leserin, lieber Leser,

zu viel Stoff und zu wenig Zeit – diese zwei Faktoren führen stets zu demselben unschönen Ergebnis: Prüfungsstress!

Was soll ich lernen? Wie soll ich lernen? Wie kann ich bis zur Prüfung noch all das verstehen, was ich bisher nicht verstanden habe? Die Antworten auf diese Fragen liegen meist im Dunkeln, die Mission Prüfungsvorbereitung erscheint vielen von vornherein unmöglich. Mit der MEDI-LEARN Skriptenreihe greifen wir dir genau bei diesen Problemen fachlich und lernstrategisch unter die Arme.

Wir helfen dir, die enorme Faktenflut des Prüfungsstoffes zu minimieren und gleichzeitig deine Bestehenschancen zu maximieren. Dazu haben unsere Autoren die bisherigen Examina (vor allem die aktuelleren) sowie mehr als 5000 Prüfungsprotokolle analysiert. Durch den Ausschluss von „exotischen", d. h. nur sehr selten gefragten Themen, und die Identifizierung immer wiederkehrender Inhalte konnte das bestehensrelevante Wissen isoliert werden. Eine didaktisch sinnvolle und nachvollziehbare Präsentation der Prüfungsinhalte sorgt für das notwendige Verständnis.

Grundsätzlich sollte deine Examensvorbereitung systematisch angegangen werden. Hier unsere Empfehlungen für die einzelnen Phasen deines Prüfungscountdowns:

Phase 1: Das Semester vor dem Physikum
Idealerweise solltest du schon jetzt mit der Erarbeitung des Lernstoffs beginnen. So stehen dir für jedes Skript im Durchschnitt drei Tage zur Verfügung. Durch themenweises Kreuzen kannst du das Gelernte fest im Gedächtnis verankern.

Phase 2: Die Zeit zwischen Vorlesungsende und Physikum
Jetzt solltest du täglich ein Skript wiederholen und parallel dazu das entsprechende Fach kreuzen. Unser „30-Tage-Lernplan" hilft dir bei der optimalen Verteilung des Lernpensums auf machbare Portionen. Den Lernplan findest du in Kurzform auf dem Lesezeichen in diesem Skript bzw. du bekommst ihn kostenlos auf unseren Internetseiten oder im Fachbuchhandel.

Phase 3: Die letzten Tage vor der Prüfung
In der heißen Phase der Vorbereitung steht das Kreuzen im Mittelpunkt (jeweils abwechselnd Tag 1 und 2 der aktuellsten Examina). Die Skripte dienen dir jetzt als Nachschlagewerke und – nach dem schriftlichen Prüfungsteil – zur Vorbereitung auf die mündliche Prüfung (siehe „Fürs Mündliche").

Weitere Tipps zur Optimierung deiner persönlichen Prüfungsvorbereitung findest du in dem Band „Lernstrategien, MC-Techniken und Prüfungsrhetorik".

Eine erfolgreiche Prüfungsvorbereitung und viel Glück für das bevorstehende Examen wünscht dir

Dein MEDI-LEARN Team

Inhalt

1 Allgemeine Physiologie

Fragen in den letzten 10 Examen: 16

Um eine Sprache fließend zu beherrschen, muss man ihre Worte verstehen und korrekt benutzen können. Da in der Medizin – und damit auch in der Physiologie – eine eigene (Geheim-) Sprache benutzt wird, beginnt dieses Kapitel mit einer kurzen Zusammenfassung der physiologischen Begriffe, die du kennen solltest, um in der mündlichen Prüfung locker mitreden zu können und auch den schriftlichen Teil des Examens gut zu bestehen. Zusätzlich kannst du damit vielleicht auch noch den einen oder anderen Punkt in Physik oder Chemie einstreichen.

1.1 Stoffmenge

Ein Mol ist die Bezeichnung für eine bestimmte Zahl (Menge) an Teilchen, von der du mindestens die Dimension (= 10^{23}, eine Zahl mit 23 Nullen!) kennen solltest. Als **Mengenangabe** ist das Mol mit dem Dutzend vergleichbar – nur ist man beim Dutzend schneller mit dem Zählen fertig als bei 602,2 Trilliarden Teilchen.

Merke!

Die Einheit der Stoffmenge ist das Mol.
Ein Mol sind $6{,}022 \cdot 10^{23}$ Teilchen.

1.2 Stoffmasse

Die Stoffmasse ist das Gewicht eines Stoffes mit der Grundeinheit Gramm. Das – mit 1 000 multipliziert – ist die Einheit, die dich morgens als Kilogramm auf der Waage „erschreckt" (oder erfreut).

1.3 Konzentration

Die Einheit Konzentration besteht aus zwei Teilen:

- der Stoffmenge und
- dem Volumen.

Wichtig: Der Begriff „Konzentration" bezieht sich immer auf die Stoffmenge in einem bestimmten Volumen.
Im Examen wird die Konzentration daher entweder als

- Mol pro Liter [mol/l] oder
- Gramm pro Liter [g/l] angegeben.

Merke!

Konzentration = Stoffmenge pro Volumen

Weder die Konzentration noch das Volumen oder die Stoffmenge werden im Examen immer in den Grundeinheiten angeben. Mit diesen Umrechungsfaktoren kannst du sie aber – wenn nötig – in die Grundeinheiten zurückverwandeln.

Volumen:

- Deziliter (dl) = 10^{-1} = 0,1 Liter
- Milliliter (ml) = 10^{-3} = 0,001 Liter
- Mikroliter (µl) = 10^{-6} Liter
- Nanoliter (nl) = 10^{-9} Liter
- Pikoliter (pl) = 10^{-12} Liter
- Femtoliter (fl) = 10^{-15} Liter

Masse:

- Kilogramm (kg) = 1 000 g = 10^{3} Gramm
- Milligramm (mg) = 0,001 g = 10^{-3} Gramm
- Mikrogramm (µg) = 10^{-6} Gramm

Beispiel

Es herrscht eine Konzentration für Natrium von 0,00002 g/µl (entspricht = $2 \cdot 10^{-5}$ g/µl). Wie würde man dieses jetzt in der Grundeinheit g/l schreiben?

Der Hochrechnungsfaktor von Mikroliter auf Liter ist, wie oben zu sehen, 10^6. Nun musst du also die 0,00002 g/µl mit 10^6 multiplizieren und erhältst 20 g/l als Konzentration für Natrium in dieser Lösung.

$(2 \cdot 10^{-5}\ \text{g/µl}) \cdot 10^6 = 2 \cdot 10^1\ \text{g/l} = 20\ \text{g/l})$

1.3.1 Stoffmenge versus Konzentration

Zwischen diesen beiden Begriffen besteht ein kleiner, aber wichtiger Unterschied, auf den viele Fragen im schriftlichen Examen abzielen:

- Die Stoffmenge ist eine bestimmte Anzahl von Teilchen mit der Einheit Mol.
- Die Konzentration ist eine bestimmte Stoffmenge pro Volumen. Mögliche Einheiten sind: Mol/ml, g/l, mmol/l, g/ml etc.

Konzentration und Stoffmenge können sich unabhängig voneinander ändern. Daher solltest du immer genau darauf achten, wonach gefragt wird.

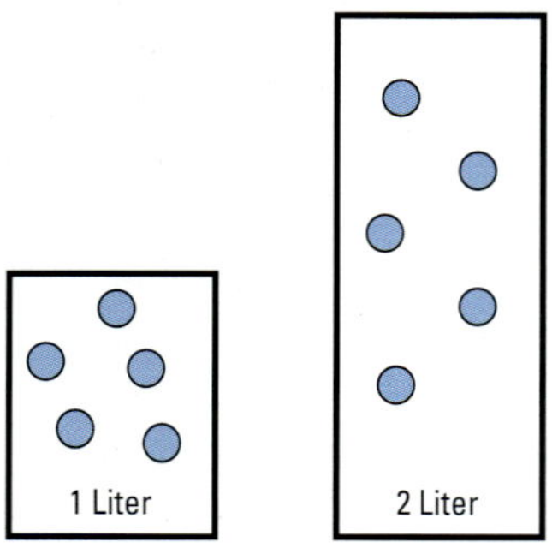

Die Stoffmenge bleibt gleich,
die Konzentration halbiert sich.

Abb. 1: Gleiche Stoffmenge in unterschiedlichen Volumina → unterschiedliche Konzentrationen

medi-learn.de/7-physio1-1

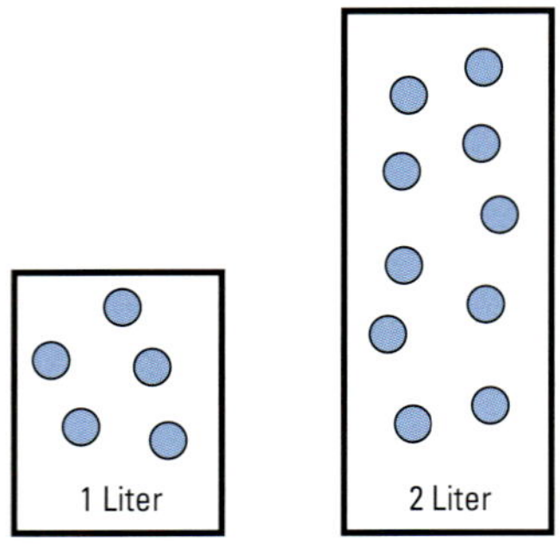

Die Konzentration bleibt gleich,
die Stoffmenge verdoppelt sich.

Abb. 2: Gleiche Konzentration heißt NICHT immer auch gleiche Stoffmenge

medi-learn.de/7-physio1-2

Beispiel

- Verringert sich das Volumen bei gleichbleibender Stoffmenge, ist das eine Konzentrierung.
- Vergrößert sich das Volumen, in dem die Teilchen (Stoffmenge) gelöst sind, spricht man von Verdünnung (s. Abb. 1, S. 2).

Die Konzentration bleibt in Abb. 2, S. 2 gleich, die Stoffmenge aber verdoppelt sich. Wenn du dir die beiden Konzentrationen anschaust, kommst du links auf 5 g/l, rechts auf 10 g/2l. Letzteres entspricht (durch zwei geteilt) genau 5 g/l. Die Konzentration bleibt dadurch gleich, dass sich die Stoffmenge UND das Volumen verdoppelt haben: Das Verhältnis der beiden ist unverändert.

1.4 Osmolarität

Die Osmolarität beschreibt die Konzentration der osmotisch wirksamen Teilchen in Mol pro Liter Lösung. Die Einheit ist **[osmol/l]**.

Im Blutplasma tummeln sich unter normalen Bedingungen circa 300 mosmol osmotisch wirksame Teilchen pro Liter (= 0,3 osmol/l).

0,3 osmol/l oder 300 mosmol/l entsprechen genau der Osmolarität einer 0,9 %igen NaCl-Lösung (Kochsalzlösung).

Übrigens ...
Das ist auch der Grund dafür, warum diese Kochsalzlösung im Krankenhaus für viele Dinge benutzt wird – sei es zum Auflösen von Medikamenten oder um einen Venenkatheter durchzuspülen.

Die 0,9 %ige Kochsalzlösung hat die gleiche Osmolarität wie das normale Blutplasma und führt deshalb zu keiner Flüssigkeitsverschiebung zwischen Extra- und Intrazellulärraum. Solche Lösungen bezeichnet man als isoton.

Die nun folgenden Begriffe beziehen sich IMMER auf den Extrazellulärraum!

1.4.1 Isoton

In einer isotonen Flüssigkeit schwimmen genauso viele osmotisch wirksame Teilchen herum, wie im normalen Blutplasma, also ziemlich genau 300 mosmol/l. Dieser Wert sollte immer konstant gehalten werden, weil es sonst zu Flüssigkeitsverschiebungen zwischen den einzelnen Körperkompartimenten kommen würde.

1.4.2 Hypoton

Hypoton bedeutet, dass eine **niedrigere Osmolarität als im normalen Blutplasma herrscht (< 300 mosmol/l).** Da Wasser zum Ort der höheren Konzentration strömt und in den Zellen noch die normale und damit höhere Konzentration herrscht, **führt hypotones Blutplasma zur Zellschwellung:** Das Wasser strömt in die Zellen ein und kann sie dadurch sogar zum Platzen bringen. So etwas könnte z. B. durch zu viele hypotone Infusionen passieren.

1.4.3 Hyperton

Hyperton bedeutet, dass eine **höhere Osmolarität als im normalen Blutplasma herrscht (> 300 mosmol/l).** Dies führt zur Zellschrumpfung, da in diesem Fall Zellwasser ausströmt, um die Konzentration an osmotisch wirksamen Teilchen im Extrazellulärraum zu verdünnen (z. B. beim Trinken von Meerwasser oder im Rahmen einer Exsikkose).

Wieso bewegen sich beim Konzentrationsausgleich eigentlich nur das Wasser und nicht auch die Elektrolyte (gelöste Teilchen) über die Zellmembran? Das liegt daran, dass die **Zellmembran semipermeabel** (halbdurchlässig) ist und diese Teilchen nicht durchlässt, sondern eben nur das Wasser.

Merke!

Ein hypertoner Blutdruck ist ein zu hoher Blutdruck. In einem hypertonen Plasma herrscht auch ein zu hoher Druck, aber eben ein zu hoher osmotischer Druck = zu viele Teilchen im Plasma.

1.5 Osmolalität

Die Osmolalität beschreibt die Konzentration osmotisch wirksamer Teilchen **pro Kilogramm** Lösungsmittel. Ihre Einheit ist daher **[osmol/kg H_2O].** Der Unterschied zwischen Osmolarität und Osmolalität im Körper ist sehr gering, da bei uns Wasser das Lösungsmittel ist und 1 Liter Wasser ziemlich genau 1 Kilogramm wiegt.

1.6 Elektrochemischer Konzentrationsgradient

Die Verteilung geladener Teilchen (Ionen) wird nicht nur durch Konzentrationsunterschiede beeinflusst, sondern auch durch die Ladungen: Entgegengesetzt geladene Ionen ziehen sich an, gleich geladene stoßen sich ab. Dieses Phänomen beschreibt der elektrochemische Konzentrationsgradient. Er ist die resultierende Kraft, die entsteht, wenn elektrische und chemische Kräfte an einem Ion zerren. Dabei können die elektrischen und chemischen Kräfte ein Ion in dieselbe Richtung ziehen (z. B. in die Zelle hinein oder aus der Zelle hinaus) oder in unterschiedliche Richtungen. Sollten die Kräfte einander entgegengerichtet sein, ist die resultierende Richtung der Kraft (elektrochemischer Konzentrationsgradient) die der stärkeren Kraft. Beispiel: Ein negativ geladenes Ion wird vom negativ geladenen Zellinneren abgestoßen. Gleichzeitig sind aber die Ionen seiner Sorte außerhalb der Zelle höher konzentriert und drücken es in die Zelle hinein. Ist also die elektrische Kraft stärker, wandert dieses Ion aus der Zelle hinaus, bei Überwiegen der chemischen Kraft wandert es in die Zelle hinein. Die Energie und die Kraft des elektrochemischen Konzentrationsgradienten sind der Antrieb für viele Zellprozesse, z. B. für Transportprozesse und Signalübertragungen.

Ist die Kraft des elektrochemischen Konzentrationsgradienten gleich null, bedeutet dies, dass sich die elektrischen und chemischen Kräfte neutralisieren: Sie sind gleich groß und einander entgegengerichtet. In diesem Fall stellt sich ein Kräftegleichgewicht ein, das man als **Gleichgewichtspotenzial** bezeichnet und mit der Nernstgleichung berechnen kann (s. 1.9, S. 12).

1.7 Transportprozesse

Bei den Transportprozessen unterscheidet man die aktiven und die passiven Transporte. Diese Einteilung richtet sich danach, ob das transportierte Teilchen **entgegen** (aktiv) oder **entlang** (passiv) seines elektrochemischen Konzentrationsgradienten bewegt wird.
Des Weiteren unterscheidet man den elektroneutralen vom elektrogen Transport. Hier kommt es darauf an, ob eine Ladungsverzerrung stattfindet oder nicht (s. 1.7.3, S. 8).

Merke!

Alle Transporte sind temperaturabhängig: Am absoluten Nullpunkt bewegt sich gar nichts und je heißer es wird, desto mehr geht's ab.

1.7.1 Passive Transporte

Ein passiver Transport erfolgt immer entlang des elektrochemischen Konzentrationsgradienten (also immer entlang des Energiegefälles). Beispiele sind die Diffusion, die Osmose und der Natriumtransport durch einen Natriumkanal in die Zelle.

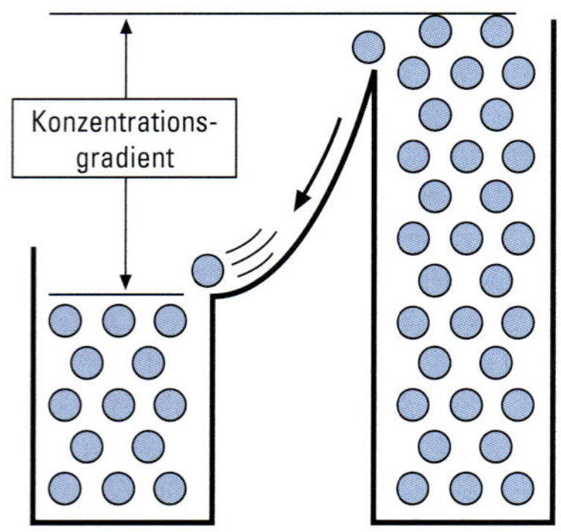

Abb. 3: Passiver Transport entlang des Konzentrationsgradienten

medi-learn.de/7-physio1-3

Diffusion

Die einfachste passive Transportform durch eine Membran ist die Diffusion. Diffusion bedeutet, dass sich frei bewegliche Stoffe aufgrund von zufälligen thermischen Bewegungen verteilen und so Konzentrationsunterschiede (Konzentrationsgradienten) ausgleichen. Die Geschwindigkeit dieser Verteilung hängt vom Konzentrationsunterschied (Δc), der Fläche (A) und der Permeabilität (P) der Membran ab, durch die der Austausch stattfindet. J entspricht der transportierten Substanzmenge pro Zeit [mol/s] und ist damit eine Geschwindigkeitsangabe:

J in [mol/s] = $\mathbf{P \cdot \Delta c \cdot A}$

Dasselbe sagt auch das Fick-Diffusionsgesetz:

$$\frac{\Delta Q}{\Delta t} = D \cdot A \cdot \frac{c_1 - c_2}{d}$$

$\frac{\Delta Q}{\Delta t}$ = Netto-Diffusionrate in mol/s

D = Fick-Diffusionskoeffizient

d = Diffusionsstrecke
A = Membranfläche
$c_1 - c_2$ = Konzentrationsunterschied Δc

Die zweite Formel sieht deshalb anders aus, da sich Herr Fick die Mühe gemacht hat, die Permeabilität P (in der oberen Formel) als D/d aufzulösen und Δc als $(c_1 - c_2)$ zu schreiben. $\Delta Q/\Delta t$ bedeutet Mengenänderung pro Zeitänderung.

Merke!

Stoffe, die frei beweglich sind, verteilen sich aufgrund zufälliger thermischer Bewegungen und gleichen damit Konzentrationsunterschiede aus.

Erleichterte Diffusion

Die normale Zellmembran ist für geladene Stoffe/Teilchen schwer durchgängig. Um diesen Teilchen trotzdem den Durchtritt durch eine Membran zu ermöglichen, gibt es Kanalproteine (Carrier). Da auch dieser Transport durch die Membran entlang des elektrochemischen Konzentrationsgradienten stattfindet, ist auch die erleichterte Diffusion ein **passiver Transport**. Im Gegensatz zur normalen Diffusion, die hauptsächlich vom Konzentrationsunterschied Δc abhängt, ist die Geschwindigkeit der erleichterten Diffusion jedoch stark abhängig von der Anzahl der Transportkanäle, der Membran (Fläche und Dicke) und dem Konzentrationsunterschied. Daher kann sie – wenn die Transporter überlastet sind – eine Sättigungscharakteristik zeigen, was bei der einfachen Diffusion nicht der Fall ist.

Merke!

Der Glucosetransport in die Hepato- und Adipozyten erfolgt durch erleichterte Diffusion.

Osmose

Bei der Osmose sind die Stoffe/Teilchen im Gegensatz zur Diffusion NICHT frei beweglich, weil eine semipermeable Membran dies verhindert. Um die Konzentrationsunterschiede trotzdem auszugleichen, muss sich hier das Lösungsmittel bewegen. Die Flüssigkeit strömt dabei zum Ort der höheren Konzentration und führt in diesem Kompartiment zur **Erhöhung des hydrostatischen Drucks** (s. Abb. 4, S. 5).

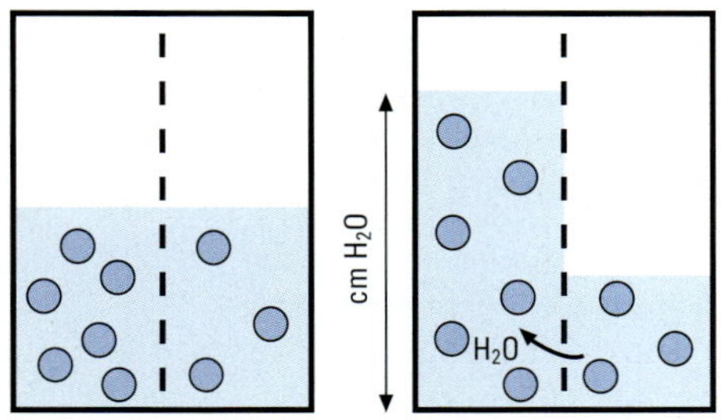

Abb. 4: Osmose – nur das Wasser kann durch die Membran fließen *medi-learn.de/7-physio1-4*

Der hydrostatische Druck gibt die Höhe der Wassersäule an und wird deshalb in der Einheit [cm H_2O] angegeben.

Merke!

- Die einfache Diffusion zeigt KEINE Sättigungscharakteristik.
- Die erleichterte Diffusion kann gesättigt werden (wenn alle Carrier besetzt sind).
- Osmose und Diffusion sind temperaturabhängig und führen zu einem dynamischen Gleichgewicht.
- Die Membran hat entscheidenden Anteil an den Transportprozessen, z. B. durch ihren Reflexionskoeffizienten, ihre Fläche und ihre Permeabilität.

Der Reflexionskoeffizient σ (Sigma) gibt an, wie stark ein bestimmtes Teilchen an der Grenzfläche/Membran abgestoßen wird. Er kann Werte zwischen 1 (Membran ist undurchlässig) und

0 (Membran ist völlig durchlässig) annehmen. Eine **semipermeable Membran** hat den Reflexionskoeffizienten $\sigma = 1$, da sie nur das Lösungsmittel, nicht aber die darin gelösten Teilchen passieren lässt.
Im schriftlichen Examen wurde schon nach der **realen osmotischen Druckdifferenz $\Delta\pi$** gefragt und welche Größen dort mit hineinspielen: Die reale osmotische Druckdifferenz $\Delta\pi$ nach van´t Hoff und Staverman ist definiert als

$$\Delta\pi = \sigma \cdot R \cdot T \cdot \Delta C_{osm}$$

R = allgemeine Gaskonstante
T = absolute Temperatur
ΔC_{osm} = transepithelialer/transendothelialer realer Osmolaritätsunterschied
σ = Reflexionskoeffizient an der Membran

1.7.2 Aktive Transporte

Das Wort **aktiv** deutet schon an, dass bei dieser Transportform Energie verbraucht wird. Diese Energie dient dazu, einen Konzentrationsgradienten aktiv zu überwinden und z. B. Natrium aus der Zelle zu schaffen. Man kann sich das so vorstellen: Es braucht mehr Energie, einen Stein aktiv die Treppe hochzutragen, als ihn passiv hinunterplumpsen zu lassen (s. Abb. 5, S. 6).

Primär-aktiver Transport

Um den elektrochemischen Konzentrationsgradienten zu überwinden, muss der Körper aktiv werden und Energie aufwenden. Stammt diese Energie direkt aus ATP, so nennt man den Transport primär-aktiv. Das „primär" bezieht sich auf die direkt am Transporter stattfindende ATP-Hydrolyse.
Das ultimative Beispiel für einen primär-aktiven Transport ist die Na^+-K^+-ATPase (s. Abb. 6, S. 7). Daneben gibt es jedoch auch Ca^{2+}- und H^+-Pumpen, die ebenfalls direkt ATP verbrauchen, um ihre Teilchen über die Membran zu schaffen.

Prüfungsrelevante Beispiele primär-aktiver Transporter sind:
- Na^+-K^+-ATPase,
- H^+-ATPasen (in Mitochondrien),
- Ca^{2+}-ATPase (im sarkoplasmatischen Retikulum) und
- H^+/K^+-ATPase (in den Belegzellen des Magens).

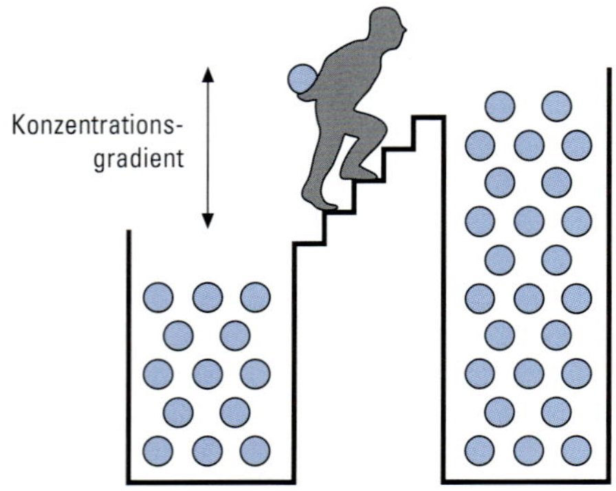

Abb. 5: Ein aktiver Transport erfordert Energie

medi-learn.de/7-physio1-5

Na^+/K^+-ATPase

Die Na^+/K^+-ATPase ist **DAS** Beispiel für einen primär-aktiven Transport und deshalb auch der Liebling im schriftlichen Examen.
In einem Pumpzyklus schafft dieser Transporter **drei Natriumionen aus der Zelle hinaus** und nimmt dafür **zwei Kaliumionen in die Zelle auf.** Damit ist die Na^+/K^+-ATPase ein elektrogener Transporter (s. 1.7.3, S. 8). Außerdem ist sie der größte ATP-Verbraucher im menschlichen Körper. Wird die ATP-Produktion einer Zelle gestört, kommt es aufgrund der eingeschränkten Funktion der Na^+/K^+-ATPase zu einem Anstieg der intrazellulären Natriumkonzentration und zur Zellschwellung. Ist genügend ATP vorhanden und die Natriumkonzentration in der Zelle erhöht sich aus einem anderen Grund, so pumpt die Na^+/K^+-ATPase einfach schneller und kann wieder ein Gleichgewicht herstellen.
Die intrazelluläre Natriumkonzentration ist der Regelwert für die Geschwindigkeit der Na^+/K^+-ATPase: Ist die Na^+-Konzentration hoch, pumpt

sie schneller, ist die Konzentration niedrig, pumpt sie langsamer.
Wie jeder andere Transporter (und jede andere Transportform) ist auch die Na^+/K^+-ATPase **temperaturabhängig**.
In der Niere ist die Na^+/K^+-ATPase basolateral gelegen und baut dort den sehr wichtigen Natriumgradienten auf, der Antrieb für den Großteil der sekundär-aktiven Transportmechanismen im Tubulussystem ist.

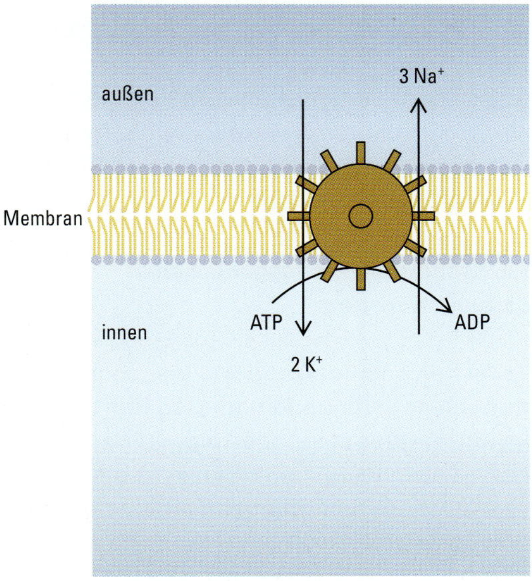

Abb. 6: Natrium-Kalium-ATPase

medi-learn.de/7-physio1-6

Übrigens ...
Die Na^+/K^+-ATPase ist durch g-Strophantin (Ouabain) spezifisch hemmbar, was die Medizin in Form der Herzglykoside nutzt.

Merke!

Die Na^+/K^+-ATPase
- ist primär aktiv,
- pumpt 2 K^+ in die Zelle hinein und 3 Na^+ aus der Zelle pro Pumpzyklus heraus (elektrogen!),
- pumpt vermehrt bei erhöhter intrazellulärer Na^+-Konzentration,
- ist temperaturabhängig,
- wird durch g-Strophantin (Ouabain) gehemmt und
- ist in der Niere basolateral gelegen.

Nach Blockade der ATP-Produktion einer Zelle steigt die intrazelluläre Na^+-Konzentration und die Zelle schwillt an.

Sekundär aktiver Transport

Anders als beim primär-aktiven Transport, bei dem die Energie direkt aus der ATP-Hydrolyse stammt, ist beim **sekundär-aktiven Transport meist ein hoher Natriumgradient die Triebkraft.** Die Na^+/K^+-ATPase baut in diesem Fall zunächst primär aktiv einen hohen Natriumgradienten auf, woraufhin die Natriumteilchen wieder in die Zelle zurückdrängen und dafür an den Transportern der Membran eine Art Zollgebühr entrichten müssen. Diese Zollgebühr besteht darin, dass sie ein Teilchen mitnehmen (Symport) oder ausschleusen (Antiport), wenn sie die Membran passieren.

Du solltest dir unbedingt merken, dass sich das **Natriumion** beim sekundär-aktiven Transport **passiv bewegt**, weil es entlang seines Konzentrationsgradienten transportiert wird. Das im Symport oder Antiport **bewegte Teilchen** wird dagegen **sekundär-aktiv transportiert**, da dieser Transport entgegen dessen Konzentrationsgradienten stattfindet.
Da der sekundär-aktive Transport ein aktiver Transport ist, kann er entgegen des elektrochemischen Gradienten erfolgen.

Merke!

Die sekundär-aktiven Transporter sind für Substanzen/Substanzgruppen **spezifisch**, **temperaturabhängig** und **sättigbar**.

Beispiele sekundär-aktiver Transporter:
- Na^+/Ca^{2+}-Gegentransport (Antiport), der im distalen Tubulus an der Ca^{2+}-Resorption beteiligt ist.
- Glucosecarrier an den Nierentubuluszellen (luminal) sowie an den Dünndarmepithelzellen (luminal)
- Aminosäurecarrier im Nierentubulus

Tertiärer Transport

Der primär-aktive Transport verbraucht direkt ATP, der sekundär-aktive die aufgebaute Energie des primären Transportes. Der tertiär-aktive Transport wiederum nutzt einen Energiegradienten, der durch einen sekundär-aktiven Transport aufgebaut wurde.

Beispiel
Die Rückresorption von Dipeptiden erfolgt im Nierentubulus im Symport mit H^+-Ionen. Durch die basolaterale Na^+/K^+-ATPase wird mit einem primären Transportvorgang ein Natriumgradient aufgebaut, den der sekundär aktive Na^+/H^+-Antiporter luminal nutzt um H^+-Ionen in den Tubulus zu sezernieren. Wenn die H^+-Ionen nun wieder ihrem Gradienten folgend in die Zelle wollen, geschieht dies im Symport mit Dipeptiden und damit tertiär-aktiv.

Ein kleiner Tipp für die mündliche Prüfung: Die Antwort auf die Frage „ob es auch einen passiven Transport entgegen des **chemischen** Konzentrationsgradienten geben kann", lautet: JA. Grund: Es gibt zwar keinen passiven Transport entgegen des **elektrochemischen** Konzentrationsgradienten, aber entgegen der chemischen Kraft ist das schon möglich, vorausgesetzt, die elektrische Kraft ist größer und der chemischen entgegengesetzt.

Entgegen des elektrischen Gradienten ist das natürlich auch möglich. Dann muss eben die chemische Kraft überwiegen.

1.7.3 Elektrogener und elektroneutraler Transport

In den Examen der letzten Jahre wurde häufig nach den Ladungsverschiebungen bei Transporten durch Membranen gefragt. Bewegen sich nämlich Ionen (geladene Teilchen) durch eine Membran, nehmen sie ihre Ladungen mit:
- Ist der Ladungstransport ausgeglichen, spricht man von **elektroneutralem** Transport,
- tritt eine Ladungsverzerrung auf, ist es ein **elektrogener** Transport.

Elektroneutraler = ausgeglichener Ladungstransport

Tauschen sich im Antiport zwei positive Ladungen gegeneinander aus, so führt dies zu keiner Ladungsveränderung. Genauso verhält es sich, wenn beim Symport ein negatives Teilchen zusammen mit einem positiven bewegt wird.

Beispiele für elektroneutralen Transport:
- Na^+-H^+-Antiport im proximalen Tubulus (zwei positive Ladungen tauschen sich aus, Bilanz = 0)
- Na^+-Cl^--(thiazid-sensitiver) Symport im distalen Nierentubulus (eine positive und eine negative Ladung werden zusammen transportiert, Bilanz = 0)
- Cl^--HCO_3^--Antiport der Erythrozyten (zwei negative Ladungen tauschen sich aus, Bilanz = 0)
- H^+/K^+-ATPase der Belegzellen (zwei positive Ladungen tauschen sich aus, Bilanz = 0)

Elektrogener = ungleicher Ladungstransport

Nach einem elektrogenen Transportvorgang sind die Ladungen über der Membran anders verteilt. Grund dafür ist zum Beispiel, dass ein ungeladenes Teilchen zusammen mit einem geladenen über die Membran transportiert wird.

Beispiele für elektrogenen Transport:
- Na^+/K^+-ATPase (zwei positive Ladungen in die Zelle, drei positive hinaus, Bilanz = -1)
- Na^+-Glucose-Symport (eine positive Ladung und ein ungeladenes Teilchen kommen in die Zelle, Bilanz = +1)
- Na^+-Transport durch den Na^+-Kanal (eine positive Ladung in die Zelle, Bilanz = +1)

1.8 Ionen und ihre Konzentrationen

Ionen sind kleine geladene Teilchen (Elektrolyte), die vielfältige Aufgaben im Körper haben. Der erste Teil dieses Kapitels beschäftigt sich mit ihren unterschiedlichen Konzentrationen im Blutplasma und im Intrazellulärraum, Teil zwei geht auf ausgewählte Ionen ein und enthält prüfungsrelevante Details.

Auch wenn du nicht gerne auswendig lernst, solltest du bei Tab. 1, S. 9 über deinen Schatten springen und dir wenigstens die fett markierten Werte merken. Die in Tab. 1, S. 9 angegeben Werte stammen aus bisherigen Physika. Da sich – je nach Messmethode – unterschiedliche Werte ergeben, wirst du in jedem Buch etwas andere Werte finden. Deswegen hat z. B. auch jedes Krankenhaus und größeres Labor seine eigenen Normalwerte (Referenzbereiche).

1.8.1 Natrium

Das Natrium ist zusammen mit dem Chlorid (Konzentration extrazellulär = ca. 105 mmol/l) die wichtigste osmotische Komponente der extrazellulären Flüssigkeit. Die extrazelluläre Konzentration wird über die Natriumaufnahme und -ausscheidung im Zusammenspiel mit mehreren Hormonsystemen (z. B. Aldosteron und ANF – s. 3.10.1, S. 50 und s. 3.10.4, S. 54) zwischen 140–145 mmol/l relativ konstant gehalten. Jedoch ist die extrazelluläre Natriumkonzentration klinisch nicht ganz so entscheidend, wie die Kaliumkonzentration. Intrazellulär beträgt die Natriumkonzentration nur 14 mmol/l, wodurch ein kraftvoller Konzentrationsgradient entsteht, der für Erregungsprozesse und zum Antrieb fast aller sekundär-aktiven Transporte genutzt wird.
Natrium wird über den Darm aufgenommen und hauptsächlich über die Nieren ausgeschieden (kurz: intestinale Resorption, renale Elimination).

	Na^+ (mmol/l)	K^+(mmol/l)	Ca^{2+}(mmol/l)	HCO_3^-(mmol/l)	Cl^-(mmol/l)
Blutplasma	**140–145**	**4–5**	**1,25 in freier ionisierter Form/2,5 Gesamtcalcium extrazellulär**	25	105
Zelle	14	**150**	**10^{-4}**	10	5
Konzentrationsverhältnis außen/innen	10:1	1:30	**$1:10^{-4}$**	2,5:1	20:1

Tab. 1: Ionenverteilung inner- und außerhalb einer Zelle

Merke!

- Na^+ und Cl^- sind die osmotisch wichtigsten extrazellulären Ionen
- Die extrazelluläre Na^+-Konzentration beträgt 140–145 mmol/l
- Die intrazelluläre Na^+-Konzentration beträgt 14 mmol/l
- An der Zellmembran herrscht ein kraftvoller Na^+-Gradient von außen zu innen (10 : 1)
- Na^+ wird intestinal resorbiert und renal eliminiert.

1.8.2 Kalium

Kalium ist – wenn man die Konzentrationsverteilung betrachtet – der Gegenspieler des Natriums: Es ist hochkonzentriert in der Zelle, außen jedoch wesentlich schwächer vertreten. Mit einer Konzentration **von 150 mmol/l in der Zelle** ist es dort das höchstkonzentrierte Ion. Seine normale **extrazelluläre Konzentration von 4–5 mmol/l** darf sich nur in engen Grenzen bewegen, da Kalium ein wichtiger stabilisierender Faktor des Ruhemembranpotenzials (s. 1.10, S. 15) ist.

Eine zu hohe oder zu niedrige extrazelluläre K^+-Konzentration kann zu Herzrhythmusstörungen und zum Herzstillstand führen.

Um die extrazelluläre K^+-Konzentration niedrig zu halten, wird Kalium **primär-aktiv** (unter ATP-Verbrauch) durch die Na^+/K^+-ATPase ins Zytosol gepumpt. Gefördert wird dieser Einwärtstransport unter anderem von Insulin, einem Hormon, das man sonst eher mit dem Blutzuckerspiegel in Verbindung bringt.

Der Kaliumhaushalt kann auf mehrere Arten aus dem Gleichgewicht geraten. Unterschieden wird eine

- Hypokaliämie (zu wenig extrazelluläres Kalium) von einer
- Hyperkaliämie (zu viel extrazelluläres Kalium).

Gründe für eine **Hypokaliämie** wären:

- Durchfallerkrankungen oder regelmäßiges Erbrechen
- zu hoher Aldosteronspiegel (Hyperaldosteronismus)

Übrigens ...
Inhaltsstoffe von Lakritz haben auch eine aldosteronähnliche mineralcorticoide Wirkung, und somit kommt es nach einem Lakritzschneckenexzeß auch zur Hypokaliämie.

Beispiele für eine **Hyperkaliämie** sind:

- terminale Niereninsuffizienz: Die Kaliumausscheidung ist vermindert.
- Zellzerfall, z. B. bei Tumorzerfall bei zytostatischerTherapie oder Hämolyse: Durch Zerstörung der Erythrozyten tritt viel Kalium aus.
- akute Azidose: Jede pH-Veränderung wirkt auf die Na^+/K^+-ATPase und somit auf die Kaliumverteilung zwischen Extra- und Intrazellulärraum; eine pH-Erniedrigung führt zur Erhöhung des extrazellulären Kaliums.
- Hypoaldosteronismus: Aldosteron stimuliert die Kaliumausscheidung in der Niere und die Kaliumaufnahme in die Zellen. Bei einem Aldosteronmangel oder der Gabe von Aldosteronantagonisten wie z. B. Spironolacton (Hemmung von renalen Mineralocorticoid-Rezeptoren) kommt es somit zu einer Zunahme der extrazellulären Kaliumkonzentration.

Merke!

Zur Hypokaliämie kommt es, wenn zuviel Kalium ausgeschieden wird.
Zur Hyperkaliämie kommt es, wenn zu wenig Kalium ausgeschieden wird oder Kalium aus den Zellen austritt (Kalium hat die höchste intrazelluläre Konzentration aller Ionen). Für diese Definitionen solltest du dir die oben gennanten Beispiele noch einmal ansehen.

Warum kommt es bei einer Hyperkaliämie eigentlich zum Herzstillstand? Antwort: Eine starke Hyperkaliämie bewirkt ein positiveres Ruhemembranpotential (s. 1.10, S. 15), am Herzen auch maximal diastolisches Potential (MDP) genannt. Dieses positivere MDP führt zur Inaktivierung der Na^+-Kanäle, was zur schlimmsten Folge haben kann, dass das Aktionspotenzial im AV-Knoten nicht mehr auslösbar ist und es zum Herzstillstand kommt.

Übrigens ...
Etwas Gutes hat dieser Mechanismus aber auch: Bei Herztransplantationen macht man ihn sich zunutze, um einen reversiblen Herzstillstand durch kardioplege Lösungen künstlich zu erzeugen.

TATORT Blutabnahme: Der wenige Wochen zuvor beim Physikum erfolgreiche Medizinstudent Kevin K. hat genug vom studentischen Lotterleben und stürzt sich in seine Famulatur. Er nimmt seinen bunten Stauschlauch, staut den Arm der rüstigen Rentnerin Erna P. und sticht unerbittlich zu. Nach diversen Versuchen, die der Stationsarzt mit einem „Na, vielleicht zahlt uns die Kasse ja die Akupunkturbehandlung" quittiert, gelingt es, Tropfen des roten Saftes in einem Röhrchen zu sichern und einer laborchemischen Untersuchung zuzuführen. Und die Mühe war nicht umsonst ... Ein Anruf aus dem Labor diagnostiziert eine Hyperkaliämie von 7,1 mmol/l. Mit stolz geschwellter Brust und in dem Glauben, wahrscheinlich das Leben der Erna P. verlängert, wenn nicht gerettet zu haben, berichtet er dem Stationsarzt, „dass auch Akupunktur schließlich ernsthafte Schäden erkennen und verhindern könne." Ohne ein Wort zu sagen, dreht sich Assistenzarzt Lukas P. um, nimmt eine Kanüle, zirkelt diese ansatzlos in eine mittelgroße Vene, die vor fünf Minuten dort so noch nicht gewesen sei, wie Medizinstudent Kevin K. schwört. Die Spontanheilung zeigt sich im Laborbericht mit einem Kaliumwert von 4,2 mmol/l, die Stationsarzt Lukas P. mit dem lauten Kundtun des neuen Spitznamen A. Kupunktur seines Studenten zur Kenntnis nimmt.
So oder so ähnlich kann es dir ergehen (ich kann heute noch die Schweißperlen auf meiner Stirn spüren). Umgehen lässt sich die artifizielle Hyperkaliämie folgendermaßen:
Durch das lange Stauen sind viele Erythrozyten hämolysiert (geplatzt), das intrazelluläre Kalium ist aus den roten Blutzellen ausgetreten und hat eine lokale Hyperkaliämie im Unterarm verursacht. Hast du daher eine würdige Vene gefunden, Finger drauflassen, den Stauschlauch für eine Minute lösen (so fließt das Kalium ab), erneut Stauen und dann die Kanüle ansetzen. Die prüfungsrelevante Moral von der Geschichte: „Eine Hyperkaliämie kann durch Hämolyse entstehen".

Merke!

- K^+ ist das Ion mit der höchsten intrazellulären Konzentration von 150 mmol/l
- Die extrazelluläre K^+-Konzentration beträgt 4–5 mmol/l
- K^+ wird primär aktiv ins Zytosol transportiert
- Insulin fördert die Kaliumaufnahme in die Zellen

1.8.3 Calcium

Vom Gesamtcalcium des Körpers befindet sich nur **ein Prozent im Umlauf (im Blut)**, der Rest (99 %) ist als Calciumphosphat im Knochen gebunden. Aus dem Knochen kann Calcium durch das Parathormon mobilisiert werden. Das eine Prozent, das im Plasma umherschwimmt, hat dort eine Konzentration von 2,5 mmol/l. Von diesen 2,5 mmol/l Calcium ist aber nur die Hälfte ungebunden, frei, ionisiert und biologisch aktiv. Der Rest ist komplex- oder proteingebunden (an Phosphat oder Albumin) und deswegen in der Niere NICHT frei filtrierbar, da dieses gebundene Calcium den Filtermechanismus gar nicht erst überwinden kann.
Calcium ist im Zellinneren sehr niedrig konzentriert: Im Zytosol beträgt die Ca^{2+}-Konzentration 10^{-4} mmol/l und ist daher um den Faktor 10 000 – 100 000 kleiner als die extrazelluläre Ca^{2+}-Konzentration. Da weniger manchmal aber auch mehr ist, kommt die Calciumkonzentration in fast jedem Examen vor.

Im schriftlichen Examen wurde bei Fragen nach dem Verhältnis von intra- zu extrazellulärem Calcium schon mal ein Verhältnis von < 0,001 als Antwort angeboten. Beachtet bei solchen Fragen bitte, dass **„unter/kleiner als 0,001“ auch 0,00001** oder noch weniger bedeuten kann, was ja das wahre Verhältnis von intra- zu extrazellulärem Calcium ist. Die richtige Antwort war hier also einzig und allein am Wörtchen „unter“ zu erkennen.

Calcium konkurriert in seiner Proteinbindung am Albumin mit H^+-Ionen. Das heißt, dass es bei Störungen im Säure-Basenhaushalt auch immer zu Veränderungen der aktiven (freien und ionisierten) Calciumkonzentration kommt. Bei einer Azidose (niedriger pH-Wert = zu viele H^+-Ionen) verdrängen die Wasserstoff-Ionen (H^+) die Calcium-Ionen von ihren Proteinbindungsplätzen mit der Folge, dass mehr freies und aktives Calcium im Blutplasma herum schwimmt. Die Gesamtcalciumkonzentration im Blut ändert sich dadurch aber NICHT! Umgekehrt kommt es bei einer **Alkalose (hoher pH-Wert = wenige H^+-Ionen) zum Absinken der freien Calciumkonzentration im Plasma**, weil mehr Proteinbindungsplätze für Calciumionen vorhanden sind und auch genutzt werden. Da das freie und aktive Calcium Einfluss auf viele Zellen und deren Erregbarkeit hat, können Störungen des Säure-Basenhaushalts zu diversen Symptomen wie z. B. Hyperventilationstetanie, Kribbelparästhesien und Taubheitsgefühlen führen.

Eine Hyperventilationstetanie ist eine gesteigerte Lungenbelüftung mit Verschiebungen im Elektrolythaushalt, die zu einer gesteigerten neuromuskulären Erregbarkeit führt. Diese zeigt sich an den Symptomen wie Parästhesien (Missempfindungen, Kribbeln ...), Pfötchenstellung der Hände und Karpfenmaul (Verkrampfung der Lippen). Grund hierfür ist, dass durch die gesteigerte Ventilation CO_2 abgeatmet wird und der pH-Wert im Blut steigt (Alkalose). Dies führt zu einer Absenkung des freien und aktiven Calciums, weil mehr Calcium an Albumin gebunden wird (relative Hypocalciämie), was wiederum die Übererregbarkeit des Nervensystems bedingt. Also nicht eine Tetanie, wie du sie aus der Muskelphysiologie kennst! Häufiger Grund für Hyperventilationstetanien sind psychische Ausnahmesituationen, z. B. bei Popkonzerten, wenn Bands, in deren Namen die Hauptstadt von Japan vorkommt, auf übererregbare junge Damen treffen. Therapie: Das CO_2 rückatmen lassen, z. B. durch eine Tüte oder ein längeres Rohr.

Merke!

Zum Thema Calcium solltest du dir folgende Fakten merken:
- 1 % des Gesamtcalciums befindet sich außerhalb des Knochens mit einer Konzentration von 2,5 mmol/l. Davon sind 1,25 mmol/l frei und biologisch aktiv, die andere Hälfte ist proteingebunden.
- Das Ca^{2+}-Verhältnis von intra- zu extrazellulär beträgt circa 10^{-4} :1.
- Bei Azidose ist mehr freies Calcium, bei Alkalose weniger freies Calcium vorhanden. Grund: Das H^+ konkurriert mit Calcium um die Proteinbindung am Albumin.
- Eine Hypercalciämie kann durch eine Überdosierung von Calcitriol entstehen.
- Calcium ist beteiligt an der Muskelkontraktion, der Glykogenolyse im Muskel, der Exozytose von Neurotransmittern und der Prothrombinaktivierung bei Gefäßverletzungen.
- In vielen Zellen werden Ca^{2+}-Ionen durch IP_3 aus ihren intrazellulären Speichern freigesetzt.

1.9 Gleichgewichtspotenzial und Nernstgleichung

Beim Lesen der Begriffe Gleichgewichtspotenzial und Nernstgleichung stellen sich wahrscheinlich bei vielen von euch schon die Nackenhaare auf. Dabei ist es gar nicht soooo schlimm.

Um die meisten Fragen im schriftlichen Examen zu beantworten, bedarf es nämlich lediglich einiger weniger „Kochrezepte." Wem das auch noch nicht schmeckt, der sollte sich wenigstens die am häufigsten gefragten Potenziale ansehen und merken.

Vergegenwärtigen wir uns zunächst noch mal, was für Kräfte auf ein Ion wirken: Es gibt die elektrischen (E_m) und die chemischen Triebkräfte (E_x). Um die resultierende elektrochemische Triebkraft (E) zu erhalten, muss man diese beiden Kräfte kombinieren, und das gelingt mit folgender Formel:

$$E = E_m - E_x$$

Nimmt man nun an, die elektrische (E_m) und die chemische Triebkraft (E_x) seien gleich groß, aber entgegengesetzt, dann hat die resultierende Triebkraft E den Wert Null. Aber Vorsicht: „Schon die Mathematik lehrt uns, dass man Nullen nicht übersehen darf." (Gabriel Laub, polnischer Satiriker)

Die Null sagt uns lediglich, dass kein Nettofluss an Ionen stattfindet, weil die Kräfte ausgewogen sind. Da es sich hier aber um ein dynamisches Gleichgewicht handelt, wechseln trotzdem Teilchen die Seiten. Jedes dieser Teilchen hat aber seinen Tauschpartner, sodass letztendlich (netto) alles ausgewogen bleibt.

Übrigens ...
Die Triebkraftberechnungen erforderten bislang nur das einfache Einsetzen von gegebenen Zahlen in die Formel

$$E = E_m - E_x$$

Rechenbeispiel zur Triebkraft aus einem Examen:
Ruhemembranpotenzial = –60 mV,
Gleichgewichtspotenzial von Natrium = +60 mV.
Nach Einsetzen in die Formel steht da:
E = (–60 mV) – 60 mV = –120 mV
Das bedeutet, dass Natrium mit einer Potenzialdifferenz von –120 mV in die Zelle getrieben wird.

Du solltest dir merken:
- positive Ströme = Auswärtsbewegung von Kationen
- negative Ströme = Einwärtsbewegung von Kationen

Kationen sind – wie das **K**alium – positiv geladene Teilchen.

Für das Gleichgewichtspotenzial:
- Das elektrochemische Potenzial E (Triebkraft) für Ionen an der Membran errechnet sich aus der Differenz von aktuellem Membranpotenzial (E_m) und dem Gleichgewichtspotenzial für das betreffende Ion (E_x).
- Beim Gleichgewichtspotenzial beträgt die elektrochemische Potenzialdifferenz für das betreffende Ion 0. Daher sind hier die elektrische und die chemische Triebkraft gleich groß, aber entgegengesetzt gerichtet!
- Das Gleichgewichtspotenzial lässt sich mit der Nernstgleichung berechnen.

1.9.1 Nernstgleichung

Die Nernstgleichung dient dazu, das Gleichgewichtspotenzial für eine bestimmte Ionensorte zu berechnen:

$$\text{Gleichgewichtspotenzial } E_x = \frac{R \cdot T}{F \cdot Z} \ln \frac{[\text{Ion}_{\text{außen}}]}{[\text{Ion}_{\text{innen}}]}$$

R = Gaskonstante
T = absolute Temperatur
F = Faraday-Konstante
Z = Wertigkeit des Ions (Vorzeichen)

Abb. 7: Nernstgleichung

medi-learn.de/7-physio1-7

Setzt man in die Nernstgleichung die Konstanten ein und ersetzt den natürlichen durch den dekadischen Logarithmus, so erhält man folgende Formel:

$$E_x = \frac{60 \text{ mV}}{z} \cdot \lg \frac{[\text{Ion}_{\text{außen}}]}{[\text{Ion}_{\text{innen}}]}$$

Das **z** gibt die Ladungszahl des Ions (Wertigkeit) an. Für Natrium und Kalium beträgt sie +1, für Calcium +2 und für **Chlorid –1.** Auf diese Feinheit wurde in den letzten Examen oft Wert gelegt. Wird daher wieder mal nach Chlorid

1

gefragt, muss ein Minuszeichen vor die Formel und bei Calcium müssen die 60 mV noch durch z (+2) geteilt werden, was dann 30 mV ergibt.
Übersicht über gebräuchliche dekadische Logarithmen:
- log von 10 = 1
- log von 100 = 2
- log von 1 000 = 3
- log von $10^{-3} = -3$

Also einfach die Nullen zählen (Beispiel 1–3) oder die Hochzahl nehmen (Beispiel 4).

Beispiel 1:
Natrium intrazellulär sei 14 mmol/l, Natrium extrazellulär 140 mmol/l. Eingesetzt in die Formel ergibt das:

$$E_{Na^+} = 60\ mV \cdot \log \frac{140\ mmol/l}{14\ mmol/l}$$

$$= 60\ mV \cdot \log \frac{140\ \cancel{mmol/l}}{14\ \cancel{mmol/l}}$$

$$= 60\ mV \cdot \log 10 = 60\ mV \cdot 1 = 60\ mV$$

140/14 = 10 und log von 10 = 1.
Damit beträgt das Gleichgewichtspotenzial 60 mV · 1 = **60 mV.**

Beispiel 2:
Die Calciumkonzentration im Zytosol einer Zelle sei 10 000-fach geringer als extrazellulär. Eingesetzt in die Formel ergibt dies mit z = 2:

$$E_{Ca^{2+}} = \frac{60\ mV}{2} \cdot \log \frac{10000}{1}$$

da 60/2 = 30 und log von 10000 = 4, ergibt sich $30\ mV \cdot 4 = +120\ mV$

Beispiel 3:
Chlorid intrazellulär sei 12 mmol/l, Chlorid extrazellulär 120 mmol/l. Eingesetzt in die Formel, mit **z für Chlorid** = –1 ergibt dies:

$$E_{Cl^-} = \frac{60\ mV}{-1} \cdot \log \frac{120\ mmol/l}{12\ mmol/l}$$

$$= -60\ mV \cdot \log \frac{120\ \cancel{mmol/l}}{12\ \cancel{mmol/l}}$$

$$= -60\ mV \cdot \log 10 = -60\ mV \cdot 1$$

$$= -60\ mV$$

Da 120/12 = 10 und log von 10 = 1 erhält man –60 mV · 1 = **–60 mV.**

Beispiel 4:
Chlorid intrazellulär sei 2 mmol/l, Chlorid extrazellulär 200 mmol/l. Analog zu Beispiel 3 ergibt dies:

$$E_{Cl^-} = \frac{60\ mV}{-1} \cdot \log \frac{200\ mmol/l}{2\ mmol/l}$$

$$= -60\ mV \cdot \log 100 = -60\ mV \cdot 2$$

$$= -120\ mV$$

Da log von 100 = 2 ist, ergibt sich –60 mV · 2 = –120 mV.

Wenn die Formel umgedreht wird, also

$$\log \cdot \frac{[Ion_{\ aussen}]}{[Ion_{\ innen}]} = -\log \cdot \frac{[Ion_{\ innen}]}{[Ion_{\ aussen}]}$$

dann muss noch ein Minuszeichen vor die Gleichung. Also:

$$E_x = -60\ mV \cdot \log \frac{[Ion_{\ (innen)}]}{[Ion_{\ (aussen)}]}$$

Das Endergebnis ist dasselbe. Probier' es aus!

Merke!

Das normale Gleichgewichtspotenzial von Natrium beträgt +60 mV, das von Kalium –90 mV und das von Calcium +120 mV.

1.10 Ruhemembranpotenzial

Das Ruhemembranpotenzial gilt – wie schon der Name sagt – für eine ruhende Zelle. Sein Wert beträgt **ungefähr –70 mV.** Während das Gleichgewichtspotenzial für eine einzelne Ionensorte gilt, bezeichnet das Ruhemembranpotenzial die Aufladung einer ganzen Zellmembran. Grundsätzlich setzt es sich aus den Gleichgewichtspotenzialen aller Ionen und der Leitfähigkeit der Membran für diese verschiedenen Ionen zusammen, die außen und innen an der Zellmembran herumschwimmen. Allerdings ist es im Körper wie in der Politik: Nicht jede Fraktion hat denselben Einfluss – nur die großen Parteien bestimmen, was am Ende passiert. In unserem Fall wird das Ruhemembranpotenzial hauptsächlich vom Kalium bestimmt und liegt ungefähr bei -70 mV, in der Nähe des Kaliumgleichgewichtspotenzials von -90 mV.

Wie baut sich nun ein Ruhemembranpotenzial auf? Die Na^+/K^+-ATPase verteilt Natrium und Kalium auf die beiden Kompartimente: Natrium wird in den Extrazellulärraum, Kalium in den Intrazellulärraum transportiert. Dies ist die Grundlage für den Aufbau des Ruhemembranpotenzials. Sein Wert hängt jedoch davon ab, wie groß die Leitfähigkeit der Membran für die verschiedenen Ionensorten ist. Da die Membran wesentlich leitfähiger für Kalium als für Natrium ist, versuchen die Kaliumionen in Richtung ihres Gleichgewichtspotenzials zu strömen (–90 mV). Da es auch eine geringe Durchlässigkeit für andere Ionen – wie Natrium mit einem Gleichgewichtspotenzial von +60 mV und Calcium mit +120 mV – gibt, werden nicht die vollen - 90 mV als Ruhemembranpotenzial erreicht, sondern eben nur ungefähr –70 mV. Das Ruhemembranpotenzial ist also ein Diffusionspotenzial, das als Grundlage die Na^+/K^+-ATPase braucht, dessen Wert jedoch von der Leitfähigkeit/Durchlässigkeit der Membran für die einzelnen Ionen bestimmt wird. Da das Ruhemembranpotenzial in der Nähe des Kaliumgleichgewichtspotenzials liegt, ändert es sich, wenn sich das Kaliumgleichgewichtspotenzial verändert:

Das Ruhemembranpotenzial wird positiver (die Membran depolarisiert), wenn die **Öffnungswahrscheinlichkeit der Kaliumkanäle sinkt.** Das bedeutet, dass die Leitfähigkeit oder Durchlässigkeit der Membran für Kalium im Verhältnis zu den anderen Ionen sinkt, und andere Ionen mit positiverem Gleichgewichtspotenzialen mehr Einfluss auf das Ruhemembranpotential bekommen. Ebenfalls zur Depolarisation kommt es, wenn die extrazelluläre Kaliumkonzentration steigt. In diesem Fall verändert sich das Gleichgewichtspotenzial von Kalium (s. Nernstgleichung 1.9.1, S. 13): Es wird weniger negativ. Da das Ruhemembranpotenzial ja immer in seiner Nähe liegt, wird auch dieses weniger negativ. **Sollten sich die Leitfähigkeiten für Natrium und Kalium gleichzeitig verdoppeln, so verändert sich am Ruhemembranpotenzial hingegen nichts,** da sich ja nichts an dem Verhältnis der beiden Ionen geändert hat. Analog zur Politik: Wenn die beiden großen Parteien jeweils ihre Wählerstimmen verdoppeln, ändert dies an der Sitzverteilung im Parlament nichts, da das Verhältnis gleich geblieben ist. Ist es jedoch hypothetisch so, dass die Durchlässigkeiten von Natrium und Kalium an einer Membran gleich sind, würde sich das Ruhemembranpotenzial in der Mitte zwischen den beiden Gleichgewichtspotenzialen befinden (vorausgesetzt, diese hypothetische IMPP-Membran sei nur für diese beiden Ionen durchlässig). Bei einem Natrium-Gleichgewichtspotenzial von +60 mV und einem Kalium-Gleichgewichtspotenzial von –90 mV läge diese Mitte bei -15 mV.

1

Rechnungen zum Membranpotenzial

Neben dem physiologischen Membranpotenzial wie es in natürlichen Zellen vorkommt, gibt es häufig Fragen zu erfundenen Modellzellen mit Vorgaben von Verhältnissen der Leitfähigkeiten und Gleichgewichtspotenzialen zur Ermittlung des Membranpotenzials. Noch mal sei erwähnt, dass das Membranpotenzial von den unterschiedlichen Verhältnissen der Leitfähigkeiten der Ionen an einer Membran abhängt, je höher die Leitfähigkeit für ein Ion desto größer ist der Einfluss des Gleichgewichtspotenzials dieses Ions für das Membranpotenzial.

Rechenschritte:

1. Multipliziere die angegebenen Gleichgewichtspotenziale mit dem Verhältnis der Leitfähigkeiten
2. Addiere die Ergebnisse
3. Teile die erhaltene Summe durch die Gesamtanzahl der Verhältnisse

1. Beispiel

K^+–Gleichgewichtspotenzial –80 mV, Na^+–Gleichgewichtspotenzial +40 mV. Fraktionelle Leitfähigkeit für K^+ dreimal so groß wie für Na^+. (Verhältnis von 3 : 1 = Gesamtzahl der Verhältnisse 3 + 1 = 4)

1. Multiplikation:
   3 · –80 mV K^+–Gleichgewichtspotenzial = –240 mV
   1 · 40 mV Na^+–Gleichgewichtspotenzial = +40 mV
2. Addition: –240 mV + 40 mV = –200 mV
3. –200 mV/4 = –50 mV als Ergebnis des Membranpotenzials dieser Modellzelle

2. Beispiel

K^+–Gleichgewichtspotenzial –80 mV, Na^+–Gleichgewichtspotenzial +60 mV. Das Verhältnis der Leitfähigkeiten sei 4 : 3 zu Gunsten des Kaliums (Gesamtanzahl der Verhältnisse 4 + 3 = 7).

Welches Membranpotenzial resultiert?

1. Multiplikation:
   4 · –80 mV K^+–Gleichgewichtspotenzial = –320 mV
   3 · 60 mV Na^+–Gleichgewichtspotenzial = +180 mV
2. Addition: –320 mV + 180 mv = –140 mV
3. –140 mV/7 = –20 mV als Ergebnis des Membranpotenzials dieser Modellzelle

Diese Rechenmethode gilt auch für oben beschriebenes Beispiel wenn beide Leitfähigkeiten gleich sind. Ausprobieren!

DAS BRINGT PUNKTE

Richtig viele Punkte bringen die **Ionenverteilungen und -konzentrationen.** Daher solltest du dir merken:

- Natrium intrazellulär = 14 mmol/l, extrazellulär = 140–145 mmol/l
- Kalium intrazellulär = 150 mmol/l, extrazellulär = 4–5mmol/l
- Calcium intrazellulär = unter 0,001 mmol/l, extrazellulär gesamt = 2,5 mmol/l, davon FREI UND AKTIV = 1,25 mmol/l
- Calcium hat in der Zelle die geringste Konzentration und das Verhältnis von intra- zu extrazellulär beträgt 1:10 000 (weniger als 0,001). Nur 1 % des Gesamtcalciums befindet sich außerhalb des Knochens und es hat dort die Konzentration 2,5 mmol/l. Davon sind 1,25 mmol/l frei und biologisch aktiv, die andere Hälfte ist proteingebunden.
- Kalium ist in der Zelle am höchsten konzentriert (150 mmol/l) und wird primär aktiv ins Zytosol transportiert. Insulin fördert die Kaliumaufnahme in die Zelle.
- Natrium ist die wichtigste extrazelluläre Komponente und hat dort eine Konzentration von ungefähr 140 mmol/l. Der kraftvolle Natriumgradient ist der Antrieb für fast alle sekundär aktiven Transporte.
- Die Na^+/K^+-ATPase arbeitet primär aktiv: Sie pumpt zwei Kaliumionen in die Zelle und drei Natriumionen aus der Zelle heraus. Außerdem ist sie durch g-Strophantin hemmbar. Nach ihrer Hemmung sammelt sich intrazellulär Natrium an und es kommt zur Zellschwellung.

Außerdem kannst du noch wertvolle Punkte mitnehmen, wenn du zum Thema **Transportprozesse** Folgendes weißt:

- Transporte und Transporter sind immer temperaturabhängig.
- Elektrogener Transport bedeutet, dass eine Ladungsverzerrung beim Transport stattfindet.
- Elektroneutraler Transport bedeutet, dass die Ladungen ausgeglichen transportiert werden.

Aus dem Bereich **Gleichgewichtspotenzial** und **Nernstgleichung** sind folgende Fakten prüfungsrelevant:

- Beim Gleichgewichtspotenzial sind elektrische und chemische Triebkraft gleich groß, aber entgegengesetzt: Die resultierende Triebkraft beträgt daher null. Das Gleichgewichtspotenzial wird mit der Nernstgleichung berechnet und beträgt für Natrium +60 mV, für Kalium –90 mV und für Calcium +120 mV.

Zum Thema **Ruhemembranpotenzial** solltest du Folgendes parat haben:

- Du solltest wissen, wie man das Gleichgewichtspotenzial mit der Nernstgleichung berechnet (s. 1.9.1, S. 13).
- Die Triebkraft berechnet man mit der Formel:
  $E = E_m - E_x$, wobei positive Ströme dem Ausstrom von Kationen entsprechen.
- Das Ruhemembranpotenzial liegt in der Nähe des Kaliumgleichgewichtspotenzials bei –70 mV. Es entsteht durch die Rückdiffusion der Ionen und ist abhängig von den – je nach Ionensorte – unterschiedlichen Leitfähigkeiten der Membran.

FÜRS MÜNDLICHE

Auch in der mündlichen Prüfung könnte es durchaus um so grundlegende Sachverhalte wie Diffusion oder Osmose gehen. Bei diesen und ähnlichen Begriffen willst du dann selbstverständlich nicht ins Stottern kommen, sondern passende Antworten parat haben.

1. **Bitte erklären Sie, was das Ruhemembranpotenzial ist, wie es entsteht und welchen Wert es hat.**
2. **Erläutern Sie bitte was ein Gleichgewichtspotenzial ist und wie es berechnet wird.**
3. **Bitte erklären Sie mir, was eine Diffusion ist.**
4. **Bitte erklären Sie, was Osmose ist.**
5. **Erklären Sie, wie eine Hyperkaliämie zustande kommt und warum sie so gefährlich ist.**
6. **Welche Transportformen kennen Sie?**

---

1. Bitte erklären Sie, was das Ruhemembranpotenzial ist, wie es entsteht und welchen Wert es hat.
Das Ruhemembranpotenzial ist die Potenzialdifferenz zwischen der Innen- und der Außenseite der Zellmembran. Es ist ein Diffusionspotenzial. Die Na^+/K^+-ATPase verteilt die Ionen zwischen intra- und extrazellulär, die dann durch spezifische Kanäle wieder zurückdiffundieren. Je größer die Durchlässigkeit der Membran für die einzelnen Ionen ist, desto größer ist ihr Anteil am Ruhemembranpotenzial. In der normalen Zelle hat Kalium den größten Einfluss auf das Ruhemembranpotenzial, das bei ungefähr –70 mV liegt (s. 1.10, S. 15).

2. Erläutern Sie bitte, was ein Gleichgewichtspotenzial ist und wie es berechnet wird.
Das Gleichgewichtspotenzial gibt für eine bestimmte Ionensorte an, bei welcher Spannung diese Ionen keinen Nettofluss über die Membran hätten. Es kann mit der Nernstgleichung berechnet werden.
Beispiele für Gleichgewichtspotenziale:
- Natrium = +60 mV
- Kalium = –90 mV
- Calcium = +120 mV

3. Bitte erklären Sie mir, was eine Diffusion ist.
Diffusion ist die Transportform, bei der frei bewegliche Teilchen aufgrund ihrer zufälligen thermischen Bewegungen Konzentrationen ausgleichen. Das heisst, nach einer bestimmten Zeit befinden sich alle Konzentrationen im Gleichgewicht. Die Geschwindigkeit, mit der dieser Zustand eintritt, wird durch das Fick-Diffusionsgesetz beschrieben:

$$\frac{\Delta Q}{\Delta t} = D \cdot A \cdot \frac{c_1 - c_2}{d}$$

$\frac{\Delta Q}{\Delta t}$ = Netto-Diffusionrate in mol/s
D = Fick-Diffusionskoeffizient
d = Diffusionstrecke
A = Membranfläche
$c_1 - c_2$ = Konzentrationsunterschied Δc

4. Bitte erklären Sie, was Osmose ist.
Osmose ist – wie die Diffusion – eine passive Transportform. Im Unterschied sind hier die Teilchen jedoch nicht frei beweglich, sondern durch eine semipermeable Membran (z. B. Zellmembran) voneinander getrennt. Um die Konzentrationen auszugleichen, bewegt sich daher nur das Lösungsmittel, was zur Erhöhung des hydrostatischen Drucks in der höher konzentrierten Lösung führt (s. 1.7.1, S. 4).

5. Erklären Sie, wie eine Hyperkaliämie zustande kommt und warum sie so gefährlich ist.

Eine Hyperkaliämie kann z. B. bei einer Hämolyse entstehen, da Kalium das höchstkonzentrierte intrazelluläre Ion ist und bei einer Hämolyse Erythrozyten platzen, wodurch deren Kalium freigesetzt wird. Weitere Ursache einer Hyperkaliämie kann die gestörte Kaliumausscheidung bei einer Niereninsuffizienz oder einem Hypoaldosteronismus sein. Auch bei akuter Azidose kommt es zur Hyperkaliämie, weil hier der niedrige pH-Wert auf die Na^+/K^+-ATPase wirkt und die Ionenverteilung verändert. Gefährlich ist die Hyperkaliämie, weil sie das Ruhemembranpotenzial in Richtung Depolarisation verschiebt und dies gerade am Herzen zu gefährlichen Rhythmusstörungen bis hin zum Herztod führen kann.

6. Welche Transportformen kennen Sie?

- aktive (z. B. Transporter) und passive (z. B. Kanäle)
- elektrogene (z. B. Na^+/K^+-ATPase) und elektroneutrale (z. B. Na^+/H^+-Antiport)
- primäre (z. B. H^+-ATPasen), sekundäre (z. B. Na^+/Glucose-Symporter) und tertiäre (z. B. Dipeptid/H^+-Symport im Nierentubulus, s. 1.7.2, S. 6)

Mehr Cartoons unter www.medi-learn.de/cartoons

Pause

Erste Pause!
Hier was zum Grinsen für Zwischendurch ...

2 Wasserhaushalt

Fragen in den letzten 10 Examen: 5

Bevor es mit den häufig geprüften Störungen des Wasserhaushalts losgeht, solltest du dir kurz die normalen Verhältnisse anschauen und lernen, wie man sie bestimmen kann. Geht man von der fettfreien Körpermasse aus, so beträgt der normale Wasseranteil des Körpers 73 %. Fettgewebe hat einen relativ niedrigen Wassergehalt. Da Frauen im Durchschnitt einen höheren Fettanteil als Männer haben, ist ihr Wasseranteil mit 55 % entsprechend geringer als der der Männer mit 65 %. Mit zunehmendem Alter nimmt bei beiden Geschlechtern der Wassergehalt des Körpers ab, Falten und Runzeln dagegen zu. Man hat den Kindern immer gesagt: „Iss' deinen Teller auf, sonst gibt es kein gutes Wetter!" Und nun haben wir dicke Kinder und Klimaerwärmung.

Das Körperwasser verteilt sich auf vier verschiedene Räume:

- die intrazelluläre Flüssigkeit (in den Zellen),
- die interstitielle Flüssigkeit (zwischen den Zellen),
- das Plasma (in den Gefäßen) und
- die transzelluläre Flüssigkeit (Liquor, Galle, Flüssigkeit in der Augenkammer, den Nierentubuli ...).

Die interstitielle Flüssigkeit und das Plasmavolumen bilden zusammen die Extrazellulärflüssigkeit. Man kann die Volumina der einzelnen Kompartimente mit Hilfe der **Verdünnungsmethode** berechnen. Dabei wird eine bestimmte Menge einer Substanz (z. B. Inulin) injiziert, von der bekannt ist, in welchen Kompartimenten sie sich verteilt. Anschließend wird ihre Konzentration im Plasma gemessen und daraus berechnet, in was für einem Volumen sie sich verteilt haben muss.

Das intrazelluläre Verteilungsvolumen erhält man, indem man vom Gesamtwasservolumen das Verteilungsvolumen von Inulin abzieht.

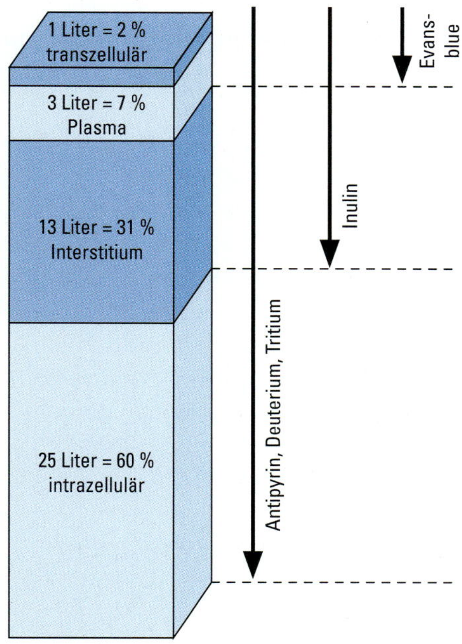

Verteilung unterschiedlicher Indikatorsubstanzen, die für einzelne Kompartimente spezifisch sind:
- Tritium, Deuterium und Antipyrin verteilen sich im Gesamtwasser.
- Inulin verteilt sich nur im Extrazellulärraum.
- Evansblue und markiertes Albumin verlassen die Blutbahn NICHT und geben deshalb Aufschluss über das Plasmavolumen.

Abb. 8: Normale Wasserverteilung im Körper

medi-learn.de/7-physio1-8

Merke!

Formel Indikatorverdünnungsmethode:

$$V = \frac{\text{Stoffmenge}_{in}}{C_{Plasma}}$$

V = Verteilungsvolumen
Stoffmenge_{in} = injizierte Stoffmenge
C_{Plasma} = gemessene Konzentration im Plasma

Rechenbeispiel aus dem schriftlichen Examen:
Einem 70 Kilogramm schweren normalen Probanden wird tritiummarkiertes Wasser mit einer Aktivität von 10 000 Bq intravenös appliziert (Halbwertszeit von ^3H = ca. zwölf Jahre). Nach zwei Stunden wird die Aktivität des Markers im Plasma bestimmt. Welcher der Messwerte ist hierbei am wahrscheinlichsten zu erwarten?
Die Prüfungskommission setzt hier viel voraus: Sie erwartet, dass du weißt, wie viel Gesamtwasser ein 70 Kilogramm schwerer Mann hat: Das sind ungefähr 40 Liter. Dann musst du noch wissen, dass Tritium sich überall verteilt (^3H = ein Indikator fürs Gesamtwasser) und die Gleichung der Indikatorverdünnungsmethode auswendig kennen, bevor es ans Rechnen geht:
Zunächst musst du die Gleichung

$$V = \frac{\text{Stoffmenge}_{\text{in}}}{C_{\text{Plasma}}}$$

nach der Konzentration auflösen:

$$C_{\text{Plasma}} = \frac{\text{Stoffmenge}_{\text{in}}}{V}$$

Nun setzt du die Zahlen ein, in diesem Beispiel aber statt der Konzentration die radioaktive Aktivität pro Liter (Bq/l). Somit:

$$C_{\text{Plasma}} = \frac{10000\ \text{Bq}}{40\ \text{l}} = 250\ \text{Bq/l}$$

2.1 Störungen des Wasserhaushalts – Dehydratationen/Hyperhydratationen

Für das Verständnis dieses Kapitels ist es wichtig, dass dir die Begriffe isoton, hypoton und hyperton klar sind (s. 1.4, S. 2) und du beachtest, in welche Richtung die osmotisch wirksamen Teilchen das Wasser ziehen.

Merke!

- Hyperhydratation = zu viel Wasser im Körper
- Dehydratation = zu wenig Wasser im Körper
- Die Begriffe iso-, hyper- und hypoton beschreiben den osmotischen Druck im Extrazellulärraum.

Weiter geht es mit den einzelnen Störungen:

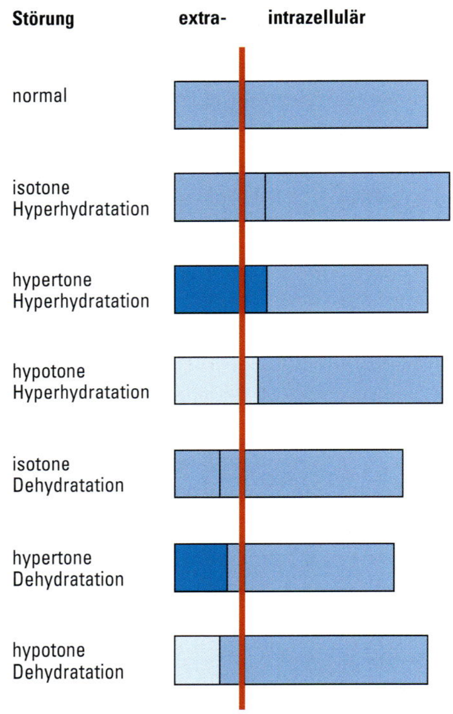

Die Helligkeit gibt die Osmolarität an, die Länge des Balkens zeigt das Maß der Flüssigkeitsverschiebung zwischen Intra- und Extrazellulärraum.

Abb. 9: Störungen des Wasserhaushalts führen zu Flüssigkeitsverschiebungen zwischen Intra- und Extrazellulärraum

medi-learn.de/7-physio1-9

2.1.1 Hypotone Dehydratation

Ein Beispiel für eine **hypotone Dehydratation** ist der Hochofenarbeiter, der den ganzen Tag schwitzt und seinen Durst nur mit salzarmem Wasser löscht. Das Blutplasma/der Extrazellulärraum verliert dadurch seine Salze und wird **hypoton,** es liegt also ein **NaCl-Mangel** vor. Dies führt zum **Wassereinstrom in die Zellen und damit zur Zellschwellung**. Als Gegenregulation kann der Körper bei intakter Zellfunktion über eine erhöhte Aktivität der K^+Cl^--Symporter die intrazelluläre Osmolarität ebenfalls vermindern und so den Wassereinstrom reduzieren um der Zellschwellung entgegen zuwirken. Insgesamt ist durch den Wasserverlust und den Wassereinstrom in die Zellen das **Extrazellulärvolumen vermindert und der Blutdruck erniedrigt.**

2.1.2 Hypotone Hyperhydratation

Kann man sich mit Wasser vergiften? Ja, man kann! Gerade niereninsuffiziente Patienten, deren Wasserausscheidung nicht mehr richtig funktioniert, können – wenn sie zu viel Wasser trinken – eine Wasserintoxikation erleiden. Da Wasser gegenüber dem Plasma hypoton ist, nennt man diese Störung hypotone Hyperhydratation. Die Folgen sind ein vergrößerter Intrazellulärraum und eine Diurese (sofern dies noch ausreichend funktioniert) mit viel hypotonem Harn.

Übrigens ...
Es gab amerikanische Collegestudenten, denen Wetttrinken mit Bier zu langweilig war, sie tranken Wasser gegeneinander. Die Folge war eine Wasserintoxikation → Zellschwellung → Hirnödem. Und wenn genug Hirn zum Schwellen da ist, kann dies ernsthafte Folgen haben. Einer der Studenten verstarb leider, mit Bier (isoton) wäre das nicht passiert.

2.1.3 Hypertone Hyperhydratation

Das klassische Beispiel, das sowohl in der mündlichen als auch in der schriftlichen Prüfung sehr beliebt ist: Es handelt von einem Gestrandeten auf einer einsamen Insel, der nur Salzwasser zur Verfügung hat und irgendwann anfängt, es zu trinken. Da Meerwasser jedoch eine höhere Osmolarität hat (über 1200 mosmol/l) als die maximale Harnosmolarität (unter 1200 mosmol/l) bleiben im Körper Salze zurück, ganz unabhängig davon, wie gut die Niere arbeitet. Auf hypertone Störungen reagiert der Körper über die Osmorezeptoren im Hypothalamus mit der Ausschüttung von ADH. ADH seinerseits führt zu Durst (weiteres Meerwasser wird getrunken) und zur Antidiurese. Obwohl der Gestrandete also schon sehr viel Wasser im Körper hat (Hyperhydratation), führen die hohen Salzkonzentrationen und die damit zusammenhängenden Regulationsmechanismen des Körpers zu einer **weiteren Wasseraufnahme – ein Teufelskreis, der letztendlich zum Tod führt, das aber immerhin auf einer Südsee-Insel mit Palmen.**

Du solltest dir unbedingt merken:
Eine hypertone Hyperhydratation
- kann aus der Gabe von hypertonen Infusionen oder dem Trinken von Salzwasser resultieren,
- führt zur Abnahme des Intrazellulärraums und
- zur Zunahme des Extrazellulär- und Plasmavolumens,
- führt zu Durst und Antidiurese (weniger Urinbildung) und setzt so über Stimulierung der Osmorezeptoren = ADH-Ausschüttung einen Teufelskreis in Gang und
- bewirkt ein Absinken der Aldosteronkonzentration.

2.1.4 Isotone Dehydratation

Wann verliert man isotone Flüssigkeit? Als Beispiel sei hier der nach einem Unfall blutende Motorradfahrer genannt. Blut ist eine isotone Flüssigkeit, deren Verlust zur **Verminderung des Extrazellulärraums und darüber zur ADH-Ausschüttung** führt. Dieses Hormon bewirkt eine Flüssigkeitsretention (Zurückhalten von Flüssigkeit) und eine Erhöhung des Blutdrucks auf Werte, die das Überleben sichern.

2.1.5 Hypertone Dehydratation

Wieder geht es um die Situation eines durstenden Menschens, anders als der Hochofenarbeiter mit salzarmen Wasser oder der einsame Inselbewohner der Salzwasser trinkt, hätte ein Verirrter diese beiden Möglichkeit des Trinkens nicht. Er entwickelt in der Folge eine hypertone Dehydration durch den Wasserverlust des Schwitzens. Dies führt zu einem erniedrigtem Harnzeitvolumen durch vermehrte ADH-Ausschüttung auf Grund der hohen Osmolarität des Blutplasmas.

2.1.6 Infusionen von Glucose

In letzter Zeit ist in den Examina häufiger nach Glucoseinfusionen gefragt worden. Wenn man Glucoselösungen infundiert (egal ob sie hypo- oder hyperton sind), führt dies zu einem hypotonen (hyposmolaren) Extrazellulärraum, vorausgesetzt der Patient kann einigermaßen normal Insulin produzieren. Der Grund dafür ist, dass Glucose sofort verstoffwechselt und aus dem Extrazellulärraum in die Zellen aufgenommen wird. Zurück bleibt nur das hypotone Wasser der Infusionslösung. Bei übermäßiger Glucoseinfusion kommt es daher zu einer Vergrößerung des Extra-(zu viel Infusionsflüssigkeit) und des Intrazellulärraums (Wasser strömt zum Ort höherer Konzentration in die Zellen). Die Folge ist eine **hypotone Hyperhydratation**.

2.2 Filtrationsdruck

Der effektive Filtrationsdruck gibt an, mit welcher Kraft die Flüssigkeit in den Kapillaren oder der Bowman-Kapsel abgepresst/filtriert wird. Er setzt sich aus drei Komponenten zusammen:

- dem Blutdruck, der die Flüssigkeit von innen nach außen an oder durch die Wand presst,
- dem Gewebedruck oder interstitiellen Druck, der von außen auf das Gefäß drückt und dem Blutdruck entgegen wirkt, sowie
- dem onkotischen Druck, der im Gefäß herrscht. Der onkotische Druck entsteht durch die Plasmaproteine, die die Gefäße nicht verlassen können und daher Wasser anziehen.

Jede einzelne dieser Komponenten kann gestört sein, was dann zu Ödemen führt (s. 2.3, S. 24). Mathematisch zusammengefasst wird der effektive Filtrationsdruck in der Formel:

$$\mathbf{P_{eff} = P_{hyd} - P_{int} - P_{coll}}$$

P_{eff} = effektiver Filtrationsdruck (resultierender und wirksamer Druck)

P_{hyd} = hydrostatischer Druck (z. B. Blutdruck)

P_{int} = interstitieller Druck/Druck in der Bowman-Kapsel

P_{coll} = kolloidosmotischer Druck (durch Proteine, den größten Anteil daran hat Albumin)

Eine vermehrte Auswärtsfiltration wird z. B. durch eine Abnahme der Albuminkonzentration im Blut (Senkung des onkotischen Drucks) und/oder eine Vasodilatation der Arteriolen (Steigerung des hydrostastischen Drucks) bewirkt. Fazit: Eine vermehrte Auswärtsfiltration findet man bei

- erhöhtem hydrostatischen Druck,
- vermindertem interstitiellen Druck,
- vermindertem onkotischen Druck im Plasma (Hypoalbuminämie) und
- erhöhtem onkotischen Druck im Interstitium.

Entlang einer Kapillare sinkt der Filtrationsdruck immer weiter ab, da der Blutdruck/hydrostatische Druck immer geringer wird.

Ist der hydrostatische Druck genauso groß wie der interstitielle und der onkotische Druck zusammen, spricht man vom Filtrationsgleichgewicht.

2.3 Ödeme – Störungen des Filtrationsdrucks

Ein Ödem ist eine Flüssigkeitsansammlung dort, wo sie nicht hingehört, z. B. in Gewebsspalten, der Haut, dem Interstitium oder den Schleimhäuten. Die Flüssigkeit verlässt dabei die Gefäßbahn aus verschiedenen Gründen:

- Eine Abflussbehinderung führt zur **Erhöhung des hydrostatischen Drucks** in einer Kapillare und verhindert dadurch die Einstellung des Filtrationsgewichts. Als Beispiel solltest du dir die **Erhöhung des zentralvenö-**

sen Drucks (venöser Rückstau) merken, wie sie bei der Rechts-Herzinsuffizienz auftreten kann. Die Folge ist eine Erhöhung des effektiven Filtrationsdrucks, wodurch Wasser ins Gewebe abgepresst wird. Derselbe Mechanismus wäre denkbar, wenn die zuführenden **Arteriolen dilatieren** und die Durchblutung größer werden würde.

- Auch eine **Senkung des onkotischen Drucks** bewirkt eine Erhöhung des effektiven Filtrationsdrucks. Diese beruht meist auf einer **Senkung der Proteinkonzentration** (Hypoproteinämie) im Blutplasma (hauptsächlich ist dabei an Albumin zu denken). Mögliche Ursachen sind eine erhöhte Proteindurchlässigkeit der Blutgefäße oder eine Hypoproteinämie (Mangel an Proteinen im Blut). Eine Hypoproteinämie kann durch Mangelernährung oder Leberinsuffizienz (z. B. bei Leberzirrhose) entstehen und führt oft zu Aszites (Bauchwasser).
- **Kapillar- oder Lymphgefäßschäden**: Ein Lymphstau durch die Verödung der ableitenden Lymphwege kann auch zu Ödemen führen. Bei Krebsoperationen ist dies ein häufiges Problem. Die ableitenden Lymphwege werden dabei zusammen mit dem Tumor entfernt, weil sie ein beliebter Metastasierungsweg sind. Ein unangenehmes Lymphödem kann die Folge sein. Das in Abb. 10, S. 25 dargestellte Lymphödem beruht dagegen auf einer Krankheit (Elephantiasis), bei der Erreger die Lymphgefäße verstopfen und so den Abfluss der Lymphe behindern.
- Im Rahmen einer allergischen Reaktion, z. B. nach einem Insektenstich, bildet sich durch Histaminausschüttung ein Ödem, das ernst zunehmende Ausmaße annehmen kann.

Merke!

Ödeme entstehen durch
- Erhöhung des hydrostatischen Drucks in den Kapillaren (dilatierte Arteriolen),
- Abflussbehinderung durch Erhöhung des zentralvenösen Drucks,
- Senkung des onkotischen Drucks durch Hypoproteinämie oder Proteindurchlässigkeit der Kapillaren,
- Histaminausschüttung (z. B. Insektenstich) und
- Blockierung des Lymphabflusses (z. B. Elephantiasis).

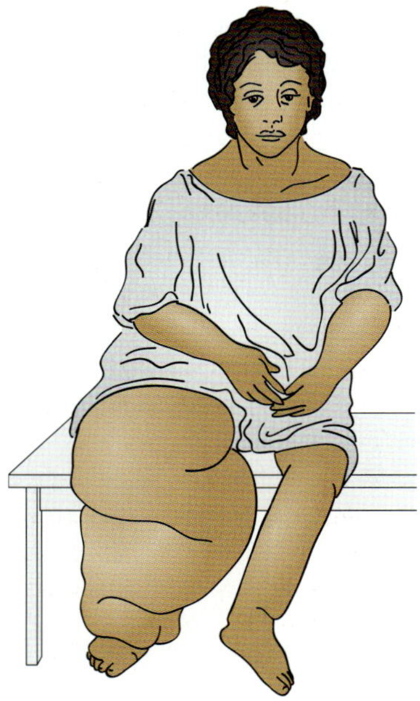

Abb. 10: Elephantiasis *medi-learn.de/7-physio1-10*

Übrigens ...

Explodierende Frösche in Schweden! Diese Schlagzeile hat in einer kleinen schwedischen Zeitung für Aufsehen gesorgt. Wie können Frösche einfach so explodieren? Schuld daran waren Krähen, die den Fröschen die Leber herauspickten, woraufhin die Frösche mit Wasser voll liefen und platzten. Den Grund dafür wirst du jetzt sicher kennen: Ohne die Leber ist keine Proteinbildung möglich und ein Ödem aufgrund einer Hypoproteinämie die Folge – in diesem Fall sogar ein explosives ... Ob das wirklich die Ursache war, weiß man zwar nicht, als Eselsbrücke taugt diese Geschichte jedoch allemal.

DAS BRINGT PUNKTE

Zum Stichwort **Ödem** werden häufig einfache Fragen gestellt. Hier lohnt es sich wirklich – auch für den späteren Berufsalltag – die Pathomechanismen zu verstehen. Daneben sind auch die verschiedenen De- und Hyperhydratationsstörungen ein beliebter Prüfungskomplex.

- Ödeme entstehen bei einem Ungleichgewicht des Filtrationsdrucks und des Filtrationsgleichgewichts am Ende einer Kapillare. Dies kann durch
- Erhöhung des zentralvenösen Drucks,
- Senkung des onkotischen Drucks,
- Blockierung des Lymphabflusses,
- Histaminausschüttung oder
- Erhöhung des hydrostatischen Drucks geschehen.

Aus dem Bereich **„Wasserhaushalt"** gibt es einige wichtige Punktebringer:

- Der effektive Filtrationsdruck setzt sich aus dem hydrostatischen Druck minus dem interstitiellen und dem onkotischen Druck zusammen. Formel: $P_{eff} = P_{hyd} - P_{int} - P_{coll}$
- Die hypertone Hyperhydratation entsteht beim Trinken von Salzwasser und führt über die ADH-Ausschüttung zu Durst und Antidiurese.
- Die hypotone Dehydratation entsteht durch starkes Schwitzen und Trinken von salzarmem Wasser. Das Plasma wird hypoton, was zur Zellschwellung führt. Außerdem sind dabei das Extrazellulärvolumen und der Blutdruck vermindert.
- Wasser strebt zum Ort der höheren Konzentration. Ein hypotoner Extrazellulärraum führt zum Wassereinstrom in die Zellen und es kommt zur Zellschwellung. Ein hypertoner Extrazellulärraum führt dagegen zu Zellschrumpfung und Wasserausstrom aus den Zellen.

FÜRS MÜNDLICHE

Zu folgenden Fragen rund um den Wasserhaushalt des Menschen lohnt es sich unbedingt, einen eigenen Text vorzubereiten. Übe das flüssige Vortragen deines Wissens zu diesem Thema am besten in einer Lerngruppe oder zu Hause vor dem Spiegel ein.

1. **Bitte erklären Sie, wie das Volumen der verschiedenen Körperkompartimente berechnet wird.**
2. **Welche Störungen des Wasserhaushalts kennen Sie?**
3. **Warum sollten Sie auf keinen Fall Meerwasser trinken?**
4. **Nennen Sie mir bitte einige Regelmechanismen des Wasserhaushalts.**
5. **Bitte erläutern Sie den Filtrationsdruck und aus welchen Komponenten er sich zusammensetzt.**
6. **Bitte erläutern Sie, was ein Filtrationsgleichgewicht ist.**
7. **Erklären Sie bitte, wie Ödeme entstehen. Nennen Sie mir bitte die zugrunde liegenden Pathomechanismen.**

FÜRS MÜNDLICHE

1. Bitte erklären Sie, wie das Volumen der verschiedenen Körperkompartimente berechnet wird.
Mit der Indikatorverdünnungsmethode: Spezielle Substanzen verteilen sich in bestimmten Körperkompartimenten. Wenn man diese in bekannter Menge in die Blutbahn injiziert und nach einer gewissen Zeit deren Konzentration im Blutplasma bestimmt, lässt sich auf das Volumen zurückrechnen, in dem sich der Indikator verteilt haben muss (s. 2.1, S. 22).

2. Welche Störungen des Wasserhaushalts kennen Sie?
Unterschieden werden Dehydratationen und Hyperhydratation. Diese Störungen kann man noch weiter in isotone, hypertone und hypotone De-/Hyperhydratationen unterteilen (Details dazu s. 2.1, S. 22). „Sie stranden auf einer einsamen Insel ..."

3. Warum sollten Sie auf keinen Fall Meerwasser trinken?
Weil das Meerwasser eine höhere Osmolarität als die maximale Harnkonzentration hat. Das Trinken von Salzwasser setzt Regulationsmechanismen in Gang, die zu einem Teufelskreislauf führen: Durch ADH-Ausschüttung wird dabei ständig Durst erzeugt und gleichzeitig Wasser in der Niere zurückgehalten. Dies führt zur hypertonen Hyperhydratation mit vergrößertem Plasmavolumen und erhöhter Plasmaosmolarität.

4. Nennen Sie mir bitte einige Regelmechanismen des Wasserhaushalts.
- ADH führt zur Wasserretention, die Sekretionsreize für dieses Hormon sind eine erhöhte Plasmaosmolarität und ein niedriges Plasmavolumen.
- ANF als Gegenspieler des ADH führt zur Wasserausscheidung.

5. Bitte erläutern Sie den Filtrationsdruck und aus welchen Komponenten er sich zusammensetzt.
Der Filtrationsdruck gibt an, mit welcher Kraft eine Flüssigkeit aus einer Kapillare abgepresst wird. Er setzt sich zusammen aus dem hydrostatischen Druck (lokalem Blutdruck) minus dem interstitiellen Druck und dem onkotischen Druck.

6. Bitte erläutern Sie, was ein Filtrationsgleichgewicht ist.
Das Filtrationsgleichgewicht herrscht am Ende einer Kapillare, also dort, wo nichts mehr abfiltriert wird. Es stellt sich ein, wenn der hydrostatische Druck im Gefäß gleich der Summe aus interstitiellem und onkotischem Druck ist.

7. Erklären Sie bitte wie Ödeme entstehen. Nennen Sie mir bitte die zugrunde liegenden Pathomechanismen.
Ödeme entstehen durch Störungen des Filtrationsgleichgewichts. Dabei wird entweder zu viel Flüssigkeit in das Interstitium abgepresst oder zu wenig zurück resorbiert (Details s. 2.3, S. 24).

Pause

Soviel zum Thema Wasserhaushalt ...
Zeit für ein wenig Entspannung.

3 Niere

Fragen in den letzten 10 Examen: 61

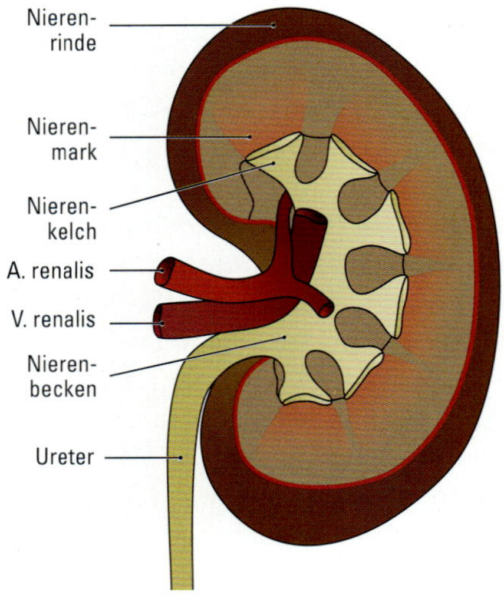

Abb. 11: Übersicht der Niere

medi-learn.de/7-physio1-11

Die Niere ist ein sehr wichtiges Organ für den menschlichen Körper, was schon das Sprichwort „Das geht mir an die Nieren." ausdrückt. Trotz der Tatsache, dass man auch mit einer der paarig angelegten Nieren zurecht kommen könnte, sind Störungen der Nierenfunktion in vielen Fällen schwerwiegend und lebensbedrohlich. Am Anfang dieses Kapitels betrachten wir kurz die Funktionen der Niere, die für eine mündliche Prüfung immer einen dankbaren Einstieg liefern und dem Prüfer zeigen, dass man eine gewisse Übersicht hat. Weiter geht es mit der Autoregulation, und den gefürchteten Begriffen Clearance und glomeruläre Filtrationsrate (GFR), gefolgt von einem Abstecher zur Filtrationsfraktion und dem renalen Plasma- und Blutfluss.

Im anschließenden Kapitel Rückresorption lässt sich mit ein wenig Verständnis viel Lernerei einsparen und du kannst dich daher rein aufs Punkteernten konzentrieren – versprochen! Den Abschluss bilden die gern gefragten Nierenhormone, mit denen du dir auch noch den ein oder anderen einfachen Punkt sichern kannst. Mache dir bitte zunächst noch einmal kurz die Anatomie der Niere klar (s. Abb. 11, S. 28).

3.1 Funktionen der Niere

Das Prinzip der Niere besteht darin, große Mengen an Blutplasma mit den darin gelösten kleinmolekularen Substanzen zu filtrieren. Je nach Substanz und Bedarf werden diese zurück resorbiert und dem Körper wieder zur Verfügung gestellt oder ausgeschieden/elimiert.
Die Niere steuert den Wasser- und Elektrolythaushalt und ist in dieser Funktion für die **Größe des Extrazellulärvolumens und die Konstanz der Ionenkonzentrationen** verantwortlich.
In den **Säure-Basen-Haushalt** kann sie über die Sekretion oder Resorption von alkalischen und sauren Valenzen (Puffersubstanzen, z. B. NH_4^+) regulierend eingreifen. Eine weitere wichtige Funktion der Nieren ist die **Ausscheidung von Stoffwechselendprodukten** (z. B. Harnstoff, Harnsäure, Kreatinin) und giftigen Substanzen (z. B. Medikamente oder deren Metaboliten).
Über den **Renin-Angiotensin-Aldosteron-Regelmechanismus** kontrolliert die Niere den **Blutdruck**. Daneben nimmt sie auch am Intermediärstoffwechsel teil: Die Niere besitzt zahlreiche Enzyme, mit denen sie z. B. Gluconeogenese und Transaminierungen durchführt.
Zu guter Letzt **produziert sie auch noch Hormone** für die Blutbildung (Erythropoetin) und den Calciumstoffwechsel (Calcitriol).

3.2 Autoregulation der Durchblutung

Für eine konstante Filtrationsleistung ist es wichtig, in den Glomerulumschlingen immer den gleichen Blutdruck zu haben. Damit die Niere unabhängig von den Blutdruckschwankungen des Körperkreislaufs ist, reguliert sie ihre Blutzufuhr größtenteils selbst, was man als Autoregulation bezeichnet. Im Bereich des normalen Blutdrucks (80–160 mmHg) schafft es die Niere, einen fast konstanten Filtrationsdruck im Glomerulum aufrecht zu erhalten. Diesen Effekt nennt man **Baylisseffekt**. Durch den Baylisseffekt ist die glomeruläre Filtrationsrate (GFR) fast unabhängig vom Blutdruck. Wie funktioniert das? Eine Erhöhung des systemischen Blutdrucks führt zu einer Erhöhung des renalen Gefäßwiderstands (s. Abb. 12, S. 29). Genauer gesagt: Durch die druckbedingte Kontraktion der präglomerulären Gefäße drosselt die Niere die Blutzufuhr und filtriert – trotz des höheren Drucks – weiterhin dasselbe Volumen. Sollte es zu einem Blutdruckabfall kommen, führt dies dann im Gegensatz dazu, dass die afferenten Arteriolen dilatieren und mehr Blutfluss zulassen (sogenannte Myogene Reaktion).

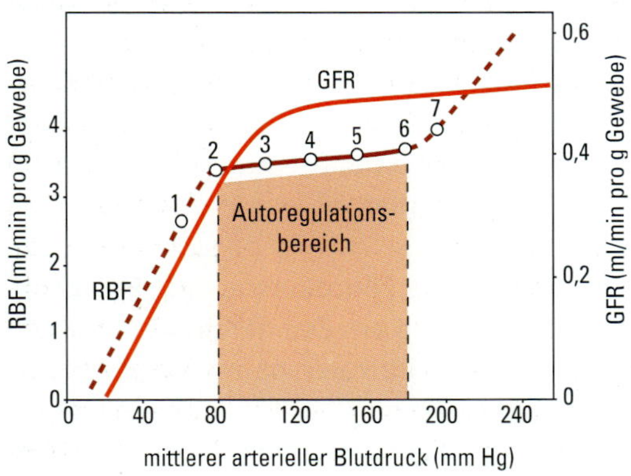

RBF = renaler Blutfluss

Abb. 12: Autoregulation – Im Bereich von 80–160 mmHg bleibt die GFR fast konstant

medi-learn.de/7-physio1-12

Leider funktioniert dieses Prinzip der Autoregulation im Nierenmark nicht so gut. Daher bewirkt dort ein stark erhöhter Blutdruck eine Druckdiurese. Durch die vermehrte Nierenmarkdurchblutung verliert die Niere außerdem die Fähigkeit, den Harn stark zu konzentrieren.

3.3 Clearance

Die Clearance ist das Volumen des Blutplasmas, das in einer bestimmten Zeit von einem bestimmten Stoff gereinigt wird. Sie enthält drei Variablen:

- den Stoff,
- die Zeit und
- das Volumen.

Merke!

Die Clearance gilt immer nur für einen Stoff (Kaliumclearance, Inulinclearance…)
und hat die Einheit ml/min. Sie kann mit folgender Formel berechnet werden:

$$\text{Clearance (ml/min)} = \frac{\text{Stoffkonzentration}_{\text{Urin}}}{\text{Stoffkonzentration}_{\text{Plasma}}} \cdot \text{Urinstromstärke } \dot{V}$$

Die Clearance bestimmter Stoffe kann ein sensibler Indikator für Störungen der Nierenfunktion sein und gibt Auskunft darüber, ob die Niere noch richtig filtriert und funktioniert. Die Clearance kann größer, kleiner oder gleich der glomerulären Filtrationsrate sein, je nachdem, ob ein Stoff sezerniert, resorbiert oder ohne Modifikation ausgeschieden wird. Einige Stoffe werden allein durch Filtration ausgeschieden. Sie überwinden ohne Hindernis den Bowmanfilter und werden im Tubulusverlauf weder sezerniert noch resorbiert. Das heißt, die filtrierte Menge entspricht auch der ausgeschiedenen Menge im Urin. Inulin und näherungsweise auch der körpereigene Stoff Kreatinin sind Beispiele solcher Substanzen, an denen sich die **glomeruläre Filtrationsrate (GFR)** direkt ablesen und somit die Nierenfunktion bestimmen lässt.
Daher gilt für Inulin + Kreatinin:

- filtrierte Menge pro Zeit = ausgeschiedene Menge pro Zeit und
- GFR = Clearance von Inulin/Kreatinin = ungefähr 125 ml/min.

An der Clearance lässt sich ablesen, was mit einem Stoff in der Niere passiert: Wichtige Stoffe (z. B. Glucose als Energieträger und Aminosäuren als Bausteine für den Körper) werden stark rückresorbiert, d. h. ihre Clearance ist sehr klein (bei Glucose normalerweise gleich null). Dies bedeutet, dass ein Großteil dieser Stoffe – nachdem sie durch den Bowmanfilter filtriert wurden – per Resorption wieder zurück ins Blutplasma gelangt. Da folglich in der Nierenvene fast nichts von diesen Stoffen fehlt, ist das Volumen des Blutplasmas, das von diesen Stoffen gereinigt wurde, sehr klein. Giftige Substanzen oder Stoffwechselendprodukte sollen ausgeschieden werden, d. h. ihre Clearance sollte sehr groß sein. Sie werden größtenteils aus dem Blutplasma entfernt, indem sie – zusätzlich zur Filtration – auch noch in den Nierentubulus sezerniert werden. Daher tauchen sie in der Nierenvene fast gar nicht mehr auf und ihre Clearance ist größer als die glomeruläre Filtrationsrate. Damit man den Körper nicht immer vergiften muss, um die Sekretionsleistung (große Clearance) zu messen, gibt es zum Glück den ungiftigen exogenen (von außen zugeführten) Stoff PAH (Paraaminohippurat).

Übrigens ...
Auch viele Medikamente haben eine große Clearance und werden zum großen Teil über die Niere ausgeschieden. Beispiele sind das Antibiotikum Penicillin G und das Herzglykosid Digoxin. Bei Nierenkranken bleiben deshalb manche Medikamente länger im Körper und wirken länger, weil sie nicht eliminiert werden.

Merken solltest du dir das Clearanceverhalten unter Normalbedingungen folgender Stoffe:

- Inulin hat eine Clearance von 125 ml/min, was auch gleichzeitig der GFR einspricht.
- Die Glucoseclearance beträgt normalerweise 0 ml/min, was bedeutet, dass Glucose fast vollständig rückresorbiert und beim Gesunden nicht ausgeschieden wird.
- Genauso verhält es sich mit Aminosäuren, auch hier beträgt die Clearance unter Normalbedingungen 0 ml/min.
- Harnstoff – ein Stoffwechselendprodukt aus dem Stickstoffstoffwechsel – hat eine Clearance von 75 ml/min. Dieser Clearancewert ist kleiner als die 125 ml/min von Inulin. Das lässt darauf schließen, dass in der Endabrechnung netto rückresorbiert wird. Das Verhalten von Harnstoff in der Niere ist ein zweischneidiges Schwert: Auf der einen Seite möchte der Körper das Stoffwechselendprodukt über die Niere eliminieren, auf der anderen Seite wird Harnstoff für die Aufrechterhaltung des osmotischen Gradienten im Nierenmark (s. 3.8.4, S. 46) gebraucht. Deshalb ist die Clearance kleiner als die von Inulin, aber immer noch groß genug, um genügend Harnstoff aus dem Körper zu eliminieren.
- PAH (Paraaminohippurat) wird zusätzlich zur freien Filtration noch im Tubulusverlauf sezerniert und hat deshalb mit 650 ml/min eine größere Clearance als Inulin. Da alles PAH, das mit dem Blutplasma durch die Arteria renalis in die Niere fließt, entweder direkt filtriert oder im weiteren Verlauf in den Tubulus sezerniert wird, ist die PAH-Clearance ein Maß für den renalen Plasmafluss. Im Blutplasma der Nierenvenen sollte kein PAH mehr enthalten sein.

Die glomeruläre Filtrationsrate (GFR) gibt an, wie viel Volumen pro Zeit durch die Nieren filtriert wird, das Harnzeitvolumen gibt an, was unten herauskommt.
Häufig wird die Clearance anhand von Ausscheidungs- bzw. Resorptionskurven abgefragt. Bitte versuche, bei solchen Aufgaben logisch nachzuvollziehen, warum welcher Kurvenverlauf zustande kommt:
Die **Inulinausscheidung** verläuft linear, da dieser Stoff weder sezerniert noch resorbiert wird. Alles, was filtriert wird, verlässt auch den Körper. **Verdoppelt sich die Plasmakonzentration, verdoppelt sich daher auch die Ausscheidung.**

- **PAH** (s. a. Abb. 17, S. 33) wird im Tubulussystem sezerniert. Sollte dieses Transportsystem maximal ausgelastet sein (bei Sättigung der Transporter, s. Kurvenknick), kann die Sekretion nicht mehr gesteigert werden. Dennoch kann – bei höheren Plasmakonzentrationen des Stoffes – die Filtrationsmenge weiter linear ansteigen (Steigung der Kurve nach dem Knick).

- **Glucose** (s. Abb. 15, S. 31) ist das beliebteste Beispiel für einen filtrierten Stoff, der unter Normalbedingungen vollständig rückresorbiert wird. Ihre Clearance unter Normalbedingung ist daher gleich null. Der Schwellenwert beträgt 10 mmol/l = 180 mg/dl.

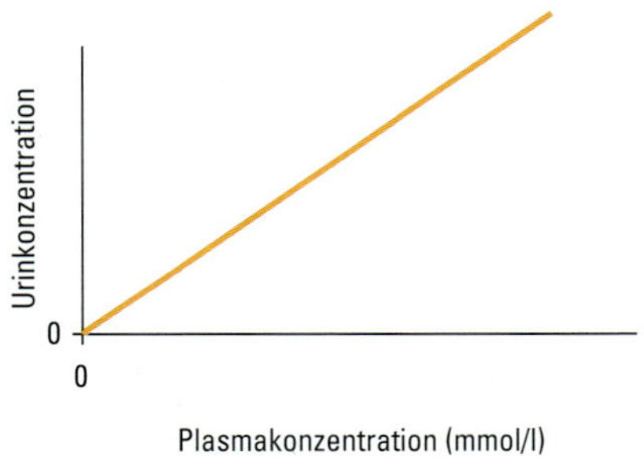

Abb. 13: Clearance von Inulin

medi-learn.de/7-physio1-13

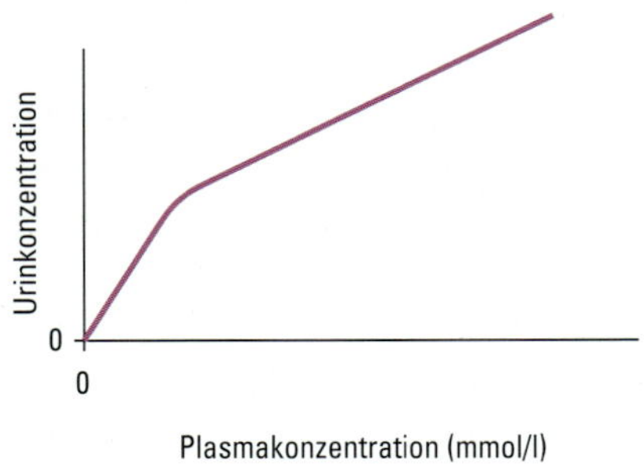

Abb. 14: Clearance von PAH

medi-learn.de/7-physio1-14

Eine Erhöhung der Plasmakonzentration von Glucose führt zu einer erhöhten Filtrationsmenge. Dies bewirkt solange eine Steigerung der Rückresorption, bis die Transporter gesättigt sind und Glucose mit dem Harn ausgeschieden wird. Achte daher bitte im Examen darauf, ob nach der Ausscheidung oder der Resorption von Glucose gefragt wird.

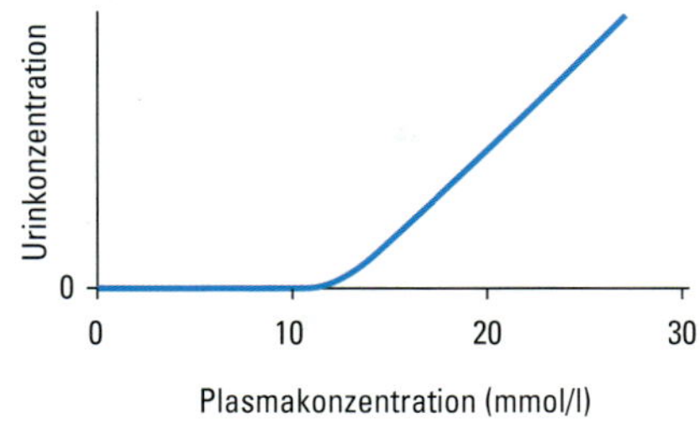

Abb. 15: Clearance von Glucose

medi-learn.de/7-physio1-15

Zum Inulin ist folgendes wissenswert:

- Inulin wird frei filtriert, nicht resorbiert, nicht sezerniert.
- filtrierte Menge = ausgeschiedene Menge
- dient zur Bestimmung der GFR

Zum PAH solltest du dir merken:

- PAH wird frei filtriert, nicht resorbiert, fast vollständig sezerniert.
- dient zur Bestimmung des renalen Plasmaflusses und indirekt auch zur Bestimmung des renalen Blutflusses (s. 3.4, S. 33)
- Die Clearance von PAH kann maximal so hoch sein wie der renale Plasmafluss.

Zur Glucose solltest du dir besonders merken:

- Glucose wird unter normalen Bedingungen (bis zum Schwellenwert) frei filtriert, fast komplett resorbiert, nicht sezerniert.
- Bei normalen Glucose-Plasmakonzentrationen ist die Glucoseclearance gleich 0 ml/min.

3.3.1 Kreatininclearance

Der endogene Stoff Kreatinin aus dem Muskelstoffwechsel hat dem Inulin sehr ähnliche Eigenschaften, wird allerdings minimal sezerniert. Der Kreatininspiegel im Blut hängt daher von zwei Dingen ab, erstens vom Muskelstoffwechsel und zweitens von der Nierenfunktion. Für den normalen Klinikalltag wird Kreatinin dennoch zur Einschätzung der Nierenfunktion verwendet und gehört zur Routinelabordiagnostik.

Übrigens ...
Der in der Klinik gebräuchliche Ausdruck „blinder Bereich des Kreatinins"

bedeutet, dass der Untersucher eine Lücke im Laborbefund hat (s. Abb. 16, S. 32): Die GFR ist schon abgesunken, das Kreatinin ist jedoch noch normwertig.

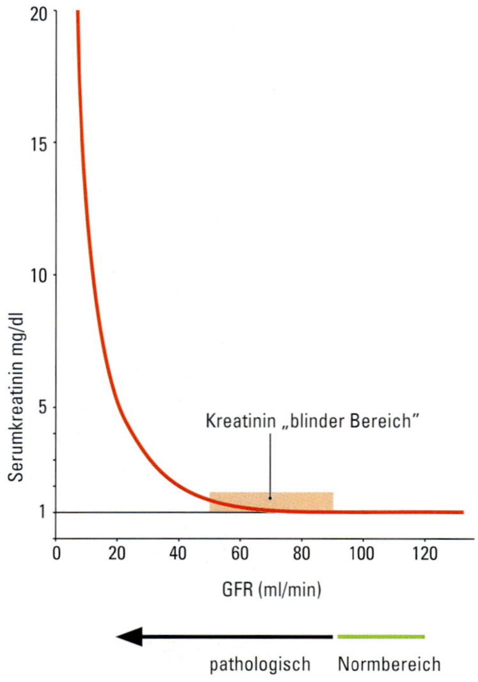

Abb. 16: Kreatinin blinder Bereich

medi-learn.de/7-physio1-16

Fällt die glomeruläre Filtrationsrate ab, steigt das Kreatinin im Serum an, da die Ausscheidung dieses Stoffes ja fast ausschließlich über die filtrierte Menge erfolgt. Sinkt die GFR jedoch nur ein wenig ab, kann die Serumkonzentration des Kreatinins noch normal sein (im oberen Normbereich). Diesen Abschnitt der Kurve nennt man den diagnostisch blinden Bereich. Erst bei stärkerer Einschränkung der GFR zeigt sich eine Korrelation zwischen der Kreatinin-Konzentration im Serum und der GFR (exponentieller Anstieg): Bei Abfall der GFR um 1/3 steigt die Kreatininkonzentration im Plasma um 50 % an.

Ein kleiner Tipp fürs spätere Berufsleben: Wage es niemals, ein CT mit Kontrastmittel anzumelden, ohne den Kreatininspiegel zu wissen, oder noch schlimmer: ohne ihn bestimmt zu haben. Radiologen werden nämlich (völlig zurecht) fürchterlich nervös, wenn sie nicht über die Nierenfunktion des Patienten Bescheid wissen.

3.3.2 Freiwasserclearance

Die Freiwasserclearance ist als die Menge an Wasser definiert, die rechnerisch von der Niere dem Urin entzogen oder ihm zugefügt werden müsste um einen plasmaisotonen Urin zu produzieren. Sie ist bei hypotonem Harn positiv (der Urin ist mit freiem Wasser verdünnt), bei hypertonem Harn negativ (dem Urin fehlt freies Wasser, deswegen ist er hoch konzentriert). Steigt die Plasmakonzentration einer nierenpflichtigen Substanz an, weil diese nicht mehr über die beschädigte Niere ausgeschieden werden kann, dann fällt die Clearance für diesen Stoff stark ab.

3.3.3 Clearancequotient

Der Clearancequotient gibt an, wie sich die Clearance einer Substanz zur Clearance von Inulin verhält. Aus dem Quotienten lässt sich das Verhalten des Stoffes in der Niere ablesen:

- **Clearancequotient = 0** bedeutet, dass die Substanz entweder gar nicht filtriert wird oder vollständig aus dem Primärharn resorbiert wird.
  Beispiele: große Proteine, **Glucose**
- **Clearancequotient < 1** bedeutet, dass die Substanz netto resorbiert wird.
  Beispiel: **Natrium**
- **Clearancequotient = 1** bedeutet, dass die Substanz **netto** weder resorbiert noch sezerniert wird und genauso viel ausgeschieden wird, wie filtriert wurde.
  Beispiele: **Inulin, Kreatinin**
- **Clearancequotient > 1** bedeutet, dass die Substanz zusätzlich noch sezerniert wird.

Von ihr wird also mehr ausgeschieden als durch den Bowmanfilter abgepresst wurde.

Ein Beispiel ist PAH, das vollständig aus dem Plasma, das durch die Niere fließt, entfernt wird. An der **Clearance von PAH lässt sich daher der renale Plasmafluss ablesen.**

3.4 Glomeruläre Filtrationsrate – GFR

Die GFR lässt sich aufgrund der Eigenschaften von Inulin und Kreatinin aus deren Clearance ermitteln (s. 3.3, S. 29).
Zur Berechnung der Inulin- und Kreatininclearance/GFR benötigt man:
- die Inulinkonzentration im Blut,
- die Inulinkonzentration im Urin und
- das Urinzeitvolumen.

Rechenbeispiel:
Die glomeruläre Filtrationsrate eines Probanden betrage 100 ml/min, die Plasmakonzentration von Inulin 0,1 g/l und die Urinkonzentration von Inulin 2 g/l. Wie groß ist das Harnzeitvolumen in ml/min?

$$GFR = \frac{\dot{V}_u \cdot U_{Inulin}}{P_{Inulin}}$$

$\dot{V}_u$ = Urinzeitvolumen
U_{Inulin} = Inulinkonzentration im Urin
P_{Inulin} = Inulinkonzentration im Plasma
Umstellen der Formel:

$$\dot{V}_U = \frac{GFR \cdot P_{Inulin}}{U_{Inulin}}$$

Einsetzen der Werte:

$$\frac{100\ ml/min \cdot 0{,}1\ g/l}{2\ g/l} = 5\ ml/min$$

Merke!

Die Glomeruläre Filtrationsrate (GFR) entspricht dem gesamten Flüssigkeitsvolumen, das pro Minute durch die Bowmanfilter der Glomeruli beider Nieren filtriert wird. Im Normalfall sind das ca. 120 ml/min, was ungefähr 180 Liter pro Tag ergibt.

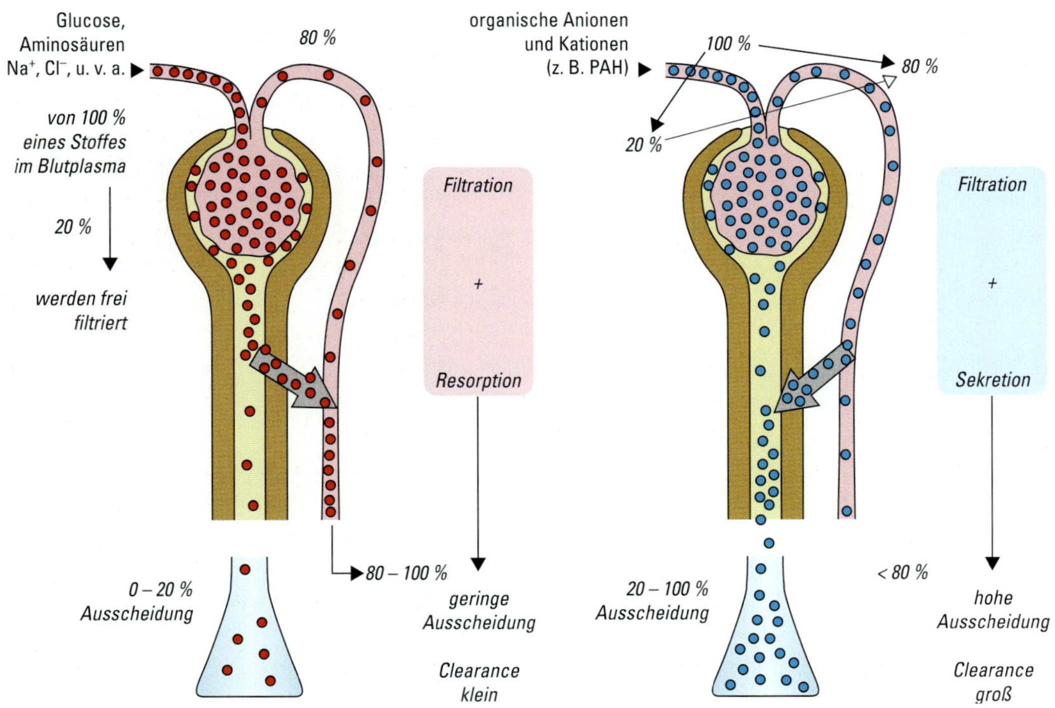

Abb. 17: Die Clearance wird bestimmt durch Sekretion und Rückresorption medi-learn.de/7-physio1-17

Solche Rechnungen kommen im schriftlichen Examen relativ häufig vor. Wenn du die Grundformel kennst, musst du nur noch nach der gefragten Variablen auflösen und die Zahlenwerte einsetzen. Das klingt übrigens nicht nur einfach, sondern ist es auch!

Übrigens ...
Ist die Plasmakreatininkonzentration um das fünffache der Norm erhöht, so ist die GFR vermindert und Kreatinin sammelt sich im Blut an, da es nicht mehr richtig ausgeschieden werden kann (Indikator für eine Niereninsuffizienz).

3.5 Renaler Plasmafluss – RPF

Der renale Plasmafluss gibt an, wie viel Blutplasma pro Minute durch die Niere fließt. Bestimmt wird der renale Plasmafluss durch die PAH-Clearance (s. 3.3, S. 29). Da das ganze PAH, das mit dem Blutplasma durch die Niere fließt, fast vollständig sezerniert wird, kann man daraus – wenn die **Konzentration von PAH im Plasma, im Urin und das Urinzeitvolumen bekannt sind – den renalen Plasmafluss berechnen. Normal sind 600–650 ml/min.**

3.6 Renaler Blutfluss – RBF

Die Niere ist das Organ mit **der höchsten Ruhedurchblutung** (bezogen auf ein Gramm Organgewebe). Ungefähr 20 % des Herzzeitvolumens fließen in Ruhe direkt durch die Niere, was ungefähr **einem Liter Blut** entspricht. Da die Niere dieses Blut nicht zur Eigenversorgung mit Sauerstoff braucht, ist der Sauerstoffgehalt in der Nierenvene – verglichen mit dem anderer Organe des Körpers – mit am höchsten. Den renalen Blutfluss berechnet man aus dem renalen Plasmafluss und dem Hämatokrit:

$$RBF = \frac{RPF}{(1 - Hkt)}$$

RBF = renaler Blutfluss
RPF = renaler Plasmafluss
Hkt = Hämatokrit

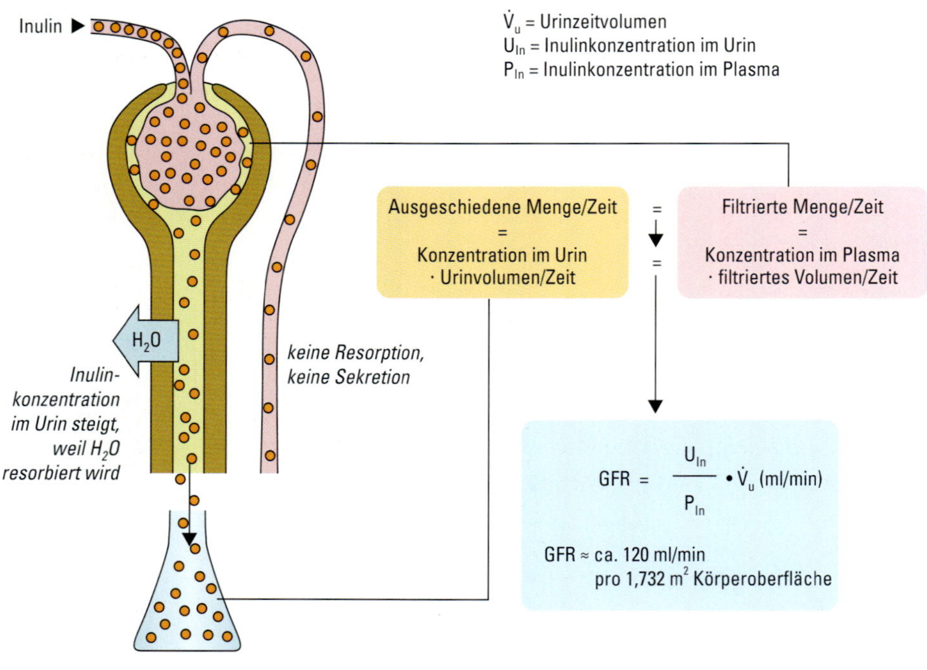

Abb. 18: Aus der Inulin-Clearance lässt sich die GFR berechnen *medi-learn.de/7-physio1-18*

Der Term (1 – Hkt) ist der Anteil des Blutplasmas am Blutvolumen, da hierdurch die festen Blutbestandteile heraus subtrahiert werden.

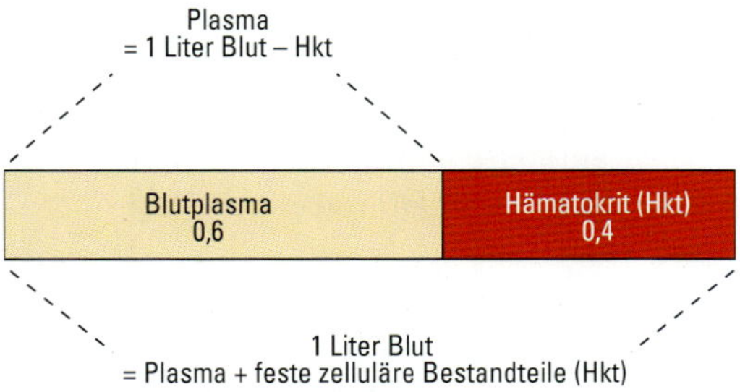

Mit diesem kleinen Schema verstehst du bestimmt, warum man von 1 den Hämatokrit abzieht. Nach Adam Riese bleibt so der Anteil des Plasmas am gesamten Blut (= 1) übrig.

Abb. 19: Was bedeutet (1-Hkt)?

medi-learn.de/7-physio1-19

Merke!

Zur Berechnung des renalen Blutflusses (RBF) braucht man den Hämatokrit (Hkt) und den renalen Plasmafluss (PAH-Clearance).

3.7 Filtrationsfraktion – FF

Die Filtrationsfraktion ist der Teil des renalen Plasmaflusses, der filtriert wird. Erstaunlich, aber wahr ist, dass nur 20 % des Blutplasmas, das durch die Niere fließt, überhaupt durch das Tubulussystem geleitet und damit filtriert wird! Folglich können auch nur aus diesem Anteil Kreatinin und Inulin komplett entfernt werden. 80 % des Kreatinins verlassen daher wieder die Niere über die Nierenvene und nur 20 % treten den Weg in Richtung Blase an.
Oder anders formuliert:
Die Plasmakonzentration von Kreatinin in der Nierenvene ist um ca. 20 % geringer als in der Nierenarterie.

Zum Thema Filtrationsfraktion solltest du dir unbedingt folgendes merken:
- Normalwert der Filtrationsfraktion = 20 % = 0,2
- Zur Berechnung der Filtrationsfraktion braucht man die Plasma- und Urinkonzen-

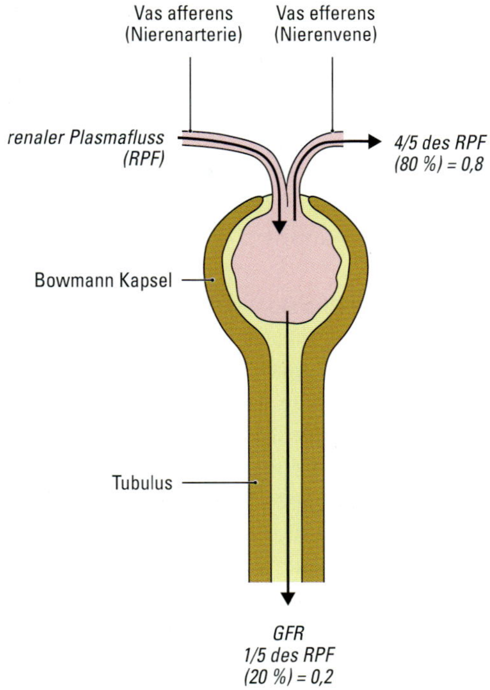

Abb. 20: Filtrationsfraktion

medi-learn.de/7-physio1-20

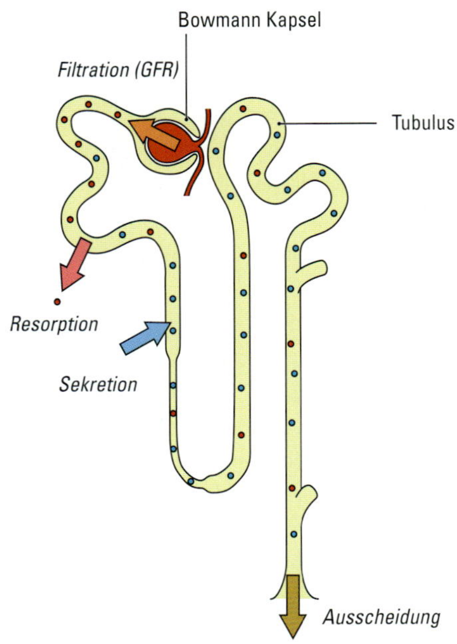

Abb. 21: Fraktionelle Ausscheidung

medi-learn.de/7-physio1-21

tration von Kreatinin/Inulin sowie die des PAH. Also alle Komponenten, aus denen sich die GFR und der RPF berechnen:

$$FF = \frac{GFR}{RPF}$$

- Die Plasmakonzentration von Kreatinin in der Nierenvene ist um ca. 20 % geringer als in der Nierenarterie.

3.7.1 Fraktionelle Ausscheidung

3

Als fraktionelle Ausscheidung eines Stoffes bezeichnet man den Anteil, der in der Niere **filtriert UND ausgeschieden** wird. An der fraktionellen Ausscheidung lässt sich das Verhalten der verschiedenen Stoffe in der Niere ablesen. Für Kreatinin und Inulin beispielsweise beträgt die fraktionelle Ausscheidung ungefähr eins, weil alles, was filtriert wird, auch tatsächlich ausgeschieden wird. Für Glucose ist die fraktionelle Ausscheidung (hoffentlich) null, was bedeutet, dass die filtrierte Glucose komplett rückresorbiert und nichts davon ausgeschieden wird. In den folgenden Abschnitten werden die fraktionellen Ausscheidungen derjenigen Substanzen besprochen, die schon im schriftlichen Examen gefragt wurden.

Beispiel: Berechnung der fraktionellen Ausscheidung:
Dazu muss die Konzentration des Stoffes im Plasma und Urin so wie die Glomeruläre Filtrationsrate (GFR) und die Urinstromstärke bekannt sein. Bei einer GFR von 100 ml/min (= 0,1 l/min) und einer Urinstromstärke von 1 ml/min (0,001 l/min) beträgt die Ausscheidung eines Stoffes 1 mmol/l bei einer Plasmakonzentration von 0,2 mmol/l.
Filtrationsmenge: Nun müsst Ihr für den Stoff jeweils berechnen, was filtriert und was ausgeschieden wird.
0,2 mmol/l · 0,1l/min = 0,02 mmol/min
Ausgeschiedene Menge:
1 mmol/l · 0,001 l/min = 0,001 mmol/min
Somit ist die fraktionelle Ausscheidung
0,02 mmol/min : 0,001 mmol/min = 0,05 = 5 %

Fraktionelle Wasserausscheidung

Die fraktionelle Wasserausscheidung ist sehr gering. Der größte Teil des filtrierten Wassers wird rückresorbiert (99 %) und nur 1 % wird tatsächlich ausgeschieden. Das entspricht einer Wasserausscheidung von 1,5–2 Litern der 180 filtrierten Liter Flüssigkeit pro Tag.

Fraktionelle Calciumausscheidung

Der Calciumhaushalt wird hauptsächlich über die Calciumaufnahme im Darm reguliert. Wichtigstes Hormon hierfür ist das **Calcitriol**. Daneben steuert aber auch die Niere mit ihrer Calciumausscheidung den Calciumhaushalt. Steuerhormon hierfür ist das **Parathormon**. Ein bestimmter Anteil des Plasmacalciums gelangt mit dem Primärfiltrat ins Tubulussystem. Je nachdem, wie viel die Niere rückresorbiert, kann die Niere so Calcium sparen oder elimieren (ausscheiden). Je mehr die Niere ausscheidet, desto höher ist die fraktionelle Calciumausscheidung.

Merke!

Die fraktionelle Ausscheidung von Calcium steigt bei der Gabe von Schleifendiuretika und sinkt bei erhöhtem Parathormonspiegel.
Parathormon stellt Calcium parat und fördert deshalb dessen Rückresorption.

Gleichzeitig führt das Parathormon dazu, dass mehr Phosphat ausgeschieden wird und damit dessen fraktionelle Ausscheidung steigt. Der gleichzeitige Anstieg der Phosphatausscheidung ist auch sinnvoll, da Phosphat im Körper mit dem Calcium Komplexe bildet. Ist also weniger Phosphat im Körper vorhanden, steht dem Körper mehr freies und aktives Calcium zur Verfügung.

DAS BRINGT PUNKTE

Folgendes zum Thema **„Niere“** solltest du dir merken, um weitere Punkte auf dem Physikumskonto zu verbuchen:

- In Ruhe hat die Niere die höchste Organdurchblutung (ungefähr 20 %) des Herzzeitvolumens.
- Der Baylisseffekt besagt, dass die GFR durch die Autoregulation der Niere im Bereich von 80–180mmHg vom Blutdruck fast unabhängig ist.
- Im Nierenmark funktioniert die Autoregulation schlechter. Daher kommt es bei erhöhtem Blutdruck zur Druckdiurese.

Zum Thema **Clearance** sind folgende Fakten absolut prüfungsrelevant:

- Die Clearance ist das Blutplasmavolumen, das in einer bestimmten Zeit von einem bestimmten Stoff befreit wird.
- Die GFR ist das Volumen, das pro Minute filtriert wird, und kann über die Inulinclearance berechnet werden (normal = 120 ml/min).
- Die Formel für die GFR-Berechnung lautet:

$$GFR = \frac{\dot{V}_u \cdot U_{Inulin}}{P_{Inulin}}$$

- Inulin wird frei filtriert, NICHT resorbiert und NICHT sezerniert.

Hier sind noch einmal die oft gefragten Fakten zu den Abschnitten **„Renaler Plasmafluss“**, **„Renaler Blutfluss“**, und **„Filtrationsfunktion“** aufgeführt.

- Kreatinin hat fast dieselben Eigenschaften wie Inulin.
- Glucose wird frei filtriert, fast komplett resorbiert und unter normalen Bedingungen NICHT sezerniert.
- PAH wird frei filtriert, NICHT resorbiert und komplett sezerniert.
- Der renale Plasmafluss beträgt normalerweise 600 ml/min und kann mit der PAH-Clearance berechnet werden.
- Der renale Blutfluss (ungefähr ein Liter) berechnet sich so:

$$RBF = \frac{RPF}{(1 - Hkt)}$$

- Die normale Filtrationsfraktion beträgt ein Fünftel (20 %)
- Die fraktionelle Ausscheidung von Calcium und Magnesium steigt bei Gabe von Schleifendiuretika.

FÜRS MÜNDLICHE

Fragen zu den Funktionen der Niere stellen einen beliebten Einstieg in die mündliche Prüfung dar. Hier ein paar gute Beispiele, worum es also vielleicht gleich zu Beginn gehen könnte und worüber du dann sicher eine Menge zu erzählen hättest.

1. **Erläutern Sie bitte, was die Clearance ist.**
2. **Bitte erklären Sie mir, welche Bedeutung Kreatinin im Zusammenhang mit der Nierenfunktion hat.**
3. **Bitte erklären Sie, wie die glomeruläre Filtrationsrate bestimmt wird.**
4. **Erläutern Sie, was Glucose im Urin bedeutet.**
5. **Erklären Sie bitte, was die Filtrationsfraktion ist.**
6. **Was ist die Autoregulation der Nierendurchblutung?**

FÜRS MÜNDLICHE

1. Erläutern Sie bitte, was die Clearance ist.
Die Clearance hat die Einheit Volumen pro Zeit (ml/min); sie gibt an, welche Menge Blutplasma in einer bestimmten Zeit von dem jeweiligen Stoff gereinigt wird. Die Clearance von bestimmten Stoffen dient zur Bestimmung der Nierenfunktion. So ist die Inulinclearance ein direktes Maß für die glomeruläre Filtrationsrate und die PAH-Clearance ein Maß für den renalen Plasmafluss. Die Clearance von Inulin beträgt ungefähr 120 ml/min und die Clearance von PAH 600 ml/min.

2. Bitte erklären Sie mir, welche Bedeutung Kreatinin im Zusammenhang mit der Nierenfunktion hat.
Kreatinin ist ein Stoff aus dem Muskelstoffwechsel und hat sehr ähnliche Eigenschaften wie das Inulin. Da es im Körper produziert wird, muss es nicht wie das Inulin dem Körper gespritzt werden und ermöglicht so eine Abschätzung der Nierenfunktion (der glomerulären Filtrationsrate) in der Klinikroutine.

3. Bitte erklären Sie, wie die glomeruläre Filtrationsrate bestimmt wird.
Mit der Inulin-Clearance. Inulin wird frei filtriert, nicht resorbiert und nicht sezerniert, sodass alles an Inulin, was durch den Bowmanfilter filtriert wird, auch ausgeschieden wird. Das kann man im Urin messen und zurückrechnen auf die glomeruläre Filtrationsrate. Zur Berechnung benötigt man: Harnzeitvolumen, Urin- und Plasmakonzentration von Inulin. Normal sind 120 ml/min.

4. Erläutern Sie, was Glucose im Urin bedeutet.
Glucose im Urin heißt im Fachterminus Glucosurie und ist immer pathologisch. Glucosurie besteht dann, wenn die Plasmakonzentration von Glucose die Nierenschwelle überschreitet, d. h. die Rückresorptionsmechanismen sind gesättigt und überfordert. Sie liegt bei 10 mmol/l oder 180 mg/dl Glucose im Blutplasma. Nachweisen kann man Glucosurie z. B. durch Teststreifen. Ein häufiger Grund: Diabetes mellitus.

5. Erklären Sie bitte, was die Filtrationsfraktion ist.
Die Filtrationsfraktion ist der Teil des renalen Blutplasmaflusses, der filtriert wird (GFR). Ungefähr ein Fünftel oder 0,2 oder 20 %.

6. Was ist die Autoregulation der Nierendurchblutung?
Die Autoregulation der Nierendurchblutung soll eine gleichbleibende, vom arteriellen Druck unabhängige Filtrationsleistung sicherstellen. Steigt der Blutdruck, kommt es zu einer Konstriktion des Vas afferens (druckbedingte Kontraktion der glatten Muskelzellen in den Gefäßwänden: Bayliss-Effekt). Ist der Blutdruck zu gering für eine ausreichende Filtrationsleistung, kontrahiert sich das Vas efferens: das Blut staut sich ins Glomerulum zurück (Folge dort: höherer Filtrationsdruck). Zusätzlich dilatieren die zuführenden Gefäße (Vas afferens). Im Bereich von 80 – 160 mmHg ist die Filtrationsleistung der Niere also unabhängig vom Blutdruck.

Mehr Cartoons unter www.medi-learn.de/cartoons

Pause

Lehn' dich zurück und mach doch einfach mal kurz Pause ...

3.8 Verschiedene Stoffe und ihr Verhalten in der Niere

Im folgenden Abschnitt geht es darum, wie und vor allem wann die Niere die ganzen Elektrolyte und anderen Stoffe aus dem Primärfiltrat zurück gewinnt. Eigentlich verläuft die Rückresorption immer nach ähnlichen Prinzipien: Am Anfang wird viel und ungesteuert resorbiert, während am Ende (im distalen Tubulus und im Sammelrohr) kleine Substanzmengen transportiert werden, dies jedoch unter der strengen Aufsicht der Hormone (z. B. Aldosteron).

Merke!

- Es gibt die Sekretion, aber das Verb heißt sezernieren und bedeutet ausscheiden, z. B. aus der Nierenzelle ins Tubuluslumen.
- Resorption oder resorbieren bedeutet etwas zurückzuholen, z. B. aus dem Tubulus.

3.8.1 Prinzipien der Rückresorption

Die Niere hat bestimmte Prinzipien, nach denen sie ihre Aufgaben der Resorption und Sekretion erfüllt: Am Anfang des Tubulussystems – im proximalen Tubulus – versucht die Niere, große Substanzmengen aus dem Primärfiltrat zurückzuholen. Da die Tubulusflüssigkeit isoton ist (dieselbe Osmolarität wie das Blutplasma hat) kann hier ein Massentransport zurück ins Blut erfolgen, weil nur kleine Konzentrationsgradienten überwunden werden müssen. Viele Physikumsfragen zielen auf diese Tatsache ab, deshalb kannst du dir (mit einer Ausnahme: dem Magnesium) merken:

Merke!

Im proximalen Tubulus findet prozentual die größte Resorption statt.
Ausnahme: Magnesium, erst in der Henle-Schleife

Im weiteren Verlauf des Tubulus erreicht das Filtrat die Henle-Schleife, die im aufsteigenden Teil wasserundurchlässig ist. Hier wird unter anderem mit dem $2Cl^-$-Na^+-K^+-Symporter die Salzresorption erledigt. Mengenmäßig ist diese jedoch geringer als im proximalen Teil. Am Ende des Tubulussystems – im distalen Tubulus und Sammelrohr – wirken Hormone auf die Feineinstellung des Harns. Hier wird entschieden, wie viel Wasser und was für ein Urin (isoton, hypoton oder sogar hyperton bei Antidiurese) ausgeschieden wird. Die Rückresorption von kleinen Substanzmengen erfolgt hier gegen extrem hohe Konzentrationsgradienten.

Folgende Fakten solltest du dir merken:
- Proximaler Tubulus: Massentransport zurück ins Blut gegen einen kleinen Konzentrationsgradienten – isotone Rückresorption
- Henle-Schleife: Salzresorption. Deshalb wirken hier besonders die Diuretika.
- Distaler Tubulus und Sammelrohr: Rückresorption von kleinen Substanzmengen gegen große Konzentrationsgradienten; hormonell gesteuerte Feineinstellung der Urinzusammensetzung bei möglichst kleinem Wasserverlust

3.8.2 Rückresorption von Natrium, Kalium, Calcium und anderer Elektrolyte

Stoff	Hauptort der Resorption
Na^+	proximaler Tubulus (60 %)
Ca^{2+}	proximaler Tubulus (60 %)
HCO_3^-	proximaler Tubulus (90 %)
Phosphat	proximaler Tubulus (70 %)
Mg^{2+}	Henle-Schleife, dicker aufsteigender Ast, Pars recta (60 %)

Tab. 2: Hauptresorptionsort ist der proximale Tubulus – Ausnahme Magnesium

Natrium (Na^+) und Chlorid (Cl^-)

In den folgenden Abschnitten wird die Natrium- und Chloridresorption entlang des Tubulussystems erläutert. Merken solltest du dir vorab schon mal, dass der **Antrieb für diese Resorption die basolaterale Na^+/K^+-ATPase** ist, die den dafür notwendigen Natriumgradienten aufbaut. Die notwendige Energie für die Na^+/K^+-ATPase-Aktivität wird im proximalen Tubulus vorwiegend durch die Oxidation von Fettsäuren und Ketonkörpern zur Verfügung gestellt.

Natrium und Chlorid im proximalen Tubulus
Insgesamt wird im proximalen Teil des Tubulussystems schon 2/3 des Natriums rückresorbiert. Leider muss man fürs schriftliche Examen im Falle von Natrium und Chlorid den proximalen Tubulus weiter unterteilen in:

- den frühproximalen und
- den spätproximalen Tubulus.

Frühproximal werden viele positive Natriumionen aus dem Lumen des Nierentubulus zurückgeholt, wodurch das Tubuluslumen negativer wird. Daher spricht man hier auch von einem **lumennegativen transepithelialen Potenzial.** Die Chloridionen werden frühproximal relativ unbehelligt gelassen. Aufgrund der Wasserresorption kann es daher sein, dass die Chlorid-Konzentration in diesem Teil über der des Blutplasmas liegt.
Im spätproximalen Tubulus werden die negativen Chloridionen aus dem Tubulus rückresorbiert. Daher wird hier das **transepitheliale Potenzial lumenpositiv.**
Dem rückresorbierten Natrium folgt passiv das **Wasser, das durch die Zellspalten (parazellulär) bestimmte Stoffe mitspült.** Diesen Vorgang nennt man **solvent drag.** Durch die vermehrte Wasserresorption steigt spätproximal die Chloridkonzentration an.
Spätproximal steigt nur die **Chloridkonzentration** an, die Chloridmenge hingegen nimmt ab. Grund: Es verlässt mehr Wasser als Chlorid den Tubulus. Wenn dann noch 40–50 % des filtrierten Chlorids übrig sind, ist Chlorid sogar **höher konzentriert als Natrium**, das ja im Primärfiltrat das höher konzentrierte Ion ist.

Neben der Wasserresorption wird die Natriumresorption auch zum Rücktransport von **Glucose und Aminosäuren** benutzt. **Antrieb für diesen sekundär aktiven Cotransport ist der Natriumgradient**, der über die basolaterale Na^+/K^+-ATPase aufgebaut wird:

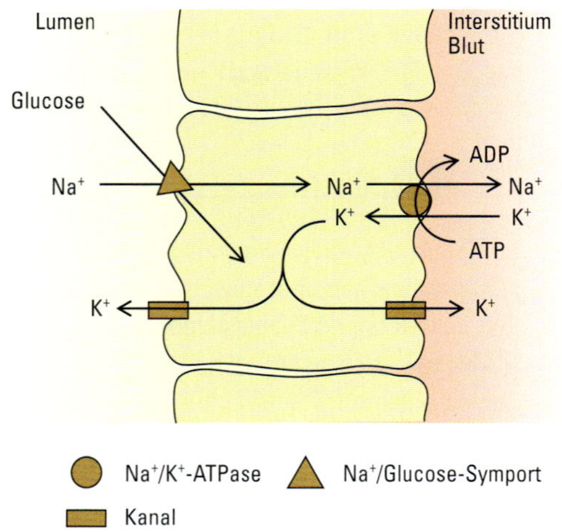

Abb. 22: Die Na^+/K^+-ATPase liegt basolateral und treibt den Transport an

medi-learn.de/7-physio1-22

In den proximalen Nierentubuluszellen existiert ein ganz besonderer sekundär aktiver Transporter, der ohne Natriumgradient angetrieben wird: Basolateral gibt es dort den Na^+/HCO_3^--Symporter NBC1, der durch einen HCO_3^--Gradienten angetrieben und Natrium aus der Zelle in den Extrazellulärraum schafft (s. Abb. 25, S. 44). Du meinst, das sei unwichtig? Vielleicht, aber leider nicht fürs Physikum.

Besonders solltest du dir folgendes merken:

- Im proximalen Tubulus werden 2/3 des Natriums rückresorbiert. Bis zum Sammelrohr werden sogar über 95 % des filtrierten Natriums zurückgewonnen, d. h. die Ausscheidung von Natrium beträgt weniger als 5 %.
- Solvent drag = parazellulärer Wasserstrom spült Stoffe mit.

- Natrium wird im Cotransport mit Glucose und Aminosäuren resorbiert.
- Im frühproximalen Tubulus herrscht ein lumennegatives Potenzial durch Entfernung der positiven Natriumionen.
- Im spätproximalen Tubulus herrscht ein lumenpositives Potenzial. Grund: Durch die Wasserresorption steigt im Tubulus die Cl^--Konzentration, das in der Folge aus dem Tubulus entweicht und seine negative Ladungen natürlich mitnimmt.

- Spätproximal ist Chlorid höher konzentriert als Natrium, das jedoch noch höher konzentriert ist als Bikarbonat ($Cl^- > Na^+ > HCO_3^-$).
- Am Ende des proximalen Tubulus sind noch 40–50 % des Chlorids vorhanden.

Natrium und Chlorid im dicken aufsteigenden Teil der Henle-Schleife. Im dicken aufsteigenden Teil der Henle-Schleife begegnet uns nun der Lieblingstransporter der schriftlichen Physikumsprüfung: Der Na^+-K^+-$2Cl^-$-Cotransporter. Als ganz wichtiges Detail solltest du wissen, dass dieser Transporter durch das Diuretikum Furosemid (z. B. Lasix) gehemmt wird.

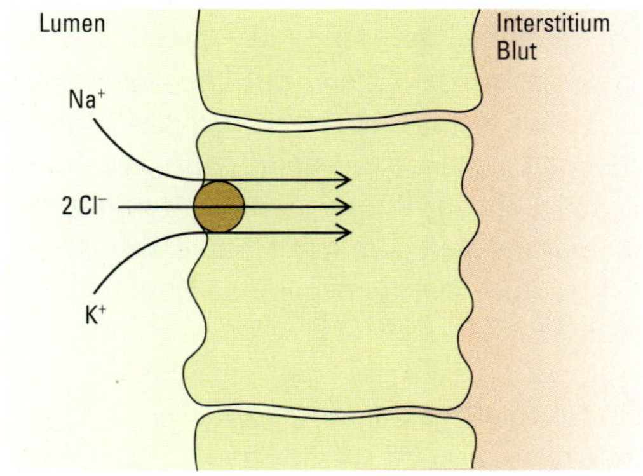

Abb. 23: Na^+-K^+-$2Cl^-$-Cotransporter

medi-learn.de/7-physio1-23

Merke!

Der Na^+-K^+-$2Cl^-$-Cotransporter ist durch Schleifendiuretika wie Furosemid hemmbar.

Natrium und Chlorid, die mit dem Transporter befördert werden, verlassen die Zelle basolateral. Kalium dagegen benutzt einen luminalen Kanal und bewirkt so – aufgrund seiner positiven Ladung – ein lumenpositives Potenzial.

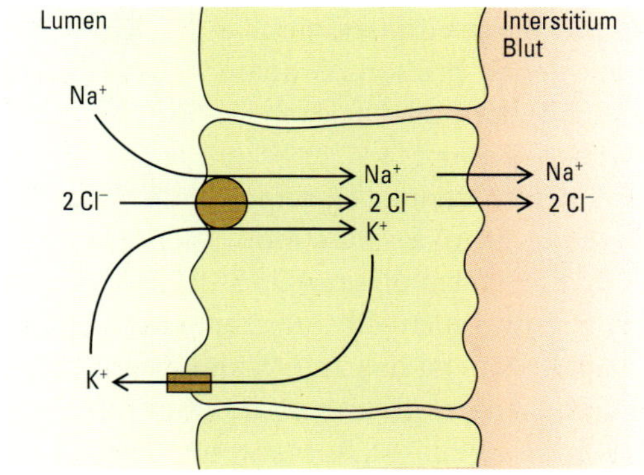

Abb. 24: Na^+-K^+-$2Cl^-$-Cotransporter und der weitere Weg der Ionen *medi-learn.de/7-physio1-24*

Kalium (K^+)

Kalium kann – je nach Bedarf – reteniert (zurückgehalten) oder ausgeschieden werden. Seine **fraktionelle Ausscheidung liegt dabei im Bereich von 1 % (Resorption) bis 200 % (Ausscheidung).** Der mittlere Wert bewegt sich zwischen 5 % und 15 %.
Bei einer Hyperkaliämie kann unser Körper daher **Kalium sezernieren, was bedeutet, dass die Kaliumclearance größer ist als die GFR** (s. 3.4, S. 33).

Übrigens ...
Bei einer Antidiurese kann die Kaliumkonzentration im Urin über der im Primärfiltrat liegen.

Grundsätzlich funktioniert auch die Kaliumresorption nach den für Natrium besprochenen Prinzipien (s. Kapitel 3.8.1, S. 39): Der **größte Teil des Kaliums wird schon im proximalen Tubulus resorbiert.** Dieser Transport erfolgt – im Gegensatz zum Natrium – jedoch **parazellulär.**

An dieser Stelle solltest du dich kurz noch mal an die allgemeinen Resorptionsmechanismen in der Niere erinnern (s. 3.8.1, S. 39). Proximal findet ein Massentransport gegen kleine Konzentrationsgradienten statt. Distal werden kleine Mengen transportiert, jedoch gegen größere Gradienten mit hormoneller Feineinstellung.

Ein entscheidendes Hormon für den Kaliumhaushalt ist das Aldosteron. Aldosteron erhöht die renale Kalium-AUSSCHEIDUNG und gleichzeitig auch die intrazelluläre Kalium-AUFNAHME. Ist das kein Widerspruch? Eine erhöhte Ausscheidung zusammen mit einer erhöhten zellulären Aufnahme? Die Antwort lautet „Nein", denn beide Mechanismen führen dazu, dass Kalium aus dem Extrazellulärraum entfernt wird, wo es z. B. das Ruhemembranpotenzial durcheinander bringen könnte. Doch zurück zum Aldosteron: Unter dem Einfluss dieses Hormons sezernieren die Hauptzellen des Sammelrohrs Kalium ins Tubuluslumen.

Im Gegensatz dazu können bei einer Hypokaliämie die Schaltzellen im Sammelrohr und Verbindungsstück Kalium je nach Bedarf resorbieren. Diese Resorption erfolgt im Antiport mit H^+-Ionen.

Merke!

Du solltest dir unbedingt merken, dass
- der größte Teil des Kaliums im proximalen Tubulus parazellulär resorbiert wird,
- die Hauptzellen des Sammelrohrs Kalium aldosteronabhängig sezernieren,
- Aldosteron die renale Kaliumausscheidung erhöht, aber auch die intrazelluläre Kaliumaufnahme,
- die Schaltzellen im Sammelrohr und im Verbindungsstück Kalium im Austausch mit H^+ resorbieren können,
- bei Hemmung der proximalen Na^+-Resorption die Kaliumsekretion steigt und
- bei Hemmung der Na^+-Resorption im Sammelrohr – z. B. durch Amilorid – die Kaliumsekretion sinkt.

Beispiel

Was sagst du zu diesen beiden Behauptungen?
- Bei Hemmung der proximalen Na^+-Resorption steigt die Kalium-Sekretion.
- Bei Hemmung der Na^+-Resorption im Sammelrohr (z. B. durch das Diuretikum Amilorid) sinkt die Kalium-Sekretion.

Ja, genau! Sie sind beide richtig, denn:
- Wenn im proximalen Tubulus die Natriumresorption behindert wird, holt sich die Niere das Natrium eben später – im Sammelrohr und im distalen Tubulus – zurück. Dort hängt die Natriumresorption aber ganz eng mit der Kaliumsekretion zusammen: Je mehr Natrium resorbiert wird, desto mehr Kalium wird ausgeschieden.
- Im zweiten Fall ist genau diese Verbindung zwischen Natrium und Kalium gestört, da Amilorid direkt einen Natriumkanal hemmt. Dies führt dazu, dass weniger Natrium resorbiert wird und dementsprechend auch weniger Kalium den Körper verlässt. Aus diesem Grund nennt man Diuretika wie Amilorid auch kaliumsparende Diuretika.

Ein Beispiel zur Kaliumresorption, das schon im schriftlichen Examen gefragt wurde, ist das **Liddle-Syndrom**. Dabei handelt es sich um einen genetischen Defekt, der eine erhöhte Offenwahrscheinlichkeit der nicht spannungsabhängigen Natriumkanäle bedingt. Dies führt zu einer gesteigerten Natriumresorption. Da im späten Teil des Tubulussystems und im Sammelrohr die Natriumresorption jedoch

eng mit der Kaliumausscheidung verknüpft ist, hat dieser Defekt zur Folge, dass die Kaliumausscheidung erhöht ist, was zur Hypokaliämie (zu niedrige Kalium-Konzentration im Blut) führt.

Magnesium (Mg^{2+})

Magnesium bildet in der Niere eine Ausnahme, da für dieses Ion die vorne besprochenen Rückresorptionsprinzipien nicht ganz zutreffen: **Magnesium** wird **größtenteils erst in der Henle-Schleife rückresorbiert** und in die dortigen Zellen aufgenommen. Antrieb dafür ist das dort herrschende **lumenpositive Potenzial:** Das doppelt positiv geladene Magnesium wird vom ebenfalls positiven Tubuluslumen abgestoßen und drängt nach außen.
Wird dieses transepitheliale Potenzial z. B. durch **Schleifendiuretika** wie Furosemid beeinflusst, hat das eine **erhöhte Magnesiumausscheidung** (weniger Mg^{2+}-Rückresorption → mehr Mg^{2+}-Ausscheidung) zur Folge. Dazu muss man wissen, warum in der Henle-Schleife normalerweise ein positives transepitheliales Potenzial herrscht. Der Grund ist die erhöhte Resorption der negativen Chloridionen (s. 3.8.2, S. 39). Schleifendiuretika verhindern nun genau diese Chloridresorption und sorgen damit für ein geringeres transepitheliales Potenzial. Die Folge ist, dass Magnesium im Tubuluslumen nicht mehr so stark abgestoßen wird und dort verbleibt.
Herrschen im Körper hohe Plasmakonzentrationen von Magnesium, kann der Körper von Resorption auf **Ausscheidung** umschalten. Diese Ausscheidung findet hauptsächlich **parazellulär** statt.

Calcium (Ca^{2+})

Calcium wird zum **größten Teil im proximalen Tubulus resorbiert. Antrieb dafür ist ebenfalls das dort herrschende lumenpositive Potenzial.** Der passive Transport erfolgt hauptsächlich **parazellulär**. Ein weiterer Resorptionsort für Calcium ist der **dicke, aufsteigenden Teil der Henle-Schleife:** Hier erfolgt der Transport über Carrier, die von Parathormon beeinflusst werden. Aus demselben Grund wie für Magnesium (s. 3.8.2, S. 39) ist auch für **Calcium die Ausscheidung bei Furosemidgabe erhöht.**

3.8.3 Rolle der Niere im Säure-Basen-Haushalt

Der pH-Wert unseres Blutes muss konstant um die 7,4 liegen. Dies wird durch verschiedene Kontrollsysteme, die unterschiedlich schnell reagieren können, gewährleistet. Dazu zählen die Puffersysteme des Blutes (z. B. Hämoglobin) und anderer Gewebearten, der Gasaustausch in der Lunge und die Ausscheidung von Säuren oder Basen in der Niere. Die Niere kann über verschiedene Mechanismen in den Säure-Basen-Haushalt eingreifen: Über die Sekretion von H^+-Ionen, über die Resorption oder Ausscheidung von Bicarbonat (HCO_3^-), über die Ausscheidung von Ammoniak und Ammoniumionen (NH_3 und NH_4^+) und über einen Phosphatpuffer.
Ein für den Säure-Basen-Haushalt sehr wichtiges Puffersystem ist die Reaktion:

$$H_2O + CO_2 \rightleftharpoons H^+ + HCO_3^-$$

Die Bedeutung dieses Puffersystems ist deswegen so groß, da die Konzentrationen seiner Bestandteile unabhängig voneinander vergrößert oder verkleinert werden können: HCO_3^- kann durch die Niere und zum Teil auch durch die Leber verarbeitet werden und CO_2 kann über die Lunge abgeatmet werden. Damit handelt es sich beim Carbonatpuffer um ein offenes Puffersystem: Der Körper hat immer die Möglichkeit, nochmal nachzulegen und weiter zu puffern. Fallen im Körper z. B. mehr H^+-Ionen an, wird nach der obenstehenden Gleichung Bicarbonat verbraucht und es entsteht Wasser und CO_2, das über die Lunge ausgeatmet wird. Kurz: Metabolische Azidosen werden respiratorisch kompensiert.
Ist umgekehrt die Lunge ventilatorisch beeinträchtigt und kann nicht genügend CO_2 abatmen, führt dies zu einer erhöhten H^+-Aus-

scheidung über die Niere und zur vermehrten HCO_3^--Bildung. Kurz: Respiratorische Azidosen werden metabolisch kompensiert.

Übrigens ...
Wenn es über die vermehrte Ausscheidung von Säuren zum Ansäuern des Urin kommt, kann dies zu Harnsäuresteinen in den ableitenden Harnwegen führen.

Bicarbonat (HCO_3^-)

Grundsätzlich folgt Bicarbonat (HCO_3^-) dem im Kapitel 3.8.2, S. 39 beschriebenen Rückresorptionsmechanismus und wird zu 90 % im proximalen Tubulus resorbiert.
Im Detail betrachtet sieht das Ganze so aus: Nachdem Bicarbonat im Glomerulum filtriert wurde, taucht es im Tubulussystem auf und reagiert dort mit den von den Tubuluszellen sezernierten H^+-Ionen über den Zwischenschritt Kohlensäure (H_2CO_3) zu Wasser (H_2O) und Kohlendioxid (CO_2). Die H^+-Ionen werden entweder über einen sekundär aktiven Na^+/H^+-Antiport oder über primär-aktive H^+-ATPasen sezerniert. Das entstandene CO_2 diffundiert in die Tubuluszellen und reagiert dort wieder mit H_2O zu HCO_3^- und H^+-Ionen (Rückreaktion). Das entstandene Bicarbonat verlässt dann basolateral zusammen mit Natrium die Tubuluszelle. Achtung: In diesem Na^+/HCO_3^--Symport ist der Antrieb der elektrochemische Bicarbonatgradient. Natrium verlässt die Zelle entgegen seines elektrochemischen Gradienten und wird daher sekundär aktiv transportiert. Dies ist eine große Ausnahme, da Natrium sonst immer selbst der Antrieb für die sekundär aktiven Transporte ist, allerdings nur wenn es in die Zelle hinein geht.
Bitte merke dir fürs Examen unbedingt, dass ohne die sezernierten H^+-Ionen keine Bicarbonatresorption möglich ist. Bicarbonat kann nämlich nur in Form von Kohlendioxid in die Zelle „geschmuggelt" werden.

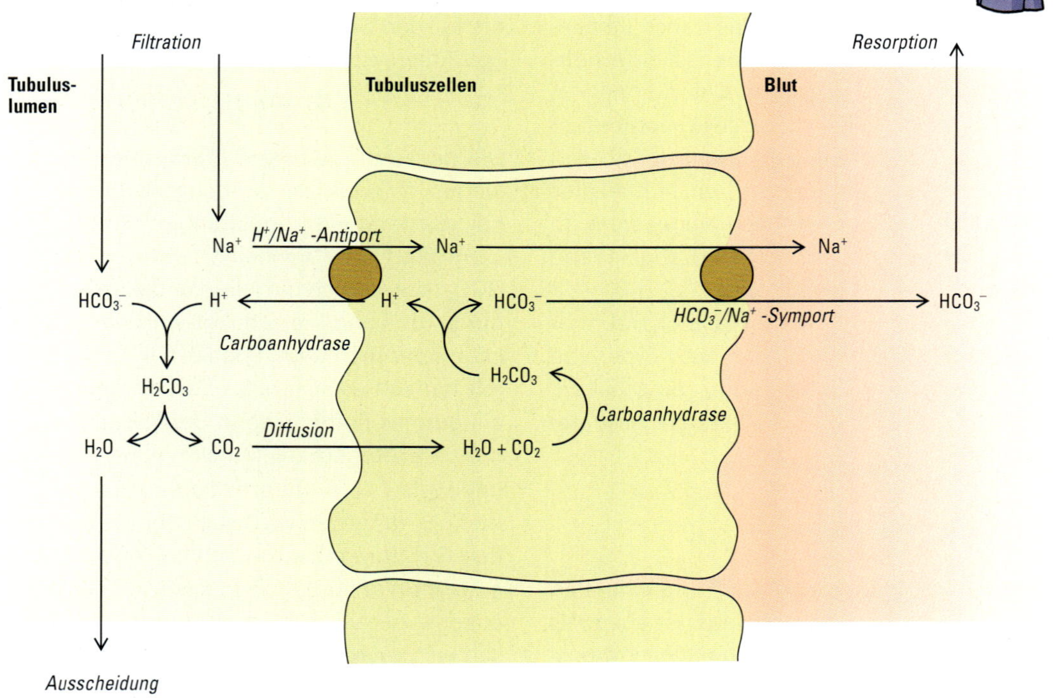

Abb. 25: Carboanhydrase medi-learn.de/7-physio1-25

Da die Reaktion

$HCO_3^- + H^+ \rightleftharpoons H_2CO_3 \rightleftharpoons CO_2 + H_2O$

im Körper nur sehr langsam ablaufen würde, wird sie durch ein Enzym katalysiert: die Carboanhydrase. Die Carboanhydrase kommt an mehreren Stellen des Körpers vor. In der Niere gibt es sie in der Zelle (Carboanhydrase II) und außerhalb der Zelle (Carboanhydrase IV im Tubuluslumen). In der Zelle beschleunigt sie die Reaktion von Kohlendioxid (CO_2) und Wasser (H_2O) zu Bicarbonat (HCO_3^-) und Wasserstoffionen (H^+), außerhalb der Zelle (im Tubuluslumen) erhöht sie die Geschwindigkeit der Rückreaktion von Bicarbonat und Wasserstoffionen zu Wasser und Kohlendioxid.
Wird die Carboanhydrase gehemmt (z. B. durch Acetazolamid), führt dies zu einer erhöhten Bicarbonatausscheidung.

Grund: Ohne enzymatische Hilfe läuft der vorne beschriebene Schmuggelmechanismus in die Zelle nur noch sehr langsam ab.

Außerdem bewirkt die Hemmung der Carboanhydrase eine Azidose, da auch weniger H^+-Ionen aus der intrazellulären Produktion der Carboanhydrase zur Sekretion bereitstehen. Folge: Die H^+-Ionen bleiben im Körper, was diesen ganz schön sauer macht. Schließlich vermindert die Hemmung der Carboanhydrase auch noch die Natriumresorption, was zu vermehrter Diurese führt. Grund: Auch die intrazelluläre Carboanhydrase wird gehemmt, wodurch weniger H^+-Ionen in der Zelle für den Na^+/H^+-Antiport entstehen. Folge: Die Natriumionen bleiben im Tubuluslumen und verhindern, dass Wasser resorbiert wird, was zu einer Diurese führt.
Die Hemmung der Carboanhydrase – z. B. mit Acetazolamid – bewirkt eine

- Diurese aufgrund der verminderten Na^+-Resorption,
- erhöhte Bicarbonatausscheidung und
- Azidose, da H^+-Ionen zurückgehalten werden.
- Außerdem vermindert sie die gastrinstimulierte Magensäureproduktion. (Das hat zwar nichts mit der Niere zu tun, taucht aber gerne mal in den Fragen zur Carboanhydrase auf.)

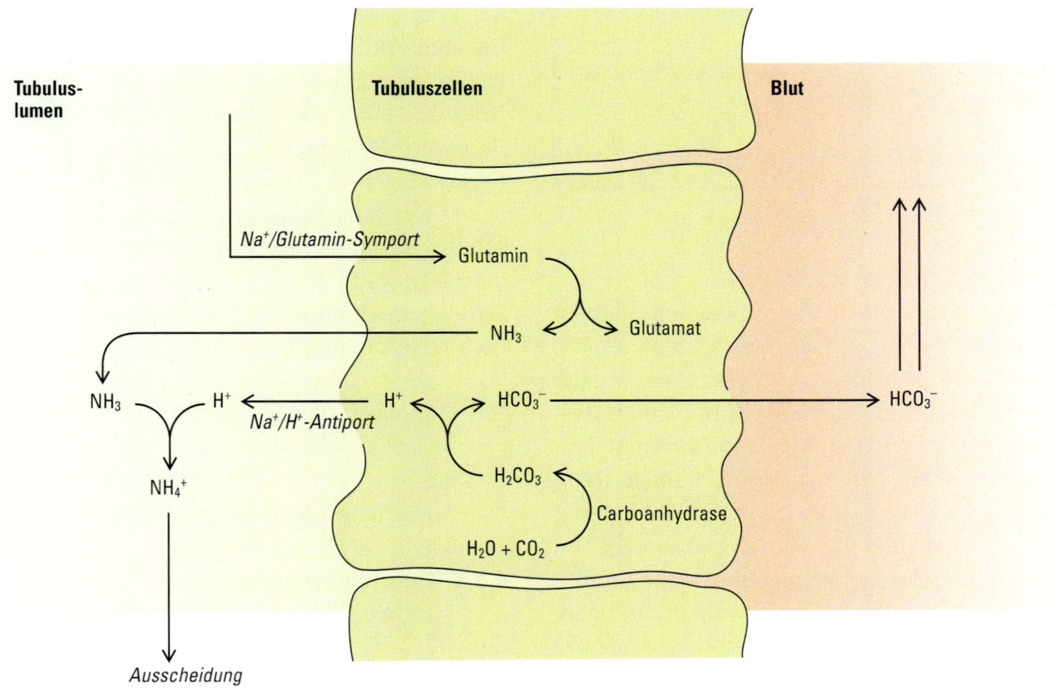

Abb. 26: Ausscheidung von NH_3 /NH_4^+ *medi-learn.de/7-physio1-26*

Welche Auswirkungen hat eine Alkalose auf das Bicarbonat-System?

Alkalose bedeutet eine relative Armut an H^+-Ionen im Blutplasma. Bei Armut ist Sparen angesagt: Um den pH-Wert wieder zu normalisieren, versucht der Körper, möglichst wenige H^+-Ionen auszuscheiden. Es werden also weniger H^+-Ionen über den Na^+/H^+-Antiport in den Nierentubulus transportiert.

Im Tubuluslumen fehlen daher die H^+-Ionen als Reaktionspartner des Bicarbonats (HCO_3^-) in der Carboanhydrasereaktion, Bicarbonat (alkalisch) kann nicht zu CO_2 reagieren, entgeht damit der Resorption und wird mit dem Urin ausgeschieden. Folge: Der Urin-pH steigt an und der Blut-pH fällt wieder ab. Zusätzlich kommt es zur Diurese, weil aufgrund des H^+-Mangels auch die Natriumionen im Tubulus verbleiben und somit auch das Wasser keinen Drang verspürt, den Tubulus zu verlassen.

Merke!

Eine Alkalose führt zu
- erhöhter HCO_3^- Ausscheidung im Urin,
- alkalischem Urin,
- verminderter proximaler Natriumresorption und
- Diurese.

NH_3/NH_4^+

Die Niere hat noch weitere Systeme, mithilfe derer sie vor allem saure Valenzen eliminiert. Diese sind zwar etwas schwächer, dafür aber langfristiger. Tubuluszellen können durch **Desaminierung von Glutamin und Glutamat Ammoniumionen (NH_4^+) und Ammoniak (NH_3) produzieren**. Ammoniak kann frei diffundieren und gelangt so in das Lumen des Tubulus. Im Tubuluslumen reagiert der ungeladene Ammoniak zum Teil mit H^+-Ionen zu Ammoniumionen. Die Ammoniumionen (NH_4^+) sind geladen und können den Tubulus nicht mehr verlassen. Daher bleiben sie und verlassen den Körper über den Urin, jeweils mit einem sauren H^+-Ion im Gepäck. **Über die Ausscheidung von NH_3/NH_4^+ werden mehr als ein Drittel (bis zu zwei Drittel) der fixen Säuren aus dem Körper eliminiert.** Fixe Säuren sind überschüssige, saure Valenzen, die nicht wie CO_2 abgeatmet werden können und z. B. beim Abbau von Proteinen entstehen. Bei verstärktem Säureanfall kann die Niere ihre NH_3/NH_4^+-Produktion stark steigern, allerdings dauert dies einige Tage.

Aus einem Glutamin werden in zwei Schritten – über die mitochondriale Glutaminase und die Glutamat-Dehydrogenase – zwei Ammoniumionen (dissoziieren zu NH_3 und H^+) und 2-Oxoglutarat^{2-}. **Aus 2 Mol 2-Oxoglutarat^{2-} (Ketoglutarat) kann die Niere im Rahmen der Gluconeogenese 1 Mol Glucose produzieren.**

Phosphat

Als weiteres Puffersystem verfügt unser Körper über den Phosphatpuffer. Dieser spielt eine geringere Rolle bei der Kompensation einer Azidose als der Ammoniakpuffer.

Vom filtrierten **Phosphat** wird normalerweise nur eine **geringe Menge ausgeschieden.** Die **Rückresorption erfolgt sekundär-aktiv** mit dem Natriumgradienten als Antrieb. Durch den Bowmanfilter wird Phosphat als HPO_4^{2-} filtriert. Die HPO_4^{2-}-Ionen erreichen das Tubulussystem und puffern H^+-Ionen ab. Im Urin erscheint dann $H_2PO_4^-$ als titrierbare Säure. Die Ausscheidung von Phosphat wird durch Parathormon gefördert.

Übrigens ...
Bei einer Azidose und/oder einem erhöhten Parathormonspiegel ist die Ausscheidung von Phosphat erhöht.

3.8.4 Rückresorption weiterer wichtiger Substanzen

Außer den wichtigen Elektrolyten befinden sich im Primärfiltrat auch noch andere Stoffe, die zurückgewonnen werden sollen. Einer davon ist die Glucose, der Liebling des schriftlichen Examens. Anschließend geht es um die Proteine, die Aminosäuren und zu guter Letzt um den Harnstoff.

Übrigens ...
Fettsäuren müssen NICHT rückresorbiert werden, da sie gar nicht filtriert werden.

Glucose

Glucose ist einer der Stoffe, die so wichtig für den Körper sind, dass sie eigentlich gar nicht ausgeschieden werden sollten. Schon **im proximalen Tubulus** wird daher die **filtrierte Glucosemenge fast vollständig rückresorbiert.** Dies geschieht sekundär-aktiv mit Natrium (elektrogener Transport, s. 1.7.3, S. 8). Sind diese Transporter gesättigt, ist also mehr Glucose im Tubulus vorhanden als rückresorbiert werden kann, taucht Glucose im Urin auf. Das ist **immer pathologisch** und wird als **Glucosurie** bezeichnet. Mögliche Ursachen sind:

- defekte Glucosecarrier (angeborener Defekt) oder
- das Überschreiten des Transportmaximums, z. B. bei einer Hyperglykämie (zu viel Glucose im Blut = Diabetes mellitus).

Die Grenze zwischen Sättigung und Überschreiten des Transportmaximums nennt man **Nierenschwelle.** Sie liegt bei 180 mg/dl oder 10 mmol/l. Da Glucose osmotisch wirksam ist, führt eine Glucosurie zur osmotischen Diurese.

Beispielrechnung zur Nierenschwelle von Glucose:
Aufgabe: Die GFR sei 100 ml/min, das Transportmaximum von Glucose betrage 1,2 mmol/min. Bei welcher Glucosekonzentration beträgt die renale Glucoseausscheidung 0,6 mmol/min?

Antwort: 18 mmol/l
Erklärung: Wenn das Transportmaximum 1,2 mmol beträgt und am Ende noch 0,6 mmol übrig sein sollen, müssen vorher 1,8 mmol da gewesen sein (1,8 mmol – 1,2 mmol Rückresorption = 0,6 mmol Glucoseausscheidung).
Da man jetzt also weiß, dass 1,8 mmol/min mit einer glomerulären Filtrationsrate von 100 ml/min filtriert wurden, sind das in der Einheit Liter (= 100 ml · 10) umgerechnet 18 mmol/l (1,8 mmol in 100 ml mit 10 multipliziert ergibt 18 mmol in 1000 ml = 18 mmol/l).

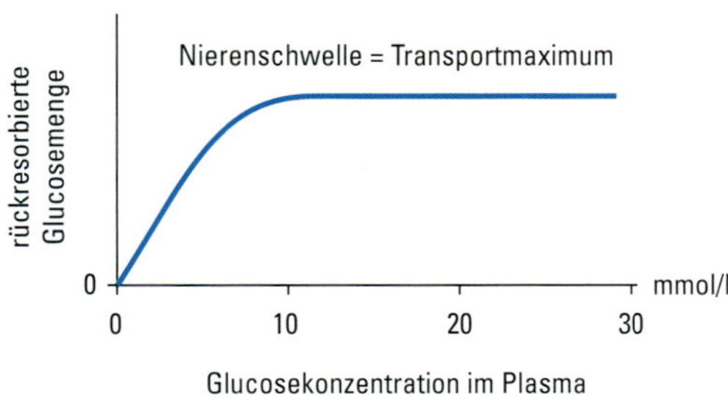

Abb. 27: Die Glucoseresorption hat ein Maximum und kann NICHT beliebig gesteigert werden.

medi-learn.de/7-physio1-27

Der Begriff Diabetes mellitus (griech. mellitus: mit Honig versüßt) hat auch mit der Nierenschwelle von Glucose zu tun. Beim Diabetes mellitus ist die Insulinproduktion, -ausschüttung oder -wirkung gestört, wodurch es zur Hyperglykämie kommt und folglich Glucose im Urin auftaucht.

Der Diabetes mellitus ist durch eine Hyperglykämie mit resultierender Glucosurie und osmotischer Diurese (Polyurie) charakterisiert. Da man – wenn man viel ausscheidet – auch viel trinken muss, findet man auch noch eine Polydipsie. Beim unbehandelten Diabetes mellitus kommt es außerdem zu einer nicht-respiratorischen Azidose und da metabolische Azidosen respiratorisch kompensiert werden, auch noch zur Hyperventilation (mit Abatmung von CO_2).

Übrigens …
Da früher die Urindiagnostik noch ein wenig rustikaler war, sollen die Nonnen (die damaligen Krankenschwestern) mit dem Finger den Urin des Patienten probiert haben: Schmeckte dieser süß wie Honig, so lag ein Diabetes vor.

Proteine

Von gesunden Glomeruli werden die großen Proteine fast gar nicht filtriert. Dies liegt zum einen an der Filtergröße der Bowmankapsel und zum anderen an der negativen Ladung der Basalmembran. Diese negative Ladung stößt die ebenfalls negativ geladenen Proteine ab, die gar keine Lust mehr haben durch den Filter zu gehen. Daher liegt die normale Ausscheidung von Albumin unter 200 mg (physiologisch zwischen 5–35 mg) pro Tag.
Neulich in der Niere: „Du stößt mich ab", sagte das Albumin. „Warum bist du immer so negativ?" erwiderte die Basalmembran. „Selber ..."

Kleinere Proteine, die es doch bis in den Tubulus schaffen, können per Endozytose resorbiert werden. Die noch kleineren Peptide werden mit speziellen Transportern zurückgeholt. Hervorzuheben sind hier besonders die **Dipeptide**, die dazu den **tertiär-aktiven Transport mit H^+-Ionen nutzen (s. 1.7.2, S. 6).**

Aminosäuren

Auch Aminosäuren nutzen den **Natriumgradienten für ihre sekundär-aktive Rückresorption.** Für die verschiedenen **Aminosäuregruppen** gibt es dabei **spezifische Gruppentransporter:** Arginin und Lysin benutzen z. B. denselben Carrier. Liegt eine Aminosäure dieser Gruppe in zu großer Menge vor, hemmt sie kompetitiv die Aufnahme der anderen Aminosäuren dieser Gruppe, die dann prozentual weniger aus dem Tubulussystem zurückgeholt werden.

Harnstoff

Wie der Name schon vermuten lässt, ist der Harnstoff ein **harnpflichtiger Stoff.** Das bedeutet, dass der Körper darauf angewiesen ist, ihn mit dem Harn auszuscheiden. Sollte dies nicht mehr möglich sein, z. B. bei einer eingeschränkten GFR (s. 3.4, S. 33), treten erhöhte Harnstoffkonzentrationen im Blut auf. Harnstoff ist ein Endprodukt des Stickstoffstoffwechsels mit einer hohen Fettlöslichkeit, aber einer geringen Proteinbindung. Daher kann er Membranen einfach durch Diffusion (s. 1.7.1, S. 4) überwinden. Aus diesem Grund ist es auch **NICHT möglich, 100 % des filtrierten Harnstoffs auszuscheiden.** Harnstoff unterliegt in der Niere einem Kreislauf:

- Im proximalen Tubulus wird ein Teil des Harnstoffs resorbiert, der Rest verbleibt zunächst im Tubulus.
- Im Bereich des distalen Tubulus ist die Wand durchlässig für Wasser, aber undurchlässig für Harnstoff. Daher steigt hier die Harnstoffkonzentration an.
- Am Ende des Sammelrohrs ist die Wand wieder für Harnstoff durchlässig und er diffundiert wieder ins Nierenmark zurück. Hier **hat Harnstoff einen großen Anteil am hohen osmotischen Gradienten,** der für die Harnkonzentrierung (s. 3.9, S. 49) so wichtig ist.

Weil Harnstoff im Sammelrohr wieder aus dem Tubulussystem herausdiffundiert, kommt es zu keiner vollständigen Ausscheidung des filtrierten Harnstoffs. Seine fraktionelle Ausscheidung ist sogar geringer als die von Kreatinin.

Wenn bei einer Niereninsuffizienz die Niere nicht mehr in der Lage ist, harnpflichtige Substanzen, Gifte, Medikamente und andere Stoffe, die renal eliminiert werden, auszuscheiden, dann sammeln diese sich im Körper an. Bei Medikamenten führt dies dazu, dass sie länger wirken. Deshalb muss man bei Nierenpatienten bestimmte Medikamente geringer dosieren (z. B. Digoxin = Digitalisglykosid für die Herzkraftsteigerung). Bei Harnstoff nennt man diesen Zustand **Urämie** (Harnvergiftung des Blutes). Die Symptome können von leichter Übelkeit mit Erbrechen bis hin zum urämischen Koma reichen – ein ernsthaftes Krankheitsbild, das durch Dialyse behandelt werden muss.

Du solltest dir folgende Fakten besonders merken:

- Harnstoff ist ein harn**pflichtiger** Stoff und dient der renalen Stickstoffausscheidung.
- Bei stark gefallener GFR findet sich eine erhöhte Harnstoffkonzentration im Blut.
- Harnstoff diffundiert bei Antidiurese aus dem Sammelrohr in die Henle-Schleife zurück und trägt damit erheblich zum Erhalt des osmotischen Gradienten bei.
- Weil Harnstoff aus dem Tubulus herausdiffundiert, wird der filtrierte Harnstoff NICHT vollständig ausgeschieden und hat eine geringere fraktionelle Ausscheidung als Kreatinin.

3.9 Harnkonzentrierung – Diurese/Antidiurese

In der schriftlichen Prüfung ist das haarsträubende Haarnadelgegenstromprinzip zwar nicht so wichtig, für die mündliche Prüfung im Bereich Physiologie solltest du es dir aber dennoch genau ansehen. Dazu empfiehlt es sich, dieses Kapitel auch noch mal in einem ausführlicheren Lehrbuch nachzulesen. Was kann die Niere überhaupt konzentrationstechnisch leisten?

Die Niere kann den Harn auf maximal 1300 mosmol/l konzentrieren oder bei Diurese auf 50 mosmol/l verdünnen. Die Wasserresorption hängt dabei entscheidend von der Osmolarität im Nierenmark ab: Dort wird der wichtige osmotische Gradient erzeugt, der dafür sorgt, dass Wasser aus dem Sammelrohr durch die Aquaporine ins Interstitium zurückdrängt und somit dem Körper weiterhin zur Verfügung steht. Dieser osmotische Gradient wird durch viele Faktoren beeinflusst. Einen **großen Anteil** daran hat der gern gefragte **Na^+-K^+-$2Cl^-$-Transporter**. Wenn man diesen hemmt (z. B. durch ein Schleifendiuretikum wie Furosemid), kommt es zur massiven Diurese, da die Osmolarität im Nierenmark sinkt und das Wasser folglich keinen Grund mehr hat, das Sammelrohr zu verlassen. Zusätzlich zum Na^+-K^+-$2Cl^-$-Transporter solltest du dir noch den Harnstoff merken, der durch seine Rückdiffusion aus dem Sammelrohr auch noch einen entscheidenden Einfluss auf den osmotischen Gradienten im Nierenmark hat. Harnstoff folgt in Anwesenheit von Adiuretin dem Wasser aus dem Sammelrohr und gelangt ins Interstitium. Von dort diffundiert er erneut in den dünnen Teil der Henle-Schleife, wo er ja bereits schon mal war. Er kreiselt also zurück, somit kommt es zu keiner vollständigen Ausscheidung des Harnstoffes, jedoch zu einem erhöhten osmotischen Gradienten im Nierenmark, welcher für die Wasserresorption entscheidend ist.

Nachfolgend sind nochmal wissenswerte Punkte aufgeführt:

- Die maximale Osmolarität des Urins beträgt 1300 mosmol/l.
- Der osmotische Gradient wird vor allem durch den Na^+-K^+-$2Cl^-$-Transporter (bei Hemmung durch Furosemid: massive Diurese) und durch Harnstoff aufgebaut.
- Die maximale Harnosmolarität kann niemals über der Osmolarität des Nierenmarks liegen.
- Bei Antidiurese herrscht eine hohe Osmolarität im Nierenmark, die wesentlich über der des Plasmas liegt.
- Die Osmolarität bei Antidiurese ist in der Nierenvene geringer als in der Nierenarterie. Das liegt daran, dass viele Teilchen ausgeschieden werden (hochkonzentrierter Harn) und gleichzeitig viel Wasser rückresorbiert wird. Das Blut wird also auf dem Weg durch die Niere verdünnt.

3.10 Die Niere als Wirkungs- und Produktionsort von Hormonen

Wenn man spontan ein Organ benennen sollte, das mit Hormonen zu tun hat, fiele die Niere einem wahrscheinlich als Letztes ein.

Dabei ist dieser Hormonschauplatz nicht nur wichtig fürs Examen, sondern auch für dein späteres ärztliche Wirken. Und spannend noch dazu!

In diesem Abschnitt werden dir zunächst die Hormone vorgestellt, die auf die Niere/den Wasserhaushalt und damit auch auf den Kreislauf wirken:

- Aldosteron,
- Renin-Angiotensin-Aldosteron-System (RAAS),
- ADH = antidiuretisches Hormon/Adiuretin/ Vasopressin
- ANF (atrialer natriuretischer Faktor), Atriopeptin oder ANP.

Anschließend geht es dann um die Hormone, die von der Niere produziert werden:

- Erythropoetin und
- Calcitriol.

3.10.1 Aldosteron

Aldosteron ist ein Hormon der Nebennierenrinde, das aus Cholesterin synthetisiert wird. Ein typischer Stimulus der Aldosteronsekretion ist die Zunahme der Kaliumkonzentration im Blutplasma. Aldosteron gehört zu den **Mineralcorticosteroiden** und wirkt hauptsächlich am **spätdistalen Tubulus sowie am Sammelrohr.** Dort steigert es die **Produktion der Na^+/K^+-ATPase-Transporter**, die basolateral in die renalen Epithelzellen eingebaut werden. Außerdem **induziert Aldosteron die Synthese von Natriumkanalproteinen (ENaC),** die luminal in die Epithelzellen des Sammelrohres eingebaut werden. **Beides hat zur Folge, dass mehr Natrium resorbiert wird und Kalium ausgeschieden wird. Dem resorbierten Natrium folgt dann passiv das Wasser.** Dadurch, dass positiv geladene Natriumionen aus dem Sammelrohrlumen entfernt werden, wird das transepitheliale Potenzial dort stark lumennegativ. Aldosteronantagonisten, wie **Spironolacton**, führen zur Diurese, indem sie die Natriumrückresorption und damit die Wasserrückresorption hemmen. Damit verbunden ist auch eine Reduktion der Kaliumausscheidung, da normalerweise aldosterongesteuert für jedes aufgenommene Natriumion ein Kaliumion ins Sammelrohr abgegeben wird. Spironolacton kann daher eine **Hyperkaliämie** auslösen. Außerdem führt es zu einer erhöhten Reninkonzentration im Blutplasma.

Aldosteron führt auch zu einer erhöhten Ausscheidung von H^+- und Kaliumionen. Um das überschüssige Kalium auszuscheiden, ist deshalb bei einer Hyperkaliämie die Aldosteronsekretion aus der Nebennierenrinde erhöht.

Merke!

Aldosteron

- wirkt am spätdistalen Tubulus und an den Sammelrohren,
- fördert die Synthese von Natriumkanalproteinen im Sammelrohr,
- induziert die Na^+/K^+-ATPase, die in die basolaterale Membran renaler Sammelrohrepithelzellen eingebaut wird,
- fördert die Resorption von Na^+ und Wasser und
- führt zur Sekretion von H^+ und K^+ (daher auch gesteigerte Aldosteronsekretion bei K^+-reicher Nahrung).

3.10.2 Renin-Angiotensin-Aldosteron-System

Sinkt der renale Blutdruck akut unter 90 mmHg systolisch, werden Barorezeptoren gereizt, die eine Reninausschüttung anregen.

Renin ist eine Peptidase, die aus Angiotensinogen Angiotensin 1 abspaltet. Aus Angiotensin 1 spaltet das Angiotensin-Converting-Enzym (ACE) in der Lunge das Angiotensin 2 ab. Angiotensin 2 wirkt nun vasokonstriktorisch, fördert den Durst und erhöht in der Ne-

bennierenrinde die Aldosteronausschüttung. Alle diese Mechanismen erhöhen das Blutvolumen und bewirken über die Vasokonstriktion eine bessere Blutversorgung der Niere. Damit es nicht zu einer überschießenden Ausschüttung von Renin kommt, hemmt Angiotensin 2 die Reninausschüttung im Sinne einer negativen Feedbackschleife.
Bei Gabe von ACE-Hemmern zur medikamentösen Blutdrucksenkung kommt es durch den Wegfall der negativen Feedbackschleife zu einem Anstieg der Reninaktivität im Blutplasma.

Macula densa

Die Macula densa ist ein Teil des juxtaglomerulären Apparats, dort wo der Tubulus zu seinem Glomerulum zurückkehrt. Sie dient der Bestimmung des Natrium/Chlorid-Gradienten zwischen dem Blut im Vas afferens und dem Harn im Tubulus. Sie ist also ein feiner chemischer Sensor, der mit dem Na^+-K^+-$2Cl^-$-Transporter ausgestattet ist. Wenn eine hohe Natrium/Chloridkonzentration, also hypertoner Harn gemessen wird (also zu wenig Salz im bisherigen Tubusverlauf resorbiert wurde), wird aus den Zellen an der Macula densa Adenosin sezerniert, was direkt zur Kontraktion der glatten Muskulatur im Vas afferens führt. Somit drosselt sich das Glomerulum die Blutzufuhr, die GFR nimmt ab und das Tubulussystem hat mehr Zeit die Ionen richtig auf zu nehmen und die Ionenkonzentration nimmt im Verlauf an der Macula densa ab. Das Gegenteil passiert bei zu niedriger Ionenkonzentration, dann aber über Prostaglandine gesteu-

3

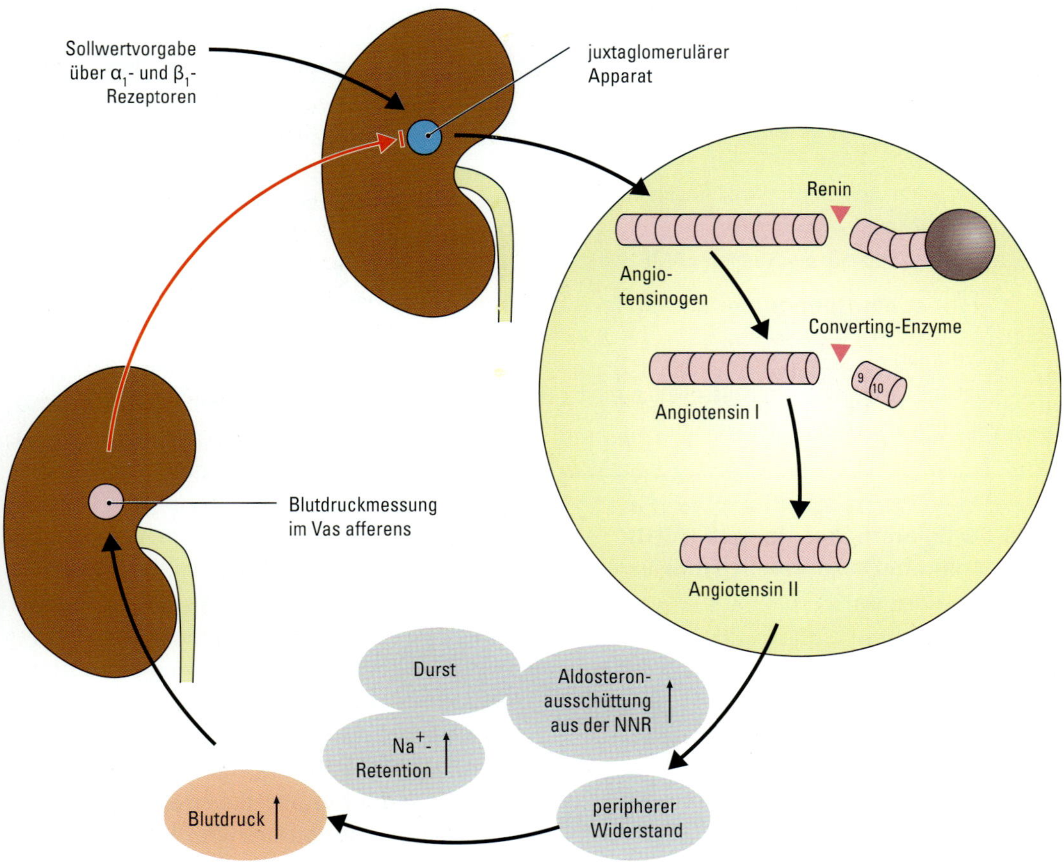

Abb. 28: Renin-Angiotensin-Aldosteron-System *medi-learn.de/7-physio1-28*

ert. Zusätzlich wird bei hypoosmolarem Urin an der Macula densa Renin aus granulären Zellen der Gefäße ausgeschüttet, was zu einer Vasokonstriktion (auch des Vas efferens) führt und somit zu einer erhöhten GFR! Qualitätskontrolle pur mit sofortiger Umsetzung effektiver Maßnahmen, das sollte es mal im Krankenhaus geben ...

Merke!

Renin wird freigesetzt, wenn
- der arterielle Mitteldruck abfällt,
- renale β-Adrenorezeptoren stimuliert werden,
- die Niere minderdurchblutet ist (z. B. bei Hypovolämie oder einer Nierenarterienstenose) und
- die NaCl-Konzentration an der Macula densa abfällt (führt direkt zur Vasokonstriktion im Vas efferens und dadurch zur GFR-Steigerung).

Der Renin-Angiotensin-Kreislauf:
1. Renin spaltet aus Angiotensinogen Angiotensin 1 ab.
2. ACE spaltet Angiotensin 1 in Angiotensin 2 (ein Oktapeptid).
3. Über den Second messenger cAMP wirkt Angiotensin 2
- vasokonstriktorisch,
- durstfördernd,
- erhöhend auf die Aldosteronausschüttung und
- hemmend auf die Reninausschüttung.

3.10.3 Antidiuretisches Hormon (ADH)/ Adiuretin/Vasopressin – drei Namen, ein Hormon

Manchmal kann man schon vom Namen auf den Charakter schließen; zumindest bei Hormonen ... ADH ist die Abkürzung für **Anti**diuretisches **H**ormon, was frei übersetzt das Gleiche bedeutet wie Adiuretin, nämlich „Hormon, das die Wasserrückresorption erhöht."

Aus seinem älteren Namen **Vasopressin** kann man sich seine zweite Wirkung als **Gefäßkonstriktor** (Engsteller der Blutgefäße) ableiten.

Zwischenzeitlich hatte man versucht, sich eine der Wirkungen des ADH, nämlich die Vasokonstriktion, als Notfallmedikament zunutze zu machen. Durch die über V_1-Rezeptoren vermittelte Kontraktion der glatten Muskelzellen sollte die periphere Durchblutung gedrosselt werden. Anders ausgedrückt: Der totale periphere Widerstand sollte erhöht werden. Dadurch wollte man verhindern, dass während der Herzdruckmassage das Blut auch durch die Peripherie (Beine, Arme) gepumpt werden muss und nicht in den Kopf, der den Sauerstoff so dringend braucht. Mittlerweile ist man aber der Meinung, dass Adrenalin das genauso gut kann – zusätzlich hat letzeres noch positive Effekte aufs Herz.

Jetzt werden wir einem ADH-Molekül mal über die Schulter schauen und es von der Geburt im Hypothalamus bis zur Niere auf seinem Lebensweg begleiten: Das Licht der Welt erblickt **das ADH im Hypothalamus**, wo es aus neun Aminosäuren (= Nonapeptid) zusammengebaut, direkt verpackt und **per axonalem Transport entlang der Nervenfasern eine Etage tiefer in den Hypophysenhinterlappen verschickt wird**. Dort sitzt es nun in **seinem Exozytosevesikel** und wartet auf seinen großen Einsatz . Im Gegensatz zu den Hormonkollegen, die nebenan im Hypophysenvorderlappen herumlungern, **hat das ADH KEIN releasing Hormon. Sein Einsatzbefehl erfolgt dann, wenn an den Osmorezeptoren eine zu hohe Plasmaosmolarität gemessen wird oder das Plasmavolumen stark fällt**. Gemessen wird dies über eine verminderte Erregung der Dehnungsrezeptoren in den Herzvorhöfen. Andersrum funktioniert es übrigens auch: Nimmt die Dehnung der Herzvorhöfe (= Anstieg des zentralen Venendrucks) und somit auch die Erregungsfrequenz der Dehnungsrezeptoren der Herzvorhöfe zu, kommt es zur verminderten Ausschüttung von ADH. Diesen volumenregulatorischen Mecha-

nismus nennt man Henry-Gauer-Reflex. Es ist also gar nicht so dumm, dass ADH als Vasokonstriktor und auf die Wasserrückresorption wirkt, da beides dazu führt, dass dem Kreislauf mehr Flüssigkeit zur Verfügung steht, was dem Blutdruck zu Gute kommt.
Die ADH-Moleküle, die nicht in der Niere oder an den Gefäßen wirken, sorgen im Hypothalamus für die **Ausschüttung von ACTH.** ACTH führt in der Nebennierenrinde zur Aldosteronausschüttung. Aldosteron und ADH haben beide die Aufgabe, dem Körper mehr Flüssigkeit bereitzustellen. Über die induzierte ACTH-Ausschüttung verstärkt das ADH also seine eigene Wirkung. In der Niere angekommen, bindet das ADH-Molekül an den V_2-Rezeptor im Sammelrohr. So bewirkt es auf der luminalen Seite der Zelle über den Second messenger cAMP den Einbau von Wasserkanälen – den Aquaporinen – in die Zellmembran. Jetzt kann das Wasser ungehindert rückresorbiert werden, was dazu führt, dass das Plasmavolumen ansteigt und so die Plasmaosmolarität abnimmt (Verdünnung s. Abb. 1, S. 2). Gleichzeitig wird weniger Wasser ausgeschieden, wodurch die Harnosmolarität ansteigt (Konzentrierung).

Übrigens ...
Es gibt Tumoren, die ADH oder ADH-ähnliche Hormone produzieren. Bei den Betroffenen sinkt die Urinausscheidung und die Wasserrückresorption steigt, wodurch die Natriumkonzentration im Blut absinkt.

Diabetes insipidus

Der Diabetes insipidus ist eine angeborene oder erworbene Krankheit, die durch eine vermehrte Urinausscheidung (**Polyurie**) und ein gesteigertes Durstgefühl mit vermehrtem Trinken (**Polydipsie**) gekennzeichnet ist. Ursache ist entweder eine gestörte Ausschüttung oder Produktion des ADH (Diabetes insipidus centralis) oder eine gestörte ADH-Bindung an den V_2-Rezeptor in der Niere (Diabetes insipidus renalis). In beiden Fällen fehlt die ADH-Wirkung und die Niere scheidet vermehrt Wasser aus. Wird dieses Wasser nicht genügend durch Trinken ersetzt, kommt es zu einer **Hypernatriämie** (erhöhte Na^+-Konzentration im Blut) und damit zu einer **hypertonen Dehydratation**.

- **Diabetes insipidus centralis:** Oft kommt es bei einem Schädelhirntrauma zur Verletzung des Hypophysenstiels und es wird kein ADH mehr ausgeschüttet. Da die Niere aber noch funktioniert, kann ADH über ein Nasenspray verabreicht werden und der Patient wieder ganz normalen Harn ausscheiden.
- **Diabetes insipidus renalis**: Es gibt genetische Defekte, bei denen die Rezeptoren für ADH verändert sind. Diese Form der Krankheit kann NICHT mittels ADH-Nasenspray behandelt werden: Es ist bereits genügend ADH vorhanden, es kann aber – aufgrund der fehlerhaften Rezeptoren – nicht wirken.

Bei Verdacht auf Diabetes insipidus sollte man einen Durstversuch durchführen: Der Patient darf keine Flüssigkeit zu sich nehmen, was normalerweise dazu führt, dass die Harnosmolarität beträchtlich ansteigt, da die Niere versucht, möglichst viel Wasser zurückzuholen. Leidet der Patient unter Diabetes insipidus, verändert sich beim Durstversuch die Harnosmolarität nicht. Liegt ein Diabetes insipidus centralis vor, würde die Harnosmolarität oder -konzentration erst nach Gabe eines ADH-Nasensprays stark ansteigen, bei Vorliegen der renalen Form würde sie hingegen weiterhin niedrig bleiben.

Merke!

Wer hell und viel pinkelt, hat einen niedrigen ADH-Spiegel im Blut!
Eselsbrücke: ADH = Nonapeptid = neun Details: ADH

1. ist ein Nonapeptid aus dem Hypothalamus,
2. wird per axonalem Transport in den Hypophysenhinterlappen (Neurohypophyse) transportiert,

3. wird bei steigender Plasmaosmolarität oder fallendem Plasmavolumen per Exozytose ausgeschüttet,
4. hat kein releasing Hormon, bewirkt aber selbst die Ausschüttung von ACTH,
5. bindet an den V_2-Rezeptor der Sammelrohrzellen,
6. aktiviert eine Second messenger-Kaskade,
7. bewirkt den Einbau von Aquaporinen in die luminale Membran der Sammelrohrzellen,
8. führt zur gesteigerten Wasserrückresorption (antidiuretische Wirkung), was einen höherkonzentrierten Harn zur Folge hat (gesteigerte Harnosmolarität) und
9. senkt die Ausscheidung des freien Wassers (die Plasmaosmolarität sinkt).

3.10.4 Atriopeptin/atrialer natriuretischer Faktor (ANF) – das Hormon, das von Herzen kommt

Wenn das Blutvolumen zu niedrig ist, wird ADH ausgeschüttet. Doch was passiert, wenn das Volumen zu groß ist? Richtig, für diesen Fall haben wir das Atriopeptin: Bei einer vermehrten Volumenbelastung steigt der zentrale Venendruck, der Herzvorhof wird gedehnt und die Herzvorhofzellen sezernieren Atriopeptin. Dieses steigert als Gegenspieler von Aldosteron (s. 3.10.2, S. 50) die glomeruläre Filtrationsrate (GFR) und das Harnzeitvolumen und entlastet so das Herz durch Verkleinerung des Plasmavolumens. Außerdem hemmt es die Reninfreisetzung und damit auch die Aldosteronsekretion. In der Niere steigert es die Natriumausscheidung über eine Hemmung der Natriumrückresorption im Tubulusepithel.

In einer schriftlichen Prüfung wurde sogar schon nach seinem Second messenger gefragt: Es ist cGMP. Dies sei jedoch nur am Rande erwähnt und gehört nicht zum grundlegenden Prüfungswissen. Unbedingt merken solltest du dir jedoch, dass ANF vom Herzen kommt. Das ist ein leichter und sicherer Punkt mehr im Physikum.

Merke!

Hypervolämie führt zur Reizung von Vorhofrezeptoren und die Vorhofzellen schütten ANF aus. ANF sorgt für die Verkleinerung des Plasmavolumens durch Steigerung
- der GFR,
- des Harnzeitvolumens und
- der Natriumausscheidung.

Daneben wird noch der Blutdruck durch die Hemmung der Reninausschüttung gesenkt.
- ANF kommt vom Herzen.

3.10.5 Calcitonin und Parathormon

Diese beiden Hormone mit Wirkung an der Niere werden hier nur kurz beschrieben (mehr dazu s. Skript Physiologie 2). Zum Calcitonin solltest du dir merken, dass es ein Peptidhormon aus der Schilddrüse ist, welches die Plasmakonzentration von Calcium über folgende Mechanismen senkt:
- Es hemmt die Osteoklastentätigkeit und führt so zur verminderten Calcium-Freisetzung aus den Knochen.
- Es fördert die Calciumausscheidung in den Nieren und steigert die Phospatausscheidung.

Das **Parathormon aus der Nebenschilddrüse** ist ein wichtiger Gegenspieler des Calcitonins: Es führt zum Anstieg des Calciumspiegels im Plasma.
- Parathormon bewirkt die rasche Mobilisierung von Calcium aus dem Knochen und führt damit zu dessen Entmineralisierung.
- An der Niere steigert es die Calciumresorption und die Phosphatausscheidung.
- Gleichzeitig stimuliert das Parathormon auch noch die Bildung von Calcitriol in der Niere, was den Calciumspiegel im Blut nochmals erhöht.

Merke!

Parat-Hormon stellt Calcium **parat**.

Die Nebenschilddrüsen, in denen das Parathormon produziert wird, sind vier etwa linsengroße Strukturen im Bereich hinter der Schilddrüse.

Die ersten Nebenschilddrüsen wurden bei einem Nashorn aus dem Londoner Zoo entdeckt, weil sie bei diesem großen Tier groß genug waren, um sie eindeutig vom umliegenden Fettgewebe zu differenzieren; erst danach hat man sie beim Menschen gefunden. Weil sie so klein sind, wurden sie bei den ersten Schilddrüsenentfernungen versehentlich mitentfernt, was zur Folge hatte, dass die Patienten an einem Hypoparathyreoidismus erkrankten. Sie erlitten dadurch folgende Symptome:

- Hypercalciämie (führte zu einer Tetanie, s. 1.8.3, S. 11) und
- Hyperphosphatämie.

Das Gegenteil tritt ein, wenn man am primären Hyperparathyreoidismus leidet. Das überproduzierte Parathormon führt dabei zu

- Knochensubstanzverlust (durch Osteoklastenaktivität),
- Hypercalciämie und
- Hypophosphatämie.

Eigentlich doch toll, wie einfach das ist, oder? Wenn du dir merkst „Parathormon stellt Calcium PARAT", vergisst du diese beiden Krankheitsbilder bestimmt bis an dein Lebensende nicht mehr.

3.10.6 Erythropoetin

Was der Radprofi sich teuer beim Dopingexperten seiner Wahl erkaufen muss, stellt sich der Normalsterbliche selbst her: Das Epo oder in seiner natürlichen Form das Erythropoetin. Erythropoetin, ein Glykoprotein der Niere, fördert die Bildung und Reifung der Erythrozyten (roten Blutzellen) im Knochenmark. Sollten es die unermüdlichen Sauerstofftransporter nicht schaffen, genügend Sauerstoff zur Niere zu bringen (Hypoxie), bestellt sich die Niere per Erythropoetin-Hormon einfach neue Erythrozyten. 90 % des Erythropoetins werden in der Niere synthetisiert. Kann die Niere dieser Funktion nicht nachkommen – z. B. bei einer Niereninsuffizienz – kommt es zwangsläufig zur Anämie (Blutarmut). **Deshalb ist bei einer Anämie grundsätzlich auch immer an ein Nierenversagen zu denken.**

Merke!

Zum Erythropoetin solltest du dir unbedingt folgendes merken:

- Erythropoetin ist ein hämatopoetischer Wachstumsfaktor, der die Bildung von Normoblasten im Knochenmark stimuliert. Anders ausgedrückt:
- Erythropoetin ist ein Glykoprotein der Niere zur Stimulierung der Erythropoese.
- Der Sekretionsreiz für Erythropoetin ist die Hypoxie.
- Bei einer Niereninsuffizienz kommt es aufgrund des Fehlens von Erythropoetin zur Anämie.

3

Warum ist Epo-Doping gefährlich, wenn es doch eigentlich nur Erythrozyten im Knochenmark bestellt? Der Hämatokritwert gibt den Anteil der roten Blutzellen im Blut an und hat einen großen Einfluss auf die Viskosität des Bluts. Steigt nun durch Epo die Anzahl der Erythrozyten, so wird das Blut immer zähflüssiger (visköser) und kann irgendwann nicht mehr richtig durch die Kapillaren fließen, was zur Kreislaufüberlastung führt.

Übrigens ...
Der Tod vieler Radsportler in jungen Jahren ließ als Ursache das Epo-Doping vermuten. Per Dopingrichtlinie ist ein Hämatokrithöchstwert von 50 % festgesetzt, weil man davon ausgeht, dass dieser Wert ungefährlich und mit normalem Höhentraining noch zu erreichen ist.

3.10.7 Calcitriol (1,25-Dihydroxycholecalciferol)

Noch ein Hormon ist auf die Niere angewiesen: Aus Vitamin D_3 wird nämlich erst in der Leber und der Niere durch zwei Hydroxylierungsprozesse (dihydroxy-) das aktive Hormon Calcitriol hergestellt. Es hat seinen Platz im Calcium-/Phosphatkreislauf, wo es die Calcium- und die Phosphataufnahme aus dem Darm über einen ligandenabhängigen Transkriptionsfaktor stimuliert.
Bei einem Calcitriolmangel kommt es aufgrund des verminderten Calciumspiegels zur **Osteoporose**, bei einem erhöhten Calcitriolspiegel zur **Hypercalciämie**.

DAS BRINGT PUNKTE

Mit der folgenden Liste für das Unterthema **„Die Niere als Wirkungs- und Produktionsort von Hormonen"** bist du auf der sicheren Seite und solltest im Examen einige Punkte einheimsen können:

- PARAThormon stellt Calcium PARAT.
- ANF kommt vom Herzen und wird bei Hypervolämie von den Herzvorhofzellen ausgeschüttet.
- Erythropoetin ist ein Glykoprotein der Niere und wird bei Hypoxie sezerniert. Es sorgt für die Bildung von Erythrozyten.
- ADH aus dem Hypothalamus sorgt über V_2-Rezeptoren für den Einbau von Aquaporinen im Sammelrohr und fördert die ACTH-Sekretion. Sekretionsreize für ADH sind steigende Plasmaosmolarität und sinkendes Plasmavolumen.
- Renin wird in der Niere freigesetzt, wenn der arterielle Blutdruck fällt oder die Niere minderdurchblutet ist. Es sorgt für eine Vasokonstriktion.
- Renin-Angiotensin-Kreislauf:
  - Renin spaltet aus Angiotensinogen Angiotensin 1 ab,
  - ACE spaltet Angiotensin 1 in Angiotensin 2,
  - Angiotensin 2 wirkt vasokonstriktorisch, fördert den Durst, erhöht die Aldosteronausschüttung und hemmt die Reninausschüttung.
- Aldosteron aus der Nebennierenrinde sorgt im spätdistalen Tubulus und im Sammelrohr für die Synthese von Natriumkanälen und der Na^+/K^+-ATPase. Das fördert die Resorption von Wasser und Natrium sowie die Sekretion von H^+ und K^+.

Zum Thema **Harnkonzentrierung** werden folgende Fakten immer wieder gerne gefragt:

- Die Niere kann den Harn auf maximal 1300 mosmol/l konzentrieren.
- Die maximale Harnosmolarität kann NICHT über der Osmolarität des Nierenmarks liegen.
- Harnstoff ist harnpflichtig, hat großen Anteil am osmotischen Gradienten und wird im Verlauf des Tubulus NICHT komplett eliminiert.

Aus dem Bereich **„Verschiedene Stoffe und ihr Verhalten in der Niere"** sind folgende Fakten absolut prüfungsrelevant:

- Der Antrieb für eine Rückresorption ist fast immer der Natriumgradient (Ausnahme: der tertiär aktive Dipeptid-Rücktransport mit dem H^+-Gradienten als Antrieb).
- Glucose im Urin ist IMMER pathologisch und gründet sich auf die Überlastung der Glucosecarrier (> 10 mmol/l oder 180 mg/dl).
- Ohne H^+-Ionen kann keine Bicarbonatresorption stattfinden, außerdem ist Bicarbonat dafür auf die Carboanhydrase angewiesen.
- Der Antrieb der parazellulären Calciumresorption ist das lumenpositive Potenzial. Bei Furosemidgabe ist daher die Calciumausscheidung erhöht.
- Magnesium wird zum größten Teil in der Henle-Schleife resorbiert.
- Die fraktionelle Ausscheidung von Kalium kann im Bereich von 1 % (Resorption) bis 200 % (Ausscheidung) liegen. Aldosteron fördert die Kaliumausscheidung und dessen Aufnahme in die Zellen.
- Der Na^+-K^+-$2Cl^-$-Cotransporter ist durch Schleifendiuretika wie Furosemid (Lasix) hemmbar.
- Bis auf Magnesium werden alle Stoffe schon im proximalen Tubulus zum größten Teil resorbiert.

FÜRS MÜNDLICHE

Die Niere ist in der mündlichen Prüfung ein sehr dankbares Thema. Sollte dir eine offene Frage in der Art „Was können Sie mir über die Niere erzählen?" gestellt werden, solltest du erst einmal einen Überblick geben und am besten mit den Funktionen der Niere anfangen.
Und denke immer daran: Wer selbst viel erzählt, kann wenig gefragt werden.

1. **Nennen Sie mir bitte die Funktionen der Niere.**
2. **Bitte erklären Sie, was unter der Autoregulation der Niere zu verstehen ist.**
3. **Erklären Sie mir bitte, was Inulin mit der GFR-Berechnung zu tun hat.**
4. **Erläutern Sie bitte, was ein transepitheliales Potenzial ist und wie es entsteht.**
5. **Erläutern Sie bitte, wie die Clearance definiert ist. Wie hoch ist die Clearance von Inulin, PAH und Glucose?**
6. **Bitte erklären Sie, wie Diuretika am Beispiel Furosemid wirken.**
7. **Bitte erläutern Sie, was eine Glucosurie ist und wie sie entsteht.**
8. **Erläutern Sie bitte, wie die Harnkonzentrierung funktioniert.**
9. **Welche Laborwerte würden Sie bestimmen, wenn Sie die Niere untersuchen möchten?**

---

1. Nennen Sie mir bitte die Funktionen der Niere.

- Steuerung des Wasser- und Elektrolythaushalts,
- Hormonproduktion,
- Regulation des Säure-/Basenhaushalts,
- Ausscheidung von Giftstoffen und Stoffwechselendprodukten,
- Blutdruckregulation.

2. Bitte erklären Sie was unter der Autoregulation der Niere zu verstehen ist.

Als Autoregulation der Niere bezeichnet man die Tatsache, dass die GFR im Bereich des normalen Blutdrucks (zwischen 80 und 160 mmHg) fast konstant bleibt. Dies geschieht dadurch, dass der Widerstand der vorgeschalteten afferenten Arteriolen automatisch auf den Blutdruck eingestellt wird. Diesen Effekt nennt man Baylisseffekt. Im Nierenmark funktioniert diese Autoregulation nicht ganz perfekt, deshalb kommt es dort bei erhöhten Blutdrücken zur Druckdiurese.

3. Erklären Sie mir bitte, was Inulin mit der GFR-Berechnung zu tun hat.

Die Formel lautet:

$$GFR = \frac{\dot{V}_u \cdot U_{Inulin}}{P_{Inulin}}$$

GFR = Inulinclearance, Herleitung s. 3.4, S. 33

Inulin wird frei filtriert, nicht resorbiert und nicht sezerniert. Deshalb ist die Inulinclearance der perfekte Indikator für die GFR.

4. Erläutern Sie bitte, was ein transepitheliales Potenzial ist und wie es entsteht.

Das transepitheliale Potenzial ist die Potenzialdifferenz über einer Tubulusepithelzelle. Es wird zur Rückresorption gebraucht, besonders von Calcium und Magnesium. Im Tubulusverlauf ist es frühproximal zunächst durch die Natriumresorption lumennegativ und wird dann spätproximal – durch die Entfernung der negativen Chloridionen aus dem Tubuluslumen – lumenpositiv. Dieses lumenpositive Potenzial stößt nun die doppelt po-

FÜRS MÜNDLICHE

sitiv geladenen Ionen Ca^{2+} und Mg^{2+} ab und drängt sie aus dem Tubuluslumen.

5. Erläutern Sie bitte, wie die Clearance definiert ist. Wie hoch ist die Clearance von Inulin, PAH und Glucose?
Die Clearance gibt das Plasmavolumen an, das in einer Minute von einem bestimmten Stoff gereinigt wird. Die Einheit ist ml pro Minute.

- Die Inulinclearance ist gleich der GFR = 120 ml/min. Inulin wird frei filtriert, nicht resorbiert und nicht sezerniert.
- PAH ist ein Maß für den renalen Plasmafluss = 650 ml/min. PAH wird frei filtriert, nicht resorbiert und fast vollständig sezerniert.
- Glucose wird bei normalen Plasmaspiegeln fast vollständig rückresorbiert. Die Clearance ist dann 0 ml/min. Erst wenn die Nierenschwelle von 180 mg/dl überschritten wird, kommt es zur Ausscheidung im Harn.

6. Bitte erklären Sie, wie Diuretika am Beispiel Furosemid wirken.
Die meisten Diuretika wirken auf die Salzresorption, da es ohne Salzresorption auch keine Wasserrückresorption gibt. Furosemid zum Beispiel wirkt hemmend auf den Na^+-K^+-$2Cl^-$-Transporter. Das führt zu einem geringeren transepithelialen Potenzial, einem geringeren osmotischen Gradienten im Nierenmark und einem K^+-Verlust.

7. Bitte erläutern Sie, was eine Glucosurie ist und wie sie entsteht.
Als Glucosurie bezeichnet man den pathologischen Zustand, der vorliegt, wenn Glucose im Urin erscheint. Dies ist vor allem ein Zeichen einer Hyperglykämie. Wird die Nierenschwelle für Glucose überschritten, so sind die Glucosetransporter mit der Rückresorption überlastet und können die filtrierte Glucose nicht mehr komplett rückresorbieren. Der Diabetes mellitus ist häufig mit Hyperglykämien vergesellschaftet und trägt deshalb auch seinen Namen (s. 3.8.4, S. 46).

8. Erläutern Sie bitte, wie die Harnkonzentrierung funktioniert.
Im Nierenmark wird über den Gegenstrommechanismus ein starker osmotischer Gradient aufgebaut. Wenn im Sammelrohr viele Aquaporine eingebaut sind, strömt Wasser entlang des osmotischen Gradienten ins Nierenmark zurück und wird dort über die Vasa recta abtransportiert. Die maximale Harnosmolarität kann also nur so hoch sein wie die Osmolarität im Nierenmark (max. 1300 mosmol/l). Großen Anteil am osmotischen Gradienten hat der Harnstoff und der Schleifentransporter (Na^+-K^+-$2Cl^-$-Transporter). Deshalb ist er auch ein guter Angriffspunkt für das Diuretikum Furosemid.

9. Welche Laborwerte würden Sie bestimmen, wenn Sie die Niere untersuchen möchten?

- Kreatinin, um die glomeruläre Filtrationsrate abschätzen zu können. Genauer, aber mit mehr Aufwand verbunden: die Inulinclearance. Zur Bestimmung des renalen Plasmaflusses: PAH-Clearance
- Harnstoff, um eine Urämie zu diagnostizieren und die Ausscheidungsfunktion zu testen.
- Elektrolyte: Am wichtigsten das Kalium (bei Niereninsuffizienz aufgrund mangelnder Ausscheidung erhöht!), aber auch Natrium, Calcium und Bicarbonat.
- Blutbild, um eine Anämie durch Erythropoetinmangel auszuschließen, diese wäre dann nomochrom, normozytär.
- Blutgasanalyse: Um mit dem pH den Säure/Basenhaushalt einzuschätzen, sowie den Basenexzess zu bestimmen.

- Osmolarität des Blutplasmas, um eine Exsikkose (z. B. bei prärenalem Nierenversagen) oder eine Überwässerung zu diagnostizieren.
- Den Urin kann man natürlich auch noch untersuchen (U-Stix auf Glucose, Urinkultur auf Bakterien und 24h-Sammelurin auf Stoffwechselprodukte). Auch gerne genommen zum Drogenscreening.

Mehr Cartoons unter www.medi-learn.de/cartoons

Pause

Geschafft!
Hier noch ein kleiner Cartoon als Belohnung ...
Jetzt kann gekreuzt werden!

Index

Dr. Nicole Mernberger

Physiologie Band 2

MEDI-LEARN Skriptenreihe

7., komplett überarbeitete Auflage

MEDI-LEARN Verlag GbR

Autoren: Dr. med. Dipl. biol. Nicole Mernberger, Carmen Schremmer (1.–2. Auflage)
Fachlicher Beirat: PD Dr. Andreas Scholz

Teil 2 des Physiologiepaketes, nur im Paket erhältlich
ISBN-13: 978-3-95658-016-1

Herausgeber:
MEDI-LEARN Verlag GbR
Dorfstraße 57, 24107 Ottendorf
Tel. 0431 78025-0, Fax 0431 78025-262
E-Mail redaktion@medi-learn.de
www.medi-learn.de

Verlagsredaktion:
Dr. Marlies Weier, Dipl.-Oek./Medizin (FH) Désirée Weber, Denise Drdacky, Jens Plasger, Sabine Behnsch, Philipp Dahm, Christine Marx, Florian Pyschny, Christian Weier

Layout und Satz:
Fritz Ramcke, Kristina Junghans, Christian Gottschalk

Grafiken:
Dr. Günter Körtner, Irina Kart, Alexander Dospil, Christine Marx

Illustration:
Daniel Lüdeling

Druck:
Löhnert Druck

7. Auflage 2015

Wichtiger Hinweis für alle Leser
Die Medizin ist als Naturwissenschaft ständigen Veränderungen und Neuerungen unterworfen. Sowohl die Forschung als auch klinische Erfahrungen führen dazu, dass der Wissensstand ständig erweitert wird. Dies gilt insbesondere für medikamentöse Therapie und andere Behandlungen. Alle Dosierungen oder Applikationen in diesem Buch unterliegen diesen Veränderungen.
Obwohl das MEDI-LEARN Team größte Sorgfalt in Bezug auf die Angabe von Dosierungen oder Applikationen hat walten lassen, kann es hierfür keine Gewähr übernehmen. Jeder Leser ist angehalten, durch genaue Lektüre der Beipackzettel oder Rücksprache mit einem Spezialisten zu überprüfen, ob die Dosierung oder die Applikationsdauer oder -menge zutrifft. Jede Dosierung oder Applikation erfolgt auf eigene Gefahr des Benutzers. Sollten Fehler auffallen, bitten wir dringend darum, uns darüber in Kenntnis zu setzen.

Inhalt

1 Hormonale Regulation

Fragen in den letzten 10 Examen: 36

Hormone sind Botenstoffe, die meist auf dem Blutweg zu ihren Zielzellen transportiert werden und dort den Zellstoffwechsel beeinflussen. Die Hormonausschüttung unterliegt verschiedenen Regelungsmechanismen. Das Bestreben des Körpers, bestimmte Körperfunktionen möglichst konstant zu halten (z. B. Blutzuckerkonzentration, Flüssigkeitsgehalt) und sie gleichzeitig an den augenblicklichen Bedarf anzupassen, kann man in etwa mit der Aufgabe vergleichen, zwei Waagschalen ins Gleichgewicht zu bringen, wenn einem nur ein Haufen Sand (die Hormone) zur Verfügung steht. Bedenkt man dabei, dass sich die äußeren Rahmenbedingungen ständig ändern, musst du dir zusätzlich noch ziemlich starken Wind vorstellen. Die hormonalen Regelungsmechanismen mussten also schnell, flexibel und empfindlich reagieren – schließlich liegen Hormone nur in sehr geringen Konzentrationen von 10^{-12} bis 10^{-6} mmol/l im Blut vor. Hormone werden typischerweise durch Hormondrüsen direkt ins Blut abgegeben. Daher wird diese Wirkung als endokrin bezeichnet – ein auf Erkrankungen des Hormonsystems spezialisierter Arzt ist also ein Endokrinologe. Exokrine Drüsen hingegen sezernieren über einen Ausführungsgang auf der Körperoberfläche (z. B. Talgdrüsen) oder in Körperhöhlen (z. B. Speicheldrüsen).

1.1 Chemische Einteilung der Hormone

In diesem Kapitel sind grundlegende Erläuterungen zu Hormonen, die sehr häufig zu den Einstiegsfragen in der mündlichen Prüfung gehören. Anhand ihrer chemischen Eigenschaften kann man Hormone in **lipophile** (hydrophobe) und **hydrophile** (lipophobe) Hormone einteilen. Diese Einteilung ist deshalb sinnvoll, weil lipophile und hydrophile Hormone sich in vielen Dingen ganz grundsätzlich unterscheiden, nämlich

- im Wirkmechanismus,
- durch den Transport im Blut und
- in den Synthesemechanismen.

So können die lipophilen Hormone im Blut nur effektiv transportiert werden, wenn sie an spezielle Transportproteine gebunden sind – sie sind aufgrund ihrer hydrophoben Struktur im Blut nicht ohne Weiteres löslich. Die hydrophilen Hormone dagegen benötigen keine Transportproteine und schwimmen einfach so mit dem Blut zu ihren Bestimmungsorten.
Lipophile Hormone sind Steroidhormone und Schilddrüsenhormone. Hydrophile Hormone können Peptid- oder Proteohormone und Aminosäurederivate sein.

	Steroidhormone	**Peptid-/Proteohormone**
Synthese	– aus Cholesterin – keine Speicherung, sondern direkte Sekretion	– aus Aminosäuren – können problemlos in ihren Ursprungszellen gespeichert werden – meist Synthese von Vorläufermolekülen, aus denen verschiedene Moleküle abgespalten werden
Wirkweise	wirken über intrazelluläre Rezeptoren auf die Transkription und Translation der Zielzellen	wirken über membranständige Rezeptoren und Second messenger
Abbau	Biotransformation in der Leber	Proteolyse in Plasma und Nieren

Tab. 1: Chemische Einteilung der Hormone

Merke!

Die Hormone von Hypothalamus und Hypophyse sind Peptid- oder Proteohormone.

1

1.2 Second messenger und intrazelluläre Rezeptoren

Die hydrophilen Hormone binden an die zellmembranständigen Rezeptoren und setzen damit intrazelluläre Signalketten über Second messenger in Gang. Dabei sind v. a. zwei wichtige Signalwege zu unterscheiden:

1. Stimulation oder Hemmung der Adenylatcyclase über G-Proteine verändert den cAMP-Spiegel der Zelle (s. auch Skript Biochemie 5). cAMP aktiviert die Proteinkinase A, ein Enzym, das andere Proteine phosphoryliert und darüber deren Aktivität beeinflusst (s. Abb. 1, S. 2).
2. Die Phospholipase C wird über G-Proteine aktiviert. Diese Lipase spaltet einen Bestandteil der Zellmembran, das Lipid PIP_2 (Phosphatidylinositolbisphosphat), zu IP_3 (Inositol-1, 4, 5-Trisphosphat) und DAG (Diacylglycerin). IP_3 wiederum setzt Ca^{2+} aus den intrazellulären Calciumspeichern frei (s. Abb. 1, S. 2).

Der Einsatz von Second messengern zur Signalvermittlung ist für den Organismus besonders gut geeignet, weil jedes G-Protein mehrere second messenger-Moleküle freisetzen kann und so eine Signalverstärkung möglich ist.

Übrigens ...
G-Proteine heißen so, weil sie **G**TP binden.

Zu den Second messengern gehören:

- cAMP (zyklisches Adenosin-Monophosphat),
- IP_3 (Inositol-Trisphosphat),
- Calciumionen und
- DAG (Diacylglycerin).

Im Gegensatz zu hydrophilen Hormonen benutzen lipophile Hormone KEINE Second messenger. Sie binden an intrazelluläre Rezeptoren im Zellkern oder Zytosol. Diese Hormon-Rezeptor-Komplexe können an die DNA im Zellkern binden und so z. B. die Transkription bestimmter Enzyme hemmen oder fördern.

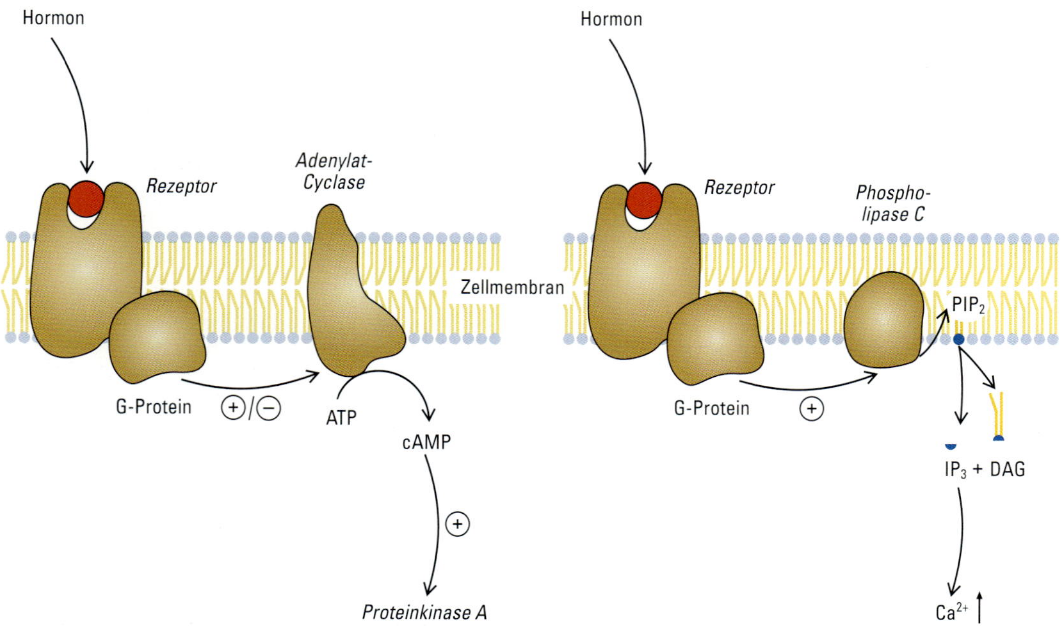

Abb. 1: Second messenger

medi-learn.de/7-physio2-1

1.3 Hypothalamisch-hypophysärer Regelkreis

Der Hypothalamus ist sowohl Teil des endokrinen Systems als auch des zentralen Nervensystems. Somit bildet er die Schnittstelle zwischen der nervalen und hormonalen Regulation der Körperfunktionen.

Mit seinen Hormonen bildet der Hypothalamus die oberste Hierarchieebene im hypothalamisch-hypophysären Regelkreis. Seine Hormone – die **Liberine** (RH, **Releasing Hormones**) und **Statine** (IH, **Inhibiting Hormones**) gibt der Hypothalamus in seine Blutkapillaren ab. Diese vereinigen sich zur Vena portae hypophysis, die entlang des Hypophysenstiels zur Adenohypophyse (Hypophysenvorderlappen) zieht und sich dort erneut in ein Kapillarnetz aufspaltet. Dieses wird das **Pfortadersystem** der Hypophyse genannt.Unter einem Pfortadersystem versteht man zwei hintereinandergeschaltete Kapillarnetze. Die Liberine und Statine aus dem Hypothalamus binden an ihre Rezeptoren auf den Zellen der Adenohypophyse. Diese Zellen produzieren ebenfalls Hormone, deren Aktivität von den Liberinen und Statinen beeinflusst wird. Erstere stimulieren ihre Zielzellen, Letztere hemmen sie.

Die Hormone, die von der Adenohypophyse hergestellt werden, heißen Tropine. Die Tropine gelangen über den Blutweg zu ihren Zielzellen – den peripheren Hormondrüsen – deren Hormonausschüttung sie stimulieren.Bis jetzt haben wir gesehen, wie die Hormone der oberen Hierarchieebenen die Ausschüttung von Hormonen der unteren Hierarchieebenen verändern.

Das alleine macht aber noch keinen funktionsfähigen Regelkreis. Deshalb gibt es physiologische Feedbacks – die negative Rückkopplung. Die Hormone der unteren Hierarchieebenen hemmen dabei die Hormonausschüttung auf oberen Hierarchieebenen.

Die oberen Hierarchieebenen (Hypothalamus und Hypophyse) stimulieren die Ausschüttung der peripheren Hormone. Bei ausreichenden oder zu hohen Hormonspiegeln werden Hypothalamus und Hypophyse durch negative Rückkopplung gehemmt. Auf diese Weise werden starke und unerwünschte Schwankungen der Hormonspiegel vermieden.

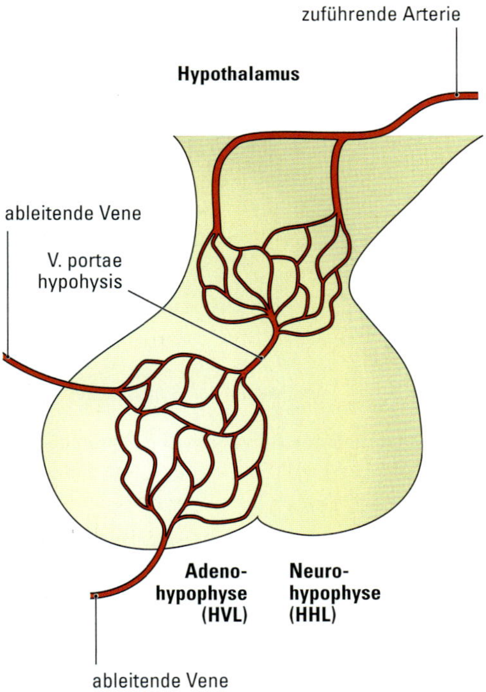

Abb. 2: Pfortadersystem der Hypophyse

medi-learn.de/7-physio2-2

1.3.1 Störungen des hypothalamisch-hypophysären Regelkreises

Auch in diesem Kapitel sind wieder wichtige Grundlagen für die mündliche Prüfung. Die Störungen des Regelkreises kann man nach zwei verschiedenen Gesichtspunkten einteilen:

- in Unter- und Überfunktionen sowie
- in primäre und sekundäre Störungen.

Das Begriffspaar Unter- und Überfunktionen bezieht sich dabei auf die Konzentration des Hormons der peripheren Hormondrüse – der

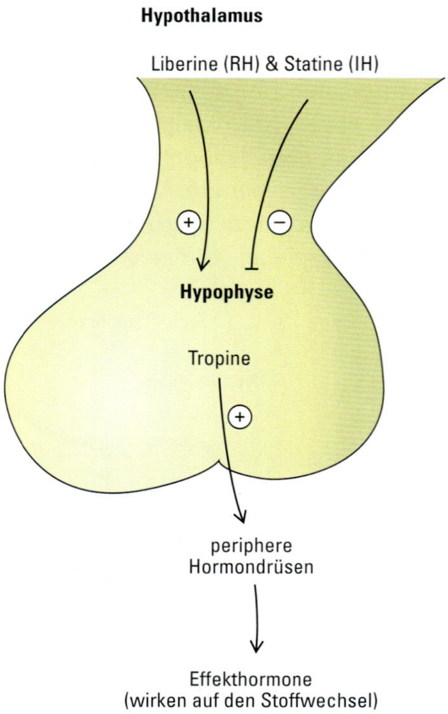

Abb. 3: Hypothalamisch-hypophysäre Hierarchie
medi-learn.de/7-physio2-3

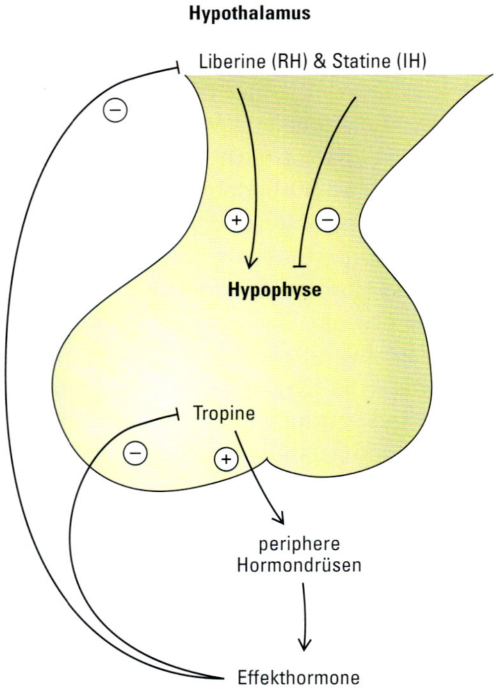

Abb. 4: Hypothalamisch-hypophysärer Regelkreis
medi-learn.de/7-physio2-4

untersten Hierarchieebene – im Blut: Ist diese zu niedrig, liegt eine Unterfunktion vor; ist sie zu hoch, eine Überfunktion.
Das Begriffspaar primär und sekundär bezieht sich auf den Ort der Störungsursache: eine primäre Funktionsstörung hat ihre Ursache in der peripheren Drüse, eine sekundäre auf der davor geschalteten Ebene. Auch tertiäre Störungen sind möglich.

Beispiel
Ist die Schilddrüse – z. B. bei Jodmangel – nicht mehr zur ausreichenden Hormonsynthese in der Lage, liegt eine primäre Unterfunktion vor. Hypophyse und Hypothalamus versuchen dabei, den Mangel an Schilddrüsenhormon auszugleichen: Sie produzieren mehr Hormone, die die Schilddrüse stimulieren, da ja die negative Rückkopplung durch die Schilddrüsenhormone wegfällt (s. Abb. 5, S. 5).

Fehlt dagegen aufgrund einer Schädigung der Hypophyse das schilddrüsenstimulierende Hormon, so liegt auch eine Unterfunktion vor – dieses Mal allerdings eine sekundäre.
Bei einer primären Überfunktion supprimiert (unterdrückt) das Hormon der Schilddrüse (Thyroxin) das schilddrüsenstimulierende Hormon der Hypophyse (TSH = Thyreotropin) über den Weg der negativen Rückkopplung.
Bei einer sekundären Überfunktion schließlich ist aufgrund einer erhöhten Aktivität der Hypophyse auch die Aktivität der Schilddrüse gesteigert.

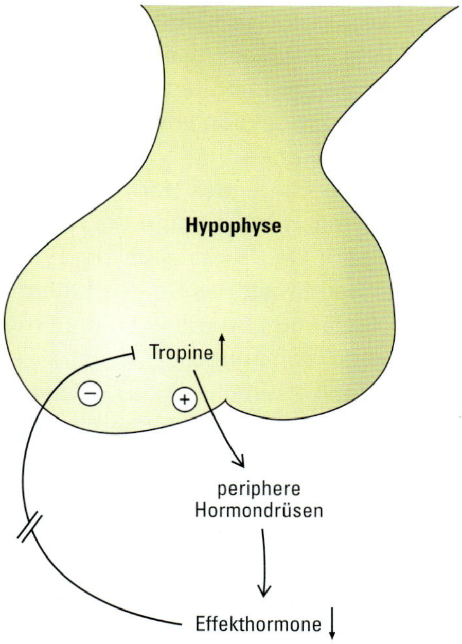

Abb. 5: Ausfall der negativen Rückkopplung

medi-learn.de/7-physio2-5

Merke!

Diese Mechanismen der Hormonregulation sind wirklich wichtiges Grundlagenwissen, das du unbedingt verstanden haben solltest, da es dir nicht nur im Physikum, sondern auch in den klinischen Fächern noch sehr viel weiterhilft.

	Hormon der peripheren Drüse	Hormon der Adenohypophyse
primäre Unterfunktion	↓	↑
sekundäre Unterfunktion	↓	↓
primäre Überfunktion	↑	↓
sekundäre Überfunktion	↑	↑

Tab. 2: Unter- und Überfunktionen

1.3.2 Hormone des Hypothalamus

Die Hormone des Hypothalamus werden im schriftlichen Examen selten gefragt aber in der mündlichen Prüfung kommen sie durchaus öfter mal vor:

- TRH = Thyreotropin-Releasing-Hormone = Thyreoliberin zur Stimulation der Schilddrüsenachse
- CRH = Corticotropin-Releasing-Hormone = Corticoliberin zur Stimulation der Nebennierenrindenachse
- GnRH = Gonadotropin-Releasing-Hormone = Gonadoliberin zur Simulation der Gonadenachse
- GHRH = Growth-Hormone-Releasing-Hormone = Somatoliberin
- GHIH = Growth-Hormone-Inhibiting-Hormone = Somatostatin
- PIH = Prolaktin-Inhibiting-Hormone

Das Prolaktin-Inhibiting-Hormone ist identisch mit dem Neurotransmitter Dopamin.
In den schriftlichen Prüfungen findet man zu zwei hypothalamischen Hormonen Fragen, nämlich

- zum Gonadotropin-Releasing-Hormone (GnRH) und
- zum Somatostatin (GHIH).

GnRH

GnRH ist vor der Pubertät nur in geringen Mengen vorhanden. In der Pubertät steigt seine Sekretion stark an und die pulsatile Freisetzung beginnt.
Dabei wird das Hormon etwa alle 60–90 Minuten stoßweise ausgeschüttet, was eine notwendige Grundlage für die Wirkung von GnRH ist.

Somatostatin

Das Hormon Somatostatin kommt nicht nur im Hypothalamus, sondern auch in anderen sezernierenden Zellen vor – unter anderem im

Magen-Darm-Trakt. In der Hypophyse hemmt es die Ausschüttung von Wachstumshormon, im Magen-Darm-Trakt über verschiedene Wege die Verdauung. Außerdem hemmt es auch die Sekretion von Insulin und Glukagon durch das endokrine Pankreas.

Übrigens ...
Es ist KEINE stimulierende Wirkung von Somatostatin bekannt. Bei Fragen in der Art von „Welches Hormon stimuliert ...?“ ist „Somatostatin“ daher immer die falsche Antwort.

1.3.3 Hormone der Adenohypophyse

Die Hormone der Adenohypophyse (Hypophysenvorderlappen) lassen sich in glandotrope Hormone und Effektorhormone unterteilen. Die glandotropen Hormone stimulieren periphere endokrine Organe, die Effektorhormone wirken dagegen direkt auf den Stoffwechsel der Zielzellen. Auch bei der Sekretion gibt es Unterschiede:
Die Sekretion der glandotropen Hormone wird nur über hypothalamische Releasing-Hormone gesteuert (es gibt KEINE Inhibiting-Hormone), für die Effektorhormone dagegen ist je ein Releasing- und ein Inhibiting-Hormon bekannt.

Glandotrope Hormone

Glandotrope Hormone sind Hormone aus der Adenohypophyse, die auf periphere Drüsen wirken. In diesem Kapitel solltest du dir vor allem einen Überblick über die verschiedenen Regelkreise verschaffen. Schriftliche Fragen direkt zu den glandotropen Hormonen sind eher selten. Es gehört aber zum Grundlagenwissen – vor allem auch fürs Mündliche – dazu, die Namen zu kennen und die Hormone ihrer Wirkung auf die peripheren Hormondrüsen zuordnen zu können.

- TSH = Thyroidea-stimulierendes-Hormon = Thyreotropin stimuliert die Schilddrüse zur Produktion von Schilddrüsenhormonen.
- ACTH = Adrenocorticotropes Hormon = Corticotropin stimuliert die Nebennierenrinde zur Produktion von Glucocorticoiden und Androgenen.
- LH = luteinisierendes Hormon = Luteotropin stimuliert beim Mann die Testosteronproduktion des Hodens. Bei der Frau sorgt es für den Erhalt des Corpus luteum nach dem Eisprung und erhält so die Progesteronproduktion aufrecht.
- FSH = follikelstimulierendes Hormon = Follitropin stimuliert bei Männern und Frauen die Keimzellreifung.

POMC

Eine wichtige Besonderheit gibt es bei der Synthese des ACTH: Hierbei synthetisiert die Hypophyse ein Vorläufermolekül des ACTH, das POMC (Pro-Opio-Melano-Cortin). Sein Name leitet sich von den einzelnen Bestandteilen des **POMC** ab, die daraus abgespalten werden:
- β-Endorphin (ein endogenes **O**pioid)
- **M**elanozyten-stimulierendes-Hormon (MSH)
- A**C**TH (Adrenocorticotropes Hormon) und
- β-Lipotropin

Das „Pro“ steht für „Vorläufer“molekül. Die Synthese des POMC wird durch CRH stimuliert. Bei einer primären Insuffizienz der Nebennierenrinde (Morbus Addison) kommt es zu einer starken Stimulation der POMC-Synthese durch den Wegfall der negativen Rückkopplung. Damit entstehen aber auch vermehrt die Nebenprodukte des ACTH. Aufgrund des erhöhten Spiegels an Melanozyten-stimulierenden Hormonen kommt es daher bei Morbus Addison zu einer verstärkten Bräunung der Haut.

Effektorhormone

Als Effektorhormone werden Hormone bezeichnet, die direkt auf periphere Gewebe oder den Stoffwechsel wirken – im Gegensatz zu den glandotropen Hormonen der Hypophyse. Nach den Effektorhormonen Prolaktin und Somatotropin wurde im Physikum häufig gefragt. Es lohnt sich also, wenn du dir deren Wirkungen und Regulationsmechanismen genau einprägst.

Prolaktin = PRL

Der wichtigste Regulationsmechanismus der Prolaktinfreisetzung ist die Hemmung durch das zugehörige Inhibiting-Hormon des Hypothalamus, der Neurotransmitter Dopamin. Es ist aber auch ein Releasing-Hormon für das Prolaktin bekannt, nämlich das TRH (Thyreotropin-Releasing-Hormon), das auch die Schilddrüsenhormonachse steuert.

Übrigens ...
Die Funktion von TRH als Prolaktin-Releasing-Hormon wurde erst vor kurzer Zeit entdeckt und spiegelt sich deshalb in der Benennung nicht wider.

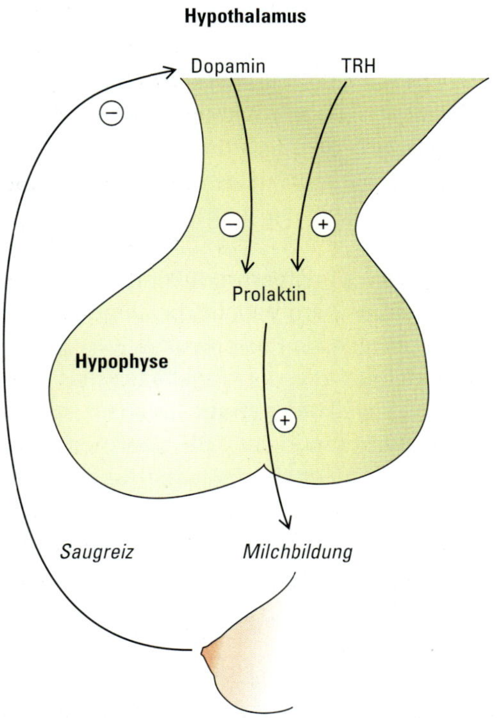

Abb. 6: Regulation und Wirkung des Prolaktins
medi-learn.de/7-physio2-6

Zum Prolaktin solltest du dir drei wichtige Wirkungen merken:

1. Während der Schwangerschaft steuert Prolaktin den Umbau der Brustdrüse, um die Milchbildung zu ermöglichen.
2. Während der Stillzeit regt Prolaktin die Milchbildung an. In dieser Zeit ist der Saugreiz an der Mamille der wichtigste Stimulus für die Prolaktinausschüttung. Genauer gesagt: Der Saugreiz bewirkt eine verminderte Sekretion des Prolaktin-Inhibiting-Hormons Dopamin.
3. Prolaktin wirkt hemmend auf die Freisetzung von LH und unterdrückt dadurch den Eisprung.

Somatotropin = STH = somatotropes Hormon = Wachstumshormon = GH = Growth-Hormon

Die Sekretion des Somatotropins wird von Somatoliberin (GHRH) stimuliert und von Somatostatin (GHIH) gehemmt.
Das Somatotropin steuert das Längenwachstum und wird daher auch als Wachstumshormon bezeichnet. Außerdem bewirkt es Veränderungen im Energiestoffwechsel: Der Blutzucker wird erhöht und die Lipolyse stimuliert. Als Merkhilfe kannst du dir vorstellen, dass dem Körper Energie zum Wachsen zur Verfügung gestellt werden soll. Gleichzeitig wird die Proteinsynthese stimuliert, da der Körper Proteine für das Gewebewachstum benötigt.
Die Wirkungen auf den Energiestoffwechsel sind direkte Wirkungen des Wachstumshormons; die Stimulation des Längenwachstums geschieht indirekt über die Bildung von Wachstumsfaktoren in der Leber. Ohne die Wachstumsfaktoren IGF-1 und IGF-2 (Insuline-like Growth Factor) kann STH daher kein Längenwachstum bewirken. IGF-1 wird auch „Somatomedin C" und IGF-2 „Somatomedin A" genannt. Pathophysiologisch sind sowohl eine Überproduktion als auch ein Mangel an Wachstumshormon relevant. Bei Kindern und Jugendlichen mit Wachstumshormonmangel kommt es zum proportionierten Minder-

wuchs, eine Überproduktion äußert sich als proportionierter Riesenwuchs.
Für Erwachsene hat ein Wachstumshormonmangel dagegen nur geringe pathologische Konsequenzen: Die Überproduktion führt zum Krankheitsbild der **Akromegalie** mit Wachstum von Zehen und Fingern (Schuhe und Ringe werden zu klein), Vergröberung der Gesichtszüge und Vergrößerung der Zunge.
Auch die Pathophysiologie des Wachstumshormons ist für das Physikum relevant. Hier solltest du dir besonders das Krankheitsbild der Akromegalie gut einprägen!

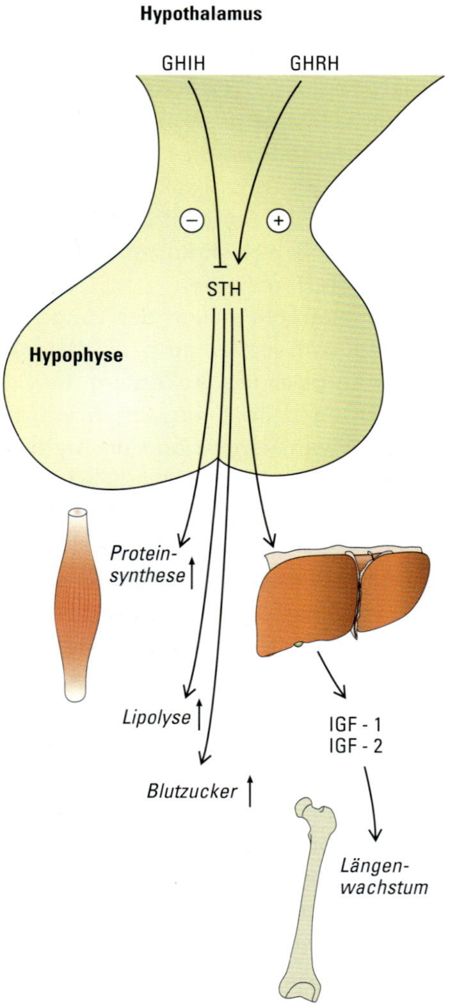

Abb. 7: Direkte und indirekte Wirkungen des STH

medi-learn.de/7-physio2-7

Pathophysiologie der Adenohypophyse

Recht häufig ist die Bildung von Tumoren in der Adenohypophyse. Die meisten dieser Tumore sind gutartig und produzieren nur ein Hormon; mit Abstand am häufigsten treten prolaktinbildenden Tumore (Prolaktinome) auf.
Die Tumore werden einerseits durch die entsprechende Hormonwirkung, andererseits durch die Verdrängung nahegelegener Strukturen klinisch auffällig. Eine Wucherung der Hypophyse kann durch Druck auf die Sehbahn zu Gesichtsfeldausfällen führen; eine typische Folge ist die bitemporale Hemianopsie.
Selten sind Unterfunktionen der Hypophyse durch Zerstörung eines Großteils des Gewebes. Die hormonabhängigen Symptome bei Überfunktionen der Adenohypophyse sind:
- TSH-Überproduktion: Gewichtsverlust, Wärmeintoleranz, Tachykardie (schneller Puls)
- ACTH-Überproduktion: Cushing-Syndrom (s. 1.6.1, S. 12)
- LH-Überproduktion: zu frühe Pubertätsentwicklung (Pubertas praecox)
- FSH-Überproduktion: zu frühe Pubertätsentwicklung (Pubertas praecox)
- Prolaktin-Überproduktion: bei Männern Wachstum der Brustdrüsen (Gynäkomastie), bei Frauen Ausbleiben der Menstruation (Amenorrhoe) und Milchfluss (Galaktorrhoe)
- Somatotropin-Überproduktion: bei Erwachsenen Akromegalie, bei Jugendlichen proportionierter Riesenwuchs

Nach einigen dieser Krankheitsbilder wird auch im Physikum gefragt. Deshalb solltest du die Symptome der TSH-Überproduktion und damit der Schilddrüsenüberfunktion, der ACTH-Überproduktion (Morbus Cushing) und der Somatotropin-Überproduktion kennen. Auch nach der bitemporalen Hemianopsie als Symptom eines Hypophysentumors wurde schon gefragt.
Allerdings geht die Bedeutung dieser Krankheitsbilder weit über das Physikum hinaus: Es sind wichtige Erkrankungen, die dir auch später in der Klinik wieder begegnen werden.

1.4 Hormone der Neurohypophyse

Oxytocin und ADH (antidiuretisches Hormon) sind die zwei Hormone der Neurohypophyse (Hypophysenhinterlappen). Sie werden im Hypothalamus synthetisiert und gelangen über axonalen Transport zur Neurohypophyse, wo sie ins Blut abgegeben werden.

1.4.1 Oxytocin

Oxytocin stimuliert bei der Geburt die Kontraktionen des Uterus und steuert die Kontraktion der myoepithelialen Zellen in den Azini der Brustdrüse, wodurch die Milchaustreibung ermöglicht wird.
Ebenso wie beim Prolaktin ist der Saugreiz an der Mamille Ausschüttungsreiz für Oxytocin.

1.4.2 ADH (antidiuretisches Hormon = Vasopressin)

Das antidiuretische Hormon wird nicht direkt synthetisiert. Vielmehr produziert der Hypothalamus eine Vorstufe – das Pro-Vasopressin – aus dem dann das eigentliche Vasopressin abgespalten wird. ADH hat zwei wichtige und daher wissenswerte Wirkungen:

1. In der Niere wirkt ADH über den V_2-Rezeptor auf das Sammelrohr und den distalen Tubulus. Im Sammelrohr bewirkt es – über eine Stimulation der Adenylatcyclase und den Second messenger cAMP – den Einbau von Aquaporinen in die luminale Membran der Tubuluszellen. Aquaporine (auf Wassertransport spezialisierte Kanäle) dienen der Rückresorption von Wasser aus dem Urin und damit der Urinkonzentration.
2. Über V_1-Rezeptoren wirkt ADH auf die glatte Gefäßmuskulatur. Dort erhöht es über den Second messenger IP_3 den intrazellulären Calciumspiegel und führt so zur Kontraktion der Gefäßmuskulatur.

ADH erhöht also auf zwei verschiedenen Wegen den Blutdruck: über eine Erhöhung des Plasmavolumens und über eine Erhöhung des Gefäßwiderstandes.

Da ADH nur reines Wasser resorbiert, lassen sich die Freisetzungsreize aus den ADH-Wirkungen ableiten: Erhöhte Plasmaosmolalität und Volumenmangel führen zur ADH-Ausschüttung.
Zum Schluss noch eine gern gefragte Besonderheit des antidiuretischen Hormons: ADH stimuliert die Sekretion des Adrenocorticotropen Hormons (ACTH) aus der Adenohypophyse.
Als Hormon der Neurohypophyse wird die Ausschüttung von ADH nicht durch Releasing- und Inhibiting-Hormone reguliert. Schließlich stammen die Hormone der Neurohypophyse selbst aus dem Hypothalamus.

Merke!

ADH wird im Hypothalamus synthetisiert, aber von der Neurohypophyse sezerniert. Im Schriftlichen findet sich oft die Falschaussage: „ADH wird in der Neurohypophyse synthetisiert.“ Lass dich davon bitte nicht verwirren.

1.5 Schilddrüsenhormone

Die Schilddrüsenhormone sind Thyroxin (T_4) und Trijodthyronin (T_3). Ihre Synthese und Sekretion wird über den hypothalamisch-hypophysären Regelkreis gesteuert. Sowohl T_4 als auch T_3 sind lipophile Hormone (s. 1.1, S. 1), die über Hormon-Rezeptor-Komplexe im Zellkern die Proteinsynthese der Zielzellen stimulieren.

1.5.1 Synthese der Schilddrüsenhormone

Die funktionellen Einheiten der Schilddrüse sind die Schilddrüsenfollikel.
Im Verlauf der Synthese durchlaufen die Vorstufen der Schilddrüsenhormone die verschiedenen Kompartimente der Follikel.

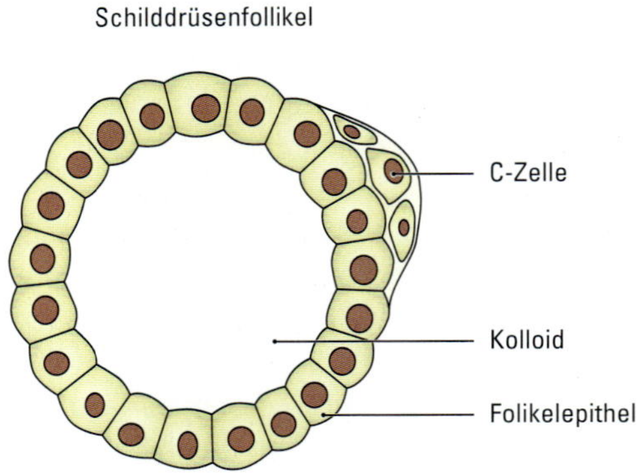

Abb. 8: Schilddrüsenfollikel Schema

medi-learn.de/7-physio2-8

In den Follikelepithelzellen wird das Glykoprotein **Thyreoglobulin** synthetisiert, das viele Tyrosinreste enthält. Aus dem Blut nehmen die Follikelepithelzellen über einen **sekundär aktiven und spezifischen Transport Jodid** (I^-) auf. Dieses Jodid wird durch die Thyreoperoxidase oxidiert, die sich in der kolloidseitigen Zellmembran der Thyreozyten befindet. Anschließend wird das entstandene Jod mittels desselben Enzyms an die Tyrosinreste des Thyreoglobulins gebunden. Da je zwei Tyrosinreste später ein Schilddrüsenhormon bilden, werden noch in der Bindung im Thyreoglobulin je zwei Tyrosinreste miteinander verknüpft. Das so jodierte Thyreoglobulin wird nun ersteinmal im Follikellumen (Kolloid) gespeichert.

Zur Sekretion der Schilddrüsenhormone wird das Thyreoglobulin aus dem Kolloid wieder in die Epithelzellen aufgenommen. Die Schilddrüsenhormone werden proteolytisch abgespalten und sezerniert.

Dabei entstehen T_4 und T_3 im Verhältnis 20:1.

Die lipophilen Schilddrüsenhormone benötigen für den Transport im Blut Trägerproteine. Das wohl Bekannteste ist das Thyroxin bindende Globulin (TBG), aber auch das Albumin und Thyroxin bindende Präalbumin (TBPA) transportiert Schilddrüsenhormone. Diese Transportproteine werden allesamt in der Leber synthetisiert.

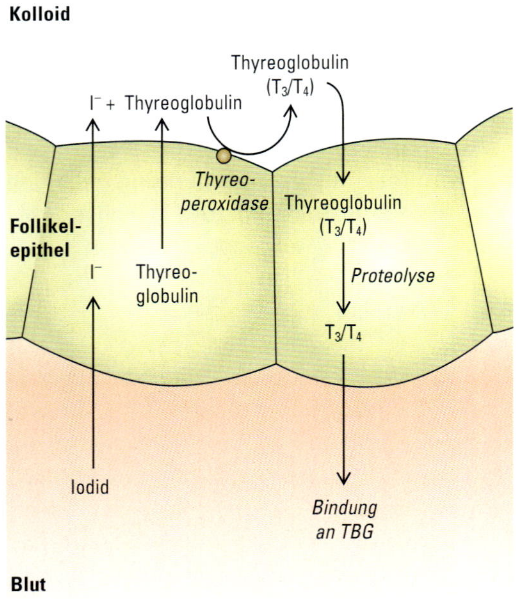

Abb. 9: Synthese Schilddrüsenhormone

medi-learn.de/7-physio2-9

1.5.2 Wirkung der Schilddrüsenhormone

In den Zielzellen der Schilddrüsenhormone befindet sich ein Enzym (Dejodase), das vom aufgenommenen T_4 ein Jodatom abspaltet, sodass daraus das biologisch wesentlich aktivere T_3 entsteht.

Als Abfallprodukt entsteht dabei noch das biologisch inaktive rT_3 (reverses T_3).

In den Körperzellen stimulieren die Schilddrüsenhormone die Synthese der Na^+/K^+-ATPasen und erhöhen darüber den Energieverbrauch und die Wärmebildung des Körpers.

Weitere Wirkungen auf den Zellstoffwechsel führen zu einer Interferenz der Schilddrüsenhormone mit dem sympathischen Nervensystem. Dies zeigt sich besonders deutlich am Herzen, dessen Zellen durch die Schilddrüsenhormone für die Wirkungen der Katecholamine sensibilisiert werden.

Die wichtigsten Symptome einer Hyperthyreose lassen sich aus den genannten Wirkungen ableiten:

- Gewichtsverlust,
- Wärmeintoleranz,
- Pulsanstieg (evtl. Herzrhythmusstörungen) und
- Unruhe.

1.5.3 Pathophysiologie: Schilddrüsenfunktionsstörungen

Da in den letzten Physika auch die Pathophysiologie der Schilddrüse Thema der Fragen war, beschäftigen wir uns jetzt noch mit Hypothyreose, Morbus Basedow und dem autonomen Adenom.

Hypothyreose

Von einer Hypothyreose spricht man bei erniedrigten Konzentrationen von Schilddrüsenhormonen im Blut. Meist liegt eine primäre Hypothyreose vor, also eine mangelnde Hormonbildung aufgrund einer Entzündung, eines Defekts der Schilddrüse oder eines Jodmangels, bei dem das TSH entsprechend erhöht ist. Beim Jodmangel kommt es nicht selten zur Vergrößerung der Schilddrüse, der Struma. Verantwortlich dafür sind die dauerhaft erhöhten TSH-Konzentrationen. Dieses Hormon regt nämlich nicht nur die Bildung von Schilddrüsenhormonen an, sondern stimuliert über die TSH-Rezeptoren auch das Wachstum der Schilddrüse.
Symptome der Hypothyreose sind

- vermehrte Kälteempfindlichkeit,
- Gewichtszunahme und
- Lethargie.

Morbus Basedow

Eine besondere Form von Hyperthyreose ist der Morbus Basedow, eine Autoimmunerkrankung, bei der der Körper aus unbekannten Gründen Antikörper produziert, die an die TSH-Rezeptoren der Schilddrüse binden. Dadurch wird die Schilddrüse dauerhaft stimuliert. Dies führt zur vermehrten Bildung von Schilddrüsenhormonen und zum Wachstum der Schilddrüse (auch hier entsteht eine Struma). Symptome des Morbus Basedow sind

- Tachykardie,
- Wärmeintoleranz,
- Durchfall und
- Gewichtsverlust.

Das körpereigene TSH ist aufgrund der primären (schilddrüsenbedingten) Hyperthyreose supprimiert, also fast nicht nachweisbar niedrig.
Ein weiteres Symptom des Morbus Basedow, das Hervorquellen der Augen (Exophthalmus) ist von den Wirkungen auf die Schilddrüse unabhängig.

Autonomes Adenom

Bei einem autonomen Adenom der Schilddrüse kommt es ebenfalls zu einer primären Hyperthyreose mit den oben genannten Symptomen. Bilden sich in der Schilddrüse Adenome, kommt es vor, dass diese Adenomzellen nicht mehr auf Signale von außen reagieren: Sie produzieren ihre Schilddrüsenhormone unabhängig von einer Stimulation durch TSH oder einem Mangel an TSH und verursachen damit eine Hyperthyreose. Deshalb werden sie als „autonom" bezeichnet. Das körpereigene TSH wird supprimiert, da ja eine primäre Hyperthyreose vorliegt. Die gesunden Anteile der Schilddrüse produzieren aufgrund des TSH-Mangels kaum noch Schilddrüsenhormone.

Übrigens ...
Ein Adenom bezeichnet einen gutartigen Tumor von Drüsenzellen. Ein Adenom kann also prinzipiell in jedem drüsigen Gewebe (Nebenniere, Speicheldrüse, Pankreas oder eben in der Schilddrüse) vorkommen.

1.6 Nebennierenrindenhormone

Alle Hormone der Nebennierenrinde sind lipophile Steroidhormone. Die Nebennierenrinde besteht aus drei Zonen, von denen jede jeweils vorwiegend eine Art von Hormonen bildet:

- In der äußeren Zona glomerulosa werden die Mineralcorticoide (Aldosteron) gebildet.
- In der Zona fasciculata entstehen die Glucocorticoide (Cortisol),
- und die innere Zona reticularis schließlich ist für die Bildung der Androgene (Testosteron) verantwortlich.

Die Glucocorticoide und Androgene werden ACTH-abhängig synthetisiert, also über den hypothalamisch-hypophysären Regelkreis gesteuert. Im Gegensatz dazu werden die Mineralcorticoide vor allem über das Renin-Angiotensin-System reguliert. ACTH fördert deren Ausschüttung zwar auch, jedoch nur in geringem Ausmaß (s. Skript Physiologie 1).

1.6.1 Cortisol

„Cortisol" und „Cortison" sind, wenn man es ganz genau nimmt, zwei unterschiedliche Moleküle, die sich aber nur an einer Stelle ihrer Strukturformel unterscheiden. Cortisol (auch Hydrocortison genannt) ist die aktive Form und Cortison die inaktive Form.
Cortisol ist der wichtigste Vertreter der Glucocorticoide. Die Sekretion folgt einem stabilen, zirkadianen Rhythmus mit einem Maximum in den frühen Morgenstunden und einem Minimum um Mitternacht. Es wirkt vor allem auf den Energiestoffwechsel:

- Cortisol erhöht den Blutzuckerspiegel durch Steigerung der Gluconeogenese. Es wirkt also insulinantagonistisch! Bei einer Cortisontherapie kann es deshalb zum „Steroiddiabetes" kommen.
- Cortisol wirkt proteolytisch und lipolytisch, bewirkt also den Abbau von Muskel- und Fettgewebe.
- Über verschiedene Wege wirkt Cortisol immunsuppressiv. Dies macht seinen therapeutischen Wert aus: Zur Unterdrückung von entzündlichen Erkrankungen ist das Cortison in der heutigen Medizin immer noch unverzichtbar.
- Cortisol hat außerdem eine katabole Wirkung auf den Knochen und kann so eine Osteoporose herbeiführen.
- Cortisol kann auch an die Aldosteron-Rezeptoren binden und dort synergistisch wirken. So kann es zu Bluthochdruck kommen.

Aus diesen wichtigsten Wirkungen des Cortisols kannst du ganz leicht auch die Nebenwirkungen bei Cortisontherapie (oder die Symptome bei überschießender endogener Cortisolproduktion) ableiten. Das dazugehörende Krankheitsbild wird **Cushing-Syndrom** genannt und hat folgende Symptome:

- Steroiddiabetes (Hyperglykämie)
- Hypertonie (Hypernatriämie) aufgrund der aldosteronartigen Wirkung
- Osteoporose
- typische Umverteilung des Körperfettes (Stammfettsucht, Mondgesicht und Büffelnacken; sehr dünne Extremitäten auch dank der folgenden Symptome)
- Muskelabbau (Proteolyse)
- Atrophie der Haut
- Neigung zu Thrombosen

Von einem Morbus Cushing spricht man nur, wenn dem Hypercortisolismus ein ACTH-produzierender Tumor der Adenohypophyse zugrunde liegt.
Wird aufgrund einer entzündlichen Grunderkrankung längerfristig mit Cortison therapiert, darf die Therapie auf keinen Fall abrupt beendet werden. Die exogenen Glucocorticoide sorgen nämlich für eine Suppression des ACTH aus der Hypophyse. Da Letzteres jedoch ein wichtiger Wachstumsfaktor für die Nebennierenrinde ist, kann ein längerfristiges Fehlen von ACTH zur Atrophie der NNR führen. Bei plötzlichem Absetzen der Cortison-Medikation ist die NNR nicht sofort zur Synthese von Glucocorticoiden in der Lage, was lebensgefährlich sein kann. Als klinische Symptome des Cortisolmangels stehen Schwäche, Übelkeit, Appetitlosigkeit, Erbrechen und Gewichtsverlust sowie niedrige Blutzuckerspiegel im Vordergrund.

1.6.2 Pathophysiologie: Nebennierenrindeninsuffizienz

Im Rahmen von Autoimmunerkrankungen kann es zu einer primären Nebennierenrindeninsuffizienz (Morbus Addison) kommen. Der daraus resultierende Mangel an Glucocorticoiden und Mineralcorticoiden kann – vor allem durch massive Störungen im Elektrolythaushalt – schnell lebensgefährlich werden. Das Fehlen der Nebennierenrindenhormone führt zum Verlust von Natrium und Wasser (mineralcorticoide Wirkung). Außerdem kommt es durch das Ausbleiben der negativen Rückkopplung des Cortisols zur erhöhten Produktion von ACTH bzw. POMC. Das bei der Spaltung von POMC vermehrt anfallende α-MSH führt dann zur Bräunung der Haut.

1.7 Gonadenhormone

Die Gonadenhormone Östrogen, Progesteron und Testosteron sind ebenfalls Steroidhormone. Auch ihre Ausschüttung wird über den hypothalamisch-hypophysären Regelkreis (mit-) gesteuert. Bei den weiblichen Gonadenhormonen ist allerdings der zyklische Funktionsverlauf des Ovars der wichtigere Steuermechanismus für die Hormonkonzentrationen.

1.7.1 Östrogen

Der heranreifende Follikel im Ovar synthetisiert unter dem Einfluss von FSH Östrogene. Diese induzieren am Uterus die Proliferation des Endometriums (Proliferationsphase) als Vorbereitung auf die Einnistung der befruchteten Eizelle.

1.7.2 Progesteron

Progesteron wird nach dem Eisprung vom Gelbkörper (Corpus luteum) im Ovar synthetisiert. Es bewirkt die Umwandlung des Endometriums in sekretorische Schleimhaut (Sekretionsphase). Außerdem wirkt Progesteron auf das temperaturregulatorische Zentrum des Hypothalamus und bewirkt dort eine Sollwertverstellung. Deshalb steigt während der zweiten Zyklushälfte die Körpertemperatur um ca. 0,5 °C an. Auf der Basis dieses Mechanismus ist die (unzuverlässige!) „Temperaturmethode" zur Verhütung entwickelt worden.

1.7.3 Testosteron

Testosteron wird unter Einfluss von LH von den Leydig-Zellen des Hodens produziert. Es bewirkt die Ausbildung der inneren und äußeren männlichen Geschlechtsorgane sowie das Wachstum der Achsel- und Schambehaarung in der Pubertät (auch bei Frauen – hier stammt das Testosteron allerdings aus der Nebennierenrinde). Ein unangenehmer Nebeneffekt von Testosteron ist die Stimulation der Talgdrüsen der Haut – so kann Akne entstehen.

Merke!

FSH stimuliert bei beiden Geschlechtern die Keimzellbildung: bei Frauen die Follikelreifung, bei Männern die Spermatogenese.

1.8 Verlauf und Steuerung des weiblichen Zyklus

Der weibliche Zyklus wird im Allgemeinen in vier Phasen unterteilt. Schaffst du es, dir diese Phasen und das jeweils dominierende Hormon zu merken, hast du eigentlich schon das Schlimmste geschafft.

1. Die erste Zyklusphase ist die **Menstruationsphase** – der erste Tag der Menstruation ist als erster Zyklustag definiert. Die Menstruation wird durch Abfall der weiblichen Gonadenhormone Östrogen und Progesteron ausgelöst. Die Menstruation dauert zwei bis sieben Tage mit großen individuellen Unterschieden.
2. In der zweiten Phase, der **Follikelphase**, dominiert das FSH aus der Adenohypophyse.

Es sorgt für die Selektion und Heranreifung eines Follikels im Ovar. Dieser Follikel produziert nun kräftig Östrogene – je größer er wird, desto mehr. Gegen Ende der Follikelphase erreicht die Östrogenkonzentration ihr Maximum. Die Follikelphase dauert bis zum 13. Tag.

3. Am 14. Zyklustag findet die Ovulation, also der Eisprung statt. Sie wird durch ein sehr hohes und nur kurz dauerndes Maximum des hypophysären Hormons LH, also des luteinisierenden Hormons, ausgelöst. Obwohl die Ovulation genaugenommen nur ein Zeitpunkt ist, wird dieser Zeitraum dennoch als Ovulationsphase des Zyklus bezeichnet.
4. In der **Lutealphase** werden die Follikelreste in den Gelbkörper (Corpus luteum) umgewandelt. Zum Erhalt des Gelbkörpers ist LH aus der Hypophyse unbedingt notwendig. Der Gelbkörper produziert Progesteron, das die Körpertemperatur um ca. 0,5 °C erhöht.

Um die Schwankungen der Hormonkonzentrationen im Zyklusverlauf zu verstehen, solltest du dir vor Augen halten, dass das **Ovar** der wichtigste **Taktgeber** für den Zyklus ist. Die Synthesekapazität und -spezifität des Ovars limitiert die Menge der ins Blut abgegebenen Hormone – so kann der Follikel in der Follikelphase eben nur Östrogen und kein Progesteron synthetisieren. Natürlich unterliegen Östrogen und Progesteron auch der Regulation im hypothalamisch-hypophysären System, allerdings mit einer Besonderheit: Östrogen wirkt in hohen Dosen (ab einem bestimmten Schwellenwert) im Sinne einer **positiven** Rückkopplung auf Hypothalamus und Hypophyse, v. a. auf die LH-Ausschüttung. In niedrigen Dosen wirkt Östrogen – ebenso wie Progesteron – über die übliche negative Rückkopplung auf GnRH, LH und FSH.

1.8.1 Inhibin

Zum Inhibin wurde in den letzten Jahren zwar keine Examensfrage gestellt, die Inhalte sind jedoch sehr wichtig, um die Gesamtzusammenhänge im Bereich der Regulation des weiblichen Zyklus zu verstehen.

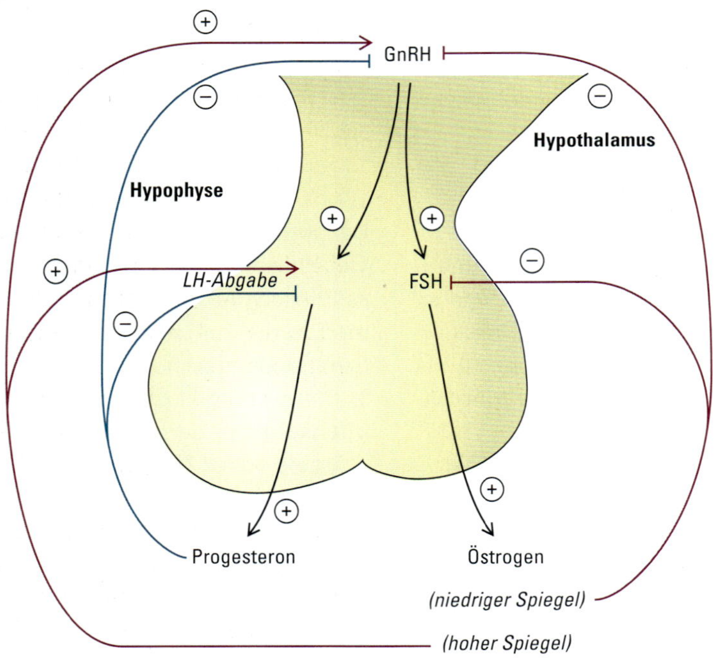

Abb. 10: Hypothalamisch-hypophysäre Regulation der weiblichen Gonadenhormone *medi-learn.de/7-physio2-10*

Das Hormon Inhibin greift entscheidend in die Vorgänge der Eizellreifung ein: Es sorgt dafür, dass jeweils nur eine einzige Eizelle ausreift.
Zu Beginn der Follikelphase reagieren immer mehrere Follikel auf die Stimulation durch FSH, beginnen zu wachsen und zu reifen. Zum Reifungsprozess der Follikel gehört auch die vermehrte Synthese von Rezeptoren für FSH, sodass das vorhandene Hormon besser ausgenutzt werden kann. Allerdings sind die Follikel nicht alle genau gleich weit in ihrem Reifungsprozess fortgeschritten, und – wie immer in der Natur – soll nur der Fitteste überleben. Der am besten entwickelte Follikel greift deshalb zu einem Trick, um seine Konkurrenten loszuwerden: Er produziert das Hormon Inhibin und gibt es in den Blutkreislauf ab. An der Adenohypophyse hemmt Inhibin die Produktion und Ausschüttung von FSH – so erklärt sich in den Hormonkurven (s. Abb. 11, S. 16) der niedrige FSH-Wert um den 11. Zyklustag.
Da der am weitesten gereifte Follikel viel mehr FSH-Rezeptoren als die anderen besitzt, reicht ihm die geringere Menge FSH aus, um weiter zu reifen – er kann das vorhande FSH viel besser ausnutzen als die Follikel mit geringerem Rezeptorbesatz. Die weniger ausgereiften Follikel leiden also an subjektivem FSH-Mangel: Das jetzt niedriger konzentrierte FSH reicht ihnen nicht mehr aus und sie gehen zugrunde.

1.8.2 Hormonkonzentrationen im Zyklusverlauf

Damit du vor lauter Hormonanstiegen und -abfällen, positiven und negativen Rückkopplungen keinen Adrenalinanstieg bekommst, noch einmal ganz geordnet: Während der Menstruation sind die Spiegel an Östrogen und Progesteron niedrig. Dadurch ist die negative Rückkopplung auf die Hypophyse gering, und die Spiegel der hypophysären Hormone beginnen langsam wieder zu steigen. Der ansteigende

FSH-Spiegel zu Beginn der Follikelphase führt zum Wachstum eines Follikels, der nun Östrogen produziert. Deshalb steigen die Östrogenspiegel stark an. Gegen Ende der Follikelphase erreicht der Östrogenspiegel den Schwellenwert für die positive Rückkopplung. Es kommt zum schnellen Anstieg des LH-Spiegels (und – in geringerem Maße – des FSH-Spiegels). Dieser **LH-Peak** löst den Eisprung aus.
Im Ovar bleibt der Gelbkörper zurück, der mit der Progesteronsynthese beginnt. Der Gelbkörper produziert auch Östrogene, allerdings wird der Schwellenwert für die positive Rückkopplung nicht noch einmal erreicht. Die steigenden Hormonspiegel sorgen über die negative Rückkopplung für einen Abfall des luteinisierenden Hormons, dadurch geht der Gelbkörper zugrunde und die Östrogen- und Progesteronspiegel fallen rasch wieder ab. Als Folge wird die Menstruation ausgelöst (s. Abb. 11, S. 16).
Vielleicht ist der weibliche Zyklus für dich ein abschreckendes Thema. Dennoch ist es lohnend, sich zumindest die Eckpfeiler gut einzuprägen. Es könnte hilfreich sein, wenn du beim Lernen versuchst, die Hormonkurven aus dem Kopf zu zeichnen.
Positive Rückkopplung bedeutet, dass hohe Östrogenspiegel eine Hemmung der LH-Abgabe bewirken, nicht aber der LH-Synthese. So können die Speicher gefüllt und bei einem bestimmten Schwellenwert schwallartig entleert werden, was zum LH-Peak führt. Zum schnellen Abfall des LH-Spiegels kommt es, da nach der Entleerung der hypothalamischen LH-Speicher zunächsteinmal kein LH mehr ausgeschüttet werden kann.
Zumindest eine praktische Anwendung kann das Ganze ja schon haben. Schließlich gibt es eine Menge Verhütungsmethoden, die auf der genauen Kenntnis der Hormonveränderungen im weiblichen Zyklus basieren. Durch Führung eines genauen Kalenders ist es möglich, die fruchtbaren Tage um den Eisprung herum abzuschätzen. Da die Eizelle am wahrscheinlichsten in den ersten zwölf Stunden nach der Ovulation befruchtet werden kann,

sollte an diesen Tagen Enthaltsamkeit geübt werden. Daneben gibt es die Temperaturmethode, die darauf basiert, dass unter Progesteroneinfluss (also während der zweiten Zyklushälfte) die Körperkerntemperatur ansteigt. Aber Vorsicht: Diese Verhütungsmethoden sind sehr unzuverlässig – der genaue Verlauf des Zyklus kann von Monat zu Monat deutlich schwanken. Die momentan zuverlässigste Verhütungsmethode ist – bei vorschriftsmäßiger Einnahme – die Hormonpille. Die meisten Präparate enthalten Östrogene in einer Dosierung, bei der es noch zu einer negativen Rückkopplung auf die Hypophyse kommt. Damit wird der Hormonzyklus gleich zu Beginn durch die gehemmte Ausschüttung von FSH unterbrochen. Dies unterbindet sowohl das Wachsen als auch das Reifen eines Follikels.

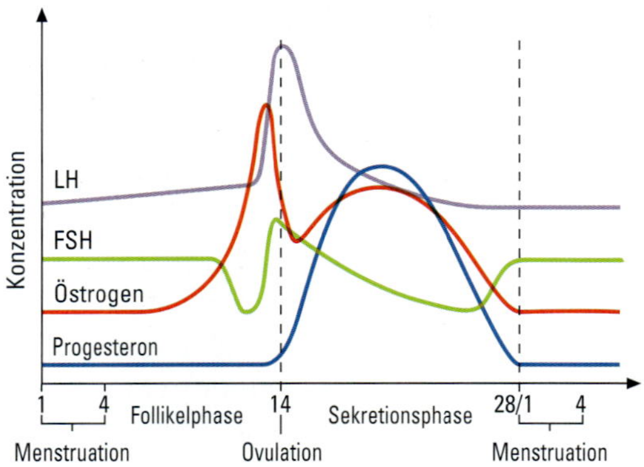

Abb. 11: Hormonkonzentrationen im Zyklusverlauf

medi-learn.de/7-physio2-11

1.9 Schwangerschaftshormone

Das zur Aufrechterhaltung der Schwangerschaft wichtigste Hormon ist das Progesteron. Es sorgt für die Umstellung des mütterlichen Stoffwechsels (z. B. Massenzunahme der Uterusmuskulatur). Der weitaus größte Teil der Schwangerschaftshormone wird von der Plazenta selbst synthetisiert, lediglich im ersten Schwangerschaftsdrittel übernimmt der Gelbkörper noch die Produktion von Progesteron und Östrogen.

1.9.1 Hormone der Plazenta

Die Plazenta ist aus der Anatomie/Histologie meist nur als Organ, das die Ernährung des Embryos sichert, bekannt. Das ist sicherlich ihre wichtigste Funktion. Aber auch als Hormondrüse gewinnt die Plazenta im Laufe der Schwangerschaft stark an Bedeutung: Nach dem ersten Schwangerschaftsdrittel wäre eine Aufrechterhaltung der Schwangerschaft ohne die Hormone der Plazenta nicht möglich.

hCG

Schon zu Beginn der Schwangerschaft wird das humane Choriongonadotropin gebildet. Das hCG ist strukturell und funktionell dem LH sehr ähnlich und sorgt für die Aufrechterhaltung des Corpus luteum im Ovar, welches wiederum Progesteron und Östrogen produziert. Nach den ersten drei Monaten der Schwangerschaft übernimmt die Plazenta selbst die Produktion von Progesteron und Östrogen; Der hCG-Spiegel sinkt und in der Folge geht der Gelbkörper zugrunde.

Merke!

Sein Konzentrationsmaximum im Blutplasma der Mutter erreicht hCG während der embryonalen Phase der Schwangeschaft.

hCG besteht aus zwei Untereinheiten, der α-Untereinheit (α-hCG) und der β-Untereinheit (β-hCG). Die β-Untereinheit ist spezifisch für das hCG und wird in Schwangerschaftstests nachgewiesen.

Progesteron

Progesteron ist zur Aufrechterhaltung der Schwangerschaft unverzichtbar – bei Abfall des Progesteronspiegels würde es zur Abstoßung des Endometriums, also zu einer Menstruationsblutung kommen. Die Progesteronspiegel steigen bis zur Geburt kontinuierlich an.

Östrogen

Gegen Ende der Schwangerschaft produziert die Plazenta vor allem Östrogene wie z. B. Östriol. Allerdings übernimmt die Plazenta nur den letzten Schritt der Östrogensynthese selbst: Sie aromatisiert Androgene zu Östrogenen. Die Androgene werden in der Nebennierenrinde des Fetus synthetisiert und von der Plazenta aus dem fetalen Blut aufgenommen.

Humanes plazentares Laktogen (hPL)

Das humane plazentare Laktogen fördert zusammen mit Prolaktin das Wachstum der Brustdrüse. Außerdem werden durch hPL die mütterlichen Zellen unempfindlicher gegenüber Insulin. Dadurch steigt der mütterliche Blutzuckerspiegel und stellt die fetale Versorgung des Fetus sicher.

1.10 Hormone des endokrinen Pankreas

Im endokrinen Pankreas werden drei Peptidhormone produziert, die den (Kohlenhydrat-) Stoffwechsel regulieren:
- Glukagon in den A-Zellen,
- Insulin in den B-Zellen und
- Somatostatin in den D-Zellen.

1.10.1 Insulin

Insulin ist das wichtigste und fast das einzige Hormon, das den Blutglucosespiegel senkt (neben GIP, das „Glucose-dependent Insulin-releasing Peptide"). Es ist damit das bedeutendste anabole Hormon des Menschen. Insulin wirkt folgendermaßen:
- Es erhöht die Glucoseaufnahme in Geweben, die den GLUT-4-Transporter besitzen – vor allem in Muskel- und Fettgewebe. Hier stimuliert das Insulin die Glykogensynthese, die Glykolyse, die Fettsäuresynthese und die Proteinsynthese.
- In die Leber wird Glucose insulinunabhängig aufgenommen (durch den GLUT-2-Transporter), sodass sich der intrazelluläre Glucosespiegel proportional zum Blutzuckerspiegel verhält. Durch Induktion der Glucokinase kann Insulin jedoch die Glucoseaufnahme in die Leber steigern und so Glykogensynthese und Glykolyse fördern sowie die Gluconeogenese hemmen. Unter anderem bewirkt Insulin auch eine Absenkung des cAMP-Spiegels.
- Eine weitere – physiologisch eher unwichtige – Wirkung des Insulins macht man sich therapeutisch zunutze: Insulin bewirkt nämlich die Aufnahme von Kalium in seine Zielzellen, sodass Patienten mit erhöhten Kalium-Plasmaspiegeln besonders effektiv mit Insulin- (und Glucose-)Infusionen behandelt werden können.
- Die Halbwertszeit von zirkulierendem körpereigenem Insulin im Blutplasma beträgt im Allgemeinen weniger als eine Stunde.

Die Insulinsekretion der B-Zellen des Pankreas wird über den Blutzuckerspiegel selbst reguliert:

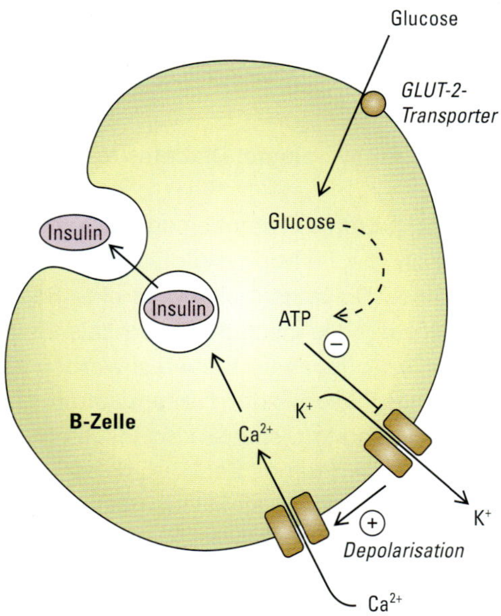

Abb. 12: Mechanismus der Insulinsekretion

medi-learn.de/7-physio2-12

Auch die B-Zellen nehmen Glucose über den GLUT-2-Transporter und damit abhängig vom Blutzuckerspiegel auf. Durch die Verstoffwechs-

lung der Glucose steigt der ATP-Spiegel in der B-Zelle. ATP wiederum bindet an spezielle Kaliumkanäle (K_{ATP}) der Zellmembran und hemmt sie, sodass der Kaliumausstrom verringert wird. Dadurch erhöht sich das Membranpotenzial und es kommt zur Depolarisation der Zellen. Die Depolarisation bewirkt wiederum eine Öffnung spannungsabhängiger Calciumkanäle in der Zellmembran; Calcium strömt ein, der intrazelluläre Calciumspiegel steigt an. Die Calciumionen sorgen als intrazelluläre Botenstoffe für die Exozytose von Insulingranula.
Gehemmt wird die Insulinfreisetzung z. B. durch Adrenalin und Noradrenalin über α_2-Rezeptoren und durch Somatostatin (SIH).

1.10.2 Glukagon

Glukagon ist der wichtigste Antagonist des Insulins. Es erhöht über verschiedene Wege den Blutzuckerspiegel, vor allem, indem es die Insulinwirkungen in der Leber antagonisiert. Glukagon wirkt über eine Stimulation der Adenylatcyclase und damit über eine Erhöhung des cAMP-Spiegels (zur Erinnerung: Insulin senkt den cAMP-Spiegel).

1.10.3 Pathophysiologie: Diabetes mellitus

Ein häufig gefragtes Thema in der mündlichen Prüfung ist die Pathophysiologie des Diabetes mellitus. Diabetes mellitus ist eine Regulationsstörung des Insulinstoffwechsels. Beim Diabetes Typ 1 (juveniler Diabetes) werden die B-Zellen des Pankreas durch einen autoimmunen Prozess zerstört, sodass kein Insulin mehr gebildet werden kann. Beim Diabetes Typ 2 (adulter Diabetes) liegt eine Wirkungsabschwächung der Insulinrezeptoren vor (Rezeptorresistenz), sodass das eigentlich in reichlicher Menge vorhandene Insulin nicht mehr ausreichend wirkt. Bei beiden Formen kommt es zu erhöhten Glucosespiegeln, die langfristig vor allem die kleinen Gefäße der Niere und der Retina schädigen. Außerdem geht die Hyperglykämie mit Insulinmangel und vermehrter Ketonkörperbildung einher, was eine Azidose mit begleitender Hyperventilation auslösen kann (Ketoazidose).Bei hohen Glucosekonzentrationen im Blutplasma kommt es außerdem zur Glucoseausscheidung über die Nieren (Glucosurie), da die Rückresorptionskapazität der Nieren für Glucose ab einem Blutglucosespiegel von 180 mg/dl (= 10 mmol/l) überschritten wird. Von diesem Phänomen hat der Diabetes mellitus seinen Namen, wörtlich übersetzt heißt er nämlich „honigsüßer Durchfluss". Da Glucose osmotisch sehr aktiv ist, kommt es bei hohen Glucosekonzentrationen im Urin zur vermehrten Ausscheidung von Wasser, also zur Polyurie durch osmotische Diurese. Oftmals ist dies das erste Symptom, das den Patienten auffällt.

1.11 Hormonale Regulation des Calciumhaushalts

Nur etwa ein Prozent des Calciums im Körper befindet sich im Extrazellulärraum, etwa 99 % sind im Knochen gebunden. Im Knochen bildet das Calcium zusammen mit Phosphat Kristalle, sodass Phosphat und Calcium immer gemeinsam aus dem Knochen gelöst werden müssen. Auch im Blut gibt es Wechselwirkungen zwischen der Calcium- und der Phosphationenkonzentration: Eine verminderte Phosphatkonzentration führt zu einer erhöhten Calciumkonzentration und umgekehrt. Das liegt daran, dass das Produkt der beiden Konzentrationen – das Löslichkeitsprodukt – weitgehend konstant bleibt. Deshalb regulieren die drei für den Calciumhaushalt wichtigen Hormone – Parathormon, Calcitonin und Calcitriol – auch gleichzeitig den Phosphathaushalt. In den letzten Jahren wurden zu den einzelnen Hormonen keine Fragen im schriftlichen Examen gestellt. Zur Vollständigkeit und für die mündliche Prüfung werden diese im Folgenden genauer erklärt.

1.11.1 Parathormon

Parathormon (PTH, Parathyrin) wird in den Nebenschilddrüsen (Glandulae parathyroideae)

gebildet. Seine Sekretion wird über den Calciumspiegel reguliert: Niedrige Calciumspiegel erhöhen die Parathormonsekretion, hohe hemmen sie.
Dementsprechend wirkt Parathormon zu niedrigen Calciumspiegeln entgegen:

- Parathormon stimuliert die Osteoklasten, um Calcium und Phosphat aus dem Knochen zu mobilisieren.
- Parathormon erhöht die Calciumresorption in der Niere und minimiert so die renalen Calciumverluste. Gleichzeitig erhöht es die Phosphatausscheidung der Niere (damit das Löslichkeitsprodukt nicht überschritten wird).
- Parathormon stimuliert den letzten Syntheseschritt von Calcitriol in der Niere, nämlich die Hydroxylierung von 25-OH-Cholecalciferol zu 1,25-Hydroxycholecalciferol (Calcitriol).
- Zusammen mit Calcitriol erhöht Parathormon die Calciumresorption des Darms.

1.11.2 Calcitonin

Calcitonin wird von den C-Zellen der Schilddrüse gebildet. Seine Ausschüttung wird von erhöhten Calciumspiegeln ausgelöst. Calcitonin sorgt auf zweierlei Weise für ein Absinken des Calciumspiegels:

- durch vermehrten Einbau von Calcium (und Phosphat) in den Knochen sowie
- durch die Erhöhung der renalen Calciumausscheidung.

1.11.3 Calcitriol

Calcitriol, die aktive Form von Vitamin D_3, wird vom Körper synthetisiert. Zwischenschritte der Synthese finden in der Haut (UV-lichtabhängig), der Leber und der Niere statt. Die Hydroxylierung in der Niere wird durch Parathormon gefördert.
Calcitriol erhöht den Calciumbestand des Körpers über eine Erhöhung der Calciumresorption im Dünndarm und eine Erhöhung der Calciumrückresorption in der Niere. An den Zielzellen bindet Calcitriol an einen ligandenabhängigen Transkriptionsfaktor.
Außerdem stimuliert Calcitriol die Osteoblasten und damit den Einbau von Calcium in die Knochen. Da hierfür auch Phosphat benötigt wird, stimuliert Calcitriol auch die Phosphatresorption in Darm und Niere.

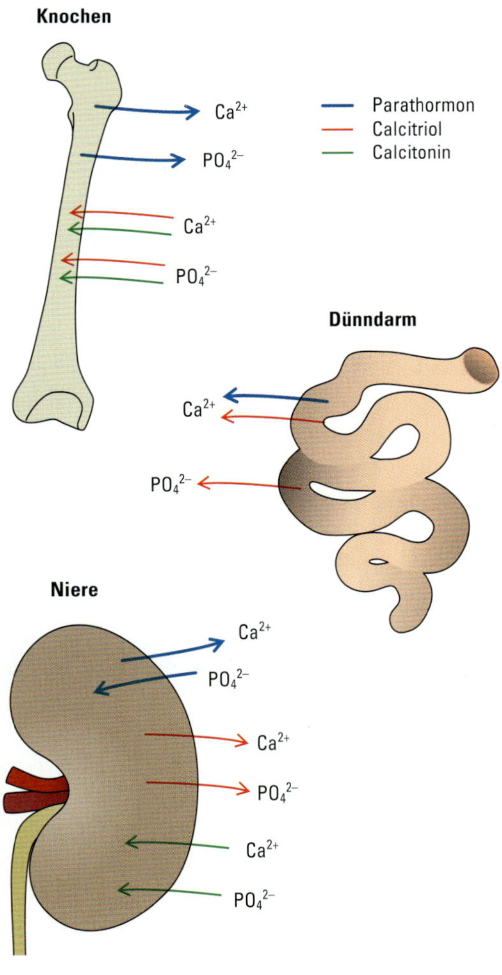

Abb. 13: Regulation des Calciumhaushalts

medi-learn.de/7-physio2-13

DAS BRINGT PUNKTE

Vieles aus dem Kapitel **Hormone** ist grundlegendes Verständniswissen. Gerade die Unterscheidung zwischen lipophilen und hydrophilen Hormonen ist auch für die Fragen in der Biochemie wichtig und kann dir in der schriftlichen Prüfung sehr viele Punkte einbringen. Außerdem solltest du den **hypothalamisch-hypophysären Regelkreis** mit der negativen Rückkopplung gut beherrschen. Diese beiden Themen können – einmal gut gelernt – fürs Physikum und auch später in der Klinik den weiteren Lernstoff stark vereinfachen.

Zusätzlich solltest du dir einige Fakten zu den Hormonen, die häufig in den schriftlichen Prüfungen vorkommen, gut einprägen.

Ein sehr häufig gefragtes Thema sind die **Hormone des weiblichen Zyklus**. Besonders gut solltest du dir den Verlauf der Konzentrationen von Östrogen und Progesteron einprägen.

Besonders in der letzten Zeit musste man in den Prüfungen zu **Konzentrationskurven das jeweils passende Hormon** zuordnen. Auch nach dem **Zeitpunkt der maximalen Hormonkonzentration** wurde schon gefragt.

- Östrogen erreicht sein Maximum gegen Ende der Follikelphase, kurz vor dem Eisprung.
- Progesteron erreicht sein Maximum etwa in der Mitte der Lutealphase.

Im Bereich der **Schwangerschaftshormone** kommt das hCG (humanes Choriongonadotropin) besonders häufig in den Fragen vor.

- hCG erreicht sein Konzentrationsmaximum im Blutplasma der Mutter während der embryonalen Phase der Schwangerschaft.
- hCG bewirkt die Aufrechterhaltung des Gelbkörpers im ersten Schwangerschaftsdrittel. Es wirkt damit ähnlich wie LH.

Auch nach der **Regulation des Blutzuckerspiegels** wurde wiederholt in den letzten Examina gefragt.

- Insulin senkt den Blutzuckerspiegel, indem es die Glucoseaufnahme in die Leber erhöht, die Gluconeogenese in der Leber und die Glucoseresorption im Darm hemmt.
- Glukagon als Gegenspieler des Insulins erhöht andererseits den Blutzuckerspiegel.

FÜRS MÜNDLICHE

Hormone regeln ja ziemlich viel und mischen unser Alltagsgeschehen oft mehr auf, als uns lieb ist. Gerade deswegen sind diese im mündlichen Physikum auch gern gefragt.

1. **Welche intrazellulären Signalkaskaden kennen Sie?**
2. **Bitte erklären Sie, wie es zu Entstehung einer Struma kommt.**
3. **Nennen Sie bitte die Wirkungen von Cortisol.**
4. **Erläutern Sie, welche Organe beim Diabetes mellitus besonders geschädigt werden.**

FÜRS MÜNDLICHE

1. Welche intrazellulären Signalkaskaden kennen Sie?

- Rezeptor → G-Protein → Adenylatcyclase → cAMP → Proteinkinase A → Phosphorylierung bestimmter Enzyme
- Rezeptor → G-Protein → Phospholipase C → IP_3 (und DAG) → Calciumionen

2. Bitte erklären Sie, wie es zur Entstehung einer Struma kommt.

- Am häufigsten Jodmangelstruma → Schilddrüse kann nicht genug T_3/T_4 synthetisieren → Wegfall der negativen Rückkopplung auf die Hypophyse → stark erhöhte TSH-Spiegel → TSH übt Wachstumsreiz auf die Schilddrüse aus → unkontrolliertes Schilddrüsenwachstum → Struma

3. Nennen Sie bitte die Wirkungen von Cortisol.

- Hyperglykämie
- Hypokaliämie, Alkalose
- Hypertension
- Immunsuppression/gesteigerte Infektanfälligkeit
- Wundheilungsstörungen → Magen- und Darmulzera
- Myopathien
- Osteoporose
- abnorme Fettverteilung (Mondgesicht, Büffelnacken)
- Haut-Atrophie
- Thromboseneigung
- Verhaltensstörungen (Unruhe, Schlaflosigkeit)
- bei Kindern: Wachstumshemmung, Katarakte

4. Erläutern Sie, welche Organe beim Diabetes mellitus besonders geschädigt werden.

Die dauerhaft erhöhten Blutzuckerspiegel führen zu einer Glykosylierung von Proteinen der Gefäßwand; dadurch wird die Funktion kleiner Gefäße besonders beeinträchtigt. Das betrifft vor allem die Niere und die Retina. Außerdem wird das periphere Nervensystem geschädigt (diabetische Polyneuropathie).

So, damit wäre der erste große Abschnitt geschafft. Mit diesem Wissen solltest du für die Physiologie der Hormone im Physikum gut gerüstet sein. Auch für die Biochemie war hier schon Wichtiges dabei. Nach einer kleinen Pause, die du jetzt sicherlich nötig hast, wird dir dann die Physiologie der Ernährung und Verdauung serviert.

Mehr Cartoons unter www.medi-learn.de/cartoons

Pause

Lehn' dich zurück und mach doch einfach mal 5 Minuten Pause ...

2 Ernährung und Verdauung

Fragen in den letzten 10 Examen: 28

2.1 Motorik des Magen-Darm-Trakts

In diesem Kapitel (mit Unterkapiteln) werden Grundlagen erklärt, die im schriftlichen Examen eher selten gefragt werden, jedoch in der mündlichen Prüfung ein beliebtes Thema sind. Im Magen-Darm-Trakt wird die Nahrung mechanisch zerkleinert und chemisch gespalten. Die Nahrungsbestandteile werden dann in den Körper aufgenommen und ihm zur Verfügung gestellt. Um das Ziel einer optimalen Verdauung zu erreichen, müssen die Funktionen des Verdauungstrakts gut aufeinander abgestimmt arbeiten. Der **Motorik** und der **Sekretion** des Verdauungstrakts kommen dabei besondere Bedeutung zu.

2.1.1 Innervation

Die Motorik des Magen-Darm-Trakts wird in erster Linie vom **enterischen Nervensystem** (ENS) gesteuert. Dieses besteht aus zwei Nervenplexus:

- dem äußeren Plexus myentericus (Plexus Auerbach) zwischen der äußeren Längs- und der Ringmuskulatur, der die reflektorischen Kontraktionen der Darmmuskulatur steuert, und
- dem inneren Plexus submucosus (Plexus Meissner) in der Tela submucosa, der die Sekretion der Drüsen im Magen-Darm-Trakt steuert.

Das enterische Nervensystem benutzt Neuropeptide (Peptidhormone als Neurotransmitter), z. B. Substanz P oder VIP (vasoaktives intestinales Peptid). Es innerviert die glatte Muskulatur sowie Blutgefäße und Epithelien des Magen-Darm-Trakts.

Diese autonome Steuerung des Magen-Darm-Trakts wird zusätzlich von außen durch das vegetative Nervensystem moduliert. Sowohl sympathische als auch parasympathische Nerven

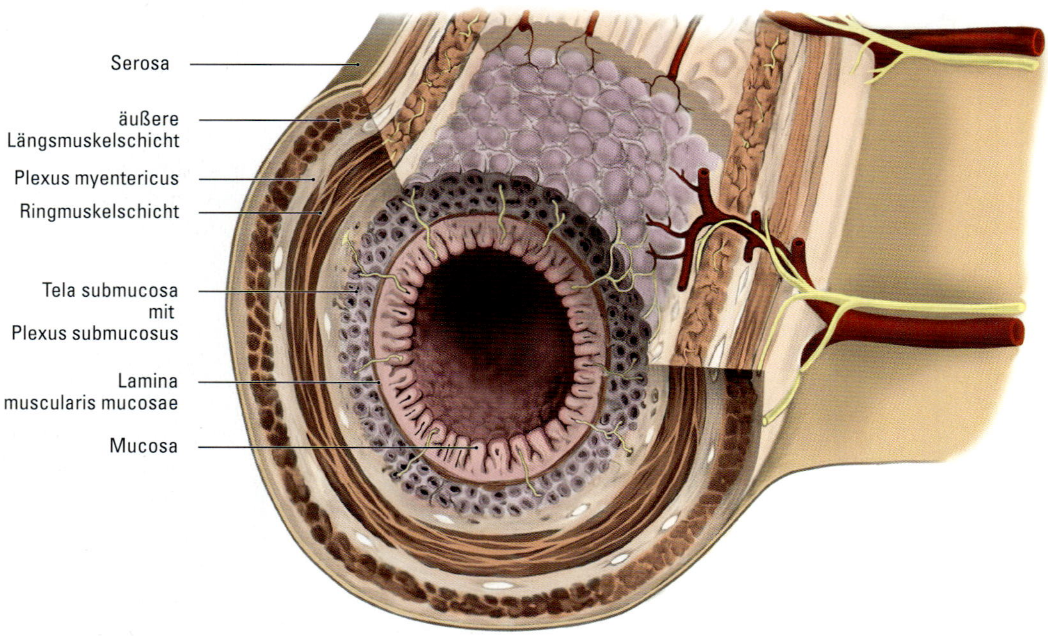

Abb. 14: Schichten der Darmwand

medi-learn.de/7-physio2-14

ziehen in das Darmnervensystem und beeinflussen dessen Aktivität. Grundsätzlich gilt dabei, dass der Parasympathikus die Verdauungsaktivität erhöht, der Sympathikus sie hemmt.

2.1.2 Ösophagus

Nach dem Verschlucken gelangt die Nahrung in den Ösophagus. Die Dehnung des oberen Ösophagus durch den Nahrungsbrocken löst mehrere peristaltische Wellen aus, die die Nahrung in Richtung Magen transportieren.
Am distalen Ende befindet sich der untere Ösophagussphinkter, der im Rahmen eines **vagovagalen Reflexes** geöffnet wird (dabei laufen sowohl der afferente als auch der efferente Reflexbogen über den N. vagus). Dieser Reflex wird ebenfalls durch die Dehnung der oberen Ösophagusmuskulatur ausgelöst, sodass sich der untere Sphinkter bereits öffnet, wenn die Nahrung in die Speiseröhre eintritt, und eben nicht erst, wenn die Speise vor dem Sphinkter ankommt.
Der untere Ösophagussphinkter hat die wichtige Funktion, die Speiseröhre gegen den Magen abzuschließen und so den Rückfluss (Reflux) von Magensäure in die Speiseröhre zu verhindern. Ist der Sphinkter dazu nicht mehr in der Lage, kann es zu Sodbrennen und bei langjährigem Reflux zur Entwicklung von Speiseröhrenkrebs kommen.

2.1.3 Magen

Der Magen wird funktionell in einen proximalen und einen distalen Anteil unterteilt. Der proximale Anteil entspricht den anatomischen Anteilen Cardia und Fundus, der distale Anteil entspricht dem Corpus und Antrum.
Sowohl zum proximalen als auch zum distalen Magen solltest du dir je ein wichtiges Bewegungsmuster merken.

Akkomodationsreflex

Der proximale Magen hat die Aufgabe, größere Speisemengen zu speichern. Durch lokale

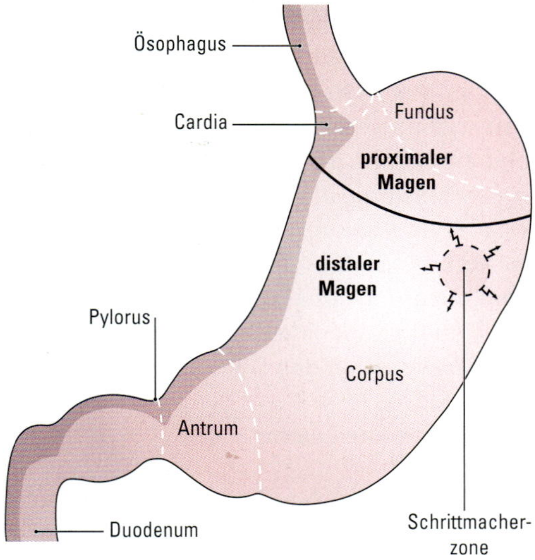

Abb. 15: Funktionelle Magenanteile

medi-learn.de/7-physio2-15

Wanddehnung wird im proximalen Magen ein Reflex, der **Akkomodationsreflex**, ausgelöst. Dieser hat eine Entspannung der Muskulatur und damit eine Dehnung des proximalen Magens zur Folge. Dieser Vorgang wird auch als rezeptive Relaxation bezeichnet und tritt dort im Magen-Darm-Trakt auf, wo Speicherfunktionen erfüllt werden müssen (so z. B. auch in der Rektumampulle). Der Akkomodationsreflex des proximalen Magens ist ebenfalls ein **vagovagaler Reflex**. Der Transmitter des N. vagus ist in diesem Fall nicht Acetylcholin, sondern das **VIP (vasoaktives intestinales Peptid)**.

Magenperistaltik

Die Aufgabe des distalen Magens (Corpus und Antrum) ist die gründliche Durchmischung des Nahrungsbreis mit dem Magensaft und die Emulgierung der in der Nahrung enthaltenen Fette. Dazu schieben regelmäßige **propulsive peristaltische Wellen** den Nahrungsbrei gegen den geschlossenen Pylorus.
Eine propulsive peristaltische Welle ist ein Bewegungsmuster, bei dem einer Erschlaffung der Ringmuskulatur von oral nach aboral

eine Kontraktion der Ring- und zusätzlich der Längsmuskulatur folgen.
Die peristaltischen Wellen des distalen Magens gehen von einer Schrittmacherzone im oberen Corpus aus. Die Schrittmacherzellen synchronisieren die Aktivität der Magenmuskulatur und steuern so die Durchmischung (s. Abb. 15, S. 23).
Zur Entleerung des Magens öffnet sich der Pylorus, und die peristaltischen Wellen pressen den Speisebrei in den Dünndarm.

2.1.4 Darmmuskulatur

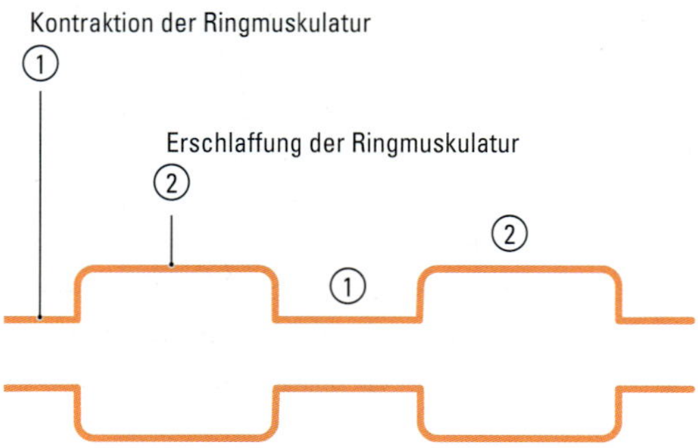

Abb. 16: Bewegungsmuster stehende Wellen
medi-learn.de/7-physio2-16

Im Darm verweilt die Nahrung zwei bis fünf Tage. Wie im Magen kommen im Darm propulsive peristaltische Wellen vor. Ein weiteres wichtiges Bewegungsmuster im Darm sind die stehenden Wellen (nichtpropulsive Peristaltik). Die stehenden Wellen bestehen aus abwechselnden Zonen der Kontraktion und Zonen der Entspannung der Ringmuskulatur des Darmrohres. Sie dienen vor allem der Durchmischung der Nahrung und weniger deren Transport. Außerdem gibt es im Darm den **interdigestiven myoelektrischen Motorkomplex** (IMMC), der etwa vier – fünf Stunden nach einer Mahlzeit abläuft. Er umfasst eine fortlaufende propulsive peristaltische Welle vom Antrum bis zum Ileum und hat vermutlich die Funktion, das Darmrohr von Resten der Mahlzeit und Fremdkörpern zu reinigen.

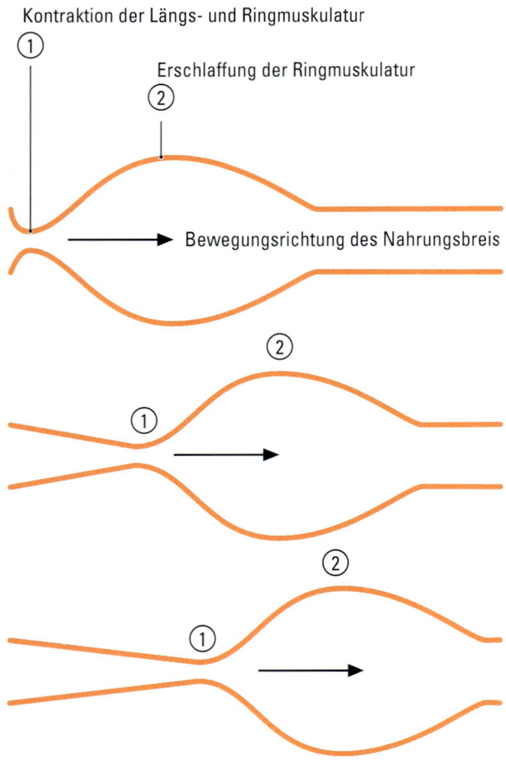

Abb. 17: Bewegungsmuster propulsive peristaltische Wellen
medi-learn.de/7-physio2-17

2.1.5 Defäkationsreflex

Der Defäkationsreflex zur Stuhlentleerung wird durch Dehnung des Rektums eingeleitet. Diese Dehnung löst eine Erschlaffung des M. sphinkter internus sowie peristaltische Wellen der Dickdarmmuskulatur aus. Der Defäkationsreflex wird parasympathisch über das Sakralmark gesteuert.

2.2 Sekretion

Der Bereich der Sekretion nimmt in der Physiologie des Magen-Darm-Trakts im schriftlichen Physikum den größten Raum ein.
Insgesamt werden täglich acht Liter Flüssigkeit in den Verdauungstrakt sezerniert, davon etwa ein Liter Speichel, ein Liter Galle und ein bis zwei Liter Pankreassaft.

2.2.1 Speichelsekretion

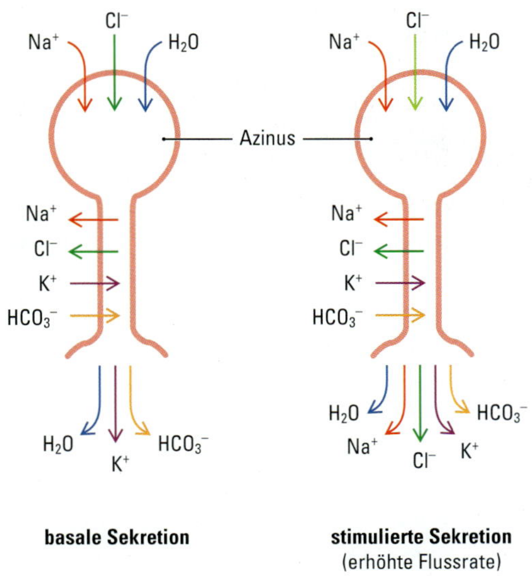

Abb. 18: Speichelsekretion

medi-learn.de/7-physio2-18

Der Speichel ist das erste Körpersekret, das mit der Nahrung in Kontakt kommt. Er hält nicht nur die Mundhöhle sauber und von Bakterien frei (Speichel enthält antibakterielle Stoffe), sondern vermittelt auch die wichtige Sinnesqualität „Geschmack". Die Geschmacksstoffe aus der Nahrung lösen sich im Speichel und können dadurch von den Geschmacksrezeptoren erkannt werden. Außerdem macht er die Bissen gleitfähig und ermöglicht so das Schlucken der Nahrung. Die drei großen Speicheldrüsen (Glandula parotis, Glandula submandibularis und Glandula sublingualis) bilden täglich ungefähr einen Liter Speichel. Den größten Anteil davon bildet die Glandula submandibularis. Produziert wird der Speichel in zwei Schritten:

- In die Azini der Speicheldrüsen wird der **Primärspeichel** sezerniert. Dieser ist in seiner Zusammensetzung dem Blutplasma sehr ähnlich: Er enthält viel Natrium und Chlorid. Auf der Blutseite (basal) wird Chlorid über eine $Na^+/K^+/2Cl^-$-Symporter in die Azinuszelle aufgenommen und verlässt diese wieder auf der apikalen Seite über einen Chloridkanal. Natrium diffundiert parazellulär nach. Da das Wasser dem Natrium passiv in die Azini nachfolgen kann, ist der Primärspeichel plasmaisoton.
- Im zweiten Schritt wird die Zusammensetzung des Speichels in den Ausführungsgängen der Drüsen modifiziert: Die Zellen der Ausführungsgänge resorbieren Natrium und Chlorid, sind aber für Wasser nicht permeabel, sodass die Osmolalität des Speichels in den Ausführungsgängen absinkt – der Speichel wird somit plasmahypoton. Außerdem sezernieren die Ausführungsgänge geringe Mengen Kalium und Bicarbonat in den Speichel.

Die genaue Zusammensetzung des Speichels variiert in Abhängigkeit von der Flussrate. Um dieses Phänomen verstehen zu können, muss man wissen, dass die Zusammensetzung des Primärspeichels unabhängig von der Flussrate immer gleich bleibt. Erhöht sich die Flussrate, bleibt den Ausführungsgängen jedoch immer weniger Zeit für die Modifikationen am Speichel.

Beispiel

Stell dir Arbeiter an einem Fließband vor, die z. B. alle Kekse vom Fließband herunternehmen und stattdessen Schokolade drauflegen sollen. Nur bei langsamen Geschwindigkeiten können sie alle Kekse auf dem Fließband gegen Schokolade austauschen. Ebenso können auch die Ausführungsgänge nur bei niedrigen Flussraten alles Natrium und Chlorid aus dem Primärspeichel entfernen und ausreichend Kalium und Bicarbonat sezernieren. Bei höheren Geschwindigkeiten des Fließbandes bleiben immer mehr Kekse liegen, dafür gelangt verhältnismäßig weniger Schokolade auf das Fließband. Für den Speichel bedeutet das, dass er mehr Natrium bzw. Chlorid und weniger Kalium bzw. Bicarbonat enthält. Bei höheren Flussraten ist also der Speichel dem Primärspeichel viel ähnlicher als bei niedrigeren Flussraten – er ist-

2

natrium- und chloridreicher und hat eine höhere Osmolalität, enthält aber weniger Kalium und Bicarbonat.

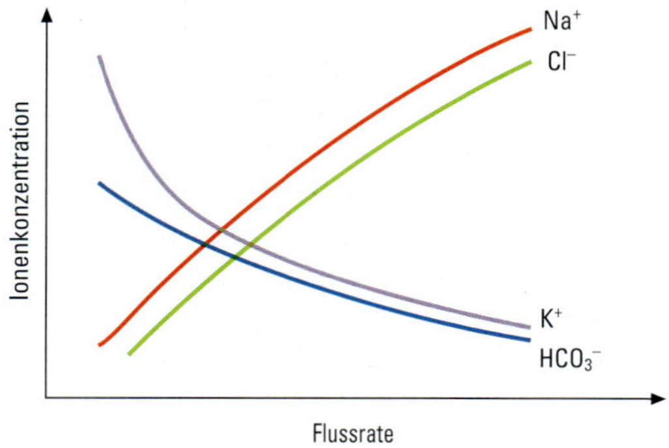

Abb. 19: Speichel-Ionenkonzentrationen in Abhängigkeit von der Flussrate

medi-learn.de/7-physio2-19

Neben Wasser und Ionen enthält der Speichel Muzine (schleimbildende Glykoproteine), Immunglobuline und das Verdauungsenzym α-Amylase. Letzteres dient allerdings weniger dem Aufschluss der Nahrung (zumal es im Magen wegen des niedrigen pH-Werts sofort inaktiviert wird), sondern eher dem Abbau von Nahrungsresten an den Zähnen. So erhält die α-Amylase die Mundhygiene aufrecht.

Übrigens ...
Die Entstehung von Karies wird durch die α-Amylase begünstigt, da sie langkettige Kohlenhydrate zu Oligosacchariden umwandelt und diese den zahnschädigenden Bakterien direkt als Nahrung zur Verfügung stehen.

Die Speicheldrüsen sind sowohl sympathisch als auch parasympathisch innerviert. Der Sympathikus bewirkt eher die Sekretion eines zähen (mukösen) Speichels, der Parasympathikus die des dünnflüssigen (serösen) Speichels. Der Transmitter des Sympathikus ist dabei Noradrenalin, beim Parasympathikus gibt es gleich zwei wichtige Transmitter: Acetylcholin und VIP (= vasoaktives intestinales Peptid).

2.2.2 Magen

Im Magen werden verschiedene Substanzen von verschiedenen Zellen mit unterschiedlichen Aufgaben sezerniert:
Die **Belegzellen** im Magenfundus- und Magenkorpus produzieren Salzsäure (HCl) sowie den Intrinsic Factor.

- Die Salzsäure sorgt für den niedrigen pH-Wert von 1 bis 1,5 (bei leerem Magen, pH 2 bis 4 bei vollem Magen) und bildet so eine antibakterielle Barriere. Außerdem führt der niedrige Magen-pH zur Denaturierung von Proteinen (ebenso werden z. B. Eier beim Kochen denaturiert), was eine Voraussetzung für das Angreifen von Verdauungsenzymen ist.
- Der Intrinsic Factor wird im terminalen Ileum zur Resorption von Vitamin B_{12} (Cobalamin) benötigt.

Übrigens ...
Vitamin B_{12} wird vom Körper zur Bildung von Erythrozyten benötigt. Bei Operationen zur Entfernung des Magens (Magenresektion) kommt es zu einem Mangel an Intrinsic Factor, und da der Körper in der Folge nicht genügend Vitamin B_{12} resorbieren kann, zu Störungen der Blutbildung.

Die **Hauptzellen** sezernieren Pepsinogen, die Vorstufe des Verdauungsenzyms Pepsin. Die Aktivierung des Pepsins erfolgt autokatalytisch: Pepsin spaltet vom Pepsinogen ein Peptid ab, sodass das aktive Enzym Pepsin entsteht. Die autokatalytische Aktivierung des Pepsins ist nur in der Anwesenheit von Salzsäure möglich. Das Wirkmaximum des Pepsins liegt ebenfalls im sauren pH-Bereich, sodass es bereits im Magen mit der Spaltung von Eiweißen zu Aminosäuren beginnt.
Die dritte Zellart im Magen sind die **Nebenzellen**; sie produzieren Schleim (Schutz der Magenwand vor Salzsäure).

- Belegzellen: Salzsäure, Intrinsic Factor
- Hauptzellen: Pepsinogen
- Nebenzellen: Schleim

Da vor allem die Steuerung und der Mechanismus der Salzsäuresekretion im Physikum immer wieder gerne gefragt werden, hier noch mal etwas genauer:

Magensäuresekretion: Steuerung

Die Steuerung der Salzsäuresekretion des Magens geschieht einerseits parasympathisch (über den Nervus vagus), andererseits über Peptidhormone aus Zellen des Magen-Darm-Trakts.
Je nachdem, von wo der Reiz auf die Magensäuresekretion ausgeht, kann man drei Phasen unterscheiden: eine **kephale**, eine **gastrale** und eine **intestinale** Phase.

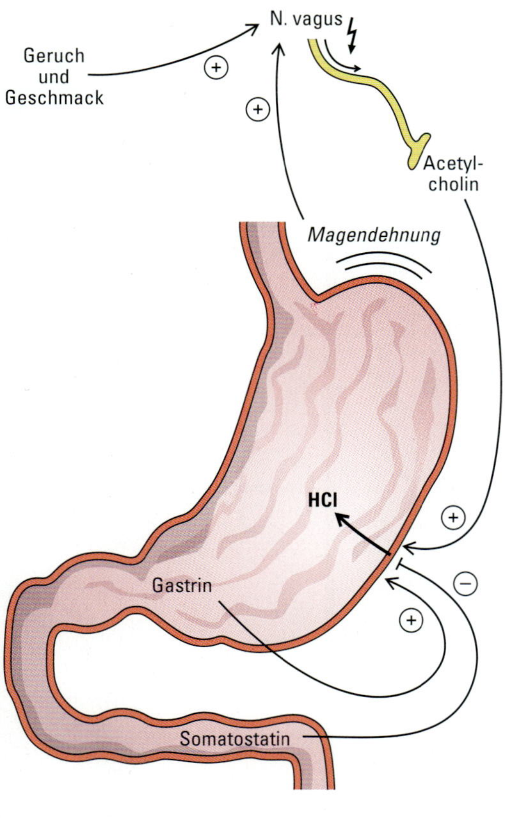

Abb. 20: Phasen der Magensäuresekretion

medi-learn.de/7-physio2-20

- Die kephale (griech. Kephalé: Kopf) Phase beschreibt die Stimulation des Nervus vagus durch Geruchs- und Geschmacksreize und damit eine Stimulation der Belegzellen durch den vagalen Transmitter Acetylcholin.
- In der gastralen (griech. Gaster: Magen) Phase ist der auslösende Reiz für eine Stimulation des Nervus vagus die Dehnung des Magens. Außerdem bewirkt die Magendehnung die Ausschüttung des Peptidhormons **Gastrin** aus den **G-Zellen** im Magenantrum. Das Gastrin, das auf dem Blutweg zu den Belegzellen gelangt, stimuliert ebenfalls die Belegzellen zu erhöhter Salzsäuresekretion.
- Die intestinale Phase hemmt im Gegensatz zu den beiden anderen die Salzsäuresekretion der Belegzellen (Parietalzellen) durch verschiedene, im Darm synthetisierte Peptidhormone wie z. B. Somatostatin. Diese Peptidhormone werden dann vermehrt ausgeschüttet, wenn Speisebrei in den Dünndarm gelangt. So wird eine überschießende Salzsäureproduktion nach der Magenentleerung verhindert.

Neben der intestinalen Phase gibt es noch einen zweiten Bremsmechanismus der Magensäuresekretion. Die Ausschüttung des Gastrins wird nämlich auch durch den pH-Wert im Magen gesteuert. Sinkt der pH-Wert ab, wird die Gastrin-Ausschüttung gehemmt und so die Magensäuresekretion gedrosselt. Umgekehrt erhöht sich bei steigendem pH-Wert die Gastrin-Ausschüttung, sodass wieder mehr Salzsäure gebildet wird und der pH-Wert wieder sinkt.

Außer **Acetylcholin** und **Gastrin** gibt es noch einen weiteren wichtigen Stimulus für die Belegzelle: das **Gewebshormon Histamin**. Histamin wird von Zellen in der Magenwand, den H-Zellen (auch ECL-Zellen genannt) produziert. Gastrin und Acetylcholin bewirken die Freisetzung von Histamin aus den H-Zellen.

Auf der Belegzelle befinden sich für jede dieser drei Substanzen spezifische Rezeptoren: die muskarinischen (muskarinergen) Acetylcholinrezeptoren, die H_2-Histaminrezeptoren und die Gastrinrezeptoren. Ist nun Histamin an einen H_2-Rezeptor gebunden, wird die Stimulation der Belegzellen durch Gastrin und Acetylcholin wesentlich verstärkt. Die Freisetzung von Histamin in der Magenwand durch Gastrin und Acetylcholin dient also der Signalverstärkung auf die Belegzellen. So erklärt sich auch, dass Medikamente, die die H_2-Rezeptoren blockieren, effektiv die Magensäuresekretion hemmen und so Magengeschwüren entgegenwirken können.

Merke!

Gastrin, Histamin und Acetylcholin stimulieren die HCl-Sekretion der Belegzellen.
Histamin wird in der Magenwand von Gastrin und Acetylcholin freigesetzt.

Magensäuresekretion: Mechanismus

Das Kernstück der Salzsäuresekretion in den Belegzellen ist die H^+/K^+-ATPase in der luminalen Membran der Belegzellen, die durch einen primär-aktiven Transport Protonen aus der Zelle ins Magenlumen bringt. Im Gegenzug werden Kaliumionen aus dem Lumen in die Zelle transportiert. Die Kaliumionen diffundieren über einen Ionenkanal passiv zurück ins Magenlumen. Die Protonen werden in den Belegzellen vom Enzym **Carboanhydrase** bereitgestellt, das auch in Niere und Erythrozyten vorkommt. Es hydratisiert CO_2, das aus dem Blut in die Zellen diffundiert, zu H_2CO_3, welches schnell in ein Proton und Bicarbonation zerfällt. Das entstandene Proton wird über die H^+/K^+- ATPase ins Lumen transportiert. Nun fehlt dort aber immer noch das Chlorid, damit Salzsäure entstehen kann. Aber auch dafür hat sich die Natur einen Trick einfallen lassen: Das entstandene Bicarbonation gelangt im Austausch gegen

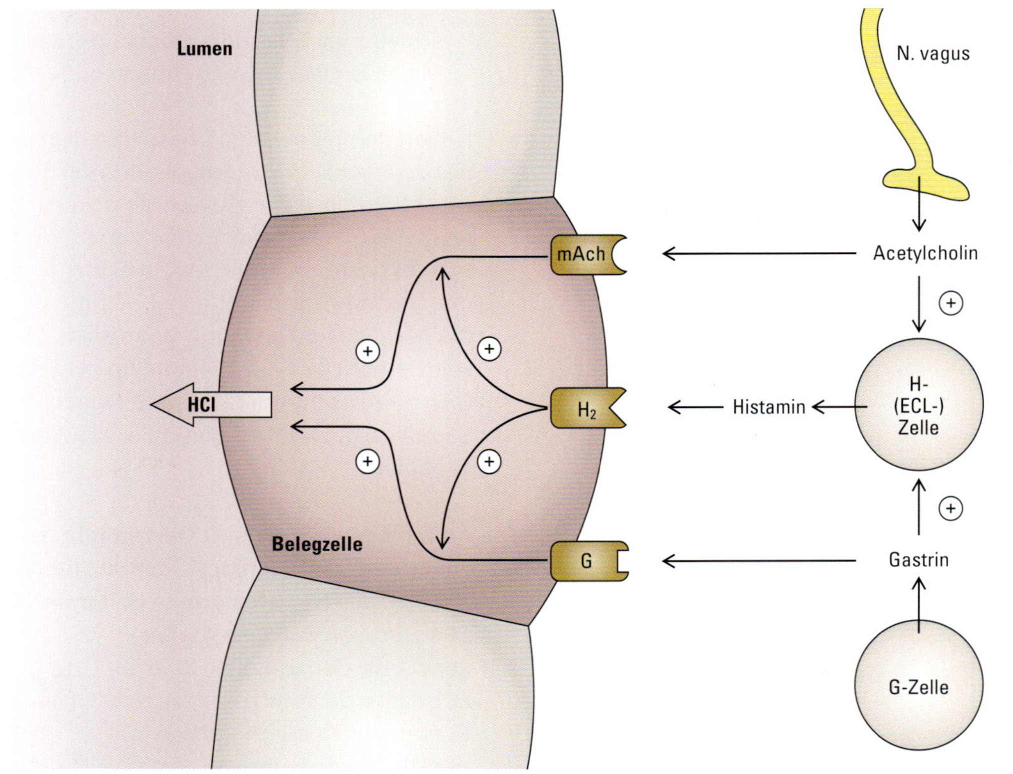

Abb. 21: Signalverstärkung der HCl-Sekretion durch Histamin

medi-learn.de/7-physio2-21

ein Chloridion zurück ins Blut. Das Chloridion diffundiert durch einen Ionenkanal ins Magenlumen. Jetzt liegen Protonen und Chloridionen im Magenlumen vor, die sich zu HCl – der Salzsäure – vereinigen können. In ihrer wässrigen Lösung im Magensaft liegt die Salzsäure aber größtenteils dissoziiert vor und sorgt für den niedrigen Magen-pH von eins bis 1,5.

Übrigens ...
Hieraus ergibt sich eine weitere Möglichkeit der Therapie von Magengeschwüren: Auch durch spezifische Blocker der H^+/K^+-ATPase lässt sich die Salzsäureproduktion sehr effektiv hemmen.

2.2.3 Exokrines Pankreas

Ebenso wie die Speichelsekretion lässt sich die Sekretion des Pankreassafts in zwei Schritte unterteilen: Der primäre Pankreassaft wird zunächst von den Azini gebildet und in einem zweiten Schritt in den Ausführungsgängen modifiziert.

Der in den Azini sezernierte primäre Pankreassaft enthält vor allem Natrium und Chlorid (und nur geringe Mengen Kalium und Bicarbonat). Auch hier folgt das Wasser dem Natrium passiv (durch Osmose) nach, sodass das Sekret plasmaisoton ist. Bei basalen Flussraten wird der primäre Pankreassaft aus den Azini in den Ausführungsgängen nicht modifiziert. Die Sekretion des Pankreasazinus wird von Acetylcholin, **Cholezystokinin (CCK)** und VIP stimuliert.

Erst wenn die Flussrate des Pankreassafts gesteigert werden soll, werden die Ausführungsgänge zur Sekretion stimuliert – im Gegensatz zu den Speicheldrüsen, bei denen die Sekretion der Azini gesteigert wird (s. 2.1, S. 22). Auf die Ausführungsgänge wirkt dabei das Peptidhormon **Sekretin** stimulierend. Die stimulierten Ausführungsgänge sezernieren ebenfalls Natrium und Wasser, sodass die Nat-

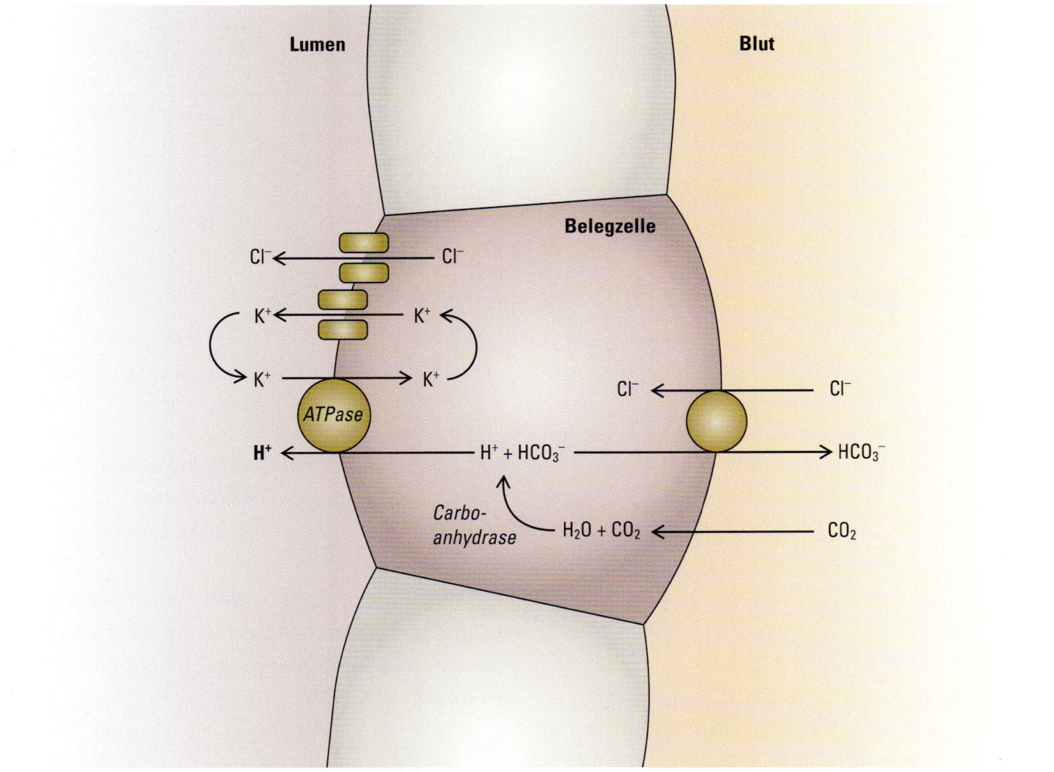

Abb. 22: Mechanismus der HCl-Sekretion
medi-learn.de/7-physio2-22

riumkonzentration unabhängig von der Flussrate gleich bleibt und der Pankreassaft **immer plasmaisoton** ist. Allerdings ändern sich mit steigender Flussrate die Konzentrationen von Chlorid und Bicarbonat im Pankreassaft: In den Zellen der Ausführungsgänge befindet sich ein Chlorid/Bicarbonat-Antiporter, der das Chlorid aus dem Ausführungsgang resorbiert und im gleichen Maße Bicarbonat sezerniert. Deshalb steigt die Bicarbonatkonzentration bei höheren Flussraten (unter Sekretin-Stimulation), während die Chloridkonzentration sinkt.

Das Bicarbonat sorgt für den alkalischen pH des Pankreassafts. Im Darmlumen kann der Pankreassaft deshalb die Salzsäure aus dem Magen neutralisieren.

Achtung: Hier kann man die Funktion der Ausführungsgänge nicht wie bei der Speichelsekretion mit einem Fließband vergleichen, auf dem die einzelnen Ionen ausgetauscht werden.

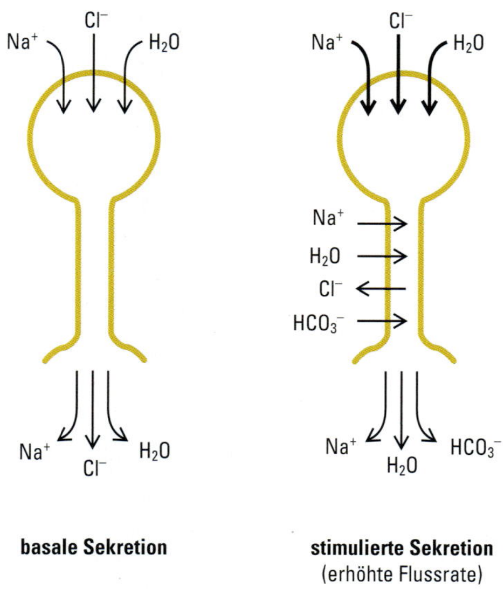

Abb. 23: Sekretion des Pankreassafts

medi-learn.de/7-physio2-23

Die Steigerung der Sekretion des Pankreas kommt erst in den Ausführungsgängen zustande. Das vermehrt gebildete Volumen wird also in den Ausführungsgängen sezerniert, angetrieben durch die Natrium-Sekretion.

Beispiel
Die Situation im Pankreas könnte man bildlich verdeutlichen, indem man Azinus und Ausführungsgang als zwei unabhängige Quellen betrachtet, die Flüssigkeiten unterschiedlicher Zusammensetzung in einen gemeinsamen Fluss einspeisen. Die eine Quelle (der Azinus) produziert immer die gleiche Menge Flüssigkeit, die andere Quelle (der Ausführungsgang) kann zur Produktion größerer Mengen Flüssigkeit stimuliert werden. Die Zusammensetzung des Flusswassers wird der Flüssigkeit aus dem Ausführungsgang immer ähnlicher, je mehr dieser stimuliert wird.

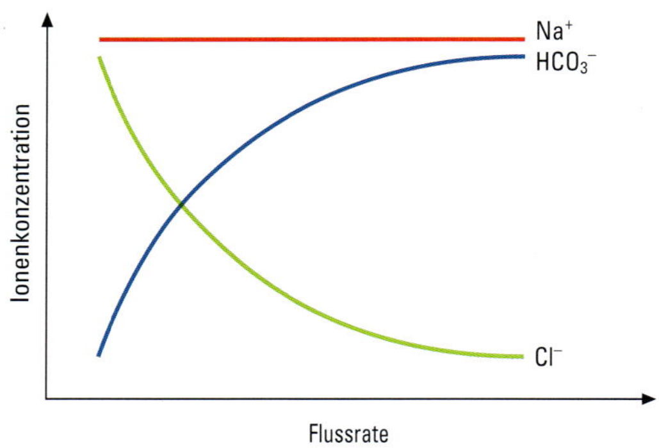

Abb. 24: Pankreassaft-Ionenkonzentration in Abhängigkeit von der Flussrate

medi-learn.de/7-physio2-24

Tab. 3, S. 31 zeigt dir – damit du nicht durcheinander kommst – eine Zusammenfassung der Unterschiede zwischen Speichel- und Pankreassaftsekretion.

	Speichel	Pankreassaft
Sekretion in den Azini	Natrium, Chlorid	Natrium, Chlorid
Sekretion in den Ausführungsgängen	Kalium, Bicarbonat	Natrium, Bicarbonat
Rückresorption in den Ausführungsgängen	Natrium, Chlorid	Chlorid
Steigerung der Flussrate durch	Stimulation der Azini	Stimulation der Ausführungsgänge
Änderungen mit höherer Flussrate	mehr Natrium und Chlorid, weniger Kalium und Bicarbonat	mehr Bicarbonat, weniger Chlorid
Osmolarität	hypoton	isoton

Tab. 3: Unterschiede zwischen Speichel- und Pankreassaftsekretion

Pankreasenzyme

Der Pankreassaft ist die wichtigste Quelle der Verdauungsenzyme des Körpers. Die Pankreasenzyme werden unter CCK- (Cholezystokinin-) Stimulation vom Azinus sezerniert. Ein Teil der Verdauungsenzyme wird in der aktiven Form sezerniert, beispielsweise die α-Amylase (Spaltung von Kohlehydraten) und die Lipase (Spaltung von Fetten). Andere Verdauungsenzyme werden als inaktive Vorstufen sezerniert und erst im Darm aktiviert. Da diese Enzyme Peptide spalten, würde sie sonst das Pankreas selbst andauen. In der Tat passiert dies unter pathologischen Bedingungen bei der Pankreatitis, der Bauchspeicheldrüsenentzündung. Die wichtigsten Proenzyme, die das Pankreas sezerniert, sind Trypsinogen und Chymotrypsinogen. Im Duodenum wird vom Trypsinogen durch die Enteropeptidase (Enterokinase) – ein Enzym, das sich in den Darmepithelien befindet – ein Peptid abgespalten. Übrig bleibt das enzymatisch aktive Trypsin. Trypsin ist nun sowohl dazu in der Lage, Chymotrypsinogen zu Chymotrypsin zu aktivieren als auch weiteres Trypsin aus Trypsinogen abzuspalten (Autokatalyse).

Übrigens ...
Die Enzyme des Pankreas werden mit dem Stuhl ausgeschieden. Um die Funktion des exokrinen Pankreas zu testen, werden die Enzymmengen im Stuhl bestimmt. Dabei wird meist das Enzym Elastase als Indikator der Pankreasfunktion gemessen.

Pathophysiologie: Mukoviszidose

Die Mukoviszidose (oder Zystische Fibrose) betrifft viele Organe, vor allem Lunge, Leber, Darm und Pankreas. Dem Krankheitsbild liegt die Mutation eines Chloridkanals zugrunde, weshalb man es durch eine erhöhte Chloridkonzentration im Schweiß nachweisen kann (Schweißtest).
Aber was genau ist eigentlich die Aufgabe dieses Chloridkanals? In den Pankreasgangzellen befindet sich der Chlorid/Bicarbonat-Antiporter, der Bicarbonat in den Ausführungsgang sezerniert und im Gegenzug Chlorid rückresor-

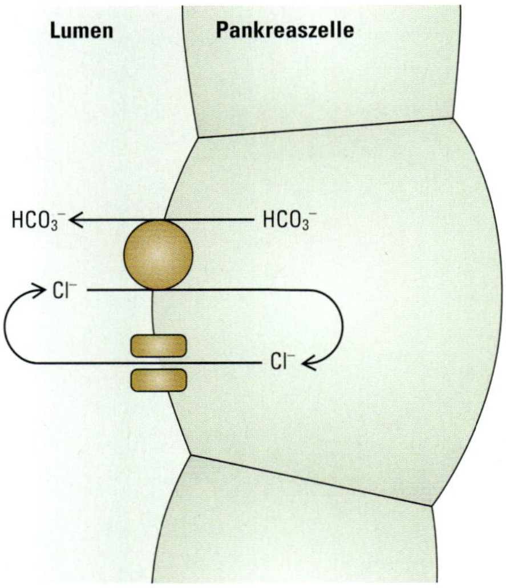

Abb. 25: Chloridkanal und Antiporter im Pankreasgang
medi-learn.de/7-physio2-25

biert. Damit ausreichend Bicarbonat sezerniert werden kann, muss das Chlorid über einen Ionenkanal aus der Zelle ins Lumen diffundieren können. Bei der Mukoviszidose ist nun jener Kanal defekt, sodass sowohl die Chloridionenkonzentration als auch die Bicarbonatkonzentration im Pankreassaft verringert ist.

Da die Sekretion der Pankreasgänge, die für die Regulierung der Flussrate verantwortlich ist, gestört ist, wird weniger Wasser sezerniert: Das Sekret ist zäh und viskös und verstopft die Ausführungsgänge. Aufgrund der verringerten Bicarbonatkonzentration kann der Pankreassaft den sauren Magensaft, der mit dem Speisebrei ins Duodenum gelangt, nicht mehr neutralisieren, sodass bei der Mukoviszidose nach den Mahlzeiten die Protonenkonzentration im Duodenum erhöht ist.

2.2.4 Gallensekretion

Neben ihren vielen Stoffwechselfunktionen hat die Leber auch noch die Aufgabe der Gallensekretion und trägt damit zur Verdauung bei. Stimuliert wird die Sekretion der Galle durch das Hormon Sekretin.

Gallenbestandteile/Gallensäuren/Bilirubin

Mit der Galle scheidet der Körper Bilirubin (Gallenfarbstoff) sowie Giftstoffe und Medikamente aus.
Die wichtigsten Bestandteile der Galle sind:
- Gallensäuren (auch Gallensalze genannt),
- Phospholipide (Lecithin) und
- Cholesterin.

Sie liegen im **Verhältnis 60 : 30 : 10** vor.
Die Gallensäuren (Cholsäure und Chenodesoxycholsäure) werden aktiviert und mit den Aminoverbindungen **Taurin oder Glycin konjugiert.** Als konjugierte Gallensäuren machen sie nicht nur den größten Anteil der Galle aus, sondern sind auch deren funktionell wichtigste Bestandteile: Sie emulgieren im Darm die Fette und ermöglichen die Bildung von Mizellen. Die Gallensäuren werden fast nicht mit dem Stuhl ausgeschieden, sondern im terminalen Ileum resorbiert. Dies nennt man den **enterohepatischen Kreislauf** der Gallensäuren.

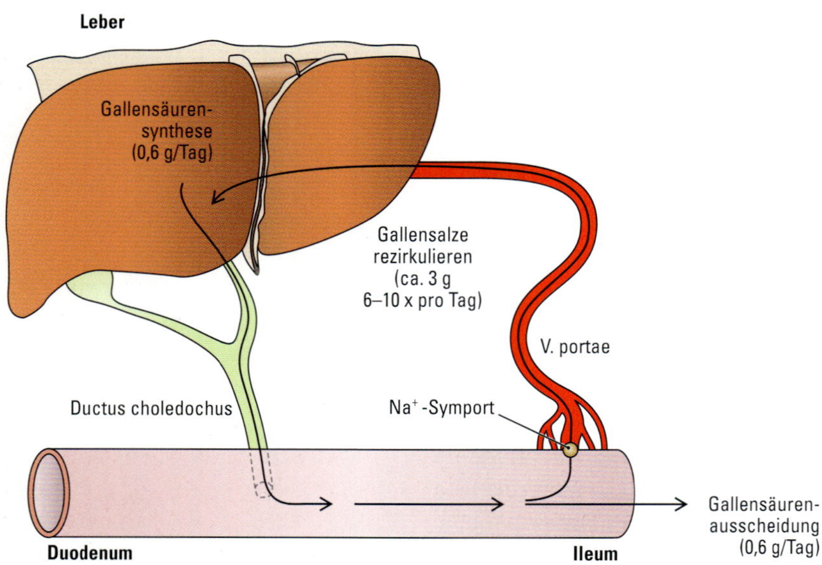

Abb. 26: Enterohepatischer Kreislauf der Gallensäuren

medi-learn.de/7-physio2-26

Vom Gesamtbestand des Körpers an Gallensäuren (zwei bis vier Gramm) werden täglich nur etwa 0,6 g neu synthetisiert (und ebensoviel mit den Fäzes ausgeschieden). Insgesamt durchlaufen die Gallensäuren den enterohepatischen Kreislauf sechs- bis zehnmal täglich!

Im Gegensatz dazu unterliegt Bilirubin, das Abbauprodukt des Hämoglobins, nicht dem enterohepatischen Kreislauf. Es wird nur zu einem geringen Anteil aus dem Darm resorbiert; 85 % werden mit dem Stuhl ausgeschieden. Zum Teil wird Bilirubin durch Darmbakterien zu Urobilin und Stercobilin umgesetzt, die die braune Farbe des Stuhls hervorrufen.
In letzter Zeit tauchen im Physikum immer wieder Fragen auf, bei denen die Gefahr besteht, die Eigenschaften der Gallensäuren mit denen des Bilirubins zu verwechseln. Deshalb hier noch einmal eine Tabelle, die die wichtigsten Unterschiede aufführt:

Bilirubin	Gallensäuren
Abbauprodukt des Hämoglobins	Synthese aus Cholesterin
Konjugation mit Glucuronsäure	Konjugation mit Taurin/Glycin
85 % Ausscheidung mit den Fäzes	5 % Ausscheidung mit den Fäzes
15 % Rückresorption im Darm	95 % Rückresorption im Darm

Tab. 4: Eigenschaften von Gallensäuren und Bilirubin

Gallenblase

Die Galle gelangt von der Leber über den Ductus hepaticus in den Ductus choledochus, der an der Papilla duodeni in den Dünndarm mündet. Ist die Papilla verschlossen, staut sich die Galle zurück und gelangt über den Ductus cysticus in die Gallenblase.

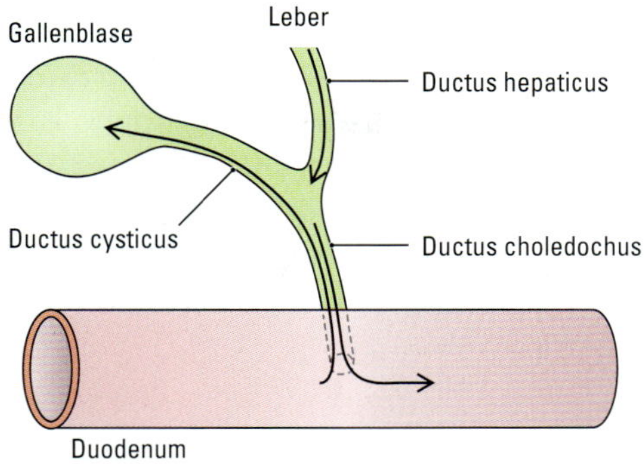

Abb. 27: Gallengänge und Gallenblase

medi-learn.de/7-physio2-27

Die Gallenblase fasst ein Volumen von ca. 60 ml und hat vor allem eine Speicherfunktion für die Galle. Außerdem wird in der Gallenblase die Galle konzentriert. Es wird Wasser resorbiert, sodass die Gallenbestandteile in der Blasengalle höher konzentriert sind als in der Lebergalle (Ausnahmen bilden hier lediglich einige Elektrolyte).
Gelangen Fette ins Duodenum, kontrahiert und entleert sich die Gallenblase, angeregt von Cholezystokinin und Acetylcholin.

Ikterus

Der Ikterus (Gelbsucht) ist ein wichtiges klinisches Symptom, das durch eine gelbliche Färbung der Haut und der Skleren auffällt. Das ist auf eine erhöhte Bilirubinkonzentration im Körper zurückzuführen. Ein Ikterus kann z. B. bei Hämolyse auftreten, da hier vermehrt Bilirubin anfällt. Dieses Bilirubin ist noch unkonjugiert, also hydrophob, und wird deshalb im Blut an Trägerproteine (v. a. Albumin) gebunden transportiert. Aufgrund der laborchemischen Nachweismethode wird das unkonjugierte Bilirubin auch indirektes Bilirubin genannt – es kann nur nach Trennung von seinem Transportprotein, also indirekt, nachgewiesen werden. Eine andere Ursache für einen Ikterus kann die gestörte Ausscheidung von Bilirubin (z. B. bei Verlegung der Gallenwege durch Steine oder Tumore) sein. Dabei wird das anfallende Bilirubin zwar von der Leber mit Glucuronsäure konjugiert, kann aber nicht in den Darm abgegeben werden und gelangt in den Blutkreislauf zurück. Dieses konjugierte Bilirubin ist hydrophil, kann direkt nachgewiesen werden und wird dementsprechend als direktes Bilirubin bezeichnet. Da das Bilirubin normalerweise dem Stuhl seine braune Farbe gibt, kommt es hierbei zu Entfärbung des Stuhls.

Gallensteine

Gallensteine bilden sich, wenn das Verhältnis der Gallenbestandteile zu Gunsten des Cholesterins oder zu Ungunsten der Gallensäuren verschoben ist. Also: Mehr Cholesterin und weniger Gallensäuren in der Gallenflüssigkeit begünstigen die Entstehung von Steinen.

2.2.5 Kolon

Die Funktion des Kolons wird wesentlich von seiner bakteriellen Flora bestimmt: Pro Milliliter Darminhalt enthält das Kolon etwa 10^{11} Bakterien. Diese Bakterien können bestimmte Vitamine (Vitamin K, Vitamin B_{12}) produzieren. Außerdem bilden sie bei der Zersetzung von Nahrungseiweißen Ammoniak, das der Körper dann über den Harnstoffzyklus entgiften muss. Einige Bakterien des Kolons besitzen Enzyme, die dem menschlichen Körper fehlen. So können sie z. B. die für uns unverdauliche Zellulose verwerten und daraus Fettsäuren, z. B. Propionsäuren, bilden. Schließlich übernimmt das Kolon einen geringen Teil der notwendigen Wasserresorption – etwa ein Liter Wasser wird am Tag im Dickdarm resorbiert.

Übrigens ...
Das Stuhlgewicht beträgt normalerweise 100–200g pro Tag. Zu 75 % besteht Stuhl aus Wasser. Von den 25 % Trockengewicht machen die Darmbakterien ein Drittel aus.
Vitamin B12 findet sich nur in tierischen Lebensmitteln, da dieses Vitamin im Kolon von Tieren durch Bakterien produziert wird. Dies ist auch der Grund warum Veganer bei fehlender Substitution einen Vitamin B12 Mangel bekommen.

2.3 Peptidhormone des Magen-Darm-Trakts

Die Peptidhormone des Magen-Darm-Trakts werden von spezialisierten Zellen synthetisiert, die in die Schleimhaut von Magen und Darm eingestreut sind. Diese Zellen gehören zum APUD-Zellsystem (Amine Precursor Uptake and Decarboxylation). Sie nehmen also Aminosäuren auf und decarboxylieren diese, sodass biogene Amine entstehen. Im Folgenden wird eine kleine Auswahl der wichtigsten Peptidhormone beschrieben. Einige davon werden oft in der mündlichen Prüfung gefragt.

2.3.1 Gastrin

Gastrin wird von den **G-Zellen im Antrum und Duodenum** produziert und bei Anstieg des pH-Werts des Magens freigesetzt – ein niedriger Magen-pH hemmt die Gastrinausschüttung. Daneben stimulieren auch Peptide und Aminosäuren, die sich im Magenlumen befinden, die Gastrinausschüttung. Gastrin seinerseits stimuliert die Belegzellen des Magens zur vermehrten Freisetzung von Magensäure (s. Abb. 20, S. 27 und Abb. 21, S. 28).

2.3.2 Sekretin

Sekretin wird von den S-Zellen im Dünndarm freigesetzt. Der Reiz für die Ausschüttung ist ein Abfall des duodenalen pH-Werts, also vor allem durch Magensaft im Duodenum. Sekretin ist der **stärkste Stimulus der Gallensekretion** durch die Leber und erhöht den Gallenfluss im Ductus hepaticus. Außerdem stimuliert es die Ausführungsgänge der exokrinen Pankreasdrüsen zur Bicarbonatsekretion und bewirkt somit die Neutralisation der Magensäure.

2.3.3 CCK

Cholezystokinin, kurz CCK, stammt aus den I-Zellen im Dünndarm. Es wird freigesetzt, wenn Fette und Peptide ins Duodenum gelangen, und **stimuliert die Enzymsekretion aus den Azini des exokrinen Pankreas**, was die Peptid- und Fettverdauung ermöglicht. Weiterhin bewirkt es die Kontraktion der Gallenblase, sodass die zur Fettverdauung notwendige Galle ins Duodenum gelangt (s. Abb. 26, S. 32).

2.3.4 Serotonin

Das Serotonin (5-Hydroxytryptamin) ist eigentlich eher als Neurotransmitter im ZNS bekannt. Es wird aber auch im gesamten Magen-Darm-Trakt von APUD-Zellen gebildet und steigert die Darmmotilität. Bei Tumoren der enterochromaffinen Zellen, den Karzinoiden, wird Serotonin in großen Mengen gebildet und über die Pfortader zur Leber transportiert, die es inaktiviert. Allerdings kommt es vor, dass dieseTumore in die Leber metastasieren und das dort gebildete Serotonin ungehindert in den Blutkreislauf freigesetzt wird. Die Folge ist ein Karzinoid-Syndrom: anfallsweise auftretende purpurrote Verfärbung der Haut, Koliken, Diarrhöen, Übelkeit und Asthma. Nachweisen kann man ein Karzinoid-Syndrom über den Urin, dort ist dann nämlich das Serotonin-Abbauprodukt 5-Hydroxyindolessigsäure in hohen Konzentrationen enthalten.

2.3.5 Somatostatin

Somatostatin – Hemmstoff aller möglichen Vorgänge im Körper – wird ebenfalls von endokrin aktiven Zellen im Magen-Darm-Trakt, aber auch von spezialisierten Zellen im Pankreas (D-Zellen) sezerniert. Es hemmt im Pankreas die Ausschüttung von Insulin und Glukagon, im Magen-Darm-Trakt wirkt es vor allem dem Gastrin entgegen:
Somatostatin hemmt die Ausschüttung von Gastrin aus den G-Zellen und wird dementsprechend freigesetzt, wenn es im Magen sauer genug ist – also wenn der pH-Wert des Magens unter drei liegt.
Da es außerdem die Magenmotorik und die Sekretion von Magensäure hemmt, wurde es früher auch „Gastric Inhibitory Peptide" genannt.

2.4 Verdauung und Resorption

Unter Verdauung versteht man die chemische Zerlegung der Nahrung in ihre Bestandteile wie z. B. Monosaccharide oder Aminosäuren. Die Resorption beschreibt die Aufnahme der Nahrungsbestandteile in die Enterozyten, von wo aus sie entweder in die Lymphe (Fette) oder ins Blut abgegeben werden. Sowohl die Verdauung als auch die Resorption findet hauptsächlich im Dünndarm statt, besonders im Duodenum (mehr dazu s. Skript Biochemie 7).

2.4.1 Kohlenhydratverdauung und -resorption

Langkettige Kohlenhydrate werden vor allem von der α-Amylase aus dem Pankreassaft gespalten. Disaccharide werden von den Disaccharidasen gespalten, die sich im Bürstensaum des Duodenums befinden. Je nach dem spezifischen Disaccharid, das sie spalten, heißen sie z. B. Maltase oder Lactase.
Die entstehenden Monosaccharide werden sekundär-aktiv über einen Natrium-Symport-Carrier in die Enterozyten aufgenommen und diffundieren daraus passiv ins Blut. Eine Ausnahme bildet Fructose, deren Aufnahme in die Enterozyten passiv über einen spezifischen Carrier erfolgt.

Übrigens ...
Bei der Lactoseintoleranz ist das Enzym Lactase nicht in ausreichender Menge im Bürstensaum vorhanden. Der Milchzucker in der Nahrung kann deshalb nicht gespalten werden und bleibt im Darmlumen zurück. Der osmotisch sehr aktive Zucker zieht Wasser ins Darmlumen, was wässrige Durchfälle auslöst.

2.4.2 Eiweißverdauung und -resorption

Die Eiweißverdauung beginnt bereits im Magen: Die Salzsäure denaturiert die Proteine und das Pepsin beginnt bereits mit der Spaltung. Im Dünndarm werden die Eiweiße dann durch die Pankreasenzyme (Trypsin und Chymotrypsin) in Aminosäuren zerlegt.
Die Aminosäuren werden ebenfalls über einen **Natrium-Symport** in die Enterozyten aufgenommen. Hierfür gibt es vier verschiedene Carrier, die jeweils nur ihrer Chemie ähnliche Aminosäuren transportieren. Ins Blut gelangen die Aminosäuren ebenfalls passiv.
In geringem Maße werden auch Di- und Tripeptide über einen Protonen-Symport in die Enterozyten aufgenommen.

2.4.3 Fettverdauung und -resorption

Der Dünndarm ist der Ort der Fettverdauung. Die Gallensalze sind dafür essenziell: Sie sorgen für die **Emulgierung** der Nahrungsfette. Nur in der Emulsion – an der Grenze zwischen wässriger und fettiger Phase – können die Lipasen aus dem Pankreassaft aktiv werden. Dort spalten sie die Nahrungsfette zu Monoglyceriden und freien Fettsäuren. Diese Fettspaltprodukte bilden mit den Gallensäuren **Mizellen**. Das funktioniert ungefähr so: Die Fettspaltprodukte werden im Inneren der Mizellen transportiert, außen lagern sich die Gallensäuren an. Die lipophilen Anteile der Gallensäuren zeigen dabei nach innen, die hydrophilen nach außen. Innerhalb der Mizellen werden die Fettspaltprodukte bis an den Bürstensaum der Enterozyten transportiert, von wo aus sie **passiv in die Enterozyten** diffundieren. Dabei werden freie Fettsäuren auch über Carrier resorbiert.
In den Enterozyten werden aus den Fettspaltprodukten wieder Fette synthetisiert. Diese werden zusammen mit Apolipoproteinen in **Chylomikronen** eingebaut, die in die **Lymphbahnen** des Darms abgegeben werden, die Leber umgehen und über den Ductus thoracicus in die Blutbahn gelangen. Auch für die enterale Aufnahme von Cholecalciferol (Vitamin D_3) werden Gallensäuren benötigt, da es sich dabei um ein fettlösliches Vitamin handelt.

2.4.4 Vitamin B_{12}/Intrinsic Factor

Im Gegensatz zu den meisten anderen Stoffen, die im Duodenum resorbiert werden, wird das Vitamin B_{12} (Cobalamin) erst im **terminalen Ileum** resorbiert. Diese Resorption ist nur möglich, wenn sich ausreichend Intrinsic Factor aus den Belegzellen des Magens im Darmlumen befindet. Der **Intrinsic Factor** und das Vitamin B_{12} gehen im Darmlumen eine feste Bindung ein. Nur in dieser gebundenen Form kann Vitamin B_{12} an seinen Rezeptor im terminalen Ileum binden, wo es dann durch Endozytose aufgenommen wird.

Übrigens ...
Bei manchen Patienten kommt es nach Operationen des Magens zu einem Mangel an Intrinsic Factor und damit auch zu einem Mangel an Vitamin B_{12}. Dieser äußert sich dann in Form einer hyperchromen Anämie (perniziöse Anämie).

2.4.5 Eisenstoffwechsel

Das Spurenelement Eisen wird im Duodenum resorbiert. Dazu muss Eisen in zweiwertiger Form (in reduzierter Form) vorliegen. Reduktionsmittel wie Vitamin C verbessern die Eisenresorption im Duodenum, da sie das Eisen in der reduzierten Form halten. Komplexbildner wie Phosphat dagegen hemmen die Eisenresorption.
Im Körper ist das Eisen an verschiedene Trägerproteine gebunden: intrazellulär an Ferritin und Hämosiderin, extrazellulär an Transferrin und Hämoglobin. Der weitaus größte Teil (ca. 70 % des Körpereisens) ist dabei an Hämoglobin gebunden. Weitere Eisenspeicher in Form von Ferritin finden sich vor allem in den Hepa-

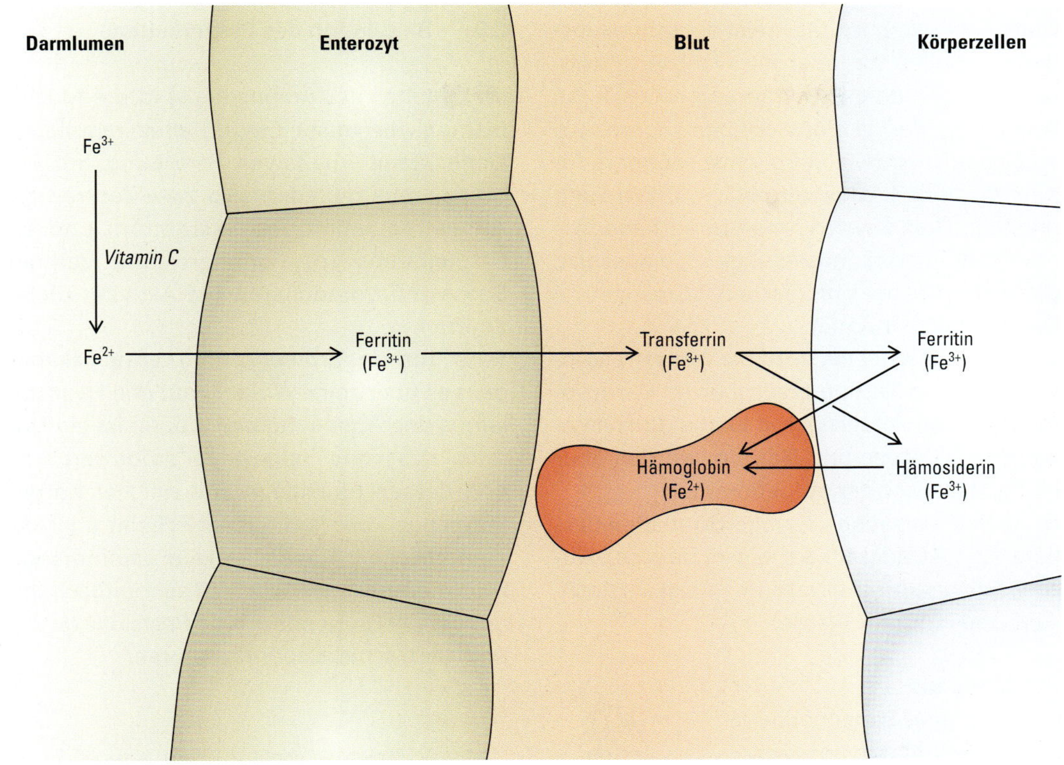

Abb. 28: Eisenstoffwechsel *medi-learn.de/7-physio2-28*

tozyten der Leber, dem Knochenmark und den Enterozyten. Der Eisen-Gesamtbestand eines gesunden Erwachsenen beträgt etwa drei bis fünf Gramm.

Das beim Abbau der Erythrozyten freiwerdende Eisen wird zum größten Teil wiederverwendet: Zunächst wird das Hämoglobin im Blutplasma an das Trägerprotein Haptoglobin gebunden. In der Leber wird das Häm zu Bilirubin umgewandelt, welches mit der Galle ausgeschieden wird. Im Gegensatz dazu wird das frei werdende Eisen wieder in neu synthetisiertes Hämoglobin eingebaut. Eisen kann vom Körper nicht aktiv ausgeschieden werden! Eisenverluste gibt es nur – vom Körper nicht beeinflussbar – durch Blutverluste und Abschilferung von Enterozyten. Die Eisenbilanz wird vom Körper ausschließlich über die Eisenresorption reguliert, je nach Bedarf werden 10–40 % des Nahrungseisens resorbiert.

2.4.6 Wasser- und Elektrolytresorption

Selten im schriftlichen Examen gefragt, dafür aber beliebt in der mündlichen Prüfung. Täglich gelangen etwa zehn Liter Wasser in den Darm (durch Nahrung und Verdauungssäfte), mit dem Stuhl werden aber nur etwa 100 ml ausgeschieden. Etwa neun Liter werden im Dünndarm resorbiert und nur ein Liter im Dickdarm. Die treibende Kraft für die Wasserresorption ist die osmotische Kraft des Natriums, das vor allem durch den Dünndarm fast vollständig resorbiert wird. Natrium hat von allen Ionen die höchste Resorptionskapazität.

Diarrhö

Diarrhöen (Durchfälle) stellen Mediziner meist vor ein ganz profanes Problem: Bei Durchfällen gehen große Flüssigkeitsmengen über den Darm verloren, sodass die Gefahr einer Exsikkose (Austrocknung) besteht. In unseren

Krankenhäusern ist das meist ein schnell lösbares Problem, da über intravenöse Infusionen eine effektive Rehydrierung möglich ist. Anders ist das in Entwicklungsländern, wo einfacher Durchfall häufig – insbesondere für Kinder – eine lebensbedrohliche Erkrankung darstellt. Dort werden – sofern vorhanden – „orale Rehydratationslösungen" eingesetzt, die sich die physiologischen Vorgänge im Darm zunutze machen:
Wie oben geschildert, wird die Wasserresorption durch die Natriumresorption im Darm vorangetrieben. Ähnliches gilt für die Glucoseresorption: Glucose und Natrium werden über einen Kotransporter aufgenommen.
Orale Rehydratationslösungen enthalten deshalb Glucose oder Stärke, die im Darm zu Glucose gespalten wird, Natrium (meist als Kochsalz) und natürlich Wasser.

Übrigens ...

Eine ganz banale orale Rehydratationsmöglichkeit wurde sicher vielen von euch in der Kindheit verabreicht: Cola und Salzstangen. Das hilft zwar in keinster Weise gegen den Durchfall, beugt aber effektiv einer Austrocknung vor.

2.5 Regulation des Essverhaltens

Im Zeitalter der Adipositas sind die Mechanismen, die unser Essverhalten regulieren, Gegenstand intensiver Forschung. Im Hypothalamus befinden sich zwei Zentren der Appetitregulation: ein Esszentrum und ein Sattheitszentrum. Periphere und zentrale Botenstoffe modulieren die Aktivität dieser Zentren.
So ist über das Proteohormon **Leptin** bekannt, dass es über seine Wirkung auf den Hypothalamus den Appetit hemmt. Leptin ist ein Hormon, das vom Fettgewebe produziert wird und dessen Blutspiegel gut mit der Körperfettmenge korreliert. Leider scheint aber der menschlichen Adipositas kein Leptinmangel zugrunde zu liegen, der sich sehr einfach therapieren ließe, sondern eine Resistenz der hypothalamischen Leptinrezeptoren.

DAS BRINGT PUNKTE

Besonders die Mechanismen und die Steuerung der Sekretion stehen in der schriftlichen Physikumsprüfung im Vordergrund. Zur **Speichelsekretion** wurde bislang vor allem gefragt:

- Der Primärspeichel der Azini ist plasmaisoton.
- In den Ausführungsgängen werden Natrium und Chlorid resorbiert, Kalium und Bicarbonat sezerniert.
- Bei höheren Flussraten steigen die Natrium- und die Chloridkonzentration des Speichels.

Die **Magensäuresekretion** ist sowohl in der schriftlichen als auch in der mündlichen Prüfung ein wichtiges Thema. In den letzten Examina wurden vor allem die folgenden Punkte wiederholt gefragt:

- Histamin wird in der Magenwand durch Gastrin freigesetzt.
- Histamin und Gastrin stimulieren die Sekretion von Magensäure.
- Auf der luminalen Seite der Belegzellen befindet sich die H^+/K^+-ATPase, die Protonen ins Magenlumen pumpt und dabei ATP verbraucht.

Auch zum **Pankreassaft** gibt es einige Aussagen, die besonders viele Punkte einbringen:

- Pankreassaft ist reich an Bicarbonat, um die in den Darm gelangte Magensäure zu neutralisieren.
- Bicarbonat wird im Pankreasgang über einen Bicarbonat/Chlorid-Antiporter in den Pankreassaft sezerniert.
- Mit steigender Flussrate nimmt die Bicarbonatkonzentration im Pankreassaft zu, die Chloridkonzentration nimmt ab.
- Bei der Mukoviszidose ist die Sekretion von Chlorid und Bicarbonat in den Pankreassaft vermindert.

Zur **Galle** und ihren Bestandteilen solltest du vor allem wissen, dass

- die Gallensekretion durch Sekretin stimuliert wird und
- Bilirubin NICHT dem enterohepatischen Kreislauf unterliegt und zu ca. 85 % mit dem Stuhl ausgeschieden wird.

Und auch hier noch einmal: Bitte lies die Fragen zu **Bilirubin und Gallensäuren** möglichst genau und nimm dir einen Moment Zeit, darüber nachzudenken. Gallensäuren und Bilirubin sind wirklich leicht verwechselbar.

Außerdem sind noch zwei Aussagen in Bezug auf die **Resorption** gute Punktelieferanten:

- Glucose und Aminosäuren werden über einen Na^+-Symport sekundär-aktiv resorbiert.
- Vitamin B_{12} wird im terminalen Ileum resorbiert.

FÜRS MÜNDLICHE

Alles verstanden? Dann bist du bestens gerüstet! Beantworte nun die Fragen zum Thema Ernährung und Verdauung aus unserer Datenbank.

1. **Beschreiben Sie bitte die Steuerung der Magensäuresekretion.**
2. **Erklären Sie bitte, wie es zur Entstehung von Magenulcera kommt und wie man sie therapieren kann.**
3. **Nennen Sie bitte typische Bewegungsmuster des Verdauungstrakts.**

FÜRS MÜNDLICHE

1. Beschreiben Sie bitte die Steuerung der Magensäuresekretion.

Geruch und Geschmack sowie Magendehnung → Nervus vagus → Acetylcholin
Magendehnung → Gastrin (aus G-Zellen des Antrums) Acetylcholin + Gastrin → Histaminausschüttung aus ECL-Zellen

- Acetylcholin, Gastrin und Histamin stimulieren die Magensäuresekretion.
- Peptide aus dem Duodenum hemmen die Magensäuresekretion.
- Die Gastrinausschüttung hängt vom Magen-pH ab.

2. Erklären Sie bitte, wie es zur Entstehung von Magenulcera kommt und wie man sie therapieren kann.

Normalerweise herrscht ein Gleichgewicht von schädigenden (Magensäuren) und schützenden (Schleim und Bicarbonate) Stoffen im Magen. Bei Verschiebung des Gleichgewichts zugunsten der Magensäure entstehen Ulcera.
Möglicher Auslöser: Acetylsalicylsäure (Aspirin) → Hemmung der Prostaglandinsynthese in der Magenwand → geringere Sekretion von Schleim und Bicarbonat
Außerdem kann die Besiedlung durch das Bakterium Helicobacter pylori zur Entstehung von Magengeschwüren beitragen. Sie können mit Protonenpumpenhemmern und Antibiotika therapiert werden.

3. Nennen Sie bitte typische Bewegungsmuster des Verdauungstrakts.

- propulsive Peristaltik
- nichtpropulsive Peristaltik (stehende Wellen)
- rezeptive Relaxation (Akkommodationsreflex)
- tonische Dauerkontraktion (der Sphinkteren)
- retrograde Peristaltik (z. B. beim Erbrechen)
- IMMC (interdigestiver myoelektrischer Motorkomplex)

Mehr Cartoons unter www.medi-learn.de/cartoons

Pause

Soviel zum Thema Ernährung ...
Und jetzt kannst du dich entspannt auf das letzte Kapitel stürzen!

3 Energie- und Wärmehaushalt

Fragen in den letzten 10 Examen: 10

Der Energie- und Wärmehaushalt des Menschen ist im Examen nur ein kleiner Bereich der Physiologie, den es sich aber trotzdem zu lernen lohnt. Vor allem für das schriftliche Examen ist der Stoff überschaubar.

3.1 Energiehaushalt

In der Physik ist Energie als Speicherform von Arbeit definiert – geleistete Arbeit kann also in Form von Energie gespeichert werden. Energie kann mechanisch (z. B. in einer gespannten Feder oder auch in einem gespannten Muskel), elektrisch (z. B. in einem Plattenkondensator) und chemisch (z. B. in Zucker oder ATP) gespeichert werden. Sie hat die gleiche physikalische Einheit wie die Arbeit (Newton · Meter bzw. Joule). Ständig wird im Körper Energie umgewandelt, z. B. Glucose in ATP, ATP in Muskelarbeit oder ATP in Natrium und Kaliumkonzentrationsgradienten. Bei jeder dieser Energieumwandlungen geht dem Körper auch Energie verloren, die als Wärme freigesetzt wird.

3.1.1 Brennwerte

Die Energiezufuhr des Körpers wird über die Nahrung geregelt. Die verschiedenen **physiologischen Brennwerte** der Nährstoffe solltest du dir unbedingt merken:
- Kohlenhydrate: 17 kJ/g
- Eiweiß: 17 kJ/g
- Fett: 39 kJ/g
- Alkohol: 30 kJ/g

Bei Kohlenhydraten, Fetten und Alkohol entspricht der physiologische Brennwert dem physikalischen – diese Substanzen werden von unserem Körper vollständig zu O_2 und H_2O abgebaut. Bei den Eiweißen gibt es noch eine Besonderheit: Ihr physikalischer Brennwert beträgt 21 kJ/g. Die Differenz zwischen dem physiologischen und dem physikalischen Brennwert kommt dadurch zustande, dass der Körper die Eiweiße nicht vollständig abbaut. Das Endprodukt der Eiweißverdauung ist Ammoniak, das selbst noch einiges an Energie hat und zu dessen Entgiftung der Körper noch zusätzlich Energie aufbringen muss.

3.1.2 Grundumsatz und Ruheumsatz

Der Grundumsatz bezeichnet den Energieumsatz unter standardisierten Ruhebedingungen. Darunter versteht man folgende Umstände: morgens, nüchtern, in Ruhe, bei thermischer Indifferenz und bei normaler Körpertemperatur. Der Grundumsatz beträgt bei Männern **4,2 kJ/kg/h**, bei Frauen **3,8 kJ/kg/h**. Bei einem 70 Kilogramm schweren Mann ergeben sich für den Grundumsatz 7056 kJ pro Tag oder etwa 7 MJ.
Jede Abweichung von den standardisierten Ruhebedingungen führt zu falschen Messungen des Grundumsatzes, da durch jede Form der Bewegung, Verdauung und Temperaturveränderung zusätzlich Energie verbraucht wird.

Übrigens ...
Der größte Teil des erhöhten Energieumsatzes bei geistiger Tätigkeit (z. B. Kopfrechnen) beruht auf dem gleichzeitigen, reflektorischen Anstieg des Muskeltonus.

3.1.3 Energiespeicherung

Die Energie, die der Körper akut nicht benötigt, speichert er in verschiedenen chemischen Formen.
- Die meiste Energie wird als Fett gespeichert.

- Kohlenhydrate werden in Form von Glykogen in der Leber synthetisiert und gespeichert, um bei niedrigen Zuckerspiegeln wieder mobilisiert zu werden.

Für die Muskelarbeit haben die Muskeln ihre eigenen Energiespeicher:

- Glykogen,
- Kreatinphosphat und
- ATP (Adenosintriphosphat).

Von diesen Speicherformen hat ATP den geringsten Anteil an der Energiespeicherung.

3.1.4 Respiratorischer Quotient

Der respiratorische Quotient ist definiert als CO_2-Abgabe des Körpers geteilt durch die O_2-Aufnahme. Er kann durch Messungen in der Atemluft bestimmt werden.

Der respiratorische Quotient ist abhängig von der Art der Nährstoffe, die ein Mensch zu sich nimmt. Zum Beispiel wird bei der Verstoffwechselung eines Glucosemoleküls ein Molekül CO_2 produziert und ein Molekül O_2 verbraucht:

$C_6O_6H_{12} + 6\ O_2 \rightarrow 6\ CO_2 + 6\ H_2O$.

Der respiratorische Quotient für Kohlenhydrate beträgt also = 1.

Der respiratorische Quotient für Fette ist deutlich kleiner als der für Kohlenhydrate (etwa 0,7). Bei normaler Mischkost wird mit einem respiratorischen Quotienten von 0,82 gerechnet.

3.1.5 Kalorisches Äquivalent

Da der Körper zur Energiegewinnung Sauerstoff verbraucht, kann man aus dem Sauerstoffverbrauch auf den Energieverbrauch einer Person schließen. Dazu wird der Sauerstoffverbrauch mit einem festen Faktor – dem kalorischen Äquivalent – multipliziert. Das kalorische Äquivalent hat die Einheit kJ/l O_2 (Kilojoule pro Liter Sauerstoff) und beträgt für durchschnittliche Kost 20 kJ/l O_2. Bei reinem Fettabbau ist es geringfügig niedriger als bei reinem Glucoseabbau.

3.1.6 Kalorimetrie

Die Messverfahren zur Bestimmung des Energieverbrauchs nennt man kalorimetrische Verfahren.

- Bei der **direkten Kalorimetrie** wird die Versuchsperson in eine geschlossene Kammer gesetzt und die Erwärmung der Kammer bestimmt, aus der dann auf die verbrauchte Energie geschlossen werden kann. Dieses sehr aufwendige Verfahren wird kaum noch angewendet.
- Bei der **indirekten Kalorimetrie** wird der O_2-Verbrauch der Versuchsperson bestimmt und daraus mit Hilfe des kalorischen Äquivalents die verbrauchte Energiemenge bestimmt. Die indirekte Kalorimetrie kann im **geschlossenen** oder im **offenen** System durchgeführt werden.

Gefragt wurde schon nach der Kalorimetrie im geschlossenen System: Hierbei atmet der Proband in ein Spirometer, wobei das CO_2 aus der Atemluft sofort entfernt wird. Durch den Sauerstoffverbrauch des Probanden verringert sich das im Spirometer befindliche Volumen. Das fehlende Volumen entspricht daher dem verbrauchten Sauerstoff.

Bei der Kalorimetrie im geschlossenen System müssen also keine Gaspartialdrücke gemessen werden.

Das Messen von Gaspartialdrücken findet im offenen System Verwendung: In der vom Probanden ausgeatmeten Luft werden die Partialdrücke von O_2 und CO_2 bestimmt und daraus durch den Vergleich mit der Einatemluft die verbrauchte Sauerstoffmenge errechnet. Der Eneergieverbrauch bzw. der Energieumsatz stellt die Energiemenge pro Zeiteinheit dar, die ein Mensch zur Aufrechterhaltung seiner Lebensvorgänge benötigt. Der Energieumsatz berechnet sich aus dem Grundumsatz und dem Leistungs- oder Arbeitsumsatz des Individuums.

3.2 Wärmehaushalt

Der Wärmehaushalt beschreibt den Verbrauch von Energie für die Körpertemperaturregulation.

3.2.1 Körpertemperatur im Tagesverlauf

Die Körpertemperatur des Menschen wird vom Körper möglichst konstant gehalten. Die normale Körpertemperatur liegt dabei bei 36,5 Grad Celsius. Trotzdem gibt es physiologische zirkadiane Schwankungen der Körpertemperatur um etwa ein Grad: Das Minimum wird um vier Uhr morgens erreicht, das Maximum um 18 Uhr.

3.2.2 Regelung der Körpertemperatur

Wie die meisten Wohnungen hat unser Körper eine Art Thermostat, der die Körpertemperatur konstant hält: den Hypothalamus. Hier befindet sich das Kerngebiet, das die Körpertemperatur reguliert. Messen die Thermorezeptoren des Körpers zu hohe oder zu niedrige Temperaturen, kann der Hypothalamus über verschiedene Mechanismen Wärmebildung oder Wärmeabgabe veranlassen. Fieber zum Beispiel wird durch Prostaglandin E_2 mitverursacht, welches von den Endothelzellen der Gefäße des Hypothalamus freigesetzt wird. Die Umgebungstemperatur (= Lufttemperatur), die als angenehm empfunden wird, nennt man Indifferenztemperatur oder **Behaglichkeitstemperatur**.

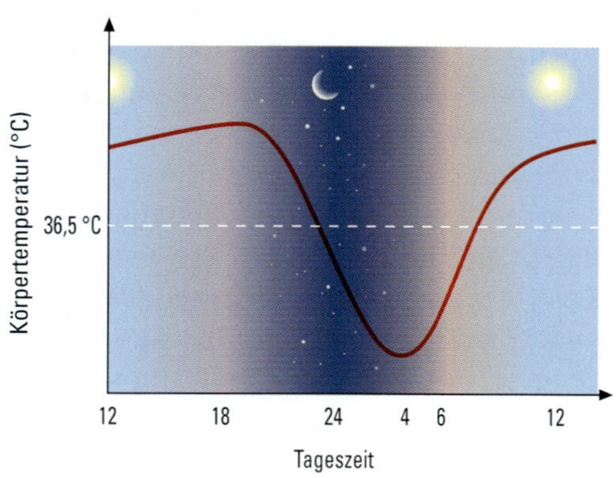

Abb. 29: Zirkadiane Schwankung der Körpertemperatur

medi-learn.de/7-physio2-29

Innerer Wärmestrom

Die Temperatur ist nicht überall im Körper gleich: Die höchsten Temperaturen herrschen im „Kern des Körpers", niedrigere Temperaturen in der Peripherie, also in den Extremitäten und der Haut. Die Temperatur des Körperkerns ist von Schwankungen der Außentemperatur weitestgehend unabhängig, während die Peripherie bei niedrigen Außentemperaturen stark herunterkühlt – denke nur einmal an die extrem kalten Finger und Füße im Winter. Deshalb wird in der Klinik bei wichtigen Fragestellungen die Messung der Körperkerntemperatur (meist rektal) der axillären Messung vorgezogen.
Der Temperaturausgleich zwischen Körperkern und Peripherie geschieht über den Wärmetransport mit dem Blut. Dieser Mechanismus wird auch **innerer** Wärmestrom genannt. Bei niedrigen Außentemperaturen wird der Blutfluss u. a. zur Haut gedrosselt, sodass die Peripherie abkühlt. So wird der Wärmeverlust des Körpers minimiert. Bei hohen Außentemperaturen werden dagegen die Hautgefäße erweitert und die Temperatur von Haut und Akren erhöht sich.

Wärmebildung

Um die Körpertemperatur gezielt zu erhöhen, nutzt der Körper folgende Mechanismen:
- Muskelbewegungen (willkürliche und Zittern),
- zitterfreie Wärmebildung im braunen Fettgewebe des Säuglings: In den braunen Fettzellen ist die Atmungskette durch Thermogenin (UCP1 = uncoupling protein 1) entkoppelt, sodass kein ATP gebildet werden kann. Thermogenin sorgt dafür, dass die innere Mitochondrienmembran für H^+-Ionen permeabler wird, wodurch die entsprechende Energie als Wärme freigesetzt

wird. Die Wärmebildung im braunen Fettgewebe wird im Laufe dieser Prozesse durch β-Adrenorezeptoren stimuliert.

Wärmeabgabe

Vier Mechanismen nutzt der Körper zur Wärmeabgabe:
- Konduktion
- Konvektion
- Wärmestrahlung
- Verdunstung

Konduktion: Unter Konduktion oder Wärmleitung versteht man die direkte Abgabe von Wärme an umgebende Körper. Zum Beispiel geben deine Hände, wenn sie gerade auf dem Schreibtisch liegen, direkt Wärme an den Schreibtisch ab – deshalb fühlt er sich für dich kalt an. Diese Art der Wärmeabgabe ist rein physikalisch und funktioniert nur, solange die Schreibtischtemperatur unter der Hauttemperatur liegt. Liegt die Temperatur des Festkörpers über der Hauttemperatur, nimmt der Körper über Konduktion Wärme auf – wie wenn du dir im Winter die Hände an einem Becher Glühwein wärmst. Wie viel Wärme der Festkörper über Konduktion aufnehmen kann, hängt übrigens von seiner Wärmeleitfähigkeit ab: Zum Beispiel entzieht Metall dem Körper mehr Wärme als Holz – das Metall hat die höhere Wärmeleitfähigkeit und fühlt sich deshalb kälter an.

Konvektion: Mit Konvektion ist der Verlust von Wärme an die Umgebungsluft gemeint: Die Luft in der Nähe des Körpers wird erwärmt, diese wärmere Luft steigt dann nach oben, wodurch wieder kältere Luft in Körpernähe gelangt und ihrerseits erwärmt werden kann. Warme Luft ist eben leichter als kalte Luft und steigt deshalb immer nach oben. Übrigens: Genauso gibt auch ein Heizkörper Wärme an die Raumluft ab. Der Begriff Konvektion meint genaugenommen nur den Wärmeverlust mit bewegter Luft, das Erwärmen unbewegter Luft geschieht durch Konduktion! Wie bei der Konduktion wird auch über Konvektion nur dann Wärme abgegeben, wenn die Lufttemperatur niedriger als die Körpertemperatur ist. Außerdem steigt der Wärmeverlust durch Konvektion an, wenn es umweltbedingt starke Luftbewegungen gibt. Deshalb friert man bei starkem Wind wesentlich mehr als bei Windstille.

Wärmestrahlung: Jeder Körper gibt über Wärmestrahlung ständig Energie an die umgebenden Gegenstände ab, die eine niedrigere Temperatur haben als der Körper selbst. Anders als bei der Konduktion ist hier keine Berührung des Gegenstandes erforderlich! Die Menge der abgestrahlten Energie hängt vor allem von der Temperaturdifferenz zu dem entsprechenden Gegenstand und nicht von der Lufttemperatur ab.
Das ist auch der Grund dafür, dass man im Winter in einer Wohnung, die einige Zeit leer stand, auch noch friert, nachdem die Heizung die Luft erwärmt hat: Die Wände sind von der Heizung nicht aufgewärmt worden, sodass der Körper Wärmestrahlung an die Wände abgibt. Nach einiger Zeit – wenn auch die Wände auf Zimmertemperatur aufgewärmt worden sind – reduziert sich die über Wärmestrahlung abgegebene Energie, man friert nicht mehr und fängt an, sich zuhause zu fühlen.

Übrigens ...
Bei Bedingungen, wie sie innerhalb der eigenen Wohnung auftreten (Raumtemperatur ~ 20 °C, relative Windstille) erfolgt der größte Teil der Wärmeabgabe über Wärmestrahlung.

Evaporation: Von der Körperoberfläche verdampfendes Wasser entzieht dem Körper Wärme. Die Wärmeabgabe durch Verdunstung (Evaporation) ist nur dann möglich, wenn der Wasserdampfpartialdruck auf der Haut höher ist als der der umgebenden Luft. Auf der Haut beträgt der Wasserdampfpartialdruck etwa 6,3 kPa.
Der Wasserdampfpartialdruck der Luft hängt von der Luftfeuchtigkeit und der Lufttemperatur ab: In 37 °C warmer Luft mit 100 % Luftfeuchtig-

3

keit beträgt der Wasserdampfpartialdruck der Luft 6,3 kPa, sodass keine Wärme mehr über Verdunstung abgegeben werden kann. Kältere Luft hat immer einen niedrigeren Wasserdampfpartialdruck als die Haut, sodass die evaporative Wärmeabgabe an kältere Luft immer – auch bei 100 % Luftfeuchtigkeit – möglich ist. Der Körper erwärmt die Luft in seiner Nähe konvektiv und die wärmere Luft kann mehr Wasserdampf aufnehmen. Diese Verhältnisse sind in Abb. 30, S. 46 dargestellt: Bei 100 % Luftfeuchtigkeit ist die evaporative Wärmeabgabe nur bis 37 °C möglich – also solange bis die Lufttemperatur der Körpertemperatur entspricht.

Kannst du dir vorstellen, wie die Kurve bei geringerer Luftfeuchtigkeit, z. B. bei 90 %, aussähe? Bei 90 % Luftfeuchtigkeit kann auch bei 37 °C und mehr noch Wärme über Verdunstung abgegeben werden, allerdings auch nicht bis zu beliebig hohen Temperaturen. Bei geringen Temperaturen könnte mehr Wärme abgegeben werden als bei 100 % Luftfeuchtigkeit. Bei 90 % Luftfeuchtigkeit verläuft die Kurve also rechts bzw. über der oben gezeichneten und zu dieser parallel.
Zum Teil kann der Körper die evaporative Wärmeabgabe gezielt über die Schweißsekretion steuern (Perspiratio sensibilis). Bei großen Verlusten von (elektrolytarmem) Schweiß droht die Gefahr einer **hypertonen Dehydratation.**
Daneben tragen täglich etwa 400 ml Wasser unwillkürlich zur evaporativen Wärmeabgabe bei

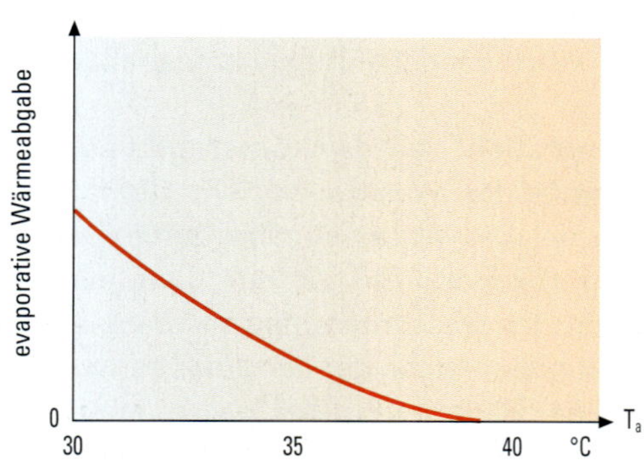

Abb. 30: Evaporative Wärmeabgabe in Abhängigkeit von der Temperatur bei 100 % Luftfeuchtigkeit

medi-learn.de/7-physio2-30

– sie verdunsten von den Schleimhäuten oder nach Diffusion durch die Haut (Perspiratio insensibilis). Schweißdrüsen haben ausschließlich cholinerge Rezeptoren. Der prä- und postsynaptische Transmitter ist Acetylcholin.

Merke!

Wärmeabgabe durch Verdunstung ist auch dann möglich, wenn die Lufttemperatur höher als die Hauttemperatur ist. Der Partialdruck kann deutlich unter dem der Haut liegen, vorausgesetzt, die Luft ist nicht wasserdampfgesättigt.

3.2.3 Hitzeakklimatisation

Unter Hitzeakklimatisation versteht man den Prozess der dauerhaften Anpassung an ein heißeres Klima:
Der Körper sondert schon bei niedrigeren Temperaturen mehr Schweiß ab, um sich von vornherein möglichst effektiv zu kühlen. Um der Gefahr der hypertonen Dehydratation vorzubeugen, wird das Durstgefühl verstärkt, sodass die Trinkmenge steigt. Auch der Wasserspeicher des Körpers wird erhöht, das Plasmavolumen steigt.
Fieber entsteht, wenn im Körper (z. B. aus zerfallenden Bakterien) Pyrogene freigesetzt werden. Diese Pyrogene wirken auf die Zentren der Temperaturregulation im Hypothalamus und bewirken dort eine Sollwertverstellung. Durch die Differenz zwischen effektiver Körpertemperatur und Sollwert beginnt der Körper, Wärme zu bilden – der Patient friert. Bei sehr schnellen Temperaturanstiegen kommt es durch unwillkürlicher Muskelbewegungen zur Wärmebildung (zum Schüttelfrost). Wird die Infektion eingedämmt, wirken weniger Pyrogene auf den Hypothalamus, der Sollwert wird wieder nach unten verstellt – die Körpertemperatur sinkt. Während dieser Phase ist dem Patienten warm – so kann man anhand des subjektiven Befindens des Patienten klinisch gut zwischen der Phase des Fieberanstiegs und der Fiebersenkung unterscheiden.

DAS BRINGT PUNKTE

Im Bereich des **Energiehaushalts** musst du dir leider einige Zahlen und Formeln merken. Vor allem die Brennwerte solltest du unbedingt kennen:
Kohlenhydrate und Eiweiße 17 kJ/g, Fette 39 kJ/g und Alkohol 30 kJ/g. Sie werden zum Teil einfach als Zahlenwerte abgefragt, zum Teil in Rechenaufgaben, wie in diesem Beispiel:
Wie viel Gramm Stärke haben den gleichen Energiegehalt wie 50 g Alkohol?
50 g Alkohol haben den Energiegehalt 1500 kJ (50 g · 30 kJ/g). Teilt man diese Energiemenge durch den Brennwert für Kohlenhydrate, ergibt sich die gefragte Menge Stärke:
1500 kJ / (17 kJ/g) ≈ 85 g

Zum Thema **Wärmehaushalt** sollest du für das schriftliche Examen folgende Fakten parat haben:

- Die Temperaturkurve schwankt im Tagesverlauf physiologisch um etwa ein Grad Celsius. Das Minimum wird um vier Uhr morgens erreicht.
- Die Wärmeabgabe durch Verdunstung (Evaporation) hängt von der Wasserdampfpartialdruckdifferenz zwischen der Haut und der Umgebungsluft ab. Bei 100 %iger Wasserdampfsättigung der Luft ist evaporative Wärmeabgabe nur an kältere Luft (unter 37 °C) möglich. Hat die Luft 37 °C und mehr, ist keine evaporative Wärmeabgabe mehr möglich.

FÜRS MÜNDLICHE

Beantworte nun noch unsere Fragen zum Energiehaushalt und lehne dich danach entspannt zurück für ein wohlverdientes Päuschen.

1. **Definieren Sie bitte den Begriff „Energie".**
2. **Bitte erklären Sie, warum der Patient zur Bestimmung des Grundumsatzes nüchtern sein muss.**
3. **Beschreiben Sie bitte den Regelkreis der Temperaturregulation.**
4. **Bitte erklären Sie, wie Progesteron auf die Körpertemperatur wirkt.**
5. **Erklären Sie bitte, was bei Fieber passiert.**

---

1. Definieren Sie bitte den Begriff „Energie".
Energie ist die Speicherform von Arbeit (geleistete Arbeit wird in Form von Energie gespeichert). Energie kann mechanisch, elektrisch und chemisch gespeichert werden. Sie hat die gleiche physikalische Einheit wie Arbeit:
Newton · Meter oder Joule.

2. Bitte erklären Sie, warum der Patient zur Bestimmung des Grundumsatzes nüchtern sein muss.
Die Verdauung und Absorption der Nahrung erhöhen den Energieumsatz des Körpers (spezifisch-dynamische Wirkung der Nahrung). Diese ist bei der Aufnahme von Eiweißen besonders hoch.

FÜRS MÜNDLICHE

3. Beschreiben Sie bitte den Regelkreis der Temperaturregulation.
Temperaturrezeptoren → Meldung der Körpertemperatur (peripher und zentral) an den Hypothalamus → Vergleich der Temperatur mit dem Temperatursollwert → bei Abweichung: Aktivierung von Mechanismen der Wärmebildung oder Wärmeabgabe

4. Bitte erklären Sie, wie Progesteron auf die Körpertemperatur wirkt.
Progesteron bewirkt eine Erhöhung des Sollwerts im Hypothalamus um 0,5 °C.

5. Erklären Sie bitte, was bei Fieber passiert.
Ausschüttung von Pyrogenen (fiebererzeugenden Stoffen) durch einen Infekt
Pyrogene erhöhen den Sollwert des Hypothalamus → Wärmebildung (Patient friert subjektiv) bis zum Erreichen des Sollwerts

Mehr Cartoons unter www.medi-learn.de/cartoons

Pause

Geschafft! Hier noch ein kleiner Cartoon als Belohnung ... Und dann auf ans Kreuzen!

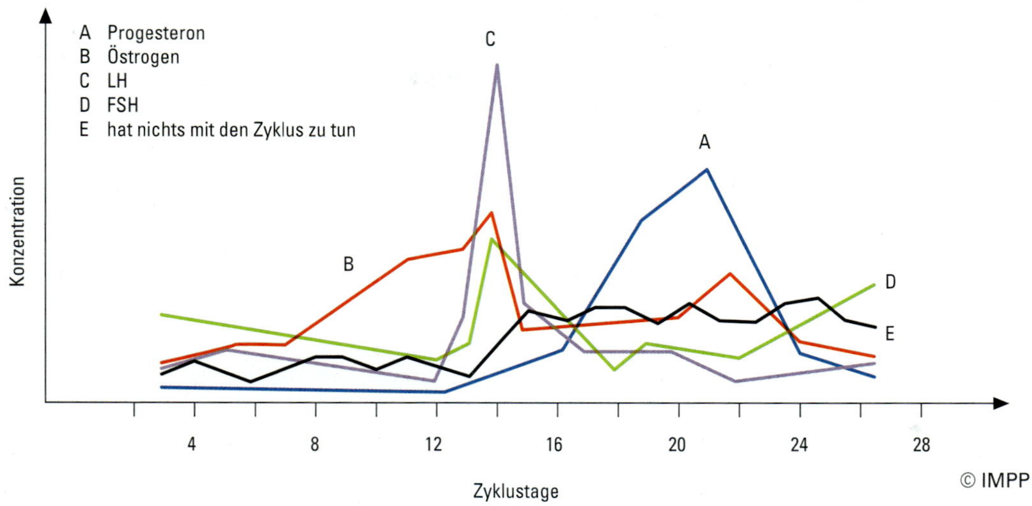

Anhang

IMPP-Bild 1: Zyklustage

medi-learn.de/7-physio2-impp1

Index

Index

Dr. Julia Michels

Physiologie Band 3

MEDI-LEARN Skriptenreihe

7., komplett überarbeitete Auflage

MEDI-LEARN Verlag GbR

Autorin: Dr. Julia Michels
Fachlicher Beirat: PD Dr. Andreas Scholz

Teil 3 des Physiologiepaketes, nur im Paket erhältlich
ISBN-13: 978-3-95658-016-1

Herausgeber:
MEDI-LEARN Verlag GbR
Dorfstraße 57, 24107 Ottendorf
Tel. 0431 78025-0, Fax 0431 78025-262
E-Mail redaktion@medi-learn.de
www.medi-learn.de

Verlagsredaktion:
Dr. Marlies Weier, Dipl.-Oek./Medizin (FH) Désirée Weber, Denise Drdacky, Jens Plasger, Sabine Behnsch, Philipp Dahm, Christine Marx, Florian Pyschny, Christian Weier

Layout und Satz:
Fritz Ramcke, Kristina Junghans,
Christian Gottschalk

Grafiken:
Dr. Günter Körtner, Irina Kart, Alexander Dospil,
Christine Marx

Illustration:
Daniel Lüdeling

Druck:
Löhnert Druck

7. Auflage 2015

Wichtiger Hinweis für alle Leser
Die Medizin ist als Naturwissenschaft ständigen Veränderungen und Neuerungen unterworfen. Sowohl die Forschung als auch klinische Erfahrungen führen dazu, dass der Wissensstand ständig erweitert wird. Dies gilt insbesondere für medikamentöse Therapie und andere Behandlungen. Alle Dosierungen oder Applikationen in diesem Buch unterliegen diesen Veränderungen.
Obwohl das MEDI-LEARN Team größte Sorgfalt in Bezug auf die Angabe von Dosierungen oder Applikationen hat walten lassen, kann es hierfür keine Gewähr übernehmen. Jeder Leser ist angehalten, durch genaue Lektüre der Beipackzettel oder Rücksprache mit einem Spezialisten zu überprüfen, ob die Dosierung oder die Applikationsdauer oder -menge zutrifft. Jede Dosierung oder Applikation erfolgt auf eigene Gefahr des Benutzers. Sollten Fehler auffallen, bitten wir dringend darum, uns darüber in Kenntnis zu setzen.

Inhalt

1 Erregungsentstehung und Erregungsleitung

Fragen in den letzten 10 Examen: 7

Das Thema Erregung ist die Grundlage, um die komplexen Vorgänge in unserem Nervensystem zu verstehen und damit z. B. auch Krankheitsbilder wie die Multiple Sklerose. Es lohnt sich also, hierfür Zeit zu investieren. Abgesehen davon tauchen auch immer wieder Fragen zu diesem Thema im Examen auf.

1.1 Reiz und Elektrotonus

Unter einem Reiz versteht man eine überschwellige Depolarisation (Positivierung) der Zellmembran. Wird eine Zelle gereizt, so wird ihr **Membranpotenzial** also innen gegenüber außen **positiver**. Ist dieser Reiz stark genug, führt er zur Erregung der Zelle. Diese Erregung breitet sich dann über die gesamte Zellmembran aus.

Durch einen Reiz erregbare Zellen in unserem Körper sind

- Nervenzellen,
- Muskelzellen,
- Sinneszellen.

Die Nerven- und Sinneszellen wirst du in diesem Skript besser kennen lernen, die Muskelzellen sind Thema des Skripts Physiologie 5.

Unser Körper verfügt zur Erfassung seiner Umwelt und unseres Innenlebens über spezielle **Sensoren** (**Rezeptoren**). Diese dienen dazu, verschiedene Reize „aufzunehmen" und weiterzuleiten. Beispiele für solche Sensoren sind die Sinneszellen, wie z. B. die Stäbchen des Auges. Ihr passender Reiz ist das Licht. Daneben kann ein Reiz aber auch die direkte elektrische Erregung einer Zelle sein, wie sie im Experiment stattfindet. Hieran sind dann allerdings KEINE Sensoren beteiligt.

1.1.1 Ruhe- und Gleichgewichtspotenzial

Zu diesem Kapitel wurden zwar in den letzten Examina keine Fragen gestellt. Es ist jedoch wichtig, um die folgenden Kapitel zu verstehen. Wirkt kein Reiz auf eine Zelle ein, ist sie in Ruhe. Das Membranpotenzial, das dann vorliegt, wird Ruhepotenzial genannt. Der Wert des Ruhepotenzials ist je nach Zelltyp unterschiedlich und beträgt zwischen –50 und –100 mV. Nervenzellen haben z. B. typischerweise ein Ruhemembranpotenzial von –70 mV, Skelettmuskelzellen von –90 mV. Sehr wichtig für das Ruhepotenzial ist die Na^+/K^+-ATPase. Diese transportiert 3 Na^+ aus der Zelle heraus und im Austausch 2 K^+ hinein. Netto wird also ein Teilchen und eine positive Ladung aus der Zelle heraus gebracht. Dies führt dazu, dass das Membranpotenzial negativer wird.

Fällt die Na^+/K^+-ATPase aus, wird das Membranpotenzial positiver, die Na^+-Teilchen in der Zelle nehmen zu, Wasser folgt passiv dem Na^+ in die Zelle hinein und die Zelle schwillt an.

Die Na^+/K^+-ATPase reicht jedoch noch nicht aus, um den Wert des Ruhepotenzials von –50 bis –100 mV zu erklären. Hierfür muss man zusätzlich wissen, welche Ionen in Ruhe fließen und welches Potenzial diese Ionen dadurch erzeugen. Das Potenzial, das ein Ion sich wünscht, nennt man das Gleichgewichtspotenzial. Beim Gleichgewichtspotenzial eines bestimmten Ions fließen diese Ionen netto nicht mehr durch die Membran, und der Netto-Strom ist folglich 0. In diesem Zustand sind die chemische und die elektrische Triebkraft für diese Ionensorte gleich groß, aber einander entgegengerichtet. Das hört sich vielleicht kompliziert an, ist es aber eigentlich nicht: Sind auf einer Seite der Membran viele Teilchen, auf der anderen wenig, findet ein Konzentrationsaus-

1

gleich statt. Die Teilchen fließen zum Ort der niedrigeren Konzentration (Diffusion). Ist dieser Konzentrationsunterschied groß, so ist auch die chemische Triebkraft groß. Bei Ionen musst du zusätzlich noch die elektrische Triebkraft bedenken: Positiv wird von Negativ angezogen, von Positiv dagegen abgestoßen. Herrscht ein negatives Membranpotenzial, wird ein positives Teilchen in die Zelle fließen (elektrische Triebkraft nach innen). Ist das Membranpotenzial positiv, wird es abgestoßen und bleibt draußen (elektrische Triebkraft nach außen). Bei einem neutralen Membranpotenzial (0) ist auch die elektrische Triebkraft = 0.
Möchte man das Gleichgewichtspotenzial verstehen, muss man beide Triebkräfte berücksichtigen. Dafür ist es notwendig, die Ionenkonzentrationen zu kennen (s. Tab. 1, S. 2). Die fettgedruckten Werte solltest du auf jeden Fall auswendig wissen.

Kalium kommt vor allem in der Zelle vor. Darum ist die chemische Triebkraft nach außen gerichtet, denn es ist ein positives Ion. Bei negativem Membranpotenzial ist daher die elektrische Triebkraft nach innen gerichtet. Bei einem bestimmten Potenzialwert wird K^+ genauso stark chemisch nach außen getrieben wie elektrisch nach innen (die chemische Triebkraft entspricht der elektrischen Triebkraft). Diesen Wert nennt man Gleichgewichtspotenzial. Man kann das Gleichgewichtspotenzial für jedes Ion mithilfe der Nernst-Gleichung berechnen:

$$EG = (60\ \text{mV}/z) \cdot \log (C_{\text{außen}}/C_{\text{innen}})$$

z = Wertigkeit
für Na^+ und K^+ + 1, für Cl^- – 1,
für Ca^{2+} + 2

Merke!

Das Gleichgewichtspotenzial ist immer konzentrationsabhängig.

Herrschen die für unseren Körper normalen Konzentrationen, ergeben sich diese Gleichgewichtspotenziale:

Na^+	+60 mV
K^+	–90 mV
Cl^-	–90 mV
Ca^{2+}	+120 mV

Tab. 2: Gleichgewichtspotenziale der Ionen in unserem Körper

Falls andere Konzentrationen herrschen, wird dir das im Schriftlichen gesagt und du musst diese Werte in die Nernst-Gleichung einsetzen.

Mit diesem Vorwissen ist auch das Ruhepotenzial schon halb verstanden. Du solltest dir dazu merken, dass in Ruhe vor allem K^+-Kanäle offen sind. Da das Gleichgewichtspotenzial für K^+ –90 mV beträgt, liegt auch das Ruhemembranpotenzial einiger unserer Zellen in etwa bei diesem Wert. In den Nervenzellen ist das Ruhemembranpotenzial mit –70 mV nicht ganz so negativ, da hier auch andere Ionenkanäle offen sind (z. B. Na^+ und Cl^--Kanäle).

Werte in mmol/l	Na^+	K^+	Cl^-	HCO_3^-	Ca^{2+} (frei)
extrazellulär (Plasma)	**143**	**4,5**	105	25	1,5
intrazellulär	14	**150**	3,5	10	0,00015
Verhältnis intrazellulär/ extrazellulär	**1:10**	30:1			**1:10 000**

Tab. 1: Ionenkonzentrationen

1.1.2 Reiz und Rezeptorpotenzial

Eine Sinneszelle kann durch einen Reiz erregt werden. Hierbei unterscheidet man adäquate von inadäquaten Reizen:

- Unter einem **adäquaten Reiz** versteht man denjenigen, der **spezifisch für den Rezeptor** ist, z. B. ein Lichtquant für die Stäbchen des Auges.
- Ein **inadäquater Reiz** für die Stäbchen wäre ein Schlag auf das Auge, der „Sternchen" sehen lässt.

Wird ein adäquater oder inadäquater Reiz von einer Zelle registriert, so kann dies zur Erregung (Aktivierung) dieser Zelle führen. Eine solche Aktivierung kann z. B. in Form einer Depolarisation der Zellmembran (Bildung eines Rezeptorpotenzials) stattfinden. In deren Folge ändert die Zelle ihr Verhalten und schüttet z. B. eine größere Anzahl von Molekülen eines Neurotransmitters (Botenstoff in Synapsen, s. 2.1, S. 16) aus. Hier muss man vorsichtig sein:

Merke!

Ein **Rezeptorpotenzial** wird auch als Sensor- oder Generatorpotenzial bezeichnet. Diese Potenziale sind aber NICHT dasselbe wie ein Aktionspotenzial (s. 1.2, S. 6).

Das Rezeptorpotenzial ist eine Veränderung des Membranpotenzials, meist eine Depolarisation. Es wird durch verschiedene Ionenströme hervorgerufen (s. Abb. 2, S. 5). Seine Amplitude (Ausschlag ins Positive) gibt die Stärke der Depolarisation an. Für Rezeptorpotenziale gilt, dass ihre **Amplitude umso größer** ist, **je stärker der Reiz** war. Je stärker der Reiz, desto stärker ändert sich auch das Membranpotenzial eines Sensors.

Die weitere Verarbeitung der Information hängt von der Art der Sinneszelle ab:

Es gibt

- **primäre Sinneszellen** und
- **sekundäre Sinneszellen.**

Diese beiden Zellarten unterscheiden sich in ihrer Fähigkeit, Aktionspotenziale (kurz: APs) zu bilden. Eine **primäre Sinneszelle** kann **selbst ein AP bilden**, falls das Rezeptorpotenzial stark genug ist und ist damit gleichzeitig eine Nervenzelle. Sekundäre Sinneszellen besitzen kein Axon. Bei ihnen kann ein Rezeptorpotenzial zur Ausschüttung eines Neurotransmitters führen. Dieser bewirkt dann die Erregung einer Nervenzelle. Ist die Erregung groß genug, bildet die Nervenzelle (Neuron) ein AP (s. Abb. 1, S. 4).

Ein Neuron kann auch durch andere Neurone über Synapsen erregt werden, indem Transmitter an Ionenkanäle binden und diese öffnen (s. 2.1, S. 16).

Da es viele Möglichkeiten gibt, wie es zur Erregung eines Neurons kommen kann und diese auch gerne im Physikum gefragt werden, hier ein kurzer Überblick: Neurone lassen sich erregen

- direkt, durch einen Reiz von außen wie z. B. Schmerz (primäre Sinneszelle),
- indirekt, durch einen Reiz von außen über eine Synapse (sek. Sinneszelle = ist primär gereizt, aber ohne Axon),
- durch andere Neurone über Synapsen oder
- durch einen direkten Stromstoß z. B. in Experimenten.

Ein Reiz kann zur Depolarisation führen, d. h. die Zellmembran wird – ausgehend vom Ruhepotenzial – positiver.

Durch einen Reiz kommt es meist zu einer Depolarisation. Da bei einer Depolarisation die Zellmembran positiver wird, müssen entweder die **positiven Ladungen** auf der Membraninnenseite **zunehmen oder die negativen abnehmen**. Um zu verstehen, ob bei einer Permeabilitätserhöhung für bestimmte Ionen die Ionen aus der Zelle heraus- oder in diese hineinströmen, muss man das Nernstpotenzial der jeweiligen Ionen kennen. Ist die Leitfähigkeit – also die Durchlässigkeit für bestimmte Ionen – genügend groß, so verteilen sich diese so, dass das Membranpotenzial sich ihrem Nernstpotenzial anpasst. Jetzt musst du dich konzentrieren und Abb. 2, S. 5 mit anschauen, um dir vorzustellen, wie welche Ionen fließen und wie diese Flüsse das Membranpotenzial verändern:

- Ist das Nernstpotenzial der jeweiligen Ionen positiver als das Membranpotenzial, so strömen Kationen (positiv geladene Ionen) in die Zelle hinein, Anionen (negative Ionen) dagegen hinaus.
- Ist das Nernstpotenzial negativer als das jeweilige Membranpotenzial, so strömen Kationen aus der Zelle hinaus und Anionen hinein.

Eine Zunahme der Kationen kann erfolgen durch eine **Zunahme der Na^+- oder Ca^{2+}-Leitfähigkeit**. In der Folge strömen mehr Kationen in die Zelle hinein. Eine weitere Möglichkeit ist die **Abnahme der K^+-Leitfähigkeit**. In diesem Fall strömen weniger Kationen aus der Zelle heraus. Zu einer Abnahme der Anionen kommt es durch **Abnahme der Chloridleitfähigkeit**. Dies führt zu einem geringeren Einstrom der Cl^--Anionen in die Zelle.

Daneben führt auch eine Erhöhung der extrazellulären K^+-Konzentration zur Depolarisation. Denn wenn draußen immer mehr Kalium ist, dann drückt und strömt dieses Kalium auch immer stärker in die Zelle hinein und führt aufgrund seiner positiven Ladung zur Depolarisation. Der wissenschaftliche Grund hierfür liegt im Nernst-Potenzial: Steigt die extrazelluläre K^+-Konzentration, steigt auch das Verhältnis von $[K^+]_{ex}$ / $[K^+]_{in}$. Da der Quotient ansteigt, steigt auch das Gleichgewichtspotenzial für Kalium an. Kalium strebt nun ein positiveres Membranpotenzial an, strömt daher in die Zelle hinein und führt so zur Depolarisation.
Schließlich kann auch ein Ausfall der Na^+/K^+-ATPase zur Depolarisation führen.
Das Gegenteil der Depolarisation ist die Hyperpolarisation. Tab. 3, S. 5 gibt einen Überblick über die Vorgänge, die zur Depolarisation und Hyperpolarisation führen.

Rezeptorpotenziale entstehen meist durch eine Permeabilitätserhöhung für Natriumionen.

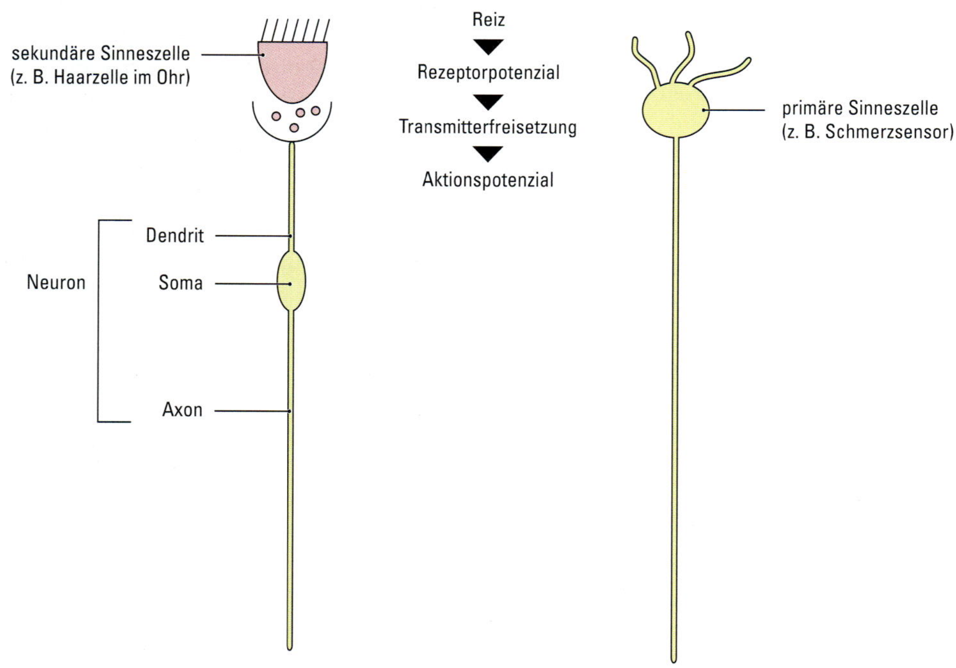

Abb. 1: Vom Reiz zum Aktionspotenzial

medi-learn.de/7-physio3-1

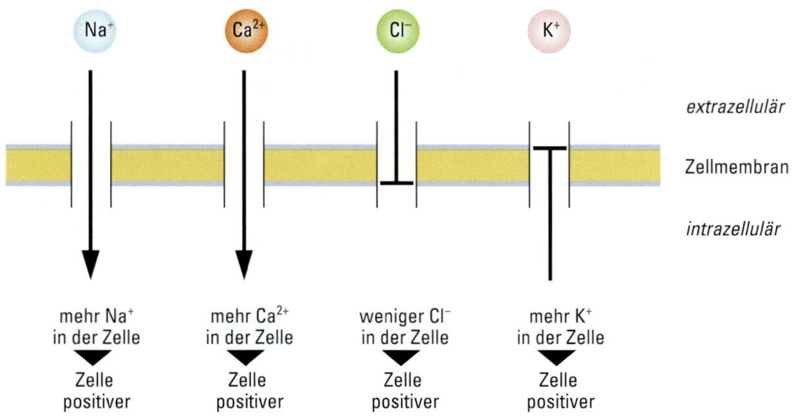

Abb. 2: Depolarisation einer Zelle durch Ionenströme

medi-learn.de/7-physio3-2

Depolarisation	Hyperpolarisation
K^+-Leitfähigkeit ↓	K^+-Leitfähigkeit ↑
Na^+-Leitfähigkeit ↑	Na^+-Leitfähigkeit ↓
Na^+/K^+-Pumpen-Aktivität ↓	Na^+/K^+-Pumpen-Aktivität ↑
extrazelluläre $[K^+]$ ↑	extrazelluläre $[K^+]$ ↓
Ca^{2+}-Leitfähigkeit ↑	Ca^{2+}-Leitfähigkeit ↓
Cl^--Leitfähigkeit ↓	Cl^--Leitfähigkeit ↑

Tab. 3: Ursachen von Depolarisation und Hyperpolarisation

Diese Permeabilitätserhöhung geschieht jedoch NICHT über den spannungsabhängigen Na^+-Kanal. Den findet man nämlich bei der Entstehung des Aktionspotenzials (s. 1.2, S. 6). Stattdessen werden diese Na^+-Kanäle über intrazelluläre Botenstoffe oder extrazelluläre Liganden reguliert.

Übrigens ...
In der Prüfung wirst du immer wieder Aussagen finden, in denen den Rezeptorpotenzialen fälschlicherweise Eigenschaften des APs zugeordnet sind. Deshalb solltest du die beiden unbedingt auseinanderhalten. Um dir dies zu erleichtern, findest du am Ende des Kapitel 1.3, S. 9 einen tabellarischen Vergleich.

1.1.3 Eigenschaften des Rezeptorpotenzials

Nun da du weißt, wie Rezeptorpotenziale entstehen, geht es darum, welche Eigenschaften sie haben. Das bedeutet z. B., wie ihre Stärke zustande kommt oder wie sie sich ausbreiten. Dies sind im Examen immer wieder gern gefragte Fakten, besonders im Vergleich zu Aktionspotenzialen (s. Tab. 4, S. 10). Rezeptorpotenziale haben eine **reizstärkeabhängige Amplitude**: Je stärker der Reiz, desto größer ist die Amplitude der Depolarisation der Zellmembran. Die Stärke der Depolarisation kann man also an der Amplitude ablesen.

Merke!

Im Gegensatz zum AP des Nerven
- folgen Rezeptorpotenziale NICHT dem Alles-oder-Nichts-Gesetz.
- besitzen Rezeptorpotenziale KEINE Refraktärzeit.

Hier schon mal ein kurzer Vorgriff zur Begriffserläuterung. Mehr zum Thema AP findest du unter 1.2, S. 6.

Das Alles-oder-Nichts-Gesetz besagt, dass nur dann ein AP („Alles") ausgelöst wird, wenn die Erregung so stark ist, dass das Membranpotenzial einen bestimmten Wert erreicht. Ist die Erregung dafür zu schwach, wird kein AP („Nichts") ausgelöst.
Unter der Refraktärzeit versteht man die Zeitspanne direkt nach einem AP, in der kein neues AP ausgelöst werden kann.

Da Rezeptorpotenziale KEINE Refraktärzeit haben, können sie ständig ausgelöst werden. Da sie NICHT dem Alles-oder-Nichts-Gesetz unterliegen, sind die Werte umso größer, je stärker der Reiz ist. Außerdem können sich Rezeptorpotenziale auch noch zeitlich und räumlich summieren. Dazu stellst du dir am besten die Potenziale wie Wellen auf einem See vor: Treffen zwei Wellen aufeinander, so können sie sich gegenseitig verstärken oder abschwächen. Für Potenziale bedeutet das, dass sich diejenigen, die zeitlich hintereinander an einem Ort auftreten und solche, die sich gleichzeitig an einem Ort treffen, summieren. Mehr zu diesem Thema findest du in Kapitel 2.5, S. 22 bei den Interaktionen von Synapsen. Eine weitere Eigenschaft von Rezeptorpotenzialen ist, dass sie sich **elektrotonisch** ausbreiten. D. h. sie fließen als Strom an der Zellmembran entlang. Dabei breitet sich die Depolarisation der Zellmembran aus, indem sich die einströmenden positiven Ladungen verteilen, andere Teile der Zellmembran erreichen und depolarisieren. Hierbei werden Ladungen von Proteinen der Membran und der Zelle aufgenommen. Dadurch nimmt die Amplitude des Potenzials kontinuierlich ab, bis es erlischt (s. Abb. 3, S. 6).
Die Gesetze, denen die elektrotonische Ausbreitung folgt, sind ausführlicher in Kapitel 1.3, S. 9 beschrieben.

1.2 Aktionspotenzial (AP)

Aktionspotenziale sind für die Informationsübermittlung unerlässlich, d. h. sie spielen eine zentrale Rolle bei allen Vorgängen im Nervensystem, z. B. für dich, wenn du jetzt Physiologie lernst. Warum das so ist, verstehst du hoffentlich besser, wenn du dieses und das folgende Kapitel gelesen hast.

1.2.1 Auslösung eines Aktionspotenzials – Aufstrich

Wie es zur Depolarisation eines Neurons kommen kann, hast du im vorangegangenen Abschnitt bereits gelesen (s. 1.1.2, S. 3).

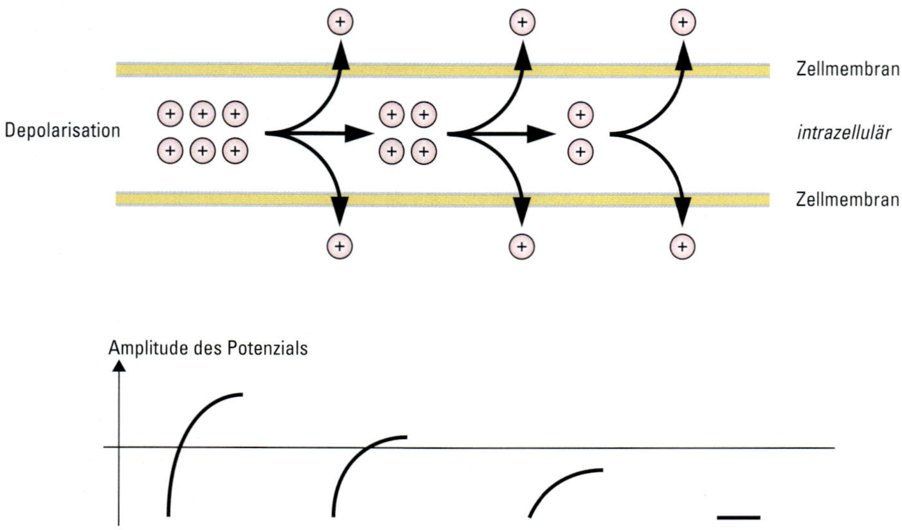

Abb. 3: Elektrotonische Potenziale, Ladungsverteilung und Amplitudenabnahme *medi-learn.de/7-physio3-3*

Erreicht eine solche Depolarisation einen bestimmen Wert, so löst sie in einer Nervenzelle ein AP („Alles") aus. Diesen Wert nennt man **Schwellenpotenzial**. Bleibt die Depolarisation unter dem Wert des **Schwellenpotenzials**, passiert dagegen „Nichts". Dieses Phänomen nennt man **Alles-oder-Nichts-Gesetz**. Das ist wie mit einer Schwangerschaft: Man ist entweder schwanger („Alles") oder eben nicht schwanger („Nichts"). Ein bisschen schwanger sein, geht nicht – genauso wenig wie ein bisschen AP.

Das Schwellenpotenzial liegt ca. +20 mV höher als das Ruhepotenzial. Bei einem Ruhepotenzial von –70 mV ergibt das daher ein Schwellenpotenzial von –50 mV. Wird dieser Wert durch Depolarisation erreicht, kommt es zur **Aktivierung von spannungsgesteuerten Na^+-Kanälen** und Na^+ strömt in die Zelle ein. Da das Gleichgewichtspotenzial für Na^+ bei +60 mV liegt, kommt es durch den **Na^+-Einstrom zum Aufstrich des APs in Richtung +60 mV**.

Zum Auslösen eines APs solltest du fürs Mündliche zwei Definitionen parat haben (im Schriftlichen kamen dazu bislang noch keine Fragen):

- **Rheobase** = kleinster Reiz, der gerade noch ein AP auslösen kann, bei unendlich langer Reizdauer und
- **Chronaxie** = die Zeit bis zum Auslösen eines APs bei einem Reiz mit dem doppelten Wert der Rheobase.

Der Spannungswert während des Spitzenpotenzials eines APs überschreitet NIE das Na^+-Gleichgewichtspotenzial.

Der Na^+-Einstrom während eines APs ändert nur das Membranpotenzial. Die extra- und intrazellulären Na^+-Konzentrationen bleiben dabei nahezu unverändert. Dies erklärt, warum nur eine geringe Menge Na^+-Ionen nötig ist, um das Membranpotenzial zu ändern.

Merke!

- Der Aufstrich des APs ist bedingt durch spannungsgesteuerte Na^+-Kanäle.
- Spannungsgesteuerte Na^+-Kanäle haben KEINEN Anteil an Rezeptorpotenzialen (s. 1.1.2, S. 3).

1.2.2 Spannungsgesteuerte Natrium-Kanäle

Dieser Typ von Natrium-Kanal ist für die Entstehung des APs entscheidend. Deshalb solltest du ihn dir etwas genauer ansehen.
Spannungsgesteuerte (spannungsabhängige) Natrium-Kanäle haben drei verschiedene Zustände:

- geschlossen aktivierbar,
- offen und
- geschlossen inaktiv.

Beispiel
Das Ganze kannst du dir wie eine Tür vorstellen: Der Kanal ist die Tür, die Depolarisation ist die Hand, die die Klinke drückt, und der Verschluss des Kanals ist das Schloss. Ist die Tür offen, können die Na^+-Ionen durch. Ist sie geschlossen, aber nicht abgeschlossen (aktivierbar), kann sie durch die Depolarisation geöffnet werden. Ist die Tür dagegen abgeschlossen (inaktiv), kann man sie nicht einfach durch Drücken der Klinke (Depolarisation) öffnen.

Beim Ruhepotenzial befinden sich die meisten spannungsgesteuerten Na^+-Kanäle im Zustand „geschlossen, aktivierbar". Eine schnelle Depolarisation überführt sie in den Zustand „offen". Durch das so entstehende positive Membranpotenzial gehen sie für kurze Zeit in den Zustand „geschlossen, nicht aktivierbar" über (s. Refraktärzeit, 1.2.4, S. 8).
An der Spitze des APs sind daher die meisten Na^+-Kanäle nicht aktivierbar, und es findet KEIN Na^+-Einstrom mehr statt.

Depolarisation – also die Änderung des Membranpotenzials – führt zur Aktivierung der spannungsgesteuerten Na^+-Kanäle. Je positiver das Membranpotenzial wird, desto mehr Na^+-Kanäle werden jedoch inaktiv. Die **Inaktivierung der Na^+-Kanäle** beginnt also schon **während der Depolarisation**.

1.2.3 Repolarisation – Abfall

Zur Repolarisation wurden zwar im Schriftlichen zuletzt keine Fragen gestellt, im Mündlichen gehört sie jedoch zur Beschreibung des AP dazu.
Wie gelangt die Zelle nach einem AP wieder zu ihrem Ruhepotenzial? Hierfür ist die Phase der Repolarisation verantwortlich.
Durch die Depolarisation werden auch K^+-Kanäle aktiviert. Die Steilheit der Repolarisation wird durch die K^+-Leitfähigkeit beeinflusst. Die Repolarisation kommt nämlich durch einen K^+-Ausstrom zustande. Wie kann das sein?
Dazu solltest du wissen, dass es verschiedene Typen von K^+-Kanälen gibt: Es gibt die konstitutiven K^+-Kanäle (K_{ir}), die in Ruhe offen sind und zum Ruhepotenzial beitragen. Daneben gibt es aber auch K^+-Kanäle, die erst durch die Depolarisation verzögert aktiviert werden. Diese K^+-Kanäle (K_v) sind für die Repolarisation verantwortlich. Ist das Ruhemembranpotenzial wieder erreicht, werden sie inaktiv und der konstitutive K^+-Kanal wird wieder aktiviert. Gar nicht so kompliziert, oder?

1.2.4 Zeitverlauf eines APs und Refraktärzeit

Die Dauer eines Aktionspotenzials wird immer wieder gerne gefragt (s. Abb. 6, S. 9).

Merke!

Das AP einer myelinisierten Nervenfaser dauert 1 ms = 0,001 s.
Das AP einer Skelettmuskelzelle dauert 10 ms, das einer Herzmuskelzelle mehr als 200 ms.

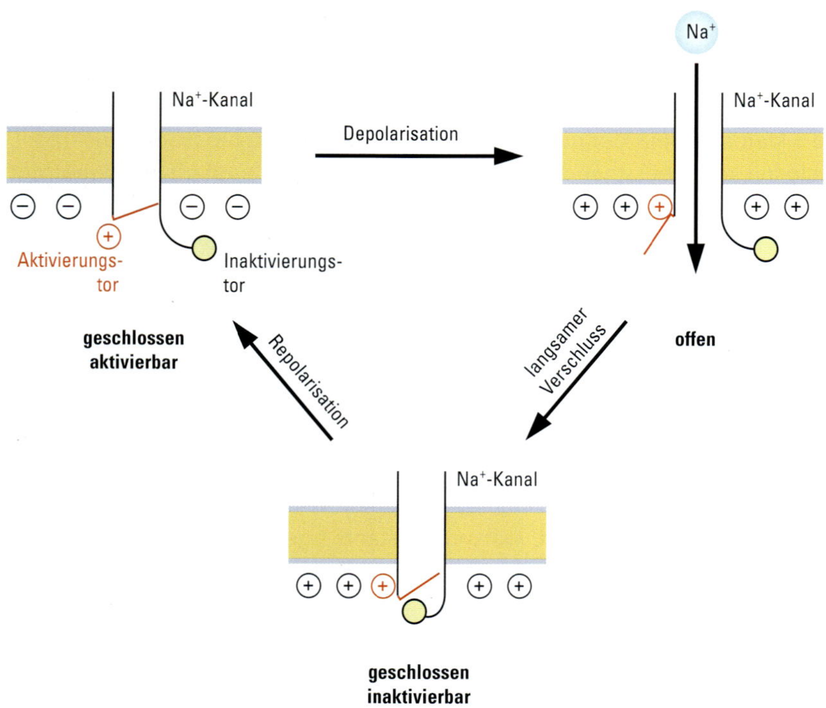

Abb. 4: Zustände des spannungsgesteuerten Natriumkanal

medi-learn.de/7-physio3-4

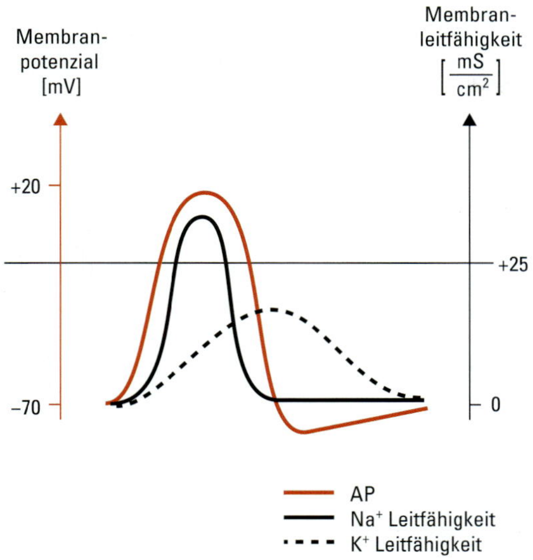

Abb. 5: Leitfähigkeit für Ionen während des Aktionspotenzials *medi-learn.de/7-physio3-5*

Direkt nach einem AP in einem Nerv kann kein neues ausgelöst werden, da die **Na^+-Kanäle noch inaktiv sind.** Diese Phase nennt man absolute Refraktärzeit. Die Schwelle, um ein AP auszulösen, ist hier unendlich groß. Mit der Zeit werden immer mehr **Na^+-Kanäle wieder aktivierbar**. Diese Phase nennt man **relative Refraktärzeit**. In der relativen Refraktärzeit wird ein stärkerer Reiz benötigt, um ein AP auszulösen. D. h. die Schwelle ist nicht mehr unendlich groß wie in der absoluten Refraktärzeit, aber immer noch höher als unter Ruhebedingungen. Zudem ist die Amplitude eines APs in der relativen Refraktärzeit geringer. Das liegt daran, dass zwar einige Na^+-Kanäle wieder aktivierbar sind, aber nicht so viele wie nach Beendigung der Refraktärzeit/unter Ruhebedingungen.

Bei Rezeptorpotenzialen wird die Reizstärke über deren Amplitude codiert (s. 1.1.3, S. 5).

Bei Aktionspotenzialen ist das anders: Durch das Alles-oder-Nichts-Gesetz (s. 1.2.1, S. 6) gibt es entweder ein AP oder es gibt keins. Dabei ist dessen Amplitude immer gleich groß. In APs wird die Information daher nicht über die Amplitude, sondern über die Frequenz codiert. (Ausnahme: APs in der relativen Refraktärzeit, da ihre Amplitude kleiner ist, bis sie am Ende der Refraktärphase wieder die ursprüngliche Größe erreicht.) Die Refraktärzeit begrenzt die AP-Frequenz.

1.3 Erregungsleitung

Warum können wir denken, laufen, sehen und unsere Blase kontrollieren? Richtig, weil unsere Neurone Informationen weitergeben. Warum haben Wirbeltiere dünnere Nerven als Tintenfische? Genau, weil wir Myelinscheiden haben. Was passiert, wenn diese zerstört

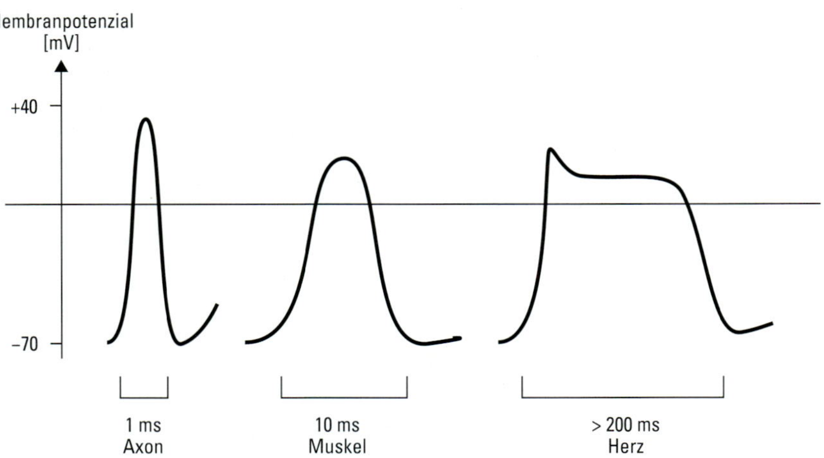

Abb. 6: Aktionspotenziale Axon, Skelettmuskel, Herzmuskel *medi-learn.de/7-physio3-6*

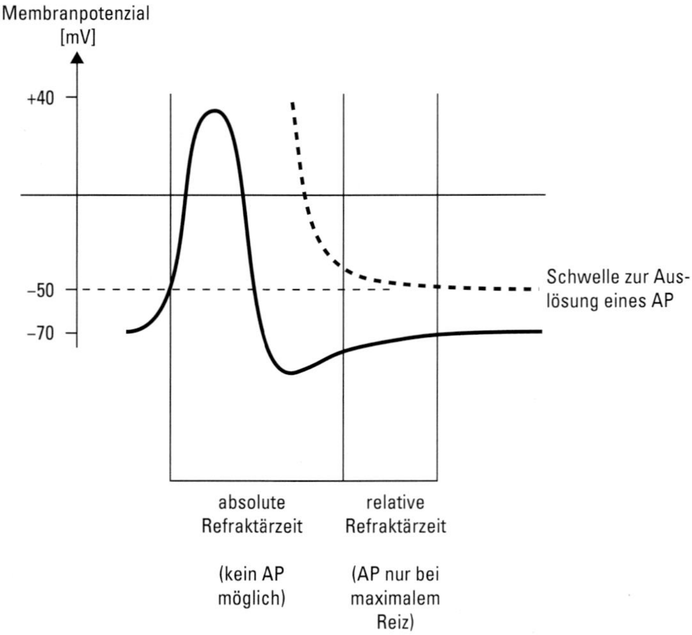

Abb. 7: Refraktärzeit

medi-learn.de/7-physio3-7

sind? Sieh dir mal die Symptome der Multiplen Sklerose an. Um das alles zu verstehen, ist das folgende Kapitel da. Und natürlich auch, um im Examen die Fragen zum Thema Erregungsleitung lösen zu können.

	Aktionspotenzial	**Rezeptorpotenzial**
Natrium-Kanal	spannungsgesteuert	ligandengesteuert
Amplitude	immer gleich groß	reizstärkeabhängig
Refraktärzeit	ja (Ausnahme: Muskelzelle)	nein
Fortleitung	saltatorisch (s. 1.3.2, S. 12), an Internodien elektrotonisch	rein elektrotonisch
Amplitudenabnahme bei Fortleitung	nein	ja

Tab. 4: Prüfungsrelevante Unterschiede zwischen Rezeptor- und Aktionspotenzial

1.3.1 Elektrotonische Leitung

Wie in Abschnitt 1.1.2, S. 3 beschrieben, breitet sich ein Potenzial elektrotonisch aus, indem sich die Ladungen über die Zellmembran verteilen. Die Amplitude nimmt bei elektrotonischer Ausbreitung exponentiell ab. **Die Membranlängskonstante lambda (λ)** gibt dabei an, nach welcher Strecke (in Metern) ein Potenzial auf 37 % (= 1/e) des Ausgangswerts abgefallen ist.
Die Amplitude (Elektrotonus) des Potenzials an einem bestimmten Ort x berechnet sich nach folgender Gleichung:

$$\Delta E_{max}(x) = \Delta E_{max}(0) \cdot e^{-x/\lambda}$$

$\Delta E_{max}(0)$ = Elektrotonus am Entstehungsort
x = Entfernung vom Entstehungsort
$\Delta E_{max}(x)$ = Elektrotonus in der Entfernung x

Je größer lambda ist, desto weiter gelangt ein Potenzial. Abhängig ist diese Konstante von zwei **Widerständen**:
- Erstens, welcher Widerstand sich der Ausbreitung der Ladungen entlang des **Axons** entgegenstellt. **Dieser Widerstand ist umso**

höher, je dünner das Axon ist. Dieses Prinzip begegnet dir übrigens immer wieder: Beim Thema Kreislauf nennt sich das Ganze Hagen-Poiseuille-Gesetz. Es begegnet dir auch, wenn es um den Widerstand in den Bronchien geht. Daher solltest du dir merken: **Je kleiner der Radius eines Rohres, desto höher sein Innenwiderstand**. Ist also ein Axon sehr dünn, hat es einen hohen Innenwiderstand und lambda ist entsprechend klein.

- Der zweite Widerstand, der zu beachten ist, ist jener der **Membran**. Damit sich ein Potenzial entlang des Axons ausbreiten kann, sollten möglichst wenige Ladungen in die Membran fließen. Diese Ladungen sind nämlich für das Potenzial verloren. Hat die Membran einen hohen Widerstand, fließen wenige Ladungen hinein. Deshalb ist bei einem hohen Membranwiderstand lambda ebenfalls groß. Das Gleiche besagt die Formulierung: **lambda ist umso größer, je kleiner die Membrankapazität ist**. Kapazität und Widerstand sind folglich umgekehrt proportional zueinander. Eine große Kapazität bedeutet, dass viele Ladungen aufgenommen werden können.

Die Membranlängskonstante **lambda korreliert folglich mit der Leitungsgeschwindigkeit**. Das soll heißen: Ist lambda besonders groß (bei großem Durchmesser und hohem Membranwiderstand), so ist auch die Leitungsgeschwindigkeit hoch. Dagegen hängt lambda NICHT von der Länge des Axons ab.

Merke!

Hoher Membranwiderstand = kleine Membrankapazität,
niedriger Innenwiderstand = großer Durchmesser → große Membranlängskonstante und hohe Leitungsgeschwindigkeit

Die Formel für die Membrankapazität lautet:

$$C = \frac{\varepsilon \cdot \varepsilon_0 \cdot 2 \cdot \pi \cdot r \cdot l}{d}$$

C = Kapazität
ε_0 = elektrische Feldkonstante (fester Wert, immer gleich groß)
ε = elektrische Feldkonstante für diesen speziellen Kondensator
r = Radius
l = Länge
d = Abstand

Übrigens ...
Hier zwei Tipps, die dir dabei helfen können, Formeln leichter zu behalten:
- Konstanten wie ε stehen immer im Zähler, nur Variablen befinden sich im Nenner und
- die Kapazität der Membran hat etwas mit ihrer Oberfläche zu tun. Oberfläche = $2 \cdot \pi \cdot r \cdot l$ (ein Rohr in der mathematischen Beschreibung).

Elektrotonische Fortleitung von Aktionspotenzialen

Im Gegensatz zu den Rezeptorpotenzialen, die sich rein elektrotonisch ausbreiten und entsprechend schnell verebben, verhalten sich die APs

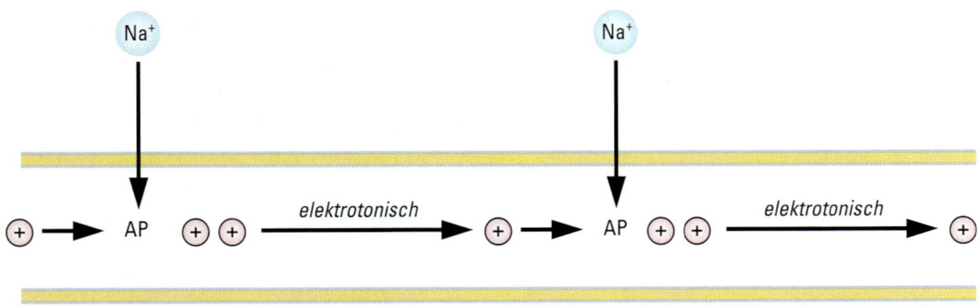

Abb. 8: Ausbreitung eines Aktionspotenzials *medi-learn.de/7-physio3-8*

ein wenig komplexer: Entsteht an einer Stelle eines unmyelinisierten Axons (marklos) ein AP, gelangen viele positive Ladungen in die Zelle (Na^+ strömt ein). Diese Ladungen verteilen sich und depolarisieren durch elektrotonische Weiterleitung angrenzende Teile der Zellmembran. Man nennt das auch „einen Strom über die Membran". Wird dort das Schwellenpotenzial überschritten, entsteht wieder ein AP. Jetzt wird der nächste Teil des Axons elektrotonisch erregt usw. Hierbei ist es wichtig, zu verstehen, dass die Ausbreitung der **Erregung entlang des Axons zunächst immer elektrotonisch** erfolgt. Wie du bereits weißt, nimmt die Amplitude eines elektrotonisch weitergeleiteten Potenzials jedoch kontinuierlich ab. Wäre da nicht das Alles-oder-Nichts-Gesetz (s. 1.2.1, S. 6), dem die APs folgen, würde das Signal bald verebben (so wie es die Rezeptorpotenziale tun ...). Da aber an jeder Stelle der Membran bei Erreichen des Schwellenpotenzials ein weiteres AP ausgelöst wird und jedes AP gleich stark ist, **erlischt die Erregung** – trotz elektrotonischer Weiterleitung – nicht. Die Aufgabe des APs besteht also darin, die Nachbarbezirke zu erregen, damit die AP-Welle über das gesamte Axon laufen kann.

Übrigens ...
Da für die Fortleitungsgeschwindigkeit eines APs in marklosen Axonen Membranwiderstand und Axondurchmesser entscheidend sind (s. 1.3.1, S. 10), haben dickere Axone eine höhere Leistungs geschwindigkeit als dünnere. Aus diesem Grund haben Tintenfische Riesenaxone (1 mm): Sie ermöglichen es – auch ohne Myelinisierung – eine Geschwindigkeit zu erreichen, die groß genug ist für eine rasche Informationsübermittlung.

1.3.2 Saltatorische Erregungsleitung

Uns Menschen hat die Evolution ein besseres Konzept mit auf den Weg gegeben: Wir umwickeln unsere Axone mit Myelin und erhöhen dadurch den Membranwiderstand. Die Leitungsgeschwindigkeit eines myelinisierten Axons (markhaltiges Axon) ist dabei umso größer, je dicker die **Myelinisierung** (Isolierung) ist. Die Stellen, an denen ein Axon von Myelin umwickelt ist, nennt man **Internodien** (lat. = zwischen den Knoten/Schnürringen). Hier erfolgt die **Fortleitung** aufgrund des hohen Membranwiderstands **rein elektrotonisch**. Die Entstehung eines zeitaufwendigen APs (pro AP 1ms) ist dabei NICHT notwendig. Deshalb erfolgt die Fortleitung bei markhaltigen Nervenfasern in den Internodien **schneller** als bei marklosen/unmyelinisierten Neuronen.

Internodium	Schnürring
starke Myelinisierung	keine Myelinisierung
keine spannungsgesteuerten Na^+-Kanäle	hohe Dichte spannungsgesteurter Na^+-Kanäle
großer Membranwiderstand	geringer Membranwiderstand
hohe Leitungsgeschwindigkeit	geringe Leitungsgeschwindigkeit
Abnahme der Amplitude des Potenzials	Erhöhung der Amplitude des Potenzials

Tab. 5: Vergleich Internodien und Schnürringe

Zwischen dem Ende der einen Myelinzelle (Schwann-Zelle oder Oligodendrozyt) und dem Anfang der nächsten liegt der **Ranvier-Schnürring**. Hier liegt das Axon frei (ohne Myelinisierung) vor und **nur hier wird ein AP gebildet**. Deshalb befinden sich an den Ranvier-Schnürringen auch besonders viele Na^+-Kanäle (s. Abb. 9, S. 13). So kommt es zu einer sprunghaften (saltatorischen) Weiterleitung der APs von Schnürring zu Schnürring und damit zur hohen Leitungsgeschwindigkeit unserer markhaltigen Axone.

Übrigens ...
– Eine Depolarisation kann durch rein elektrotonische Leitung – also

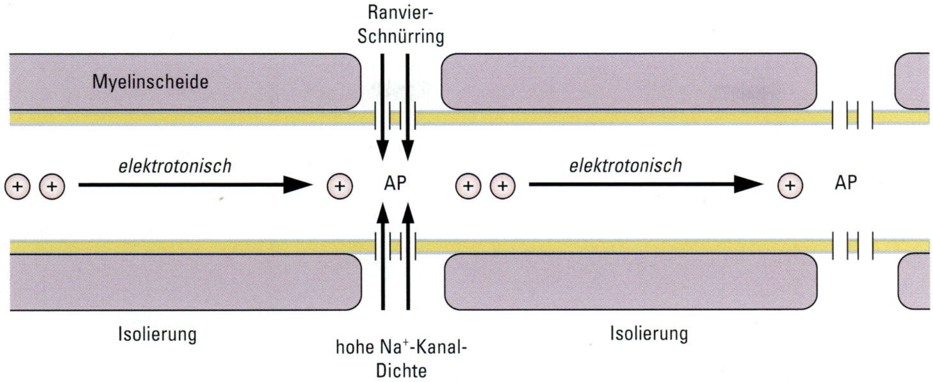

Abb. 9: Saltatorische Leitung entlang eines Axons *medi-learn.de/7-physio3-9*

ohne AP – sogar den übernächsten Schnürring erreichen!

- Sind die Myelinscheiden zerstört, sinkt die Leitungsgeschwindigkeit so stark, dass eine rasche und sichere Informationsübertragung nicht mehr möglich ist. Beispiel: Multiple Sklerose, bei der die Myelinscheiden durch Autoimmunprozesse zerstört werden.

1.3.3 Einteilung der Axone nach Leitungsgeschwindigkeit

Nervenfasern können anhand ihrer Leitungsgeschwindigkeit eingeteilt werden. Es gibt die Klassifikationen nach Erlanger/Gasser und nach Lloyd/Hunt. Für das Examen reicht es, wenn du dir fürs Mündliche merkst, welche Fasern was leiten und dass die dicksten und damit schnellsten Axone die α-Motoneurone und die primären Muskelspindelafferenzen sind. Im Schriftlichen findet man nicht oft Fragen hierzu. Wenn du weißt, dass im vegetativen Nervensystem die postganglionären Fasern marklos (nicht myelinisiert) sind, reichte das bislang, um die Fragen richtig zu kreuzen.

Man kann die sensiblen Anteile von Erlanger/Gasser z.T. mit denen von Lloyd/Hunt gleichsetzen: I = A α, II = A β, IV = C.
Typ C leitet den größten Anteil der Schmerzafferenzen.

Lloyd/Hunt nur sensible Fasern					
I	**II**	**III**			**IV**
primär afferente Muskelspindeln	Mechanosensoren der Haut	Tiefensensibilität des Muskels			marklose Fasern für Schmerz
Erlanger/Gasser sensible und motorische Fasern					
A α	**A β**	**A γ**	**A δ**	**B**	**C**
α-Motoneurone, primäre Muskelspindelafferenzen	Hautafferenzen für Tasten	γ-Motoneurone für Muskel-spindeln	Hautafferenzen für Schmerz und Temperatur	Sympathikus präganglionär	Schmerz, Sympathikus postganglionär
Geschwindigkeit					
100 m/s	50 m/s	15-20 m/s	15 m/s	7 m/s	1 m/s
Dick bemarkt, sehr schnell					Marklos, langsam

Tab. 6: Klassifikation der Nervenfasern nach Lloyd/Hunt und Erlanger/Gasser

DAS BRINGT PUNKTE

Im schriftlichen Examen wurden die Eigenschaften von **Rezeptor- und Aktionspotenzialen** bislang immer gerne gefragt (s. Tab. 4, S. 10). Dazu solltest du wissen, dass

- sich Rezeptorpotenziale elektrotonisch ausbreiten,
- sich Rezeptorpotenziale summieren können,
- Rezeptorpotenziale eine reizstärkeabhängige Amplitude haben,
- die Dauer des APs einer markhaltigen Nervenfaser ca. 1ms beträgt,
- ein AP dem Alles-oder-Nichts-Gesetz folgt,
- der Aufstrich des APs durch spannungsgesteuerte Na^+-Kanäle bedingt ist,
- die spannungsgesteuerten Na^+-Kanäle durch Depolarisation aktiviert und gleichzeitig (s. Refraktärzeit, 1.2.4, S. 8) inaktiv werden und
- die Repolarisation durch K^+-Kanäle stattfindet.

Daneben findet man auch häufig Fragen zur **elektrotonischen** und **saltatorischen Erregungsleitung**.
Merke dir dazu bitte, dass

- bei der elektrotonischen Weiterleitung ein hoher Membranwiderstand (kleine Membrankapazität) und ein niedriger Innenwiderstand (großer Durchmesser) eine große Membranlängskonstante lambda und damit auch eine hohe Leitungsgeschwindigkeit bedingen.
- bei der saltatorischen Weiterleitung die Fortleitung der Erregung in Internodien schneller ist als in den Schnürringen oder an marklosen Axonen. Grund: In Internodien ist der Membranwiderstand am höchsten und das Potenzial breitet sich rein elektrotonisch aus.
- bei der saltatorischen Weiterleitung nur in den Ranvier-Schnürringen ein AP gebildet wird und hier besonders viele spannungsgesteuerte Na^+-Kanäle vorhanden sind.

FÜRS MÜNDLICHE

Im mündlichen Examen werden zum Thema "Erregungsentstehung und Erregungsleitung" folgende Fragen gerne gestellt:

1. **Erklären Sie bitte, wie ein Aktionspotenzial entsteht.**
2. **Bitte erläutern Sie, was man unter Refraktärzeit versteht.**
3. **Bitte erklären Sie, wie APs fortgeleitet werden.**
4. **Erklären Sie, welche Neurone besonders schnell leiten.**

---

1. Erklären Sie bitte, wie ein Aktionspotenzial entsteht.
Ein Reiz depolarisiert die Membran. Diese Depolarisation kann sich mit anderen Erregungen summieren. Erreicht die Depolarisation am Axonhügel das Schwellenpotenzial, werden spannungsabhängige Na^+-Kanäle aktiviert (Aufstrich des APs) und ein AP entsteht.

2. Bitte erläutern Sie, was man unter Refraktärzeit versteht.

Die Refraktärzeit ist die Zeitspanne, während der kein neues AP ausgelöst werden kann. Grund: Inaktivierung der Na^+-Kanäle durch vorangegangenes AP.

In der absoluten Refraktärzeit kann gar kein AP ausgelöst werden, in der relativen nur durch einen sehr starken Reiz.

3. Bitte erklären Sie, wie APs fortgeleitet werden.

Die Fortleitung von APs entlang eines myelinisierten Axons erfolgt saltatorisch:

- In den Internodien wird die Erregung elektrotonisch weitergeleitet.
- In Ranvier-Schnürringen wird ein neues AP gebildet.

In den marklosen Fasern werden die APs kontinuierlich fortgeleitet.

4. Erklären Sie, welche Neurone besonders schnell leiten.

Die, deren Axone einen großer Durchmesser und dicke Myelinscheiden haben, z. B. die A α-Neurone =

- α-Motoneurone und
- primäre Muskelspindelafferenzen.

Mehr Cartoons unter www.medi-learn.de/cartoons

Pause

Erste Pause!
Hier was zum Grinsen für Zwischendurch ...

2 Erregungsübertragung an Synapsen

Fragen in den letzten 10 Examen: 10

2

Im vorigen Kapitel ging es darum, wie Erregung entsteht und wie sie fortgeleitet wird. Doch was passiert, wenn ein AP am Ende eines Axons ankommt? Wie kann die Information, die in Form der Frequenz der APs gespeichert ist, auf ein anderes Neuron übertragen werden? Wie wird diese Information dort verarbeitet? Die Antworten auf diese Fragen bekommst du in diesem Kapitel. Damit erfährst du zugleich, was in jeder Sekunde in deinem Nervensystem vor sich geht und wie kompliziert das Denken ist.

Eine Synapse ist der Ort, an dem das Axon eines Neurons z. B. mit einem anderen Neuron (an Zellkörper, Dendrit oder Axon) in Kontakt tritt. Sie besteht aus
- der präsynaptischen Membran,
- dem synaptischen Spalt,
- der postsynaptischen Membran.

An Synapsen wird das **elektrische Signal** eines APs **in ein chemisches Signal** umgewandelt. Umgewandelt bedeutet, dass durch das ankommende AP die Freisetzung eines **Neurotransmitters** (chemische Substanz) aus der präsynaptischen Membran in den synaptischen Spalt bewirkt wird. Neurotransmitter werden daher auch Botenstoffe oder Überträgerstoffe genannt. Sie diffundieren durch den synaptischen Spalt zur postsynaptischen Membran, wo sie an spezielle Rezeptoren binden. Diese Rezeptoren sind oft Ionenkanäle (s. 2.2, S. 18), die sich bei Bindung des Neurotransmitters öffnen und so einen Ionenstrom ermöglichen. So wird das chemische wieder in ein elektrisches Signal zurückverwandelt.

Beispiel

Das ist wie beim Telefonieren: An einem Ende sagt jemand etwas in den Hörer (Präsynapse). Diese Information (Schallwellen) wird umgewandelt in ein elektrisches Signal und im Telefonnetz übertragen (synaptischer Spalt). Am anderen Hörer wird die Information dann wieder zu Schall (Postsynapse).

2.1 Transmitterfreisetzung

In den letzten Examina gab es keine Fragen zu diesem Thema. Davor jedoch recht viele, sodass hierzu wieder Fragen auftauchen können. Wie funktioniert die Freisetzung des Transmitters durch ein ankommendes AP genau? In der präsynaptischen Endigung befinden sich viele Calcium-Kanäle. Diese sind spannungsabhängig und werden durch das ankommende AP und damit durch die Depolarisation der Membran aktiviert. Aktiviert bedeutet, dass es durch das AP zum Calcium-Einstrom in die synaptische Nervenzellendigung kommt. Dort liegen die Neurotransmitter in Vesikeln gespeichert vor. Im Ruhezustand können diese Vesikel nicht mit der präsynaptischen Membran fusionieren. Dies gelingt ihnen erst, wenn sich das intrazelluläre Calcium erhöht. Durch die Fusion der Vesikelmembran mit der präsynaptischen Membran werden die Transmitter in den synaptischen Spalt freigesetzt.

Mengenmäßig handelt es sich dabei immer um ein Vielfaches der Transmittermenge, die sich in einem Vesikel befindet (z. B. die Transmittermoleküle eines Vesikels, zweier Vesikel oder aus 100 Vesikeln). Dieses Phänomen nennt man **Quantelung**. Unter einem Quant versteht man also die Menge des Transmitters, die in einem Vesikel enthalten ist.

In der Vesikelmembran und in der präsynaptischen Membran befinden sich Proteine, die aneinander binden und so die Fusion dieser beiden Membranen ermöglichen. In Ruhe wird die Fusion durch ein Triggerprotein verhindert, das die Bindung dieser Proteine anei-

nander blockiert. Erst durch die Bindung von Calcium wird dieses Triggerprotein inaktiv und die Fusion möglich.
Eine häufige Prüfungsfrage ist, wie die Transmitterfreisetzung verstärkt wird. Dies geschieht durch die Erhöhung des intrazellulären Calciums, da mit Hilfe des Calciums ja die Vesikelfusion und damit die Transmitterfreisetzung erfolgt.

Merke!

Je mehr intrazelluläres Calcium, desto mehr Transmitter wird freigesetzt.

Unter den richtigen Antwortmöglichkeiten wirst du auch andere Veränderungen finden. Letztendlich wirken sie jedoch alle über eine Erhöhung des intrazellulären Calciums:

- **Eine Erhöhung der Aktionspotenzialfrequenz und eine Verlängerung der Aktionspotenzialdauer** (soll heißen: Es kommen über einen längeren Zeitraum APs an und nicht etwa, dass ein einzelnes AP länger dauert, s. 1.2.4, S. 8) und damit eine Verlängerung der Depolarisationsdauer führen am häufigsten zur Aktivierung der Ca^{2+}-Kanäle, wodurch das intrazelluläre Calcium ansteigt.
- Eine **Erhöhung des transmembranären Ca^{2+}-Konzentrationsgradienten** führt zum vermehrten Calciumeinstrom. „Erhöhung des Gradienten" bedeutet, dass der Quotient extrazelluläres/intrazelluläres Calcium größer wird (extrazellulär ist die Ca^{2+}-Konzentration erhöht). Gehen jetzt die Kanäle auf, so ist die Kraft stärker, die das Calcium in die Zelle treibt, und entsprechend mehr Ca^{2+} gelangt in die Zelle.
- Die Transmitterfreisetzung wird ebenfalls durch eine **Erniedrigung des extrazellulären Magnesiums** verstärkt. Dies ist dadurch zu erklären, dass Ca^{2+} und Mg^{2+} um denselben Ionenkanal konkurrieren. Ist daher extrazellulär viel Mg^{2+} vorhanden, so behindert dies den Ca^{2+}-Einstrom. Ist dagegen die extrazelluläre Magnesiumkonzentration niedrig, so kann Calcium den Ionenkanal fast alleine benutzen und in großer Menge in die Zelle strömen.

Merke!

Die Transmitterfreisetzung wird gesteigert durch eine
- Erhöhung der AP-Frequenz,
- Verlängerung der Aktionspotenzialdauer,
- Verlängerung der Depolarisationsdauer,
- Erhöhung des transmembranären Ca^{2+}-Konzentrationsgradienten und
- Erniedrigung des extrazellulären Magnesiums.

Das Protein, welches Calcium bindet und vorrangig an der Vesikelfusion beteiligt ist, heißt Synaptotagmin.

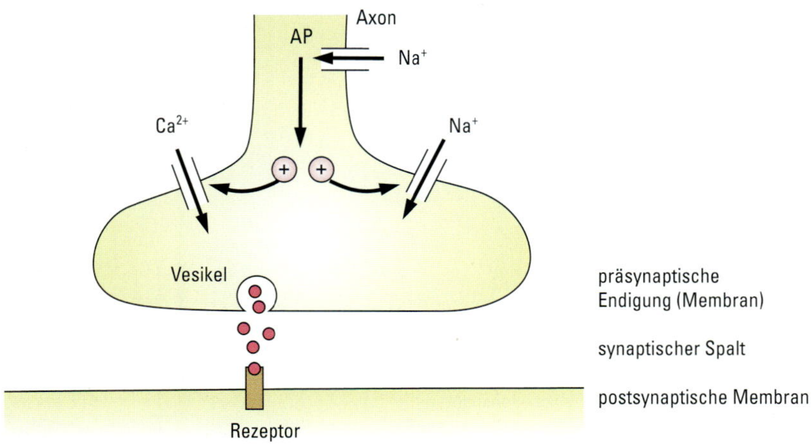

Abb. 10: Synapse

medi-learn.de/7-physio3-10

2.2 Neurotransmitter und Rezeptoren

Entscheidend für die Wirkung eines Transmitters sind die **Rezeptoren**, an die er bindet und die Zelle, auf der diese Rezeptoren sitzen. Wie die physikumsrelevanten Neurotransmitter wirken, erfährst du im folgenden Abschnitt.

2.2.1 Neurotransmitter

Es gibt zahlreiche unterschiedliche Neurotransmitter. Ein Axon besitzt jedoch immer nur einen Transmittertyp plus evtl. einen Co-Transmitter. Die Neurotransmitter sind meist Aminosäuren oder deren Derivate (Abkömmlinge):

- **Glycin und Glutamat** sind Neurotransmitter, die dir wahrscheinlich aus der Biochemie als proteinogene Aminosäuren bekannt sind.
- **GABA** (γ-amino-butter-acid) ist eine γ-Aminosäure, ein biogenes Amin und damit ein Derivat einer α-Aminosäure (Glutamat).
- Biogene Amine (Monoamine) sind die Neurotransmitter **Adrenalin, Noradrenalin, Dopamin und Serotonin** (5-HT/5-Hydroxytryptamin). Diese Transmitter spielen besonders im vegetativen und zentralen Nervensystem eine wichtige Rolle.
- Ein weiterer wichtiger Neurotransmitter, der dir an der motorischen Endplatte begegnet, ist das **Acetylcholin** (ACh). Es ist – wie die biogenen Amine – ein Aminosäurederivat.

Neben diesen Neurotransmittern gibt es auch noch Co-Transmitter. Beispiele dafür sind Peptide wie Substanz P, Enkephalin u. v. m., die dir in anderen Bereichen wie z. B. beim Thema Schmerz erneut begegnen werden.

Die Wirkung eines Neurotransmitters hängt von seinen Rezeptoren ab, was bedeutet, dass es keine transmitterspezifische Wirkung, wohl aber eine rezeptorspezifische gibt. Das ist ähnlich wie mit einem Generalschlüssel in einem Gebäude: Derselbe Schlüssel (Neurotransmitter) passt in viele Schlösser (Rezeptoren). Je nach Schloss wird eine andere Tür (Wirkung in der Zelle) geöffnet.
Als Beispiel sei Adrenalin genannt, das an Gefäßen über α_1-Rezeptoren vasokonstriktorisch und über β_2-Rezeptoren vasodilatatorisch wirkt. Entscheidend für die Wirkung des Transmitters ist also dessen Rezeptor in der postsynaptischen Membran.

Es gibt zwei große Gruppen von Rezeptoren:
- die zytosolischen und
- die membrangebundenen.

An die zytosolischen binden lipophile Hormone, wie z. B. Steroidhormone. Mit diesen Rezeptoren werden wir uns hier nicht weiter beschäftigen (s. dazu Skript Biochemie 5). Entscheidend für die Wirkung der Neurotransmitter sind die membrangebundenen Rezeptoren.

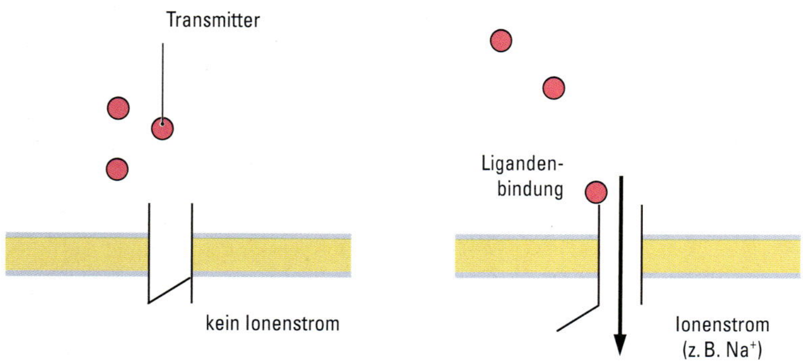

Abb. 11: Ionotroper Rezeptor

medi-learn.de/7-physio3-11

Diese kann man weiter unterteilen in
- ionotrope und
- metabotrope Rezeptoren.

2.2.2 Ionotrope Rezeptoren

Merke!

Ein ionotroper Rezeptor ist selbst ein Ionenkanal, der sich durch Ligandenbindung (Bindung des Neurotransmitters) öffnet und einen Ionenstrom durch die Membran zulässt.

Welche Ionen durch einen ionotropen Rezeptor fließen, hängt vom Typ des Kanals und damit des Rezeptors ab. Die Art der einströmenden Ionen entscheidet darüber, ob ein Transmitter zur Positivierung (Erregung) oder Negativierung (Hemmung) der postsynaptischen Membran führt:
- Wirkt ein Transmitter erregend, so entsteht ein EPSP (exzitatorisches postsynaptisches Potenzial, s. 2.5, S. 22). Dies geschieht meist durch Na^+-Einstrom.
- Ist die Transmitterwirkung hemmend, so entsteht ein IPSP (inhibitorisches postsynaptisches Potenzial, s. 2.5, S. 22). Hierfür ist meistens ein Cl^--Einstrom oder ein K^+-Ausstrom verantwortlich.

Merke!

Die Abkürzungen EPSP/IPSP besagen, dass ein
- exzitatorisches (erregendes = die Zellmembran wird depolarisiert) oder
- inhibitorisches (hemmendes = die Zellmembran wird hyperpolarisiert)
- postsynaptisches (es wird an der postsynaptischen Membran ausgelöst, meist durch Transmitterbindung)
- Potenzial ausgelöst wird.
  Oder kurz: Die Zellmembran wird positiver (EPSP) oder negativer (IPSP).

Übrigens ...
An manchen Zellen – wie z. B. den Geschmackszellen – schließen sich die Kanäle durch Ligandenbindung (s. 9.2, S. 87).

2.2.3 Metabotrope Rezeptoren

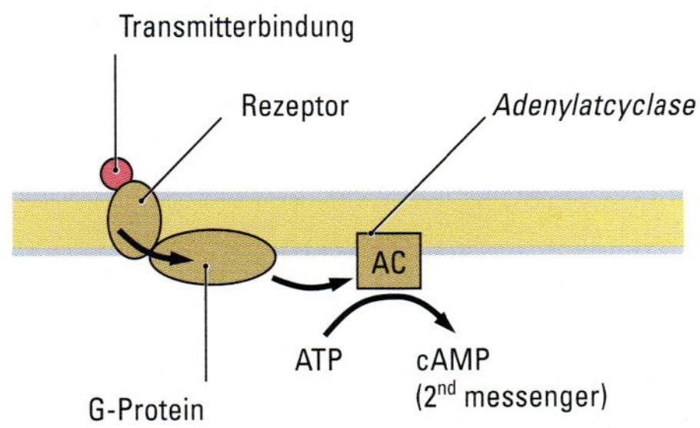

Abb. 12: Metabotroper Rezeptor am Beispiel cAMP
medi-learn.de/7-physio3-12

Metabotrope Rezeptoren leiten bei Ligandenbindung das Signal über mehrere Proteine weiter. Diesen Vorgang nennt man Signaltransduktion. Meist folgt hierbei auf den Rezeptor ein G-Protein. Dieses bindet GTP (daher der Name) und wird dadurch aktiviert (s. Abb. 12, S. 19). Das G-Protein aktiviert als nächstes ein Enzym, das einen intrazellulären Botenstoff bildet. Dieser ist nach dem Transmitter der 2. Botenstoff (engl. = Second messenger) und vermittelt dessen Wirkung, z. B. die Öffnung eines Ionenkanals oder die Aktivierung intrazellulärer Proteine.
Wichtige G-Proteine sind G_s, G_i und G_q.
Das G_s-Protein aktiviert die Adenylatcyclase und führt damit zur Bildung von cAMP (cyclischem AMP). Das G_i-Protein hemmt die Adenylatcyclase und aktiviert eine Phosphodiesterase, was zu einem Abfall von cAMP führt. Das G_q-Protein schließlich aktiviert die Phosphatidylinositol-Phospholipase C (PLC), die zur Bildung von IP_3 (Inositoltrisphosphat) und DAG (Diacylglycerol) führt.

Diese ganzen chemischen Bezeichnungen wirken sicherlich zunächst kompliziert. Es lohnt sich jedoch, sie zu lernen, da viele Neurotransmitter über einen dieser Second messenger wirken und diese Begriffe entsprechend häufig in den Fragen auftauchen.

Die Wirkung der metabotropen Rezeptoren auf eine Zelle hängt von der Zelle ab. So können verschiedene Rezeptoren bei Aktivierung zur Erhöhung des cAMPs führen.
Welche Veränderung das cAMP bewirkt, hängt jedoch davon ab, in welcher Zelle es sich befindet.

Übrigens ...
Beispiele: Die Aktivierung adrenerger β_1-Rezeptoren am Herzen führt über cAMP-Erhöhung zur Herzfrequenzsteigerung. Die β_2-Aktivierung in den Bronchien führt über cAMP-Erhöhung zur Bronchodilatation.

2.2.4 Zusammenfassung Neurotransmitter und Rezeptoren

Die wichtigsten Neurotransmitter mit ihren ionotropen und metabotropen Rezeptoren findest du in den folgenden Tabellen. Das sind ziemlich viele. In der schriftlichen Prüfung werden aber nur die fett gedruckten häufig gefragt. Besonders oft kommt die Frage vor, welche Rezeptoren ionotrop sind und welche Ionen sie leiten.

2.3 Beendigung der Transmitterwirkung

Neurotransmitter müssen eine kurze Wirkdauer haben, damit es nicht zur Dauerdepolarisation kommt und eine erneute Erregung der Synapse bald wieder möglich ist. Darum gibt es verschiedene Mechanismen, um ihre Wirkung schnell zu beenden:

- Spaltung des Transmitters im synaptischen Spalt. Beispiel: Abbau von ACh durch die Cholinesterase.
- Wiederaufnahme des Transmitters in die präsynaptische Endigung. Beispiel: Noradrenalin.
- Abdiffusion des Transmitters ins Blut. Beispiel: Noradrenalin.
- Aufnahme in die Glia. Beispiel: Glutamat in der Retina.

Übrigens ...
Bei der Myasthenia gravis werden Autoantikörper gegen den nikotinischen (nikotinergen) Acetylcholinrezeptor gebildet. Die Zahl der Rezeptoren in der motorischen Endplatte sinkt, es kommt zu rascher Muskelerschöpfung. Erste Zeichen sind hängende Augenlider. Ein Therapieansatz besteht darin, die Acetylcholinkonzentration im synaptischen Spalt zu erhöhen. Dies geschieht durch den Einsatz von Acetylcholinesterasehemmern (z. B. Neostigmin).

Transmitter	Rezeptor	erregend/hemmend	Ionenart	Vorkommen
Glycin	**Glycinrezeptor**	**hemmend**	**Cl^-**	Hemmung der Motoneurone
Acetylcholin	**nAChR (nikotinisch)**	**erregend**	**Na^+/K^+**	**motorische Endplatte**
Glutamat	AMPA	erregend	Na^+/K^+	ZNS
Glutamat	**NMDA**	**erregend**	**Ca^{2+}**, Na^+/K^+	**Hippocampus (Gedächtnis)**
Glutamat	Kainat	erregend	Na^+/K^+	ZNS
GABA	**$GABA_A$**	**hemmend**	**Cl^-**	**Cerebellum, Basalganglien**
Serotonin	$5\text{-}HT_3$	erregend	Na^+/K^+	Hirnstamm

Tab. 7: Ionotrope Rezeptoren

Transmitter	Rezeptor	G-Protein	2nd messenger	Vorkommen
Acetylcholin	m_2AChR	G_i	cAMP↓	Herz
Glutamat	mGluR	G_q	IP_3	Auge
GABA	$GABA_B$	G_i	cAMP	ZNS
Adrenalin	**α_1**	**G_q**	**IP_3**	**Gefäße**
Adrenalin	**α_2**	**G_i**	**cAMP↓**	**präsynaptisch**
Adrenalin	**β_1**	**G_s**	**cAMP**	**Herz**
Adrenalin	**β_2**	**G_s**	**cAMP**	**Leber, Gefäße, Bronchien**
Dopamin	$D_{1,5}$	G_s	cAMP	Striatum
Dopamin	$D_{2,3,4}$	G_i	cAMP↓	Striatum
Histamin	H_1	G_q	IP_3	Gefäße
Histamin	H_2	G_s	cAMP	Magen
Serotonin	5-HT_1	G_s	cAMP	Neurone
Serotonin	5-HT_2	G_q	IP_3	Neurone
Serotonin	5-HT_4	G_s	cAMP	Neurone
Acetylcholin	$m_{1,3}$AChR (muskarinisch)	G_q	IP_3	Neurone, glatte Muskulatur

Tab. 8: Metabotrope Rezeptoren

2.4 Synapsengifte und -pharmaka

Einige dieser Substanzen haben hohe klinische Relevanz, andere werden gerne im Schriftlichen gefragt. Besonders beliebt sind Fragen nach den Giften der Clostridien:

- **Botulinustoxin** (C. botulinum) und
- **Tetanospasmin** (C. tetani).

Botulinustoxin kennst du vielleicht unter dem Namen Botox aus der Faltenbekämpfung. Es ist das stärkste bakterielle Gift und auch der Grund dafür, dass man den Inhalt ausgebeulter Konservendosen nicht verzehren sollte. Es bewirkt eine Blockade der ACh-Freisetzung aus synaptischen Vesikeln an der motorischen Endplatte. Dies geschieht durch Spaltung des SNARE-Komplexes (genauer: des Anteils SNAP 25). Dieser Komplex ist für die Vesikelfusion mit der präsynaptischen Zellmembran notwendig. Wird er durch Botulinustoxin zerschnitten, gelangt kein ACh mehr an die postsynaptische Membran, was zur Paralyse (Lähmung) der betroffenen Muskulatur führt. Im Falle einer Intoxikation werden zuerst die Augenmuskeln gelähmt und die Betroffenen sehen Doppelbilder. Tetanospasmin hat seinen Angriffspunkt im Rückenmark, genauer: an den inhibitorischen Synapsen, die im Kontakt zu den Motoneuronen stehen. Dort blockiert es die Freisetzung der Transmitter Glycin und GABA aus den synaptischen Vesikeln, indem es den Komplex zerschneidet, der für die Vesikelfusion mit der präsynaptischen Membran notwendig ist. Die Folge ist ein Spasmus (Krampf) der betroffenen Muskulatur schon bei kleinsten Reizen. Dank der Impfung tritt der Tetanus heute nur noch selten auf. Gelegentlich betroffen sind jedoch ältere Menschen ohne Impfschutz.

Das stärkste Gift in der Natur ist Curare, ein Froschgift. Es blockiert den nikotinischen (nikotinergen) ACh-Rezeptor kompetitiv und führt so zur Lähmung der betroffenen Musku-

latur. Durch hohe ACh-Konzentrationen kann die Wirkung von Curare wieder aufgehoben werden. Seine Abkömmlinge werden in der Anästhesie als nicht depolarisierende Muskelrelaxanzien angewendet.
Ein Beispiel hierfür ist Rocuronium. Durch Erhöhung der ACh-Konzentration im synaptischen Spalt durch ACh-Esterasehemmer kann dessen Wirkung antagonisiert werden. Daneben gibt es auch depolarisierende Muskelrelaxanzien wie Succinylcholin, das nicht kompetitiv an den nAChR bindet. Deshalb kann die Succinylcholinwirkung auch nicht durch hohe ACh-Konzentrationen aufgehoben werden. Bindet Succinylcholin an den nAChR, so depolarisiert es zunächst die Membran der Muskelzelle. Dadurch werden die spannungsabhängigen Natriumkanäle in den nicht aktivierbaren Zustand überführt und die betroffene Muskulatur gelähmt.

Ein weiteres Synapsengift ist das **Alkylphosphat E605**. Dabei handelt es sich um ein Insektizid, das allerdings heute nicht mehr eingesetzt wird. Alkylphosphate sind irreversible Hemmstoffe der Cholinesterase. Bei einer Intoxikation steigt folglich die ACh-Konzentration im synaptischen Spalt, was zur Dauerdepolarisation der betroffenen Muskulatur führt. Dies kann über einen Atemstillstand zum Tod führen. Zunächst treten jedoch Zeichen einer Parasympathikusaktivierung (Hypersalivation, Bradykardie) sowie vermehrtes Schwitzen auf. Als Pharmaka werden nur reversible Cholinesterasehemmer wie Neostigmin und Physostigmin eingesetzt, falls eine Parasympathikusaktivierung erwünscht ist. Ein Vorteil dieser Substanzen ist, dass man sie notfalls antagonisieren kann. Anwenden kann man sie z. B. bei einer Curare-Überdosierung.
Ein Synpasengift, das u. a. im Kugelfisch vorkommt, ist das **Tetrodotoxin** (TTX). TTX hemmt die spannungabhängigen Na^+-Kanäle. Dadurch können keine APs mehr ausgelöst werden und die Nerven- sowie die Muskelaktivität kommen zum Erliegen.

2.5 Interaktionen an Synapsen

Es gibt vier wichtige Mechanismen bei der Interaktion an Synapsen. Einer davon ist dir bereits bei den Eigenschaften der Rezeptorpotenziale begegnet (s. 1.1.2, S. 3). Es handelt sich um die **Summation**. Summation an Synapsen bedeutet, dass sich dort EPSPs und IPSPs (s. 2.2.2, S. 19) räumlich und zeitlich summieren können.
Andere Phänomene synaptischer Interaktion sind die **Bahnung** und die **Okklusion**. Bei der Bahnung werden durch hohe AP-Frequenzen größere Mengen an Transmittermolekülen freigesetzt als erwartet. Der Grund dafür ist, dass das Ca^{2+} zwischen den einzelnen APs nicht schnell genug wieder aus der Zellendigung gepumpt werden kann und sich dadurch intrazellulär anreichert. Bei der Okklusion stören sich die eintreffenden Reize, sodass weniger Transmitter freigesetzt wird, als zu erwarten wäre.
Das am häufigsten gefragte Thema in diesem Abschnitt ist die **Hemmung**. Hierbei wird ein ankommender erregender Reiz durch einen anderen gehemmt. Es gibt drei Hemmtypen:
- die präsynaptische Hemmung,
- die postsynaptische Hemmung und
- die deszendierende (absteigende) Hemmung.

2.5.1 Präsynaptische Hemmung

Zur präsynaptischen Hemmung sind zwar im Schriftlichen in letzter Zeit keine Fragen aufgetaucht. Sie gehört aber zur Gesamtübersicht fürs Mündliche, wenn man über Hemmung spricht.
Der Wirkort der präsynaptischen Hemmung ist die präsynaptische Membran. Dieser Hemmtyp funktioniert über eine axo-axonale Synapse (s. Abb. 13 a, S. 23). Dabei bewirkt der Transmitter des hemmenden Neurons eine verminderte Transmitterfreisetzung in der präsynaptischen Endigung des anderen Neurons. So gelangt weniger oder kein Transmitter an die postsynaptische Membran und deren Erregung fällt entsprechend schwächer aus oder

findet gar nicht statt. Mit anderen Worten: Die postsynaptische Membran wird weniger depolarisiert und das EPSP somit kleiner.

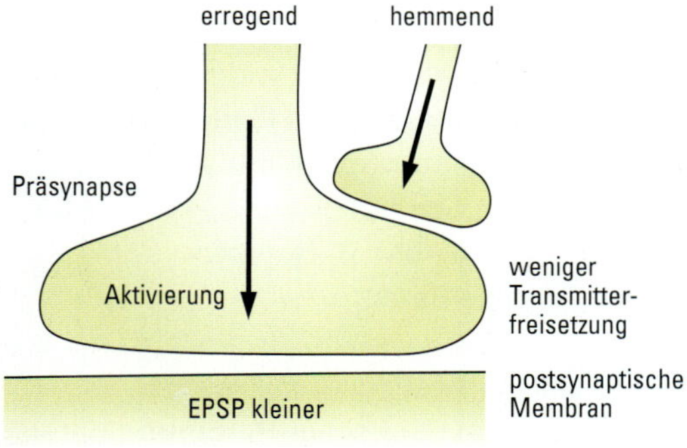

Abb. 13 a: Präsynaptische Hemmung

medi-learn.de/7-physio3-13a

Merke!

Bei der präsynaptischen Hemmung wird die Transmitterfreisetzung aus der präsynaptischen Membran verringert. Es findet jedoch KEINE Hyperpolarisation der postsynaptischen Membran statt.

Übrigens ...

Diese Art der Hemmung findet sich bei der Erregung der α-Motoneurone durch Ia-Fasern im Rückenmark. Hemmender Transmitter axo-axonal ist die GABA, die den Ca^{2+}-Einstrom in die präsynaptische Endigung verringert.

2.5.2 Postsynaptische Hemmung

Bei der postsynaptischen Hemmung wird die postsynaptische Membran nicht nur von einem erregenden Axon, sondern auch von einem hemmenden Axon erreicht (s. Abb. 13 b, S. 23). Der Wirkort ist daher die postsynaptische Membran.

Merke!

Bei der postsynaptischen Hemmung wird in der postsynaptischen Membran eine Hyperpolarisation und damit ein IPSP erzeugt.

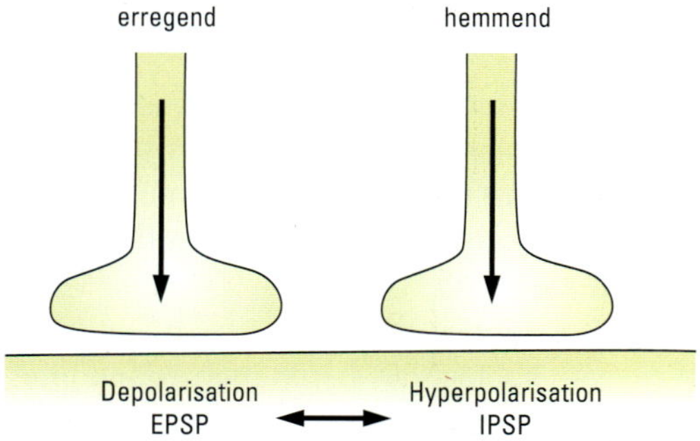

Abb. 13 b: Postsynaptische Hemmung

medi-learn.de/7-physio3-13b

Dieses IPSP schwächt ein durch Erregung ausgelöstes EPSP ab, so wie sich zwei Wellen, die aufeinander treffen, abschwächen können. IPSPs reduzieren also den Effekt der EPSPs und machen damit die Entstehung von Aktionspotenzialen im postsynaptischen Neuron weniger wahrscheinlich (negative Summation). IPSPs entstehen z. B. durch Erhöhung der Membranleitfähigkeit für Chlorid über den Glycinrezeptor oder über den $GABA_A$-Rezeptor.

2.5.3 Deszendierende Hemmung

Bei der deszendierenden Hemmung wird die Reizschwelle eines Sensors (z. B. Mechano- oder Geruchssensors) angehoben und damit die Empfindlichkeit dieses Sensors erniedrigt. Man nennt diese Hemmung deszendierend, weil sie von höheren Zentren im ZNS auf die „tiefer gelegenen" Sensoren wirkt.

DAS BRINGT PUNKTE

Eine häufige Frage im schriftlichen Physikum ist, wodurch die **Transmitterfreisetzung an der Synapse** gesteigert wird. Die wichtigsten Ursachen hierfür sind:
- Erhöhung des intrazellulären Calciums,
- Verlängerung der Aktionspotenzialdauer,
- Verlängerung der Depolarisationsdauer,
- Erhöhung des transmembranären Ca^{2+}-Konzentrationsgradienten und
- Erniedrigung des extrazellulären Magnesiums.

Weiterhin solltest du zu den **ionotropen** und metabotropen **Rezeptoren** wissen, welches die wichtigsten ionotropen Kanäle sind:
- Glycin-Rezeptor,
- $GABA_A$-Rezeptor,
- AMPA-, NMDA-, Kainat-Rezeptor (Glutamat-Rezeptoren),
- nACh-Rezeptor (nikotinischer Acetylcholin-Rezeptor) und
- 5-HT_3-Rezeptor (Serotonin-Rezeptor).

Zudem solltest du wissen, welches die wichtigsten **metabotropen Rezeptoren** sind:
- mACh-Rezeptor (muskarinischer ACh-Rezeptor) und
- α_1-, α_2-, β_1-, β_2- und β_3-Rezeptor (adrenerge Rezeptoren).

Schließlich solltest du noch zwischen **prä- und postsynaptischer Hemmung** unterscheiden können:
- Bei der PRÄsynaptischen Hemmung wird die Transmitterfreisetzung aus der PRÄsynaptischen Membran verringert. Es findet also KEINE Hyperpolarisation der postsynaptischen Membran statt.
- Bei der POSTsynaptischen Hemmung wird in der POSTsynaptischen Membran eine Hyperpolarisation und damit ein IPSP erzeugt.

FÜRS MÜNDLICHE

Für das mündliche Physikum sind nachfolgende Fragen zum Thema „Erregungsübertragung an Synapsen" wissenswert.

1. **Bitte erläutern Sie, wie es zur Transmitterfreisetzung kommt.**
2. **Welche Neurotransmitter kennen Sie?**
3. **Was können Sie mir zu den Rezeptoren von Neurotransmittern sagen?**
4. **Erklären Sie bitte, wie die Informationsübertragung bei metabotropen Rezeptoren funktioniert.**
5. **Welche Arten von Hemmung kennen Sie?**

1. Bitte erläutern Sie, wie es zur Transmitterfreisetzung kommt.
Ein Aktionspotenzial kommt an der axonalen Endigung an. Hier werden durch die Depolarisation spannungsabhängige Ca^{2+}-Kanäle geöffnet. Das einströmende Ca^{2+} ermöglicht die Fusion der Transmittervesikel mit der präsynaptischen Membran, wodurch der Transmitter in den synaptischen Spalt freigesetzt wird.

FÜRS MÜNDLICHE

2. Welche Neurotransmitter kennen Sie?
Wichtige Neurotransmitter unseres Körpers sind die Aminosäuren Glycin und Glutamat. Ebenfalls sehr häufig sind Acetylcholin (ein Aminosäurederivat) und die biogenen Amine Adrenalin, Noradrenalin, Dopamin, Serotonin und GABA. Daneben kann man auch Peptide als (Co-)Transmitter finden, wie z. B. Substanz P und Enkephalin.

3. Was können Sie mir zu den Rezeptoren von Neurotransmittern sagen?
Man unterscheidet ionotrope und metabotrope Rezeptoren:

- Ionotrope Rezeptoren sind gleichzeitig Ionenkanäle (z. B. Glycin-Rezeptor, nAChR).
- Metabotrope Rezeptoren wirken über G-Proteine und Second messenger (z. B. adrenerge α- und β-Rezeptoren, mAChR).

4. Erklären Sie bitte, wie die Informationsübertragung bei metabotropen Rezeptoren funktioniert.
Ein Transmitter bindet von extrazellulär an den Rezeptor. Der Rezeptor verändert daraufhin seine Konfiguration und aktiviert ein G- Protein (G_s, G_i oder G_q). Das G-Protein wiederum aktiviert ein Enzym (z. B. AC, PLC), welches dann den Second messenger (z. B. cAMP, IP_3) bildet, der für die intrazelluläre Wirkung verantwortlich ist.

5. Welche Arten von Hemmung kennen Sie?
Es gibt die präsynaptische, die postsynaptische und die deszendierende Hemmung:

- Bei der präsynaptischen Hemmung wird die Ausschüttung des Transmitters aus der präsynaptischen Membran gehemmt.
- Bei der postsynaptischen Hemmung wird die postsynaptische Membran hyperpolarisiert.
- Die deszendierende Hemmung beschreibt eine Hemmung durch höhere ZNS-Zentren z. B. auf das Rückenmark.

Mehr Cartoons unter www.medi-learn.de/cartoons

Pause

Kurze Pause!

3 Großhirnrinde

Fragen in den letzten 10 Examen: 4

Dieses Kapitel weist einige Überschneidungen mit der Neuroanatomie (s. Skript Anatomie 3) auf, konzentriert sich aber auf die funktionellen Aspekte unseres Großhirns. Es ist ein besonders dankbares Thema, da du mit wenigen Fakten viele Punkte sammeln kannst. Zudem ist es die Grundlage, um viele neurologische Störungen zu verstehen. Grund genug, deine Großhirnrinde jetzt auf Hochtouren zu bringen, und dich in Broca-Aphasie, Splitbrain-Patienten und EEG zu vertiefen.

3.1 Rindenfelder

Die verschiedenen Rindenfelder werden seit kurzem vermehrt im schriftlichen Examen abgefragt. Schwerpunkte sind die Assoziationsfelder und die Hemisphärendominanz. Glücklicherweise ist für das Verständnis dieses Abschnitts Grundlagenwissen ausreichend. Die anatomischen und histologischen Aspekte dieses Themas sind Bestandteil des Skripts Anatomie 3.

3.1.1 Assoziationsfelder und Sprachfelder

Zu diesem Thema werden in der mündlichen Prüfung besonders gerne Fragen gestellt, da man gut klinische Bezüge herstellen kann.

Das Gehirn besitzt sensorische und motorische Anteile. Dort werden Informationen zunächst in primären und dann in sekundären Feldern verarbeitet. Übergeordnet sind diesen die Assoziationsfelder, die weder eindeutig motorisch noch sensorisch sind. Sie sind vielmehr eine Integrationszentrale, die Informationen aus cortikalen und subcortikalen Regionen verarbeitet, aber auch Befehle zu diesen Regionen schickt.

Unterschieden werden drei wichtige Assoziationskortices:
- der limbische Assoziationskortex,
- der parieto-temporo-okzipitale Assoziationskortex und
- der präfrontale Assoziationskortex.

Die Sprachfelder sind ein Bestandteil der Assoziationskortices:
- Das Wernicke-Sprachzentrum gehört zum parieto-temporo-okzipitalen Kortex,
- das Broca-Sprachzentrum gehört zum präfrontalen Kortex.

Diese beiden solltest du auf jeden Fall kennen, da ihr Ausfall und dessen Folgen sowohl in der Klinik als auch in der schriftlichen Prüfung sehr gefragt sind. In Tab. 9 a, S. 27 + Tab. 9 b, S. 28 findest du die Kortices mit ihren jeweiligen Aufgaben und Ausfallerscheinungen bei Schädigung.

Für das Sprechen sind neben der Broca- und der Wernicke-Region noch weitere Rindengebiete wichtig. Dazu gehören der prämotorische Kortex, der Gyrus präcentralis, die Kleinhirnhemisphären, der Nucleus nervi hypoglossi (für die Zunge) und der Nucleus ambiguus des N. vagus (für Larynx mit Stimmlippen). Die Artikulation erfolgt dabei im gesamten Hohlraum zwischen den Stimmlippen sowie der Mund- und Nasenöffnung.

Achtung: Der Hypothalamus hat mit dem Sprechen nichts zu tun.

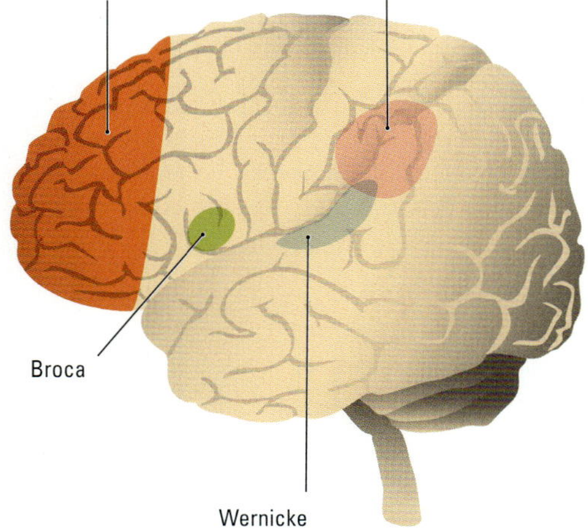

Abb. 14: Assoziative Kortexareale *medi-learn.de/7-physio3-14*

Assoziationsfeld	Funktion	Ausfallerscheinung
präfrontaler Kortex	– komplexe Gedankengänge – Planung – höhere motorische Aufgaben	– **Persönlichkeitsveränderung** – Antriebsarmut – aggressives, asoziales Verhalten
Broca-Zentrum	motorische Sprachproduktion	Broca-Aphasie: – **Telegrammstil** (nur noch Bildung kurzer Sätze) – **Verlangsamung** der Sprachgeschwindigkeit – **grammatikalische Vereinfachung der Sprache** – Störung von Silbenbetonung und Satzintonation – mühevolle Artikulation – **Mutismus** (Sprachproduktion vermindert bis erloschen)
parietotemporo-okzipitaler Kortex	– Integration visueller und somatosensorischer Informationen – Meinungsbildung	**Neglekt:** Beim Neglekt kommt es zum Ausfall höherer sensorischer Zentren. Das Gehirn weiß nicht mehr, dass es diesen Teil des Körpers oder Raumes gibt. Der Patient nimmt z. B. nur seinen halben Körper als vorhanden wahr. Die Symptome sind das Vernachlässigen/Ignorieren/Nicht-Wahrnehmen der kontralateralen Körperhälfte (somatosensorisch) oder Gesichtsfeldhälfte (visuell).
Wernicke-Zentrum	Sprachverständnis	**Wernicke-Aphasie**: – gestörtes Sprachverständnis – phonematische Paraphasien (z. B. „Spille“ statt „Spinne“ = klingt ähnlich) – semantische Paraphasien (z. B. „Gabel“ statt „Messer“ = sinnverwandt) – **Neologismen/Neologien** (völlig unverständliche Silbenreihen) – **sinnentleerte Sprache, aber davon viel (Logorrhöe)**

Tab. 9 a: Assoziationsfelder und ihre Funktion

Assoziationsfeld	Funktion	Ausfallerscheinung
limbischer Kortex (u. a. **Hippocampus**, Gyrus cinguli)	– Gedächtnis (Hippocampus im Temporallappen) – emotional-affektive Aspekte (von Wahrnehmungen wie Schmerz, Musik etc.)	beidseitige Schädigung Temporallappen: – **anterograde Amnesie** – Störung des Gefühlserlebens
Amygdala (Mandelkern)	– Angst – emotionales Lernen, z. B. bei Phobien – Einschätzung von Gefahren – Fluchtverhalten	– Störung des Angstempfindens – Unfähigkeit, Gefahren aus den Gesichtern anderer herauszulesen
Thalamus	Palliothalamus: enthält spezifische Kerne, die als Schaltstelle zwischen Kortex und Peripherie + anderen Hirnarealen fungieren.	Verlust der Funktion der unterbrochenen Bahn (bei Sehbahn z. B. Sehverlust)
	Truncothalamus: enthält unspezifische Kerne, die die unspezifische Aktivierung des Kortex (+ Verbindung zur Formatio reticularis) vermitteln.	– fehlende Aktivierung – Schläfrigkeit – Unaufmerksamkeit

Tab. 9 b: Assoziationsfelder und ihre Funktion

3.1.2 Rechts-Links-Hemisphären-Dominanz

In unserem Körper **kreuzen** nahezu alle Nervenbahnen irgendwo zwischen Großhirn und Peripherie. So kommt es, dass z. B. die **linke Gehirnhälfte die rechte Hand** steuert und die rechte Körperhälfte sowie das rechte Gesichtsfeld in der linken Hemisphäre abgebildet werden. Dem Neglekt einer Körperhälfte (z. B. der rechten) liegt daher eine Schädigung des kontralateralen (linken) posterior-parietalen Kortex zugrunde. Doch die Trennung zwischen linker und rechter Hemisphäre geht noch weiter: Selbst die Assoziationscortices weisen eine Hemisphärendominanz auf. Dies ist das Thema des folgenden Abschnitts.

Viele Erkenntnisse auf diesem Gebiet wurden mit epileptischen Patienten gewonnen, denen aus therapeutischen Gründen das Corpus callosum (der Balken/Verbindung zwischen linker und rechter Hemisphäre) und die vordere Kommissur durchtrennt worden waren – den Split-brain-Patienten.

So fand man heraus, dass bei den meisten **Rechtshändern die linke Hemisphäre** zuständig ist für

- das **sprachliche Ausdrucksvermögen** und Generieren von Worten,
- das Lesen und Erkennen einzelner Buchstaben und Lernen von Worten,
- das Sprechen und das Verständnis gelesener Texte,
- das Schreiben und Lernen von Texten sowie
- mathematische und sequenziell ablaufende Operationen.

Die **rechte Hemisphäre** ist bei den meisten Rechtshändern dagegen zuständig für

- den Umgang mit und dem Wiedererkennen von komplexen **geometrischen Figuren**,
- die Identifikation von Gegenständen auf nicht-verbale Weise,
- den Richtungssinn,
- das Wiedererkennen von **Gesichtern und Musik/Melodien** sowie
- die stereoskopische Tiefenwahrnehmung und die **räumliche Orientierung**.

Diese Hemisphärendominanz ist oft bei Linkshändern vertauscht. Allerdings ist das Broca-Sprachzentrum bei allen Rechtshändern und bei 90 % der Linkshänder links.

Merke!

Bei Rechtshändern:
- linke Hemisphäre = verbal wie Sprechen, Lesen und Schreiben,
- rechte Hemisphäre = nonverbal wie räumliche Orientierung, geometrische Formen und Musik.

Übrigens ...
Bei Split-brain-Patienten können Informationen nicht mehr von einer zur anderen Hemisphäre transportiert werden. So kann bei einem Rechtshänder ein Gegenstand nur durch Ertasten mit der rechten Hand benannt werden. Die Information gelangt von der rechten Hand in die linke Hemisphäre und wird in Wernicke und Broca (beide linksdominant) weiterverarbeitet. Tastet der Patient dagegen mit der linken Hand, kann die Information nicht von der rechten Hemisphäre auf die linke (Sprachzentrum) übertragen werden. Der Gegenstand kann dann nur auf nonverbale Weise erkannt werden (z. B. durch Zeigen auf ein Bild).

3.2 EEG (Elektroenzephalogramm)

Das EEG ist ein wichtiges diagnostisches Mittel in der Neurologie. Mit ihm können Krankheiten wie die Epilepsie erfasst werden. Es spielt aber auch eine wichtige Rolle bei der Untersuchung des Schlafrhythmus.
In diesem Abschnitt erfährst du, wie ein EEG entsteht und lernst die verschiedenen Wellentypen kennen. Das ist sowohl prüfungsrelevant als auch Grundlagenwissen für die Klinik.
Um ein EEG zu registrieren, werden Elektroden auf dem Schädel befestigt, die **Potenzialschwankungen** registrieren. Diese Schwankungen spiegeln jedoch NICHT einzelne Aktionspotenziale wider, sondern die gesamte synaptische Aktivität dieses Bereichs. Die so an den Synapsen registrierten Potenzialänderungen entsprechen den EPSPs und IPSPs (s. 2.2.2, S. 19) hauptsächlich von Pyramidenzellen.

Per Definition wurde festgelegt, dass
- positive Schwankungen den EPSPs in tieferen Hirnrindenschichten oder IPSPs in oberflächlichen Schichten entsprechen und
- negative Schwankungen den IPSPs in tieferen oder EPSPs in oberflächlichen Schichten.

Die verschiedenen Wellenformen unterscheiden sich in ihrer Frequenz. **Hohe Frequenzen** sind ein Zeichen für starke neuronale Aktivität und **gerichtete Aufmerksamkeit**. In diesem Fall sind alle Kortexregionen dabei, verschiedene Informationen zu verarbeiten. Du kannst dir das wie eine große Menschenmenge vorstellen: Wenn alle gleichzeitig etwas anderes tun und erzählen, herrscht ein heilloses Durcheinander. Ebenso herrscht ein Durcheinander im EEG, wenn gleichzeitig alle Zentren arbeiten. Die Wellen haben dann eine hohe Frequenz und eine niedrige Amplitude. Das nennt man **desynchronisiertes EEG**. Sprechen dagegen alle Menschen gleichzeitig dasselbe, z. B. ein Gebet, wie in der Kirche, so können wir die einzelnen Worte verstehen und es herrscht eine gewisse Ordnung. Diesen Zustand spiegelt ein EEG mit **niedrigen Frequenzen** und hohen Amplituden wider. Hier arbeiten die Zellen relativ synchron und es resultiert ein synchronisiertes EEG. Dies ist der Fall, wenn wir entspannen oder schlafen.

Übrigens ...
Die Maximalvariante dieser Synchronisation ist die Epilepsie. Hier kommt es zu Krampfwellen mit niedriger Frequenz und sehr großen Amplituden.

Falls es dir zu viel ist, alle Frequenzen zu lernen, solltest du dir zumindest die Reihenfolge der Frequenzen der einzelnen Wellentypen merken: $\gamma > \beta > \alpha > \theta > \delta$.

3

Übrigens ...
- Die θ- und δ-Wellen kommen beim Neugeborenen auch im Wachzustand vor.
- Die γ- (gamma-) Wellen findet man vor allem bei Lern- und Aufmerksamkeitsprozessen.

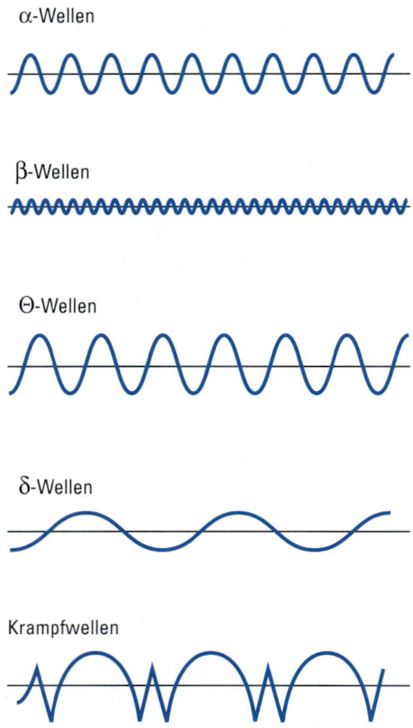

Abb. 15: EEG-Wellenformen

medi-learn.de/7-physio3-15

Immer wieder gerne wird nach der Wellenart bei geschlossenen Augen gefragt.

Merke!

Bei geschlossen Augen finden sich in den okzipitalen Ableitungen α-Wellen. Beim Öffnen der Augen gehen diese in β-Wellen über.

Übrigens ...
In der Klinik macht man sich das EEG bei der Erfassung **evozierter Potenziale** zunutze. Hierbei wird die Leitungsgeschwindigkeit der Fasertrakte überprüft: Man gibt einen bestimmten Reiz und misst, wann im entsprechenden Hirnareal eine elektrische Aktivität auftritt. Ein Beispiel hierfür ist die **BERA (brainstem evoked response audiometry)**, bei der man einen akustischen Reiz gibt und dann am Hirnstamm ein AEP (akustisch evoziertes Potenzial) registriert wird. Dies ermöglicht das Hörscreening bei Neugeborenen und Bewusstlosen: Obwohl diese Patienten nicht sagen können, ob sie etwas hören, kann man es in der BERA sehen (s. 7.3, S. 72).

Die folgende Tabelle gibt eine Übersicht über die Wellenformen des EEG, ihre Frequenz und ihr Vorkommen.

Wellenform	Frequenz	Vorkommen
γ (gamma)	ca. 30 Hz (30–80 Hz)	höchste Aufmerksamkeit
β (beta)	ca. 20 Hz (14–30 Hz)	gerichtete Aufmerksamkeit
α (alpha)	ca. 10 Hz (8–13 Hz)	wach, aber entspannt
θ (theta)	ca. 6 Hz (4–7 Hz)	Schlaf, Zwischenwellen
δ (delta)	ca. 3 Hz (0,3–3,5 Hz)	Schlaf

Tab. 10: EEG-Wellenformen

4 Tag - Nacht - Rhythmus und Schlaf

Fragen in den letzten 10 Examen: 5

Dieses Kapitel beschäftigt sich mit einem bis jetzt immer noch nicht wirklich verstandenen Thema: dem Schlaf. Obwohl man die verschiedenen Schlafphasen kennt und der Schlaf mit dem EEG überwachbar ist, sind noch viele Fragen offen. Bislang gibt es nur Theorien darüber, warum wir schlafen, wofür welche Schlafphase wichtig ist und wodurch Schlaf überhaupt entsteht. Das Gute an diesem „nicht-sicher-Wissen" ist, dass dich auch in der Prüfung niemand etwas fragen wird, was er selbst nicht weiß. Zusammenfassend kann man sagen, dass der NREM-Schlaf (s. unten) der Erholung und Abkühlung des Gehirns dient und der REM-Schlaf etwas mit Lernen zu tun hat. Das Nützliche, was dagegen häufig zum Thema Schlaf gefragt wird, findest du hier.

4.1 Schlafstadien

Schlaf ist ein Zustand, der sich grundsätzlich vom Wachzustand unterscheidet. Während des Schlafens kommt es zu einer **Dissoziation von Umwelt und Individuum**. Darunter versteht man, dass der Schlafende nicht mehr mitbekommt, was um ihn herum geschieht. Dies erreicht unser Körper, indem die sensorischen Informationen aus der Peripherie vom Thalamus nicht mehr zum Kortex weitergeleitet werden. Der Thalamus (das Tor zum Bewusstsein) macht also im Schlaf dicht.

Eingeteilt wird der Schlaf in die Stadien

- NREM (NonREM)-Schlaf und
- REM (Rapid-Eye-Movement)-Schlaf.

Übrigens ...
Der REM-Schlaf ist das, was wir häufig unter Traumschlaf verstehen. Er hat seinen Namen von den schnellen, Sekunden andauernden Augenbewegungen während dieses Stadiums.

Weiterhin unterscheidet man beim Schlaf, wie häufig ein Mensch pro Tag schläft. Säuglinge schlafen mehrmals täglich (polyphasisch), Erwachsene nur einmal pro Tag (monophasisch), ältere Menschen häufig zweimal täglich (Mittagsschlaf, biphasisch).

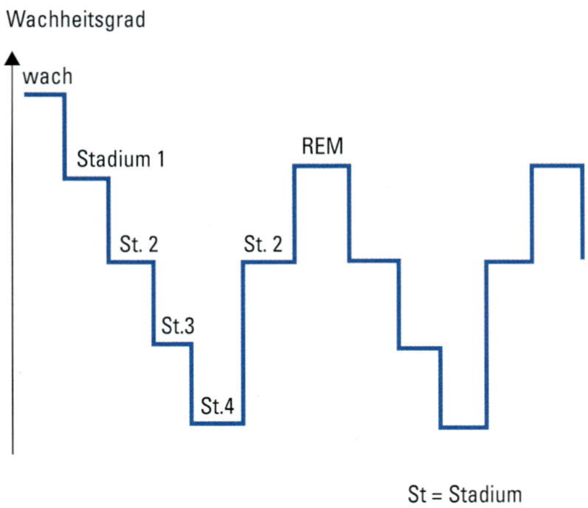

Abb. 16: Schlafzyklus *medi-learn.de/7-physio3-16*

4.1.1 NREM-Schlaf

Im NREM-Schlaf ist die Gehirnaktivität im **EEG relativ synchronisiert**. Der Kortex ist von äußeren Reizen abgeschottet. Der im EEG sichtbare Rhythmus stammt von einer Art internem Taktgeber (wahrscheinlich dem Thalamus), der dem Kortex seinen Rhythmus aufzwingt. Dadurch werden alle Zellen synchronisiert und es resultieren niedrige Frequenzen mit hohen Amplituden (s. 3.2, S. 29). Der Übergang vom Wachzustand zum NREM-Schlaf ist durch

eine immer kleiner werdende Wellenfrequenz charakterisiert: Aus α-Wellen werden über θ- schließlich δ-Wellen.
Aufgrund dieser Wellenentwicklung unterteilt man den NREM-Schlaf weiter in verschiedene Stadien (Phasen, in denen man unterschiedlich tief schläft). Ausgehend vom Wachzustand sind dies das

- **Stadium 1 und 2** (leichter Schlaf), die dann in
- **Stadium 3 und 4** (Tiefschlaf) übergehen.

Im **Stadium 2** treten dabei **K-Komplexe** und **β-Spindeln** auf. Man geht davon aus, dass es sich dabei noch um Reaktionen auf äußere Reize handelt, sodass das Gehirn in Stadium 2 wohl noch nicht ganz von der Umwelt abgeschottet ist.

4

In den Stadien 3 und 4 (im Tiefschlaf) ist die Weckschwelle sehr hoch, die Frequenzen im EEG sind niedrig und die Amplituden groß. Außerdem sind noch die Körperkerntemperatur und Atem- sowie Herzfrequenz erniedrigt. Im Tiefschlaf soll sich das Gehirn – wahrscheinlich durch Abkühlung – erholen.
Nach Beendigung des Tiefschlafs wird zunächst wieder das Stadium 2 erreicht, um von hier aus in den REM-Schlaf zu wechseln (s. Abb. 16, S. 31).

4.1.2 REM-Schlaf

Der REM-Schlaf unterscheidet sich in einigen Punkten vom NREM-Schlaf: Obwohl auch im REM-Schlaf keine äußeren Reize zum Kortex durchdringen und die **Weckschwelle** wie im Tiefschlaf **sehr hoch** ist, ähnelt das **EEG eher dem Wachzustand** mit kleiner Amplitude und hoher Frequenz. Durch Hemmung der Motoneurone findet man im REM-Schlaf jedoch einen **Tonusverlust der Stamm- und Extremitätenmuskulatur**, der zur Paralyse (Lähmung) führt. Diese Paralyse während des Traumschlafs ist auch sinnvoll, da sonst der Schlafende

seine Träume voll ausleben und sich womöglich des Öfteren verletzen würde ...
Während Stamm- und Extremitätenmuskulatur gehemmt sind, findet man als typisches Zeichen des REM-Schlafs **schnelle Augenbewegungen** unter geschlossenen Lidern. Daher auch der Name **R**apid-**E**ye-**M**ovement. Weitere Merkmale und Unterschiede gegenüber dem NREM-Schlaf sind eine **Zunahme der Herz- und Atemfrequenz**. Bei Männern kann es im REM-Schlaf zur Peniserektion kommen.
Manchen Theorien zufolge ist der REM-Schlaf für das Lernen des am Tage Erlebten wichtig. Zumindest Mäuse scheinen den Tag im Traum noch einmal zu erleben.
In der ersten Schlafhälfte findet man mehr NREM-Schlaf als in der zweiten. Zum Morgen hin nimmt dagegen der REM-Schlaf zu.
Beim Neugeborenen macht der REM-Schlaf 50 % des Gesamtschlafs aus. (Man nimmt an, dass das Gehirn zur Aktivierung seiner Synapsen den REM-Schlaf braucht, da die Sinne des Neugeborenen noch nicht ausreichend Informationen liefern). Ab dem 10. Lebensjahr sind es nur noch ca. 20 % und ungefähr dabei bleibt es auch bis ans Lebensende.

Übrigens ...
Ein Schlafwandler befindet sich im NREM-Schlaf. Schlafwandeln kommt oft im Kindesalter vor, wenn im Tiefschlaf (NREM-Schlaf) eine Weckreaktion stattfindet, die den Schlaf aber nicht ganz beendet. Durch die unvollständige Weckreaktion laufen die Kinder dann schlafend umher. Der genaue Mechanismus ist jedoch noch nicht geklärt. Das Schlafwandeln ist also KEIN Hemmungsverlust im REM-Schlaf, wie viele glauben. Man lebt daher während des Schlafwandelns auch NICHT seine Träume aus.

4.2 Zirkadianer Rhythmus

Das Thema Zirkadianer Rhythmen wird ausführlicher im Skript Biochemie 5 behandelt. Hier sei nur erwähnt, dass der Körper eine innere Uhr besitzt, die den Rhythmus vieler interner Prozesse bestimmt. Fehlen äußere Einflüsse, so gibt unser interner Taktgeber einen ca. 25-Stunden-Tag vor. Erst mit Hilfe äußerer Einflüsse – vor allem des Lichts – wird dieser Rhythmus auf 24 Stunden gebracht.

Entscheidend für die Einflussnahme des Lichts ist der Nucleus suprachiasmaticus. Daher kann dessen Schädigung zur Störung der circadianen Rhythmik führen.
Zu diesem Thema kommen hauptsächlich Fragen zum Nucleus suprachiasmaticus:
Der Nucleus suprachiasmaticus projiziert auf den cervicalen Sympathikus. Dieser beeinflusst wiederum die Epiphyse (Zirbeldrüse), die bei Dunkelheit das Hormon Melatonin ausschüttet.

DAS BRINGT PUNKTE

Aus dem Bereich Großhirnrinde wurde bislang häufig nach den **Assoziationscortices**, ihrer Funktion und ihren Ausfallerscheinungen gefragt. Hierzu solltest du in der Prüfung unbedingt die Inhalte von Tab. 9 a, S. 27 und Tab. 9 b, S. 28 parat haben. Besonders beliebt waren Fragen zu den folgenden Ausfallerscheinungen:

- Broca-Aphasie:
  - nur noch Bildung kurzer Sätze (Telegrammstil),
  - mühevolle Artikulation und
  - Sprachproduktion vermindert bis erloschen (Mutismus).
- Wernicke-Aphasie:
  - gestörtes Sprachverständnis,
  - Paraphasien und
  - Neologismen (Neologien): sinnentleerte Sprache, aber davon viel.
- Neglekt:
  - Vernachlässigung,
  - Ignorieren und
  - Nicht-Wahrnehmen der kontralateralen Körperhälfte (somatosensorisch) oder Gesichtsfeldhälfte (visuell).

Gerne gefragt wurde außerdem die **Hemisphärendominanz** bei Rechtshändern:

- linke Gehirnhälfte → verbal (Sprechen, Lesen, Schreiben),
- rechte Hemisphäre → nonverbal (räumliche Orientierung, geometrische Formen, Musik).

Zu guter Letzt solltest du noch über die **EEG-Wellen** (s. Tab. 10, S. 30) Bescheid wissen. Sichere Punkte beschert dir hier das Wiedererkennen dieser Aussagen:

- Bei geschlossen Augen finden sich in den okzipitalen Ableitungen α-Wellen.
- Beim Öffnen der Augen gehen die α-Wellen in β-Wellen über.

Für die schriftliche Prüfung solltest du dir unbedingt die **Kennzeichen des REM-Schlafs** merken:

- die Weckschwelle ist sehr hoch,
- der Tonus der Stammmuskulatur nimmt ab,
- schnelle Augenbewegungen (Rapid-Eye-Movements) finden statt,
- Herzfrequenz und Atemfrequenz sind höher als im NREM-Schlaf und
- das EEG ist desynchronisiert.

Weiterhin solltest du die folgende Aussage als richtig erkennen:
Der Schlaf-Wach-Rhythmus wird mit dem Nacht-Tag-Rhythmus über den Nucleus suprachiasmaticus synchronisiert.

FÜRS MÜNDLICHE

Im Mündlichen wird zu diesem Thema wenig gefragt. Wenn du die Assoziationscortices kennst, hast du schon die notwendigen Grundlagen beisammen:

1. **Erklären Sie, wofür der präfrontale Kortex zuständig ist.**
2. **Erläutern Sie, wofür wir ein Broca-Zentrum haben.**
3. **Erklären Sie, welches die Aufgaben des parieto-temporo-okzipitalen Kortex sind.**
4. **Bitte erläutern Sie, was das Wernicke-Zentrum macht.**
5. **Erklären Sie, wofür der limbische Kortex (u. a. Hippocampus, Gyrus cinguli) zuständig ist.**
6. **Erklären Sie, welche Schlafarten es gibt.**

FÜRS MÜNDLICHE

7. **Welche Schlafstadien kennen Sie?**
8. **Welche Wellentypen kennen Sie und wo kommen diese vor?**
9. **Bitte erläutern Sie, was den REM-Schlaf auszeichnet.**

---

1. Erklären Sie, wofür der präfrontale Kortex zuständig ist.
Für komplexe Gedankengänge, Planung und höhere motorische Aufgaben.

2. Erläutern Sie, wofür wir ein Broca-Zentrum haben.
Für die motorische Sprachproduktion.

3. Erklären Sie, welches die Aufgaben des parieto-temporo-okzipitalen Kortex sind.
Die Integration visueller und somatosensorischer Informationen, die Meinungsbildung.

4. Bitte erläutern Sie, was das Wernicke-Zentrum macht.
Es dient dem Sprachverständnis.

5. Erklären Sie, wofür der limbische Kortex (u. a. Hippocampus, Gyrus cinguli) zuständig ist.
Für das Gedächtnis (Hippocampus im Temporallappen) und emotional-affektive Aspekte.

6. Erklären Sie, welche Schlafarten es gibt.
Es gibt den REM- und den NonREM-Schlaf:
- Der REM-Schlaf ist der Traumschlaf, der an den Wachzustand erinnert,
- der NREM-Schlaf ist der Erholungsschlaf.

7. Welche Schlafstadien kennen Sie?
Der NREM-Schlaf besteht aus vier Stadien:
- Stadium 1 und 2 sind leichter Schlaf,
- Stadium 3 und 4 Tiefschlaf.

Der REM-Schlaf ist nicht weiter unterteilt. Er schließt an das Schlafstadium 2 an.

8. Welche Wellentypen kennen Sie und wo kommen diese vor?
Es gibt δ- (3 Hz), θ- (6 Hz), α- (10 Hz), β- (20 Hz) und γ- (30 Hz) Wellen:
- δ- und θ-Wellen findet man vor allem im Schlaf.
- α-Wellen findet man im entspannten Wachzustand.
- β-Wellen sind ein Zeichen für gerichtete Aufmerksamkeit.
- γ-Wellen kann man während angespannter Aufmerksamkeit registrieren.

9. Bitte erläutern Sie, was den REM-Schlaf auszeichnet.
Der REM-Schlaf wird auch paradoxer Schlaf genannt, weil er Kennzeichen des Tiefschlafs wie eine hohe Weckschwelle aufweist, andererseits aber auch Kennzeichen des Wachzustands. So sieht z. B. das EEG desynchronisiert aus wie beim wachen Menschen. Weiterhin zeichnen den REM-Schlaf ein Tonusverlust der Stamm- und Extremitätenmuskulatur bei gleichzeitig schnellen Augenbewegungen aus.
Der REM-Schlaf ist der eigentliche Traumschlaf. Er dient wahrscheinlich dazu, das am Tag Erlebte zu wiederholen und damit im Gedächtnis zu festigen.

Pause

Lehn' Dich zurück und mach
doch einfach mal kurz Pause ...

5 Gedächtnis

Fragen in den letzten 10 Examen: 6

Vieles im Zusammenhang mit den Funktionen unseres Gehirns sind bislang noch unbekannt. Eine davon ist das Gedächtnis. Die Dinge, die man mit Sicherheit weiß und daher auch fragt, wirst du in diesem Kapitel kennen lernen.
Beschäftigt man sich mit dem Gedächtnis, so kann man dies zum einen auf makroskopischer Ebene tun. Hierbei geht es um die verschiedenen Gedächtnisformen, die Verhaltenslehre und die Hirnstrukturen, die an der Gedächtnisbildung beteiligt sind. Andererseits kann man sich mit dem Gedächtnis auch auf zellulärer und molekularer Ebene beschäftigen.

5.1 Gedächtnisformen

In diesem Abschnitt geht es um die Gedächtnisformen, ihre Lokalisation und die dazu gehörenden klinischen Aspekte. Die Lerntheorien sind dagegen Thema der Psychologie (s. Skript Psychologie 2) und werden hier nur kurz erwähnt.
Zu den Grundlagen der Lerntheorie gehören die Begriffe
- Habituation,
- Adaptation und
- Sensitivierung.

Bei allen dreien handelt es sich um **nichtassoziative Formen** des Lernens. Diese drei Formen des nichtassoziativen Lernens laufen unbewusst ab. Weiterhin gehören zum nichtassoziativen Lernen noch die bewusst ablaufenden kognitiven Lernvorgänge wie z. B. das Vokabeln lernen.
Unter **Habituation** versteht man die Gewöhnung eines Organismus an einen wiederholt dargebotenen Reiz. Dies führt zum Ignorieren des Reizes. Die Habituation läuft auf cortikaler (zentraler) Ebene ab.

Bei der **Adaptation** kommt es zur Abnahme der Empfindlichkeit eines Sinnesorgans auf einen Reiz, wenn dieser wiederholt dargeboten wird. (Die Habituation findet also auf zentraler Ebene statt, die Adaptation dagegen im Sinnesorgan.)
Die **Sensitivierung** ist die Umkehr der Habituation. Beispiel: Durch ein Schreckereignis kann ein durch Habituation ignorierter Reiz wieder wahrgenommen werden.
Unter **assoziativem Lernen** werden die
- klassische und
- operante Konditionierung

zusammengefasst.
Durch Konditionierung werden Verhaltensweisen erlernt. Bei der klassischen Konditionierung wird ein unbedingter (natürlich vorhandener) Reiz zusammen mit einem bedingten (neuen, künstlichen) Reiz dargeboten. Dadurch wird die natürliche Reaktion auf den unbedingten Reiz auch durch den bedingten Reiz ausgelöst: Es kommt zur **Reizassoziation**.

Beispiel
Ein bekanntes Beispiel hierfür ist der Pawlowsche Hund. Der Hund setzt nach einiger Zeit das Klingeln einer Glocke (bedingter Reiz) mit dem Anblick eines Knochens (unbedingter Reiz) gleich. Hier bewirkt eine neue Situation (Glockenklingeln) also dieselbe Reaktion (Speichelfluss) wie die bereits bekannte (Knochenanblick). Mehr dazu im Skript Psychologie 2.

Bei der operanten Konditionierung wird ein Verhalten durch positive Verstärkung (Belohnung) oder negative Verstärkung (Beendigung eines unangenehmen Zustands) gefördert.

Übrigens ...
Das nichtassoziative Lernen unterscheidet sich vom assoziativen Lernen dadurch, dass beim assoziativen Lernen eine Verknüpfung geschaffen wird zwischen etwas Bekanntem und einer neuen Sache. Beim nichtassoziativen Lernen hingegen wird etwas Neues ins Gehirn gespeichert, ohne es mit bereits Bekanntem zu verknüpfen.

Soviel zur Theorie. Doch wie kommt es, dass wir das Gelernte auch anwenden können? Wenn man etwas lernt, so muss dies im Gedächtnis gespeichert werden. Für dieses Speichern sind im Gedächtnis zwei unterschiedliche Abteilungen zuständig:
- das deklarative (explizite) und
- das prozedurale (implizite) Gedächtnis.

Im **expliziten** Gedächtnis werden Fakten gespeichert. Hierzu gehören z. B. die nichtassoziativen kognitiven Lernvorgänge (Lernen durch Einsicht). Im **impliziten** Gedächtnis werden Fertigkeiten und Gewohnheiten gespeichert. Hierunter werden die Konditionierung (assoziatives Lernen) sowie die Habituation und Sensitivierung (nichtassoziatives Lernen) zusammengefasst.
Das prozedurale Gedächtnis entsteht ohne Beteiligung des Bewusstseins. Es findet in subkortikalen Hirnregionen statt. Kognitives Lernen läuft dagegen bewusst ab. Das deklarative Gedächtnis ist dabei auf den Hippocampus angewiesen.

Merke!

Das explizite Gedächtnis ist auf den Hippocampus angewiesen, das implizite auf subkortikale Hirngebiete.

Die hippocampale Hirnrindenregion liegt im medialen Anteil des Lobus temporalis. Bei bilateraler Schädigung des Hippocampus können daher keine neuen Fakten mehr gelernt werden, und es kommt zur anterograden Amnesie. Hierunter versteht man die Unfähigkeit, ab einem bestimmten Ereignis neue Dinge dazu zu lernen und sich an sie zu erinnern.

Merke!

Bei bilateraler Läsion des Hippocampus kommt es zur anterograden Amnesie und Störung des expliziten Gedächtnisses.

Übrigens ...
Die anterograde Amnesie ist unbedingt von der retrograden Amnesie abzugrenzen, bei der bereits gelernte Dinge wieder vergessen werden. Die anterograde Amnesie ist also von einem bestimmten Ereignis mit Hirnschädigung aus in die Zukunft gerichtet, die retrograde Amnesie in die Vergangenheit.

Zu guter Letzt kann das Gedächtnis noch in ein **Kurz- und ein Langzeitgedächtnis** eingeteilt werden. Diese Einteilung orientiert sich daran, wie lange eine Information gespeichert bleibt. Weiter unterteilt wird das Kurzzeitgedächtnis noch in ein sensorisches und ein primäres Gedächtnis, das Langzeitgedächtnis in ein sekundäres und tertiäres Gedächtnis. Tab. 11, S. 38 gibt dir einen Überblick über diese Gedächtnisformen.

Obwohl auf die molekularen Mechanismen erst im nächsten Abschnitt eingegangen wird, sei – mit Blick auf die schriftliche Prüfung – bereits an dieser Stelle erwähnt, dass eine Unterbrechung der Proteinbiosynthese vor allem das Langzeitgedächtnis beeinträchtigt.

Gedächtnisform	sensorisch	primär	sekundär	tertiär
Kapazität	Information des Rezeptors	gering	sehr groß	sehr groß
Verweildauer	< 1 Sekunde	einige Sekunden	Minuten bis Jahre	dauerhaft
Zugriffsgeschwindigkeit	sehr schnell	sehr schnell	langsam	sehr schnell

Tab. 11: Sensorisches, primäres, sekundäres und tertiäres Gedächtnis

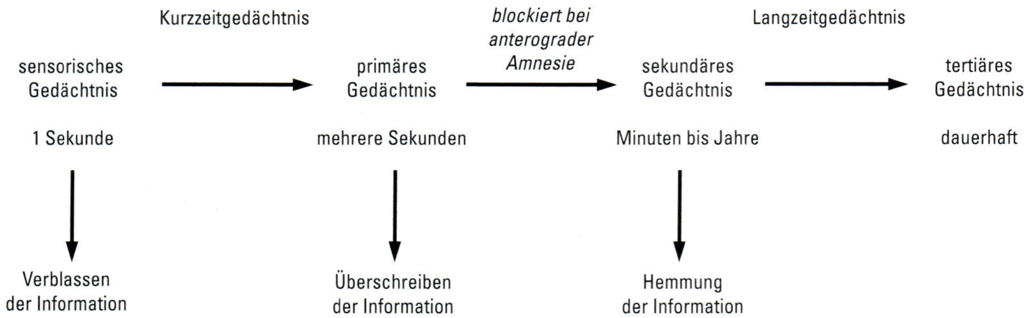

Abb. 17: Gedächtnisbildung *medi-learn.de/7-physio3-17*

5.2 Zelluläre Mechanismen

Die kleinste Einheit des Gedächtnisses ist ein Neuron. Schon hier auf zellulärer Ebene wird das Gedächtnis gebildet: Häufig benutzte Synapsen werden verstärkt, ähnlich wie ein Trampelpfad, der bei häufiger Benutzung immer besser ausgetreten ist. Eine Grundlage des zellulären Gedächtnisses ist der **NMDA (N-Methyl-D-Aspartat)-Rezeptor**. Sieht man sich die Prüfungsfragen an, so stößt man immer wieder auf diesen Rezeptor mit seinem komplizierten Namen. Aber das Ganze hört sich schwieriger an, als es ist.
Wie funktioniert es also, wenn eine häufig benutzte Synapse wie ein Pfad ausgetreten wird? Dieses Phänomen wird vor allem an den Pyramidenzellen des Hippocampus beobachtet und nennt sich **Langzeitpotenzierung (LTP)**. Sie führt dazu, dass die Amplitude eines eintreffenden EPSPs (exzitatorisches

postsynaptisches Potenzial, s. 2.2.2, S. 19) zunimmt. Dadurch nimmt der Ca^{2+}-Einstrom zu und die synaptische Übertragung wird verbessert. Eine Wirkung, die Stunden bis Tage anhalten kann und nur bei wiederholter Aktivierung dieser Synapse ausgelöst wird. Zugrunde liegt der Langzeitpotenzierung ein **Anstieg des intrazellulären Calciums** im postsynaptischen Teil der Synapse. Hier kommt jetzt der NMDA-Rezeptor ins Spiel: Er ist es nämlich, der bei starker Depolarisation zum Anstieg des intrazellulären Calciums führt. Um das zu verstehen, musst du dir noch mal die verschiedenen Glutamat-Rezeptoren in Erinnerung rufen (s. Tab. 7, S. 20 und Tab. 8, S. 21): An den Synapsen im Hippocampus, die Glutamat als Transmitter benutzen, findet man

- zum einen die AMPA-Rezeptoren. Diese werden durch Glutamat aktiviert und lassen Na^+-Ionen ins Zellinnere. Dadurch kommt es zur Depolarisation.
- zum anderen die NMDA-Rezeptoren. Ist die Zelle nicht depolarisiert (Ruhepotenzial =

ca. –70 mV), so ist ihre Glutamat-Bindungsstelle mit Mg^{2+} besetzt und damit blockiert. Wird Glutamat freigesetzt, kann es daher zunächst nur an die AMPA-Rezeptoren binden.

Kommt es jedoch durch eine Aktionspotenzialserie der zuführenden Axone (Austreten des Trampelpfads) zu einer **starken postsynaptischen Depolarisation, werden die Mg^{2+}-Ionen abgestoßen** und die Bindungsstelle am NMDA-Rezeptor wird frei. Nun erst **kann Glutamat binden** und der Ionenkanal öffnet sich. Durch diesen Kanal gelangen sowohl Na^+- als auch Ca^{2+}-Ionen in die Zelle und die intrazelluläre Calciumkonzentration steigt an. Dadurch werden verschiedene Enzyme induziert, was auf lange Sicht zur Änderung der Proteinbiosynthese führt, die schließlich die Grundlage für die Bildung des Langzeitgedächtnisses ist.

Merke!

Der NMDA-Rezeptor ist ein Glutamat-Rezeptor. Er ist beim Ruhepotenzial durch Mg^{2+} blockiert. Erst bei starker Depolarisation wird die Glutamat-Bindungsstelle frei und es fließen Na^+- und Ca^{2+}-Ionen in die Zelle.

Übrigens ...

Die Langzeitpotenzierung und damit auch das Lernen/Übernehmen von Inhalten ins Langzeitgedächtnis kann durch NMDA-Rezeptorantagonisten verhindert werden.

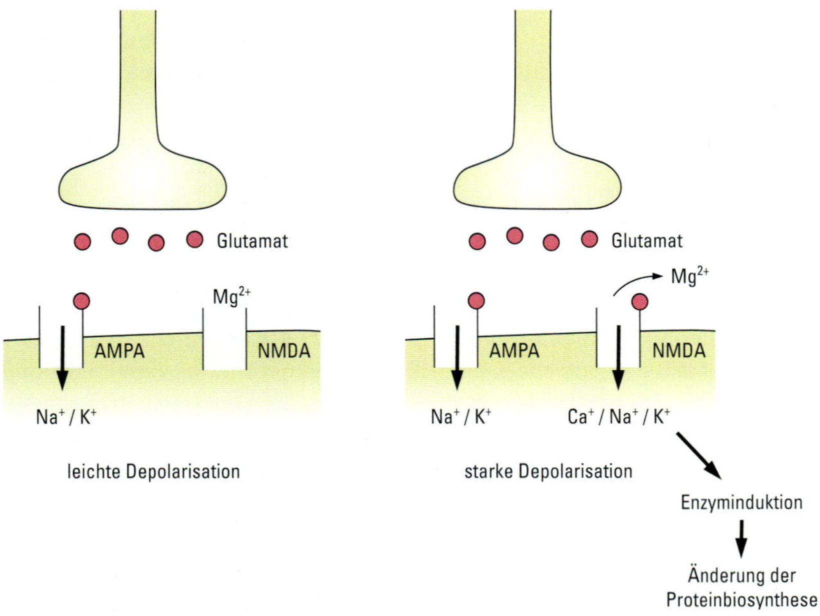

Abb. 18: NMDA-Rezeptor

medi-learn.de/7-physio3-18

DAS BRINGT PUNKTE

Folgende Aussagen zu den **Gedächtnisformen** wurden bislang häufiger in der schriftlichen Prüfung gefragt:

- Das explizite Gedächtnis ist auf den Hippocampus angewiesen, das implizite auf subcortikale Hirngebiete.
- Bei bilateraler Läsion des Hippocampus kommt es zur anterograden Amnesie.

Als richtig erkannt, liefert auch dieser Satz einen weiteren Examenspunkt:

- Die Langzeitpotenzierung an den Pyramidenzellen des Hippocampus kommt durch einen Anstieg des intrazellulären Calciums über den NMDA-Rezeptor zustande.

Unbedingt wissen solltest du, dass dieser **NMDA-Rezeptor**

- ein Glutamat-Rezeptor ist,
- beim Ruhepotenzial durch Magnesium-Ionen blockiert ist,
- durch starke Depolarisation deblockiert wird und
- ein Na^+- sowie Ca^{2+}-Kanal ist.

FÜRS MÜNDLICHE

Zu diesem Kapitel finden sich kaum Fragen im Mündlichen. Du kannst dich daher darauf beschränken, die typischen Fragen fürs Schriftliche zu lernen.
Für alle, denen dies zu wenig ist, stehen hier dennoch ein paar möglich Fragen und Antworten:

1. **Bitte erklären Sie, was man unter dem expliziten und was unter dem impliziten Gedächtnis versteht.**
2. **Bitte erläutern Sie, was man unter einer Amnesie versteht.**
3. **Welche weitere Einteilung der Gedächtnisformen kennen Sie?**
4. **Erläutern Sie, wie das Gedächtnis auf molekularer Ebene funktioniert.**

---

1. Bitte erklären Sie, was man unter dem expliziten und was unter dem impliziten Gedächtnis versteht.
Das explizite Gedächtnis wird auch deklaratives Gedächtnis genannt. Im expliziten Gedächtnis werden Fakten gespeichert, auf die wir bewusst zugreifen (z. B. Namen, Vokabeln, Matheformeln). Das implizite Gedächtnis wird auch prozedurales Gedächtnis genannt. Hier werden Fertigkeiten gespeichert (z. B. Autofahren, Klavierspielen).

2. Bitte erläutern Sie, was man unter einer Amnesie versteht.
Bei einer Amnesie kommt es zum Gedächtnisverlust.

- Bei der retrograden Amnesie vergisst man vorherige Ereignisse und Fakten. Ursache ist meist ein Schädel-Hirn-Trauma.
- Bei der anterograden Amnesie kann nichts Neues mehr gelernt werden. Sie tritt bei einer bilateralen Schädigung des Hippocampus auf.

FÜRS MÜNDLICHE

3. Welche weitere Einteilung der Gedächtnisformen kennen Sie?

Das Gedächtnis kann in ein Kurz- und ein Langzeitgedächtnis sowie in ein sensorisches, primäres, sekundäres und tertiäres Gedächtnis unterteilt werden:

- Das sensorische Gedächtnis befindet sich auf Rezeptorebene (< 1 Sekunde).
- Das primäre Gedächtnis speichert Informationen nur wenige Sekunden lang.
- Um über Monate bis Jahre abrufbar zu sein (z. B. der Prüfungsstoff), muss das Gelernte dann im sekundären Gedächtnis gespeichert werden.
- Im tertiären Gedächtnis befinden sich die Fakten dauerhaft, z. B. unser Name.

4. Erläutern Sie, wie das Gedächtnis auf molekularer Ebene funktioniert.

Um Informationen im Langzeitgedächtnis zu speichern, muss die Proteinbiosynthese geändert werden. Dies nennt man Langzeitpotenzierung. Wichtig hierbei ist der NMDA-Rezeptor.

Bei starker Depolarisation wird er aktiviert und lässt vermehrt Ca^{2+}-Ionen einströmen. Durch das erhöhte Ca^{2+} wird über Zwischenstufen letztendlich die Proteinbiosynthese verändert.

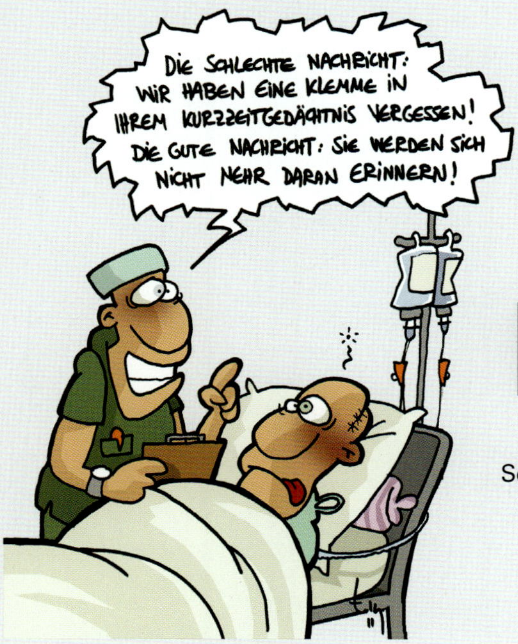

Mehr Cartoons unter www.medi-learn.de/cartoons

Pause

Soviel zum Thema Gedächtnis ...

6 Visuelles System - Sehen

Fragen in den letzten 10 Examen: 38

Zum Kapitel Visuelles System fanden sich bislang immer einige Fragen in der schriftlichen Prüfung und es kann dir gut im Mündlichen begegnen. Mit der Physiologie des Sehens lernst du außerdem schon viele wichtige Grundlagen für die Augenheilkunde (s. 6.1.3, S. 46) und hast einen der wichtigsten Sinne des Menschen vor dir, denn die Evolution hat uns zu optischen Wesen gemacht.

Die Vorder- und Hinterkammer des Auges sind mit Kammerwasser gefüllt. Diese Flüssigkeit wird im Ziliarkörper der Hinterkammer gebildet und strömt durch die Pupille in die Vorderkammer. Von dort fließt es über den Schlemmkanal ab. Eine Mydriasis behindert diesen Abfluss. Normalerweise erzeugt das Kammerwasser einen Augeninnendruck von 10–21 mmHg.

Übrigens ...
Bei einem Glaukom steigt der Augeninnendruck an, was zur Schädigung des Sehnerven führt. Schlimmstenfalls droht die Erblindung. Wichtige Medikamente zur Behandlung des Glaukoms sind **Carboanhydrasehemmer** wie Azetazolamid und Dorzolamid. Diese Substanzen verringern die Kammerwasserproduktion.

6.1 Dioptrischer Apparat

Dieser Abschnitt hat viel mit Physik zu tun, was die meisten sicherlich erst einmal abschreckt. Aber keine Sorge: Die notwendigen physikalischen Grundlagen beschränken sich auf das Verständnis von brechenden Linsen und die Fragen des schriftlichen Examens hauptsächlich auf die Themen Berechnung der Akkommodationsbreite und Fehlsichtigkeiten.

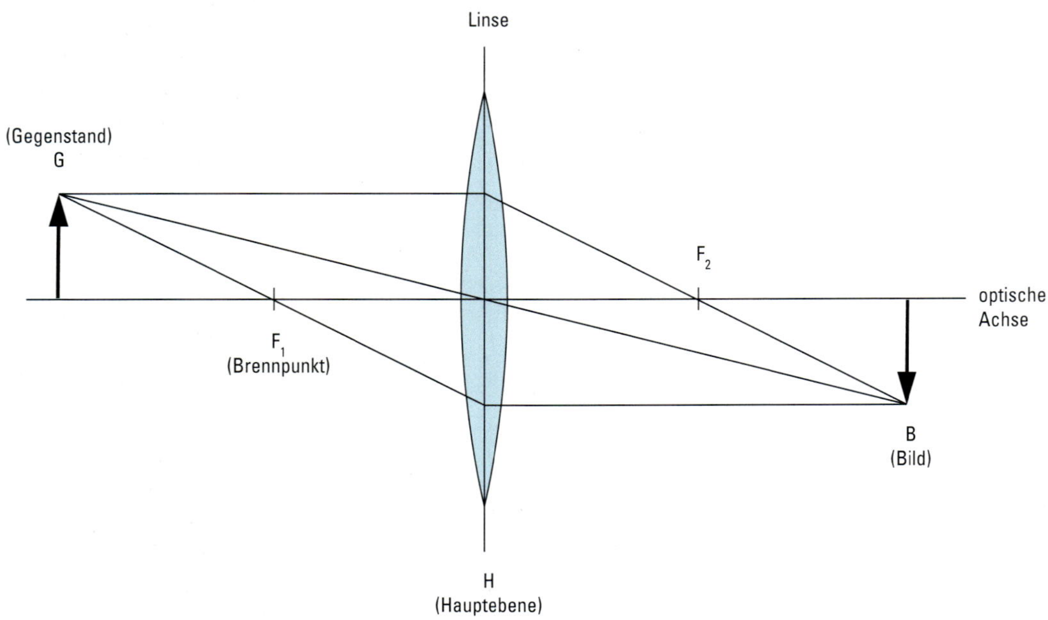

Abb. 19: Strahlengänge durch eine Linse *medi-learn.de/7-physio3-19*

6.1.1 Das Auge als optisches System

Die Grundlage für das Verständnis des Auges bildet die Optik der Linsen: An einer Linse wird das Licht gebrochen. Hier gibt es verschiedene Punkte, Achsen und Ebenen, die du wahrscheinlich schon aus der Physik kennst. Die wichtigsten sind

- die **Hauptebene H**,
- die **optische Achse**,
- der **Brennpunkt F**,
- der **Knotenpunkt**.

Zudem sind die Regeln für die Brechung des Lichts zu beachten. Falls du dich nicht mehr an alles erinnerst, wäre jetzt der richtige Zeitpunkt, um die physikalischen Grundlagen zu wiederholen (s. Skript Physik).

Neben dem Brennpunkt spielen auch die Brechkraft und die **Brennweite** einer Linse eine wichtige Rolle für das Sehen. Eintreffende Strahlen werden durch die Linse gebrochen (abgelenkt): Achsenparallele Strahlen verlaufen nach der Brechung durch den Brennpunkt; Strahlen, die vor der Linse durch den Brennpunkt laufen, sind nach der Brechung achsenparallel (s. Abb. 19, S. 42). Der Brennpunkt ist dabei für jede Linse charakteristisch und unveränderlich. Sein Abstand von der Linse wird als Brennweite bezeichnet.

Hat eine Linse z. B. eine große Brennweite, so bricht sie die Strahlen schwach. Hierfür wurde der Begriff Brechkraft eingeführt, der angibt, wie stark die Strahlen gebrochen werden.

Nun ist es Zeit, sich den Aufbau des Auges aus der Anatomie wieder in Erinnerung rufen. Im Auge gibt es zwei brechende Flächen:

1. die Cornea (Hornhaut) mit einer Brechkraft von 43 dpt und
2. die Linse, deren Brechkraft zwischen 19 dpt und 34 dpt verändert werden kann (Akkommodation, vergleichbar mit dem Zoomen eines Kamera-Objektivs).

Das eintreffende Licht wird zunächst an der Cornea gebrochen, tritt dann in die flüssigkeitsgefüllte vordere Augenkammer ein und trifft auf die Linse.

Unter einer Dioptrie (dpt) versteht man die Einheit der Brechkraft D. Sie entspricht 1/m und ist damit die Umkehrung der Brennweite f.
Brechkraft = 1/Brennweite,
Brennweite = 1/Brechkraft,
$D = 1/f$.

Bei 43 dpt beträgt die Brennweite der Cornea somit 1/43 m = 0,023 m = 2,3 cm.

Die Gesamtbrechkraft des Auges ergibt sich NICHT direkt durch Addition. Bei einer Brechkraft der Linse von z. B. 19 dpt beträgt sie nämlich nur 58 dpt.

Die Brechkraft von Cornea und Linse ist an die angrenzenden Medien gebunden. Ändert sich das Medium vor der Hornhaut z. B. von Luft zu Wasser, so nimmt die Brechkraft ab, da Wasser einen höheren Brechungsindex hat als Luft. Deshalb sehen wir unter Wasser alles verschwommen. Theoretisch könnten daher Kurzsichtige (relativ zu starke Brechkraft s. 6.1.3, S. 46) mit einer bestimmten Brechkraft besser unter Wasser sehen als Normalsichtige. Allerdings ist niemand so kurzsichtig, dass er damit diesen Medienwechsel ausgleichen könnte.

Nach Brechung an der Linse gelangt das Licht in den flüssigkeitsgefüllten Corpus vitreum (Glaskörper), um dann schließlich auf die Retina (Netzhaut) zu treffen. Dort entsteht ein verkleinertes und umgekehrtes Bild des gesehenen Gegenstands. Die Retina gleicht somit dem Film in einer Kamera.

Merke!

Das Bild auf der Retina ist verkleinert und umgekehrt.

Man kann Cornea und Linse auch als eine brechende Fläche zusammenfassen. Dadurch entsteht das sogenannte **reduzierte Auge**. In diesem Modell (s. Abb. 20, S. 44) lässt sich aus der Entfernung des Gegenstands von der zusammengefassten brechenden Fläche (Gegenstandsweite g) und aus dem Abstand von dieser Fläche zur Abbildung (Bildweite b) die Brennweite f und die Brechkraft D des gesamten Auges bestimmen:

$$\frac{1}{g} + \frac{1}{b} = \frac{1}{f} = D$$

Bei einem sehr weit entfernten Gegenstand mit g gegen ∞ (unendlich) geht 1/g gegen 0. Dann gilt:

$$D = \frac{1}{f} = \frac{1}{b}$$

Die Funktion der Blende einer Kamera wird im Auge von der Iris (Regenbogenhaut) übernommen. Sie kann weit (Mydriasis) oder eng (Miosis) gestellt werden, wodurch mehr oder weniger Licht auf die Retina gelangt. Diese Reaktionen werden sympathisch (Mydriasis) und parasympathisch (Miosis) reguliert. Zur Mydriasis kommt es durch Kontraktion des M. dilatator pupillae, zur Miosis durch Kontraktion des M. sphincter pupillae. Die parasympathische Innervation erfolgt durch den Edinger-Westphal-Kern über den N. oculomotorius. Umgeschaltet wird im Ganglion ciliare. Die sympathische Innervation erfolgt über den thorakalen Sympathikus mit Umschaltung im Ganglion cervicale superius.

Der Parasympathikus kann durch Atropin, den Wirkstoff der Tollkirsche, gehemmt werden. Die Tränendrüse wird sympathisch und parasympathisch innerviert.

Da die Linse den Regeln der Optik folgt, findet man an ihr auch zwei wichtige, weil gern gefragte Phänomene:

- die **chromatische Aberration** und die
- **sphärische Aberration**.

Die chromatische (farbliche) Aberration kommt dadurch zustande, dass kurzwelliges Licht (blau) stärker gebrochen wird als langwelliges (rot).

Sphärische Aberration bedeutet, dass Licht am Rand der Linse stärker gebrochen wird als in Nähe der optischen Achse. Dieses Phänomen kann durch Engstellung der Pupille reduziert werden, da dann kein Licht mehr auf die Ränder der Linse trifft.

Merke!

- Kurzwelliges, blaues Licht wird stärker gebrochen als langwelliges, rotes Licht.
- Die sphärische Aberration nimmt bei Pupillenweitstellung zu.

6

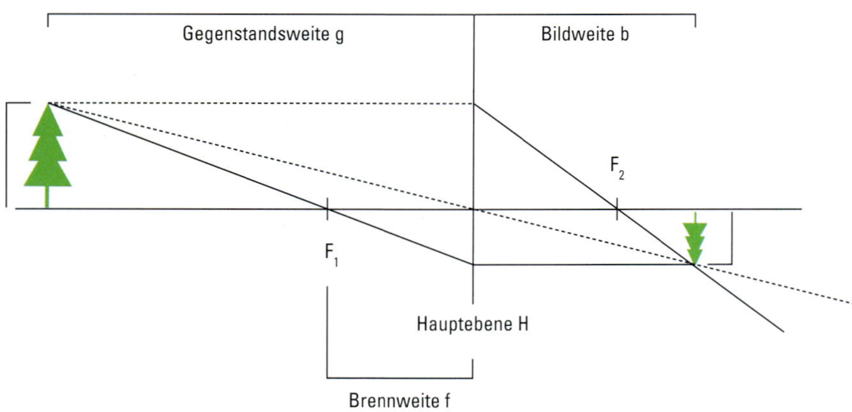

Abb. 20: Gegenstandsweite, Bildweite und Brennweite

medi-learn.de/7-physio3-20

Übrigens ...
Um einen roten Gegenstand scharf abzubilden, muss die Linse eine stärkere Brechkraft einstellen (stärkere Akkommodation) als bei einem blauen Gegenstand, der in gleicher Entfernung steht. Da unser Gehirn jedoch gelernt hat, dass wir für nähere Gegenstände eine größere Brechung brauchen, erscheint uns der rote Gegenstand näher. Das kannst du selbst testen, wenn du einen roten und blauen Gegenstand in gleicher Entfernung betrachtet.

6.1.2 Akkommodation

Unter der Akkommodation versteht man die **Änderung der Brechkraft**. Bei unserer Linse liegt sie zwischen 19 und 34 dpt. Diese Flexibilität dient dazu, sowohl nahe als auch weit entfernte Gegenstände scharf auf der Netzhaut abbilden zu können.
Bei einem nahen Gegenstand fallen die Lichtstrahlen in einem großen Winkel auf die Linse und der Gegenstand erscheint größer. Um diese Lichtstrahlen auf einen Punkt der Retina zu bündeln, muss das Licht stark gebrochen werden. Die Oberfläche der Linse muss dazu stark **abgerundet** werden, was man als **Nahakkommodation** bezeichnet. Bei der Nahakkommodation kommt es zur Miosis und zur Konvergenzbewegung beider Augen.
Ein weit entfernter Gegenstand wird dagegen scharf abgebildet, wenn die Brechkraft der **Linse** gering und die Oberfläche daher möglichst **flach** ist. Dies nennt man **Fernakkommodation**. Für sich betrachtet, hat die Linse eine runde Form und würde auf die Nähe eingestellt sein. Da die Linse jedoch an den Zonulafasern aufgehängt ist, die an ihr ziehen und sie in eine abgeflachte Form bringen, ist unser Auge in Ruhe fernakkommodiert. Fernakkomodation findet in unserem Auge also ohne Arbeit statt. Die Spannung der Zonulafasern erfolgt dabei passiv durch den Augeninnendruck.

Um den Zug der Zonulafasern an der Linse zu lockern, muss dagegen Arbeit aufgewendet werden. Diese Arbeit führt der M. ciliaris aus, an dem die Zonulafasern aufgehängt sind. Da er ein Ringmuskel ist, verkleinert sich bei der Kontraktion das Loch in seiner Mitte, die Zonulafasern erschlaffen und die Linse kann ihre entspannte kugelige Form einnehmen. Dadurch nehmen ihre Krümmung und ihre Brechkraft zu. Nahakkommodation ist also anstrengend, was du sicher aus eigener Erfahrung kennst: Bei langem Lesen beginnen die Augen zu schmerzen.

Merke!

Nahakkommodation → Kontraktion des M. ciliaris → Abnahme der Spannung der Zonulafasern → stärkere Krümmung der Linse.

Ein Thema, das immer wieder in der schriftlichen Prüfung gefragt wurde, ist die Berechnung der **Akkommodationsbreite**. Darunter versteht man die Differenz zwischen der größten und der geringsten Dioptrienzahl. Beim gesunden Jugendlichen beträgt sie 34 dpt – 19 dpt = 15 dpt. Bestimmt wird die Akkommodationsbreite mit Hilfe des Nah- und Fernpunkts:
- Der **Nahpunkt** ist die kürzeste Entfernung, in der sich ein Gegenstand vor der Linse befindet, der noch scharf gesehen werden kann.
- Der **Fernpunkt** ist die weiteste Entfernung, in der sich ein Gegenstand vor der Linse befindet, der noch scharf gesehen werden kann.

Merke!

Akkommodationsbreite [dpt] =

$$\frac{1}{\text{Nahpunkt [m]}} - \frac{1}{\text{Fernpunkt [m]}}$$

Übrigens ...
Bei einem gesunden Jugendlichen liegt der Fernpunkt im Unendlichen. 1/Fernpunkt ist damit fast Null und die Akkommodationsbreite = 1/Nahpunkt. Mit der obigen Formel lässt sich daher die Akkommodationsbreite eines Normalsichtigen (Emmetropen) mit dem Nahpunkt allein berechnen.
Liegt dagegen der Fernpunkt nicht im Unendlichen, z. B. bei einem Kurzsichtigen (Myopen, 6.1.3, S. 46), so wird dir das in der schriftlichen Prüfung angegeben und du musst sowohl Nah- als auch Fernpunkt in die Formel einsetzen.

Wenn der Mensch altert, nimmt der Flüssigkeitsgehalt der Linse und damit auch ihre maximale Krümmung ab (der Bauch der Linse wird kleiner). Als Folge verringert sich ihre maximale Brechkraft, und der Nahpunkt rückt weiter vom Auge weg. Der Fernpunkt bleibt dagegen unverändert im Unendlichen. Daraus resultiert eine Abnahme der Akkommodationsbreite. Da nahe Gegenstände nicht mehr scharf gesehen werden können, spricht man von Altersweitsichtigkeit oder **Presbyopie**.

Übrigens ...
Die Presbyopie darf nicht mit der Hyperopie (Weitsichtigkeit, 6.1.3, S. 46) verwechselt werden. Der Presbyope ist für sein Alter nämlich normalsichtig (emmetrop). Im Vergleich zum jugendlich Emmetropen hat lediglich seine Akkommodationsbreite abgenommen.

6.1.3 Refraktionsanomalien

Unter Refraktionsanomalien versteht man Abbildungsfehler des optischen Systems. Hierbei werden Bilder vor (Kurzsichtigkeit) oder hinter (Weitsichtigkeit) der Retina abgebildet, wodurch in beiden Fällen auf der Retina ein unscharfes Bild entsteht. Normalsichtige Menschen werden als **Emmetrope** bezeichnet, fehlsichtige nennt man **Ametrope**. Der Fehler liegt bei den Refraktionsanomalien im Verhältnis von Brechungskraft der Linse zu Bulbuslänge. Unter dieser Art von Fehlsichtigkeiten leiden die meisten Patienten einer Augenarztpraxis. Die Behandlung erfolgt meist mit einer Brille.

Bei der **Myopie** (**Kurzsichtigkeit**) ist der Bulbus (Augapfel) im Verhältnis zur Brechkraft des Auges relativ zu lang (s. Abb. 21, S. 47). Die Akkommodationsbreite ist aber normal. Als Ursache findet sich meist eine absolute Achsenverlängerung des Bulbus, seltener ist die Krümmung der Cornea absolut zu stark. Dadurch ist der Bereich, in dem scharf gesehen werden kann, näher zum Auge hin verschoben. Sieht ein Myoper einen nahen Gegenstand, entsteht das Bild auf der Retina, wobei allerdings sein Auge auf Fernakkommodation (geringere Linsenkrümmung) eingestellt ist, um die relativ zu große Brechkraft auszugleichen. Blickt ein Kurzsichtiger dagegen in die Ferne, so entsteht das Bild nicht auf der Retina, sondern davor, da die Strahlen aus der Ferne zu stark gebrochen werden. Eine geringere Brechung – wie sie für die Ferne benötigt wird – kann nicht eingestellt werden. Aufgrund der zu großen Brechkraft befindet sich bei Myopen der Nahpunkt näher am Auge als bei Emmetropen, und der Fernpunkt ist reell (liegt also NICHT im Unendlichen). Will man eine Myopie ausgleichen, so müssen die relativ zu stark gebrochenen Strahlen zerstreut werden, was mit Hilfe einer Streulinse (konkave Oberfläche) gelingt.
Die Brechkraft von Streulinsen ist negativ, da sie nicht bündeln, sondern streuen.
Um den Fernpunkt eines Kurzsichtigen zu verschieben, gilt folgende Formel:

$$\text{Dioptriestärke der Brille} = \frac{1}{\text{Fernpunkt korrigiert}} - \frac{1}{\text{Fernpunkt myop}} = -\frac{1}{\text{Fernpunkt myop}}$$

Hat ein Myoper z. B. einen Fernpunkt von 50 cm, so braucht er Streulinsen mit –1/50 cm = –1/0,5 m = –2 dpt, um den Fernpunkt ins Unendliche zu verschieben.

Die Akkommodationsbreite ist bei Myopen und Hyperopen unverändert (auch mit Brille). Um sie zu berechnen, musste man in der schriftlichen Prüfung häufig den korrigierten Nah- und Fernpunkt mit Brille ausrechnen und diesen anschließend in die Formel einsetzen.

Merke!

Bei der Myopie ist
- die Akkommodationsbreite nicht eingeschränkt,
- die Brechkraft relativ zur Bulbuslänge zu groß,
- das Bild vor der Retina,
- der Nahpunkt näher am Auge,
- der Fernpunkt reell = nicht im Unendlichen und
- eine Streulinse indiziert.

Bei der Hyperopie (**Hypermetropie oder Weitsichtigkeit**) ist der Augapfel im Verhältnis zur Brechkraft zu kurz. Hier kann eine absolut zu kurze Achsenlänge oder eine absolut zu geringe Krümmung der Cornea vorliegen. Auch hier sind falsche Achsenlängen die häufigeren Ursachen und die Akkommodationsbreite ist nicht verändert. Ein Hyperoper muss daher nahakkommodieren, um Gegenstände in mittlerer Entfernung abzubilden. Seine Linse bricht relativ zu schwach, was er in mittlerer Entfernung noch mit der größtmöglichen Brechkraft der

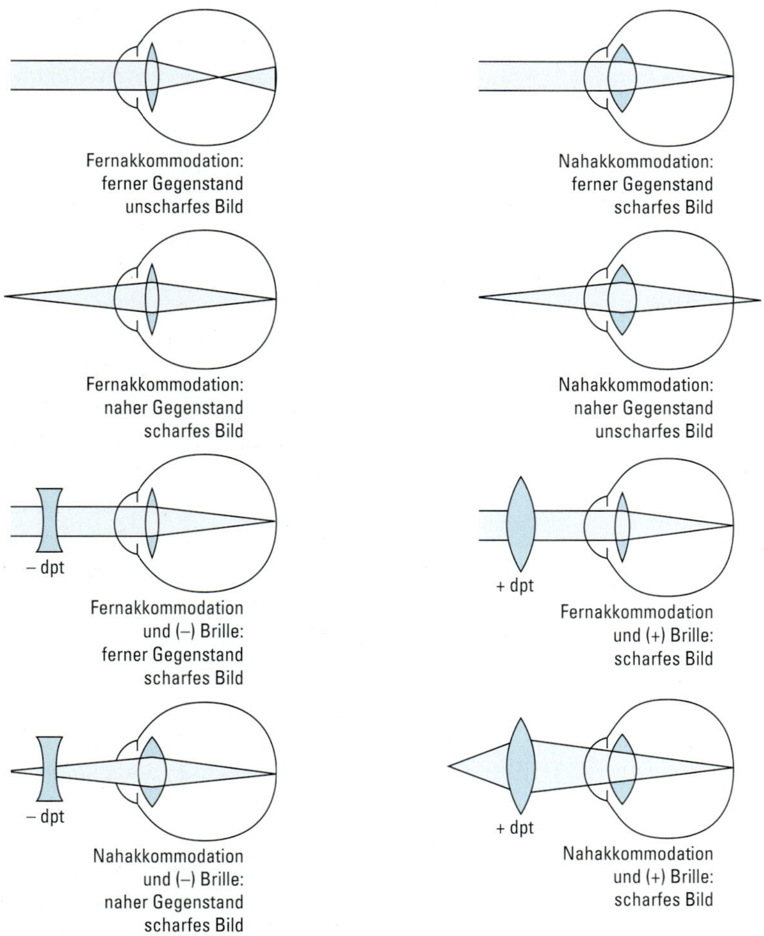

Abb. 21: Myopie links, Hyperopie rechts

medi-learn.de/7-physio3-21

Linse (Nahakkommodation) ausgleichen kann. In der Nähe gelingt ihm das nicht mehr, sodass jetzt das Bild hinter der Netzhaut entsteht. Der Fernpunkt eines Hyperopen liegt im Unendlichen, sein Nahpunkt ist weiter entfernt von der Cornea als beim Emmetropen. Um die relativ zu geringe Brechkraft auszugleichen, braucht ein Hyperoper daher Sammellinsen (konvexe Oberfläche), die die Strahlen bündeln.
Um den Nahpunkt eines Weitsichtigen zu verschieben, gilt folgende Formel:
1/Nahpunkt (korrigiert) – 1/Nahpunkt (hyperop) = Dioptriestärke der Linse.
Beispiel: Um einen Nahpunkt von 50 cm auf 25 cm zu verlagern, braucht man eine Linse mit 2 Dioptrien, da 1/0,25 – 1/0,5 = 4 – 2 = 2.
Eine spezielle konvexe Linse ist die Lupe. Sie wird zum Vergrößern benutzt. Der Vergrößerungsfaktor hängt von der Dioptriestärke ab und berechnet sich wie folgt:
Vergrößerung = Brechkraft (in Dioptrien) · deutliche Sehweite (in Metern).
Die deutliche Sehweite ist bei Normalsichtigen festgelegt auf 25 cm (0,25 m). Ansonsten wird sie in der schriftlichen Prüfung angegeben. Um den Vergrößerungsfaktor zu berechnen, musst du daher die Dioptriestärke durch 4 teilen (= · 0,25). Für ein scharfes Bild entspricht die Entfernung zwischen Lupe und Gegenstand der Brennweite (a = f).
In Tab. 12, S. 48 sind die wichtigsten Merkmale von Myopie und Hyperopie zusammengefasst:

	Myopie	Hyperopie
Akkommodationsbreite	unverändert	unverändert
Verhältnis Brechkraft zu Bulbuslänge	zu groß	zu klein
Bild	vor Retina	hinter Retina
Nahpunkt	näher am Auge	weiter entfernt vom Auge
Fernpunkt	reell	im Unendlichen
Brille	Streulinse	Sammellinse

Tab. 12: Vergleich Myopie und Hyperopie

Bei hyperopen Kindern gibt es eine Besonderheit: Sie können stärker nahakkommodieren als Erwachsene und schaffen es daher, auch sehr nahe Gegenstände scharf zu sehen. Allerdings ist dies IMMER mit Schielen verbunden. Das kannst du nachstellen, indem du dir einen Finger dicht vor die Augen hältst.

Übrigens ...
Beim kindlichen Schielen wird das Gehirn durch Doppelbilder verwirrt. Im Gegensatz zum physiologischen Schielen beim Anblick des Fingers vor der Nase werden beim pathologischen (immer vorhandenen) kindlichen Schielen Gegenstände, die sich 30 cm oder weiter entfernt vor dem Auge befinden, doppelt gesehen. Die Folge davon ist, dass das Gehirn ein Auge abschaltet und die Kinder auf diesem Auge eine Amblyopie (Schwachsichtigkeit) entwickeln. Deswegen muss bei schielenden Kindern umgehend eine Hyperopie abgeklärt und sofort mit einer Brille behandelt werden.

Die dritte und letzte prüfungsrelevante Refraktionsanomalie ist der **Astigmatismus** (**Stabsichtigkeit**). Hierbei liegt eine **Krümmungsanomalie** der Cornea vor, wodurch auf der Retina kein scharfes Bild mehr entsteht. Physiologisch ist die Cornea vertikal stärker gekrümmt als horizontal. So lange dieser Wert 0,5 dpt nicht überschreitet, ist alles in Ordnung. Pathologisch wird es erst, wenn die Krümmung in einer Ebene um mehr als 0,5 dpt über der in der anderen Ebene liegt, da sich dann die Strahlen eines Gegenstandpunktes nicht mehr in einem Bildpunkt, sondern in einer Linie (Stab) sammeln. Diesen Astigmatismus zweier Ebenen zueinander nennt man **regulär**. Zur Behandlung dienen Zylindergläser, die nur in einer Ebene das Licht sammeln (Pluszylinder) oder zerstreuen (Minuszylinder). Sind die Krümmungsunterschiede dagegen nicht an Ebenen gebunden, sondern

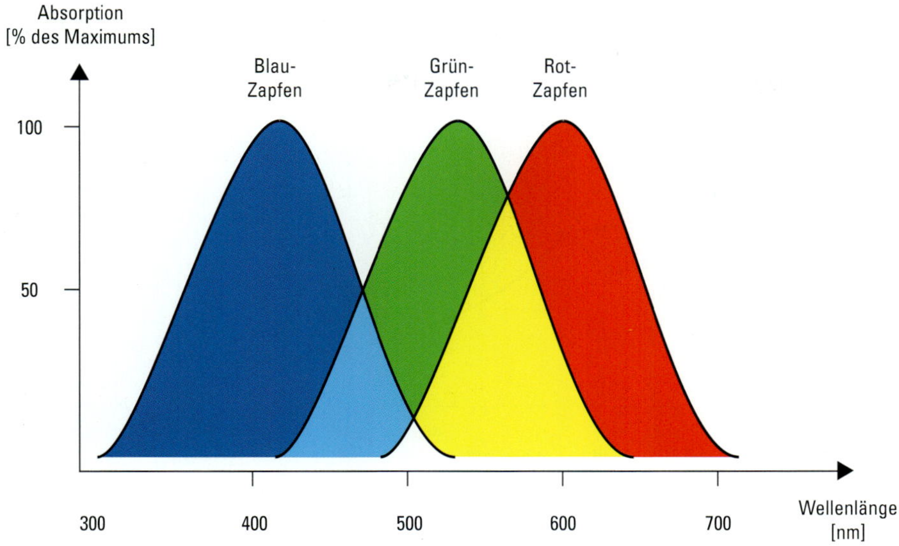

Abb. 22: Lichtabsorption durch Zapfen *medi-learn.de/7-physio3-22*

betreffen die gesamte Hornhaut unregelmäßig, spricht man von einem **irregulären Astigmatismus**. Hier erfolgt die Behandlung mit harten Kontaktlinsen.

Der Visus ist die maximale Sehschärfe an der Stelle des schärfsten Sehens. Er ist gleichzusetzen mit dem Auflösungsvermögen der Retina und wird in V = 1/α (in Winkelminuten) angegeben. Der Begriff Auflösungsvermögen besagt, wie weit zwei Punkte in einer bestimmten Entfernung auseinander liegen können, um gerade noch getrennt wahrgenommen zu werden (welchen kleinsten Winkel α zwei Geraden durch diese Punkte mit der Retina bilden). Daher hängt der Visus von der Dichte der Zapfen (Sinneszellen) ab und NICHT – wie die Refraktionsanomalien – von der Bulbuslänge oder der Krümmung der Cornea. Achte bitte darauf, Fehlsichtigkeiten NICHT mit einem erniedrigten Visus gleichzusetzen. Ein Ametroper kann nämlich mit Brille durchaus einen normalen Visus von 1 haben.

Der Sehwinkel kann statt in Winkelminuten auch in rad angegeben werden. Eine Winkelminute 1′ entspricht $0{,}291 \cdot 10^{-3}$ rad. Um den Abstand zweier Linien bei vorgegebenem Visus und Entfernung der Linien vom Auge zu berechnen, gilt: Sehwinkel in rad · Entfernung vom Auge in Metern = Abstand der Linien in Metern.

6.2 Hell-Dunkel- und Farbsehen

Am hellen Tag können wir die Welt in allen Farben sehen. Gehen wir ins Dunkle, so sehen wir zunächst gar nichts. Dann fangen wir langsam an, Umrisse zu erkennen, bis wir auch bei geringen Lichtverhältnissen sehen können. Unsere Sehschärfe ist im Dunkeln jedoch nicht so gut wie im Hellen und zudem erscheinen uns alle Katzen grau. Erheben wir nachts den Blick gen Himmel und sehen einen Stern, so verschwindet dieser, sobald wir ihn fixieren. Wie kommt das alles?

In unserer Netzhaut gibt es zwei Zelltypen, die für die Registrierung von Lichtreizen zuständig sind:

- die Zapfen und
- die Stäbchen.

Das Sehen mit den Zapfen wird **photopisches (Tag-) Sehen** genannt, das mit den Stäbchen **skotopisches (Nacht-) Sehen**.

Die Zapfen sind für das **Farbsehen** zuständig und haben eine **geringe Lichtempfindlichkeit**. D. h. ihre Absolutschwelle zur Auslösung eines

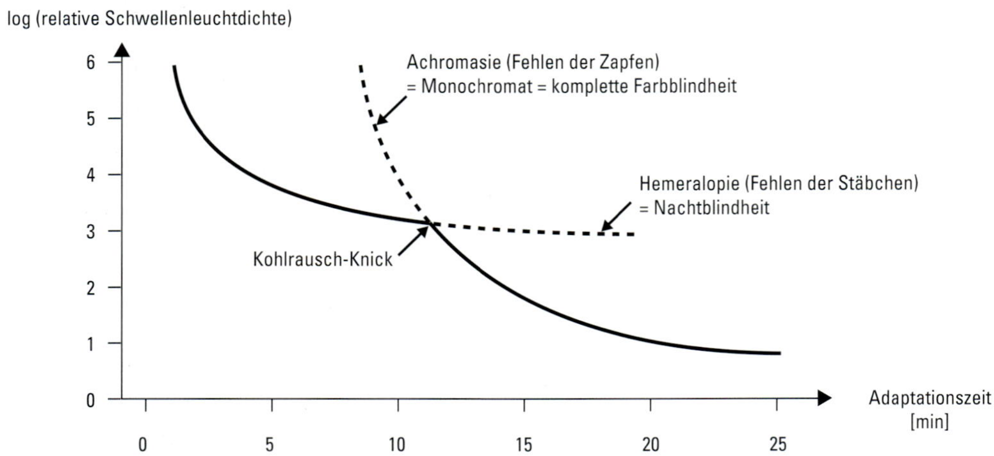

Abb. 23: Dunkeladaptation *medi-learn.de/7-physio3-23*

Rezeptorpotenzials ist höher als die der Stäbchen. Deshalb können wir sie nur im Hellen benutzen. Wird es dunkler, so ist ihre Empfindlichkeit zu gering.

Zur Wahrnehmung der unterschiedlichen Farben haben wir **drei Zapfentypen**: einen für Rot, einen für Blau und einen für Grün. In Kombination ermöglichen sie uns den Sinneseindruck aller sichtbaren Farben.

Entsprechend den drei Zapfentypen gibt es bei deren Ausfall eine

- Protanopie (Rotblindheit),
- eine Deuteranopie (Grünblindheit),
- eine Tritanopie (Blaublindheit).

Dabei kommt die Protanopie am häufigsten vor, bei der rot und grün miteinander verwechselt werden.

Übrigens ...
Farbenblindheit wird x-chromosomal rezessiv vererbt und tritt deswegen häufiger bei Männern auf.

Liegt nur eine Farbschwäche vor, so spricht man statt von einer Anopie von einer Anomalie, z. B. der Protanomalie (Rotschwäche).

Die **Zapfen** ermöglichen eine sehr hohe **Sehschärfe**. Der Visus beim photopischen Sehen ist daher größer als beim skotopischen. Dies liegt u. a. daran, dass bei der Informationsweitergabe von Zapfenzellen auf Ganglienzellen eine geringere Konvergenz (Zusammenfließen) herrscht, als von Stäbchenzellen auf Ganglienzellen. Die Ganglienzellen, die mit Zapfen verbunden sind, haben daher kleine **rezeptive Felder** (s. 6.5.2, S. 58), wodurch das Auflösungsvermögen vergrößert wird. In der Fovea centralis ist die Zapfendichte in der Macula lutea (gelber Fleck) am höchsten. Dementsprechend ist hier auch die photopische Sehschärfe am größten. Wenn wir daher einen Gegenstand fixieren, stellen wir ihn auf die **Macula lutea** ein.

Außerdem sind die Zapfen fähig, einzelne Bilder auch bei hohen Abspielfrequenzen getrennt voneinander wahrzunehmen. Bei den Stäbchen ist diese Fusionsfrequenz geringer.

Obwohl die Stäbchen in vielen Punkten schlechter abschneiden als die Zapfen, haben sie doch einen großen Vorteil: Ihre Lichtempfindlichkeit ist wesentlich höher als die der Zapfen. Deshalb benutzen wir die Stäbchen im Dunkeln. Da es aber nur einen Stäbchentyp gibt, der auf blau-grünes Licht reagiert, befähigen sie uns nur zum Schwarz-Weiß-Sehen. Die Stäbchen können also KEINEN Farbeindruck vermitteln.

Übrigens ...
Fotografen, die Bilder entwickeln und zwischendurch ins Helle müssen, tra-

gen dazu rote Brillengläser. Grund: Da die Stäbchen nur auf blau-grünes Licht reagieren, wird ihr Rhodopsin durch das ins Auge gelangende rote Licht nicht verbraucht.

Die **Stäbchen** stehen **in der Umgebung der Fovea centralis (parafoveal) am dichtesten**. In der Fovea selbst finden sich nur Zapfen. In der Peripherie der Retina finden sich fast ausschließlich Stäbchen. Da das Licht vom Rand des Gesichtsfelds auf die Peripherie der Netzhaut trifft, sehen wir es dort nur in Schwarz-Weiß. Zur Veranschaulichung der Verteilung von Zapfen und Stäbchen auf der Netzhaut dient die Abb. 24, S. 51. Wenn wir nachts ein Objekt geringer Lichtintensität – wie einen Stern – fixieren, stellen wir es auf die Fovea centralis (Ort des schärfsten Sehens) ein. Da hier jedoch nur Zapfen sind, ist diese Stelle der Netzhaut fürs Nachtsehen ungeeignet und der Stern scheint beim genauen Hinsehen zu verschwinden. Schauen wir dagegen knapp am Stern vorbei, so stellen wir ihn auf die Umgebung der Fovea ein. Hier ist die Stäbchendichte am höchsten und wir können den Stern gut sehen.

Um von Hell- auf Dunkelsehen umzustellen, müssen wir von Zapfen auf Stäbchen umschalten. Dabei bedienen wir uns zweier Mechanismen:
- der schnellen Dunkeladaptation und
- der langsamen Dunkeladaptation.

Beginnen wir mit der schnellen Dunkeladaptation (Zapfen-vermittelt): Bei hellem Licht sind die Stäbchen gehemmt. Nimmt die Lichtintensität ab, so wird zunächst die Pupille erweitert und die Zapfen passen sich an die schwächeren Lichtverhältnisse an. In der Dämmerung (mesotopisches Sehen) reicht die Lichtempfindlichkeit der Zapfen also noch aus. Fällt die relative Leuchtdichte dagegen weiter ab, so setzt die langsame Dunkeladaptation ein und es findet eine Umstellung auf die Stäbchen

6

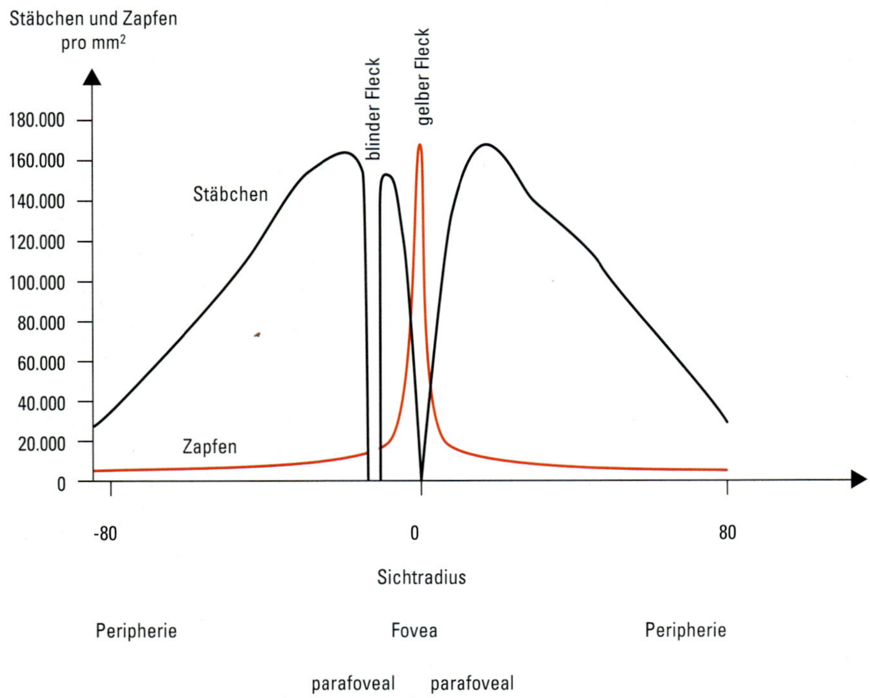

Abb. 24: Verteilung von Zapfen und Stäbchen auf der Netzhaut *medi-learn.de/7-physio3-24*

statt. Diese dauert ca. zehn Minuten und ist in einem Diagramm zum Adaptationsverlauf als **Kohlrausch-Knick** zu erkennen.
Am Kohlrauschknick hat sich die Lichtempfindlichkeit der Zapfen gegenüber dem Ausgangspunkt (hell), um ca. den Faktor 10^3, also 1000 erhöht. Zu diesem Zeitpunkt ist die Lichtempfindlichkeit der Zapfen und Stäbchen gleich groß. Die weitere Stäbchenadaptation dauert noch 15-20 Minuten, sodass die gesamte Dunkeladaptation ca. 25-30 Minuten braucht.
Die rezeptiven Felder der Ganglienzellen, die mit den Stäbchen verbunden sind, sind größer als die der Zapfen. Dies führt zwar zur Abnahme der Sehschärfe, ermöglicht es aber den Stäbchen, auch unterschwellige Reize wahrzunehmen.
Insgesamt ist die Anzahl der Zapfen geringer als die der Stäbchen.
Zapfen und Stäbchen besitzen dasselbe Retinal, aber ein anderes Opsin (6.3, S. 52).

	Zapfen	Stäbchen
Tag-/Nacht-Sehen	Tag	Nacht
Lichtempfindlichkeit	gering	hoch
Sehschärfe (Visus)	groß	klein
Farbensehen	ja	nein (Schwarz-Weiß-Sehen)
höchste Dichte	Fovea centralis	parafoveal
rezeptive Felder der assoziierten Ganglienzellen	klein	groß
Bildfusionsfrequenz	hoch	gering

Tab. 13: Vergleich prüfungsrelevanter Eigenschaften von Zapfen und Stäbchen

6.3 Rezeption und Transduktion – der Blick ins Detail

Stäbchen und Zapfen sind ganz besondere Sinneszellen, denn im Gegensatz zu den übrigen Sensoren reagieren sie auf einen Lichtreiz mit **Repolarisation** und einer **Abnahme der Transmitterausschüttung**. Wie kann das funktionieren? Normalerweise führt ein Reiz doch zu einer Erregung der Zelle! Die Antwort auf diese Frage findest du in diesem Kapitel.
Der Sehvorgang wird hier am Beispiel der Stäbchen dargestellt. Der Rezeptor für Lichtreize ist in den Stäbchen das Rhodopsin. Dieses Molekül besteht aus einem Opsin und 11-cis-Retinal (ein Abkömmling von Vitamin A). Das Retinal besitzt in seiner Kohlenstoffkette an Position C-11 eine Doppelbindung, die in cis-Form vorliegt, und ist in ein Protein (das Opsin) eingebettet. In ihrem Außenglied (s. 6.5, S. 56) besitzen die Stäbchen Membranscheiben mit Rhodopsin. Das darin enthaltene 11-cis-Retinal absorbiert Licht. Dadurch werden seine 11-cis-Doppelbindungen in 11-trans-Doppelbindungen umgewandelt und das Retinal wird als all-trans-Retinal bezeichnet. Diese Konformationsänderung überträgt sich auf das Opsin, wodurch das Rhodopsin zu Metarhodopsin II (fotoaktiviertes Rhodopsin) wird. Das all-trans-Retinal wird dann vom Opsin abgelöst und in den Zellen des Pigmentepithels wieder zu 11-cis-Retinal umgewandelt.

Merke!

Durch Lichteinwirkung wird 11-cis-Retinal zu all-trans-Retinal und damit Rhodopsin zu Metarhodopsin II.

Der Unterschied zwischen Stäbchen und Zapfen besteht im Opsin. Unterschiedliche Opsine können nämlich Licht unterschiedlicher Wellenlänge (unterschiedliche Farben) absorbieren (zur Farbwahrnehmung s. 6.2, S. 49). Hierbei ist Rhodopsin in den Stäbchen. L-Opsin (langwelllig, rot), M-Opsin (mittelwellig, grün) und K-Opsin (kurzwellig, blau) sind in den Zapfen. Zusätzlich gibt es noch photosensitive Ganglienzellen, die direkt mit dem Ncl. suprachiasmaticus des Hypothalamus verbunden sind. Sie sind am zirkadianen Rhythmus beteiligt (s. 4.2, S. 33) und enthalten Melanopsin.

Der aktivierte Rezeptor Metarhodopsin II aktiviert seinerseits ein heterotrimeres G-Protein. Ein heterotrimeres G-Protein besteht aus drei unterschiedlichen Untereinheiten: der α-, der β- und der γ-Untereinheit. Das G-Protein der Stäbchen hat einen eigenen Namen: Es heißt Transducin. Transducin hat im Ruhezustand (ohne Lichtreiz) ein GDP gebunden. Bei Aktivierung (Eintreffen des Lichtreizes) wird GDP gegen GTP ausgetauscht. Anschließend löst sich die α-Untereinheit samt GTP und aktiviert eine Phosphodiesterase (PDE). Dabei wird das GTP verbraucht. Die α-Untereinheit verbindet sich danach wieder mit der βγ-Untereinheit zum Transducin. Die aktive Phosphodiesterase spaltet in den Stäbchen und Zapfen cGMP zu GMP. Dadurch nimmt die Konzentration an cGMP in den Zellen ab.

Die Phosphodiesterase heißt so, weil sie Phosphodiester spaltet. Phosphodiester sind z. B. cAMP und cGMP. In diesen Molekülen ist ein Phosphat sowohl mit seinem 3'OH als auch mit seinem 5'OH der Ribose des Adenosins/Guanosins verestert und daher ein Diester. Dadurch bildet dieses Molekül einen Ring und wird zyklisches AMP/zyklisches GMP genannt.

Merke!

Metarhodopsin II aktiviert Transducin. Die aktivierte α-Untereinheit des Transducins aktiviert eine Phosphodiesterase. Diese wiederum spaltet cGMP, wodurch die cGMP-Konzentration in den Stäbchen und Zapfen abfällt.

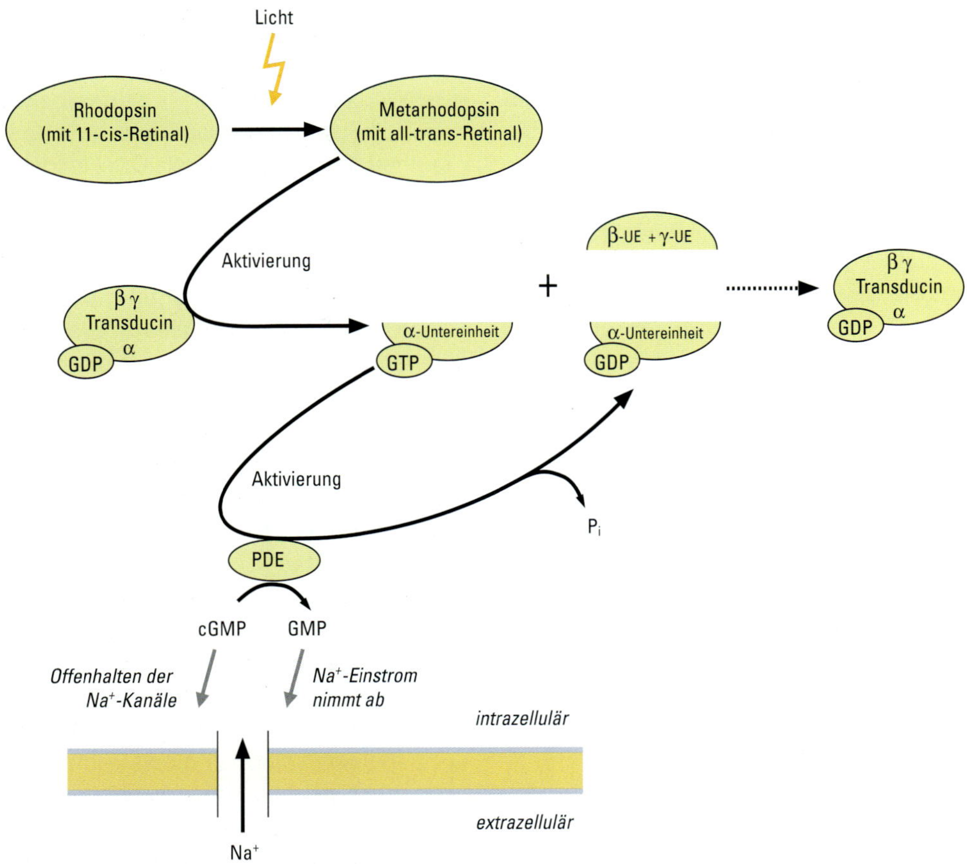

Abb. 25: Transduktionsvorgang bei Lichteinfall

medi-learn.de/7-physio3-25

Ein auf das Auge treffender Lichtreiz bewirkt also über den Second messenger cGMP in den Sinneszellen eine Abnahme der cGMP-Konzentration. Was ist die Konsequenz? Die Aufgabe von cGMP ist es, Na^+-Kanäle in den Membranscheiben der Außenglieder der Zapfen offen zu halten. Bei einer hohen cGMP-Konzentration (im Ruhezustand, ohne Lichtreiz) fließt also ein Strom und die Sinneszellen sind depolarisiert. Da dieser Zustand bei Dunkelheit herrscht, nennt man diesen Strom auch **Dunkelstrom** (dark current). Durch die Depolarisation wird im Dunkeln ständig Glutamat von den Stäbchen und Zapfen an ihrer Synapse zu nachgeschalteten Zellen ausgeschüttet. Trifft dagegen ein Lichtreiz auf die Sinneszellen, so führt die damit verbundene Senkung des cGMP-Spiegels zur Schließung der Na^+-Kanäle, die Leitfähigkeit der Membran für Na^+-Ionen nimmt ab, die Zelle repolarisiert und die Glutamatausschüttung wird vermindert. Die Erregung durch einen Lichtreiz führt in den Stäbchen und Zapfen also zur Repolarisation und zur Abnahme der Transmitterausschüttung.

Der Abfall von cGMP führt zur Schließung von Na^+-Kanälen und damit zur Abnahme der Na^+-Leitfähigkeit der Membran. Dadurch repolarisieren die Sinneszellen und es wird weniger Glutamat an den Synapsen freigesetzt.

Die Stoffe, die bei der Belichtung verbraucht oder deren Konzentration gesenkt wird, z. B. 11-cis-Retinal, inaktives Transducin und cGMP, werden durch verschiedene Enzyme der Zellen ständig neu synthetisiert.

Mit dem Na^+ gelangen auch Ca^{2+}-Ionen ins Außenglied. Schließen sich die Na^+-Kanäle, so nimmt daher auch die intrazelluläre Ca^{2+}-Konzentration ab. Dadurch wird eine Guanylatcyclase (GC) aktiviert, die neues cGMP synthetisiert, und die Na^+-Kanäle bleiben wieder offen. So verhindert die Zelle eine dauerhafte Repolarisation durch einen Lichtreiz.

Vielleicht hast du dich beim Lesen dieser Abschnitte ja schon gefragt, wie es möglich ist, dass die nachgeschalteten Zellen durch die Stäbchen/Zapfen erregt werden, wenn doch weniger Transmitter (Glutamat) ausgeschüttet wird. Zur Beantwortung dieser Frage muss man sich den dafür zuständigen Rezeptor auf der nachgeschalteten Zelle genauer ansehen: Dieser mGluR (metabotrope Glutamat-Rezeptor) ist im Dunkeln (viel Glutamat) aktiv und bewirkt die Aktivierung der Phosphodiesterase und somit eine Erniedrigung des cGMP-Spiegels in der Zelle. Analog zu den Stäbchen/Zapfen schließen sich auch in den nachgeschalteten Zellen bei cGMP-Abfall die Na^+-Kanäle. Wird daher bei einem Lichtreiz weniger Glutamat aus den Sinneszellen freigesetzt, steigt auch das cGMP in den nachgeschalteten Zellen an, ihre Na^+-Kanäle gehen auf und die Zellen depolarisieren. Manchmal kann die Natur eben echt kompliziert sein.

6.4 Sehbahn und Gesichtsfeld

Der Weg von der Retina bis zum visuellen Kortex ist lang und mit vielen Umschaltungen verbunden. Daher gibt es viele Orte, an denen die Sehbahn geschädigt werden kann (z. B. durch Tumore im Bereich des Chiasma opticum) und entsprechend zahlreiche unterschiedliche Symptome. Deswegen lohnt es sich, die Sehbahn und die Gesichtsfeldausfälle zu lernen. Neben der Klinik ist dieses Wissen auch für die anstehende Prüfung sicherlich ein Vorteil.

Übrigens ...

Zum Nachweis von Gesichtsfeldausfällen dient die Perimetrie. Das Perimeter ist eine geöffnete Halbkugel, in der einem Patienten Lichtpunkte präsentiert werden. Der Patient muss geradeaus schauen und darf während der Untersuchung den Kopf und die Augen nicht bewegen. Er muss sich melden, sobald er einen Lichtpunkt sieht, der von außen hereingeführt wird, und wenn dieser Lichtpunkt innerhalb seines Gesichtsfeldes verschwindet. So lassen sich auch kleinste Ausfälle in der peripheren Netzhaut nachweisen, die ansonsten unauffällig sind.

Zur Sehbahn: Das Licht aus der rechten Gesichtsfeldhälfte wird im linken Auge temporal und im rechten Auge nasal auf der **Retina** abgebildet. Das Licht aus der linken Gesichtsfeldhälfte gelangt links nasal und rechts temporal auf die Retina. Im rechten **Nervus opticus** laufen die Fasern aus der rechten Retina, im linken Nervus opticus die Fasern aus der linken Retina. **Am Chiasma opticum kreuzen die nasalen Anteile der beiden Nervi optici**. Dadurch gelangen die Fasern, die das rechte Gesichtsfeld abbilden, zusammen in den linken Tractus opticus, die des linken Gesichtsfelds in den rechten Tractus opticus. Von dort ziehen die Fasern ins Corpus geniculatum laterale (Teil des Thalamus), wo sie umgeschaltet werden. Einige Fasern gelangen ohne Umschaltung zum Colliculus superior (Reflexauslösung). Nach dem **Corpus geniculatum laterale** bilden die Fasern vier Quadranten, um schließlich den **okzipitalen primären visuellen Kortex** (V1) zu erreichen. In Abb. 26, S. 55 siehst

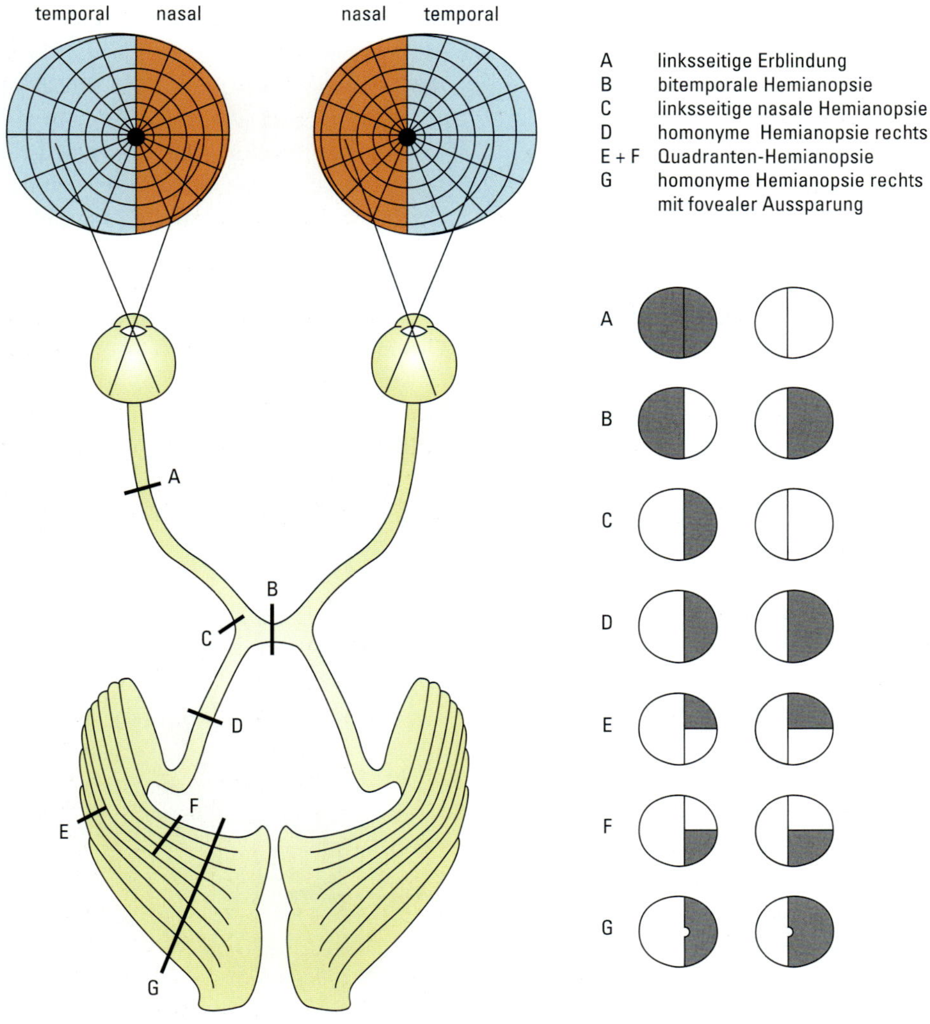

Abb. 26: Sehbahnstörungen

medi-learn.de/7-physio3-26

du die Sehbahn, die Lokalisationen häufiger Schädigungen und deren Bezeichnungen. Der Sehnerv tritt aus der nasalen Retina aus. Hier befinden sich keine Rezeptoren und damit keine Lichtwahrnehmung. Daher nennt man diesen Punkt blinden Fleck (s. Abb. 24, S. 51). Da der blinde Fleck auf der nasalen Retina liegt, kommt es zu einem physiologischen Ausfall im temporalen Gesichtsfeld. Dieser wird vom Gehirn überspielt und fällt nur in der Perimetrie auf.

Übrigens ...

- Bei Ausfall des primären visuellen Kortex (V1) kommt es zum Erliegen der bewussten Wahrnehmung des kontralateralen Gesichtsfelds. Bei einer Schädigung höher gelegener Zentren kann es zu selektiven Ausfällen kommen, wie z. B. der Unfähigkeit, Bewegungen wahrzunehmen.
- Eine Störung höherer Zentren zeichnet sich dadurch aus, dass Funktionstests – wie die Perimetrie – unauffällig ausfallen.
- Ein in den Medien häufig dargestelltes und dramatisiertes Krankheitsbild ist die Unfähigkeit, Gesichter zu erkennen (Prosopagnosie). Es resultiert aus einer Schädigung des temporalen und/oder des angrenzenden okzipitalen Assoziationskortex.

6.5 Retinale und zentrale Verarbeitung

Die relativ einfache Information „hier ist ein Lichtreiz" führt in unserem Bewusstsein zu Interpretationen wie „das ist ein galoppierendes braunes Pferd". Um aus einem Reiz diesen Sinneseindruck zu erzeugen, bedarf es einer umfangreichen Verarbeitung. Die Verarbeitung der Information beginnt dabei schon auf retinaler Ebene und wird über die Sehbahn, das Corpus geniculatum laterale, den primären visuellen Kortex bis hin zum Assoziationskortex fortgeführt. Im folgenden Kapitel erhältst du einen Einblick in diese komplexen Vorgänge. Aber keine Sorge: Da es hier nur um die prüfungsrelevanten Inhalte geht, hält sich der Umfang in Grenzen.

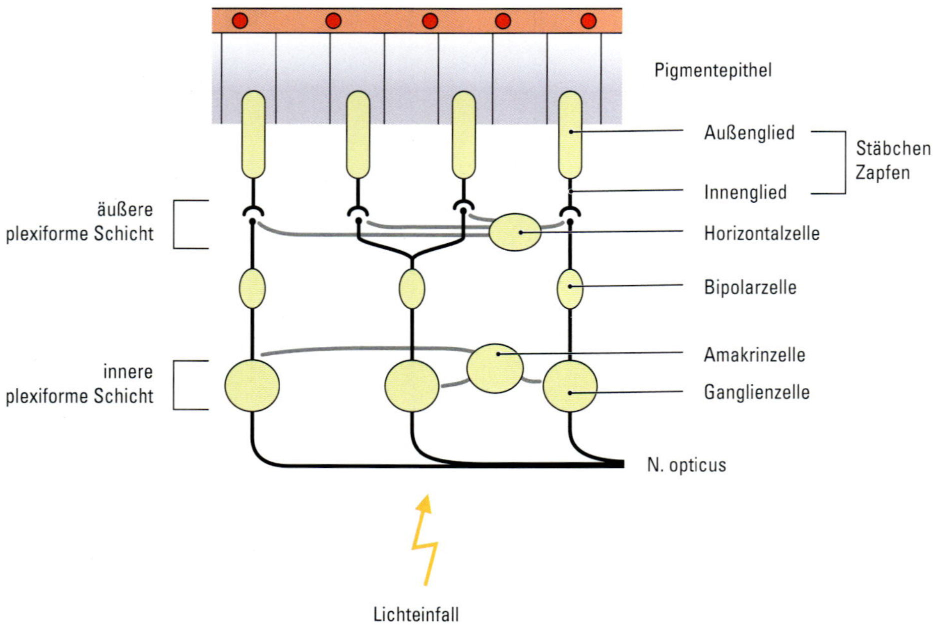

Abb. 27: Anatomie der Retina

medi-learn.de/7-physio3-27

6.5.1 Aufbau und Verschaltung der Retina

Um die Verschaltung und Verarbeitung auf retinaler Ebene zu verstehen, musst du den Aufbau der Retina kennen. Falls der dir nicht schon aus der Histologie bekannt ist, kannst du ihn dir hier noch einmal ansehen:
Das Licht muss alle Schichten der Retina durchqueren, um auf die Stäbchen und Zapfen zu treffen. In der Retina wird die Information dann von **Stäbchen und Zapfen (1. Neuron)** auf **Bipolarzellen (2. Neuron)** übertragen. Bipolarzellen haben – wie ihr Name vermuten lässt – nur zwei Fortsätze, die dem Zellkörper entspringen: ein Axon und einen Dendriten. Von dort wird das Signal auf **multipolare Ganglienzellen (3. Neuron)** übertragen. Das 4. Neuron liegt im Corpus geniculatum laterale und das fünfte (letzte) im primären visuellen Kortex.

Übrigens ...
Die Aufgabe des Pigmentepithels, das zwischen Stäbchen/Zapfen und Aderhaut des Auges liegt, ist es, die Außenglieder der Stäbchen und Zapfen zu phagozytieren. Im Alter ist das Pigmentepithel im Bereich der Macula lutea (Punkt des schärfsten Sehens) oftmals abgenutzt, da es hier – wegen der hohen Zapfendichte – besonders viel arbeiten muss. Dies ist die Ursache der altersbedingten Maculadegeneration.

Schon in der Retina wird mit der Verarbeitung der Sinnesinformation begonnen. Neben dem bereits besprochenen **vertikalen System** (die Hintereinanderschaltung von Stäbchen, bipolaren Zellen und multipolarem Ganglion), das für die Weiterleitung der Information zum Kortex zuständig ist, gibt es noch ein **horizontales System**. Hierzu gehören die Horizontalzellen, die die Bipolarzellen quervernetzen und die amakrinen Zellen, die die Ganglienzellen quervernetzen. Die Zellen des horizontalen Systems sind inhibitorische Interneurone und dienen der Kontraststeigerung.
Die Kontraststeigerung durch das horizontale System funktioniert so: Durch einen eintreffenden Lichtreiz wird eine Sinneszelle stark

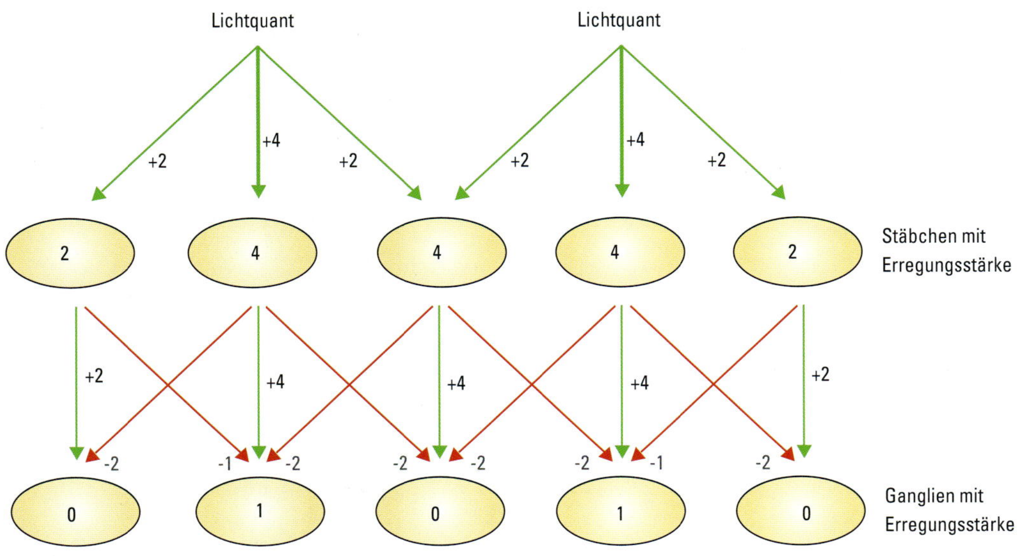

Ein Lichtquant erregt direkt getroffene Stäbchen stark, Nachbarstäbchen schwächer. Die roten Pfeile entsprechen der lateralen Inhibition, deren Stärke die Hälfte der Erregung beträgt. Nach Inhibition werden nur die direkt getroffenen Ganglien erregt.

Abb. 28: Laterale Inhibition *medi-learn.de/7-physio3-28* und deren Nachbarsinneszelle schwächer gereizt. Jede erregte Zelle hemmt dabei über Interneurone ihre Nachbarzellen, und das umso stärker, je stärker sie selbst vom Lichtreiz aktiviert wurde. So kommt es, dass nur die Ganglienzelle erregt wird, deren Stäbchen/Zapfen direkt vom Licht getroffen wurde. Die Nachbarganglienzellen dagegen, deren Sinneszellen weniger Licht erhalten haben, bleiben unerregt. Diesen Mechanismus nennt man **laterale Inhibition**.

6.5.2 Rezeptives Feld und Einteilung der Ganglienzellen

Ganglienzellen werden durch unterschiedlich viele Stäbchen oder Zapfen erregt. Die Stäbchen oder Zapfen, die zu einer Ganglienzelle gehören, bilden das rezeptive Feld dieser Ganglienzelle. In der Netzhautperipherie sind die rezeptiven Felder sehr groß. D. h. hier kommen viele Stäbchen auf eine Ganglienzelle und es besteht eine große Konvergenz (Zusammenfließen) der eintreffenden Informationen. Im **Zentrum** der Retina, Fovea centralis, gibt es dagegen sehr **kleine rezeptive Felder** mit entsprechend geringer Konvergenz (s. 6.2, S. 49). Neben der Konvergenz findet sich in der Retina aber auch der umgekehrte Vorgang: die Divergenz. D. h. ein Zapfen kann mehrere Bipolar- und damit Ganglienzellen erregen. Ein großes rezeptives Feld bedeutet geringes Auflösungsvermögen, aber hohe Empfindlichkeit für einzelne Reize. Ein kleines rezeptives Feld bedeutet hohes Auflösungsvermögen, aber geringe Empfindlichkeit.

Die rezeptiven Felder der Ganglienzellen sind in On- und Off-Neurone gegliedert.

Trifft Licht bei einem **On-Neuron** in das Zentrum des rezeptiven Feldes, so wird es erregt. Trifft das Licht die Peripherie, so wird dieses Neuron gehemmt (s. Abb. 29, S. 58). Bei **Off-Neuronen** verhält es sich genau umgekehrt: Wird das Zentrum von Licht getroffen, so werden diese Neurone gehemmt; wird die Peripherie getroffen, so werden sie erregt (s. Abb. 29, S. 58). Unabhängig davon, ob es sich um eine On- oder Off-Ganglienzelle handelt,

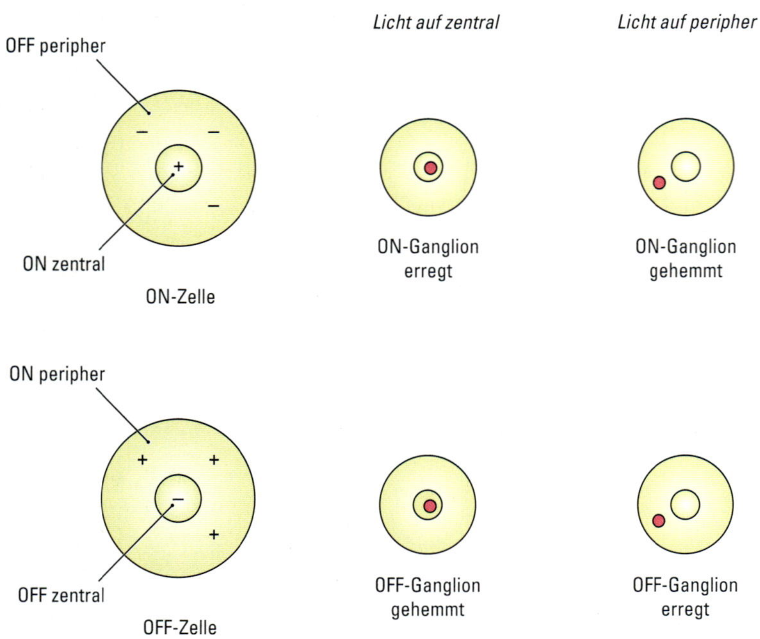

Abb. 29: On- und Off-Ganglien

medi-learn.de/7-physio3-29

wird bei Belichtung des Rezeptors stets weniger Transmitter an der Synapse von Stäbchen/Zapfen zur korrespondierenden Bipolarzelle freigesetzt.
Für alle, die es genau wissen wollen: Die weitere Differenzierung, ob eine Bipolarzelle erregt oder gehemmt wird, hängt von den Rezeptortypen der bipolaren Zelle ab. Besitzt diese Zelle mGluR (metabotrope Glutamat-Rezeptoren), wird sie bei Glutamatabfall erregt (s. 6.3, S. 52).
Besitzt sie iGluR (ionotrope Glutamat-Rezeptoren), wird sie bei Glutamatabfall gehemmt. Eine On-Zelle besitzt daher in der Peripherie iGluR und im Zentrum mGluRen.
Es gibt auch On-Off-Neurone, die sowohl auf Belichtung als auch auf Verdunklung mit einer kurzen Antwort reagieren. Diese Zellen nehmen besonders gut Hell-Dunkel-Kontraste war.
Von den verschiedenen Ganglienzelltypen sind für dich die **magnozellulären (großzelligen) und die parvozellulären (kleinzelligen)** wichtig:

- 80 % der Zellen sind parvozellulär (P-Zellen). Sie sind klein, leiten langsam und haben kleine rezeptive Felder. Diese Zellen reagieren auf Farben und haben eine hohe Detailauflösung.
- 20 % der Ganglienzellen sind magnozellulär (M-Zellen). Sie sind sehr groß, leiten schnell, sehen schwarz-weiß und haben große rezeptive Felder, d. h. polysynaptische Kontakte mit den Photorezeptoren. Dadurch, dass sie dynamisch auf Beleuchtungsänderungen reagieren, sind diese Zellen gut geeignet, um Bewegungen zu erfassen. Sie projizieren z. T. in den Colliculus superior und erleichtern es, schnell Reflexe zur Flucht oder Abwehr auszulösen.

Merke!

Magnozelluläre Ganglienzellen sind für die Bewegungswahrnehmung zuständig, parvozelluläre für die Farb- und Detailwahrnehmung.

Die rezeptiven Felder dienen der Kontrastdarstellung. Ein Ganglion wird daher nicht durch Belichtung des gesamten rezeptiven Feldes erregt (gegenseitige Auslöschung von Zentrum und Peripherie), sondern dann, wenn nur das Zentrum oder nur die Peripherie beleuchtet werden.

6.5.3 Corpus geniculatum laterale und visueller Kortex

Das Corpus geniculatum laterale ist **retinotop** gegliedert. Das bedeutet, dass sich die Gliederung der Retina mit ihren rezeptiven Feldern und Ganglienzellen hier fortsetzt. Darüber hinaus findet man ein parvozelluläres und ein magnozelluläres System.
Jedes Corpus geniculatum laterale besteht aus sechs Schichten:
Für die Histo-Interessierten:

- Schicht 1 und 2 sind mit magnozellulären Zellen verschaltet,
- Schicht 3 bis 5 mit parvozellulären Zellen.
- Schicht 1, 4 und 6 erhalten Afferenzen aus der kontralateralen,
- Schicht 2, 3 und 5 aus der ipsilateralen Retina.

Vom Corpus geniculatum laterale gelangt die Information in den primären visuellen Kortex (V1), der im Okzipitallappen in der Umgebung des Sulcus calcarinus liegt. Auch V1 ist noch retinotop gegliedert und hat sechs Schichten, die dir wahrscheinlich aus der Neuroanatomie/-histologie bekannt sind (s. Struktur Neokortex, Skript Anatomie 3). In V1 ist die 4. Zellschicht (Körnerzellen, die Afferenzen vom Thalamus erhalten) besonders stark ausgebildet.
Neben dieser horizontalen Einteilung sind auch die **Dominanzsäulen** (kortikale Säulen) wichtig. Sie verlaufen vertikal und verarbeiten die Information aus einem Teil der Retina. Korrespondierende Netzhautstellen werden dabei in benachbarten Säulen abgebildet. Auch hier sind die Neurone aufgeteilt in solche, die Bewegung verarbeiten und andere, die sich um Farbe, Detail und Muster kümmern.

Unter korrespondierenden Netzhautstellen versteht man Folgendes: Ein Punkt im Gesichtsfeld wird sowohl mit dem rechten als auch mit dem linken Auge gesehen. Befindet sich dieser Punkt im rechten Gesichtsfeld, so wird er im linken Auge temporal und im rechten Auge nasal auf der Retina abgebildet. Diese beiden Netzhautbezirke, auf denen der Punkt abgebildet wird, korrespondieren. Der Vergleich der korrespondierenden Netzhautstellen ermöglicht das 3D- bzw. Tiefensehen.
Im Chiasma opticum kreuzen die nasalen Fasern, sodass die temporalen Fasern des linken Auges und die nasalen des rechten Auges gemeinsam in die linke Gehirnhälfte gelangen. So ziehen die Fasern, die denselben Punkt im rechten Gesichtsfeld abbilden, in benachbarte Dominanzsäulen. Dort wird dann verglichen, ob die Information aus den korrespondierenden Netzhautstellen wirklich identisch ist.

Übrigens ...
Beim Schielen (s. 6.1.3, S. 46) sind die Informationen, die von den korrespondierenden Netzhautstellen stammen, NICHT identisch. Als Folge dieses verwirrenden Sinneseindrucks wird bei Kindern der Informationszufluss aus einem Auge abgeschaltet. Dies geschieht durch verminderte Ausdehnung der okkulären Dominanzsäule.

In den sekundären Hirnarealen V2, V3 und V4 werden die Sinneseindrücke weiter verarbeitet: V2 ist auf Konturen, V3 auf Bewegungen und V4 auf Farben spezialisiert. Der parieto-temporo-okzipitale Assoziationskortex schließlich ist für die Meinungsbildung und Interpretation des Gesehenen zuständig.

DAS BRINGT PUNKTE

In fast jeder schriftlichen Prüfung sollte man bisher die **Akkommodationsbreite** berechnen. Hierfür gibt es eine einfache Formel:

Akkomodationsbreite (dpt) =

$$\frac{1}{\text{Nahpunkt [m]}} - \frac{1}{\text{Fernpunkt [m]}}$$

Meist sind Nah- und Fernpunkt angegeben. Ist der Fernpunkt bei einem Emmetropen nicht angegeben, so liegt er im Unendlichen. Dann gilt:

- Akkommodationsbreite [dpt] = 1/Nahpunkt [m]

Daneben wirst du auch immer wieder Fragen zu den **Refraktionsanomalien** finden. Hierzu solltest du dir die Inhalte von Tab. 14, S. 61 einprägen:

	Myopie	Hyperopie
Akkommodationsbreite	unverändert	unverändert
Verhältnis Brechkraft zu Bulbuslänge	zu groß	zu klein
Bild	vor Retina	hinter Retina
Nahpunkt	näher am Auge	weiter entfernt vom Auge
Fernpunkt	reell	im Unendlichen
Brille	Streulinse	Sammellinse

Tab. 14: Vergleich Myopie und Hyperopie

Auch **Zapfen und Stäbchen** werden gerne in Fragenform miteinander verglichen. Wenn du Tab. 15, S. 61 kennst, sollte dir deren Beantwortung kein Problem mehr bereiten.

Schließlich solltest du noch die **Signaltransduktion** in den Stäbchen kennen, da immer wieder Teile hieraus gefragt werden:

- 11-cis-Retinal (Rhodopsin) → Lichtreiz → all-trans-Retinal (Metarhodopsin II) → Aktivierung von Transducin (heterotrimeres G-Protein) → α-Untereinheit aktiviert PDE → cGMP↓ → Na^+-Kanäle schließen sich → Dunkelstrom aus → Stäbchen repolarisiert → weniger Glutamat wird ausgeschüttet.

	Zapfen	Stäbchen
Tag- oder Nacht-Sehen	Tag	Nacht
Lichtempfindlichkeit	gering	hoch
Sehschärfe (Visus)	groß	gering
Farben-Sehen	ja	nein, nur schwarz-weiß
höchste Dichte	Fovea centralis	parafoveal
rezeptive Felder der assoziierten Ganglienzellen	klein	groß
Bildfusionsfrequenz	hoch	niedrig

Tab. 15: Vergleich Zapfen und Stäbchen

FÜRS MÜNDLICHE

Für die mündliche Prüfung solltest du zum Thema „visuelles System – Sehen" folgende Fragen gut vorbereiten:

1. **Bitte erklären Sie, wie ein Gegenstand auf der Retina abgebildet wird.**
2. **Erläutern Sie, wie sich das Auge auf nahe und wie auf entfernte Gegenstände einstellt.**
3. **Welche Refraktionsanomalien kennen Sie?**
4. **Bitte erklären Sie, welche Rezeptoren die Retina hat.**
5. **Bitte erläutern Sie, wie in der Retina ein Lichtreiz in eine Repolarisation umgewandelt wird.**
6. **Bitte erklären Sie den Aufbau der Sehbahn.**

---

1. Bitte erklären Sie, wie ein Gegenstand auf der Retina abgebildet wird.

Die Lichtstrahlen werden an Cornea und Linse gebrochen. Hierfür gelten die physikalischen Regeln der Brechung an Linsen. Es entsteht ein verkleinertes und umgekehrtes Bild auf der Retina. Dabei gilt:

$$\frac{1}{g} + \frac{1}{b} = \frac{1}{f} = D$$

(Die Symbole solltest du dann auch erklären können, s. 6.1, S. 42)

2. Erläutern Sie wie sich das Auge auf nahe und wie auf entfernte Gegenstände einstellt.

Die Brechkraft der Linse kann verändert werden: Für entfernte Gegenstände wird sie kleiner, für nahe größer.

Mechanismus:

Nahakkommodation → Kontraktion des M. ciliaris → Abnahme der Spannung der Zonulafasern → stärkere Krümmung der Linse → Brechkraft nimmt zu.

Bei Fernakkommodation sind dagegen die Zonulafasern gespannt und die Linse ist flach.

3. Welche Refraktionsanomalien kennen Sie?

- Myopie (Kurzsichtigkeit): relativ zu hohe Brechkraft, häufig zu langer Augapfel, Bild entsteht vor der Retina. Therapie: Streulinsen.
- Hyperopie (Weitsichtigkeit): relativ zu geringe Brechkraft, häufig zu kurzer Augapfel, Bild entsteht hinter der Retina. Therapie: Sammellinsen.
- Presbyopie (Altersweitsichtigkeit): Abnahme der maximalen Brechkraft der Linse und damit der Akkommodationsbreite. Therapie: Sammellinse fürs Lesen.
- Astigmatismus (Stabsichtigkeit): Hornhaut ist unterschiedlich gekrümmt. Strahlen eines Punktes treffen sich daher nicht in einem Punkt, sondern bilden eine Linie/einen Stab.

4. Bitte erklären Sie, welche Rezeptoren die Retina hat.

Stäbchen und Zapfen.

- Stäbchen für das Nachtsehen: höhere Lichtempfindlichkeit, geringere Sehschärfe, Schwarz-Weiß-Sehen.
- Zapfen für das Tagsehen: geringere Lichtempfindlichkeit, höhere Sehschärfe, Farbsehen.

5. Bitte erläutern Sie, wie in der Retina ein Lichtreiz in eine Repolarisation umgewandelt wird.

Das Licht trifft auf Stäbchen/Zapfen (→ Konformationsänderung Retinal → Aktivierung Transducin → Aktivierung PDE → cGMP ↓ → Na^+-Kanäle zu) → Repolarisation.

FÜRS MÜNDLICHE

6. Bitte erklären Sie den Aufbau der Sehbahn.

1. Neuron = Stäbchen und Zapfen →
2. Neuron = Bipolarzellen →
3. Neuron = Ganglienzellen der Retina →

Nervus opticus →
Kreuzen der nasalen Fasern im Chiasma opticum →
Tractus opticus →

4. Neuron = Corpus geniculatum laterale (im Thalamus) →
5. Neuron = primärer visueller Kortex V1 (okzipital) →

Informationsweiterverarbeitung im sekundären visuellen Kortex V2, V3 und V4.

Mehr Cartoons unter www.medi-learn.de/cartoons

Pause

Zum nächsten Kapitel "Hören" haben wir einen passenden Pausencartoon für Dich!

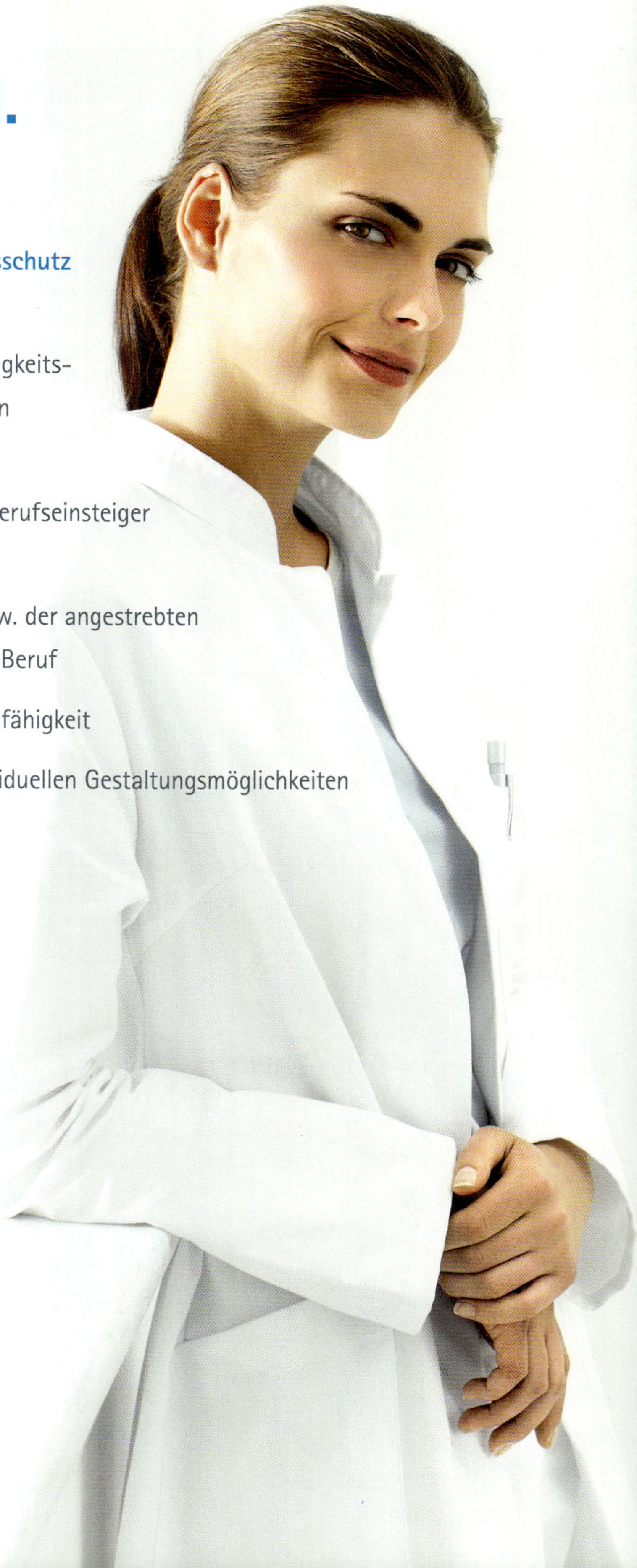

7 Akustisches System - Hören

Fragen in den letzten 10 Examen: 23

Das Hören ist neben dem Sehen sicherlich unser wichtigster Sinn: So, wie die biologische Evolution uns zu visuellen Wesen gemacht hat, hat uns die soziale zu akustischen Wesen geformt. Unser Gehör ist zwar dem vieler Tiere unterlegen, spielt aber für die Verständigung mit anderen Menschen durch unsere Sprache eine sehr wichtige Rolle. Gehörlose sind in unserer Gesellschaft benachteiligt, was sich u. a. darin zeigt, dass es unter den Blinden prozentual mehr Studierende gibt als unter den Gehörlosen.

Dieses Kapitel dient dazu, dir unser akustisches System und damit die Grundlagen für die Klinik näher zu bringen, um z. B. später Gehörlosen so gut wie möglich helfen zu können und natürlich, um im Examen eifrig zu punkten.

7.1 Physik des Hörens

Die meisten, die das Wort Physik lesen, denken sicherlich erst mal: Nein, danke. Aber nur mit diesen Grundlagen, wie z. B. der physikalischen Einheit der Lautstärke dB (Dezibel), lassen sich Hörstörungen quantifizieren. Außerdem sind Fragen zu physikalischen Themen in der schriftlichen Prüfung sehr häufig, wie z. B. zur Hörschwelle und zur Berechnung des Schalldruckpegels. Also Augen zu (oder besser auf ...) und durch. Hinterher wirst du wahrscheinlich feststellen, dass das Ganze gar nicht so schlimm war.

7.1.1 Physikalische und physiologische Grundbegriffe

Schall ist eine **Longitudinalwelle** (Schwingung in Ausbreitungsrichtung der Welle). Wellen werden mit Hilfe ihrer **Frequenz** und ihrer **Amplitude** beschrieben (s. Abb. 30, S. 66). Eine Schwingung stellt Schwankungen des Luftdrucks dar. Diese Schwankungen breiten sich in verschiedenen Medien wie z. B. Luft, Wasser oder Metall unterschiedlich schnell aus. Dabei beträgt die Schallgeschwindigkeit in Luft 340 m/s.

In unserer Sprache reichen zwei Angaben aus, um einen Ton zu beschreiben: die Tonhöhe und die Lautstärke. In der Physik musst du dagegen noch mehr Begriffe kennen. Das, was wir subjektiv als Tonhöhe wahrnehmen, ist die Frequenz eines Tons. Diese Frequenz wird in der Einheit Hz (Hertz) = s^{-1} (1/s) angegeben. Die Lautstärke wird über die Amplitude der Schwingung bestimmt. Diese Amplitude lässt sich mit dem Schalldruck gleichsetzen.

Übrigens ...

- Der Hörbereich eines Jugendlichen liegt zwischen 16 Hz und 18 kHz.
- Eine Verdoppelung der Frequenz eines Tons entspricht der Änderung der Tonhöhe um eine (harmonische) Oktave nach oben.

Ein weiterer sehr wichtiger Begriff ist der **Schalldruckpegel**. Um ihn zu verstehen, hilft es sich zunächst mit dem Schalldruck zu beschäftigen: Drücke werden in der Einheit Pa (Pascal) = N/m^2 (Newton pro Quadratmeter) angegeben. Die Schalldrücke im Hörbereich sind winzig. Um Zahlen zu erhalten, mit denen sich leichter rechnen lässt, hat man daher den Schalldruckpegel (L) eingeführt. Er ist ein logarithmischer Verhältniswert, der in dB (Dezibel) angegeben wird. Dadurch lassen sich die unbequemen Potenzzahlen vermeiden (ähnlich wie beim Rechnen mit dem pH-Wert). Das Verhältnis, um das es sich beim Schalldruckpegel handelt, ist der einwirkende Schalldruck (p_x) im Verhältnis zu einem Bezugsschalldruck (p_0). Als p_0 wurde der kleinste Druck gewählt, bei dem eine Hörempfindung möglich ist: die absolute Hörschwelle. Dies sind $2 \cdot 10^{-5}$ Pa bei einer Tonhöhe von 1000 Hz. Bezogen auf diesen Wert wird der Schalldruckpegel L wie folgt berechnet:

Merke!

$$L = 20 \cdot \log_{10} \frac{p_x}{p_0}$$

Beispiel
Bei einem p_x von $2 \cdot 10^{-3}$ ergibt sich der Schalldruckpegel

$$\begin{aligned} L &= 20 \cdot \log_{10} (2 \cdot 10^{-3}/2 \cdot 10^{-5})\ \text{dB} \\ &= 20 \cdot \log_{10} 10^2\ \text{dB} \\ &= 20 \cdot 2\ \text{dB} \\ &= 40\ \text{dB} \end{aligned}$$

Anhand dieser Formel lässt sich berechnen, um wie viel sich der Schalldruckpegel bei Änderung des Schalldrucks verändert.

Steigt der Schalldruck um den Faktor 100 (= 10^2), so steigt der Schalldruckpegel L um $20 \cdot \log_{10} 10^2$ dB = $20 \cdot 2$ dB = 40 dB. Beim Faktor 1000 (= 10^3) wird L um $20 \cdot 3$ dB = 60 dB steigen usw.

Merke!

Änderung des Schalldruckpegels = $20 \cdot \log_{10} \cdot$ Faktor, um den sich der Schalldruck ändert.

Übrigens ...
Ist in der Frage statt des Schalldruckpegels die Lautstärke (s. 7.1.2, S. 68) in Phon bei einer Frequenz von 1000 Hz angegeben, kannst du auch diese Formel benutzen:
Änderung des Schalldruckpegels = $20 \cdot \log_{10} \cdot$ Faktor, um den sich die Lautstärke bei 1 kHz ändert.

7

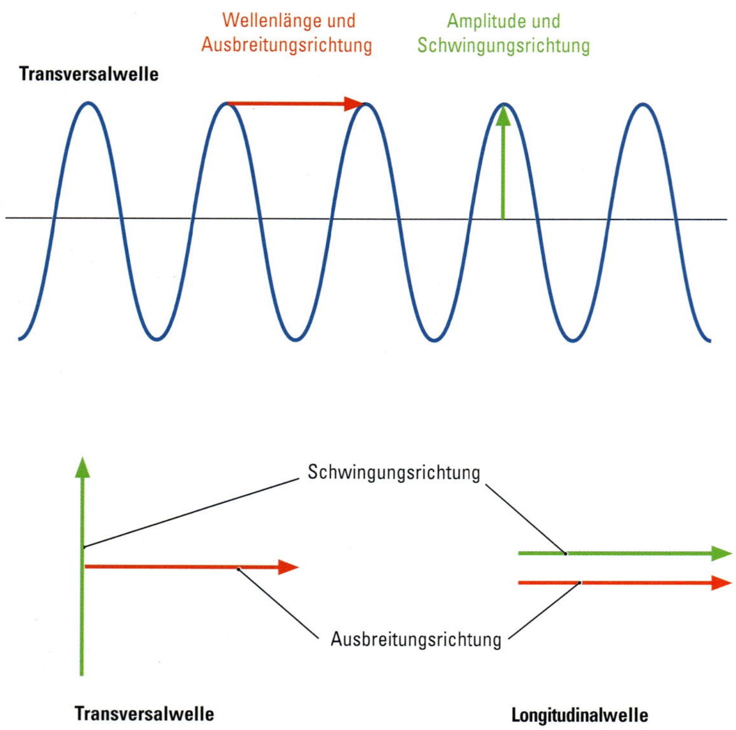

Abb. 30: Transversal- und Longitudinalwelle

medi-learn.de/7-physio3-30

Der letzte zu lernende Begriff ist die **Schallintensität I (Energiestromdichte)**. Sie gibt die pro Zeiteinheit (1 Sekunde) durch eine Fläche (in m^2) hindurchtretende Energie (in Joule) an. Daher lautet die Einheit der Schallintensität I: $J/(s \cdot m^2) = W\ (Watt)/m^2$.

Analog zum Schalldruckpegel gibt es auch von der Schallintensität eine logarithmische Form, den **Schallintensitätspegel P**. Er wird wie folgt berechnet:

$P = 10 \cdot \log_{10} (I_x/I_0)$.

Den folgenden Zusammenhang musst du zwar nicht herleiten können – er erklärt aber, wieso man den Schalldruckpegel aus der Schallintensität berechnen kann.

Zwischen der Schallintensität I und dem Schalldruck p besteht folgender Zusammenhang:

$I = const. \cdot p^2$

Für den Schallintensitätspegel P und den Schalldruckpegel L gilt daher:

$P = 10 \cdot \log_{10} (I_x/I_0)$

nach Einsetzen von const. · p^2 für beide I steht da noch

$P = 10 \cdot \log_{10} (const. \cdot p_x^2/const \cdot p_0^2)$

und nach Kürzen der Konstante

$P = 10 \cdot \log_{10} (p_x/p_0)^2$.

Durch die Regel $\log_{10} a^2 = 2 \cdot \log_{10} a$ erhält man:

$P = 20 \cdot \log_{10} (p_x/p_0)$

setzt man mit der Anfangszeile gleich, erhält man:

$10 \cdot \log_{10} (I_x/I_0) = 20 \cdot \log_{10} (p_x/p_0)$.

Da auch gilt:

$L\ [dB] = 20 \cdot \log_{10} (p_x/p_0)$ kann man sagen:

$L = 10 \cdot \log_{10} (I_x/I_0)$.

Um den Schalldruckpegel aus der Schallintensität I zu berechnen, gibt es noch eine weitere Formel:

$L = 10 \cdot \log_{10} I_x/I_0$.

In der Prüfung solltest du dazu wissen, wie sich der Schalldruckpegel bei Erhöhung der Schallintensität um einen bestimmten Faktor verändert:

Merke!

Änderung des Schalldruckpegels = $10 \cdot \log_{10} \cdot$ Faktor, um den sich die Intensität ändert.

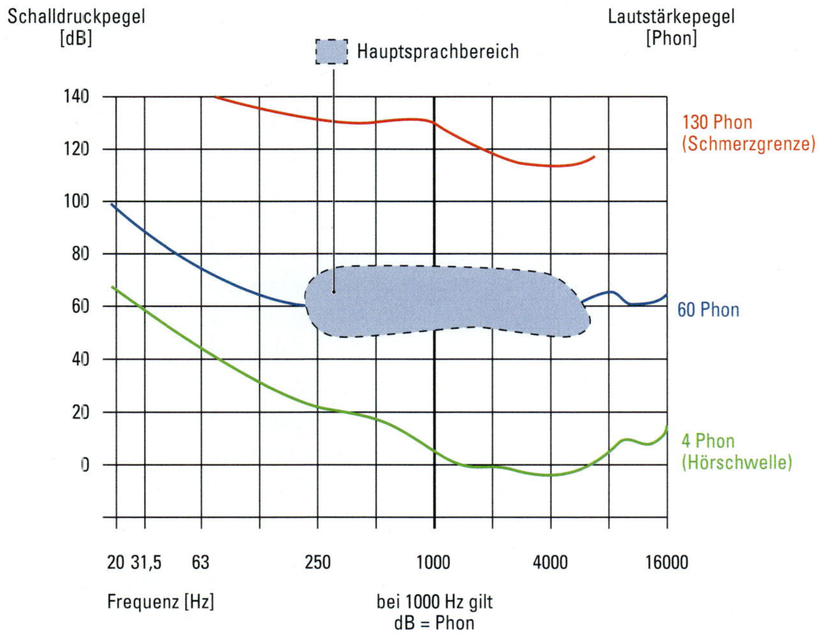

Abb. 31: Zusammenhang zwischen Dezibel- und Phon-Skala *medi-learn.de/7-physio3-31*

Beispiel

Bei einer Erhöhung der Schallintensität um den Faktor 100 (= 10^2) wird sich der Schalldruckpegel wie folgt ändern:
Änderung $L = 10 \cdot \log_{10} 10^2$ dB = 20 dB.
Bestand vorher ein Schalldruckpegel von z. B. 40 dB, so wird er also nach der Intensitätssteigerung 60 dB betragen.
Bei einer Erhöhung um den Faktor 1000 (= 10^3) wird L um $10 \cdot 3$ dB = 30 dB ansteigen.

7.1.2 Lautstärke und Hörschwellen

Der Schalldruckpegel ist eine physikalische Größe, die allerdings nichts über die subjektiv empfundene Lautstärke aussagt. Das menschliche Gehör ist nämlich bei unterschiedlichen Frequenzen auch unterschiedlich empfindlich. Dies bedeutet, dass Töne mit gleichem Schalldruckpegel und unterschiedlicher Frequenz für das menschliche Ohr unterschiedlich laut sind. Darum wurde der Begriff der Lautstärke mit ihrer Einheit **Phon** eingeführt.
Bei einer Frequenz von 1000 Hz stimmen die Dezibel- und die Phon-Skala überein, d. h. 60 dB = 60 Phon. Für alle anderen Frequenzen gilt, dass sich dB- und Phon-Wert unterscheiden. Die Details kannst du aus Abb. 31, S. 67 entnehmen.
Wie Abb. 31, S. 67 zeigt, existiert zwischen 2000 Hz und 5000 Hz eine Senke. Hier ist unser Gehör am empfindlichsten. Grund: In diesem Bereich besteht Resonanz mit dem schwingungsübertragenden System im Mittelohr, wodurch diese Frequenzen besonders gut weitergeleitet werden.

Hier noch einige gern gefragte Fakten zu diesem Thema:

- Unser Hauptsprachbereich liegt zwischen 300 und 3000 Hz mit einer Lautstärke von 40 bis 80 Phon.
- Für alle hörbaren Frequenzen (zwischen 18 Hz und 20 kHz) liegt die absolute Hörschwelle bei 4 Phon.
- Bei 1000 Hz liegt unsere absolute Hörschwelle bei 4 dB, da hier die Dezibel- mit der Phon-Skala übereinstimmt.
- Der Dezibel-Wert für die Hörschwelle anderer Frequenzen unterscheidet sich hingegen vom Phon-Wert (s. Abb. 31, S. 67). So liegt er z. B. bei einer Tonhöhe von ca. 3000 Hz bei 0 dB (Druck = $2 \cdot 10^{-5}$ Pa), was dem geringsten Schalldruckpegel entspricht, den unser Gehör wahrnehmen kann.

Ein weiteres Maß, um unsere Gehör zu messen, ist die **Intensitätsunterschiedsschwelle**. Diese sagt aus, wie groß der Unterschied im Schalldruckpegel zweier Töne sein muss, damit sie als unterschiedlich laut empfunden werden.
Die **Tonhöhenunterschiedsschwelle** gibt an, wie groß der Unterschied in deren Frequenz sein muss, damit zwei Töne als unterschiedlich hoch empfunden werden. Sie wird in Prozent angegeben. Bei 1000 Hz beträgt sie 0,3 %. D. h. Töne müssen bei einer Tonhöhe von 1 kHz einen Unterschied von 3 Hz aufweisen, um als voneinander verschieden wahrgenommen zu werden.
Außerdem gibt es die Richtungsschwelle, für die beidseitiges Hören notwendig ist. Sie gibt an, wie groß die Richtungsabweichung des Schalls von der Mittellinie zu beiden Ohren sein muss, um z. B. am abgewandten Ohr später gehört zu werden als am zugewandten: Weicht die Richtung, aus der der Schall kommt, um nur 3° von der Mittellinie ab, so hat dies eine Laufzeitdifferenz von ca. 10^{-5} s (0,01 ms) zwischen beiden Ohren zur Folge, und der Schall wird am abgewandten Ohr etwas später wahrgenommen als am zugewandten. Das bedeutet, dass wir z. B. ein Geräusch als „von links kommend" identifizieren können, wenn es unser rechtes Ohr um nur 0,01 ms später erreicht als das linke. Besonders wichtig für die schriftliche Prüfung sind einige Schwellenwerte.

Sie auswendig zu lernen, lohnt sich wirklich:

Merke!

- absolute Hörschwelle = 4 Phon (bei 1000 Hz = 4 dB)
- Schmerzschwelle = 130 Phon (bei 1 kHz = 130 dB)
- Intensitätsunterschiedsschwelle im Bereich der Hörschwellenkurve = 1 dB
- Tonhöhenunterschiedsschwelle bei 1000 Hz = 0,3 %
- Laufzeitdifferenz = 10^{-5} s

7.2 Rezeption und Transduktion

In diesem Kapitel geht es darum, wie es unser Ohr schafft, so viele verschiedene Frequenzen wahrzunehmen, und warum wir so geringe Änderungen des Drucks, wie sie der Schall auslöst, überhaupt registrieren können. Dieses grundlegende Verständnis der Schallwahrnehmung ist zugleich die Basis für das Verständnis von Hörstörungen. Einiges, was du hier lernst, wird dir daher in der HNO wieder begegnen.

7.2.1 Schallweiterleitung und Frequenzanalyse

Der Schall gelangt über den äußeren Gehörgang zur Membrana tympani (Trommelfell). Diese wird durch den Schall in Schwingung versetzt, wie eine Trommel, die angeschlagen wird. Hinter dem Trommelfell befindet sich das Mittelohr mit den Gehörknöchelchen Hammer, Amboss und Steigbügel. Die vom Schall ausgelöste Schwingung des Trommelfells wird auf den Hammer übertragen, von diesem auf den Amboss weitergeleitet und gelangt dann auf den Steigbügel, der mit seiner Platte im ovalen Fenster liegt. Über das ovale Fenster wird der Schall schließlich auf das Innenohr übertragen.

Im Laufe dieser Weiterleitung wird die Schallamplitude im Mittelohr um den Faktor 22 verstärkt. Dafür gibt es zwei Gründe:

1. Das Trommelfell ist 17-mal größer als das ovale Fenster. So wird die gleiche Kraft auf eine kleinere Fläche übertragen. Da Druck = Kraft pro Fläche ist, erhöht sich der Schalldruck, wenn bei gleicher Kraft die Fläche verkleinert wird.
2. Die Knöchelchen üben eine Hebelwirkung aus und helfen bei der Impedanzanpassung (Impedanz = Widerstand, der der Ausbreitung von Schwingungen in einem Medium entgegenwirkt) von Luft auf Perilymphe. Ist der Impedanzunterschied zu groß, wird ein großer Teil der Wellen reflektiert. Dies wäre bei den unterschiedlichen Medien Luft und Perilymphe der Fall und ist z. B. der Grund dafür, warum man unter Wasser aus der Luft kommende Töne leiser hört. Mit den Gehörknöchelchen ist zwischen Luft und Perilymphe ein weiteres Medium zwischengeschaltet, wodurch der Impedanzsprung – und damit auch der Anteil reflektierter Wellen – verkleinert wird.

Da die Anatomie des Innenohrs für das Verständnis des Hörvorgangs sehr wichtig ist, zeigt Abb. 32, S. 70 die wesentlichen Strukturen. Das Innenohr ist wie ein Schneckengehäuse aufgebaut. Daher auch der Name Cochlea (Schnecke). Dieses Haus hat drei Gänge:

- die Scala vestibuli,
- die Scala tympani,
- die Scala media (Ductus cochlearis).

Ans ovale Fenster grenzt die Scala vestibuli, die sich in der Schnecke bis hinauf zum Helicotrema (Spitze des Schneckenhauses) empor windet. Am Helicotrema kommuniziert die Scala vestibuli mit der Scala tympani, die ihrerseits am runden Fenster endet. Diese beiden Gänge sind mit Perilymphe gefüllt, einer Flüssigkeit, die in ihrer Zusammensetzung dem Extrazellulärraum ähnelt.

Zwischen Scala vestibuli und Scala tympani liegt die Scala media. Sie enthält das Corti-Organ, das Schallwellen in elektrische, neuronale Informationen umwandelt. Wichtigste Bestandteile des Corti-Organs sind die inneren und äußeren Haarzellen sowie die Tektorialmembran (s. 7.2.2, S. 71). Die Scala media

ist mit Endolymphe gefüllt, einer kaliumreichen und natriumarmen Flüssigkeit, die in ihrer Zusammensetzung dem Intrazellulärraum ähnelt. Allerdings ist sie gegenüber dem Extrazellulärraum mit +80 mV positiv geladen.
Zwischen Scala media und tympani, unter dem Corti-Organ, liegt die Basilarmembran. Schallwellen versetzen die Scala vestibuli in Schwingung. Daraufhin werden die Endolymphe und die Basilarmembran ausgelenkt, die Schwingung überträgt sich auf die Scala tympani und erreicht schließlich das runde Fenster.
Die Basilarmembran wird zum Helicotrema hin weniger steif und zusätzlich noch breiter. Daher nimmt die elastische Rückstellkraft der Basilarmembran von der Schneckenbasis zum Helicotrema hin ab, die Ausbreitungsgeschwindigkeit der Welle wird kleiner, ihre Wellenlänge kürzer und ihre Amplitude größer.
Hier ist Vorsicht geboten: Obwohl die Wellenlänge bei niedrigen Frequenzen normalerweise sehr lang ist, führt die Abnahme der Ausbreitungsgeschwindigkeit zur Entstehung immer kürzerer Wellen(längen), die schließlich ihr Amplitudenmaximum erreichen und danach verebben.

Jede Welle erreicht ihr Amplitudenmaximum an einer anderen Stelle der Basilarmembran. Diese Stelle ist abhängig von ihrer Frequenz: Je höher die Frequenz, desto näher an der Basis bildet sich das Amplitudenmaximum. So kann unser Gehör eine Welle aufgrund ihrer Frequenz analysieren. Dieses Phänomen bezeichnet man als **Frequenz-Orts-Abbildung oder Ortsselektivität**.

Für die Frequenzanalyse sind die äußeren Haarzellen essenziell. Sie verstärken nur diejenigen Schwingungen sehr stark, die zu ihrer ortsspezifischen Frequenz passen. Fallen die äußeren Haarzellen aus, verteilt sich eine Schwingung über mehrere Bezirke, wodurch der Eindruck mehrerer Frequenzen vermittelt wird.
Die Wellen verschwinden im Allgemeinen, ohne das Helicotrema zu erreichen.

Merke!

Amplitudenmaximum
- nahe am Helicotrema: tiefe Frequenzen
- nahe an der Schneckenbasis: hohe Frequenzen

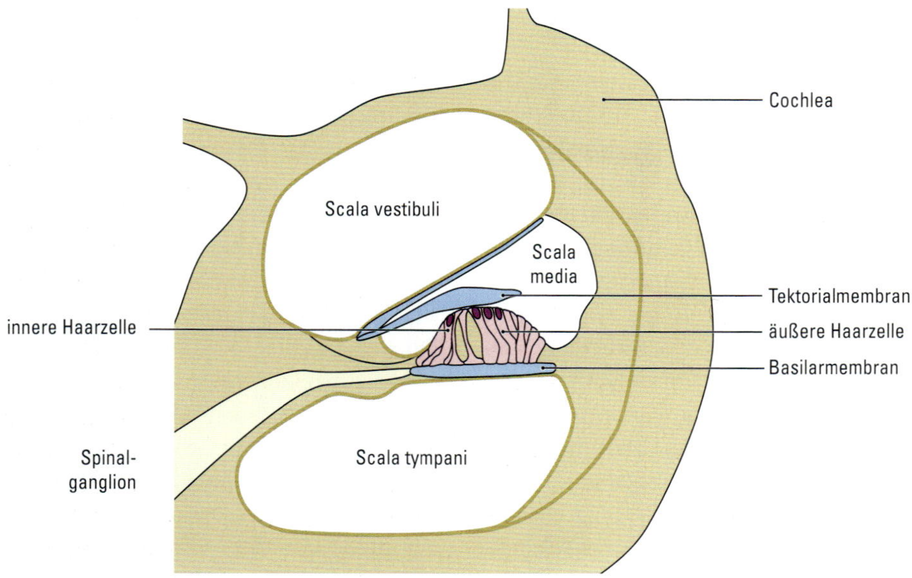

Abb. 32: Anatomie der Cochlea

medi-learn.de/7-physio3-32

Beispiel
Hier ein vereinfachender Vergleich, der hoffentlich dennoch das Wesentliche verdeutlichen kann: Du kannst dir die Basilarmembran wie eine Gitarrensaite vorstellen. Die breiten, weniger gespannten Saiten produzieren die tiefen Töne (niedrige Frequenzen), die dünnen, stärker gespannten Saiten dagegen hohe Töne (hohe Frequenzen). Übertragen auf die Basilarmembran bedeutet dies, dass am Helicotrema (breitere, weniger steife Basilarmembran) tiefe Frequenzen und am Beginn der Schnecke (dünnere, steifere Basilarmembran) hohe Frequenzen abgebildet werden.

7.2.2 Umsetzung der Schwingung in elektrische Information

Wie du bereits oben lesen konntest, wird – je nach Frequenz – die Basilarmembran an einer Stelle besonders stark ausgelenkt. Die im Innenohr ankommenden Schwingungen übertragen sich aber auch auf die Tektorialmembran und die Endolymphe, wodurch die Zilien der äußeren und inneren Haarzellen abgeschert werden (s. Abb. 32, S. 70). Die Zilien sind untereinander durch tip links verbunden. Durch das Abscheren werden diese tip links gespannt und entspannt, was der adäquate Reiz ist für die Öffnung von Kalium-Kanälen in den Haarzellen. Hierdurch kommt es zum Kaliumeinstrom in die Zellen und damit zur Depolarisation (s. Abb. 33, S. 72). Jetzt werden sich sicherlich einige fragen, wieso es denn bei einer Öffnung von K^+-Kanälen zur Depolarisation kommt? Normalerweise strömen doch die K^+-Ionen aus der Nervenzelle heraus. Das tun sie auch, da dort auf die K^+-Ionen ein Potenzial von –70 mV gegenüber dem Extrazellulärraum wirkt und die extrazelluläre K^+-Konzentration gering ist. Im Innenohr dagegen ist die besondere Zusammensetzung der Endolymphe zu beachten, die die Haarzellen umgibt. Sie ist kaliumreich und besitzt ein Potenzial von +80 mV gegenüber dem Extrazellulärraum und damit von +150 mV gegenüber den Haarzellen. Dieses hohe positive Potenzial für K^+-Ionen ist der Grund, warum die Haarzellen durch einen Kaliumeinstrom depolarisiert werden.

Nur die äußeren Haarzellen berühren die Tektorialmembran und werden durch deren Schwingung erregt. Die inneren Haarzellen werden durch Endolymphbewegungen depolarisiert.

In den Fragen des schriftlichen Examens solltest du unbedingt darauf achten, ob nach dem Potenzial von Endolymphe gegenüber den Haarzellen gefragt wird (+150 mV) oder nach dem Potenzial von Haarzellen gegenüber der Endolymphe (–150 mV).

Die hohe K^+-Konzentration der Endolymphe wird mit Hilfe der Stria vascularis aufrechterhalten. Dieser blutgefäßreiche Bezirk im äußeren Abschnitt der Scala media besitzt viele Ionenpumpen, besonders für K^+-Ionen. Die Ionenpumpe, die das Kalium transportiert, begegnet dir auch in der Niere. Es ist der $Na^+/K^+/2\ Cl^-$-Transporter. Da dieser durch das Schleifendiuretikum Furosemid gehemmt wird, kann Furosemid zu Taubheit führen.

Das Gleichgewichtspotenzial für K^+ zwischen Haarzellen und Endolymphe liegt bei 0 mV. Da das Membranpotenzial im Ruhezustand –70 mV gegenüber der Perilymphe und –150 mV gegenüber der Endolymphe beträgt, streben die K^+-Ionen in die Haarzellen hinein.

Merke!

Die Depolarisation/Erregung der Haarzellen erfolgt durch K^+-Einstrom.

Das Verhältnis von inneren zu äußeren Haarzellen beträgt ca. 1 : 3. Äußere und innere Haarzellen unterscheiden sich dabei in ihrer Reaktion auf eine Depolarisation: Die äußeren Haarzellen sind **Verstärker**. Werden sie depolarisiert, so kontrahieren sie, was die Verschiebung der Tektorialmembran gegenüber

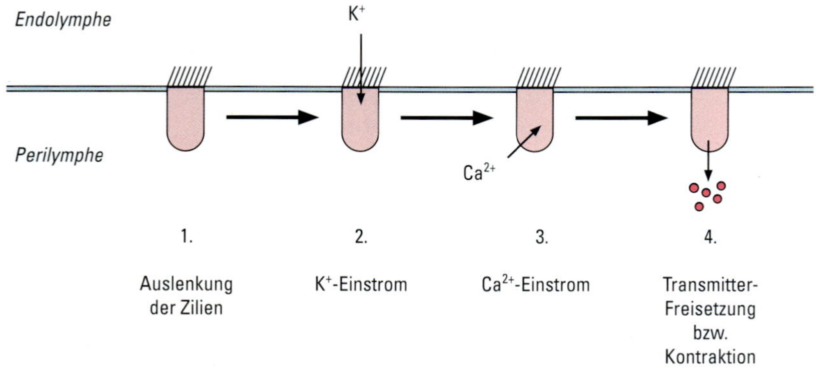

Abb. 33: Signaltransduktion in den Haarzellen *medi-learn.de/7-physio3-33*

der Basilarmembran verstärkt. Damit tragen die äußeren Haarzellen zur Ortsselektivität bei. An der Kontraktion ist das Protein Prestin (presto italienisch = sehr schnell) beteiligt. Es bildet Taschen innerhalb der äußeren Haarzellen. Diese befinden sich an der Seitenwand der Zellen und enthalten Chlorid. Kommt es zur Depolarisation der Membran, fließen die negativen Cl^--Ionen aus den Taschen ins Zytoplasma. Dadurch werden die Taschen kleiner und die Seitenwand der äußeren Haarzellen verkürzt sich. Kommt es zur Repolarisation (Potenzial wird negativer), fließen die Chloridionen zurück in die Prestintaschen, diese werden wieder größer und die Haarzellen richten sich auf. Aufgrund dieses Mechanismus sind die äußeren Haarzellen die Zellen des Körpers, die elektrische Information am schnellsten in mechanische Bewegung umsetzen können.

Übrigens ...
Da sie selbst Geräusche erzeugen, können die Kontraktionen der äußeren Haarzellen mit Mikrofonen im Gehörgang als oto-akustische Emissionen gemessen werden. Auf diese Art kann die Funktion des Innenohrs z. B. bei Neugeborenen überprüft werden (nicht zu verwechseln mit der BERA, s. 3.2, S. 29 und 7.3, S. 72).

Die inneren Haarzellen sind Rezeptoren. Ihre Depolarisation (Rezeptorpotenzial) bewirkt einen Ca^{2+}-Einstrom und damit die Transmitterausschüttung. Ihr Transmitter ist Glutamat. Da die inneren Haarzellen selbst kein Aktionspotenzial bilden, sind sie **sekundäre Sinneszellen**. Aktionspotenziale entstehen erst durch Glutamatbindung in den nachgeschalteten Neuronen.

Merke!

Äußere Haarzellen = Verstärker durch Kontraktionen.
Innere Haarzellen = Rezeptoren und sekundäre Sinneszellen, die Glutamat ausschütten.

7.3 Hörbahn und zentrale Verarbeitung

Durch die inneren Haarzellen werden die Dendriten des 1. Neurons der Hörbahn erregt. Der Zellkörper liegt direkt im Knochen der Schnecke (Modiolus). Dieses Neuron ist eine **Bipolarzelle**. Als Summe bilden die Zellkörper das Ganglion spirale. Dessen Axone bilden den N. cochlearis (N. acusticus), der sich mit dem N. vestibularis zum VIII. Hirnnerven verbindet und durch den inneren Gehörgang zum Hirnstamm zieht. Der VIII. Hirnnerv enthält dabei nicht nur afferente Fasern von den

Rezeptor	1. Neuron	2. Neuron	Über mehrere Stationen		Thalamus	Primäres auditives Zentrum
Haarzellen des Corti-Organs	Ganglion spirale	Nuclei cochleares dorsales et ventrales	ungekreuzt oder gekreuzt im Lemniscus lateralis	über Colliculus inferior	Corpus geniculatum mediale	temporal: Gyri temporales transversi

Tab. 16: Hörbahn

inneren Haarzellen, sondern auch efferente, die die äußeren Haarzellen innervieren. Im Hirnstamm liegt das 2. Neuron der Hörbahn im Ncl. cochlearis dorsalis oder ventralis. Die Hörbahn zieht über verschiedene Stationen als Lemniscus lateralis zu den Colliculi inferiores. Einige Fasern kreuzen auf diesem Weg zur Gegenseite, andere nicht. Auf diese Weise kommen Informationen aus beiden Ohren auf einer Seite zusammen, sodass räumlichen Hören möglich wird. Die Verschaltung bis hierher ist variabel. Es können auch weniger oder mehr Umschaltungen bis zu diesem Punkt erfolgen. Diese Variationen musst du zwar nicht kennen, es wurde aber bereits nach den Neuronen gefragt, welche erstmals von ipsi- und kontralateral Erregungen erhalten. Diese sitzen im Nucleus olivaris superior. Für alle Fasern gilt, dass sie das Corpus geniculatum mediale (im Thalamus) erreichen und von dort weiter zum Gyrus temporalis transversi – der primären Hörrinde – ziehen. Diese ist **tonotop (nach Tonfrequenzen)** gegliedert, wobei sich hier im Kortex die Ortsselektivität der Cochlea findet.
Die weitere Verarbeitung findet in der angrenzenden sekundären Hörrinde und dann in den Assoziationsfeldern statt. Hier ist besonders das **Wernicke-Zentrum** zu erwähnen (s. 3.1.1, S. 26).

Übrigens ...
Am Hirnstamm kann die elektrische Aktivität der Hörbahn nach einem akustischen Reiz gemessen werden. Diese Aktivität nennt man akustisch evozierte Hirnstammpotenziale. Mit ihnen kann bei Neugeborenen und auch Bewusstlosen die Funktionsfähigkeit des Innenohrs überprüft werden.
Das Ganze nennt sich BERA (brainstem evoked response audiometry). Die BERA ist nicht auf die Mitarbeit des Patienten angewiesen und weist die Funktion des Innenohrs auch ohne bewusstes Wahrnehmen (Kortexebene) eines Tons nach. (Bei Neugeborenen ist das Ohr zwar ausgereift, allerdings der zugehörige Kortex noch nicht.) Die erste Welle der frühen akustisch evozierten Potenziale (AEPs) tritt dabei bereits Millisekunden nach Reizung auf. Die Kurve der BERA muss durch mehrfache Reizung ermittelt werden

7.4 Hörstörungen und Hörprüfungen

In diesem Kapitel findest du die wichtigsten Hörstörungen und die Methoden, sie zu diagnostizieren – wieder einmal Themen, die dir nicht nur in der Prüfung, sondern auch in der Klinik begegnen werden.

7.4.1 Schallleitungs- und Schallempfindungsstörungen

Es gibt zwei große Gruppen von Hörstörungen:
- die Schallleitungsstörungen,
- die Schallempfindungsstörungen.

Eine **Schallleitungsstörung** hat ihre Ursache im **Mittelohr** oder im äußeren Gehörgang. Hier wird die Weiterleitung des Schalls behindert. Ursachen hierfür können eine Otitis media (Mittelohrentzündung), eine Trommelfellperforation, eine Otosklerose (Versteifung der Gehörknöchelchen) oder ein Cholesteatom (Knocheneiterung) sein. Der Höreindruck

ist hierbei weitgehend unverändert; es wird nur alles leiser wahrgenommen.
Bei einer **Schallempfindungsstörung** kann der Schaden im **Innenohr** oder **retrocochleär** (hinter der Schnecke) liegen. Eine Innenohrschädigung kommt durch Degeneration oder Untergang der Haarzellen zustande. Ursachen hierfür können eine verminderte Durchblutung, ototoxische Substanzen oder eine Lärmschädigung sein, die übrigens schon ab Schalldruckpegeln von 85 dB stattfindet. Bei einer Haarzellschädigung werden vor allem die für hohe Frequenzen zuständigen Zellen zerstört. Dadurch entsteht ein **verzerrter Höreindruck**.
Retrocochleäre Schäden haben ihre Ursachen auf neuronaler oder ZNS-Ebene. Prüfungsrelevant ist hier vor allem das **Akustikusneurinom**. Dies ist ein Schwannom (Tumor der Schwann-Zellen) des vestibulären Teils des VIII. Hirnnerven, das durch Kompression den Nerv schädigt.

Übrigens ...
- Eine verminderte Durchblutung des Innenohrs kann durch Ödeme bei Entzündungen, durch bestimmte Diuretika aber auch idiopathisch bedingt sein.
- Das Akustikusneurinom ist in der BERA durch verlängerte Nervenleitungszeiten zu erkennen.
- Eine besondere Form der Schallempfindungsstörung ist die **Presbyakusis (Altersschwerhörigkeit)**. Geschädigt sind hierbei sowohl cochleäre als auch retrocochleäre Strukturen. Hauptursache ist der Untergang der Haarzellen der Schneckenbasis mit der Folge eines Hochtonverlusts.
- Eine plötzliche Schallempfindungsstörung ohne erkennbare Ursache wird Hörsturz genannt.

Schallleitungsstörung: Ursache im Mittelohr (z. B. Entzündung) oder im äußeren Gehörgang.
Schallempfindungsstörung: Ursache im Innenohr oder neuronal (Haarzell- oder Nervenschädigung), meist einhergehend mit Hochtonverlust.
Presbyakusis (Altersschwerhörigkeit): besondere Form der Schallempfindungsstörung im Alter durch Haarzelldegeneration.

7.4.2 Hörprüfungen = Audiometrien

Es gibt zwei Arten, wie Schall zum Innenohr gelangen kann:
- die Luftleitung,
- die Knochenleitung.

Die **Luftleitung** erfolgt über das **Mittelohr**, die **Knochenleitung** über die **Schädelknochen**, wenn ein Ton direkt auf den Schädel übertragen wird (z. B. mit einer Stimmgabel). Der ankommende Schalldruckpegel ist bei der Luftleitung um ca. 40 dB höher als bei der Knochenleitung.
Die Überprüfung der beiden Leitungen erlaubt eine Differenzierung zwischen Schallleitungs- und Empfindungsstörungen: Bei einer Leitungsstörung ist die Luftleitung beeinträchtigt, da hierbei das Mittelohr geschädigt ist (s. 7.4.1, S. 73). Die Knochenleitung hingegen bleibt unbeeinträchtig, da sie nicht auf das Mittelohr angewiesen und das Innenohr intakt ist. Bei einer Schallempfindungsstörung sind sowohl Luft- als auch Knochenleitung in gleichem Maße beeinträchtigt, da die Ursache im Innenohr liegt (s. 7.4.1, S. 73). Es ist also egal, wie der Schall zu den Haarzellen gelangt, da diese zerstört sind und nichts mehr wahrnehmen können.

Merke!

Schallleitungsstörung (Mittelohrschaden):
- Luftleitung ↓
- Knochenleitung ohne pathologischen Befund.

Schallempfindungsstörung (Innenohrschaden):
- Luftleitung ↓
- Knochenleitung ↓.

Wichtige Tests zur Überprüfung dieser Funktionen sind
- die **Audiometrie**,
- der **Weber-Test**,
- der **Rinne-Test**.

Für **Weber-** und **Rinne-Test** ist nur eine Stimmgabel notwendig. Beim **Rinne-Test** wird die Stimmgabel angeschlagen und aufs Mastoid gesetzt (Knochenleitung). Wenn der Patient den Ton nicht mehr hören kann, hält man die Stimmgabel vor den äußeren Gehörgang (Luftleitung). Wird der Ton jetzt wieder gehört, ist man Rinne positiv. Hört man den Ton nicht ist man Rinne negativ. Ein Patient mit intakter Schallleitung hört den Ton vor dem Gehörgang wieder, ist also Rinne positiv. Dies ist bei einer Schallempfindungsstörung und beim Gesunden der Fall. Ein Patient mit einer Schallleitungsstörung hört den Ton vor dem Gehörgang nicht mehr und ist damit Rinne negativ.

Beim **Weber-Test** wird eine Stimmgabel angeschlagen und auf die **Schädelmitte** gesetzt. So wird die Knochenleitung überprüft: Ein Gesunder hört den Ton mit beiden Ohren gleich laut. Ein Mensch mit Innenohrschaden hört den Ton mit dem gesunden Ohr besser, ein Mensch mit Mittelohrschaden hingegen hört den Ton mit dem kranken Ohr besser. Mit einem kranken Ohr besser hören? Ja, das gibt es. Bei einem Mittelohrschaden ist die Knochenleitung nicht beeinträchtigt. Zudem kann der Schall über das erkrankte Mittelohr nicht so gut abtransportiert werden und reizt dadurch die Haarzellen für längere Zeit. Schließlich haben sich auch noch die Haarzellen des kranken Ohres an die kleineren Schalldrücke angepasst und sind empfindlicher.

Merke!

Schallleitungsstörung:
- Rinne-Test negativ
- Weber-Test → Lateralisierung ins kranke Ohr.

Schallempfindungsstörung:
- Rinne-Test positiv
- Weber-Test → Lateralisierung ins gesunde Ohr.

Diese beiden Tests sind nicht geeignet, um qualitative Aussagen über einen Hörverlust zu machen. Sie können lediglich dann zwischen Leitungs- und Empfindungsstörung unterscheiden, wenn ein Patient angibt, auf einem Ohr schlechter zu hören. **Zur Quantifizierung eines Hörverlusts** dient die **Schwellenaudiometrie** (s. Abb. 34, S. 76). Dabei werden einem Patienten Töne unterschiedlicher Frequenz mit aufsteigendem Schalldruckpegel dargeboten. Dies geschieht zum einen per Luftleitung (Kopfhörer) und zum anderen per Knochenleitung (Aufsatz auf das Mastoid). Der Patient drückt einen Knopf, sobald er einen Ton hört, und die Ergebnisse werden in einem Audiogramm aufgetragen. Als Nulllinie dient die Hörkurve eines 14-Jährigen. Ein evtl. vorhandener Hörverlust wird in dB-Verlust als Minuswert nach unten aufgetragen.

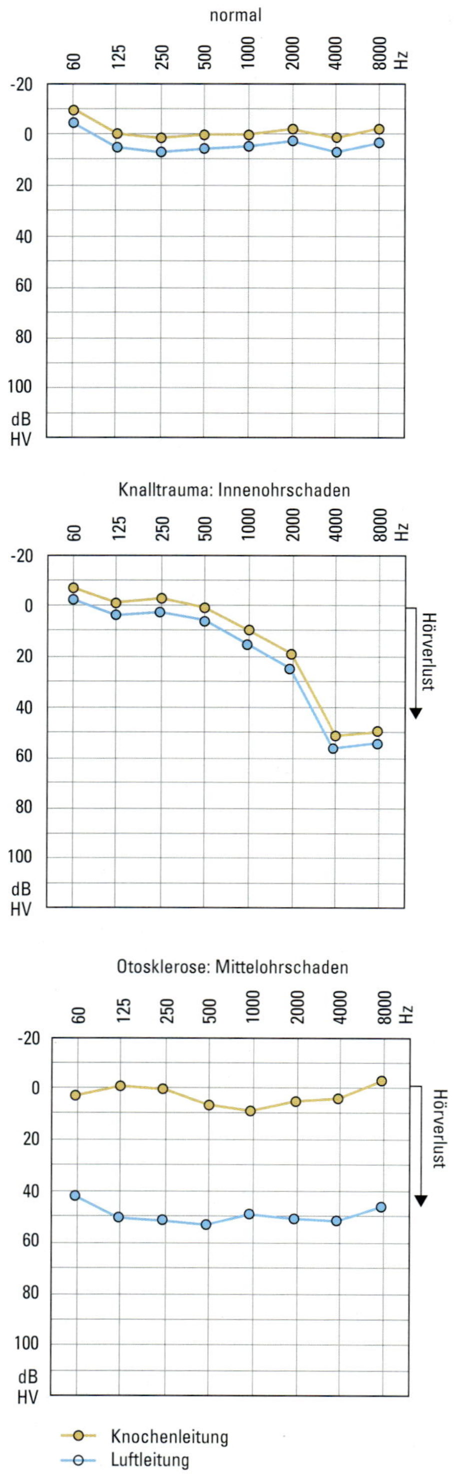

Abb. 34: Audiogramme *medi-learn.de/7-physio3-34*

DAS BRINGT PUNKTE

Im schriftlichen Examen wird häufig verlangt, den **Schalldruckpegel** zu berechnen:

- Ist der Schalldruck gegeben, gilt folgende Formel:
  $L = 20 \cdot \log_{10} p_x/p_o$.
- Wird nur die Vergrößerung des Schalldrucks um einen bestimmten Faktor angegeben und du sollst den Faktor für den Schalldruckpegel berechnen, brauchst du folgende Formel:
  $L = 20 \cdot \log_{10} \cdot$ Faktor
  - Bei 10^2 sind das $2 \cdot 20$,
  - bei 10^3 sind das $3 \cdot 20$,
  - bei 10^4 sind das $4 \cdot 20$ usw.
- Ist dagegen die Vergrößerung der Schallintensität um einen Faktor angegeben, gilt folgende Formel:
  $L = 10 \cdot \log_{10} \cdot$ Faktor

Immer wieder gerne werden auch die **Hörschwellen** gefragt:

- absolute Hörschwelle = 4 Phon (bei 1000 Hz: 4 dB),
- Schmerzschwelle = 130 Phon (bei 1 kHz: 130 dB),
- Intensitätsunterschiedsschwelle im Bereich der Hörschwellenkurve = 1 dB und
- Tonhöhenunterschiedsschwelle bei 1000 Hz = 0,3 %.

Für die **Frequenzanalyse** im Innenohr solltest du wissen:

- Je weiter am Helicotrema, desto tiefer die Frequenzen,
- je weiter an der Schneckenbasis, desto höher die Frequenzen.

Wichtig für die **Transduktion** ist, dass

- die Depolarisation der Haarzellen durch einen K^+-Einstrom erfolgt und
- innere Haarzellen sekundäre Sinneszellen sind.

FÜRS MÜNDLICHE

Zum Thema „Akustisches System – Hören“ werden in der Mündlichen häufig folgende Fragen gestellt:

1. **Erläutern Sie bitte, was man unter Schalldruckpegel und unter Lautstärke versteht.**
2. **Bitte erklären Sie, wie die Frequenzanalyse funktioniert.**
3. **Bitte erklären Sie, wie die Transduktion funktioniert.**
4. **Welche Hörstörungen kennen Sie?**

---

1. Erläutern Sie bitte, was man unter Schalldruckpegel und unter Lautstärke versteht.
Der Schalldruck unseres Hörbereichs ist sehr gering. Deshalb hat man einen logarithmischen Wert eingeführt, den Schalldruckpegel L. Formel:
$L = 20 \cdot \log_{10} p_x/p_o$.
Einheit: Dezibel (dB).

Da uns verschiedene Frequenzen bei gleichem Schalldruckpegel unterschiedlich laut vorkommen, hat man eine neue Größe eingeführt – die Lautstärke mit der Einheit Phon. Bei der Frequenz f = 1 kHz sind 60 dB = 60 Phon. Bei anderen Frequenzen sind die dB- und die Phon-Skala jedoch nicht identisch.

2. Bitte erklären Sie, wie die Frequenzanalyse funktioniert.

Verschiedene Frequenzen werden auf unterschiedlichen Stellen der Cochlea abgebildet. Dies bezeichnet man als Frequenz-Orts-Abbildung oder Ortsselektivität. An der Basis: hohe Frequenzen, an der Spitze: tiefe Frequenzen. Ursache hierfür sind die von der Basis zur Spitze abnehmende Steifigkeit der Basilarmembran und die Änderung der Schallwellengeschwindigkeit.

3. Bitte erklären Sie, wie die Transduktion funktioniert.

An einer Stelle der Basilarmembran bildet sich das Wellenmaximum. Dadurch kommt es zum Abscheren der Zilien der Haarzellen. Es folgt ein K^+-Einstrom, da das Potenzial von Endolymphe zur Haarzelle +150 mV beträgt. Durch das einströmende K^+ kommt es zur Depolarisation. Die Folgen sind in den äußeren Haarzellen Kontraktionen und in den inneren Haarzellen eine Transmitterausschüttung. Durch die Transmitterbindung am folgenden Neuron wird dieses depolarisiert und ein AP gebildet.

4. Welche Hörstörungen kennen Sie?

Es gibt zwei Arten von Hörstörungen:
- die Schallleitungsstörungen und
- die Schallempfindungsstörungen.

Charakteristika der Schallleitungsstörung sind:
- Mittelohrschaden,
- Luftleitung↓,
- Knochenleitung ohne pathologischen Befund,
- Weber-Test Lateralisierung ins kranke Ohr und
- Rinne-Test negativ.

Charakteristika der Schallempfindungsstörung sind:
- Innenohr- oder Nervenschaden,
- Luft- und Knochenleitung↓,
- Weber-Test Lateralisierung ins gesunde Ohr und
- Rinne-Test positiv.

Pause

Päuschen gefällig?
Das hast Du Dir verdient!

8 Vestibuläres System - Gleichgewicht

Fragen in den letzten 10 Examen: 7

Während Sehen und Hören Vorgänge sind, die uns bewusst werden, läuft beim Gleichgewichtssinn das meiste unbewusst ab. Wir merken normalerweise nicht, wie die Gleichgewichtsorgane, die Muskelspindeln und das Kleinhirn ständig unsere Haltung im Raum überprüfen und – falls notwendig – korrigieren. Wir merken auch nicht, dass die Stellung unseres Kopfes und die Blickmotorik durch das Gleichgewichtsorgan beeinflusst werden. Was wir dagegen sehr deutlich wahrnehmen, ist ein Ausfall unseres Vestibularorgans (Gleichgewichtsorgans) oder wenn es Probleme hat, wie z. B. bei einer Kinetose (Seekrankheit).

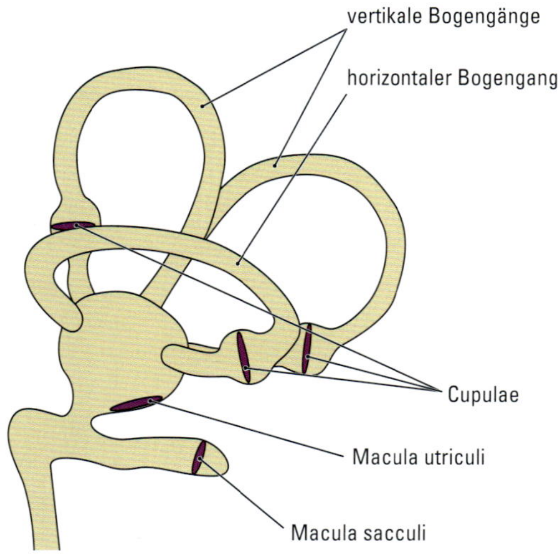

Abb. 35: Anatomie des Gleichgewichtsorgans

medi-learn.de/7-physio3-35

8.1 Rezeption und Transduktion

Innenohr und Gleichgewichtsorgan sind sich im Transduktionsmechanismus ähnlich. Falls du daher das letzte Kapitel verstanden hast, wird dir das folgende leichter fallen und du kannst hier auch mit Aussagen Punkte sammeln, die du bereits im letzten Kapitel gelernt hast: Zwei zum Preis von einem ...

8.1.1 Maculaorgane

Wie immer kommt man an der Anatomie nicht vorbei. Hier also zunächst der Aufbau des Gleichgewichtsorgans:

Auf Abb. 35, S. 80 sieht man zum einen die Maculaorgane und zum anderen die Bogengänge (s. 8.1.2, S. 81). Wie außerdem zu sehen ist, liegen der Sacculus vertikal und der Utriculus horizontal, und damit beide Organe im Winkel von 90° zueinander. Dadurch ist es den Maculaorganen möglich, die Lage unseres Kopfes im Gravitationsfeld zu bestimmen. Die Macula sacculi steht (beim aufrecht stehenden Menschen) senkrecht zur Erdoberfläche und wird in Ruhe durch die Erdanziehung und beim Hüpfen erregt. Die Macula utriculi steht (beim aufrecht stehenden Menschen) parallel zur Erdoberfläche und wird z. B. beim geradeaus Laufen erregt.

Aber wie funktioniert das genau? Die Sinneszellen der Maculaorgane sind von Endolymphe umgeben, die die gleiche Zusammensetzung wie die Endolymphe der Cochlea hat. Die Zilien der Sinneszellen sind bedeckt von der Statolithenmembran (Otolithenmembran), einer Art Gallerte. Entscheidend für deren Funktion ist, dass die Dichte der Statolithenmembran durch Calcit-Einlagerungen höher ist als die der Endolymphe. Daher werden bei **Linearbeschleunigungen** (Translationsbeschleunigungen = vor/zurück; Gravitation = rauf/runter) die Statolithenmembran mit den Fortsätzen der Sinneszellen und die Endolymphe unterschiedlich stark beschleunigt. Durch diese Relativbewegung der Statolithenmembran über dem Sinnesepithel werden die Stereozili-

en der Haarzellen abgeschert. Im Unterschied zur Cochlea haben die Haarzellen des Gleichgewichtsorgans ein **Kinozilium**, und die K^+-Kanäle ihrer Membran werden bereits im Ruhezustand im Wechsel geöffnet und geschlossen. Die Folge ist eine Depolarisation der Haarzellen, die Freisetzung des Neurotransmitters Glutamat und die Weiterleitung von Aktionspotenzialen in der afferenten Nervenfaser auch in Ruhe (s. Abb. 36, S. 82).
Werden nun die Fortsätze der Haarzellen in Stimulationsrichtung (in Richtung Kinozilium) ausgelenkt, so dehnen sich die tip links und die Leitfähigkeit der Membran für Kationen (K^+, Na^+, Ca^{++}) steigt. Dadurch wird die Haarzelle stärker depolarisiert und setzt mehr Glutamat frei, was wiederum zur Weiterleitung von Aktionspotenzialen in der afferenten Nervenfaser führt – allerdings mit wesentlich höherer Frequenz als im Ruhezustand.
Werden die Fortsätze der Haarzellen in Inhibitionsrichtung (weg vom Kinozilium) ausgelenkt, werden die tip links gestaucht und die Leitfähigkeit der Membran für Kationen sinkt. Die Folgen sind eine geringere Depolarisation, die verringerte Freisetzung von Glutamat und in der afferenten Nervenfaser die Weiterleitung von Aktionspotenzialen mit wesentlich geringerer Frequenz als im Ruhezustand.
Die Haarzellen des Vestibularorgans zeigen eine hohe Ruheaktivität, die der Bogengänge (s. 8.1.2, S. 81) haben sogar die höchste Aktionspotenzialfrequenz ohne Reizexposition in unserem Körper!
Die Aufgabe der Maculaorgane ist die Stabilisierung des Kopfes und damit auch des Körpers. Im Rahmen der Stabilisierung bewirkt eine Erregung der Maculaorgane beim Fallen eine Streckreaktion der Extremitäten. Durch diese Streckreaktion wird versucht, den Fall abzufangen. Dieser Reflex läuft – wie so vieles andere auch – **unbewusst** ab.

Merke!

- Eine Abscherung der Stereozilien zum Kinozilium hin führt zum K^+-Einstrom und zur Depolarisation der Haarzellen.
- Sowohl cochleäre als auch vestibuläre Haarzellen sind sekundäre Sinneszellen.

8.1.2 Cristaorgane

Zu diesem Thema gab es in den letzten Examina keine direkten Fragen. Es ist aber die Grundlage um das wichtige Thema Nystagmus zu verstehen.
Neben den Maculaorganen gehören auch die Bogengänge (Ductus semicirculares) zum Gleichgewichtsorgan. Sie stehen senkrecht zueinander und decken so die drei Ebenen des Raums ab. Die drei Bogengänge tragen im Bereich der Ampullen (Erweiterungen, Cristae ampullares) Sinnesepithel mit Haarzellen, die Cristaorgane. Die Zilien der Haarzellen sind bedeckt von der Cupula, einer Art Gallerte. Im Gegensatz zur Statolithenmembran hat die Cupula die gleiche Dichte wie die Endolymphe, sodass eine Linearbeschleunigung hier NICHT zum Abscheren der Zilien führt.
Der adäquate Reiz für die Cristaorgane ist vielmehr eine **Winkelbeschleunigung** (Drehbeschleunigung). Hierbei kommt es durch die Trägheitsströmung der Endolymphe, die der Drehung des Kopfes hinterher hinkt, zum Abscheren der Zilien. Der Rest läuft wie in der Macula ab (s. Abb. 36, S. 82).

Merke!

- adäquater Reiz für Maculaorgane = Linearbeschleunigung
- adäquater Reiz für Cristaorgane = Winkel-(Dreh-)beschleunigung

In Ruhe senden alle Bogengangsorgane Signale. Sie besitzen sogar die höchste Ruheaktivität aller Nerven- und Sinneszellen im Körper. Doch was genau passiert mit den horizontalen (lateralen) Bogengängen bei einer Drehung? Beim Beginn einer Drehung des Kopfes nach links steigt die Frequenz der Aktionspotenziale aus dem linken Bogengang. Der rechte Bogengang verhält sich entgegengesetzt: Die Frequenz seiner Aktionspotenziale fällt. Die beiden Bogengangsorgane der beiden Gleichgewichtsorgane reagieren also immer gegensätzlich auf denselben Reiz (s. Tab. 17, S. 82).

Beim Abstoppen einer Drehung hinkt die Endolymphe NICHT hinterher, sondern läuft noch weiter, obwohl die Drehung schon zu Ende ist (wie ihr schön beim Kaffeeumrühren beobachten könnt).

Dadurch werden die Kinozilien in die entgegengesetzte Richtung abgeschert und die Reaktion ist entgegengesetzt zu der beim Beginn der Drehung:

- Beginn der Drehung nach links = Erregung des linken Bogengangs,
- Stopp der Drehung nach links = Erregung des rechten Bogengangs.

Übrigens ...

Bei einseitiger Zerstörung eines Gleichgewichtsorgans kommt es zu Übelkeit, Erbrechen, Drehschwindel und Nystagmus (s. 8.2, S. 83) zur gesunden Seite. Außerdem besteht eine Fallneigung zur erkrankten Seite. Dies ist dadurch zu erklären, dass die Ruheaktivität der Sinneszellen auf einer Seite wegfällt. Unser Gehirn bekommt dadurch den Eindruck, als herrsche eine ständige Drehung. Mit der Zeit passt sich das Gehirn aber an den Ausfall an, und die Symptome verschwinden. Ein Ausfall beider Gleichgewichtsorgane hat schwächere Symptome zur Folge, da dann die Informationen von beiden Organen gleichzeitig fehlen, wodurch unser Gehirn wesentlich weniger verwirrt wird.

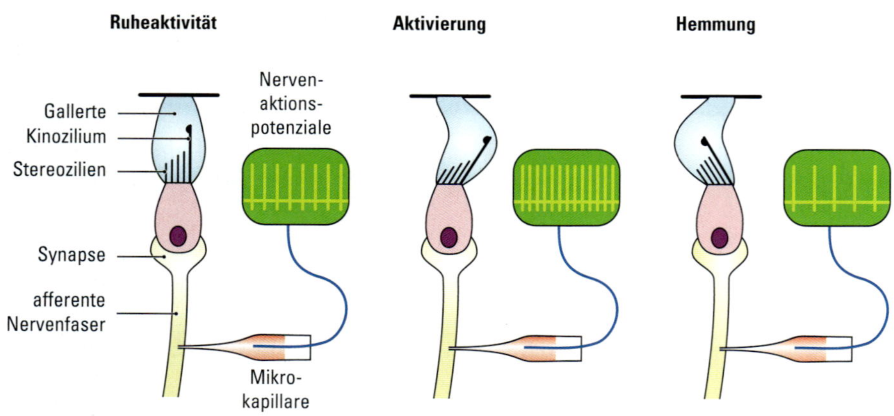

Abb. 36: Erregung und Hemmung der Haarzellen des Gleichgewichtsorgans *medi-learn.de/7-physio3-36*

	Beginn Drehung nach links	Stopp Drehung nach links	Beginn Drehung nach rechts	Stopp Drehung nach rechts
linker Gang	erregt	gehemmt	gehemmt	erregt
rechter Gang	gehemmt	erregt	erregt	gehemmt

Tab. 17: Aktivierung der lateralen Bogengänge bei Drehbeschleunigung

8.2 Nystagmus

Der Nystagmus ist ein Reflex, der die Anpassung der Kopf- an die Augenbewegungen sicherstellt. Durch die langsamen Gleitbewegungen und durch **Sakkaden (schnelle, ruckartige Stellbewegungen der Augen)** können wir einen Punkt trotz Bewegung fixieren. Ein Nystagmus entsteht durch die Zusammenarbeit von Gleichgewichtsorgan, Sehrinde und Kleinhirn.

Beispiel
Sitzen wir in einem fahrenden Zug und schauen aus dem Fenster auf einen draußen stehenden Baum, so folgen unsere Augen ihm eine Weile, um dann in einer schnellen Bewegung (Sakkade) zurückzukehren und ein neues Objekt zu fixieren. Diesen Reflex nennt man **optokinetischen Nystagmus**. Er adaptiert NICHT.

Übrigens ...
Die Nystagmusrichtung wird immer nach der schnellen Komponente (Sakkade) benannt. Ärzte machen sich den Nystagmus zunutze, um das Gleichgewichtsorgan zu überprüfen. Dazu dienen der kalorische und der rotatorische Nystagmus.

Beim **kalorischen Nystagmus** wird der äußere Gehörgang mit Wasser gespült, das kälter oder wärmer als 37 °C ist. Bei kaltem Wasser ist der Nystagmus vom gespülten Ohr weggerichtet, bei warmem Wasser richtet er sich zum gespülten Ohr hin.
Dies lässt sich durch Dichteveränderungen in der Endolymphe erklären. Wird sie erwärmt, so dehnt sie sich aus. Bei Kühlung zieht sie sich zusammen. Dies führt zu einem Fluss der Endolymphe auch ohne Rotation, die Zilien werden abgeschert und die Zellen erregt.

Der **rotatorische Nystagmus** wird durch Drehbewegungen ausgelöst. Beim Drehbeginn nach rechts sind die Sakkaden (und damit der Nystagmus) nach rechts gerichtet. Beim Stoppen der Drehbewegung nach rechts ist der Nystagmus nach links gerichtet (entspricht der Erregung der Bogengänge). Da der rotatorische Nystagmus durch visuelle Fixation verhindert werden kann, schaltet der Arzt die visuelle Fixation mit einer Frenzelbrille aus.

Übrigens ...
Die Frenzelbrille hat eine Brechung von +20 dpt, was eine extreme Kurzsichtigkeit vortäuscht. Man kann damit nichts mehr scharf sehen und daher auch nichts mehr fixieren. Diese Gläser vergrößern gleichzeitig die Augen, sodass der Beobachter den Nystagmus gut erkennen kann.

Der optokinetische Nystagmus wird durch Beobachtung der Umgebung während Bewegung ausgelöst.
Der kalorische Nystagmus entsteht durch Einleiten von Wasser, das wärmer oder kälter als 37 °C ist, in den Gehörgang.
Der rotatorische Nystagmus wird durch schnelles Drehen bewirkt, z. B. auf einem Drehstuhl.

Übrigens ...
- Ein Spontannystagmus ist immer pathologisch. Er kann z. B. durch einseitigen Ausfall eines Gleichgewichtsorgans bedingt sein (s. 8.1.2, S. 81).
- Auch beim Lesen treten Sakkaden auf, vom Zeilenende zur nächsten Zeile (von rechts nach links). Diese Sakkaden werden aber nicht durch einen Nystagmus ausgelöst, sondern bewusst herbeigeführt.

DAS BRINGT PUNKTE

Die häufigsten Fragen zu diesem Kapitel ähneln denen zum Thema Hören.
Zum Thema **Rezeption** und **Transduktion** solltest du folgende Fakten wissen:

- Eine Abscherung der Stereozilien zum Kinozilium hin führt zum K^+-Einstrom und zur Depolarisation der Haarzellen.
- Auch vestibuläre Haarzellen sind sekundäre Sinneszellen.

Weiterhin solltest du wissen, welche Reize die **Macula- und Cristaorgane** erregen:

- Adäquater Reiz für Maculaorgane ist die Linearbeschleunigung,
- adäquater Reiz für die Cristaorgane ist die Winkel-(Dreh-)beschleunigung.

Wenn du zudem noch weißt, dass der **Nystagmus** durch das Gleichgewichtsorgan ausgelöst werden kann, bist du punktemäßig auch schon ganz vorne dabei.

FÜRS MÜNDLICHE

Im mündlichen Physikum kannst du gut punkten, wenn du folgende Fragen zum Thema „Vestibuläres System – Gleichgewicht" beantworten kannst:

1. **Bitte erklären Sie, wie die Maculaorgane erregt werden.**
2. **Bitte erläutern Sie, wie die Bogengangsorgane erregt werden.**
3. **Erklären Sie bitte, was ein Nystagmus ist.**

---

1. Bitte erklären Sie, wie die Maculaorgane erregt werden.
Durch Linearbeschleunigungen (Translationsbeschleunigungen): Eine Linearbeschleunigung führt dazu, dass sich die Statolithenmembran bewegt, da sie eine größere Dichte als die Endolymphe besitzt und die Zilien der Haarzellen abgeschert werden. Dadurch kommt es zum Kaliumeinstrom und die Membran depolarisiert.

2. Bitte erläutern Sie, wie die Bogengangsorgane erregt werden.
Durch Winkel-/Drehbeschleunigungen: Eine Drehbeschleunigung führt dazu, dass die Endolymphe aufgrund ihrer Trägheit dem Kopf hinterher hinkt und so die Zilien der Haarzellen abgeschert werden.

- Drehung nach links → linker Bogengang aktiviert und rechter gehemmt,
- Drehung nach rechts → rechter Bogengang aktiviert und linker gehemmt.

3. Erklären Sie bitte, was ein Nystagmus ist.
Unter einem Nystagmus versteht man eine Folgebewegung der Augen mit schneller Rückstellbewegung (Sakkaden), ausgelöst durch das Gleichgewichtsorgan, die Sehrinde oder das Kleinhirn. Solch ein Nystagmus wird optokinetischer Nystagmus genannt und tritt z. B. bei einer Bahnfahrt mit Beobachtung der Umgebung auf.
Daneben gibt es noch den rotatorischen Nystagmus, der durch Drehung ausgelöst wird, und den kalorischen, der durch Spülung des Ohrs mit Wasser – kälter oder wärmer als 37 °C – ausgelöst wird.

9 Chemische Sinne - Riechen und Schmecken

Fragen in den letzten 10 Examen: 10

Die chemischen Sinne sind beim Menschen gegenüber anderen Säugetieren relativ schwach entwickelt. Obwohl sie für uns nicht (mehr) überlebenswichtig sind, haben sie großen Einfluss auf unser Verhalten und unsere Gefühle. Manchmal ist uns dies bewusst, z. B. wenn wir einen bestimmten Geruch meiden, weil uns schlecht davon wird oder wenn uns der Geschmack eines guten Essens glücklich macht. Meistens bleibt die Beeinflussung unseres Verhaltens durch Geruch und Geschmack jedoch unbewusst, wie z. B. bei der Partnerwahl, die auch vom Duft des anderen abhängt. Sprüche wie „ich kann dich nicht riechen" und „ich finde dich zum K ..." haben also auch einen physiologischen Hintergrund.

9.1 Olfaktorisches System – Riechen

Der Mensch ist ein Mikrosmat, d. h. unser Riechvermögen ist eher schlecht. Obwohl unser Geruchssinn im Vergleich zu anderen Säugetieren wie dem Hund ziemlich schlecht abschneidet, sind die Leistungen unserer Nase für unser Leben völlig ausreichend. Schließlich schnüffeln wir ja nicht mehr den ganzen Tag auf dem Boden herum.

9.1.1 Rezeption und Transduktion

Selbst als Mikrosmaten können wir einige Tausend Geruchsqualitäten wahrnehmen. Dabei können Standarddüfte für Geruchsqualitätsklassen angegeben werden, denen man weitere Düfte zuteilt. Für die Geruchswahrnehmung zuständig ist der N. olfactorius (I. Hirnnerv).

Zu den Geruchsqualitätsklassen zählen
- ätherische,
- blumige,
- moschusartige,
- kampferartige,
- stechende,
- faulige Gerüche.

An den Wahrnehmungen brennend, stechend und scharf (Schmerzreiz) ist der N. trigeminus beteiligt. Beispiele hierfür sind Ammoniak und Essig.

Das Riechepithel liegt im Bereich der oberen Nasenmuschel, in der Regio olfactoria. Es enthält die Riechsinneszellen. Dabei handelt es sich um **primäre Sinneszellen**, die ca. 1–2 Monate leben, bevor sie durch Regeneration ersetzt werden.

Merke!

Riechsinneszellen sind primäre Sinneszellen. Sie leben 1–2 Monate und werden durch Regeneration ersetzt.

Die Dendriten der Riechsinneszellen liegen an deren apikalem Zellpol und ragen mit ihren Kinozilien (Riechhärchen) über die Mukosa der Nasenschleimhaut hinaus. In der Zilienmembran befinden sich Rezeptoren für die Geruchsstoffe. Wir haben hunderte von Genen, die hunderte von Rezeptoren codieren. So erklärt sich unser Riechvermögen.

Die Riechschleimhaut ist von einem Flüssigkeitsfilm überzogen, sodass ankommende Geruchsstoffe zunächst in dieser flüssigen Phase gelöst werden müssen, bevor sie die Rezeptoren erreichen können. Da sich hydrophile Geruchsstoffe besser in der flüssigen Phase lösen als lipophile, gelangen sie leichter zu den Riechsinneszellen.

Bindet ein Geruchsstoff an seinen Rezeptor, so wird ein **G-Protein** aktiviert. Die G-Proteine benutzen als Second messenger cAMP oder IP_3. In der Folge werden Ionenkanäle geöffnet und die Zelle depolarisiert. Da die Riechsinneszelle eine primäre Sinneszelle ist, bildet sie nun selbst Aktionspotenziale an ihrem Axonhügel. Diese Aktionspotenziale werden über das Axon zum Bulbus olfactorius weitergeleitet (s. 9.1.2, S. 86)

Eine Riechsinneszelle stellt vermutlich nur einen oder wenige Rezeptortypen her. Daher geht man davon aus, dass es ca. 350 spezialisierte Riechsinneszellen gibt.

Riechsinneszellen sind sehr empfindlich und können schon auf die Bindung eines einzigen Moleküls eines Geruchstoffs reagieren.

Die Axone der Riechsinneszellen sind marklos (s. 1.3.3, S. 13).

Unsere Riechsinneszellen adaptieren relativ schnell, was ganz gut ist, denn wer würde es sonst wohl lange im Anatomiesaal aushalten? Ihre Adaptation erfolgt aber langsamer als die der Geschmackssinneszellen (s. 9.2.1, S. 87), was du dir für die Fragen des schriftlichen Examens merken solltest.

9.1.2 Zentrale Verarbeitung

Die marklosen Axone der Riechsinneszellen ziehen als Fila olfactoria des N. olfactorius durch die Lamina cribrosa des Os ethmoidale zum Bulbus olfactorius. Bei einer Schädelbasisfraktur kann es deshalb zum Abriss der Fila olfactoria mit Verlust des Geruchssinns kommen. Im Bulbus olfactorius liegen in den Glomeruli olfactorii die 2. Neurone der Riechbahn, die **Mitralzellen**. Innerhalb der Riechbahn herrscht eine **starke Konvergenz**, d. h. viele Sinneszellen erreichen eine Mitralzelle. Dadurch erklärt sich die schwache Leistung unseres Geruchssinns. Die meisten Tiere haben eine geringere Konvergenz und damit eine bessere Riechleistung im Sinne niedrigerer Schwellenwerte.

Merke!

Viele Riechsinneszellen konvergieren auf eine Mitralzelle.

Bereits auf Bulbusebene findet eine Informationsverarbeitung durch hemmende Interneurone und efferente Fasern statt. Die efferenten Fasern stammen z. T. vom kontralateralen Bulbus, sodass die beiden Bulbi olfactorii sich gegenseitig hemmen (rekurrente Hemmung). Vom Bulbus aus ziehen die Axone der Mitralzellen als Tractus olfactorius zum Lobus piriformis und der Area praepiriformis. Diese Regionen sind entwicklungsgeschichtlich älter als der Neokortex und sowohl verbunden mit der Amygdala und dem Hippocampus (limbisches System, gefühlsmäßige Reaktion: Ekel etc.) als auch mit dem Hypothalamus (vegetatives System), dem Thalamus (bewusste Wahrnehmung) und weiteren Regionen (s. Skript Anatomie 3).

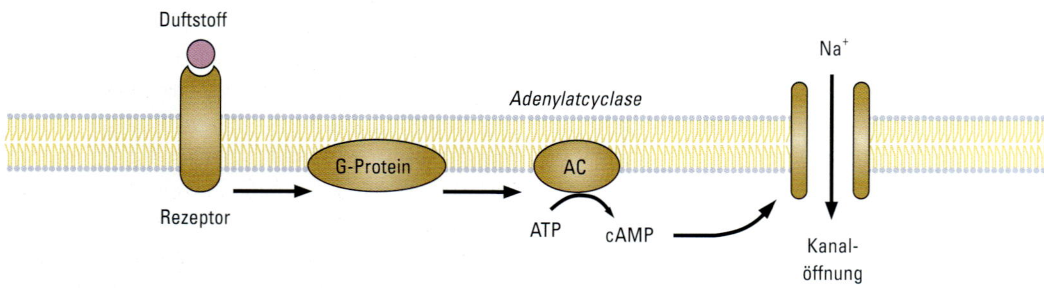

Abb. 37: Signaltransduktion in der Riechsinneszelle

medi-learn.de/7-physio3-37

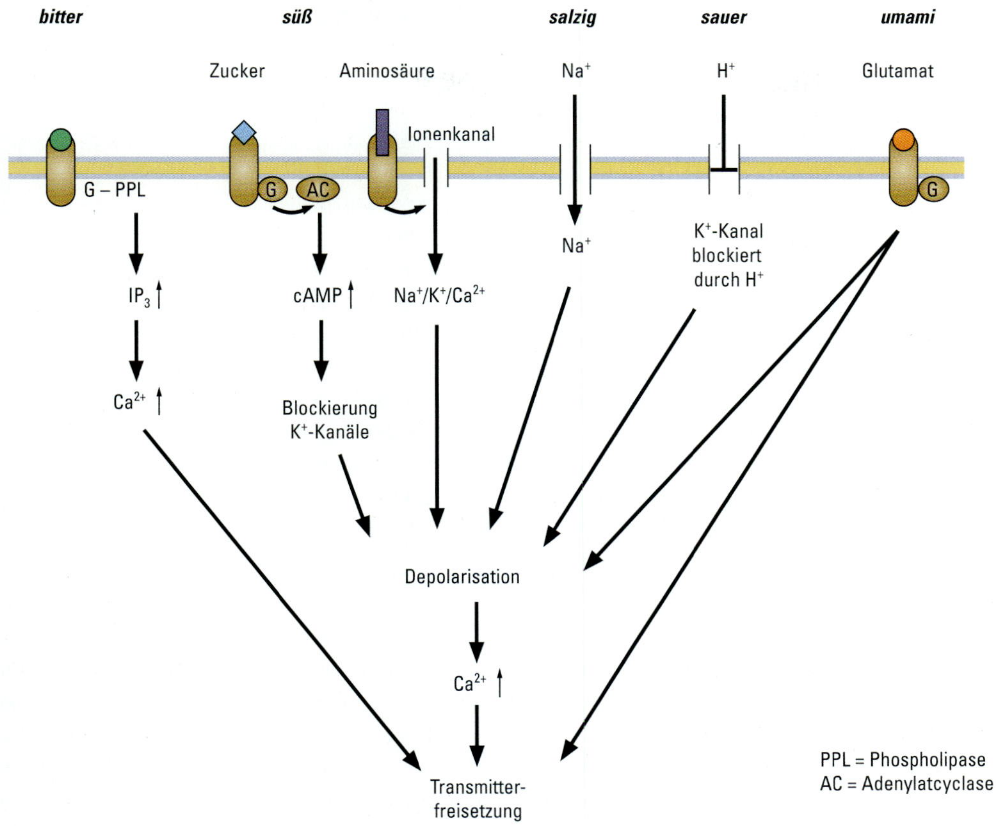

Abb. 38: Signaltransduktion in der Geschmackssinneszelle *medi-learn.de/7-physio3-38*

9.2 Gustatorisches System – Schmecken

Unser Geschmackssinn ist mit nur **fünf Geschmacksqualitäten** relativ begrenzt. Die größere Anzahl der wahrnehmbaren Geschmacksrichtungen lässt sich durch das Mitwirken des Geruchs bei der Geschmacksempfindung erklären. Obwohl das Schmecken für uns lange nicht so wichtig ist wie das Sehen und das Hören, möchte man nur ungern auf diesen Sinn verzichten. Er steigert einfach die Lebensqualität. Wer zu den Menschen gehört, die bei Erkältungen ihren Geschmackssinn zeitweise verlieren, wird das sicherlich bestätigen.

9.2.1 Rezeption und Transduktion

Unterschieden werden die fünf Geschmacksqualitäten

- süß,
- sauer,
- salzig,
- bitter,
- umami (fleischig, Glutamat).

Die Wahrnehmung dieser unterschiedlichen Geschmacksqualitäten erfolgt auf allen Bereichen der Zunge. Allerdings existieren für die Geschmacksqualitäten süß, bitter und sauer auf der Zunge besonders empfindliche Bereiche, in denen diese Qualitäten deutlicher wahrgenommen werden. Eine bestimmte Geschmacksqualität (süß, sauer usw.) scheint dabei durch überlappende Reaktionen verschiedener Sinneszellen zu entstehen. Da Geschmackssinneszellen **sekundäre Sinneszellen** sind, können sie keine Aktionspotenziale bilden. Durch Aktivierung setzen sie einen Transmitter frei, der dann die 1. Neurone der Geschmacksbahn aktiviert. Die Transduktionsmechanismen der verschiedenen Geschmacksstoffe sind bekannt und werden gerne in der schriftlichen Prüfung gefragt:

Saure Geschmacksstoffe wirken über die H^+-Ionen. Diese Ionen blockieren einen K^+-Kanal, wodurch die K^+-Ionen die Zelle nicht mehr verlassen können und die Geschmackssinneszelle depolarisiert wird. Durch die Depolarisation werden Ca^{2+}-Kanäle aktiviert, und das intrazellulär ansteigende Ca^{2+} führt zur Transmitterfreisetzung.

Salzige Stoffe wirken über die Erhöhung der extrazellulären Na^+-Konzentration. Dadurch strömt mehr Na^+ in die Zelle ein und depolarisiert sie.

Bittere Stoffe wirken über die Aktivierung eines G-Proteins und des IP_3-Systems mit nachfolgender Ca^{2+}-Freisetzung.

Für **süße** Stoffe gibt es zwei Rezeptoren:

- Süße Aminosäuren binden an ihren Rezeptor und aktivieren direkt einen Na^+-Kanal, wodurch die Zelle depolarisiert.
- Süße Kohlenhydrate (Zucker) aktivieren ein G-Protein und führen zur cAMP-Erhöhung, was den Verschluss von K^+-Kanälen und eine Depolarisation bewirkt. Saccharose (Rohrzucker) wird dabei süßer empfunden als Glucose (Traubenzucker).

Für die Wahrnehmung der Geschmacksrichtung **umami** (fleischig) ist der metabotrope Glutamatrezeptor zuständig. Glutamat bindet an seinen G-Protein-gekoppelten Rezeptor und führt darüber zur Depolarisation.

Merke!

- salzig:
  Na^+ strömt in die Zelle → Depolarisation
- sauer:
  H^+ bewirkt Schließung von K^+-Kanälen
  → Depolarisation
- bitter:
  G-Protein → IP_3↑ → Ca^{2+}↑
- süße Aminosäuren:
  Öffnung Na^+-Kanal → Depolarisation
- süße Kohlenhydrate (Zucker):
  G-Protein → cAMP↑ → K^+-Kanäle zu
  → Depolarisation
- umami (fleischig):
  G-Protein → Depolarisation

Bei unterschiedlicher Konzentration eines Stoffes werden unterschiedliche Geschmacksqualitäten empfunden: Na^+ schmeckt in geringer Konzentration süß statt salzig. Wie das funktioniert, ist jedoch noch nicht eindeutig geklärt. Die Intensität einer Geschmacksempfindung wird durch die Frequenz der Aktionspotenziale kodiert (wie immer ...).

Die Geschmackssinneszellen liegen in den Geschmacksporen innerhalb der Papillae vallatae, foliatae und fungiformes. Sie leben ca. zehn Tage und werden dann ersetzt. In den Papillae filiformes finden sich KEINE Geschmackssinneszellen.

Die Schwelle für bitter ist besonders niedrig, da viele Gifte bitter schmecken.

Für scharf ist der Trigeminus zuständig. Das wahrgenommene Molekül ist Capsaicin. Es wird über den ionotropen TPRV1-Rezeptor gebunden.

9.2.2 Zentrale Verarbeitung

In den letzten Examina gab es keine Fragen zu diesem Thema. Davor jedoch schon, sodass hierzu wieder Fragen auftauchen können.

Analog zu den Riechsinneszellen (s. 9.1.1, S. 85) findet sich auch bei den Geschmackssinneszellen eine **schnelle Adaptation** und eine **Konvergenz** bei Umschaltung auf das 2. Neuron.

Eine Geschmacksempfindung wird von drei Nerven weitergeleitet:

- Der N. facialis erhält Informationen aus den vorderen zwei Dritteln der Zunge,
- der N. glossopharyngeus aus dem hinteren Drittel und
- der N. vagus führt die Geschmacksinformationen aus dem Rachen.

Die Zellkörper der Geschmacksfasern des N. facialis liegen im Ganglion geniculi, die der Fasern des Glossopharyngeus und Vagus im jeweiligen Ganglion der Nerven. Die Axone aller Geschmacksneurone erreichen den Nucleus tractus solitarii in der Medulla oblongata. Dort liegen die 2. Neurone der Geschmacksbahn. Von hier aus ziehen die Fasern verschaltet über den Nucleus ventralis posteromedialis thalami (3. Neuron im Thalamus) weiter zu ihrem primären kortikalen Projektionsareal, dem Operculum insulae und dem unteren Gyrus postcentralis. Das Projektionsareal der Geschmacksbahn liegt damit in der Nähe des Sulcus lateralis (Fissura Sylvii), der Trennlinie zwischen Parietal-/Frontallappen und Insula. Erst hier wird der Geschmack bewusst wahrgenommen.

Merke!

Die 2. Neurone der Geschmacksbahn liegen im Nucleus tractus solitarii.

DAS BRINGT PUNKTE

Immer wieder gerne wird gefragt, ob es sich um **primäre** oder **sekundäre Sinneszellen** handelt. Dazu solltest du wissen, dass

- Riechsinneszellen primäre Sinneszellen sind und
- Geschmackssinneszellen sekundäre Sinneszellen.

Zu den **Riechsinneszellen** solltest du dir außerdem merken, dass

- sie 1 bis 2 Monate leben und dann durch Regeneration ersetzt werden und
- mehrere Sinneszellen auf eine Mitralzelle konvergieren.

Zu den **Geschmackssinneszellen** wird gerne gefragt, dass

- das 2. Neuron der Geschmacksbahn im Nucleus tractus solitarii liegt.

FÜRS MÜNDLICHE

Dieses Thema wirst du in der mündlichen Prüfung höchstwahrscheinlich nicht gefragt. Wesentlich wichtiger ist es, gut über das Hören und Sehen Bescheid zu wissen. Arbeite daher am besten gleich nochmal die Fragen zu diesen Themen durch (s. S. 63 und S. 78).
Für alle, denen Nichts zu wenig ist, stehen hier dennoch ein paar mögliche Fragen und dazu passende Antworten:

1. **Bitte erklären Sie, wie die Rezeption in den Riechsinneszellen funktioniert.**
2. **Erklären Sie bitte den Aufbau der Geruchsbahn.**
3. **Bitte erklären Sie, wie die Rezeption in den Geschmackssinneszellen funktioniert.**
4. **Erläutern Sie bitte den Aufbau der Geschmacksbahn.**

---

1. Bitte erklären Sie, wie die Rezeption in den Riechsinneszellen funktioniert.
Geruchsstoffe werden in der flüssigen Phase der Riechschleimhaut gelöst. Dort gelangen sie zu den Zilien der Dendriten der Riechsinneszellen. In den Zilien sitzen die Rezeptoren für Tausende von Geruchsstoffen. Diese übertragen die Information mit Hilfe von G-Proteinen. Die Zellmembran wird depolarisiert und die Riechsinneszelle erzeugt ein AP.

2. Erklären Sie bitte den Aufbau der Geruchsbahn.
Das 1. Neuron ist die Riechsinneszelle. Deren Axone ziehen als N. olfactorius zum Bulbus olfactorius. Dort befindet sich das 2. Neuron, die Mitralzelle. Deren Axon zieht als Tractus olfactorius weiter zum Lobus piriformis und der Area praepiriformis. Von hier aus gibt es viele Verbindungen z. B. zur Amygdala, dem Hippocampus, dem Thalamus und dem Hypothalamus.

3. Bitte erklären Sie, wie die Rezeption in den Geschmackssinneszellen funktioniert.
Es gibt fünf Geschmacksrichtungen. Die Rezeption läuft für alle unterschiedlich ab:

- salzig: Na^+ strömt in die Zelle → direkte Depolarisation
- sauer: H^+ bewirkt Schließung von K^+-Kanälen → Depolarisation

- bitter: Aktivierung eines G-Proteins über Rezeptor → IP_3↑ → Ca^{2+}↑
- süße Aminosäuren: Öffnung eines Na^+-Kanals → Depolarisation
- süße Kohlenhydrate (Zucker): G-Protein → cAMP↑ → K^+-Kanäle zu → Depolarisation
- Fleisch = umami: G-Protein → depolarisierend

4. Erläutern Sie bitte den Aufbau der Geschmacksbahn.

Das 1. Neuron liegt in der Zunge. Die Axone verlaufen für die vorderen zwei Drittel im N. facialis (Perikaria im Ganglion geniculi), für das hintere Drittel der Zunge im N. glossopharyngeus. Das 2. Neuron liegt im Nucleus tractus solitarii im Hirnstamm. Das 3. Neuron liegt im Kortex im Operculum insulae und dem unteren Gyrus postcentralis.

Mehr Cartoons unter www.medi-learn.de/cartoons

Pause

Geschafft! Hier noch ein kleiner Cartoon als Belohnung – und danach wird fleißig gekreuzt ...

Index

Index

Dr. Andreas Fischer

Physiologie Band 6

MEDI-LEARN Skriptenreihe

7., komplett überarbeitete Auflage

MEDI-LEARN Verlag GbR

Autor: PD Dr. med. Andreas Fischer
Fachlicher Beirat: PD Dr. Andreas Scholz

Teil 6 des Physiologiepaketes, nur im Paket erhältlich
ISBN-13: 978-3-95658-016-1

Herausgeber:
MEDI-LEARN Verlag GbR
Dorfstraße 57, 24107 Ottendorf
Tel. 0431 78025-0, Fax 0431 78025-262
E-Mail redaktion@medi-learn.de
www.medi-learn.de

Verlagsredaktion:
Dr. Marlies Weier, Dipl.-Oek./Medizin (FH) Désirée Weber, Denise Drdacky, Jens Plasger, Sabine Behnsch, Philipp Dahm, Christine Marx, Florian Pyschny, Christian Weier

Layout und Satz:
Fritz Ramcke, Kristina Junghans,
Christian Gottschalk

Grafiken:
Dr. Günter Körtner, Irina Kart, Alexander Dospil,
Christine Marx

Illustration:
Daniel Lüdeling

Druck:
Löhnert Druck

7. Auflage 2015

Inhalt

1 Herz

Fragen in den letzten 10 Examen: 60

Eigentlich ist das Herz ein denkbar einfach strukturiertes Organ: eine Pumpe, die ständig Blut durch den Körper bewegt. Die Leistung des Herzens ist dabei enorm. Im Laufe unseres Lebens durchläuft es etwa 2,7 Milliarden Arbeitszyklen und pumpt ca. 400–500 Millionen Liter Blut!

Neben diesen Höchstleistungen hat das Herz aber auch eine Schattenseite. In den „zivilisierten Ländern" sind Herz-Kreislauf-Erkrankungen inzwischen die Todesursache Nummer eins. Deshalb ist es sowohl für die klinische Tätigkeit als auch für die Prüfungen (nicht nur für das Physikum) wichtig, die Grundlagen der Herzfunktion zu verstehen. Im Physikum gehören Herz und Kreislauf zu den meist geprüften Themen der Physiologie. Das gilt sowohl für das schriftliche als auch für das mündliche Examen.

Es lohnt sich also, hier ein wenig Zeit zu investieren und möglichst viel Verständniswissen anzuhäufen.

Im folgenden Kapitel wird es zuerst um den normalen Ablauf der Herzaktion gehen. Als nächstes wird die Elektrophysiologie besprochen: die herzspezifische Erregungsbildung und Erregungsleitung in den Zellen des Erregungsleitungssystems sowie das besondere Aktionspotenzial der Myokardzellen. Auch das normale EKG und die Bestimmung des Lagetyps gehören zu den beliebten Prüfungsthemen und werden hier entsprechend gewürdigt. Danach geht es um die Pumpfunktion des Herzens und darum, wie sie modifiziert werden kann. Den Abschluss bilden einige Aspekte der Pathophysiologie des Herzens.

1.1 Die physiologische Herzaktion

In diesem Kapitel werden dir zunächst ein paar Zahlen und Formeln vorgestellt, mit denen du die normale Herzaktion charakterisieren kannst. Danach geht es um den genauen Ablauf des Herzschlags, anhand dessen die Herzaktion in vier verschiedene Phasen eingeteilt wird. Es folgen die oft gefragten Druck- und Volumenschwankungen im linken Ventrikel während der Herzaktion. Den Abschluss bildet die – sowohl für die Physikumsprüfungen als auch für die Patientenuntersuchung in der Klinik – ausgesprochen wichtige Kenntnis der Herztöne, die mithilfe eines Stethoskops am Patienten auskultiert werden können.

1.1.1 Herzfrequenz (HF), Schlagvolumen und Herzzeitvolumen (HZV)

Die Herzfrequenz bezeichnet die **Anzahl der Herzkontraktionen pro Zeit** und wird meist pro Minute angegeben. Sie ist an den peripheren Arterien als **Puls** tastbar. Dabei variiert die Ruheherzfrequenz je nach Trainingszustand:

- bei durchschnittlichem Trainingszustand beträgt sie ca. 70/min,
- bei Ausdauersportlern ist ca. 40/min normal.

Unter Belastung kann die Herzfrequenz auf bis zu 200/min ansteigen.

Als Schlagvolumen bezeichnet man das **vom linken Ventrikel pro Herzschlag geförderte Volumen** (ist identisch mit dem vom rechten Ventrikel geförderten Volumen). Das normale Schlagvolumen beträgt ca. 80 ml (bei Ausdauersportlern höher).

Multipliziert man Herzfrequenz und Schlagvolumen, so ergibt sich das Herzzeitvolumen, also das **vom linken Herzen geförderte Volumen pro Zeit**.

Das durchschnittliche Herzzeitvolumen errechnet sich also so:

70/min · 80 ml = 5600 ml/min = 5,6 l/min

Unter Belastung steigt das Herzzeitvolumen stark an, und zwar sowohl durch eine Steigerung der Herzfrequenz als auch des Schlagvolumens. Das von trainierten Personen maximal erreichbare HZV beträgt ca. 40 l/min.

Merke!

HZV = HF · Schlagvolumen

Normwerte: Schlagvolumen = 80 ml
Herzfrequenz = 70/min
Herzzeitvolumen = 5,6 l/min

Ficksches-Gesetz

Da sich das Schlagvolumen des linken Ventrikels in der Praxis nicht ohne weiteres bestimmen lässt, kann man zur Bestimmung des HZV das Ficksche-Gesetz nutzen:
Das Herzzeitvolumen ist die Sauerstoffaufnahme der Lunge geteilt durch die arteriovenöse Sauerstoff-Konzentrations-Differenz.

$$HZV = \frac{\dot{V}_{O_2}}{Ca_{O_2} - Cv_{O_2}}$$

Klingt recht kompliziert, ist es aber gar nicht. Die Sauerstoffaufnahme in der Lunge (V_{O_2}) lässt sich nämlich als Differenz zwischen ein- und ausgeatmeter O_2-Menge bestimmen. Die arterielle Sauerstoffkonzentration (Ca_{O_2}) wird im Blut einer beliebigen Arterie bestimmt, die zentralvenöse Sauerstoffkonzentration (Cv_{O_2}) im Blut aus dem rechten Herzen oder aus der A. pulmonalis.
Das Schlagvolumen lässt sich ebenfalls einfach bestimmen, indem man das HZV durch die Herzfrequenz teilt.
Die Sauerstoffaufnahme der Lunge beträgt in Ruhe ca. 0,3 l O_2/min, die arterielle O_2-Konzentration etwa 0,2 l O_2/l Blut und die gemischt-venöse O_2-Konzentration etwa 0,15 l O_2/l Blut, sodass sich für das normale Herzzeitvolumen ergibt:

$$HZV = \frac{0{,}3\ l\ O_2/min}{(0{,}2 - 0{,}15)\ l\ O_2/l\ Blut} = \frac{0{,}3\ l\ Blut/min}{0{,}05} = 6\ l\ Blut/min$$

Der Sauerstoff dient hier als Indikator für die Bestimmung des Herzzeitvolumens. Möglich ist auch die Bestimmung des HZV anhand anderer Indikatoren.

In den schriftlichen Physikumsfragen sind bis jetzt als mögliche Indikatoren aufgetaucht:
- der CO_2–Gehalt des Blutes und
- die Temperatur des Blutes.

Um die Temperatur als Indikator nutzen zu können, muss eine definierte Menge einer kalten (z. B. 20 °C) Lösung in eine zentrale Vene injiziert werden. Durch Messung der Temperaturänderung in den großen Arterien kann dann auf das Herzzeitvolumen geschlossen werden.

Merke!

Das Ficksche-Gesetz:

$$HZV = \frac{\dot{V}_{O_2}}{Ca_{O_2} - Cv_{O_2}}$$

1.1.2 Phasen der Herzaktion

Das Blut gelangt aus den Hohlvenen in den rechten Herzvorhof, von da in die rechte Herzkammer, wird in die Pulmonalarterie ausgeworfen und in der Lunge oxygeniert. Von dort gelangt es über die Lungenvenen in den linken Herzvorhof, weiter in die linke Herzkammer und schließlich in die Aorta und damit in den Körperkreislauf.

Die Herzaktion wird in vier Phasen unterteilt:
1. die Anspannungsphase,
2. die Austreibungsphase,
3. die Entspannungsphase,
4. die Füllungsphase.

Anspannungs- und Austreibungsphase werden zur **Systole** zusammengefasst, **Entspannungs- und Füllungsphase** zur **Diastole**.

Merke!

Die Phasen der Herzaktion solltest du unbedingt beherrschen. Das Thema ist ein absoluter Dauerbrenner in den schriftlichen Prüfungen.

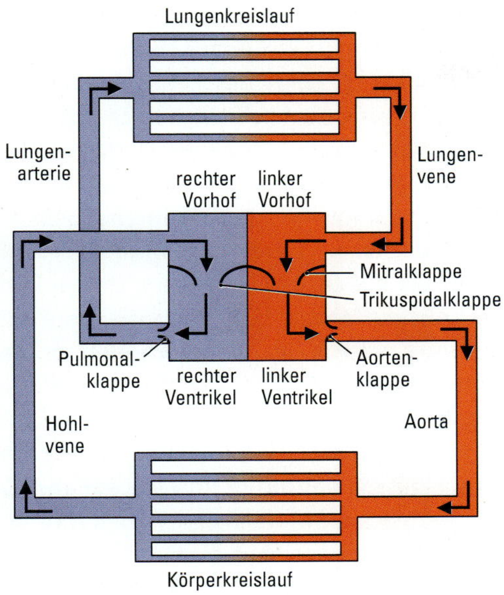

Abb. 1: Herzanatomie und Kreislauf

medi-learn.de/7-physio6-1

Anspannungsphase

Zu Beginn der Anspannungsphase sind die Ventrikel des Herzens gefüllt. Während der Anspannungsphase sind alle **Herzklappen geschlossen** und der Herzmuskel kontrahiert sich daher **isovolumetrisch**, d. h., dass das Volumen der Ventrikel unverändert bleibt. Der Druck in den Ventrikeln steigt durch die Kontraktion an. Zum Ende der Anspannungsphase ist der Druck im linken Ventrikel höher als der in der Aorta (und der im rechten Ventrikel höher als der im Truncus pulmonalis), wodurch sich die Taschenklappen passiv öffnen. Damit beginnt auch schon die Austreibungsphase.

Austreibungsphase

In der Austreibungsphase (Auswurfphase) wird durch weitere Kontraktion des Herzmuskels das Volumen in die Aorta (bzw. den Truncus pulmonalis) ausgeworfen. Dabei kontrahiert sich das Herz zuerst im Septum und an der Herzspitze, bevor sich die Kontraktion kranial in Richtung Herzbasis ausbreitet. Dort strömt das Blut in die Aorta bzw. den Truncus pulmonalis. Bei der Kontraktion nimmt der Innenradius des Ventrikels ab, während die Wanddicke zunimmt. Dies führt zu einer weiteren Druckzunahme (s. Laplace-Gesetz, 2.2.3, S. 34). Zum Ende der Austreibungsphase ist der Druck im Ventrikel wieder kleiner als in der Aorta, sodass sich die Taschenklappen passiv schließen. Die Austreibungsphase dauert etwa 0,2–0,3 Sekunden.

Entspannungsphase

In der Entspannungsphase sind alle **Herzklappen geschlossen**. Der Herzmuskel entspannt sich isovolumetrisch, wodurch der Druck in den Ventrikeln absinkt. Fällt der Ventrikeldruck unter den Druck in den Herzvorhöfen, öffnen sich die Segelklappen des Herzens und die Füllungsphase beginnt.

Füllungsphase

In der Füllungsphase werden die Ventrikel mit Volumen aus den Herzvorhöfen gefüllt. Der wichtigste Mechanismus zur Füllung der Ventrikel ist der **Ventilebenenmechanismus**. Als Ventilebenen des Herzens bezeichnet man die Ebene der Segelklappen. Diese Ventilebene verschiebt sich während der Herzaktion: in der Systole in Richtung Zwerchfell, sodass Blut aus den Venen in die Vorhöfe gesaugt wird, in der Diastole nach kranial, sodass das Blut aus den Vorhöfen in die Ventrikel gelangt. Zum Ende der Füllungsphase kontrahieren sich die Herzvorhöfe, was geringfügig zur Füllung der Ventrikel beiträgt. Allerdings steigt die Bedeutung der Vorhofkontraktion für die Ventrikelfüllung bei hohen Frequenzen an.

Da die Füllungsphase deutlich länger dauert als die Austreibungsphase, ist auch die Öffnungszeit der Segelklappen (AV-Klappen) länger als die der Taschenklappen. Die Dauer der Füllungsphase und damit die Dauer der Diastole hängt stark von der Herzfrequenz ab: Bei höheren Herzfrequenzen wird vor allem die Füllungsphase verkürzt, sodass beispielsweise bei einer HF von 150/min die Diastole nur noch 0,15 s dauert.

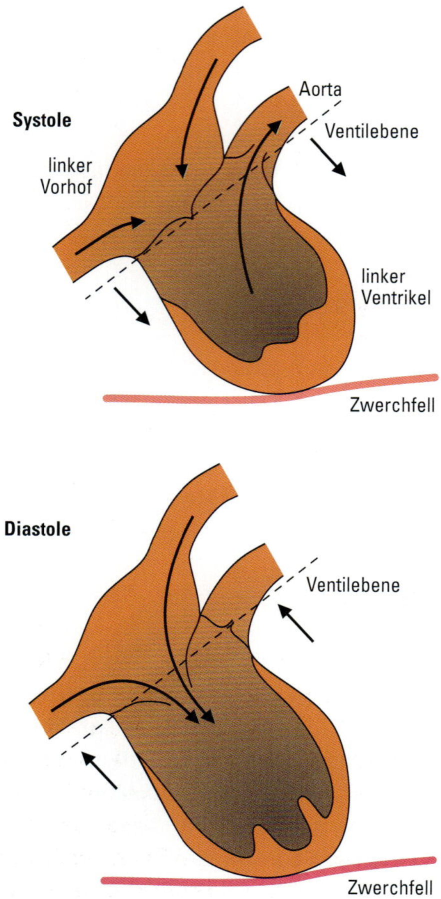

Abb. 2: Ventilebenenmechanismus

medi-learn.de/7-physio6-2

Druckkurve des linken Ventrikels

Die Anspannungsphase beginnt mit dem Schluss der Mitralklappe, weil der Druck im linken Vorhof den im Ventrikel unterschreitet (Punkt A). Durch die Anspannung des Kammermyokards steigt der Druck im Ventrikel stark an, bis er schließlich den Druck in der Aorta überschreitet (Punkt B). Dadurch öffnet sich die Aortenklappe und die Austreibungsphase beginnt. In der Austreibungsphase (Auswurfphase) steigt der intraventrikuläre Druck bis auf ca. 120 mmHg an. Gegen Ende der Auswurfphase fällt der intraventrikuläre Druck wieder ab. Unterschreitet er den Aortendruck, so schließt sich die Aortenklappe (Punkt C). In der Entspannungsphase sinkt der Druck im Ventrikel wieder ab und unterschreitet schließlich den Druck im Vorhof (Punkt D), wodurch sich die Mitralklappe öffnet. Während der Füllungsphase sind die Drücke im linken Ventrikel und im linken Vorhof gleich, da die Mitralklappe geöffnet ist und deshalb keine Druckdifferenz aufgebaut werden kann. Am Ende der Diastole liegt der Druck im linken Ventrikel wie im linken Vorhof bei ungefähr 8 mmHg. Durch die Ventrikelkontraktion zu Beginn der Systole kommt es zum Druckanstieg im Ventrikel und die Mitralklappe schließt sich (Punkt A).

Um die Druckkurven und die Phasen der Herzaktion vollständig zu verstehen, solltest du dir noch einmal vor Augen führen, dass sich die Herzklappen immer **passiv** als Reaktion auf eine **Druckdifferenz** öffnen oder schließen. Da sie das Blut nur in eine Richtung durchlassen, geben sie dem Blutstrom des Herzens die richtige Richtung.

	Taschenklappen = Semilunarklappen	Segelklappen	Dauer (bei HF 70/min)
Anspannungsphase	geschlossen	geschlossen	0,05 s
Austreibungsphase	geöffnet	geschlossen	0,2–0,3 s
Entspannungsphase	geschlossen	geschlossen	0,06 s
Füllungsphase	geschlossen	geöffnet	0,5 s

Tab. 1: Phasen der Herzaktion

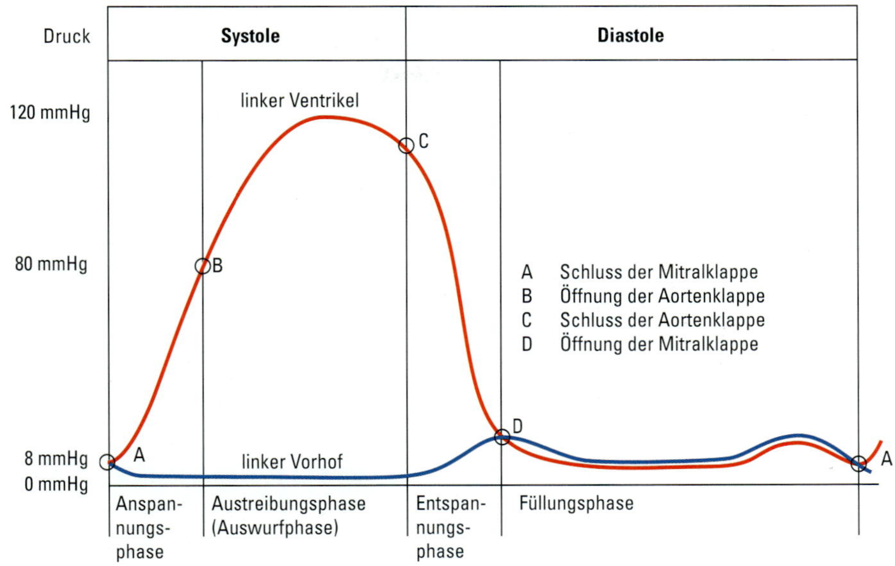

Abb. 3: Druckkurve linker Ventrikel und linker Vorhof mit Phasen der Herzaktion *medi-learn.de/7-physio6-3*

Volumenkurve des linken Ventrikels

Nach der Ventrikelfüllung und damit zu Beginn der Systole beträgt das Volumen (enddiastolisch) des linken Ventrikels ca. **120 ml**. In der isovulometrischen Anspannungsphase ändert sich das linksventrikuläre Volumen NICHT. In der Austreibungsphase wird das Schlagvolumen (ca. 80 ml) ausgeworfen, das linksventrikuläre Volumen sinkt auf 40 ml ab (endsystolisch). In der ebenfalls isovolumetrischen Entspannungsphase ändert sich das Volumen nicht. Die Volumina am Ende der Austreibungsphase und am Ende der Entspannungs-

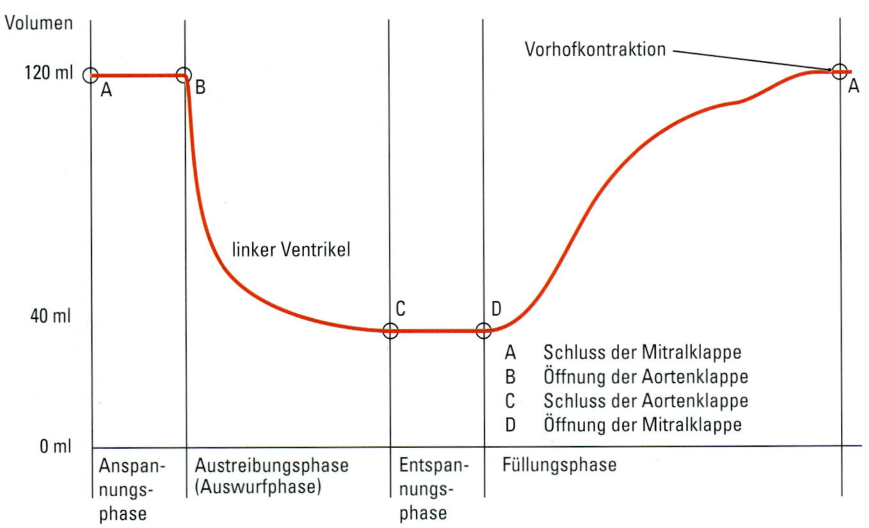

Abb. 4: Volumenkurve des linken Ventrikels mit Phasen der Herzaktion *medi-learn.de/7-physio6-4*

phase sind also gleich. In der Füllungsphase wird der Ventrikel vor allem durch den Ventilebenenmechanismus (s. Abb. 2, S. 4) wieder gefüllt; gegen Ende der Füllungsphase ist durch die Vorhofkontraktion wieder das enddiastolische Volumen von 120 ml erreicht.

Merke!

- Die Normalwerte für das enddiastolische Volumen (120 ml) und das Schlagvolumen (80 ml) wurden im schriftlichen Examen schon des Öfteren gefragt. Das endsystolische Volumen (120 m – 80 ml = 40 ml) lässt sich daraus rechnerisch schnell ermitteln.
- Das Verhältnis Schlagvolumen/enddiastolisches Volumen (80 ml/120 ml = 67 %) wird als Ejektionsfraktion bezeichnet und beträgt beim Gesunden mindestens 55 %.
- Ebenso einprägen solltest du dir die Druck- und Volumenkurve.

Mit einem fundierten Wissen zu den Phasen der Herzaktion lassen sich in jedem Examen ein paar sichere Punkte einsacken.

1.1.3 Herztöne

Insgesamt unterscheidet man vier Herztöne, von denen aber nur die ersten beiden konstant vorkommen:

- Der I. Herzton entsteht durch die Anspannung des Ventrikelmyokards und den Schluss der Segelklappen und ist daher zu Beginn der Anspannungsphase hörbar. Punctum maximum: 5. Interkostalraum (ICR) links medioklavikulär.
- Der II. Herzton entsteht durch den Schluss der Taschenklappen und markiert so das Ende der Austreibungsphase. Punctum maximum: 2. ICR rechts und links parasternal.
- Der III. und IV. Herzton sind oft nur mit elektrischer Verstärkung hörbar. Der III. Herzton entsteht durch den Bluteinstrom in den Ventrikel in der frühen Füllungsphase, der IV. durch die Vorhofkontraktion.

Von den physiologischen Herztönen unterscheidet man die pathologischen Herzgeräusche, die bei Herzklappenschäden oder kindlichen Herzfehlbildungen zu hören sind.

Merke!

- Der I. Herzton ist ein Anspannungston und markiert den Beginn der Systole.
- Der II. Herzton entsteht durch den Schluss der Taschenklappen und markiert das Ende der Systole.

1.1.4 Vorhofdehnungsreflex

Neben ihrer Bedeutung für die Ventrikelfüllung haben die Herzvorhöfe auch eine Bedeutung bei der Regulation des Blutvolumens. Zwischen den Myozyten liegen Rezeptoren (B-Rezeptoren), die auf die Dehnung des Vorhofs reagieren. Sie vermitteln Informationen über den Füllungszustand des venösen Systems und der Vorhöfe an das ZNS. Bei vermehrter Vorhofdehnung wird die Freisetzung von ADH (antidiuretisches Hormon) aus dem Hypophysenhinterlappen gehemmt. Es resultiert eine gesteigerte Wasserausscheidung über die Niere (s. a. Skript Physiologie 1). Dieser „Gauer-Henry-Reflex" führt zur Wasserretention bei verminderter Vorhoffüllung und verstärkter Flüssigkeitsausscheidung bei starker Vorhoffüllung.

Außerdem wird von den Herzvorhöfen **bei erhöhter Dehnung** (erhöhtem Blutvolumen) das Hormon **ANF (atrialer natriuretischer Faktor = ANP = Atriopeptin)** ausgeschüttet. ANF hemmt die Natrium- und Wasserresorption in der Niere. Dadurch wird das **Blutvolumen des Körpers durch ANF gesenkt**. Indirekt wird dies von ANF auch durch die Hemmung der Reninfreisetzung bewirkt.

1.2 Erregungsbildung und Erregungsleitung

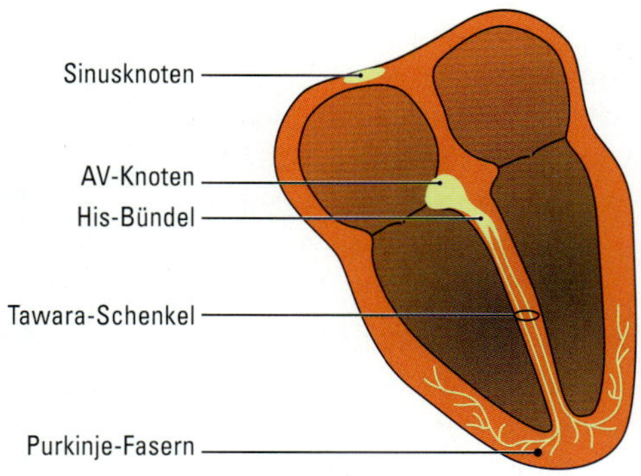

Abb. 5: Erregungsbildungs- und Erregungsleitungssystem *medi-learn.de/7-physio6-5*

Die Herzaktion wird autonom gesteuert, was bedeutet, dass alle wichtigen Funktionen von Strukturen des Herzens selbst kontrolliert werden. Dazu gehören die Erregungsbildung, die im primären Schrittmacher – dem **Sinusknoten** – stattfindet, und die synchronisierte Erregungsweiterleitung durch das Reizleitungssystem sowie zwischen den einzelnen Herzmuskelzellen. Vom Sinusknoten breitet sich die elektrische Erregung über die Herzvorhöfe aus und erreicht den **Atrio-Ventrikular-Knoten** (AV-Knoten), der die Erregung besonders langsam weiterleitet. Von dort aus gelangt das elektrische Signal nach einer kurzen Verzögerung in die Ventrikel. Über das **His-Bündel** und die **Tawara-Schenkel**, die sich an der Herzspitze in die **Purkinje-Fasern** aufspalten, wird das Signal zuerst an die Herzspitze geleitet. Ab diesem Punkt breitet sich die Erregung konzentrisch über die Ventrikel aus. Dabei werden zuerst die Innenschicht und dann die Außenschicht des Myokards erregt. Nach der Kontraktion des Herzmuskels sind die Zellen für einige Zeit **refraktär**, d. h., dass eine eventuell auftretende neue Erregung weniger Zellen keine erneute Kontraktion auslösen kann. Ist dieser Mechanismus gestört, können Herzrhythmusstörungen auftreten. Interessanterweise besitzen die Purkinje-Fasern ein besonders langes Aktionspotenzial und sind daher auch lange refraktär. Dies verhindert, dass sie von Aktionspotenzialen, die zu früh aus dem Vorhof kommen, vorzeitig erregt werden. Im Ventrikel- und Vorhofmyokard wird die elektrische Erregung von Zelle zu Zelle über **Gap Junctions** weitergegeben. Bei steigenden intrazellulären Calcium-Konzentrationen, wie sie während des Aktionspotenzials überall auftreten, sowie pathologisch bei Hypoxie schließen sich diese Gap Junctions, sodass die Erregungsleitung beeinträchtigt ist: ein weiterer Mechanismus, der das Herz vor einer verfrühten Entstehung neuer Erregungen schützen soll.

1.2.1 Aktionspotenzial des Ventrikelmyokards

Das Aktionspotenzial des Kammermyokards lässt sich in vier verschiedene Phasen unterteilen:

1. der schnelle **Aufstrich,**
2. die **Plateauphase**,
3. die **Repolarisation**,
4. das **Ruhepotenzial**.

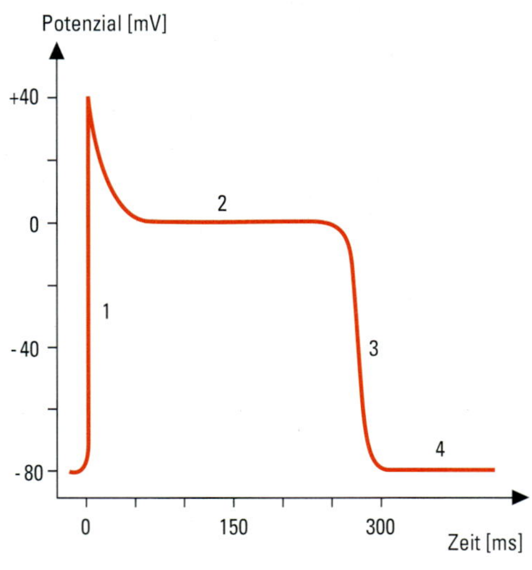

Abb. 6: Aktionspotenzial Ventrikelmyokard
medi-learn.de/7-physio6-6

Im Gegensatz zu den Zellen des Reizleitungssystems, deren Membranpotenzial sich aufgrund der spontanen diastolischen Depolarisation kontinuierlich verändert, haben die Ventrikelmyokardzellen ein konstantes (stabiles) **Ruhepotenzial** von ca. –85 mV. Werden die Herzmuskelzellen durch einen Reiz aus dem Erregungsleitungssystem erregt, steigt ihr Membranpotenzial bis zu dem Schwellenpotenzial von ca. –65 mV.

Dadurch werden – wie beim Aktionspotenzial der Nervenzellen – schnelle, spannungsgesteuerte Natrium-Kanäle geöffnet, sodass es zu einem starken Natrium-Einstrom – dem **schnellen Aufstrich** – in die Herzmuskelzellen kommt. Gleichzeitig fällt die Kalium-Leitfähigkeit ab.

Sobald alle Natrium-Kanäle inaktiviert sind (der Einstrom dauert nur etwa 1–2 ms), beginnt die **Plateauphase**. Durch die schnelle Depolarisation wurden nämlich spannungsgesteuerte L-Typ-Calcium-Kanäle geöffnet, sodass der Einstrom von Calcium-Ionen die Depolarisation der Zellen noch einige Zeit unterhält (ca. 200 ms).

Fällt das Membranpotenzial unter 0 mV, beginnt die **Repolarisationsphase**, in der die stark ansteigende Kalium-Leitfähigkeit das Membranpotenzial bis zum Ruhepotenzial abfällt.

	Leitfähigkeit	**Membranpotenzial**	**Dauer**
Aufstrich	Natrium ↑	von –80 auf 40 mV	1–2 ms
Plateau	Calcium ↑	ca. 10 mV	200–250 ms
Repolarisation	Kalium ↑	von 0 auf –80 mV	50 ms
gesamtes Aktionspotenzial			300 ms
Ruhemembranpotenzial	Kalium-Gleichgewichtspotenzial	–80 mV	700 ms

Tab. 2: Aktionspotential bei HF=60/min

Eine erhöhte Natrium- und Calcium-Leitfähigkeit führt zur Depolarisation, da diese Ionen extrazellulär höher konzentriert sind als intrazellulär, sie also in die Zellen hineinströmen. Im Gegensatz dazu steht die Kalium-Konzentration, die intrazellulär hoch und extrazellulär niedrig ist. Kalium strömt deshalb nach extrazellulär und verursacht so die Repolarisation der Zellen.

Hier folgt eine kurze Zusammenfassung wichtiger Fakten: Die Besonderheiten des Aktionspotenzials der Ventrikelmyokardzellen sind seine lange Dauer (ca. 300 ms) sowie die Plateauphase.

Daneben hängt die Dauer des Aktionspotenzials von der Herzfrequenz ab: Mit zunehmender Herzfrequenz wird das Aktionspotenzial kürzer, mit abnehmender Herzfrequenz länger. Dies beruht auf der Kalium-Leitfähigkeit, die zum Ende eines Aktionspotenzials hoch ist und noch einige Zeit über die Dauer des Aktionspotenzials hinaus erhöht bleibt. Bei einer hohen Herzfrequenz fällt das nächste Aktionspotenzial noch in eine Zeit erhöhter Kalium-Leitfähigkeit hinein; die Repolarisation geht daher schneller vonstatten und das Aktionspotenzial wird entsprechend verkürzt.

Auch Störungen im Elektrolythaushalt, wie z. B. eine Zunahme der extrazellulären Kalium-Konzentration oder eine Hyperkalzämie können zur Verkürzung des Aktionspotenzials führen. Eine Hypokalzämie dagegen verlängert das Aktionspotenzial.

Während der Plateauphase sind die schnellen Natrium-Kanäle vollständig inaktiviert. Trifft während dieser Zeit ein Reiz auf die Myokardzellen, kann kein weiteres Aktionspotenzial ausgelöst werden; das Herz ist dadurch vor Herzrhythmusstörungen geschützt. Diese Phase nennt sich **absolute Refraktärzeit**. Erst wenn das Aktionspotenzial in der Repolarisationsphase unter –40 mV fällt, kann durch stärkere Reize ein neues Aktionspotenzial ausgelöst werden. Diese Phase nennt sich **relative Refraktärzeit**.

1.2.2 Aktionspotenzial des Sinusknotens und der Zellen des Erregungsleitungssystems

In den Zellen des Sinusknotens (und allen anderen Zellen des Reizleitungssystems) unterscheidet sich das Aktionspotenzial von dem des Ventrikelmyokards in einigen wichtigen Punkten:

Das Ruhemembranpotenzial ist in den Zellen des Reizbildungs- und Reizleitungssystems NICHT konstant. Das ist darauf zurückzuführen, dass durch die Repolarisation ein Schrittmacherstrom ausgelöst wird. Im Wesentlichen sind dafür drei Mechanismen wichtig:

1. Die Kalium-Leitfähigkeit nimmt bei der Repolarisation schnell wieder ab (u. a. fehlen Kir2.1-Kalium-Kanäle).
2. Durch die Repolarisation werden HCN-Kanäle (durch **H**yperpolarisation und **c**yclische **N**ukleotide aktivierte, unspezifische Kationen-Kanäle (funny channels = Kanäle für I-funny-Strom)) geöffnet. Diese sind für Kalium und Natrium durchgängig, wobei der Natrium-Einstrom in die Zelle deutlich überwiegt.
3. Calcium-Ionen strömen in die Zelle ein (durch T-Typ-Calcium-Kanäle).

All dies bewirkt eine langsame Depolarisation bis zu einem Schwellenwert von ca. –40 mV, an dem ein Aktionspotenzial ausgelöst wird. So erklärt sich auch, dass, je nachdem wie schnell oder langsam diese **spontane diastolische Depolarisation** vor sich geht, die Herzfrequenz ansteigt oder sinkt. Sowohl der Sympathikus als auch der Parasympathikus beeinflussen diese Steilheit der diastolischen Depolarisation und nehmen so Einfluss auf die Herzfrequenz (s. Abb. 7, S. 9 und Abb. 26, S. 25).

Außerdem unterscheidet sich die Geschwindigkeit der spontanen, diastolischen Depolarisation je nach Zelltyp: Im Sinusknoten ist sie am höchsten, sodass der Sinusknoten den **primären Schrittmacher** des Herzens bildet. Vom Sinusknoten bis in die Purkinje-Fasern nimmt die Steilheit der diastolischen Depolarisation und damit die Eigenfrequenz der Zellen kontinuierlich ab, sodass am gesunden Herzen nur die Frequenz des Sinusknotens auf das Myokard weitergeleitet wird. Erst wenn der Sinusknoten ausfällt, wird die Frequenz des sekundären Schrittmachers – des AV-Knotens – auf das Myokard weitergegeben.

Im Anschluss an die diastolische Depolarisation folgt – wie im Myokard – der **Aufstrich** des Aktionspotenzials. Anders als bei den Ventrikelmyokardzellen beruht am **Sinusknoten** der **Aufstrich** jedoch auf einer **Aktivierung von Cal-**

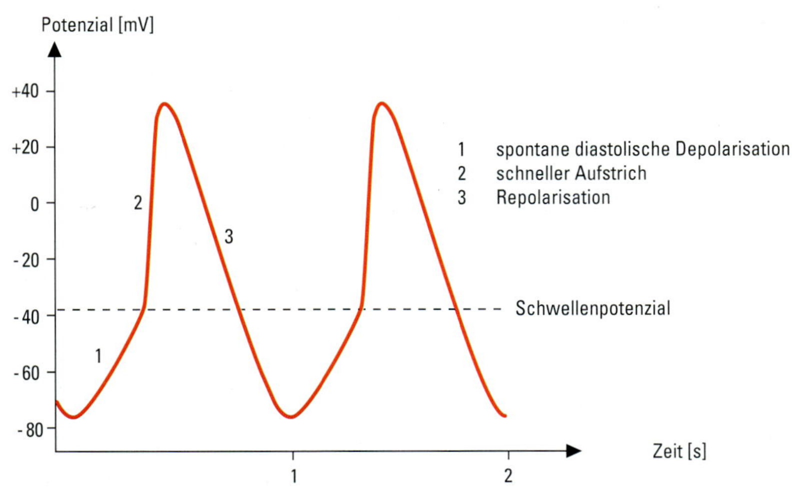

Abb. 7: Aktionspotenzial des Sinusknotens medi-learn.de/7-physio6-7

cium-Kanälen, also einer Erhöhung der Calcium-Ionenleitfähigkeit, und dem damit verbundenen Einstrom von Calcium-Ionen ins Myokard (Erinnerung: Am Ventrikelmyokard verursacht die Aktivierung von schnellen Natrium-Kanälen den Aufstrich, s. Abb. 6, S. 7). Die Repolarisation wird am Sinusknoten und am Arbeitsmyokard durch eine Erhöhung der Kalium-Leitfähigkeit ausgelöst.

Merke!

- Im Sinusknoten und in den Zellen des Erregungsleitungssystems löst die spontane diastolische Depolarisation Aktionspotenziale aus. Achtung: Es gibt dort keine schnellen Natrium-Kanäle!
- Im Ventrikelmyokard wird der Aufstrich durch den Einstrom von Natrium-Ionen getragen, im Sinusknoten durch einen Calcium-Ionen-Einstrom.

1.2.3 Elektrokardiogramm (EKG)

Indem man Elektroden an bestimmten Stellen auf die Haut klebt und deren Potenzialschwankungen aufzeichnet, wird das **Elektrokardiogramm** abgeleitet. Aus den aufgezeichneten Kurven kann man auf pathologische Prozesse am Herzen schließen, indem man sie mit physiologischen EKG-Kurven vergleicht.
Grundlage des EKG sind Potenzialunterschiede der Herzmuskelfasern, die sich bis auf die Haut ausbreiten. Unerregte Fasern sind innen negativ (–80 mV) und außen positiv geladen. Bei erregten Fasern ist es umgekehrt (Natrium- und Calcium-Einstrom, innen +10 mV). Daher sind diese oberflächlich negativ geladen. Liegt eine Elektrode nun über einem großen unerregten Bereich und die zweite über erregtem Herzgewebe, so ergibt sich ein positiver Ausschlag (von Minus nach Plus).
Das EKG wird auf kariertes Papier aufgezeichnet und die Schreibgeschwindigkeit beträgt im Normalfall 50 mm pro Sekunde (oder 5 cm pro Sekunde), was immerhin 3 Meter pro Minute ergibt. Bei einer normalen Herzfrequenz von 60 pro Minute ist daher im Abstand von 5 cm je eine Herzaktion aufgezeichnet, bei 120/min alle 2,5 cm.

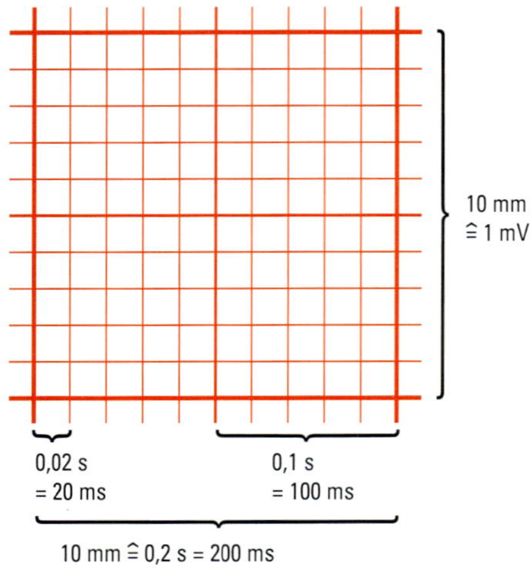

Abb. 8: EKG-Papier und Zeiten

medi-learn.de/7-physio6-8

Die Höhe der gemessenen Spannung liegt im Bereich von 1 mV. Hier ein Beispiel für ein normales EKG:

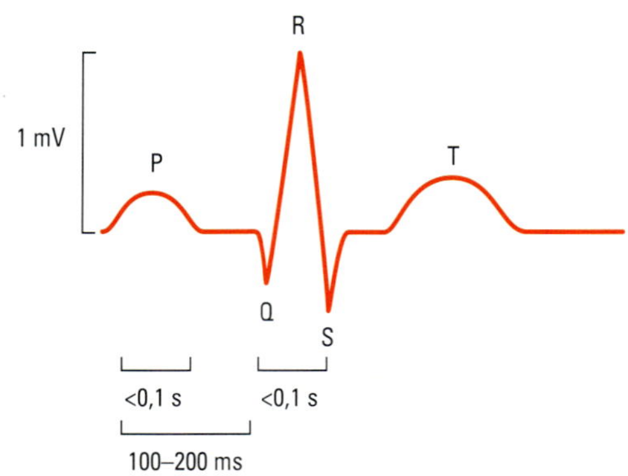

Abb. 9 a: EKG und Dauer der einzelnen Abschnitte, Ableitung II nach Einthoven

medi-learn.de/7-physio6-9a

Bei der Beschreibung des EKGs unterscheidet man zwischen **Wellen, Zacken, Strecken** und **Intervallen**.

Abb. 9 b: Wellentypen im EKG

medi-learn.de/7-physio6-9b

Abb. 9 c: Zackentypen im EKG

medi-learn.de/7-physio6-9c

Positive Zacken heißen **R-Zacke**, negative **Q- oder S-Zacke**. Ein Intervall besteht aus mindestens einer Welle und einer Zacke, z. B. PQ-Intervall von Beginn P-Welle bis Q-Zacke.

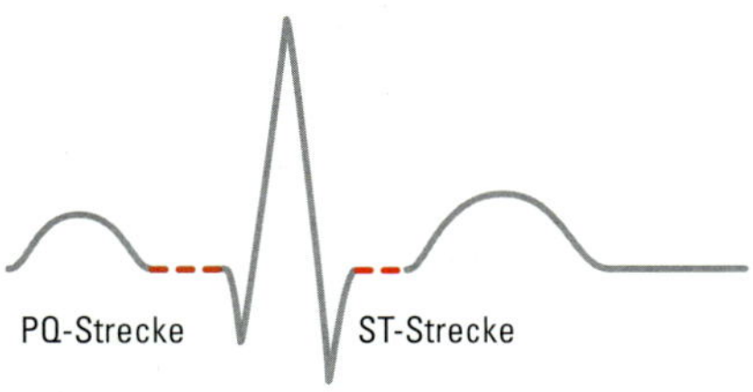

Abb. 9 d: Streckentypen im EKG

medi-learn.de/7-physio6-9d

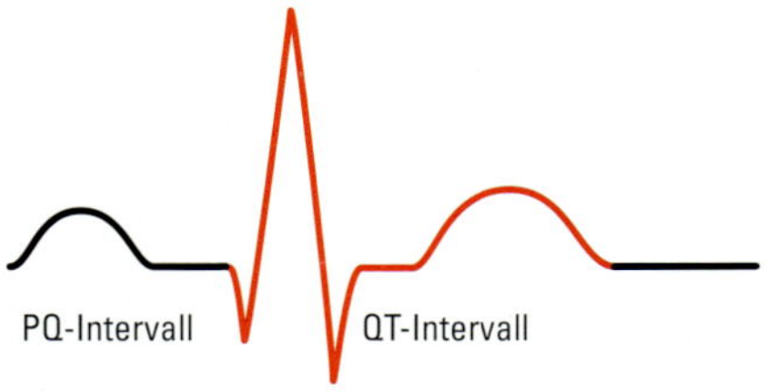

Abb. 9 e: Intervalltypen im EKG

medi-learn.de/7-physio6-9e

Die **P-Welle** entsteht durch die Erregung der Vorhöfe. Während der **PQ-Strecke** findet keine Erregungsverschiebung am Herzen statt, deshalb ist diese elektrisch neutral (0 mV). Das PQ-Intervall (Beginn der P-Welle bis Beginn des QRS-Komplexes) sollte zwischen 120–200 ms dauern.

Während der **PQ-Strecke** (vom Ende der P-Welle bis zum Beginn des QRS-Komplexes) ist die **Vorhofmuskulatur vollständig erregt.** Sie repräsentiert die **Erregungsüberleitung** von den **Vorhöfen auf die Ventrikel**. Die Erregungsrückbildung der Vorhöfe wird vom nachfolgenden **QRS-Komplex** überlagert und ist deshalb im EKG nicht sichtbar. Der QRS-Komplex ist Ausdruck der Erregung der Herzkammern und dauert etwa **80 ms**. Auf keinen Fall sollte er eine Dauer von 100 ms überschreiten und deshalb auf dem EKG-Bogen NICHT breiter als 0,5 cm sein. Die Höhe der R-Zacke sollte in den Extremitätenableitungen (s. Abb. 11, S. 12 und Abb. 14, S. 14) 1 mV (1 cm) NICHT überschreiten. Der QRS-Komplex entsteht am Beginn der Anspannungsphase.

Die **ST-Strecke** ist im normalen EKG eine gerade, isoelektrische (bei 0 mV liegende) Linie.

Übrigens ...

Bei bestimmten pathologischen Prozessen verläuft die ST-Strecke erhöht (ST-Hebung) oder erniedrigt (ST-Senkung). Die ST-Hebung ist typisch für einen Myokardinfarkt, die ST-Senkung für eine kardiale Minderversorgung bei koronarer Herzkrankheit.

Die **T-Welle** entsteht durch die **Erregungsrückbildung** der Herzkammern. Bei normaler Herzfrequenz liegt das **Maximum der T-Welle** nahe am **Druckmaximum des linken Ventrikels**. Das **Ende** der **T-Welle** (das Ende der Repolarisation) fällt mit dem **Ende der Austreibungsphase** (= Ende der Systole) zusammen (s. Abb. 10, S. 12). Das QT-Intervall (Beginn Q bis Ende T) entspricht der Dauer der Systole. Es wird mit zunehmender Herzfrequenz kürzer.

Das **R-R-Intervall** entspricht einer Herzaktion. Bei einem Puls von 60/min dauert es 1 Sek. (1000 ms). Unter Ruhebedingungen dauert die Systole etwa halb so lang wie die Diastole. Daher ist das QT-Intervall etwa 33 % vom R-R-Intervall. Die Herzfrequenz – und damit auch das

R-R-Intervall – nimmt bei forcierter Einatmung zu und bei forcierter Ausatmung ab. Man nennt dies respiratorische Arrhythmie.

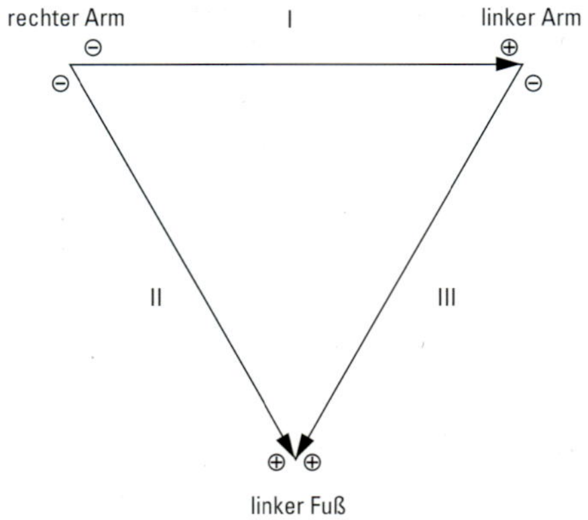

Abb. 11: Einthoven-Dreieck
medi-learn.de/7-physio6-11

Übrigens gibt es gerade bei Kindern und jungen Menschen atemsynchrone Schwankungen der Herzfrequenz (respiratorische Arrythmie) und auch des Blutdrucks. Diese werden durch jede Inspriation und Exspiration ausgelöst.

1.2.4 Lagetyp des Herzens/ Einthoven-Dreieck

Mit dem Ausdruck Lagetyp des Herzens wird in der Physiologie der elektrische Lagetyp bezeichnet, der NICHT der anatomischen Lage des Herzens im Thorax entsprechen muss.
Um den elektrischen Lagetyp zu bestimmen, muss das EKG anhand definierter Ableitungen geschrieben werden, nämlich den bipolaren Extremitätenableitungen nach Einthoven: Die

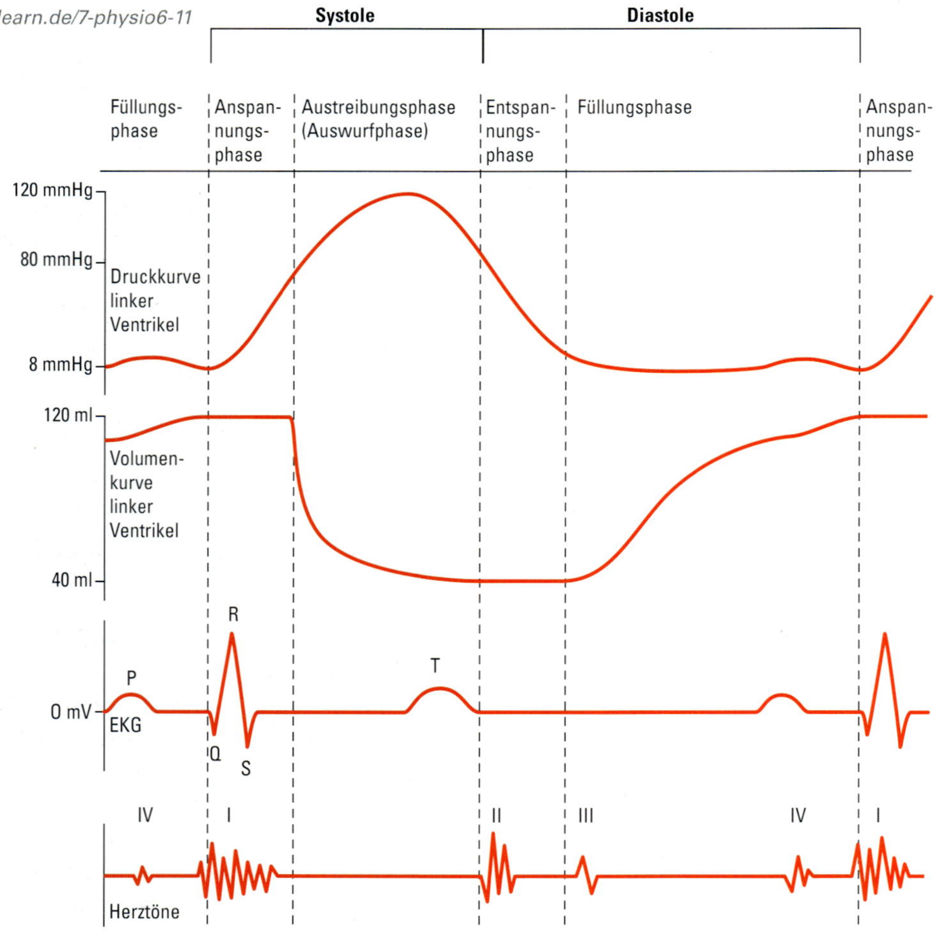

Abb. 10: Herzphasen, Druckkurve, Volumenkurve, EKG und Herztöne im Zeitverlauf *medi-learn.de/7-physio6-10*

Ableitung I nach Einthoven zeigt vom rechten zum linken Arm des Probanden. Ist in der Ableitung I des EKGs ein positiver Ausschlag des QRS-Komplexes zu sehen, bedeutet dies, dass die Depolarisation des Herzens in diese Richtung fortschreitet.

Die Ableitungen nach Einthoven lassen sich in ein – auf die Frontalebene projiziertes – gleichseitiges Dreieck einzeichnen (s. Abb. 11, S. 12).

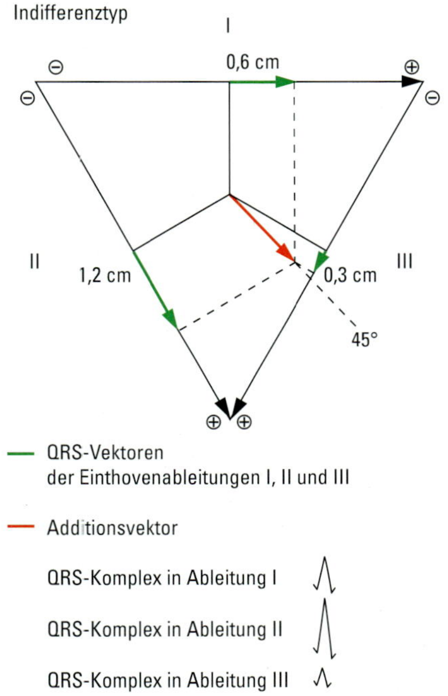

Abb. 12: QRS-Komplexe und zugehörige Bestimmung des Lagetyps im Einthoven-Dreieck für Indifferenztyp

medi-learn.de/7-physio6-12

Die Ableitung II zeigt vom rechten Arm auf den linken Fuß und die Ableitung III vom linken Arm auf den linken Fuß. Die Ableitung II entspricht damit bei normaler anatomischer Herzlage ziemlich genau der Erregungsausbreitung im Ventrikel zur Herzspitze. Der Lagetyp des Herzens kann aus den QRS-Komplexen der Einthoven-Ableitungen durch eine einfache Vektoraddition (s. Skript Physik) bestimmt und in das Einthoven-Dreieck eingezeichnet werden (s. Abb. 12, S. 13). Den dort eingezeichneten Lagetyp nennt man **Indifferenztyp**. Um den ermittelten Lagetyp zu benennen, bestimmt man den Winkel zwischen dem Additionsvektor und der Horizontalen (= Ableitung I, = 0°) (s. Tab. 3, S. 13).

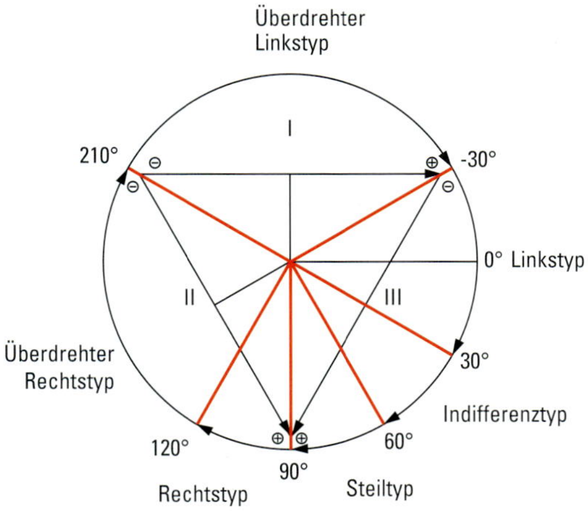

Abb. 13: Einthoven-Dreieck mit eingezeichneten Lagetypen (Cabrera-Kreis)

medi-learn.de/7-physio6-13

Lagetyp	Winkel zwischen Vektor und Ableitung I
Überdrehter Linkstyp	< als –30°
Linkstyp	–30° bis +30°
Indifferenztyp	+30° bis +60°
Steiltyp	+60° bis +90°
Rechtstyp	+90° bis +120°
Überdrehter Rechtstyp	> als +120°

Tab. 3: Einthoven-Dreieck mit eingezeichneten Lagetypen

In der Praxis werden meist gleichzeitig mit den Einthoven-Ableitungen noch andere Ableitungen geschrieben: die **Goldberger-Extremitätenableitungen**. Diese Ableitungen lassen sich ebenfalls in das Einthoven-Dreieck projizieren. Sie zeigen von der Mitte des Dreiecks auf die Extremitäten:

- die Ableitung aVR auf den rechten Arm,
- die Ableitung aVL auf den linken Arm,
- aVF auf den linken Fuß.

Die Goldberger-Ableitungen sind unipolar, d. h., dass die Elektrode bei aVL am linken Arm gegen eine Indifferenzelektrode (Zusammenschaltung der beiden anderen) gemessen wird. Im Physikum sollte man schon des Öfteren aus der gegebenen Herzachse bestimmen, in welcher Ableitung der QRS-Komplex am stärksten positiv oder negativ ist.

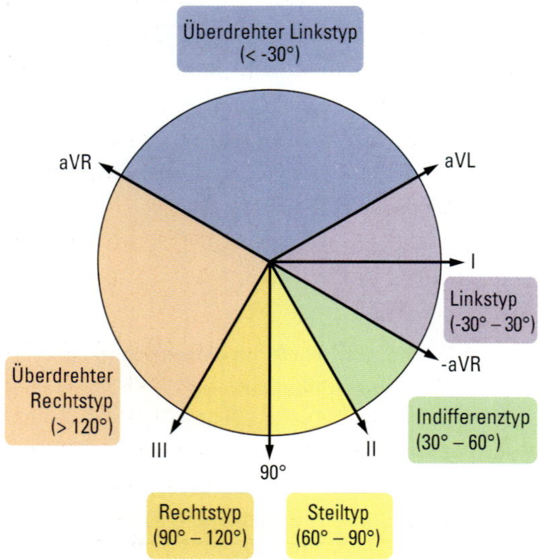

Abb. 14: Cabrerakreis mit Lagetypen

medi-learn.de/7-physio6-14

Am besten lassen sich diese Aufgaben lösen, wenn du dir das Einthoven-Dreieck mit den sechs Extremitätenableitungen grob skizzierst und dir den Vektor der Herzachse einzeichnest, z. B. Abb. 15, S. 14. Der größte QRS Komplex ist immer in der Ableitung zu finden, die am nächsten zur elektrischen Herzachse liegt (z. B. ist einer Herzachse von +70° die R-Zacke in Ableitung II (+60°) am höchsten). Je weiter die Ableitungen vom Lagetyp entfernt sind, desto kleiner ist die R-Zacke.

Bei einer Herzachse von +30° zeigt der Vektor genau in die entgegengesetzte Richtung der Ableitung aVR, dort muss der QRS-Komplex daher am stärksten negativ sein. Am stärksten positiv ist er in den Ableitungen I und II, da der Winkel zwischen diesen Ableitungen und dem Vektor der Herzachse am kleinsten ist.

Die geringste Amplitude des QRS-Komplexes findet sich in 90° zum Vektor der Herzachse und damit in Ableitung III.

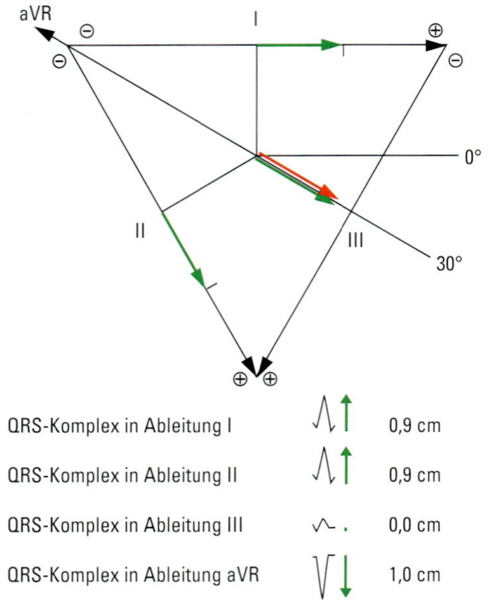

Abb. 15: Herzachse 30° und Amplituden der QRS-Komplexe, ermittelt aus dem Einthoven-Dreieck *medi-learn.de/7-physio6-15*

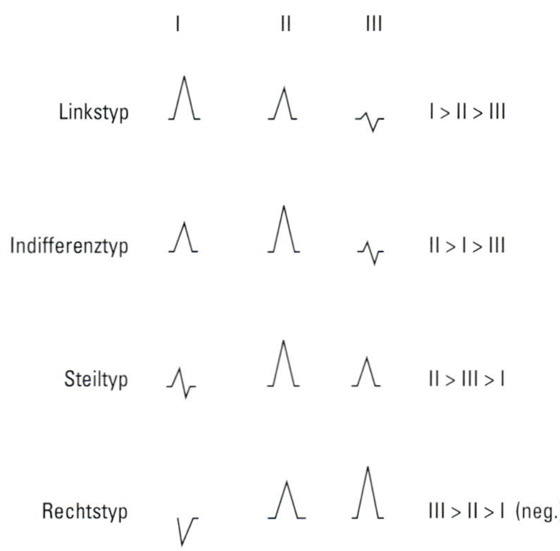

Abb. 16: Indifferenztyp, Linkstyp, Steiltyp und Rechtstyp (charakteristische Ableitungen im EKG)

medi-learn.de/7-physio6-16

Wenn dir die Konstruktion des Einthoven-Dreiecks in der Prüfung zu schwierig ist, dann kannst du für die wichtigen Lagetypen auch einfach lernen, wie sich die QRS-Komplexe in den jeweiligen Ableitungen verhalten (s. Abb. 16, S. 14).

Auch wenn der elektrische Lagetyp des Herzens keine Rückschlüsse auf die anatomische Lage des Herzens erlaubt, so beeinflussen dennoch anatomische Veränderungen am Herzen den Lagetyp. Zum Beispiel dreht sich am Ende der Schwangerschaft die elektrische Herzachse nach links, sodass ein Linkstyp resultiert. Ein anderes Beispiel ist die Änderung des Lagetyps durch die Atmung: Während der Inspiration ist die Herzachse beim Intermediärtyp steiler als während der Exspiration. Auch Narben im Myokard (z. B. nach Herzinfarkt) oder eine teilweise Blockade des Erregungsleitungssystems (Schenkelblock) können zur Änderung des Lagetyps im EKG führen.

1.2.5 Elektromechanische Kopplung

Die elektromechanische Kopplung beschreibt den Übergang der elektrischen Prozesse (Depolarisation und Repolarisation) am Herzmuskel in mechanische Prozesse (Kontraktion und Entspannung). Diese Kopplung wird über die Regulation des Calcium-Haushalts erreicht, da Calcium-Ionen die Kontraktion des Herzmuskels aktivieren. Je mehr Calcium während der Systole in die Myokardzellen gelangt, desto kräftiger wird die Kontraktion des Herzens.

Der Calcium-Einstrom während der Plateauphase der Herzmuskelzellen dient dabei als **Trigger**, also als Auslöser für einen gewaltigen Anstieg des intrazellulären Calciums: Die zytosolische **Calcium-Konzentration steigt** in der Systole gegenüber der Diastole um den **Faktor 100** an! Dazu trägt – neben dem aus dem Extrazellulärraum stammenden Calcium – die Freisetzung von intrazellulär, im sarkoplasmatischen Retikulum, gespeicherten Calcium-Ionen bei.

In den Membranen des **sarkoplasmatischen Retikulums** befinden sich spezielle Calcium-Kanäle – die **Ryanodin-Rezeptoren** – die den Calcium-Ausstrom ermöglichen. Die Aktivierung dieser Kanäle wird durch eine erhöhte zytoplasmatische Calcium-Konzentration verstärkt, sodass in diesem Fall das von extrazellulär einströmende Calcium die Entleerung der Calcium-Speicher des sarkoplasmatischen Retikulums triggert.

Um die Kontraktion des Herzmuskels zu beenden, wird das Calcium **aktiv** aus den Zellen entfernt. Dazu gibt es in der Membran des sarkoplasmatischen Retikulums eine **primär-aktive Calcium-ATPase** (SERCA), die die Calcium-Ionen in das sarkoplasmatische Retikulum pumpt und dort stark anreichert. Außerdem werden auch Calcium-Ionen nach extrazellulär transportiert: In der Zellmembran befindet sich ebenfalls eine Calcium-ATPase, die das Calcium primär-aktiv in den Extrazellulärraum pumpt. Zusätzlich befindet sich dort noch ein **Natrium-Calcium-Antiporter**, der **sekundär-aktiv Calcium** aus den Zellen **entfernt**. Dieser Natrium-Calcium-Antiporter wird indirekt durch die Natrium-Kalium-ATPase der Herzmuskelzellen angetrieben und entfernt ein Ca^{2+} aus der Zelle, während drei Na^+-Ionen einströmen.

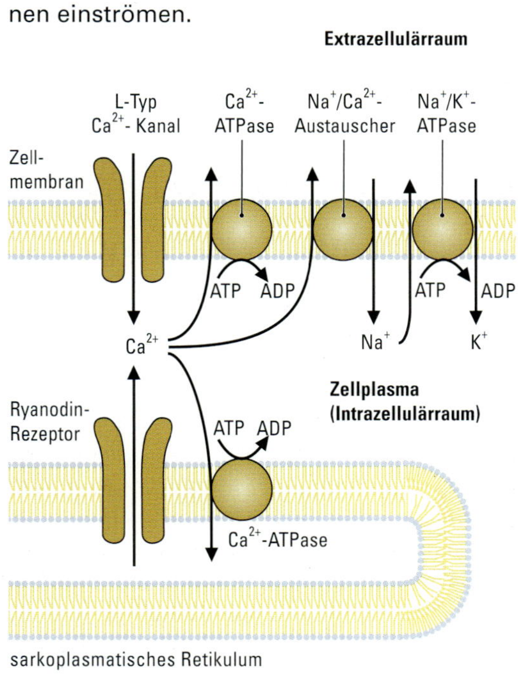

Abb. 17: Calcium-Transportproteine der Myokardzelle

medi-learn.de/7-physio6-17

Die Entfernung von Calcium aus dem Zytosol der Herzmuskelzellen ist vollständig, wenn das Calcium intrazellulär in der Diastole um den Faktor 10 000 geringer konzentriert ist als extrazellulär.
Hier noch mal die exakten Zahlen:
Calcium extrazellulär: 10^{-3} mol/l;
intrazellulär diastolisch: 10^{-7} mol/l,
systolisch: 10^{-5} mol/l.

Übrigens ...
Das Medikament Digitalis, das manchmal zur Therapie schwerer Herzinsuffizienz eingesetzt wird, macht sich das Calcium zunutze, um die Kontraktionskraft des Herzens – also die Inotropie – zu steigern: Es hemmt die Natrium-Kalium-ATPase der Herzmuskelzellen und damit indirekt den Natrium-Calcium-Antiporter. Dadurch kann weniger Calcium aus dem Zytosol entfernt und in den Extrazellulärraum geschafft werden. Stattdessen wird mehr Calcium ins sarkoplasmatische Retikulum gepumpt, wo es für die nächste Kontraktion wieder zur Verfügung steht. In der folgenden Systole kann dadurch mehr Calcium mobilisiert werden und die Kontraktionskraft des Herzens steigt.

Merke!

- In der Systole steigt die intrazelluläre Calcium-Ionen-Konzentration um den Faktor 100 an.
- Ein positiv-inotroper Effekt resultiert aus der Erhöhung der intrazellulären Calcium-Konzentration.

Elektromechanische Entkopplung

Unter bestimmten pathologischen Bedingungen – z. B. als Folge eines Herzinfarkts oder eines Atemstillstands – kann es zur Dissoziation von Aktionspotenzialen und Herzaktion kommen, d. h., dass trotz erhaltenen Aktionspotenzialen keine Kontraktionen mehr stattfinden. Dieses Phänomen nennt man **elektromechanische Entkopplung** oder auch **pulslose elektromechanische Dissoziation**.

1.2.6 Herzrhythmusstörungen/ Erregungsleitungsstörungen

Bei den Herzrhythmusstörungen unterscheidet man zwischen tachykarden (mit zu schnell aufeinanderfolgenden Aktionspotenzialen) und bradykarden (mit zu langsam aufeinanderfolgenden Aktionspotenzialen) Störungen.
Die wahrscheinlich bekannteste und auch gefährlichste tachykarde Rhythmusstörung ist das **Kammerflimmern**. Dabei laufen die Aktionspotenziale der Herzmuskelzellen völlig asynchron und es kommt zu keiner geordneten Herzaktion mehr. Die effektivste Therapie des Kammerflimmerns ist die elektrische Defibrillation.
Kammerflimmern kann entstehen, wenn Aktionspotenziale während der „vulnerablen Phase“ (während des aufsteigenden Abschnitts der T-Welle) des Aktionspotenzials einfallen. Ein Risikofaktor dafür ist die Verkürzung des Aktionspotenzials mit daraus folgender Verkürzung der Refraktärzeit.
Eine wesentlich harmlosere Herzrhythmusstörung, die auch bei gesunden Menschen hin und wieder vorkommt, ist die **ventrikuläre Extrasystole**. Diese Erregungen gehen von einigen vorzeitig depolarisierenden Ventrikelzellen aus. Im EKG erscheinen sie als **vorzeitig auftretende, deformierte** und **verbreiterte QRS-Komplexe**. Nach der Extrasystole fällt der erste QRS-Komplex weg, anschließend geht es jedoch wieder im ursprünglichen Rhythmus weiter. Dieses Phänomen nennt man eine **vollständige kompensatorische** Pause. Treten die ventrikulären Extrasystolen aber während der vulnerablen Phase (während der T-Welle) auf, kann es sein, dass sie über den ganzen Ventrikel weitergeleitet werden und so ein Kammerflimmern auslösen.

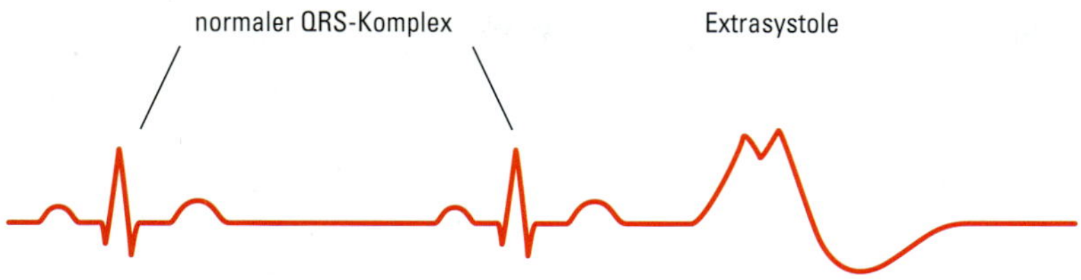

Abb. 18: Extrasystole im EKG

medi-learn.de/7-physio6-18

Von diesen eigentlichen Herzrhythmusstörungen sind Störungen der Erregungsleitung zu unterscheiden. Bei diesen verläuft zwar die Erregungsbildung regelrecht, aber im Erregungsleitungssystem treten Blockaden auf, die die Weitergabe der Aktionspotenziale über das Erregungsleitungssystem verhindern oder verzögern. Ist z. B. der AV-Knoten vollständig blockiert, so können die Erregungen aus dem Sinusknoten nicht auf den Ventrikel übertragen werden. Der Ventrikel schlägt dann in einem Ersatzrhythmus, unabhängig von den Vorhöfen (z. B. Rhythmus der Vorhöfe [P-Wellen] 100/min und Ventrikel [R-Zacken] 30/min).

Häufig zu finden sind auch die **Schenkelblöcke**, bei denen die Blockade einen der Tawara-Schenkel betrifft. Das Myokard, das eigentlich von dem blockierten Tawara-Schenkel versorgt wird, wird dann verzögert und indirekt (über die angrenzenden Myozyten) erregt, wodurch sich der Lagetyp im EKG ändert: Es kommt zur **Verbreiterung des QRS-Komplexes** und zu einer **Änderung des Lagetyps**.

Schließlich wurde auch schon nach dem Long-QT-Syndrom gefragt. Hierbei ist die Repolarisation am Ende der Systole verlangsamt und die Systolendauer (QT-Intervall) verlängert sich.

DAS BRINGT PUNKTE

In fast jedem Physikum tauchen Fragen zum Thema **physiologische Herzaktion** auf. Daher solltest du dir unbedingt merken, dass:

- die Formel des Fickschen-Gesetzes lautet:

$$HZV = \frac{\dot{V}_{O_2}}{Ca_{O_2} - Cv_{O_2}}$$

- man anhand des Fickschen-Gesetzes das Herzzeitvolumen aus der Sauerstoffaufnahme der Lunge sowie den arteriellen und venösen Sauerstofffraktionen berechnen kann,
- die Systole aus Anspannungs- und Austreibungsphase besteht,
- die Diastole aus Entspannungs- und Füllungsphase besteht,
- während der Austreibungsphase die Taschenklappen geöffnet sind
- während der Füllungsphase die Segelklappen geöffnet sind,
- die Vorhofkontraktion in die Füllungsphase fällt,
- die Anspannungs- und Entspannungsphase isovolumetrisch sind und daher alle Herzklappen geschlossen sind und
- ANF (Atriopeptin) vom Herzvorhof bei erhöhtem Blutvolumen ausgeschüttet wird.

Mit dem **EKG** solltest du dich zum Physikum besonders gut auskennen. Der größte Punktelieferant ist hier die Dauer des QRS-Komplexes.
Bitte merke dir, dass

- der QRS-Komplex 80 ms dauert.
- ein deutlich verlängerter QRS-Komplex immer pathologisch ist. Er kommt z. B. als ventrikuläre Extrasystole oder bei Schenkelblock vor.

Zur **elektromechanischen Kopplung** sind die folgenden Fakten besonders relevant:

- Die Kontraktion des Herzmuskels wird über eine Erhöhung des intrazellulären Calcium-Spiegels gesteuert. Der Calcium-Spiegel steigt dabei um den Faktor 100 an.
- Zum Beenden der Kontraktion wird das Calcium aktiv aus den Zellen entfernt. Dazu tragen Calcium-ATPasen im Sarkolemm und in der Membran des sarkoplasmatischen Retikulums maßgeblich bei. Außerdem ist auch ein Natrium-Calcium-Antiporter in der Zellmembran daran beteiligt.

FÜRS MÜNDLICHE

Das waren die beiden großen Themen physiologische Herzaktion und Herzerregung. Diese Themen werden in mündlichen Physikumsprüfungen gerne gefragt, weil sie für deine klinische Tätigkeit wichtig sind.
Du solltest daher fürs Mündliche möglichst ein normales EKG zeichnen und alle Wellen, Zacken usw. benennen können. Es lohnt sich, das Prinzip der Lagetypbestimmung soweit zu beherrschen, dass du in der Prüfung aus einem EKG einen Lagetyp bestimmen kannst. Deshalb solltest du auch das Einthoven-Dreieck (welcher Vektor zeigt wohin?) sicher beherrschen.
Basierend auf den Physikumsprotokollen auf der Seite www.medi-learn.de folgen hier weitere Fragen zur eigenen Überprüfung deines Wissens.

1. **Beschreiben Sie bitte kurz den Ablauf der normalen Herzaktion.**

2. **Welche Herztöne kennen Sie und wie entstehen diese?**

FÜRS MÜNDLICHE

3. **Erläutern Sie bitte, wie es zur Erregungsbildung in den Zellen des Sinusknotens kommt.**

4. **Sagen Sie, wie das Aktionspotenzial der Zellen im Sinusknoten aussieht.**

5. **Wie sieht das Aktionspotenzial der Zellen des Ventrikels aus?**

6. **Wie unterscheiden Sie die Aktionspotenziale von Sinusknoten und Kammermyokard?**

7. **Erläutern Sie bitte, wie ein normales EKG aussieht und was die einzelnen Strukturen repräsentieren.**

8. **Nennen Sie mir bitte Beispiele für Herzrhythmusstörungen. Woran erkennen Sie diese im EKG?**

9. **Welche EKG-Ableitungen kennen Sie und wie werden diese abgeleitet?**

---

1. Beschreiben Sie bitte kurz den Ablauf der normalen Herzaktion.

Die Systole folgt auf die Füllung der Ventrikel und beginnt mit dem Schluss der Segelklappen. Zu Beginn der Systole kontrahiert sich der Ventrikel, bis der Druck im Ventrikel den in der Aorta (bzw. des Tr. pulmonalis) übersteigt. Dann öffnen sich die Taschenklappen und Blut wird in die Arterien ausgeworfen. Wird der Druck in der Aorta größer als im Ventrikel, beginnt mit dem Schluss der Taschenklappen die Diastole. Zuerst entspannt sich die Ventrikelmuskulatur, dann öffnen sich die Segelklappen und die Ventrikel füllen sich erneut mit Blut. Vor allem der Ventilebenenmechanismus sorgt für die Füllung des Ventrikels.

2. Welche Herztöne kennen Sie und wie entstehen diese?

I. Herzton: Anspannungston, entsteht durch die Anspannung des Ventrikels und Schluss der Segelklappen zu Beginn der Systole.
II. Herzton: Entsteht durch den Schluss der Taschenklappen am Ende der Systole.
III. Herzton: Entsteht durch das Einströmen des Blutes in den Ventrikel zu Beginn der Füllungsphase.
IV. Herzton: Wird durch die Vorhofkontraktion am Ende der Diastole verursacht.

3. Erläutern Sie bitte, wie es zur Erregungsbildung in den Zellen des Sinusknotens kommt.

Entsteht durch spontane diastolische Depolarisation: Schrittmacherstrom (Calcium- und Natrium-Einstrom) → Erreichen eines Schwellenwerts → Aktionspotenzial.

4. Sagen Sie, wie das Aktionspotenzial der Zellen im Sinusknoten aussieht.

Dieses Aktionspotenzial solltest du zeichnen (s. Abb. 7, S. 9), die drei Phasen und die zugehörigen Ionenströme benennen können.

5. Wie sieht das Aktionspotenzial der Zellen des Ventrikels aus?

Auch hier solltest du das Aktionspotenzial zeichnen und die Ionenströme benennen können (s. Abb. 6, S. 7).

6. Wie unterscheiden Sie die Aktionspotenziale von Sinusknoten und Kammermyokard?

Am Sinusknoten ist der Auslöser die spontane diastolische Depolarisation, am Kammermyokard die fortgeleitete Erregung der Nachbarzellen; im Ventrikelmyokard wird die Depolarisation durch den Einstrom von Natrium-Ionen getragen, im Sinusknoten durch einen Calcium-Ionen-Einstrom. Eine Plateauphase (durch Ca^{2+}-Einstrom) ist charakteristisch für das Myokard.

FÜRS MÜNDLICHE

7. Erläutern Sie bitte, wie ein normales EKG aussieht und was die einzelnen Strukturen repräsentieren.
P-Welle: Vorhofdepolarisation
QRS-Komplex: Ventrikeldepolarisation
T-Welle: Ventrikelrepolarisation
QT-Intervall: Systolendauer

8. Nennen Sie mir bitte Beispiele für Herzrhythmusstörungen. Woran erkennen Sie diese im EKG?
Ventrikuläre Extrasystole:
- verbreiterter, deformierter QRS-Komplex,
- fällt frühzeitig ein.

AV-Block (1. Grades):
- verlängertes PQ-Intervall > 200 ms.

AV-Block (2. Grades):
- Typ 1 (Wenckebach): PQ-Intervalle werden zunehmend länger, bis ein QRS ausfällt.
- Typ 2 (Mobitz): Auf jede zweite oder dritte P-Welle folgt kein QRS-Komplex.

AV-Block (3.Grades):
- Die P-Wellen und der QRS-Komplex treten zeitlich unabhängig voneinander auf.

Kammerflimmern:
- „wellenförmiges" EKG, normale EKG-Struktur nicht mehr zu erkennen.

9. Welche EKG-Ableitungen kennen Sie und wie werden diese abgeleitet?
Einthoven-Ableitungen:
bipolare Ableitungen,
- Ableitung I zwischen rechtem und linkem Arm,
- Ableitung II zwischen rechtem Arm und linkem Bein,
- Ableitung III zwischen linkem Arm und linkem Bein.

Goldberger-Ableitungen:
unipolare Ableitungen,
- Ableitung aVR zum rechten Arm,
- Ableitung aVL zum linken Arm,
- Ableitung aVF zum linken Fuß.

Wilson-Ableitungen (V1-V6):
- unipolare Ableitungen von verschiedenen Punkten der Brustwand.

Mehr Cartoons unter www.medi-learn.de/cartoons

Pause

Erste Pause! Hier was zum Grinsen für Zwischendurch ...

1.3 Mechanik der Herzaktion

Mit jedem Herzschlag leistet der Ventrikel physikalische Arbeit. Diese Arbeit wird in einem speziellen Diagramm – dem Arbeitsdiagramm des Herzens – grafisch dargestellt. Die genaue Form des Arbeitsdiagramms ändert sich mit den äußeren Bedingungen; sie hängt z. B. von der präsystolischen Ventrikelfüllung oder von der Stimulation durch das vegetative Nervensystem ab.

1.3.1 Herzarbeit

Das pumpende Herz leistet zwei verschiedene Arten von Arbeit:
- die **Druck-Volumen-Arbeit** und
- die **Beschleunigungsarbeit**.

Die Druck-Volumen-Arbeit ist ein Maß für die Energie, die das Herz benötigt, um einen bestimmten Druck in den Herzkammern aufzubauen und ein Blutvolumen gegen den Strömungswiderstand auszuwerfen.
Die Beschleunigungsarbeit leistet das Herz, indem es das Blut nach dem Öffnen der Taschenklappen in die Aorta hinein beschleunigt.

Übrigens ...
Die Beschleunigungsarbeit macht beim gesunden Herzen nur 1 % der Herzarbeit aus, der Rest ist Druck-Volumen-Arbeit.

Die Druck-Volumen-Arbeit ergibt sich durch Multiplikation von Druck und Volumen: Baut z. B. der linke Ventrikel einen Druck von 100 mmHg (= 13,3 kPa) auf und wirft 70 ml (= 0,07 l = $0{,}07 \cdot 10^{-3}\ m^3$) aus, so beträgt die Arbeit: 13,3 kPa $\cdot\ 0{,}07 \cdot 10^{-3}\ m^3 = 0{,}93$ Nm oder ca. 1 Joule.

1.3.2 Arbeitsdiagramm des Herzens

Um die Druck-Volumen-Arbeit grafisch darzustellen, zeichnet man das **Arbeitsdiagramm des Herzens**. Dabei trägt man den intraventrikulären Druck auf der Y-Achse und das intraventrikuläre Volumen auf der X-Achse eines Koordinatensystems auf. Der zeitliche Ablauf der Herzaktion wird im folgenden Diagramm NICHT dargestellt, ein Diagramm umfasst immer eine ganze Herzaktion.

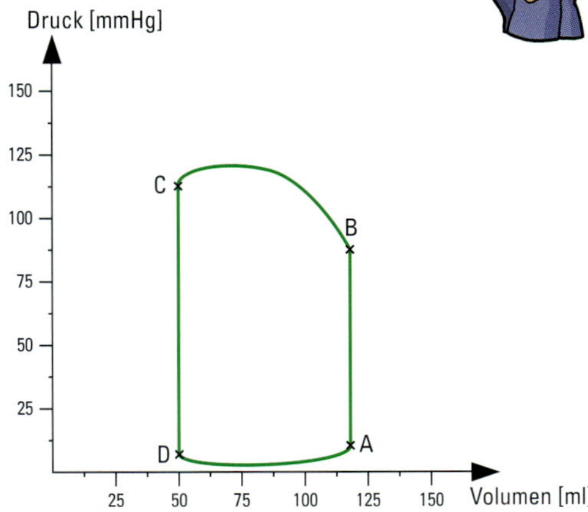

Abb. 19: Arbeitsdiagramm des linken Ventrikels

medi-learn.de/7-physio6-19

Um die Fragen im Physikum nach dem Arbeitsdiagramm des Herzens beantworten zu können, solltest du dir in jedem Fall gut einprägen, welcher Punkt im Arbeitsdiagramm für welchen Zeitpunkt der Herzaktion steht:

- **Punkt A** markiert das Ende der Diastole/den Beginn der Systole. Die Füllung des Herzens ist abgeschlossen und es hat noch keine Kontraktion des Ventrikels stattgefunden (der Druck ist noch niedrig). Dann erfolgt der Schluss der Segelklappen und der Ventrikel kontrahiert, d. h., dass der Druck sich erhöht. Diese isovolumetrische Kontraktion entspricht im Arbeitsdiagramm der Strecke von A nach B.
- An **Punkt B** kommt es zur Öffnung der Taschenklappen, sodass in der Auswurfphase (Strecke B nach C) das Volumen sinkt, der intraventrikuläre Druck aber weiter ansteigt.
- **Punkt C** markiert im Arbeitsdiagramm das Ende der Systole. Der Schluss der Taschenklappen leitet die isovolumetrische Ent-

spannungsphase (Strecke C nach D) ein: Das Volumen bleibt gleich, der Druck sinkt.
- An **Punkt D** öffnen sich die Segelklappen und die Füllungsphase beginnt, wobei Volumen und Druck im Ventrikel ansteigen.

Aus diesem Diagramm lassen sich mehrere Größen gut ermitteln:

1. Die Druck-Volumen-Arbeit, die der Fläche im Arbeitsdiagramm entspricht.
2. Das Schlagvolumen, das der Volumendifferenz zwischen Punkt B und C entspricht.
3. Der diastolische (Druck an Punkt B) und der systolische Blutdruck (Druck an Punkt C).
4. Das enddiastolische (Volumen an Punkt A) und endsystolische Volumen (Volumen an Punkt C).
5. Vorlast (enddiastolisches Volumen und der sich dabei einstellende Druck, Punkt A).
6. Die Nachlast (diastolischer Aortendruck, Punkt B).

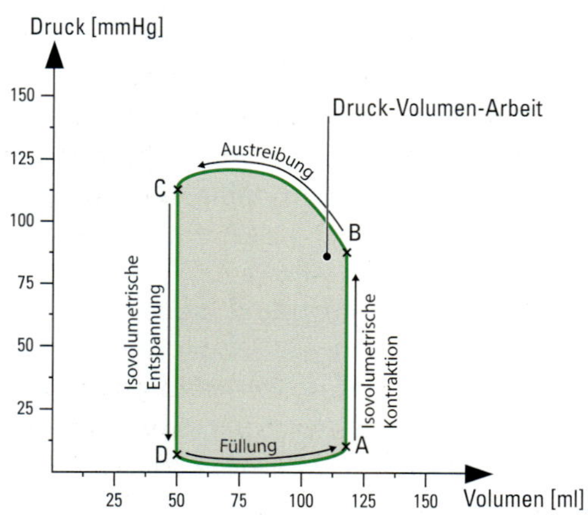

Abb. 20: Arbeitsdiagramm mit Druck-Volumen-Arbeit und Schlagvolumen

medi-learn.de/7-physio6-20

Um das Arbeitsdiagramm des Herzens zeichnen zu können, wurden experimentell zwei Kurven bestimmt, die sich ins Druck-Volumen-Diagramm einzeichnen lassen: Die Kurve der Unterstützungsmaxima (s. Skript Physiologie 5), auf der Punkt C liegt, und die Ruhedehnungskurve, auf der Punkt A liegt.

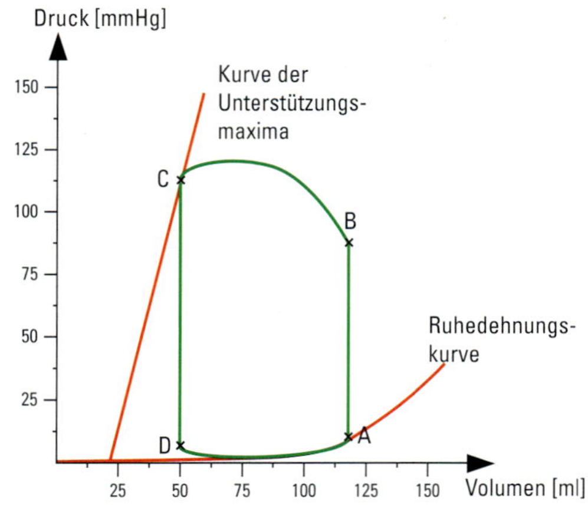

Abb. 21: Arbeitsdiagramm mit Kurve der Unterstützungsmaxima und Ruhedehnungskurve

medi-learn.de/7-physio6-21

Durch die positiv inotrope Wirkung der sympathischen Stimulation wird die Kurve der Unterstützungsmaxima in Richtung höherer Druckwerte (bei gleichem Volumen) verschoben:

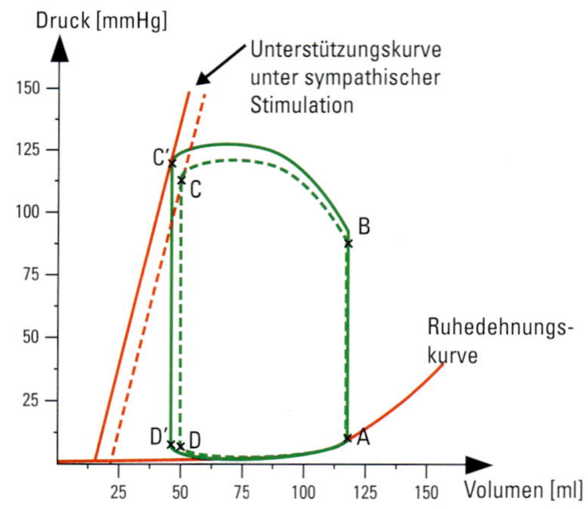

Abb. 22: Arbeitsdiagramm unter sympathischer Stimulation *medi-learn.de/7-physio6-22*

Das Resultat der sympathischen Stimulation ist also ein erhöhtes ventrikuläres Schlagvolumen und damit auch eine erhöhte Ejektionsfraktion.

1.3.3 Vorlast und Nachlast

Unter der Vorlast versteht man das enddiastolische Volumen und der sich dabei einstellende Druck im Ventrikel (das Volumen an Punkt A des Arbeitsdiagramms). In Beinhochlage kommt es z. B. zu vermehrtem Blutrückstrom zum Herzen und damit zum Anstieg der Vorlast.

Unter der Nachlast versteht man den diastolischen Druck in der Aorta, gegen den der linke Ventrikel anpumpen muss (der Druck im Arbeitsdiagramm an Punkt B). Steigt die Nachlast z. B. durch periphere Vasokonstriktion an, wird das Schlagvolumen verringert und das endsystolische Volumen steigt.

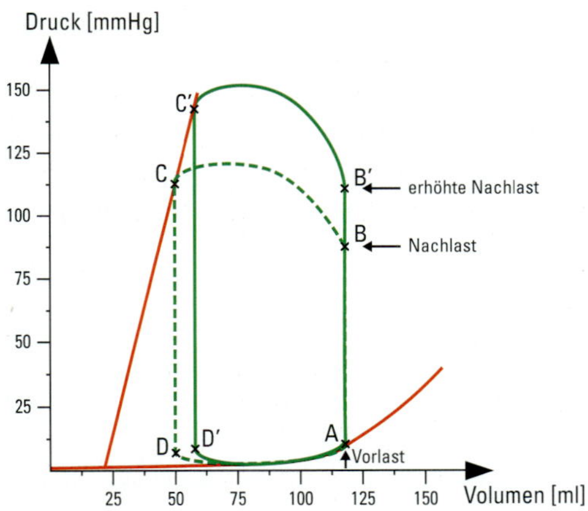

Abb. 23: Arbeitsdiagramm des linken Ventrikels mit erhöhter Nachlast

medi-learn.de/7-physio6-23

1.3.4 Frank-Starling-Mechanismus

Der Frank-Starling-Mechanismus beschreibt einen Kompensationsmechanismus des Herzens, mit dem es sich an ein enddiastolisch erhöhtes Volumen (an eine erhöhte Vorlast) anpasst. Dies geschieht dadurch, dass sich das Schlagvolumen des Herzens erhöht. Die stärkere Vordehnung der Muskelfasern ermöglicht dabei die Entwicklung einer stärkeren Spannung. Dieser Prozess lässt sich im Arbeitsdiagramm des Herzens darstellen:

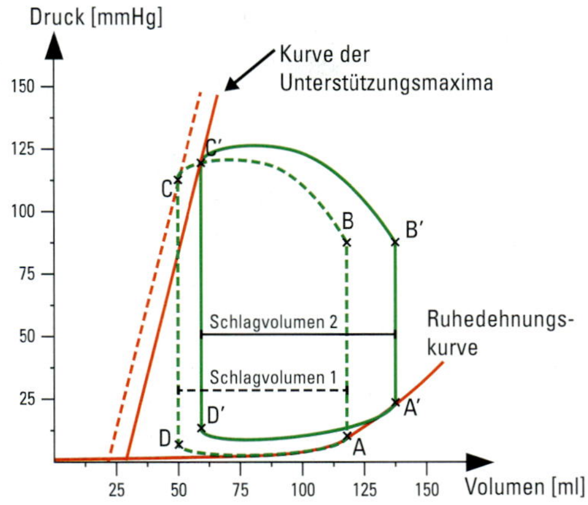

Abb. 24: Frank-Starling-Mechanismus

medi-learn.de/7-physio6-24

Im Rahmen des Frank-Starling-Mechanismus erhöht sich die Druck-Volumen-Arbeit des Herzens (die vom Arbeitsdiagramm eingeschlossene Fläche ist größer als vorher).

Umgekehrt funktioniert der Frank-Starling-Mechanismus, wenn das enddiastolische Volumen abnimmt, also z. B. bei der Orthostase (dem Aufrichten von der waagrechten in die senkrechte Lage): Hier nimmt das Schlagvolumen entsprechend ab.

1.3.5 Herzinsuffizienz

Die Herzinsuffizienz ist ein häufiges Krankheitsbild, bei dem ein geschädigtes Herz nicht mehr adäquat auf die Anforderungen des Kreislaufs reagieren kann.

Da die Pumpleistung des Herzens sinkt, verringert sich die **Ejektionsfraktion** des Ventrikels (der Anteil des Schlagvolumens des Herzens am enddiastolischen Volumen). Außerdem nimmt auch die **Kreislaufzeit** zu (die Zeit, die das Blut benötigt, um vom Herzen in die Peripherie zu gelangen). Im venösen Schenkel des Kreislaufs kommt es dabei zum Anstau von Blut, sodass der zentrale Venendruck und das enddiastolische Ventrikelvolumen steigen.

Die Herzinsuffizienz kann symptomatisch mit Medikamenten therapiert werden, die die Inotropie steigern, wie z. B. Digitalis (s. 1.2.5, S. 15) oder das Plasmavolumen senken, wie z. B. Diuretika.

1.4 Herzinnervation

Die „Nerven des Herzens" gehören zum vegetativen Nervensystem. Dabei versorgen die sympathischen Herznerven sowohl Vorhöfe als auch Ventrikel, die parasympathischen nur die Vorhöfe.

Der Sympathikus wirkt über β_1-Rezeptoren

- **positiv chronotrop** (er erhöht die Herzfrequenz),
- **positiv dromotrop** (er erhöht die Überleitungsgeschwindigkeit vom Vorhof auf die Ventrikel),
- **positiv inotrop** (er erhöht die Kontraktionskraft des Herzens) und
- **positiv lusitrop** (er erhöht die Relaxationsgeschwindigkeit durch Aktivierung der Calcium-ATPase (SERCA), die Calcium zurück ins sarkoplasmatische Retikulum pumpt).

Die Wirkungen des Parasympathikus über mAch-Rezeptoren sind gegenteilig (muskarinische Acetylcholin)

- **negativ chronotrop** und
- **negativ dromotrop**.

Merke!

Der Parasympathikus hat KEINE direkte Wirkung auf die Kontraktionskraft, da er die Ventrikel nicht innerviert.

1.4.1 Sympathikus-Wirkungen

Die positiv chronotropen Effekte des Sympathikus resultieren aus seiner Wirkung über G-Protein-gekoppelte Rezeptoren auf den Sinusknoten: Die erhöhten cAMP-Konzentrationen bewirken, dass mehr HCN-Kanäle geöffnet sind. Dadurch strömen vermehrt Kationen ein, was die Steilheit der spontanen diastolischen Depolarisation erhöht und dazu führt, dass die Schwelle zur Auslösung eines Aktionspotenzials früher erreicht wird. Fazit: Die einzelnen Aktionspotenziale folgen schneller aufeinander und die Herzfrequenz steigt.

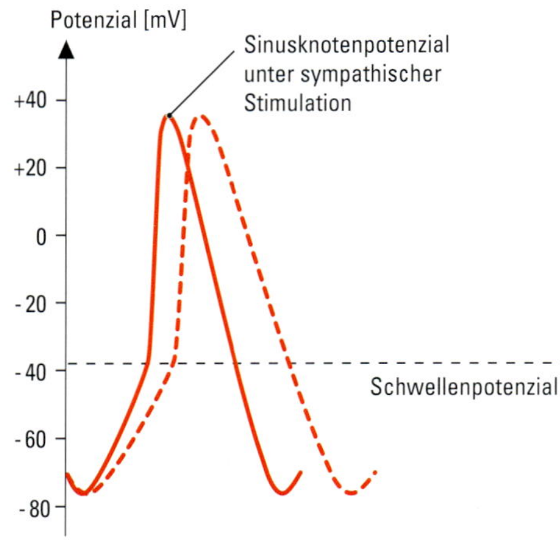

Abb. 25: Aktionspotenzial am Sinusknoten normal und unter Sympathikuseinfluss

medi-learn.de/7-physio6-25

Für die positiv dromotrope Wirkung greift der Sympathikus am AV-Knoten an. Die Verkürzung der Überleitungszeit zeigt sich im EKG als verkürzte PQ-Zeit.

Um die positiv inotrope Wirkung zu erzielen, greift der Sympathikus in den Calcium-Haushalt des Herzmuskels ein. Die β_1-Rezeptoren des Myokards sind G-Protein-gekoppelte Rezeptoren, die die Adenylatcyclase stimulieren und damit einen cAMP-Anstieg in den Zellen bewirken. Über den Second messenger cAMP und die Proteinkinase-A wird die Calcium-ATPase des sarkoplasmatischen Retikulums stimuliert, sodass die Calcium-Ionen schneller in die intrazellulären Speicher aufgenommen werden. Außerdem erhöht sich die Calcium-Leitfähigkeit der Zellmembran. Dies geschieht dadurch, dass mehr Kanäle während des Aktionspotenzials geöffnet sind, die Leitfähigkeit des einzelnen Kanals jedoch gleich bleibt. Beide Mechanismen tragen zum positiv inotropen Effekt bei.

Durch die Erhöhung der Herzkraft wird auch der intraventrikuläre Druckanstieg zu Beginn der Systole beschleunigt.

Merke!

- Der Sympathikus wirkt positiv
  - chronotrop,
  - inotrop,
  - lusitrop,
  - dromotrop.
- Die positiv inotrope Wirkung kommt dadurch zustande, dass die Calcium-Leitfähigkeit der Zellmembran zunimmt und die Calcium-Konzentration in seinen intrazellulären Speichern erhöht wird.
- Phosphodiesterasen bauen cAMP ab. Ihre Hemmung führt zu ähnlichen Effekten wie eine Aktivierung des Sympathikus.

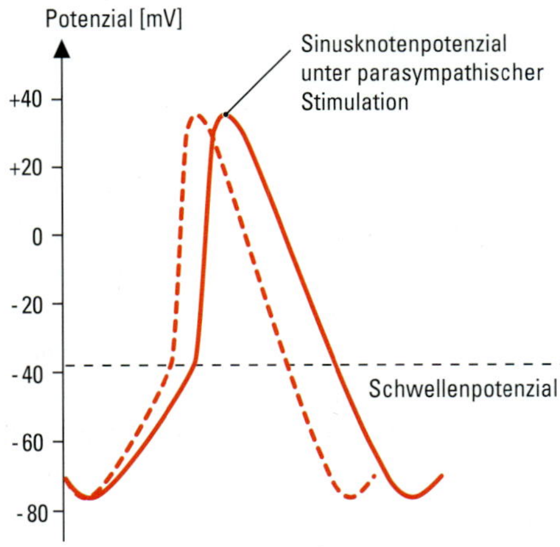

Abb. 26: Diastolische Depolarisation unter Parasympathikus-Wirkung

medi-learn.de/7-physio6-26

1.4.2 Parasympathikus-Wirkungen

Die mACh-Rezeptoren (muskarinische Acetylcholin) des Parasympathikus am Herzvorhof sind ebenfalls G-Protein-gekoppelte Rezeptoren. Sie bewirken – gegenteilig zum Sympathikus – eine Hemmung der Adenylatcyclase. Außerdem sorgen sie am Sinusknoten für eine Zunahme der Kalium-Permeabilität, was einen Kalium-Ausstrom als Gegenstrom zum langsamen Kationen-Einstrom bewirkt und damit die diastolische Depolarisation verlangsamt.

1.5 Koronardurchblutung

1

Die spezifische Durchblutung (die Durchblutung pro 100 g Organgewicht) beträgt für den Herzmuskel in Ruhe etwa 80 ml/min. Das entspricht etwa 5 % des Herzzeitvolumens.
Der Blutfluss in den Koronararterien ist stark von der Herzaktion abhängig. Da der hohe Druck in der Systole im Myokard (v. a. im linken Ventrikel) auch auf die Koronararterien wirkt, werden diese stark komprimiert. Dadurch werden besonders die inneren Myokardschichten während der Systole nicht durchblutet. Die **Durchblutung** des Myokards der **linken Herzkammer** findet vor allem in der **Diastole** statt, da dann der transmurale Druck (der Druck in der Herzwand) niedrig ist (s. Abb. 27, S. 26).
Die Sauerstoffausschöpfung des Blutes im Koronarkreislauf ist mit 60–70 % sehr hoch und deshalb kaum steigerbar. Bei körperlicher Anstrengung mit erhöhtem Sauerstoffbedarf des Herzens muss deshalb die Koronardurchblutung entsprechend gesteigert werden. Dies geschieht über eine Stimulation der β_2-Rezeptoren, was eine Vasodilatation bewirkt, wodurch die Durchblutung um den Faktor 4–5 gesteigert werden kann. Ein weiterer physiologischer Stimulus für die Vasodilatation ist Adenosin. Das Blut transportiert neben Sauerstoff die wichtigsten Energielieferanten des Herzmuskels: Fettsäuren, Ketonkörper, Laktat und Glucose.

Merke!

Die Durchblutung der linken Herzkammer findet v. a. in der Diastole statt. Sie kann bei Anstrengung um den Faktor 4–5 gesteigert werden (Koronarreserve).

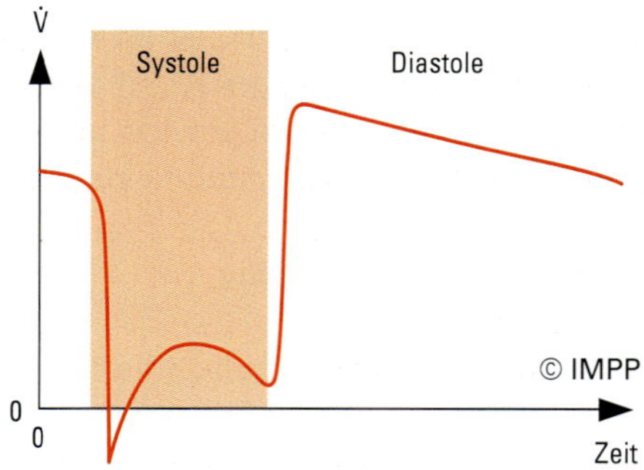

Abb. 27: Bluteinstrom in die A. coronaria sinistra während der Diastole

medi-learn.de/7-physio6-27

Myokardinfarkt

Beim Herzinfarkt (Myokardinfarkt) kommt es auf dem Boden einer Atherosklerose der Koronararterien zur Thrombose und zum Verschluss eines Gefäßes. Dies führt zu einer Unterversorgung des entsprechenden Bereichs am Herzmuskel und zu einer Hypoxie (Sauerstoffmangel), welche die Herzmuskelzellen nur kurz überleben können (Energiegewinnung aus anaerober Glykolyse). Im EKG zeigt sich diese Ischämie oft als Hebung der ST-Strecke über dem entsprechenden Areal. Hält diese Unterversorgung längere Zeit an, nimmt das Muskelgewebe Schaden und eine Narbe bleibt zurück. Von den sterbenden Kardiomyozyten werden typische Proteine und Enzyme freigesetzt, die sich dann im Blutserum wiederfinden (z. B. Troponine, Creatin-Kinase-MB, ASAT, LDH). Es ist therapeutisch sinnvoll, zu versuchen, den Thrombus mechanisch durch Katheter und Stent oder durch die Gabe von Fibrinolytika wie Streptokinase oder tPA (tissue-Plasminogen-Activator) aufzulösen und so die Ischämiezeit zu verkürzen.

Übrigens ...
Klinisch berichten Herzinfarkt-Patienten oft von starken, in den linken Oberarm ausstrahlenden Schmerzen. Diese kommen durch Übertragung der kardialen Schmerz-Afferenzen auf Schmerzneurone des linken Arms zustande. Diese Region entspricht der Head Zone des Herzens.

1.6 Pathophysiologie der Herzklappen

Grundsätzlich können alle Herzklappen stenotisch oder insuffizient sein.

- Bei einer Stenose ist die Klappenöffnung nicht mehr vollständig möglich, sodass der physiologische Blutfluss über die Klappe behindert ist und so ein Geräusch verursacht.
- Bei einer Insuffizienz ist der Klappenschluss nicht mehr vollständig möglich, sodass es zu einem unphysiologischen Blutrückstrom über die Klappe kommt.

Klappenfehler können klinisch oft als Herzgeräusche gehört werden. Dabei unterscheidet man zwischen systolischen und diastolischen Herzgeräuschen.

Merke!

Häufigster Klappenfehler, der auch im Physikum am häufigsten gefragt wird, ist die Aortenklappenstenose.

1.6.1 Aortenklappenstenose

Bei einer Aortenklappenstenose lässt sich ein systolisches Herzgeräusch mit Punctum maximum im 2. Interkostalraum (ICR) parasternal rechts hören, das typischerweise in die Carotiden ausstrahlt. Als Folge der Aortenklappenstenose muss der linke Ventrikel viel mehr Druck aufbringen, um das gleiche Blutvolumen in die Aorta zu befördern, was man als **erhöhte Druckbelastung** des linken Ventrikels bezeichnet.

1.6.2 Aortenklappeninsuffizienz

Anders sind die Verhältnisse bei einer Insuffizienz, also einem unzureichenden Schlussvermögen der Aortenklappe. Dabei fließt in der Diastole Blut aus der Aorta in den linken Ventrikel zurück und verursacht so ein Geräusch. Es kommt zu einer Volumenbelastung des Ventrikels und in der Folge auch des Vorhofs. Der Blutdruck unterliegt starken Schwankungen (sehr hoch in der Systole, sehr niedrig in der Diastole).

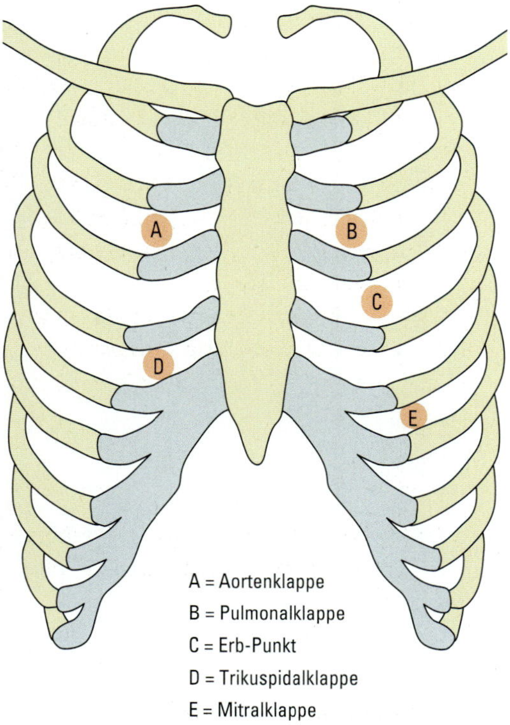

Abb. 28: Auskultationspunkte

medi-learn.de/7-physio6-28

Das Herz reagiert mit einer Erhöhung der Schlagfrequenz. Klinisch kann eine Aorteninsuffizienz anhand des typischen Pulses auffällig werden: Der Puls ist schnell und zeigt starke Druckschwankungen. Dieses Pulsphänomen nennt man auch „Wasserhammerpuls" oder „Pulsus celer et altus" (schnell und hoch). Außerdem tritt das typische diastolische Herzgeräusch im 2. ICR parasternal rechts auf.

1.6.3 Mitralklappenstenose

Bei der Mitralklappenstenose ist der Blut-Einstrom in den linken Ventrikel während der Diastole erschwert. Daher ist das enddiastolische Ventrikelvolumen verringert. Der Vorhof hypertrophiert und versucht so, die Stenose zu überwinden. In der Folge steigt der Druck im linken Vorhof und damit auch in den Lungenvenen an, die mit dem linken Vorhof verbunden sind.

1.6.4 Mitralklappeninsuffizienz

Bei der Mitralklappeninsuffizienz kommt es zum Blut-Rückstrom aus dem linken Ventrikel in den linken Vorhof während der Systole. Daraus resultiert zunächst eine Volumenbelastung des linken Vorhofs, die den Druck dort erhöht. Besteht die Mitralklappeninsuffizienz längere Zeit, dilatiert der linke Vorhof. Eine häufige Folge ist eine Herzrhythmusstörung der Vorhöfe, das Vorhofflimmern.

1.7 Pathophysiologie der Herzentwicklung

Häufige Herzfehlbildungen (Vitien) sind Löcher in der Herzscheidewand, wodurch es zu Kurzschlussverbindungen zwischen Lungen-

	Aortenklappe	Pulmonalklappe	Mitralklappe	Trikuspidalklappe
Stenose	systolisches Geräusch	systolisches Geräusch	diastolisches Geräusch	diastolisches Geräusch
Insuffizienz	diastolisches Geräusch	diastolisches Geräusch	systolisches Geräusch	systolisches Geräusch
Auskultationspunkte	2. ICR parasternal re. und Carotiden	2. ICR parasternal li.	5. ICR medioklavikulär li.	4. ICR parasternal re.

Tab. 4: Pathologische Herzgeräusche

und Körperkreislauf kommt. Bei einem Ventrikelseptumdefekt kommt es aufgrund des Druckunterschieds zwischen den Herzkammern zu einem kontinuierlichen Blutfluss vom linken in den rechten Ventrikel. Bei der Auskultation hört man ein systolisches Herzgeräusch.

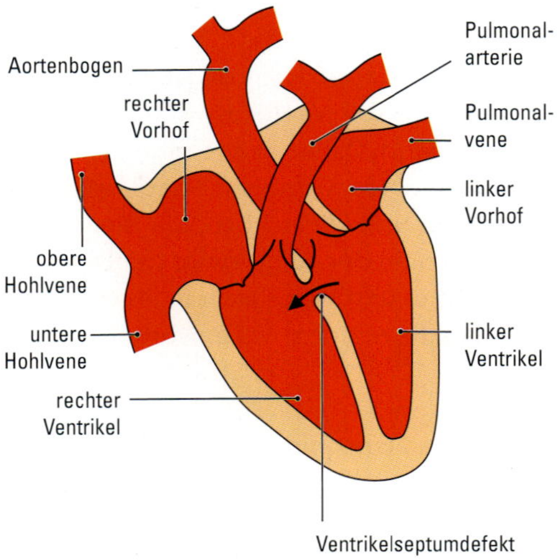

Abb. 29: Ventrikelseptumdefekt

medi-learn.de/7-physio6-29

Diese Situation bezeichnet man als **Links-Rechts-Shunt.** Es resultiert eine **erhöhte Volumenbelastung,** also eine **erhöhte Vorlast** der **rechten** Herzkammer. Wird der Defekt nicht operativ verschlossen, kann dies zur dauerhaften Schädigung der rechten Herzkammer und der Lunge führen.

DAS BRINGT PUNKTE

Das **Arbeitsdiagramm** des Herzens ist einer der größten Punktelieferanten in der schriftlichen Prüfung. Besonders häufig wurde dabei nach den Definitionen von Vorlast und Nachlast gefragt.

- Als Vorlast bezeichnet man das enddiastolische Volumen und den sich dabei einstellenden Druck im Ventrikel (Punkt A im Arbeitsdiagramm, 1.3.2, S. 21).
- Als Nachlast bezeichnet man den diastolischen Aortendruck (Punkt B im Arbeitsdiagramm, 1.3.2, S. 21).

Zur **Herzinnervation** solltest du dir besonders die folgenden Fakten gut einprägen:

- Der Sympathikus wirkt am Herzen über β_1-Rezeptoren positiv chronotrop, inotrop und dromotrop. Die positiv inotrope Wirkung kommt dabei über eine Erhöhung der Calcium-Leitfähigkeit der Myokardzellen zustande.
- Der Parasympathikus wirkt nur auf die Herzvorhöfe, nicht auf die Kammern. Er wirkt vor allem negativ chronotrop und negativ dromotrop.

Außerdem wurde besonders häufig nach der **Koronardurchblutung** gefragt:

- Die Durchblutung des linken Ventrikelmyokards findet primär während der Diastole statt.

FÜRS MÜNDLICHE

Nach der physiologischen Herzaktion folgt hier nun deren Mechanik. Das Arbeitsdiagramm sowie der Frank-Starling-Mechanismus sind sehr beliebte Themen in der mündlichen Prüfung. Beides solltest du daher sicher beherrschen und auch zeichnen können. Betrachte es einfach als kleine auflockernde Kunst-Einheit in deiner Lernphase. Nun folgen die Fragen der mündlichen Prüfungsprotokolle.

1. **Wie berechnen Sie die Druck-Volumen-Arbeit des Herzens?**
2. **Wie berechnen Sie die Beschleunigungsarbeit des Herzens?**
3. **Sagen Sie uns bitte, wie und wo der Parasympathikus auf das Herz wirkt?**
4. **Sie hören bei der Herzauskultation ein systolisches Herzgeräusch im 2. ICR rechts parasternal. Was ist die wahrscheinlichste Ursache?**

---

1. Wie berechnen Sie die Druck-Volumen-Arbeit des Herzens?
Arbeit = Druck · Volumen

2. Wie berechnen Sie die Beschleunigungsarbeit des Herzens?
Arbeit = 0,5 · Masse · $(\text{Geschwindigkeit})^2$

3. Sagen Sie uns bitte, wie und wo der Parasympathikus auf das Herz wirkt?
Wirkung nur auf Herzvorhöfe, Sinusknoten und AV-Knoten. Negativ chronotrop und dromotrop. Keine direkte Wirkung auf die Inotropie.

FÜRS MÜNDLICHE

4. Sie hören bei der Herzauskultation ein systolisches Herzgeräusch im 2. ICR rechts parasternal. Was ist die wahrscheinlichste Ursache?
Ein systolisches Herzgeräusch lässt auf eine Stenose der Taschenklappen oder eine Insuffizienz der Segelklappen schließen. Die Lokalisation des Herzgeräusches lässt auf einen Schaden der Aortenklappe schließen, sodass man eine Stenose der Aortenklappe annehmen muss.

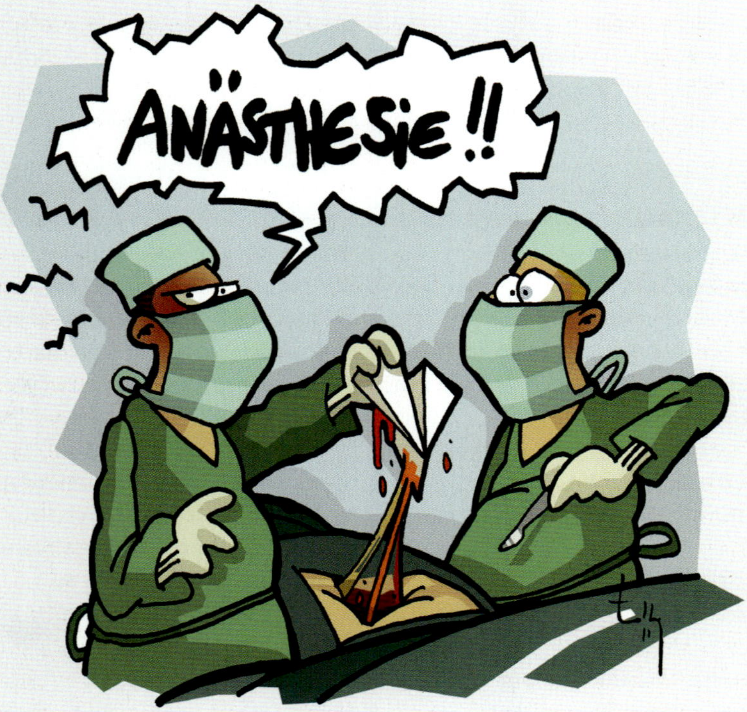

Mehr Cartoons unter www.medi-learn.de/cartoons

Pause

Päuschen gefällig?
Das hast du dir verdient!

2 Kreislauf

Fragen in den letzten 10 Examen: 40

Zwei hintereinander geschaltete Kreislaufsysteme stellen die Versorgung aller Organe mit Sauerstoff und Nährstoffen sicher.

- Der „große" Körperkreislauf transportiert sauerstoffreiches Blut vom linken Herzen in die Organe und sauerstoffarmes Blut zum rechten Herzen zurück.
- Aus dem rechten Herzen gelangt das sauerstoffarme Blut über den „kleinen" Lungenkreislauf in die Lunge, wo es wieder mit Sauerstoff gesättigt wird.

Physikalische Faktoren bestimmen in vieler Hinsicht, wie effektiv die Organe mit Blut versorgt werden können: Die Blutströmung hängt vom Blutdruck, den Eigenschaften der Gefäßwände sowie von den Eigenschaften des Blutes selbst ab. Die für die Kreislaufdiagnostik des arteriellen Systems wichtigsten klinischen Parameter sind der Blutdruck und der Puls. Beim Puls wird in der Physiologie zwischen Strom- und Druckpuls unterschieden. In Bezug auf den Blutdruck wird es in diesem Kapitel vor allem um die verschiedenen Mechanismen der Blutdruckregulation gehen. Auch im venösen System kann man Blutdruck und Puls messen. Hier ist besonders die charakteristische Pulskurve des venösen Systems für das Physikum relevant. In den Kapillaren finden schließlich die Austauschvorgänge zwischen Blut und Organen statt. Dieser Kreislaufanteil wird als **Mikrozirkulation** bezeichnet.

2.1 Funktionelle Einteilung des Gefäßsystems

Ganz grob kann man das Gefäßsystem des Körperkreislaufs in drei Abschnitte einteilen:

- das arterielle System,
- das venöse System,
- die Kapillaren.

In den Kapillaren findet der Stoff- und Flüssigkeitsaustausch zwischen dem Blut und den umliegenden Geweben statt. Das arterielle System ist den Kapillaren vorgeschaltet und dient dem Transport der Nährstoffe und des sauerstoffreichen Blutes zu den Organen. Das venöse System bringt dann das Blut aus den Organen zurück zum Herzen. Anhand der Funktion kann man die arterielle Strombahn unterteilen in die Aorta und großen Arterien einerseits sowie die kleinen Arterien und Arteriolen andererseits. Bei **Aorta und großen Arterien** steht deren **Windkesselfunktion** im Vordergrund: Während der Auswurfphase des Herzens werden die elastischen großen Arterien gedehnt, sodass sie schnell viel Volumen aufnehmen. In der Diastole ziehen sich die Gefäße wieder zusammen, sodass das Blut relativ kontinuierlich in die restliche Strombahn abgegeben wird. In diesem Bereich des Gefäßsystems ist die Strömungsgeschwindigkeit des Blutes am höchsten. Die **kleinen Arterien und Arteriolen** werden auch als **Widerstandsgefäße** zusammengefasst. Sie allein machen ca. 50 % des totalen peripheren Widerstands (TPR) aus. Deshalb ist hier auch der Blutdruckabfall besonders groß.

Der **mittlere** Blutdruck sinkt im arteriellen Gefäßbett kontinuierlich ab, da ständig ein gewisser Gefäßwiderstand überwunden werden muss. Die Blutdruckamplitude hingegen verhält sich etwas paradox: Sie ist in der Aorta noch etwas kleiner als in den Arterien, sodass sich das systolische Druckmaximum in den peripheren Arterien befindet. Im Bereich der Arteriolen fällt die Blutdruckamplitude dann aber schnell stark ab. Auch die Strömungsgeschwindigkeit verringert sich von den proximalen zu den distalen Gefäßen hin. Im Bereich der arteriellen Strombahn vergrößert sich der Gesamtquerschnitt der parallel geschalteten Gefäße mit zunehmender Entfernung vom

Herzen. Die **Kapillaren** bieten insgesamt die größte Querschnittfläche im Gefäßsystem. Dies und die langsame Strömungsgeschwindigkeit des Bluts in diesem Bereich sind ideale Voraussetzungen für den Austausch von Nährstoffen, Sauerstoff und Flüssigkeit, der in diesem Bereich stattfindet.

In den **Venen** wird das Blut nach dem Stoffaustausch wieder gesammelt und dem Herzen zugeführt. Hier befindet sich – sozusagen als Reserve – ein großer Teil des Blutvolumens, der bei Bedarf mobilisiert werden kann. Deshalb werden die Venen auch als **Kapazitätsgefäße** bezeichnet.

Merke!

- Größte Strömungsgeschwindigkeit = Aorta
- Größter Widerstand = terminale Arterien/Arteriolen
- Größtes Blutvolumen = Venen

2.1.1 Druckverhältnisse in den Herz- und Kreislaufabschnitten

Bestimmte Zahlenwerte aus dem Niederdrucksystem solltest du kennen, da sie hin und wieder gefragt wurden:

- Als **zentralvenösen Druck** bezeichnet man den Druck im rechten Vorhof. Er beträgt im Mittel **3 mmHg**.
- Der Druck im linken Vorhof ist mit etwa 6 mmHg ein wenig höher.
- Der mittlere Druck in den **Lungenarterien** beträgt etwa **13 mmHg**, die Druckamplitude ist niedrig.

2.1.2 Totaler peripherer Widerstand

Als **totaler peripherer Widerstand** (TPR) wird der **Gesamtwiderstand des Körperkreislaufs** bezeichnet. Er lässt sich anhand des **Ohm-Gesetzes** aus dem Herzzeitvolumen und der Differenz zwischen dem mittleren aortalen Druck sowie dem zentralen Venendruck berechnen:

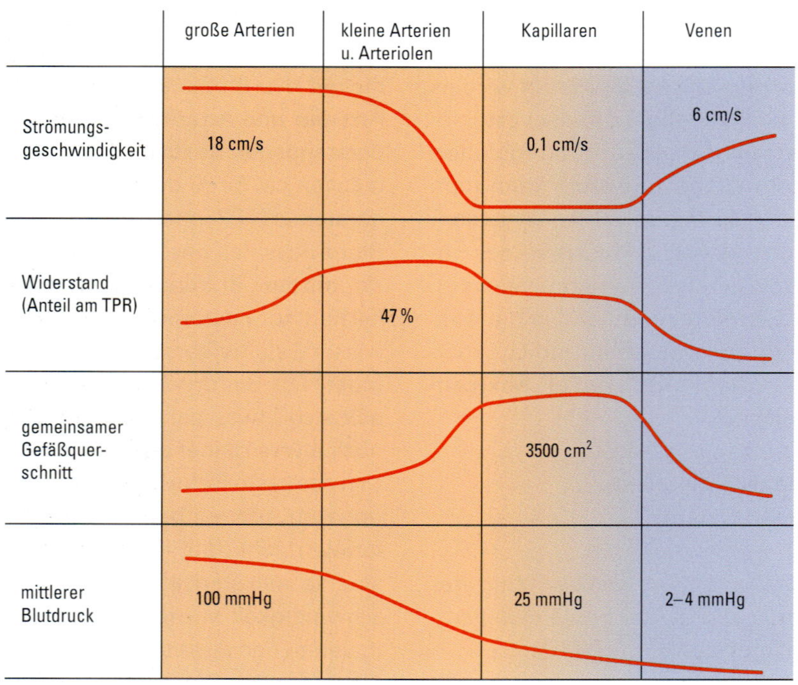

Abb. 30: Strömungsgeschwindigkeit, Widerstand, Gefäßquerschnitt und Blutdruck in den Abschnitten des Gefäßsystems

medi-learn.de/7-physio6-30

$$TPR = \frac{P_{art} - P_{ZVD}}{HZV}$$

$$= \frac{100\ mmHg - 3\ mmHg}{5\ l/min} \approx 20\ mmHg \cdot min/l$$

Übrigens ...
Bei körperlicher Belastung werden die Arbeitsmuskulatur und die Lungen wegen der Vasodilatation stärker durchblutet. Somit sinkt der TPR.

2.2 Physikalische Grundlagen

Zum Verständnis einiger, für den Kreislauf wichtiger Mechanismen musst du dich leider ein bisschen mit Physik beschäftigen. Besonders wichtig ist das Ohm-Gesetz, das die Beziehung zwischen Blutdruck, Stromstärke und Gefäßwiderstand definiert. „Compliance" und „Wandspannung" beschreiben die auf die Gefäßwand wirkenden Kräfte. Anhand der Viskosität sowie der „Reynolds-Zahl" kann man auf die Fließeigenschaften des Blutes schließen.

2.2.1 Ohm-Gesetz und Hagen-Poiseuille-Gesetz

Das Ohm-Gesetz ist die wichtigste der hier aufgeführten Formeln und sollte von dir sowohl fürs Schriftliche als auch fürs Mündliche unbedingt beherrscht werden. Es ist dir vielleicht schon aus der Elektronik bekannt (s. Skript Physik). Dort lautet es $U = R \cdot I$, also Spannung = Widerstand · Strom.
Analog dazu wird es in der Gefäßphysiologie benutzt: $\Delta P = R \cdot \dot{V}$
P steht für den Druck. Das Δ zeigt an, dass eine Druckdifferenz benötigt wird, um die Formel sinnvoll zu verwenden, wie z. B. die Differenz zwischen dem aortalen und zentralvenösen Druck. **R** steht für den Gefäßwiderstand und **$\dot{V}$** für den Blutfluss.
Bezieht man das Ohm-Gesetz auf das ganze Gefäßsystem, so ergibt sich die Gleichung, die wir schon zur Berechnung des totalen peripheren Widerstands benutzt haben. Man kann den Widerstand eines Gefäßes anhand des **Gesetzes von Hagen-Poiseuille** berechnen:

$$\dot{V} = \frac{\pi \cdot r^4 \cdot \Delta p}{8 \cdot \eta \cdot l}$$

Es ist vor allem für das Verständnis der Pathophysiologie wichtig zu wissen, dass sich der **Gefäßwiderstand umgekehrt proportional zur 4. Potenz des Gefäßradius verhält**. Das bedeutet: Vergleichsweise kleine Einengungen eines Gefäßes (z. B. durch arteriosklerotische Plaques) erhöhen den Gefäßwiderstand bereits sehr stark.

$$R = \frac{8 \cdot l \cdot \eta}{\pi \cdot r^4}$$

R = Widerstand, l = Länge des Gefäßes,
η = Viskosität, r = Innenradius

2.2.2 Compliance

Die Compliance ist ein Maß für die Dehnbarkeit eines physikalischen Systems. Neben der Gefäßphysiologie ist sie auch wichtig für die Physiologie der Lunge (s. Skript Physiologie 4). Je leichter ein Gefäß dehnbar ist, desto weniger erhöht sich der Druck im Gefäß, wenn es ein bestimmtes Volumen aufnehmen muss. Die Formel für die Compliance lautet deshalb:

$$C = \frac{\Delta V}{\Delta P}$$

ΔV bezeichnet die Volumenzunahme innerhalb des Gefäßes und ΔP steht für die Druckzunahme.

Die Compliance des venösen Systems ist viel größer als die des arteriellen Systems. Wird dem Körper per Infusion Volumen zugeführt, nimmt das venöse System deshalb den größten Teil davon auf und nur ein kleiner Teil gelangt in die arterielle Strombahn.

Merke!

Der Kehrwert der Compliance wird als Volumen-Elastizitäts-Koeffizient bezeichnet.

2

2.2.3 Wandspannung

Der **transmurale Druck** ist der Druck über der Gefäßwand. Er ergibt sich aus dem Druckgefälle zwischen dem Gefäßinneren und dem umliegenden Gewebe:

$P_{Trans} = P_{innen} - P_{außen}$

Durch den transmuralen Druck wird eine Spannung in der Gefäßwand erzeugt, die zusätzlich von der Dicke der Gefäßwand sowie dem Gefäßradius abhängt. Diese Beziehungen der Wandspannung werden im **Laplace-Gesetz** zusammengefasst:

$$T = \frac{P_{Trans} \cdot r_i}{2\ h}$$

T = Wandspannung
P_{Trans} = transmuraler Druck
r_i = Innenradius des Gefäßes
h = Gefäßwanddicke

Aus dieser Formel lässt sich auch ableiten, dass eine **Volumenreduktion** zur **Reduktion** der **Wandspannung** führt: Durch Reduktion des Volumens verringern sich der transmurale Druck und/oder der Innenradius des Gefäßes.

Übrigens ...
Die Wandspannung ist im Bereich der Kapillaren am niedrigsten, da der Innendurchmesser sehr viel stärker als die Gefäßwanddicke abnimmt. Auch der transmurale Druck ist hier – aufgrund des niedrigen Blutdrucks – nur gering.

2.2.4 Viskosität: Fließeigenschaften des Blutes

Unter physiologischen Bedingungen gilt das Ohm-Gesetz nur näherungsweise für die Blutströmung im Körper. Dies liegt an der heterogenen Zusammensetzung der Flüssigkeit Blut. Vor allem die Blutzellen sorgen dafür, dass sich die Fließeigenschaften des Blutes abhängig von der Flussgeschwindigkeit ändern. Eine wichtige Größe, die dieses Verhalten beschreibt, ist die **Viskosität**, ein Maß für die Zähigkeit einer Flüssigkeit. Um das Ganze etwas anschaulicher zu machen, kann man die Fließeigenschaften von Honig und Wasser vergleichen: Der Honig hat eine deutlich höhere Viskosität. Ließe man den Honig durch ein Röhrensystem fließen, müsste man wesentlich mehr Druck aufwenden als wenn man Wasser befördern wollte. Der Honig hat also einen höheren Strömungswiderstand als das Wasser.

Merke!

Eine höhere Viskosität erhöht den Strömungswiderstand.

Die Viskosität des Blutes hängt vor allem vom Anteil roter Blutkörperchen ab: Viele rote Blutkörperchen erhöhen die Viskosität, wenige erniedrigen sie. Für die relative Viskosität des Blutes spielt in kleinen Gefäßen auch der Gefäßdurchmesser (s. Skript Physik) und der Fåhraeus-Lindqvist-Effekt eine wichtige Rolle. Als Fåhraeus-Lindqvist-Effekt wird die Abnahme der scheinbaren Viskosität des Blutes bei abnehmendem Durchmesser eines Gefäßes bezeichnet. In Kapillaren (ca. 8 μm Durchmesser) ist die scheinbare Viskosität am geringsten, da sich die Erythrozyten in der Mitte des Blutstroms bewegen (Axialmigration) und somit wenig Kontakt mit der Gefäßwand haben.

Für die Physikumsprüfung solltest du dir merken, dass ein Erythropoetinmangel die Viskosität des Blutes vermindert, weil Erythropoetin die Erythrozytenproduktion stimuliert.

2.2.5 Turbulente oder laminare Strömung?

Zum Abschluss der physikalischen Grundlagen solltest du dich noch kurz damit beschäftigen, wie die Blutströmung im Inneren der Gefäße aussieht. Das Blut bewegt sich nämlich im Gefäß mit unterschiedlicher Geschwindigkeit: Die äußeren Schichten werden durch Reibung mit der Gefäßwand gebremst, sodass in der Gefäßmitte die Flussgeschwindigkeit am höchsten ist.

Diese Art der Blutströmung nennt man **laminare Strömung** (s. Abb. 31, S. 35 und Skript Physik). Sie kommt physiologisch fast überall im Gefäßsystem vor. Ausnahmen bilden lediglich die Aorta sowie die A. pulmonalis.

In diesen großen Gefäßen kommt es zur Verwirbelung der Blutströmung, sodass hier eine **turbulente Strömung** entsteht. Sie wird begünstigt durch **große Gefäße, schnelle Strömungsgeschwindigkeit, Verzweigungen** und **niedrige Viskosität**.

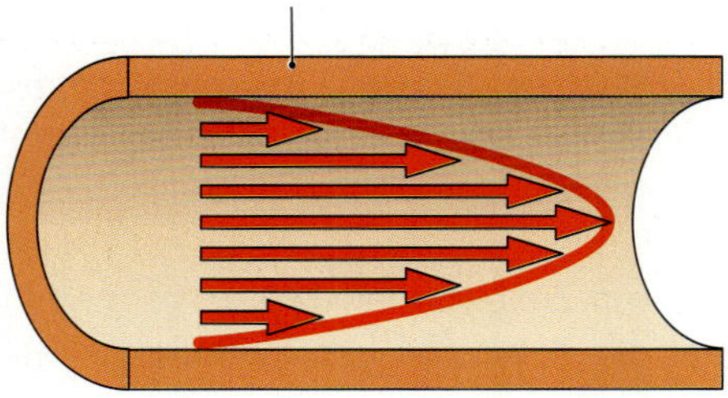

Abb. 31: Laminare Blutströmung

medi-learn.de/7-physio6-31

Reynold-Zahl

Mit der Reynold-Zahl kann man abschätzen, ob in einem Gefäß eine turbulente oder laminare Strömung herrscht. Sie wird anhand einer Formel berechnet, in die Gefäßradius und Strömungsgeschwindigkeit sowie Viskosität eingehen, die du aber nicht kennen musst. Hat die Reynold-Zahl einen Wert, der größer als 2000 ist, so ist die Strömung turbulent.

2.2.6 Kontinuitätsgesetz und Kirchhoff-Gesetze

Die Volumenstromstärke (Blutvolumen pro Zeit) ist in allen Kreislaufabschnitten gleich hoch (Kontinuitätsgesetz), da sich ansonsten das Blut irgendwo anstauen würde.

Merke!

Verwechsele dies bitte nicht mit der Strömungsgeschwindigkeit: Diese ist in der Aorta am höchsten und in den Kapillaren am niedrigsten. Dafür ist die Gesamtquerschnittsfläche der Kapillaren aber auch viel größer als die der Aorta.
Strömungsgeschwindigkeit · Gesamtquerschnittsfläche = konstant (Kontinuitätsgesetz)

Daneben solltest du dir zum Physikum noch mal die Kirchhoff-Gesetze aus der Physik anschauen. Diese sagen u. a., dass sich in parallel verschalteten Organen die Kehrwerte der Einzelwiderstände addieren. Dazu stellst du dir am besten mehrere Rohre vor, die nebeneinander liegen und gleichzeitig durchströmt werden. Werden zwei identische Rohre durchströmt, ist der Gesamtströmungswiderstand nur halb so groß, als er es bei nur einer Röhre wäre.

2.3 Arterielles System

Die wichtigsten, einfach zu messenden Parameter der Herzfunktion werden im arteriellen System bestimmt: Puls und Blutdruck.

Der von außen z. B. am Handgelenk tastbare Puls ist der fast herzschlagsynchrone Druckpuls. Davon zu unterscheiden ist der Strompuls, der die Strömungsgeschwindigkeit des Blutes im Zeitverlauf wiedergibt.

2.3.1 Druckpuls und Strompuls

Die Höhe des Druckpulses nimmt zur Peripherie hin zu. Dies ist auf die Reflexion der Druckpulswelle an den Gefäßwänden zurückzuführen. Dabei treffen sich die eigentliche Pulswelle und die reflektierten Wellen, wodurch sich deren Druckamplituden addieren. Dieses Phänomen bezeichnet man auch als Überhöhung der Blutdruckwelle.

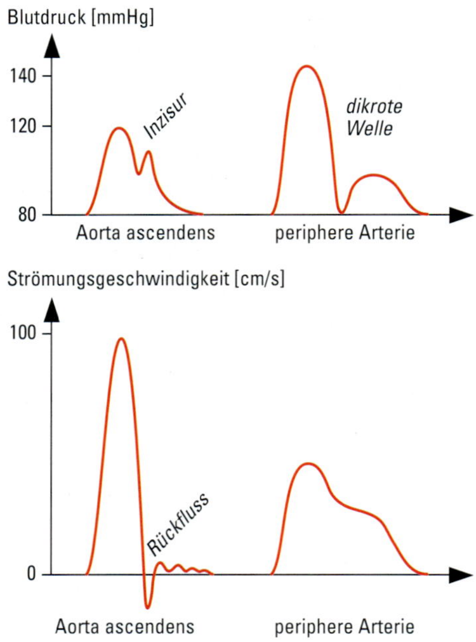

Abb. 32: Druck- und Strompuls in Aorta und peripherer Arterie *medi-learn.de/7-physio6-32*

Ähnlich erklärt sich auch das Auftreten einer zweiten Druckpulswelle, der **dikroten Welle**, in den peripheren Arterien. Hier werden reguläre Druckpulswellen von den Gefäßwänden reflektiert und zurück zum Herzen geleitet. Dort werden sie noch einmal – diesmal von der Aortenklappe – reflektiert und kommen daher nach der eigentlichen Druckpulswelle und wesentlich schwächer in der Peripherie an.
Im Druckpuls der Aorta fällt kurz hinter dem Pulsmaximum die **Inzisur** des Druckpulses auf (s. Abb. 32, S. 36, oberer Teil). Diese Inzisur entsteht durch den **Schluss der Aortenklappe** am Ende der Systole, der kurzfristig den intraaortalen Druck verringert.
Der Strompuls, der die Strömungsgeschwindigkeit des Blutes repräsentiert, **nimmt zur Peripherie hin ab.** Die Strompulskurve zeigt einen kurzen negativen Fluss, der durch den geringen Blutrückstrom aus der Aorta in das Herz direkt vor dem Schluss der Aortenklappe zustande kommt (s. Abb. 32, S. 36, unterer Teil).

Pulswellengeschwindigkeit

Die Pulswellengeschwindigkeit ist die Geschwindigkeit der Druckpulskurve. Sie misst, wie schnell sich das Druckpulsmaximum über die Gefäße ausbreitet und ist wesentlich höher als die Strömungsgeschwindigkeit des Blutes. Um dieses Phänomen etwas anschaulicher zu machen, kannst du dir folgendes vorstellen: Die Druckpulskurve nutzt das Blut und die Gefäßwand als Medium, um sich auszubreiten, so wie der Schall die Luft. So wie die Schallgeschwindigkeit nichts mit der Strömungsgeschwindigkeit der Luft (dem Wind) zu tun hat, sondern wesentlich höher ist, so hat auch die Pulswellengeschwindigkeit nichts mit der Strömungsgeschwindigkeit des Blutes zu tun, sondern ist wesentlich höher. In der Aorta und den herznahen großen Gefäßen beträgt die Pulswellengeschwindigkeit (PWG) ca. **5 m/s**. Entsprechend dieser Ausbreitungsgeschwindigkeit wird der Puls in der A. carotis und der A. radialis verzögert registriert.
Form und Zustand der Gefäße können allerdings die Pulswellengeschwindigkeit beeinflussen: So steigt die Pulswellengeschwindigkeit bei
- abnehmendem Gefäßradius (in der Peripherie und bei Arteriosklerose),
- wenig elastischen Gefäßen (z. B. bei Atherosklerose) und
- zunehmendem Blutdruck.

Merke!

- Die Pulswellengeschwindigkeit ist die Geschwindigkeit, mit der sich der Druckpuls in den Gefäßen fortbewegt.
- Sie ist größer als die Strömungsgeschwindigkeit des Blutes.
- Sie nimmt in den peripheren Arterien zu, genauso wie die Höhe des Druckpulses.

2.3.2 Windkesselfunktion der Aorta

Die herznahen Gefäße und v. a. die Aorta erfüllen eine **Windkesselfunktion**: Während der Auswurfphase des Herzens werden die elastischen großen Arterien gedehnt, sodass sie erst einmal schnell viel Volumen aufnehmen. In der Diastole ziehen sich die Gefäße wieder zusammen, sodass das Blut relativ kontinuierlich in die restliche Strombahn abgegeben wird. Dies ist nur aufgrund der hohen Elastizität dieser Arterien möglich, die durch die vielen elastischen Fasern in der Gefäßwand zustande kommt.

2.3.3 Blutdruckregulation

Die Regulation des Blutdrucks ist eines der am häufigsten geprüften Themen im schriftlichen Teil des Examens.

Das insgesamt sehr komplexe System lässt sich am besten unterteilen in die
- hormonale Blutdruckregulation,
- neuronale Blutdruckregulation,
- lokale Blutdruckregulation.

Generell kann eine Änderung des Blutdrucks über drei verschiedene Angriffspunkte erreicht werden:
1. Eine Erhöhung des Schlagvolumens des Herzens (z. B. durch die positiv inotrope Wirkung des Sympathikus) erhöht den systolischen Blutdruckwert und damit auch die Blutdruckamplitude.
2. Eine Erhöhung des Plasmavolumens kann das Herzzeitvolumen und damit den Blutdruck erhöhen.
3. Eine arterielle Vasokonstriktion (durch den Sympathikus) erhöht den totalen peripheren Widerstand (TPR) und damit v. a. den diastolischen Blutdruckwert.

Hormonale Blutdruckregulation

An der hormonalen Blutdruckregulation sind Hormone aus der Niere, der Nebennierenrinde, dem Nebennierenmark, der Neurohypophyse sowie dem Herzvorhof beteiligt.

In der **Niere** wird bei Blutdruckabfall vermehrt Renin freigesetzt. Renin spaltet Angiotensinogen zu Angiotensin I. Angiotensin I wird durch das Angiotensin-Converting-Enzym (ACE) zu Angiotensin II umgesetzt, das vasokonstriktorisch wirkt. Außerdem bewirkt Angiotensin II die Freisetzung von Aldosteron in der Nebennierenrinde, das die Natrium- und Wasserresorption in der Niere stimuliert und so über eine Erhöhung des intravaskulären Volumens den Blutdruck erhöht.

Im **Nebennierenmark** wird das Katecholamin Adrenalin produziert, das über β_1-Rezeptoren die Herzkraft steigert und über α_1-Rezeptoren vasokonstriktorisch wirkt, also den totalen peripheren Widerstand erhöht.

Übrigens ...
Zu extremem Bluthochdruck kommt es bei einem Katecholamin-produzierenden Tumor des Nebennierenmarks – dem **Phäochromozytom** – durch eine Überstimulation der α_1-Rezeptoren. Symptomatisch kann man das Phäochromozytom deshalb mit α_1-Blockern therapieren.

In der **Neurohypophyse** wird das **antidiuretische Hormon (ADH)** freigesetzt. ADH – das auch als Vasopressin bezeichnet wird – erhöht die Wasserrückresorption in der Niere und damit auch das Plasmavolumen. Außerdem bewirkt es eine Kontraktion der glatten Gefäßmuskulatur. Dies sind Effekte, die den Blutdruck steigern.

In den **Herzvorhöfen** wird das Hormon **atrialer natriuretischer Faktor (ANF)** – auch **ANP** oder **Atriopeptin** genannt – produziert. ANF wird bei starker Dehnung des Vorhofs (d. h. der zentralvenöse Druck ZVD ist erhöht) freigesetzt, was auf eine Erhöhung des Plasmavolumens schließen lässt. Es fördert die Ausscheidung von Wasser und Natrium über die Nieren und reduziert so das Plasmavolumen, wirkt also blutdrucksenkend. Zusätzlich wird auch von der Hypophyse weniger ADH freigesetzt, was dann ebenfalls das Plasmavolumen sinken lässt.

Neuronale Blutdruckregulation

Die neuronale Blutdruckregulation wird über das Kreislaufzentrum in der Medulla oblongata gesteuert. Dort wird der Blutdruck hauptsächlich über den Sympathikotonus eingestellt: Ein hoher Sympathikotonus steigert die Herzkraft und -frequenz und bewirkt eine periphere Vasokonstriktion, sodass der Blutdruck deutlich ansteigt. Soll der Blutdruck gesenkt werden, wird der Sympathikus gehemmt. Dies ist die einzige Möglichkeit, über das vegetative Nervensystem eine Vasodilatation zu erreichen, da die Gefäßmuskulatur nicht parasympathisch innerviert ist.

Gleichzeitig wird auch der N. vagus aktiviert, was die Herzfrequenz senkt.

Das Kreislaufzentrum der Medulla oblongata erhält Informationen über den Blutdruck aus den Arterien. In den Gefäßwänden der A. carotis sowie der Aorta liegen die **Pressorezeptoren**, die Druckänderungen im Gefäßinneren messen und diese Information an das Kreislaufzentrum weitergeben. Eine Aktivierung der Pressorezeptoren (und damit eine Steigerung deren Impulsfrequenz) durch Blutdrucksteigerung führt im Kreislaufzentrum zur Hemmung des Sympathikus und gleichzeitig zur Stimulation des Parasympathikus. Umgekehrt wird bei Blutdruckabfall über eine Hemmung der Pressorezeptoren (und damit eine Senkung deren Impulsfrequenz) der Sympathikus aktiviert und der Parasympathikus gehemmt.

Ähnliche Rezeptoren, nämlich die Typ-B-Dehnungsrezeptoren, befinden sich im rechten Herzvorhof. Sie werden bei vermehrtem Volumen des Herzens aktiviert, also bei gesteigertem Plasmavolumen. Eine Aktivierung der Dehnungsrezeptoren hemmt die Sympathikusaktivität, eine Hemmung der Dehnungsrezeptoren erhöht die Sympathikusaktivität.

Welche Bedeutung die Pressorezeptoren für die Blutdruckregulation haben, zeigt sich, wenn man diese experimentell ausschaltet. Unter physiologischen Bedingungen wirken die Pressorezeptoren v. a. kurzfristigen Blutdruckschwankungen entgegen. Fallen sie aus, werden die Blutdruckschwankungen im Körper größer. Das zeigt die folgende Grafik:

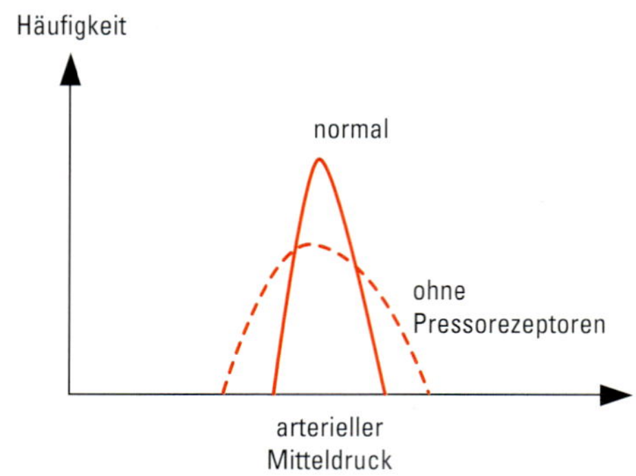

Abb. 33: Blutdruck *medi-learn.de/7-physio6-33*

Die durchgezogene Linie zeigt die Blutdruckverhältnisse bei intakten Pressorezeptoren, die gestrichelte bei Ausfall der Pressorezeptoren. Dabei sind die Blutdruckwerte deutlich weiter gestreut.

Übrigens ...

Die Pressorezeptoren (Barorezeptoren) melden vor allem die Änderung des Blutdrucks und weniger seine absolute Höhe an das Kreislaufzentrum. Dies bezeichnet man als Proportional-Differenzial-Eigenschaft von Rezeptoren.

Lokale Blutdruckregulation

Die lokale Blutdruckregulation dient der Aufrechterhaltung eines konstanten Blutflusses, auch bei stark schwankenden systemischen Blutdrücken. Besonders wichtig ist eine konstante Durchblutung für Gehirn und Nieren, weshalb der folgende Regulationsmechanis-

mus dort besonders ausgeprägt zu finden ist: Wird durch einen erhöhten systemischen Blutdruck die Muskelschicht der Arteriolen gedehnt, reagiert diese mit einer erhöhten Öffnungswahrscheinlichkeit der L-Typ-Calcium-Kanäle in den Muskelzellen. In der Folge kommt es zu einer Kontraktion, wodurch der Blutfluss wieder gedrosselt wird. Diese Art der lokalen mechanischen Blutdruckregulation wird **Bayliss-Effekt** genannt. Der Bayliss-Effekt kommt nicht in allen Organen vor, in Haut und Lunge hat er z. B. keine Bedeutung.
Neben dieser mechanischen lokalen Reaktion beeinflussen auch lokale Botenstoffe den Gefäßmuskeltonus. Diese Stoffe und ihre Wirkung solltest du dir unbedingt gut einprägen, da sich damit bei wenig Aufwand sichere Punkte machen lassen.
Der **wichtigste** körpereigene **Vasodilatator** ist das freie Radikal **Stickstoffmonoxid** (NO). NO wird in den Endothelzellen enzymatisch durch die endotheliale NO-Synthase aus Arginin abgespalten und ist trotz seiner extrem kurzen Halbwertszeit (im Bereich von Sekunden) ein wichtiger Vasodilatator. NO bewirkt dabei über eine Aktivierung der zytosolischen Guanylatcyclase eine Zunahme des Second messengers cGMP in den glatten Gefäßmuskelzellen. **Adenosin** wirkt besonders an den Koronararterien dilatierend. Auch **Prostaglandine und Prostacycline** werden vom Endothel gebildet und wirken **vasodilatatorisch**. Das **Endothelin-1** wird ebenfalls von Endothelzellen gebildet, wirkt allerdings **vasokonstriktorisch**. Ein weiterer **Vasokonstriktor** ist das **Thromboxan A_2**, das du vielleicht schon von der Blutgerinnung kennst. Thromboxan wird von aktivierten Thrombozyten ausgeschüttet und sorgt durch die Vasokonstriktion für eine Stase, was den Ablauf der Blutgerinnung begünstigt.

In der folgenden Tabelle sind die wichtigsten metabolischen Einflussfaktoren auf die lokale Blutdruckregulation noch einmal zusammengefasst:

vasodilatierend	vasokonstriktorisch
NO, K^+-Ionen, H^+-Ionen, $pCO_2\uparrow$, $pO_2\downarrow$, Prostaglandine, Prostacycline, Adenosin, Histamin, Bradykinin	Endothelin, Thromboxan A_2, $pCO_2\downarrow$, Angiotensin II

Tab. 5: Metabolische Einflüsse auf die lokale Blutdruckregulation

Blutdruckmessung nach Riva-Rocci

Bei der Blutdruckmessung nach Riva-Rocci, die als gängige, nichtinvasive Messmethode in allen Krankenhäusern und Praxen angewendet wird, wird eine Manschette um den Oberarm des Patienten gelegt und diese mit Luft auf einen hohen Druck aufgepumpt. Gleichzeitig legt der Untersucher sein Stethoskop auf die Armarterie. Dann wird der Druck langsam aus der Manschette abgelassen. Sobald der systolische Druck in der Manschette unterschritten wird, kommt es pulssynchron zum turbulenzartigen Blutfluss, was das **Korotkow-Geräusch** verursacht. Sobald der Manschettendruck so niedrig ist, dass Blut in Systole und Diastole turbulenzfrei fließen kann, verschwinden die Korotkow-Geräusche. Die Manschettendrücke, zwischen denen die Geräusche zu hören sind, sind der systolische und der diastolische Blutdruck.
Da diese Messmethode von der Lage des Armes abhängt, ist es wichtig, dass sich die Manschette ungefähr auf Herzhöhe befindet. Wird der Arm vom Patienten angehoben, misst man einen „falsch niedrigen" Blutdruck.

Klinischer Exkurs: arterieller Hypertonus

Bluthochdruck (arterieller Hypertonus) ist eine weit verbreitete Krankheit, die immer noch oft unerkannt bleibt oder in ihren Auswirkungen unterschätzt wird. Von Hypertonie spricht man bereits ab Drücken von 140/90. Da Bluthochdruck einer der wichtigsten Risikofaktoren für schwerwiegende Herzkreislauferkrankungen ist, muss er unbedingt sorgfältig therapiert

werden. Allerdings lässt sich nur selten eine Ursache für den Bluthochdruck finden.
Eine mögliche, aber seltene Ursache für Bluthochdruck ist die Nierenarterienstenose, die zu einer Mangeldurchblutung der Niere führt. Dadurch wird von der Niere vermehrt Renin ins Plasma gegeben, was letztlich zur gesteigerten Aldosteronausschüttung und damit auch zur vermehrten Wasserrückresorption in der Niere führt. Diese Form des Bluthochdrucks nennt man **renovaskulären Bluthochdruck**.
Als medikamentöse Therapie bieten sich an:
- Diuretika, um das Volumen und damit die Herzfüllung zu reduzieren,
- β_1-Adrenorezeptoren-Blocker, um die Herzkraft zu senken,
- Calcium-Kanal-Hemmer, um die Vasokonstriktion zu vermindern sowie
- ACE-Hemmer, um Vasokonstriktion und Aldosteronfreisetzung durch Angiotensin-II zu reduzieren.

2.3.4 Hydrostatischer Indifferenzpunkt

Der Druck – sowohl im arteriellen als auch im venösen System – hängt nicht nur von körpereigenen Faktoren wie Blutvolumen, Herzzeitvolumen und totalem peripheren Widerstand ab, sondern auch von einem äußeren Faktor: der Körperlage.
Beim stehenden Menschen werden die unteren Abschnitte des Gefäßsystems zusätzlich durch den **hydrostatischen Druck** (den Wasserdruck) der Blutsäule des Körpers belastet, während die oberen Anteile des Gefäßsystems entsprechend entlastet werden. Der Blutdruck ist daher im Stehen in den Füßen deutlich höher als im Bereich des Thorax.

Merke!

Der Druck in den Venen des Kopfes ist sogar negativ (subatmosphärisch).

1 cm Höhenunterschied bewirkt folgenden Druckunterschied: 1 cm H_2O = ca. 100 Pa = ca. 0,7 mmHg. D. h., dass beim stehenden Menschen der Druck in den Unterschenkeln um ca. 70 mmHg höher ist als im Bauchbereich (100 cm Differenz = ca. 70 mmHg).
Im Liegen ist der hydrostatische Druck vernachlässigbar gering, sodass man eigentlich von gleichmäßig verteilten Drücken im Gefäßsystem ausgehen kann.

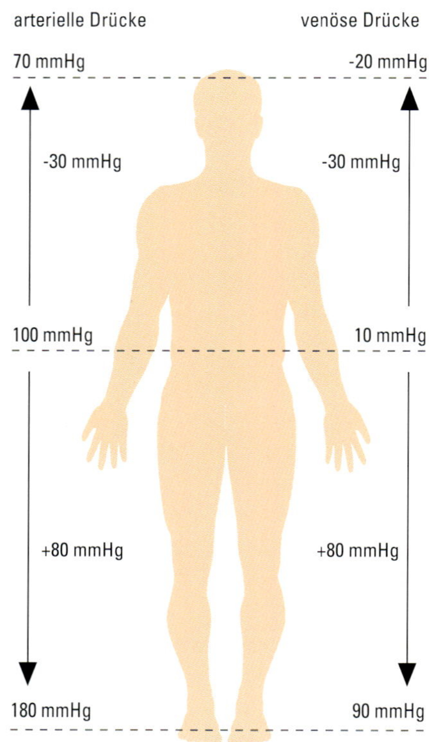

Abb. 34: Arterielle und venöse Drücke beim stehenden Menschen

medi-learn.de/7-physio6-34

Hydrostatische Indifferenzebene

Als hydrostatische Indifferenzebene wird die Ebene definiert, in der der Druck im Stehen der gleiche ist wie im Liegen. Die hydrostatische Indifferenzebene liegt meist etwas unterhalb des Zwerchfells.
Unterhalb der hydrostatischen Indifferenzebene steigt der Druck beim Aufstehen an, oberhalb sinkt er ab.

Merke!

Der venöse Druck ist an der hydrostatischen Indifferenzebene NICHT gleich Null.

2.3.5 Orthostase

Nach den Kreislaufverhältnissen und Regulationsmechanismen bei Orthostase wird häufig im Physikum gefragt. Beim schnellen Übergang vom Liegen zum Stehen versacken durch die geänderten Druckverhältnisse ca. 500 ml Blut in den Beinvenen. Dadurch verringert sich der venöse Rückstrom zum Herzen und als Folge auch das Schlagvolumen des Herzens. Es kommt zu einem raschen Blutdruckabfall. Die arteriellen Pressorezeptoren reagieren darauf besonders stark, da sie über der hydrostatischen Indifferenzebene liegen und dort der Blutdruck durch zwei verschiedene Mechanismen abfällt: direkt durch die Lageänderung und indirekt durch die Verringerung des Herzzeitvolumens. Über den Pressorezeptorreflex wird der Sympathikus aktiviert, was die Herzfrequenz steigert und zur Vasokonstriktion führt. Dabei wird auch die Nierendurchblutung etwas reduziert. Da sich auch in den Beinvenen α_1-Rezeptoren befinden, reagieren auch sie auf die Erhöhung des Sympathikotonus mit Vasokonstriktion, was den venösen Rückstrom zum Herzen wieder erhöht. So kann der Abfall des Blutdrucks gut kompensiert werden.
Allerdings funktioniert bei manchen Menschen die orthostatische Reaktion nicht so ideal, wie hier geschildert; sie leiden unter einer **orthostatischen Dysregulation**. Bei diesen Personen kann es durch schnelles Aufstehen zur Unterversorgung des Gehirns und damit im Extremfall zu kurzzeitiger Bewusstlosigkeit (Synkope) kommen. Erleiden die Betroffenen dadurch einen orthostatischen Kollaps (sie fallen um), so behebt dieses Ereignis auch gleich die Ursache des Problems, da sich im Liegen die Kreislaufverhältnisse sofort wieder normalisieren.

Übrigens …
Durch die stark unphysiologische Situation beim orthostatischen Kollaps versackt ein viel größeres Blutvolumen in den Beinen, sodass dabei Druck und Volumen auch am eigentlichen orthostatischen Indifferenzpunkt absinken können.

2

Merke!

Beim Übergang vom Liegen zum Stehen nimmt das Schlagvolumen ab (ca. 40 %), und als Reaktion darauf steigt die Herzfrequenz an (ca. 30 %), auch der totale periphere Widerstand steigt.

2.3.6 Pathophysiologie: Schock

Als Schock bezeichnet man einen lebensbedrohlichen Zustand, bei dem die Blutzirkulation in den Kapillaren stark vermindert ist und damit die Versorgung wichtiger Organe reduziert wird.
Ursache eines Schocks kann ein Volumenmangel (z. B. durch hohe Blutverluste = hämorrhagischer Schock) sein. Dadurch kommt es zu einer starken Stimulation des Sympathikus (Pressorezeptorreflex) mit Steigerung der Herzfrequenz und peripherer Vasokonstriktion. Da die Gefäße der lebenswichtigen Organe, wie z. B. des Gehirns und des Herzens, kaum mit α_1- Adrenozeptoren ausgestattet sind, wird das Blut aus der Peripherie (v. a. aus Haut, Leber und Magen-Darmtrakt) in die lebenswichtigen Organe verlagert. Diesen Vorgang nennt man **Zentralisation**. Gleichzeitig werden alle Mechanismen stimuliert, die das Plasmavolumen erhöhen: das Renin-Angiotensin-Aldosteron-System und die Freisetzung des antidiuretischen Hormons. Die Ausschüttung des atrialen natriuretischen Faktors dagegen verringert sich. Auch Herzversagen (kardiogener Schock) und allergische Reaktionen (anaphylaktischer Schock) können die Schocksymptomatik hervorrufen.

DAS BRINGT PUNKTE

Zur funktionellen Einteilung des **Gefäßsystems** solltest du dir die folgenden Eckpunkte gut einprägen:

- Die größte Strömungsgeschwindigkeit hat das Blut in der Aorta.
- Der größte Widerstand des Gefäßsystems herrscht in den terminalen Arterien und Arteriolen.
- In den Venen befindet sich der größte Teil des Blutvolumens.

Auch aus dem Bereich der **Physik** gibt es einige Dinge, die du dir unbedingt merken solltest. Besonders wichtig ist hier

- das Ohm-Gesetz: $\Delta P = R \cdot V$ (also Druck = Widerstand mal Stromstärke), dessen Formel du auch anwenden können solltest,
- der Einfluss der Viskosität auf den Strömungswiderstand (bei höherer Blutviskosität steigt auch der Strömungswiderstand).
- dass die Pulswellengeschwindigkeit
  - die Geschwindigkeit ist, mit der sich der Druckpuls in den Gefäßen fortbewegt.
  - größer als die Strömungsgeschwindigkeit des Blutes ist.
  - in den peripheren Arterien zunimmt, genauso wie die Höhe des Druckpulses.

Zu guter Letzt sind auch einige Mechanismen der **Blutdruckregulation** besonders wichtig:

- Die arteriellen Pressorezeptoren melden Änderungen des Blutdrucks an das Kreislaufzentrum. Bei Blutdruckabfall (z. B. bei Orthostase) wird der Sympathikus stimuliert, bei Blutdruckanstieg sinkt der Sympathikotonus.
- Vasodilatatoren sind NO (Stickstoffmonoxid), Prostaglandine und Prostacycline.
- Vasokonstriktoren sind Endothelin sowie Thromboxan A_2.

FÜRS MÜNDLICHE

Hier kommen die Fragen zum Thema Kreislauf und Gefäßsystem. Zur Rekapitulation z. B. auch in deiner Lerngruppe eignen sich folgende Fragen unserer mündlichen Prüfungsprotokoll-Datenbank:

1. **Erläutern Sie bitte die Durchführung der nichtinvasiven Blutdruckmessung (Riva-Rocci).**
2. **Was verstehen Sie unter der Windkesselfunktion der Aorta?**
3. **Sagen Sie, wie der Körper einen hämorrhagischen Schock kompensiert.**
4. **Erläutern Sie, wie die orthostatische Regulation abläuft.**

---

1. Erläutern Sie bitte die Durchführung der nichtinvasiven Blutdruckmessung (Riva-Rocci).

Aufpumpen der Staumanschette über den systolischen Blutdruckwert, dann langsame Entleerung der Staumanschette. Bei Auskultation der A. brachialis sind zwischen dem systolischen und diastolischen Blutdruckwert die Korotkow-Geräusche zu hören.

2. Was verstehen Sie unter der Windkesselfunktion der Aorta?
Die Gefäßwände der Aorta und großen Arterien sind sehr elastisch. Während der Auswurfphase des Herzens dehnen sie sich stark und nehmen so einen Teil des Blutvolumens auf. In der Diastole wird dieses Blutvolumen wieder abgegeben.

3. Sagen Sie, wie der Körper einen hämorrhagischen Schock kompensiert.
Über den Pressorezeptorreflex, einen erhöhten Sympathikotonus, Zentralisation, das Renin-Angiotensin-Aldosteron-System und das antidiuretische Hormon.

4. Erläutern Sie, wie die orthostatische Regulation abläuft.
Beim Aufstehen „versacken" ca. 0,5 l Blut in den venösen Kapazitätsgefäßen der Beine → Abfall des Schlagvolumens und des systolischen Blutdrucks → verringerte Aktivität der Presso- und Dehnungsrezeptoren → kompensatorische Aktivierung des Sympathikus → Anstieg der Herzfrequenz und des Herzzeitvolumens sowie des totalen peripheren Widerstandes durch Vasokonstriktion.

Mehr Cartoons unter www.medi-learn.de/cartoons

Pause

Päuschen, bevor auch dir der Kreislauf versagt ...

2.4 Venöses System

Das venöse System ist klinisch von etwas geringerer Bedeutung als das arterielle System. Typische Erkrankungen sind Thrombosen und Entzündungen. Von besonderer Bedeutung ist aber das Monitoring des venösen Systems bei Operationen und in der Intensivmedizin. Als wichtigster Parameter gibt der zentrale Venendruck Aufschluss über den Hydratationszustand des Körpers und die Herzfunktion. Neben dem zentralen Venendruck wird im Physikum auch häufig nach der charakteristischen Venenpulskurve gefragt.

2.4.1 Zentraler Venendruck

Der zentrale Venendruck (ZVD) ist als der **Druck im rechten Herzvorhof** definiert. Da die Füllung des rechten Vorhofs eng mit dem intravasalen Volumen korreliert ist, ist der zentrale Venendruck ein Maß für das intravasale Volumen. Aufgrund der hohen Compliance des venösen Systems kommt es bei Volumengabe aber nur zu einem geringfügigen Anstieg des Venendrucks.

Übrigens ...
Bei Operationen, bei denen die Gefahr großer Blutverluste besteht, wird oft über einen zentralen Venenkatheter der zentrale Venendruck gemessen.

Außer vom Blutvolumen und der Körperlage (im Stehen niedriger als im Liegen) hängt der ZVD auch von der Funktion des Herzens und der Lunge ab. Bei der Inspiration wird z. B. ein Sog auf die großen Venen im Thorax ausgeübt, wodurch der ZVD absinkt und sogar negative Werte annehmen kann. Bei Herzinsuffizienz dagegen kann das Herz nicht genug Blut pumpen und es kommt zu einem Stau in den Hohlvenen und im rechten Vorhof, wodurch der ZVD steigt. Des Weiteren schwankt der ZVD zyklisch mit der Herzaktion. Diese Schwankungen spiegeln sich in der **Venenpulskurve** wider.

2.4.2 Venenpulskurve

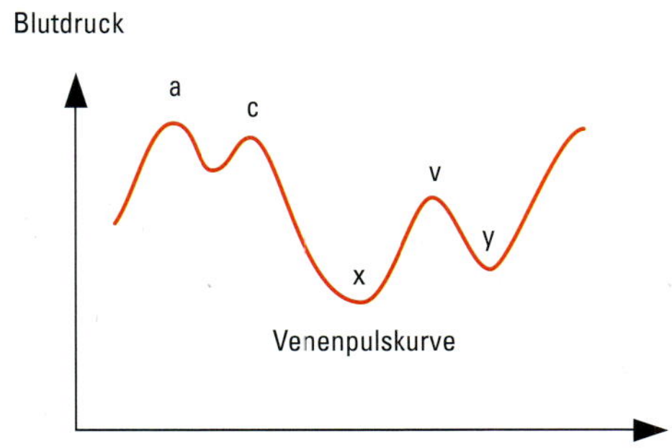

Abb. 35: Venenpulskurve *medi-learn.de/7-physio6-35*

Die Venenpulskurve ist gekennzeichnet durch drei positive Wellen (a, c und v) sowie zwei negative Senken (x und y).
Die positiven Wellen zeigen eine Drucksteigerung im rechten Vorhof an, die negativen einen Druckabfall.

- Die **a-Welle** (atrial) entsteht durch die **Vorhofkontraktion**.
- Es folgt der Schluss der Trikuspidalklappe und die Anspannung des rechten Ventrikels, wodurch sich die Trikuspidalklappe in den rechten Vorhof vorwölbt. Dadurch entsteht die Druckerhöhung, die als **c-Welle** in der Venenpulskurve erscheint.
- Die **x-Senke** fällt in die Austreibungsphase des Herzens. Der starke Druckabfall kommt durch die Verschiebung der Klappenebene nach kaudal zustande, wodurch ein Sog auf den rechten Vorhof ausgeübt wird.
- Der umgekehrte Effekt, nämlich die Verschiebung der Ventilebene nach kranial, verursacht die **v-Welle**, die folglich in der Entspannungsphase liegt.
- Die Öffnung der Trikuspidalklappe markiert den Beginn der Füllungsphase. Da dort Blut aus dem Vorhof in den Ventrikel strömt, sinkt der Druck im Vorhof ab **(y-Senke)**.
- Im zweiten Teil der Füllungsphase sorgt dann die Vorhofkontraktion für den Druckanstieg, der sich als a-Welle zeigt.

2.5 Mikrozirkulation

In den Kapillaren und den postkapillären Venolen vollzieht sich der Stoffaustausch zwischen Blut und Organgeweben. Den Kapillaren vorgeschaltet sind die **präkapillären Arteriolen**, durch deren Kontraktion der Blutfluss in den Kapillaren reguliert wird. Der Stoffaustausch zwischen Blut und Interstitium geschieht sowohl durch Diffusion als auch durch aktive Transportprozesse und Filtration. Durch die Filtration wird Wasser aus dem Blut in das Interstitium gepresst. Gegen Ende der Austauschstrecke schlägt die Filtration in Resorption um, d. h., dass das Wasser wieder aus dem Interstitium zurück in die Gefäße läuft. Wie viel Wasser im Endeffekt abgepresst wird, hängt von den **hydrostatischen** und **kolloidosmotischen Druckunterschieden** ab. Der kolloidosmotische Druck, der durch die Eiweiße im Blut entsteht, wird als **onkotischer Druck** bezeichnet.

2.5.1 Kolloidosmotischer Druck

Kolloide sind in einer Flüssigkeit gelöste Teilchen. Alle gelösten Teilchen wirken osmotisch auf Wasser, d. h., dass sie osmotischen Druck ausüben, um Wasser in ihrer Umgebung zu halten. Da die Elektrolyte frei zwischen Plasma und Interstitium diffundieren können, sind ihre Konzentrationen im Wesentlichen gleich. Daher hängt der kolloidosmotische Druck von den im Blut und Interstitium gelösten **Eiweißen** (können nicht zwischen Blut und Interstitium hin und her wandern) ab. Erhöhte Proteinkonzentrationen im Blut erhöhen daher den onkotischen Druck und verschieben so das Flüssigkeitsgleichgewicht in Richtung des Blutplasmas, was das intravaskuläre Flüssigkeitsvolumen erhöht.

Merke!

Bei Proteinmangel kommt es zum Abfall des onkotischen Drucks im Plasma.

Übrigens ...
Bei Eiweißmangelernährung (Kwashiorkor), wie sie häufig in den Ländern der dritten Welt auftritt, können von der Leber nicht ausreichend Plasmaeiweiße synthetisiert werden. Es kommt zum Abfall des onkotischen Drucks und dadurch zur Flüssigkeitsverschiebung in das Interstitium. So entstehen die typischen Hungerödeme (z. B. der „Wasserbauch") mangelernährter Menschen.

2.5.2 Effektiver Filtrationsdruck

Der effektive Filtrationsdruck ist ein Maß dafür, wie viel Flüssigkeit aus dem Gefäß in das Interstitium gelangt. Er ergibt sich aus vier Werten:

1. Dem hydrostatischen intravasalen Druck ($P_{kapillär}$),
2. dem hydrostatischen interstitiellen Druck ($P_{interstitiell}$),
3. dem onkotischen intravasalen Druck ($\pi_{kapillär}$) und
4. dem onkotischen interstitiellen Druck ($\pi_{interstitiell}$).

Dabei befördern der hydrostatische intravasale Druck und der onkotische interstitielle Druck Wasser ins Interstitium, der hydrostatische interstitielle Druck und der onkotische intravasale Druck halten Wasser im Gefäß.
Den effektiven Filtrationsdruck erhält man, indem die nach innen gerichteten Drücke von den nach außen gerichteten subtrahiert werden:

$P_{eff} = (P_{kap} + \pi_{inter}) - (P_{inter} + \pi_{kap})$
bzw.
$P_{eff} = (P_{kap} - P_{inter}) - (\pi_{kap} - \pi_{inter})$

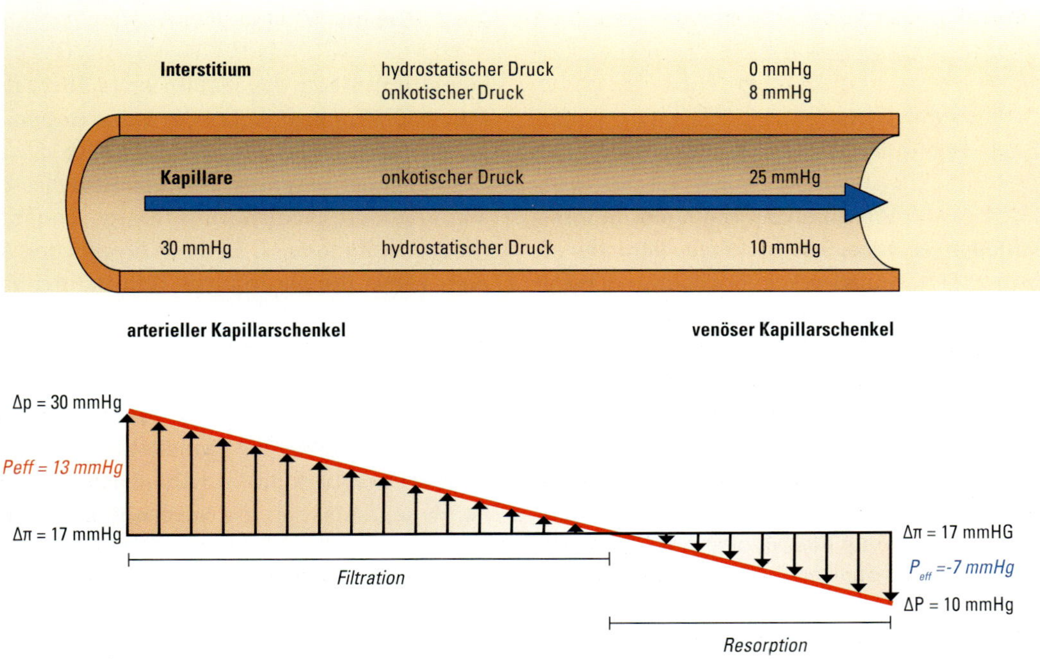

Abb. 36: Drücke und Wirkrichtung im kapillären Gefäßbett *medi-learn.de/7-physio6-36*

Der hydrostatische Druck in den Kapillaren lässt sich über Konstriktion und Vasodilatation der präkapillären Arteriolen regulieren. Da der Druck von der 4. Potenz des Gefäßradius abhängt (s. Hagen-Poiseuille-Gesetz, 2.2.1, S. 33 oder im Skript Physik), ist die Gefäßweite der Arteriolen von besonders großer Bedeutung. Bei **Dilatation der präkapillären Arteriolen** fällt der Blutdruck vor den Kapillaren weniger ab, sodass der Blutdruck in den Kapillaren höher ist. Dadurch steigt der effektive Filtrationsdruck an und es kommt zur **erhöhten Auswärtsfiltration** aus den Kapillaren ins Interstitium. Umgekehrt sinkt der effektive Filtrationsdruck bei Kontraktion der präkapillären Arteriolen ab.

Auch die Plasmaeiweiß-Konzentration beeinflusst den effektiven Filtrationsdruck. Sowohl bei proteinarmer Mangelernährung, schweren Leberschäden, als auch bei Eiweißverlusten über die Niere sinkt die Proteinkonzentration im Plasma ab. Dadurch fällt auch der onkotische Druck des Plasmas, wodurch der effektive Filtrationsdruck steigt. Umgekehrt steigt also der onkotische Druck, wenn sich die Albumin-Konzentration im Plasma erhöht.

Der effektive Filtrationsdruck ist nicht entlang der gesamten Kapillare gleich: Zu Beginn der Kapillare ist er hoch, am Ende ist er deutlich negativ. Das liegt daran, dass der Blutdruck entlang der Kapillare abfällt. Zu Beginn der Kapillare wird also Volumen filtriert, am Ende rückresorbiert.

Insgesamt gelangt etwa 0,5 % des durchfließenden Plasmavolumens ins Interstitium. Das sind 20 Liter pro Tag, von denen 90 % gleich wieder resorbiert werden, die restlichen 2 Liter werden vom Lymphsystem aufgenommen.

Merke!

Die Kontraktion der präkapillären Arteriolen führt zu weniger Filtration in den Kapillaren.

2.5.3 Pathophysiologie: Ödeme

Ödeme sind **Wasseransammlungen im interstitiellen Gewebe.** Sie entstehen, wenn der effektive Filtrationsdruck zu hoch ist und zuviel Wasser ins Interstitium gepresst wird.
Mögliche Ursachen sind u. a.
- ein Proteinmangel im Gefäßsystem, der z. B. bei Leberversagen entsteht (die Albuminsynthese findet in der Leber statt),
- ein erhöhter Druck im venösen System, z. B. bei Herzinsuffizienz oder Herzversagen aufgrund eines Myokardinfarkts oder
- eine allergische Reaktion, wenn durch Histamin die Permeabilität des Endothels erhöht wird.

2.6 Besonderheiten der Kreislaufregulation in den verschiedenen Organen

Einige Besonderheiten bei der Regelung der Organdurchblutung werden immer wieder im schriftlichen Physikum gefragt:
- Die Autoregulation, die für die Durchblutung des Gehirns und der Nieren bestimmend ist, dient dazu, die Durchblutung möglichst konstant zu halten.
- Die Durchblutung der Lunge hängt dagegen maßgeblich vom Sauerstoffgehalt der Alveolen ab.

2.6.1 Autoregulation/Bayliss-Effekt

Unter dem Bayliss-Effekt versteht man, dass die Arterien (z. B. von Nieren und Gehirn) systemische Blutdruckschwankungen selbständig ausgleichen. Bei Blutdrucksteigerungen kommt es kompensatorisch zur Vasokonstriktion, bei Blutdruckabfall zur Vasodilatation. Die Nieren können damit immerhin systolische Druckschwankungen im Bereich von 80–180 mmHg kompensieren.

2.6.2 Gehirn

Insgesamt erhält das Gehirn etwa **15 % des Herzzeitvolumens**, wobei die graue Substanz stärker durchblutet wird als die weiße.
Die Durchblutung wird über den Bayliss-Effekt reguliert, sodass eine Steigerung des Herzzeitvolumens, z. B. bei körperlicher Arbeit, keine Steigerung der Gehirndurchblutung nach sich zieht.
Aber auch lokal-metabolische Faktoren – v. a. der CO_2-Partialdruck – haben Einfluss auf die Durchblutung. Ein **Anstieg** des **CO_2-Partialdrucks** führt dabei zur **Vasodilatation** (zur erhöhten Durchblutung), ein **Abfall** des CO_2, z. B. bei Hyperventilation, zur **Vasokonstriktion** der kleinen Arterien, was den effektiven Filtrationsdruck in den Kapillaren senkt und so Hirnödemen vorbeugt. Die Arterien des Gehirns sind kaum mit α_1-Adrenozeptoren ausgestattet, sodass bei einer Aktivierung des Sympathikus (z. B. durch hämorrhagischen Schock) die Durchblutung nur wenig eingeschränkt wird.

2.6.3 Lunge

100 % des Herzzeitvolumens werden vom rechten Ventrikel in die Lungen gepumpt. Allerdings sind die Drücke im Lungenkreislauf viel geringer (ca. 20–25/10 mmHg) als im großen Körperkreislauf (ca. 120/80 mmHg). Die Durchblutung der Lunge unterliegt KEINER Autoregulation. Die Lungengefäße reagieren sogar gegensätzlich, nämlich **druckpassiv**: Bei vermehrter Durchblutung (z. B. erhöhtem Herzzeitvolumen), dilatieren sie, bei verminderter Durchblutung reagieren sie mit Vasokonstriktion. Außerdem wird die Durchblutung der Lunge vom Sauerstoffgehalt der Lungenalveolen gesteuert: Bei **Hypoxie steigt** der **Widerstand des Lungenkreislaufs (Euler-Liljestrand-Mechanismus).** Dieses Prinzip der hypoxischen Vasokonstriktion ist der wichtigste Steuermechanismus der Lungendurchblutung.

2.6.4 Nieren

Die Nieren erhalten ca. 20 % des Herzzeitvolumens. Zusammen mit dem Gehirn sind sie die typischen Organe, bei denen Druckschwankungen durch Autoregulation (Bayliss-Effekt) kompensiert werden.
Die Filtration in den Glomerula wird dadurch unterstützt, dass in den Kapillaren höhere Drücke erzeugt werden als in anderen Organen.

Übrigens ...
Der relative Sauerstoffverbrauch der Nieren ist gering, sodass die O_2-Konzentration im Blut der Nierenvenen hoch ist.

2.6.5 Herz

Das Herz erhält **5 % des Herzzeitvolumens**, also etwa 250 ml/min.

2.6.6 Haut

Normalerweise sind die Arteriolen der Haut durch den sympathischen Grundtonus etwas kontrahiert. Durchtrennt man die sympathischen Nerven zu den Gefäßen, dilatieren sie und die Haut erscheint rot und warm.

Übrigens ...
Die Hautdurchblutung hängt stark von der Wärmebildung des Körpers ab. Da die Wärmeabgabe des Körpers vor allem über die Haut erfolgt, nimmt die Hautdurchblutung bei schwerer körperlicher Arbeit stärker zu als die Durchblutung der inneren Organe.

2.6.7 Skelettmuskel

Die Gefäßmuskulatur der Skelettmuskeln ist reich mit β_2-Adrenozeptoren bestückt. Bei körperlicher Anstrengung wird eine ausreichende Durchblutung der Skelettmuskulatur vom Körper über die Ausschüttung von Adrenalin und Noradrenalin gesichert. Daneben spielen lokale Metabolite eine wichtige Rolle. So führt u. a. die erhöhte extrazelluläre Konzentration von Kalium-Ionen, Säure, Adenosin und pCO_2 bei Muskelarbeit zur lokalen Vasodilatation.

Merke!

- Die Durchblutung von Gehirn und Nieren wird über die Autoregulation (Bayliss-Effekt) konstant gehalten.
- Die Durchblutung von Haut und Lunge unterliegt keiner Autoregulation.
- Die Durchblutung der Lunge wird durch die hypoxische Vasokonstriktion gesteuert.

2.7 Fetaler Kreislauf

Der fetale Kreislauf unterscheidet sich in einigen wichtigen Punkten vom postnatalen Kreislauf:

- Das fetale Blut wird in der Plazenta mit Sauerstoff angereichert (pO_2: ca. 20–30 mmHg) und fließt in der V. umbilicalis zum Fetus. Auf dem Weg von der V. umbilicalis zum Fetus zurück über die Aa. umbilicalae nimmt der Sauerstoffpartialdruck im Blut immer weiter ab.
- Leber und Lunge des Fetus werden durch Shuntverbindungen umgangen, da deren Aufgaben vom mütterlichen Organismus übernommen werden. Durch den **Ductus venosus** gelangt das Blut aus der Vena umbilicalis – unter Umgehung der Leber – in die untere Hohlvene und von da aus zum Herzen. Zur Umgehung des Lungenkreislaufs befindet sich im Herzen ein Loch in der Vorhofscheidewand – das **Foramen ovale** – durch welches das Blut direkt vom rechten in den linken Vorhof gelangt.
- Eine gewisse Menge Blut wird aber trotzdem über den rechten Ventrikel in die Lungenarterie gepumpt, von wo aus es über eine weitere Shuntverbindung – den **Ductus arteriosus (Botalli)** – in die Aorta gelangt.
- Die Herzfrequenz des Feten ist > 100/min.
- Das Blut fließt über die Nabelschnurarterien zurück zur Plazenta.

Nach der Geburt verschließen sich der Ductus arteriosus und das Foramen ovale: Da nach der Geburt der Druck im Lungenkreislauf stark abfällt, wird auch der Druck im rechten Vorhof kleiner als der im linken. Dies ändert kurzzeitig den Blutfluss vom linken in den rechten Vorhof, was meist sofort zum funktionellen Verschluss des Foramen ovale führt.

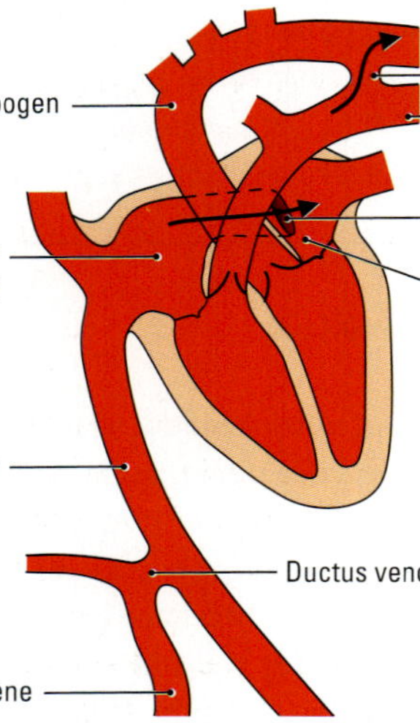

Abb. 37: Fetaler Kreislauf

medi-learn.de/7-physio6-37

2.7.1 Offener Ductus arteriosus Botalli

Bei manchen Kindern verschließt sich der Ductus Botalli nach der Geburt nicht. Da nach der Geburt der Druck im Körperkreislauf aber höher als im Lungenkreislauf ist, kehrt sich der Blutfluss im Ductus arteriosus um: Das Blut fließt aus der Aorta in die Lungenarterie und von dort aus wieder in die Lunge. Diese Verhältnisse bezeichnet man als **Links-Rechts-Shunt**. Der Druck und der Volumendurchfluss in der Lungenarterie ist gegenüber dem Druck im rechten Ventrikel erhöht, ebenso wie die Sauerstoffsättigung des Blutes in den Lungenarterien. Beim Links-Rechts-Shunt kommt es längerfristig durch den erhöhten Durchfluss durch die Lunge zu einer dauerhaften Schädigung der Lungengefäße. Deshalb wird dieser Herzfehler in der Regel operativ korrigiert.

2.8 Lymphsystem

Nur sehr selten wurden bislang zum Lymphsystem Fragen im Physikum gestellt. In den letzten Jahren wurde nach den folgenden Fakten gefragt:
Insgesamt werden in den Kapillaren des gesamten Körpers 2 Liter Flüssigkeit filtriert und nicht wieder reabsorbiert. Diese 2 Liter werden über das Lymphgefäßsystem abtransportiert und so dem venösen System zugeführt.
Die Lymphe enthält Fibrinogen sowie andere Gerinnungsfaktoren und ist folglich gerinnungsfähig.

DAS BRINGT PUNKTE

Aus dem Themenkomplex **venöses System** lohnt es sich auf jeden Fall zu wissen, dass

- die Venenpulskurve aus einzelnen Wellen besteht, die unterschiedliche Ursachen haben,
  - a-Welle – Vorhofkontraktion
  - x-Senke – Verlagerung der Ventilebene in Richtung Herzspitze
  - y-Senke – Blutausstrom aus dem Vorhof in den Ventrikel
- der zentrale Venendruck der Druck im rechten Vorhof ist und
- der zentrale Venendruck mit erhöhtem Volumen im Gefäßsystem ansteigt. Außerdem steigt er bei der Ausatmung und bei Herzinsuffizienz.

Aus dem Themenbereich **Mikrozirkulation** solltest du dir unbedingt merken, dass

- in den Kapillaren ein Gleichgewicht zwischen Filtration und Reabsorption von Flüssigkeit herrscht.

Ob insgesamt die Filtration oder die Reabsorption überwiegt, hängt vom **effektiven Filtrationsdruck** ab:

- Er ergibt sich aus der Differenz der onkotischen und hydrostatischen Drücke in den Gefäßen und im Interstitium.
- Steigen der onkotische Druck des Interstitiums oder der hydrostatische Druck im Gefäßinnern, steigt auch der effektive Filtrationsdruck.
- Umgekehrt sinkt der effektive Filtrationsdruck, wenn der onkotische Druck im Gefäß oder der hydrostatische Druck im Interstitium ansteigen.
- Ist der effektive Filtrationsdruck zu hoch, kommt es zur Ödembildung.

Bei den Fragen zu Besonderheiten der **Organkreisläufe** stehen die folgenden Fakten im Vordergrund:

- Die Durchblutung von Nieren und Gehirn wird durch die Autoregulation (Bayliss-Effekt) maßgeblich gesteuert. Sie ändert sich deshalb auch bei veränderten Kreislaufverhältnissen (z. B. körperlicher Arbeit, Steigerung des HZV) nicht wesentlich.
- Die Durchblutung der Lunge wird durch die hypoxische Vasokonstriktion gesteuert: Bei Hypoxie werden die Lungengefäße verengt.

Last but not least sollten dir die drei Shuntverbindungen des **fetalen Kreislaufs** wirklich bekannt sein:

- der Ductus venosus zwischen Vena umbilicalis und Vena cava inferior,
- das Foramen ovale zwischen rechtem und linkem Atrium,
- der Ductus arteriosus zwischen Pulmonalarterie und Aorta.

FÜRS MÜNDLICHE

Jetzt hast du es fast geschafft. Hier folgen die letzten beiden Fragen für dieses Skript.

1. **Erläutern Sie uns bitte, welche Mechanismen den venösen Rückstrom des Blutes bewirken!**
2. **Beschreiben Sie bitte, wie Ödeme entstehen!**

FÜRS MÜNDLICHE

1. Erläutern Sie uns bitte, welche Mechanismen den venösen Rückstrom des Blutes bewirken!

1. Ventilebenenmechanismus: Durch die Bewegung der Ventilebene nach unten entsteht ein Sog auf die herznahen venösen Gefäße.
2. Atmung: Bei der Inspiration entstehen ein Unterdruck im Thorax und ein Überdruck im Bauchraum.
3. Muskelpumpe: Durch die Muskelanspannung werden die Venen komprimiert. In welche Richtung das Blut gedrückt wird, wird von den Venenklappen bestimmt.

2. Beschreiben Sie bitte, wie Ödeme entstehen!

Durch Steigerung des effektiven Filtrationsdrucks, z. B.

- bei Proteinmangel durch Verlust von Proteinen über die Niere oder gestörter Proteinsynthese in der Leber oder
- durch Rückstau von Blut im venösen System (z. B. bei Herzinsuffizienz).
- bei verstärkter Durchlässigkeit (Permeabilität) der Kapillaren (z. B. Entzündung, Allergie)

Lymphabflussstörungen führen zu einem Lymphödem (z. B. nach einer OP).

Mehr Cartoons unter www.medi-learn.de/cartoons

Pause

Geschafft! Hier noch ein kleiner Cartoon als Belohnung ...

Index

Index

Feedback

Deine Meinung ist gefragt!

Es ist erstaunlich, was das menschliche Gehirn an Informationen erfassen kann. Slbest wnen kilene Fleher in eenim Txet entlheatn snid, so knnsat du die eigneltchie lofnrmotian deoncnh vershteen – so wie in dsieem Text heir.

Wir heabn die Srkitpe mecrfhah sehr sogrtfältg güpreft, aber vilcheliet hat auch uesnr Girehn – so wie deenis grdaee – unbeswust Fheler übresehne. Um in der Zuuknft noch bsseer zu wrdeen, bttein wir dich dhear um deine Mtiilhfe.

Sag uns, was dir aufgefallen ist, ob wir Stolpersteine übersehen haben oder ggf. Formulierungen verbessern sollten. Darüber hinaus freuen wir uns natürlich auch über positive Rückmeldungen aus der Leserschaft.

Deine Mithilfe ist für uns sehr wertvoll und wir möchten dein Engagement belohnen: Unter allen Rückmeldungen verlosen wir einmal im Semester Fachbücher im Wert von 250 Euro. Die Gewinner werden auf der Webseite von MEDI-LEARN unter www.medi-learn.de bekannt gegeben.

Schick deine Rückmeldung einfach per E-Mail an support@medi-learn.de oder trag sie im Internet in ein spezielles Formular für Rückmeldungen ein, das du unter der folgenden Adresse findest:

www.medi-learn.de/rueckmeldungen